“十三五”国家重点出版物出版规划项目
面向可持续发展的土建类工程教育丛书
“十二五”普通高等教育本科国家级规划教材
普通高等教育“十一五”国家级规划教材
21世纪高等教育建筑环境与能源应用工程系列教材

建筑环境学

第2版

主　编　黄　晨
副主编　姜　坪　罗义英
参　编　刘燕敏　杨秀芹　孙婵娟
　　　　阳季春　高翔翔
主　审　龙惟定　范存养

机械工业出版社

本书在第1版基础上，结合近年来技术进步和规范、标准的变化，总结多年教学情况，与时俱进，修订了相关内容。

本书全面、系统地介绍了建筑外环境、室内空气环境、建筑热湿环境、建筑声环境、建筑光环境以及建筑环境的综合控制与评价等。全书以各种环境形成的机理、特性、评价为主线，通过工程应用、例题分析论述建筑环境学所涉及的基本理论、分析方法、控制原理等，并引入了新理念、新标准对建筑环境予以分析和评价。

本书内容丰富、深入浅出，每章后均有习题与思考题、参考文献，方便自学。

本书为高等学校建筑环境与能源应用工程专业基础课教材，也可作为建筑学、土木工程、环境工程等专业的教学用书，还可作为其他专业了解建筑环境学知识的辅助教材，并可作为相关专业科研、管理和工程技术人员的参考书。

本书也是主编黄晨教授主持的国家级精品课程"建筑环境学"的配套教材。

本书配有电子课件，免费提供给选用本书作为教材的授课教师。需要者请登录机械工业出版社教育服务网（www. cmpedu. com）注册免费下载，或根据书末"信息反馈表"索取。

本书配套MOOC。可登录http://mooc1. chaoxing. com/course/201742118. html学习。

图书在版编目（CIP）数据

建筑环境学/黄晨主编．—2版．—北京：机械工业出版社，2015.12（2025.1重印）

"十二五"普通高等教育本科国家级规划教材

ISBN 978-7-111-52432-8

Ⅰ.①建… Ⅱ.①黄… Ⅲ.①建筑学-环境理论-高等学校-教材 Ⅳ.①TU-023

中国版本图书馆CIP数据核字（2016）第034953号

机械工业出版社（北京市百万庄大街22号 邮政编码100037）
策划编辑：刘 涛 责任编辑：刘 涛 臧程程
责任校对：刘怡丹 封面设计：路恩中
责任印制：单爱军
北京虎彩文化传播有限公司印刷
2025年1月第2版第8次印刷
184mm×260mm・24.25印张・596千字
标准书号：ISBN 978-7-111-52432-8
定价：69.00元

电话服务	网络服务
客服电话：010-88361066	机 工 官 网：www. cmpbook. com
010-88379833	机 工 官 博：weibo. com/cmp1952
010-68326294	金 书 网：www. golden-book. com
封底无防伪标均为盗版	机工教育服务网：www. cmpedu. com

序一

建筑环境与设备工程（2012年更名为建筑环境与能源应用工程）专业是1998年教育部新颁布的全国普通高等学校本科专业目录中将原“供热通风与空调工程”专业和“城市燃气供应”专业进行调整、拓宽而组建的新专业。专业的调整不是简单的名称变化，而是学科科研与技术发展，以及随着经济的发展和人民生活水平的提高，赋予了这个专业新的内涵和新的元素，创造健康、舒适、安全、方便的人居环境是21世纪本专业的重要任务。同时，节约能源、保护环境是这个专业及相关产业可持续发展的基本条件，因而它们和建筑环境与设备工程（建筑环境与能源应用工程）专业的学科科研与技术发展总是密切相关，不可忽视。

作为一个新专业的组建及其内涵的定位，它首先是由社会需求决定的，也是和社会经济状况及科学技术的发展水平相关的。我国的经济持续高速发展和大规模建设需要大批高素质的本专业人才，专业的发展和重新定位必然导致培养目标的调整和整个课程体系的改革。培养“厚基础、宽口径、富有创新能力”，符合注册公用设备工程师执业资格并能与国际接轨的多规模的专业人才以满足需要，是本专业教学改革的目的。

机械工业出版社本着为教学服务，为国家建设事业培养专业技术人才，特别是为培养工程应用型和技术管理型人才做贡献的愿望，积极探索本专业调整和过渡期的教材建设，组织有关院校具有丰富教学经验的教师编写了这套建筑环境与设备工程（建筑环境与能源应用工程）专业系列教材。

这套系列教材的编写以“概念准确、基础扎实、突出应用、淡化过程”为基本原则，突出特点是既照顾学科体系的完整，保证学生有坚实的数理科学基础，又重视工程教育，加强工程实践的训练环节，培养学生正确判断和解决工程实际问题的能力，同时注重加强学生综合能力和素质的培养，以满足21世纪我国建设事业对专业人才的要求。

我深信，这套系列教材的出版，将对我国建筑环境与设备工程（建筑环境与能源应用工程）专业人才的培养产生积极的作用，会为我国建设事业做出一定的贡献。

陈在康

于长沙

序　二

《建筑环境学》是20世纪90年代末专业调整后新设置的“建筑环境与设备工程专业”（2012年更名为建筑环境与能源应用工程）采用的专业基础教材。为体现人们对建筑环境的不断关注，这一领域科学研究的深入发展，“建筑环境学”作为新专业重要的专业基础课程应运而生。新专业所授的“建筑环境”内容有别于建筑学设计专业的需求，它重在培养建筑设备工程师所需的理论基础知识。

《建筑环境学》作为专业基础课程（工程热力学、流体力学、传热学）与专业课程的桥梁，教材从自然环境、城市环境、建筑环境之间的联系出发，论述它们与环境设备的关系，启发学生全面了解本学科在相邻学科以及在专业知识中的地位与作用，引领学生走进专业知识的大门。

教材全面阐述了建筑环境学所涉及的城市微气候、室内空气环境、室内热环境、室内声环境、室内光环境的基本理论和方法。

教材首先引述了建筑外部环境的影响，如日地关系、太阳辐射、气候因素可产生的城市微气候特征对人居环境的影响。在论述室内热环境时，先从热湿环境的分析入手，全面介绍建筑热工的基本理论，如建筑材料的传热传质特性、新型透明建材的光热特性等。并对室内负荷形成的过程和计算原理进行了论述，以满足后继课程“空气调节”衔接需求。此外，教材在热环境评价方面亦作了全面的介绍，从人体热平衡理论到各种评价方法的应用作了客观的分析。

在论述室内空气品质时，介绍了空气污染物与人体健康的关系。室内空气品质评价的概念和方法的演变，以及污染的通风控制方法和自然通风的应用等。

对室内环境的另两个因素：声环境与光环境本教材同样作了全面的阐述，从基本原理出发，论述了声与光的物理学概念以及它与人体官感的关系，然后介绍了控制声、光环境的方法和评价标准等。使学生对建筑室内环境有较完整的认识。

教材中除对室内环境与健康舒适、节能诸要求紧密联系外，还有相当的内容涉及地球环境问题，诸如能源消耗、温室气体排放的概念等。使学生的视野不仅立足室内，同时放眼于地球环境，教材通过“建筑环境的综合控制与评价”的章节，对绿色可持续建筑概念给予引导和关注，这是符合国策和世界潮流的。

随着人们对生活环境和工业生产环境的要求不断提高，在建筑环境领域中，新理念、新技术、新法规等不断产生和不断地得到发展。编者在教材中在论述传统和经典的理论基础的同时，及时反映了这些内容。如舒适、节能、健康、环保的建筑环境、节能窗与通风窗技术、室内热湿环境评价的总体与局部概念以及国际新标准、绿色照明概念、技术与标准等国际上最新的研究成果和理论进展。教材与时俱进的风格令人称道，这使得教材不限于教学，对本学科的科研活动亦有指导作用。

本书作为基础教材，除了一定量的例题外，每章提供了习题，促进学生消化吸收，使学生能灵活应用课程内容，以提高学用结合的效果。

纵观全书，概念阐述清晰，图幅构思与应用合理，教材的特色显著。此外，本书虽系多校合编，但全书协调呼应，主次分明，融合性很好。本书不仅用作教材，亦可供广大专业技术人员参考阅读。

本书的出版是本专业教材建设的一大成果。编者为此付出了辛勤的劳动，本人对编者取得的成果表示感谢和祝贺。

范存养

第2版前言

随着社会、经济、科技的高速发展，教材《建筑环境学》阐述的内容与人们的生活越来越息息相关，同时也越来越体现了“建筑环境学”是建筑环境工程设计的基础，随着建筑环境设计健康、舒适、节能、环保多元目标理念的逐步形成，“建筑环境学”内涵也越来越丰富。自第1版出版以来，《建筑环境学》得到了业内许多同行、读者的充分肯定，并对教材相关内容提出了许多建设性的修改建议。总结第1版使用情况，结合新时期建筑环境增添的新内涵、新任务，在编写团队各位作者的努力下，完成了教材《建筑环境学》第2版的修订工作。

第2版在第1版的基础上进行的主要修改有：

1）教材引用的关键数据、图表尽可能提供文献引述。

2）更换教材中已作废的标准，采纳当前现行的国际标准、国家标准、行业标准、地区标准。

3）增加适应目前建筑环境发展的新内容，删除与本教材教学目标偏离较大的内容。

4）纠正第1版教材中的错误。

第2版修改编写工作基本由第1版编写团队完成，在原编写团队基础上，新增加了嘉兴学院阳季春，上海理工大学孙婵娟、高翔翔和王昕四位老师。此外，上海理工大学的研究生对教材所涉及文献的查找和整理做了大量的工作，在此表示感谢。同时还要感谢同济大学龙惟定、范存养两位教授对第2版的修改提出了宝贵的建议。

限于编者经验和水平，教材中难免存在错漏之处，敬请读者谅解，并恳请读者批评指正。

编者

第1版前言

“建筑环境学”是建筑环境与设备工程专业一门主干专业基础课，并已作为专业重组后反映学科专业特色的重要基础课程。

建筑环境科学或人工环境科学是建筑环境与设备工程专业的学科发展、专业建设和课程体系的立足点，建筑环境学则是建筑环境科学或人工环境科学的集中体现。人类对良好的生活、工作环境的追求是从自然环境逐渐地转变到改变自然环境直至创造人工环境的过程。而近二十年来，出现了诸如“病态建筑综合症”等，人们对室内环境的抱怨和批评增加，使得人们开始追求人工环境中的自然环境。这一螺旋式的变化和发展过程，对本专业提出了更高的要求，在环保与节能的总体趋势下，创造更接近于自然环境的人工环境是我们面临的新任务，而培养学生掌握新时代建筑环境的内涵，分析、评价、控制建筑环境的方法，树立良好的绿色环保和生态的人居环境的理念，是本课程的重要任务。

本书在引入建筑环境概念的基础上，系统介绍了建筑外环境、室内空气环境、建筑热湿环境、建筑声环境、建筑光环境，最后介绍了建筑环境的综合控制与评价。掌握建筑环境的形成、环境特性的影响因素、主客观环境的分析和评价方法，是学习建筑环境学的关键。为此，全书以各环境形成的机理、特性、评价为主线阐述各环境知识点，以实际工程的应用、通俗易懂的例题分析、图文并茂的形式为写作指导思想，学生通过学习，可以掌握建筑环境变化的客观规律，领悟控制建筑环境的关键，从而达到掌握各环境所涉及的基本原理和分析方法的目的。本书各章节后均配有习题与思考题、参考文献，以便自学和实践。本书的课时安排建议为48~56学时，部分章节中标有“*”号的内容，各学校可根据实际情况取舍。

区别于现有同类教材，本书具有如下特点：

1）通过绪论阐述建筑环境学与建筑学科、环境学科之间的关系，学生能够理解重组后专业的内涵，了解本专业、本课程在城市建设发展中的地位和作用。

2）在阐述基本原理和分析方法时，注重工程应用的可操作性，力图使学生通过教材学习，能够运用教材提供的原理、方法指导实际建筑或工程实践。

3）在“实际建筑自然通风”中，系统介绍了多开口建筑在热压、风压作用下的自然通风量的计算方法。

4）在“建筑热湿环境”中，引入了新的室内热湿环境舒适性评价的理念，并对其定量评价的方法进行了阐述。

5）本书拓展了与建筑环境相关领域的知识，如地质、水环境等，在声光环境中扩展了与建筑学相关的基础知识，以增加学生对交叉学科、边缘学科方面的了解。

6）本书最后介绍了适用于建筑环境的综合评价的方法，提出了在评价建筑环境的同时还应对由此给自然环境带来的负荷加以评估的新理念。

全书共分7章。第1章由上海理工大学黄晨、嘉兴学院罗义英负责编写；第2章由罗义英、黄晨负责编写；第3章由浙江理工大学姜坪负责编写；第4章由黄晨负责编写，第5章由嘉兴学院罗义英、平顶山工学院杨秀芹负责编写；第6章由杨秀芹、罗义英负责编写；第7章由同济大学刘燕敏负责编写。全书由黄晨统稿。

本书由同济大学龙惟定教授、范存养教授主审。在整个编写过程中，龙惟定教授在本书框架和体系、编写内容等方面提出了许多宝贵的意见和指导，并对全书进行了详细的审阅；同济大学范存养教授无私地提供了许多有价值的资料，在教材的后期写作中，给予了许多有益的建议，并认真审阅了书稿的全文，提出了许多修改意见。在此，对两位教授的帮助表示衷心的感谢。全国建筑环境与设备工程专业指导委员会彦启森教授、吴元炜教授对本书的写作给予了很大的鼓励和支持，在此一并表示深深的感谢。

本书参考了大量的教材、标准、科技书籍与文献，引用了许多相关的资料、图表、例题，同时也汇集了编者多年来的教学经验和科研成果，在此谨向有关文献的作者表示诚挚的谢意，对编写组成员的成功合作表示祝贺。最后对所有关心和支持本书编写的人士、研究生表示真挚的谢意。

由于“建筑环境学”是本专业一门新的重要的学科基础课，涉及面广、体系新，加之编者学识和经验有限，书中可能存在错误、疏漏和不妥之处，恳请读者在使用过程中将发现的纰漏、错误以及建议及时反馈给编者，以完善本书，提高本书的质量，编者不胜感谢。

编者

目录

序一

序二

第2版前言

第1版前言

第1章　绪论 …… 1

1.1　自然环境与建筑环境 …… 1

1.2　建筑环境学的作用与地位 …… 2

1.2.1　建筑环境学在环境学中的地位与作用 …… 2

1.2.2　建筑环境学在建筑领域中的地位与作用 …… 4

1.3　建筑环境设计目标发展过程与趋势 …… 6

1.3.1　建筑环境设计目标发展的演绎过程 …… 6

1.3.2　病态建筑综合征 …… 7

1.3.3　建筑能耗与气候变化 …… 8

1.4　建筑环境学的主要内容及研究方法 …… 11

1.4.1　建筑环境学相关知识点 …… 11

1.4.2　建筑环境主要关注点 …… 12

1.4.3　建筑环境面临需要解决的问题 …… 13

1.4.4　建筑环境学研究方法 …… 13

习题与思考题 …… 14

参考文献 …… 14

第2章　建筑外环境 …… 15

2.1　建筑外环境中的太阳辐射 …… 15

2.1.1　地球绕日运行基本知识 …… 15

2.1.2　太阳位置的表示方法 …… 19

2.1.3　太阳辐射能与日照 …… 20

2.1.4　日照间距 …… 24

2.1.5　垂直面日影计算* …… 26

2.2　建筑外环境中的气候环境 …… 27

2.2.1　室外气象参数 …… 28

2.2.2　城市气候 …… 35

2.2.3　我国的气候环境 …… 44

2.2.4　供暖通风空调设计中室外空气参数的选用 …… 50

2.3　建筑外环境中的其他环境* …… 52

2.3.1　土壤环境 …… 52

2.3.2　建筑水环境 …… 56

2.3.3　电磁环境 …… 57

2.3.4　核污染环境 …… 59

2.4　植被对建筑外环境的影响* …… 61

2.4.1　城市植被的概念和特点 …… 61

2.4.2　植被对建筑外环境的作用 …… 62

习题与思考题 …… 64

参考文献 …… 65

第3章　室内空气环境 …… 67

3.1　室内空气污染物种类 …… 67

3.1.1　室内空气污染物来源 …… 67

3.1.2　室内空气主要污染物及其对人体的危害 …… 69

3.2　室内空气品质标准及其评价方法 …… 81

3.2.1　室内空气品质定义及其沿革 …… 81

3.2.2　室内空气品质标准 …… 82

3.2.3　室内空气品质评价方法 …… 85

3.3　民用建筑室内空气污染控制方法 …… 87

3.3.1　室内污染源的控制 …… 88

3.3.2　化学和生物控制方法 …… 89

3.3.3　空气净化设备 …… 90

3.4　通风换气控制方法 …… 93

3.4.1　通风稀释方程与通风量的确定 …… 94

3.4.2　自然通风原理 …… 100

3.4.3　实际建筑自然通风* …… 104

3.4.4　有组织的自然通风 …… 109

3.4.5　气流组织评价方法 …… 114

3.4.6　室内气流的定量分析方法* …… 116

3.4.7　空调系统的应对措施 …… 119

习题与思考题 …… 122

参考文献 …… 123

第4章　建筑热湿环境 …… 125

4.1　影响室内热环境的物理因素 …… 126

4.1.1 太阳辐射与室外空气综合温度 …… 126
4.1.2 非透明体围护结构的热工特性 …… 133
4.1.3 半透明体围护结构的热工特性 …… 146
4.2 房间冷负荷的形成及其计算方法概述 …… 151
4.2.1 得热与负荷的基本概念 …… 151
4.2.2 稳定计算方法 …… 154
4.2.3 非透明体围护结构冷负荷及谐波反应法 …… 154
4.2.4 半透明体围护结构得热与负荷及其节能方法 …… 158
4.2.5 冷负荷系数法与室内负荷 …… 170
4.2.6 通风渗透负荷 …… 176
4.3 室内湿环境的形成 …… 179
4.3.1 室内湿源及其散湿量 …… 180
4.3.2 墙体传湿及计算 …… 181
4.3.3 围护结构结露及其防治 …… 182
4.4 热湿环境中的人体生理学和心理学基础 …… 186
4.4.1 热湿环境中的人体生理学基础 …… 186
4.4.2 热湿环境中的人体心理学基础 …… 190
4.4.3 人体热平衡方程以及热舒适性描述 …… 193
4.5 人对热湿环境的评价 …… 198
4.5.1 PMV-PPD 指标及其影响因素 …… 198
4.5.2 空调房间引起局部热不舒适的主要因素 …… 205
4.5.3 其他稳态热舒适性综合评价方法 …… 208
4.5.4 动态热湿环境及其评价方法 …… 213
4.5.5 过热、过冷热湿环境及其评价方法 …… 216
4.6 室内热环境对人员工作效率的影响 …… 219
习题与思考题 …… 221
参考文献 …… 223
第5章 建筑声环境 …… 225
5.1 声音的基本概念及特性 …… 225
5.1.1 声音的基本特性 …… 225
5.1.2 声音的度量 …… 229
5.1.3 声音的传播特性 …… 232
5.1.4 室内声学特性 …… 235
5.2 人的听觉特征及其对环境噪声的反应 …… 240
5.2.1 人耳的听觉特性 …… 240
5.2.2 室内环境噪声与来源 …… 242
5.2.3 噪声的危害 …… 243
5.2.4 环境噪声的评价 …… 245
5.3 建筑环境降噪方法 …… 252
5.3.1 环境噪声控制的基本方法 …… 252
5.3.2 噪声控制的主要途径 …… 252
5.3.3 吸声减噪 …… 255
5.3.4 建筑隔声降噪 …… 259
5.4 室内环境降噪工程方法 …… 261
5.4.1 隔振与减振降噪 …… 261
5.4.2 消声降噪 …… 263
5.4.3 通风、空调系统的噪声控制 …… 264
习题与思考题 …… 270
参考文献 …… 271
第6章 建筑光环境 …… 273
6.1 光与颜色的基本知识 …… 273
6.1.1 光学基本知识 …… 273
6.1.2 材料的光学特性 …… 279
6.1.3 颜色的基本概念 …… 284
6.2 视觉环境 …… 290
6.2.1 人眼的视觉特征 …… 290
6.2.2 视觉功效 …… 294
6.2.3 照明对视觉的影响 …… 295
6.3 天然光环境 …… 295
6.3.1 光气候与采光标准 …… 295
6.3.2 采光窗和天然光环境 …… 298
6.3.3 天然光环境设计基础 …… 303
6.4 人工光环境 …… 306
6.4.1 人工光源 …… 306
6.4.2 照明灯具 …… 310
6.4.3 照明方式和照明种类 …… 316
6.4.4 人工光环境质量及其评价标准 …… 317
6.4.5 室内工作照明设计基础 …… 321
6.4.6 人工照明的节能措施 …… 325
习题与思考题 …… 327
参考文献 …… 328
第7章 建筑环境的综合控制与评价 …… 330
7.1 建筑环境的综合控制目标 …… 330
7.1.1 医药工业 …… 331
7.1.2 纺织工业 …… 331
7.1.3 电子工业 …… 332
7.2 建筑环境的综合评价 …… 334
7.2.1 建筑环境评价的分类 …… 334

7.2.2　建筑环境的评价方法 …………… 334
7.2.3　建筑环境评价要素及其评价方法 ……………………… 338
7.2.4　建筑环境的节能评价标准 ……… 341
7.3　建筑环境的综合分析 ……………………… 341
7.3.1　建筑物的环境影响因素 ………… 341
7.3.2　室内环境品质对人的综合作用 … 342
7.3.3　建筑内环境对建筑外环境的反作用 …………………………… 343
7.3.4　建筑环境评价的数据分析 ……… 345
习题与思考题……………………………… 347
参考文献………………………………… 347
附录 …………………………………… 348
附录 A　建筑材料热物理性能计算参数…… 348
附录 B　民用建筑室内照度标准值………… 350
附录 C　工业建筑通用房间一般照明照度标准值 ………………………………… 353
附录 D　民用建筑环境的主观评价………… 355
附录 E　建筑环境的客观评价 ……………… 359
附录 F　某建筑环境评价案例 ……………… 370

第 1 章 绪论

1

1.1 自然环境与建筑环境

环境是人类赖以生存和发展的基础，是指以人为中心围绕着人的物质世界。环境是一个极其复杂、互相影响、互相制约的辩证的自然综合体。

环境一般可分为自然环境和社会环境，随着科学技术的高度发展，人工环境也应运而生。人类的**自然环境**就是指环绕于人类周围各种自然因素的总和，它是由生物圈构成并保持平衡的物质世界。人类的**社会环境**是指人类的社会制度、经济状况、职业分工、文化艺术、卫生等上层建筑和生产关系。**人工环境**是指人类为了满足生产及生活需要，采用人工方式创造的物理环境。

人类自古以来，最初为了保护自己，创造洞穴以抵御降雨、大风、寒冷、炎热及敌人。这些洞穴与当初动物的巢穴相同，仅起防身作用，以后开始利用窗户自然采光，利用开口通风换气，巧妙地利用自然获得舒适的生活环境。随着现代社会的发展，生活水平的提高和科学技术的进步，人们对高质量居住条件包括对室内各种舒适环境的要求越来越高。室内环境以及与它共存的建筑，被人们不断地研究和改善，并采用建筑设备给室内提供自然所不能给予的舒适环境，由此产生了人工环境学。

城市环境是自然环境的一部分，除了构成城市的物理环境外，它还包括人类活动所形成的社会环境。在城市物理环境中建筑是城市环境的重要组成部分，直接影响人类生活、工作的主要是建筑中的室内环境，它受建筑物室外气温、风速及日照等的影响。因此建筑环境包含了室内环境以及环绕建筑的室外环境。图 1-1 展示了自然环境、城市环境、建筑环境、室

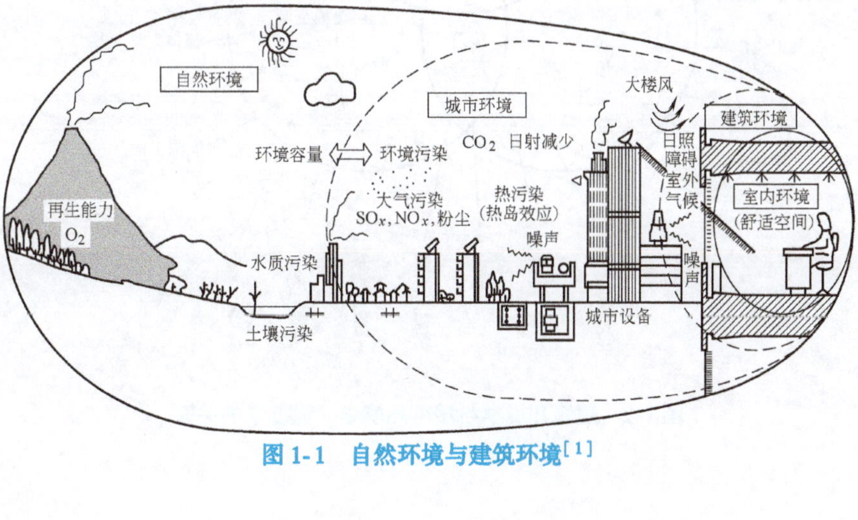

图 1-1 自然环境与建筑环境[1]

内环境之间的关联。

1.2 建筑环境学的作用与地位

建筑环境学是指在建筑空间内，在满足使用功能的前提下，如何使人们在使用过程中感到舒适和健康的一门科学。它包括建筑、传热、声、光、材料及生理和心理等多门学科的内容，是一门跨学科的边缘学科。建筑设备学或称建筑环境工程学则运用建筑环境学、工程技术等的原理和方法，采用机械手段，巧妙地将设备组成系统，以提供室内所需的舒适环境。建筑环境学和建筑设备工程学又可统称为建筑环境与设备工程学，或建筑环境工程学。

1.2.1 建筑环境学在环境学中的地位与作用

环境学是关于利用、控制自然环境，确保安全、舒适生活的技术科学的总称。建筑环境学是环境学的一个分支。

建筑环境是城市环境的一部分，城市环境学主要研究城市公共设施所形成的环境与人类生存所需环境之间的关系，它也是与人们生活、工作息息相关的一门学科。城市环境学、建筑环境学、设备学组成了广义环境的内核，图1-2所示为这三个学科之间的关系以及这一领域所需的基础学科。从图1-2中可以看出，各学科相互影响、相互作用，形成了许多新兴边

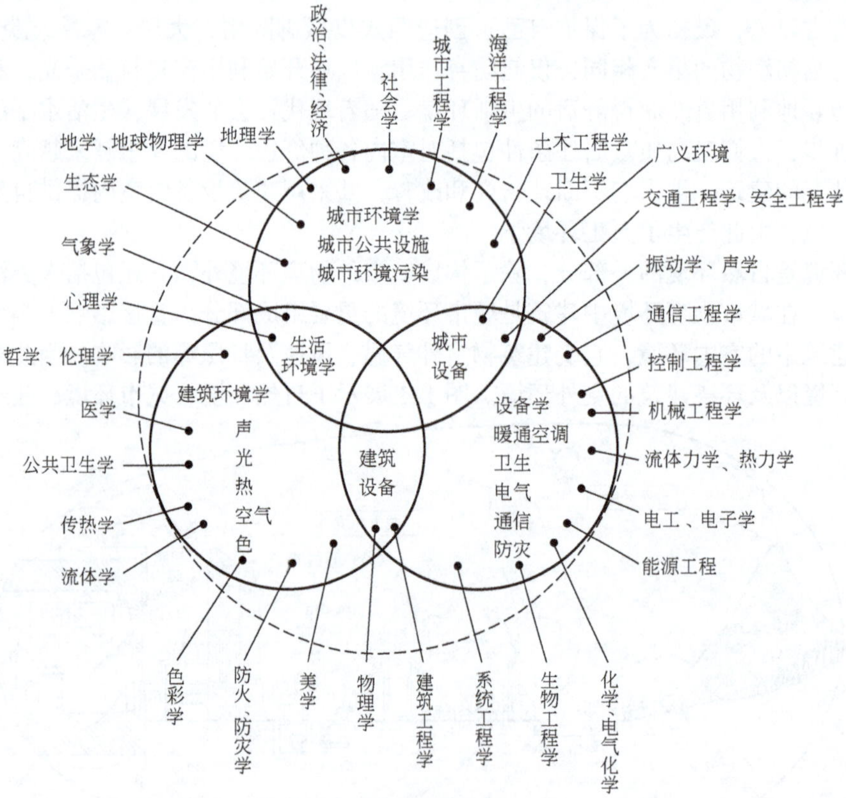

图1-2 建筑环境学与城市环境学、设备学的关联

缘、交叉学科。由环境构成、环境规划、设备系统及其原理等形成了环境系统学。无论是城市环境、建筑环境，还是特殊的室内环境，整个环境系统的形成是通过不同环境要素的环境规划，根据设备原理形成一定的设备系统，实现对环境各个要素内核的要求。它是建立在一定的环境学原理、设备学原理基础上的，通过环境规划组成满足要求的环境系统，其组成环境系统的方法是类似的。建筑环境系统处于城市大环境之中，众多的建筑环境及其建筑外环境组成了庞大的城市环境系统。建筑环境系统根据建筑功能的不同，对建筑环境的要求以及所组成的环境系统也有所不同。图 1-3 所示为环境系统的立体构造。

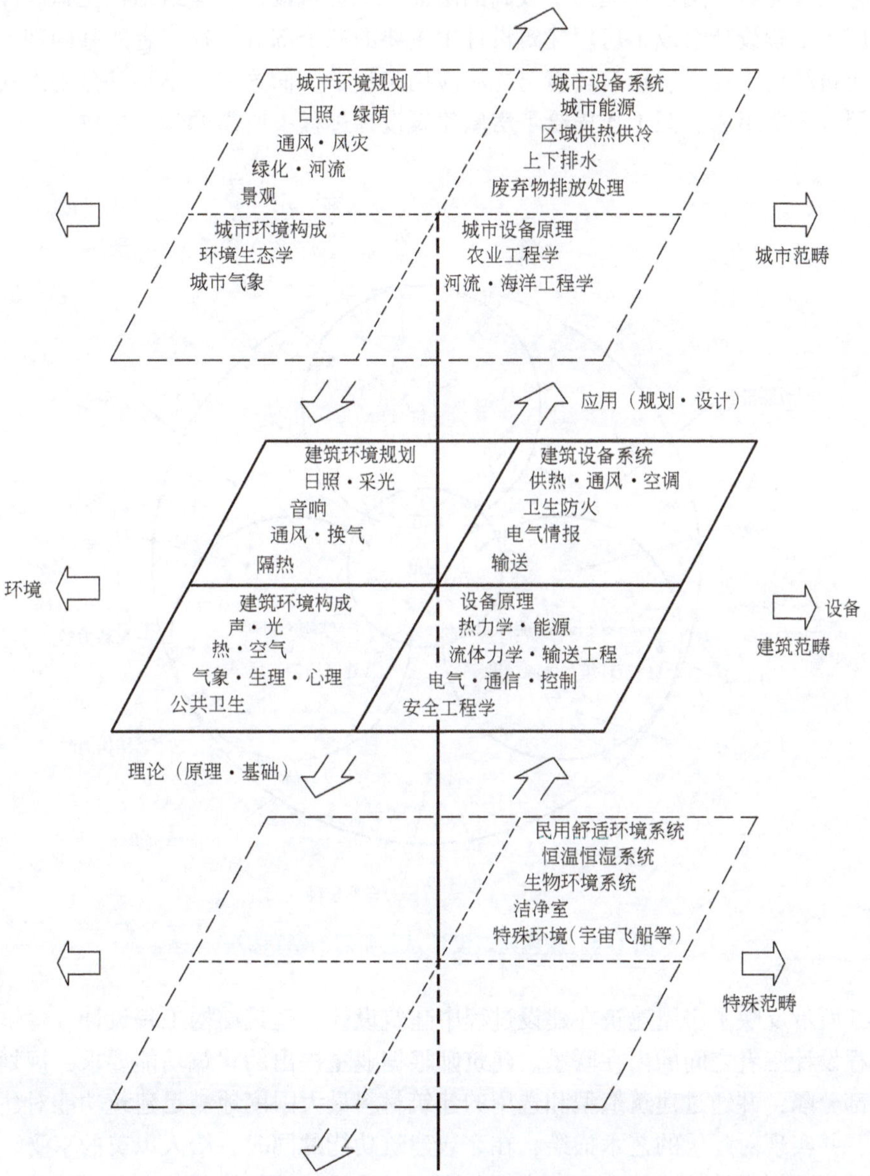

图 1-3 环境系统工程学立体构造

1.2.2 建筑环境学在建筑领域中的地位与作用

房屋建筑设计一般由建筑设计、建筑结构工程设计、建筑环境与设备工程设计构成，其设计主体来自建筑学、结构工程、建筑环境与设备工程三个专业。随着能源资源紧缺问题的日益突出，建筑能耗却在不断地增加，建筑能源应用方法、应用技术、应用效率得到越来越多的关注，2012年教育部在《普通高校本科专业目录（2012）》中，将建筑节能技术与工程、建筑设施智能技术（部分）、建筑环境与设备工程合并为建筑环境与能源应用工程专业。从而将建筑能源应用设计提到了较高的层面上。建筑设计、建筑结构工程设计、建筑环境与能源应用工程设计组成了房屋建筑设计中主要的三个部分，这三者的基础理论均来自于建筑学、建筑结构工程学、建筑环境与能源应用工程学。而这三个学科又分别由众多的基础学科与应用学科所组成。图1-4描绘了房屋建筑设计过程中所需的学科构成。

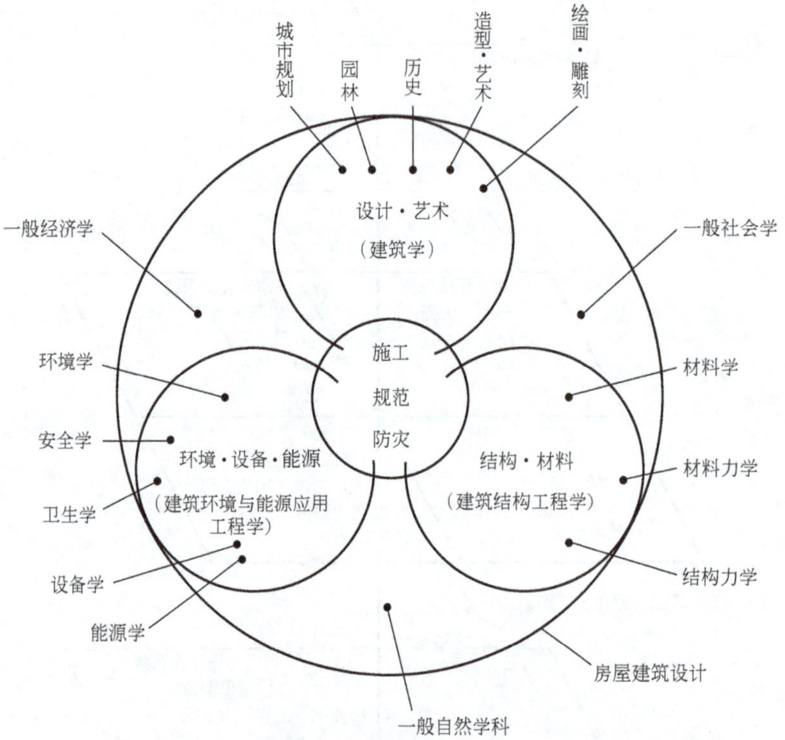

图1-4 房屋建筑设计过程所需的学科构成

图1-5所示反映了房屋建筑在建设过程中建筑设计、建筑结构工程设计、建筑环境与能源应用工程设计三者之间的内在联系。建筑师根据业主提出的建筑功能要求，规划设计建筑造型和内部分隔，并通过建筑造型和选用的建筑材料最大限度地满足建筑功能对建筑内部环境的要求，并实现对建筑的艺术描绘，在完成建筑功能的同时，给人以美的享受。结构工程师根据建筑师规划设计的建筑造型、内部分隔，以承受建筑结构荷载，免遭地震、台风、暴雨等各种自然灾害所引起的危害为目的，进行一系列的结构计算，定量确定建筑结构，为满足建筑功能要求赋予建筑足够的安全性。建筑设备工程师则以建筑师所规划的建筑内部分隔

为对象，考虑采用设备系统工程的方法实现建筑本身无法实现、建筑功能所要求的室内环境。从图 1-5 中可以看出，建筑环境是建筑设备工程师与建筑师共同关注的结合点，房屋建设最终通过结构工程师、设备工程师的结构工程、设备工程的设计与施工，实现建筑师对建筑所规划的设计目标。

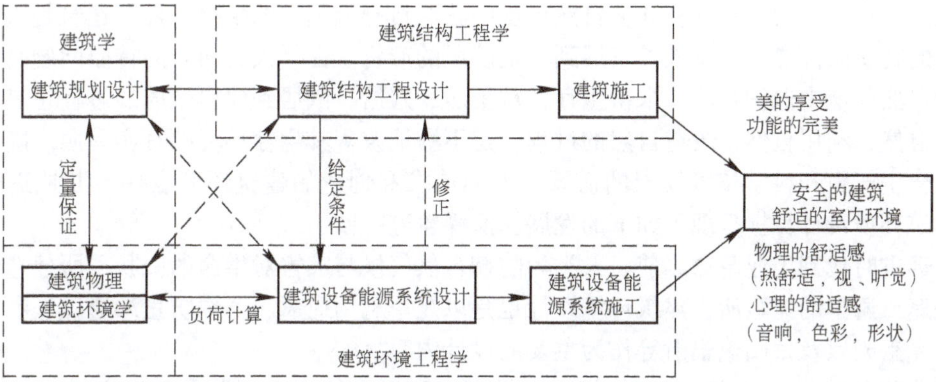

图 1-5　房屋建筑设计过程中建筑、建筑结构工程、建筑设备能源系统设计之间的关联

建筑学中涉及的建筑环境又称**建筑物理**，它主要是从生理、心理的角度分析人们对房屋建筑内、外环境的物质和精神要求，综合运用工程技术手段，在规划和建筑设计中为人们创造适宜的物理环境的学科。它主要侧重待建建筑设计过程中如何运用建筑物理有关知识，利用建筑本身和自然环境创造适宜的室内环境。建筑环境与能源应用工程学科所涉及的**建筑环境学**侧重的是已完成建筑设计或已建的建筑在室内外环境影响下形成的室内环境，运用室内环境基本原理、知识，并根据人体的生理和心理对舒适环境的要求，采用工程设计的方法，达到舒适的或者符合生产要求的室内环境。建筑物理与建筑环境学的许多内容是相通的。

目前，国内建筑工程师主要以研究建筑物理为基础，通过建筑设计实现建筑环境的营造，而暖通工程师对建筑环境的研究，则以研究采用人工的方法弥补建筑本身无法满足人们生理和心理上对室内环境的要求为目的。

随着专业设置的改革，暖通专业（原专业名的简称，原专业名采用较多的是供热通风与空调工程，之后专业改名为建筑环境与设备工程，2012 年教育部更名为建筑环境与能源应用工程）通过重组扩展为现在的建筑环境与能源应用工程专业，它从单纯的改善室内空气环境的建筑设备系统设计，转化为建筑环境系统设计，除了需要完成改善热湿环境、空气环境的工程设计外，还需了解改善室内光、声环境等涉及的建筑电气、建筑给水排水以及建筑设备所引起的噪声防止与控制等的工程设计，同时为从专业学习就重视建筑节能、建筑能源应用的基本理论、工程设计方法，将建筑能源应用正式纳入专业学习，使人工创造的建筑环境不仅舒适、健康，而且节能、环保，成为专业学习中一个重要的组成部分。为此，建筑环境学已成为建筑环境与能源应用工程专业不可缺少的一门主干专业基础课，它在原来的建筑热环境和室内空气品质的基础上，扩充了建筑光环境和建筑声环境等的基础知识。

1.3 建筑环境设计目标发展过程与趋势

1.3.1 建筑环境设计目标发展的演绎过程

人类是自然界的一部分，并从自然环境中获取自身最基本的生存条件。建筑是人类生存与行为的物质条件之一，是人类发展到一定阶段的产物。古代人类面对的首要问题是如何在恶劣的自然环境中保护自己、求得生存，从巢居、穴居、散居到建房聚居的过程正是人类力图适应自然、利用自然、改造自然的过程，是不懈地改善其生存环境的真实写照。随着不同时期社会生产力和科学技术发展的需要，人们追求和创造的建筑环境也在不断地进步和深化。建筑环境设计目标呈现了如下的发展、演绎轨迹[2]。

从远古时代到工业革命之前，人类为防御自然气候与灾害对生命的威胁，所建造的建筑仅仅是遮风避雨的掩蔽所，建筑环境设计也是以夏季利用通风、冬季防止渗透风、利用和控制自然光采光以及太阳热辐射等作为主要的设计内容。

工业革命后至20世纪70年代初，大量煤炭和石油的开采，发电和生产燃气技术的成熟，使人们很方便地获得丰富的电能和天然气，从而为空调与供暖及人工照明等设施提供了能源保障，人们有条件去追求建筑的舒适性，人类进入了所谓的“**舒适建筑**”阶段。进而出现了全封闭的、完全靠空调和人工照明来维持室内环境而与自然界隔绝的、人造生物圈式的“现代化”建筑。此阶段人们对建筑环境开始了研究，建筑环境学中最基本的温湿度概念、空调供暖冷热量的基本计算方法开始形成，成为建筑设备工程的基础理论，作为室内环境设计、空调供暖设备选型基本方法与理论等所必备的一些学科也应运而生。

然而，从1974年开始持续的石油危机，转瞬之间使维系人工环境的能源供应开始短缺，工业界以及人们对生活的随意用能观念起了很大的变化。建筑领域也不例外，许多节能规划项目立案，制定了有关合理使用能源的法规，建筑隔热性能课题研究，大楼合理使用能源指南，降低建筑环境设计的标准等相继出现，与此同时，积极利用太阳能等自然能源、采用高效机械设备，以节能为宗旨的“**节能建筑**”逐渐增多。此阶段的建筑环境设计特征是在舒适和节能之间寻找平衡点。围护结构的隔热厚度、大面积玻璃及其玻璃种类等，对建筑设备的年运行费用影响很大，这类既影响建筑环境又与能耗有关的特性参数，从定性研究开始转为定量研究，并逐渐完善了基本理论。建筑环境学的空气、热学基本理论、研究方法，在这一阶段趋于成熟，其研究领域也趋于完整。

节能建筑打破了人工生物圈内的平衡，许多闻所未闻的健康问题相继显现出来，“病态建筑综合症”等引起了人们的关注。20世纪80年代出现的智能化大楼，将“白领”工人的劳动生产率与室内环境品质联系起来，国外学者又开始研究“**健康建筑**”，特别是室内空气品质，甚至在大楼里建起模拟自然环境的森林浴空调。这一阶段，尽管也常以节能建筑为目的，但更多以如何提高能源利用率为研究目的，信息技术的介入使得在保证环境舒适、健康的基础上，提高效率、降低能耗有了可靠的保证。这一阶段的建筑环境设计特征是在舒适、节能、健康之间寻找平衡点。此阶段建筑环境研究内涵和方法有了很大的发展，计算机的发展和普及，数值计算方法的成熟，促进了室内微气候的研究。此外，室内环境测试手段的不断提高和成熟，给建筑环境学增添了新的催化剂，根据室内空气品质自动控制空调系统，根据室内照度自动控制照明系统等，使建筑环境学以多种方式与相邻学科形成了交叉并获得应用。

可持续发展理论的提出使人们开始反思，此前的建筑发展历程实际上是人类在不断地与自然界抗衡，是人类以不可再生的能源作为武器与自然界斗争。其结果是人与自然两败俱伤。建筑环境设计不仅影响到室内环境品质，进而影响人们的健康和舒适，而且还影响到实现建筑环境所需的能耗及其向大气排放的废气的质与量，于是学者们提出了“**绿色建筑**”（或曰“**可持续建筑**”“**生态建筑**”）的概念。这种建筑的建筑环境应该是健康、舒适的，所用能源是清洁的或者接近清洁的，对大气影响是最小的或接近最小的，并尽可能充分利用可再生能源、亲和自然（如利用自然通风和天然采光）、不破坏环境、保护居住者的健康，充分体现可持续发展和人类回归自然的理念。国内外许多学者致力于绿色建筑的研究，并建起了一些示范建筑，甚至建起了“零能耗”的样板房。可持续发展对建筑环境学学科发展提出了一个更新的要求，促使人们从人的生理和心理角度出发，研究确定合理的室内环境标准，分割室内居住区域和非居住区域，研究自然能源的利用，在室内环境舒适、节能、健康、环保之间寻找建筑环境设计的平衡点，至此建筑环境学作为一门建筑环境设计的必备学科不断地成熟和完整起来。

综上所述，整个建筑环境设计目标发展的演绎过程可采用图1-6来描述。

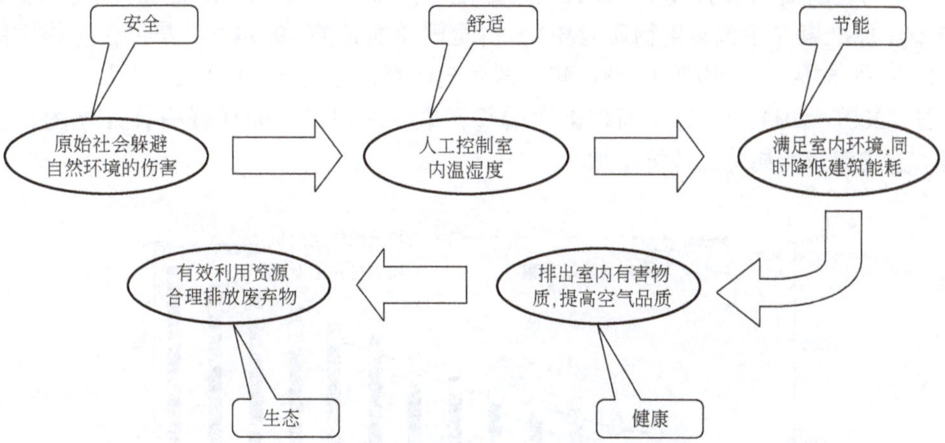

图1-6 建筑环境设计目标发展的演绎过程

1.3.2 病态建筑综合症

在整个建筑环境设计目标的进化过程中，“病态建筑综合症”（Sick Building Syndrome, SBS）是促进建筑环境设计目标发展的重要原因之一。世界卫生组织（World Health Organization, WHO）指出，“**病态建筑综合症**”是指由室内空气品质、室内热环境、室内声环境和室内光环境等的恶化而引起的人体病态症状。从目前对“病态建筑综合症”的研究发现，除了上述室内环境恶化会引起SBS外，室内热环境的长期稳定也会引起SBS。为此有学者根据病症的时间长短将“病态建筑综合症”分为两类，即一类是传统定义的“病态建筑综合症”，对象是短期内（或几个月或一两年）滞留于不良环境（如新装修的房间、不良的空调环境等）的人员，具体表现为眼睛、鼻子和喉咙受到刺激，精神疲劳、头痛、困倦、胸闷、过敏等症状，工作心不在焉，工作效率下降等现象；另一类是由于空调环境的“稳定性”引起，对象是长期（若干年）滞留于空调环境的人员，该类症状表现为人体适应能力下降，生理抵抗力、免疫力减弱。两类“病态建筑综合症”中，前者属体外症状，容易发现，后者属体内症状，不易发现。面对“病态建筑综合症”的出现，空气调节所带来的一些负面效应，传统的建筑环境设计理念受到了冲击，这也许是建筑环境学科发展的一大动力。

随着人们对环境问题影响人体健康的危害效应逐渐认识，“建筑并发症”（Building Related Illness，BRI）和“多种化学物质过敏症”（Multiple Chemical Sensitivity，MCS）等逐渐成为研究热点。如何在保障建筑环境安全、健康的基础上，营造满足人们舒适并且可接受的居住和工作环境，同时尽可能减少能耗和环境污染，便成为人们追求的目标。

1.3.3 建筑能耗与气候变化

建筑环境的创造依赖于建筑设计的合理性与围绕满足室内环境要求的建筑设备系统设计，建筑设备系统的运行依赖于建筑能源的供应，因此将建筑环境–设备系统–能源供应合理地、有效地集成优化是建筑设备工程师的主要任务。

我国国民经济能耗主要有工业能耗、交通能耗、建筑能耗三大类。建筑能耗随建筑建设数量以及人们对建筑环境要求的提高呈现出不断增加的趋势，图1-7所示为我国1996~2011年每年竣工的建筑面积增加情况。2011年我国建筑总面积已达到469亿m^2，建筑能耗总量为6.87亿t标准煤（不包含生物质能耗），占全国总能耗的19.74%，若包含生物质能耗总建筑能耗占22.57%[3]，均低于2008年美国建筑能耗占总能耗40%的比例[4]。从建筑能耗的变化看，2001~2011年，建筑面积迅速增长，单位面积建筑能耗缓中有升（图1-8），两方面因素造成建筑能耗总量持续增加。

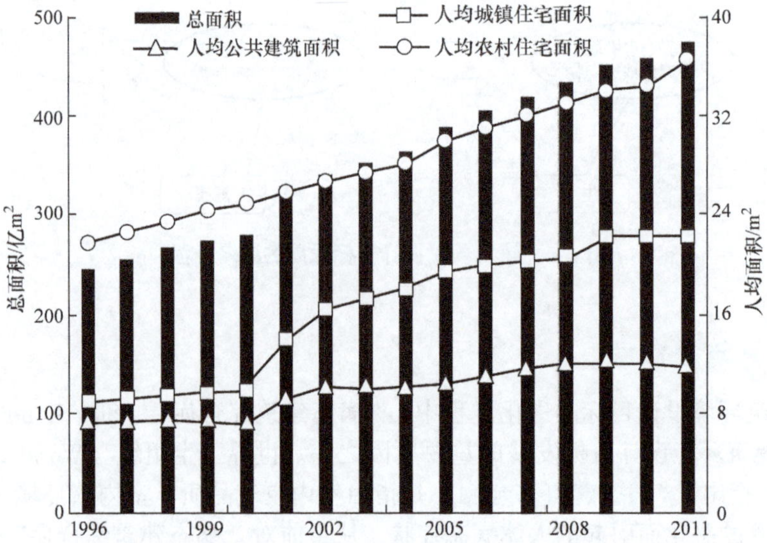

图1-7 1996~2011年建筑面积的逐年变化[3]

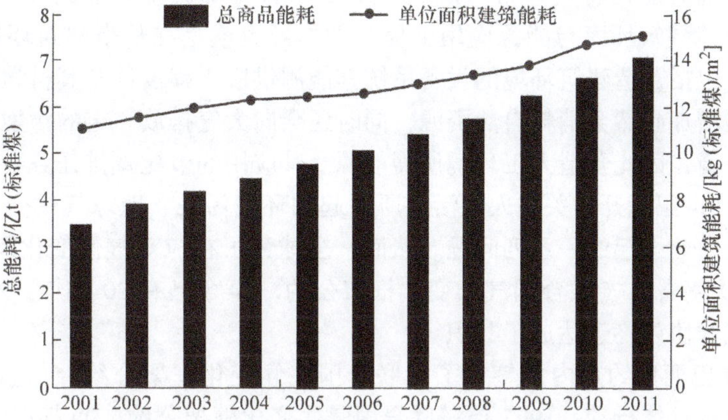

图 1-8　2001~2011 年建筑总能耗和单位面积建筑能耗逐年变化[3]

建筑面积的增加与国家实行的城镇化战略密切相关，我国常住人口城镇化率 2012 年为 52.6%（图 1-9），不仅远低于发达国家 80%的平均水平，也低于人均收入与我国相近的发展中国家 60%的平均水平，2014 年 3 月国务院颁发了《国家新型城镇化规划（2014—2020）》，其中常住人口城镇化率规划 2020 年达到 60%左右[5]。可以预测，在今后的几十年中，随着城镇化率和人们对生活要求的提高，建筑总能耗、单位面积建筑能耗将呈现增长趋势。

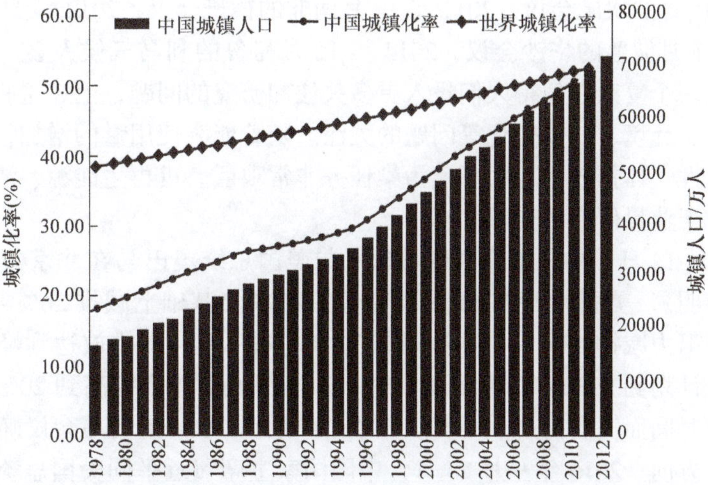

图 1-9　1978~2012 年我国城镇化率的逐年变化[3]

建筑能耗通常是指民用建筑使用过程中的能耗，包括供暖、空调、照明、热水、家用电器和其他动力能耗。民用建筑一般包括住宅建筑和商用建筑。商用建筑包括办公楼、商厦、宾馆、饭店、学校、医院、文化体育场馆，包括生产和经营性的能量消耗，不包括交通运输车辆中的人工环境所需能耗。建筑能耗中，一般供暖和空调能耗占 50%至 70%。从人工环境角度看，如果考虑交通能耗中用于营造交通车辆内人工环境的能耗、工业能耗中用于营造工业生产的人工环境的能耗，以及建筑能耗中用于供暖和空调的建筑能耗，则整个国民总能耗中用于人工环境的能耗将是非常可观的。2012年教育部调整普通高校本科专业目录时，本专业名称改为“建筑环境与能源应用工程”的本意也就是在从事建筑环境的设计、科学研究时，应同时包括营造建筑环境的设备系统其能源供应工程设计及其科学研究。

建筑能耗的增加必然会消耗自然资源，同时还会向大气排放一定的污染，从而直接或间接地影响气候环境，因此营造人工环境所需能源及其应用的节能减排任务会越来越艰巨。

人类早在20世纪就开始关注人类活动所引起的环境污染、地球气候变化等问题，并尝试从多方面解决由此引起的一系列问题。然而，全球为了在应对气候变化问题上达成共识，自1992年第一次签署的《联合国气候变化框架公约》至今已有20多年，2015年在巴黎签署的新的全球气候协议终于达成了共识。

1992年，在巴西里约热内卢签订了《联合国气候变化框架公约》，这份公约虽具有效力，但并没有规定具体行动。1997年《联合国气候变化框架公约》京都议定书（简称《京都协议书》或《京都协议》）要求在2012年之前，发达国家温室气体相当于二氧化碳当量排放总量比1990年的水平至少减少5%，发展中国家则从2012年开始承担减排义务，按规定，只有占全球温室气体排放量55%以上的至少55个国家批准该条约以后，该协议书才能生效，由于当时世界上最大排放国美国未签订该协议书，导致协议书搁浅。2009年12月在哥本哈根会议上，各国第一次统一设定以温室气体排放量作为限额，中国属发展中国家，时任总理温家宝参加了此次会议，并宣布了中国的态度，到2020年我国单位国内生产总值二氧化碳排放比2005年下降40%~45%。各国首脑也在此会议上表示了各自减排的目标，但会议最后达成了无法律约束力的协议——《哥本哈根协议》。以后全球气候大会每年一次，2010年12月墨西哥的坎昆会议，2011年12月南非的德班会议，2012年11月卡塔尔的多哈会议，2013年11月波兰的华沙会议，2014年12月秘鲁的利马气候大会。碳排放与气候变暖之间的关系是一个复杂并值得人们投入更多关注和研究的问题，上述这些气候会议无疑体现了人类对能耗、环境、气候变化等问题的关注。随着能源使用量的增加，矿物燃料使用的增多，减少全球性气体排放引起的环境污染任务非常艰巨。可再生能源、清洁能源的应用成为目前科学界、工业界研究的热点。

2014年11月12日，中国国家主席习近平与美国总统奥巴马在北京共同发表了《中美气候变化联合声明》。美国计划于2025年实现在2005年基础上减排26%~28%的全经济范围减排目标并将努力减排28%。中国计划2030年左右二氧化碳排放达到峰值并努力由峰值转为逐渐减少，计划到2030年非化石能源占一次能源消费比重提高到20%左右。双方均计划继续努力并随时间而提高力度。中美双方联合声明为2014年利马会议确定全球性新协议要素内容提供了方向。2015年9月25日，中国国家主席习近平同美国总统奥巴马在华盛顿举行会谈，双方发表了《中美元首气候变化联合声明》，重申并完善了《中美气候变化联合声明》，向世界传递了积极信号，助推了巴黎签订全球性气候协议。2015年12月12日，在法国巴黎近200个缔约方一致同意通过了《联合国气候变化框架公约》巴黎协议（即《巴黎协议》），协议共29条，包括目标、减缓、适应、损失损害、资金、技术、能力建设、透明度、全球盘点等内容。

《巴黎协议》指出，各方将加强对气候变化威胁的全球应对，把全球平均气温较工业化前水平升高控制在2℃之内，并为把升温控制在1.5℃之内而努力。全球将尽快实现温室气体排放达峰，21世纪下半叶实现温室气体净零排放。根据协议，发达国家应继续带头，努力实现国民经济整体绝对减排目标，并加强对发展中国家的资金、技术和能力建设支持，帮助后者减缓和适应气候变化；发展中国家应继续加强减缓努力，根据不同国情，逐渐实现国民经济整体绝对减排和限排目标。各方将以“自主贡献”的方式参与全球应对气候变化行动。从2023年开始，每5年将对全球行动总体进展进行一次盘点，以帮助各国提高力度、加强国际合作，实现全球应对气候变化的长期目标。《巴黎协议》打开了全球一致应对气候变化的起点。

1.4 建筑环境学的主要内容及研究方法

综上所述，建筑环境学授课目的就是让学习者在学习建筑环境形成机理、建筑环境特性与影响因素、建筑环境评价方法及其营造基本原理等的同时，具有降低建筑能源消耗、减少大气污染排放的理念，在今后的专业学习中，具有集成优化建筑环境与设备系统、降低能源使用量的意识，为创造集舒适、健康、节能、环保于一体的建筑环境奠定理论基础。

本教材学习的建筑环境主要以民用建筑为主，但也兼顾了工业建筑、交通运输车辆中的人工环境知识，是广义的建筑环境。

1.4.1 建筑环境学相关知识点

《高等学校建筑环境与能源应用工程本科指导性专业规范》[6]（2013版）（以下简称专业规范）中，将建筑环境学列为专业基础核心知识体系中建筑领域相关基础一个重要的知识单元，由众多知识点组成了这门课程。由于建筑环境学是一门反映人-建筑-自然环境三者之间关系的科学，是建筑环境与能源应用工程专业重要的核心基础课程，随着人们对保护自然环境和资源的意识加深，建筑环境学同时又是一门学科性前沿课程。通过学习和掌握这门科学，了解人和生产过程需要何种室内环境，掌握室内外环境形成的特征和影响因素，通晓改变或控制室内环境的基本原理与方法，巧用室外环境资源，为后续各专业课程的学习，为创造人工环境提供理论基础。

建筑环境学主要研究建筑物理环境，以及人对此物理环境的需求，由此诠释创造人工环境时应遵循的原理、方法。建筑环境一般可分为：建筑外环境、建筑空气环境、建筑热湿环境、建筑声环境、建筑光环境，广义上建筑环境还应包括建筑内的水环境、社会环境等内容。根据专业规范中建筑环境学各知识点学习要求，本教材学习的**知识点**如下：

（1）**建筑外环境** 了解地球与太阳之间的关系；熟悉太阳位置的确定，太阳辐射能与日照，室外气候特性（主要参数：大气压力、空气温度和湿度、有效天空温度、风速与风向等），城市微气候特点（大气污染、热岛成因、风场特征），城市环境表征参数，我国气候分区；了解土壤环境中的地温特点。

（2）**建筑空气环境** 了解室内空气品质的概念，问题产生的原因，影响室内空气品质的污染源与污染途径，室内空气品质对人体的影响；掌握室内空气评价指标和评价标准，控制室内空气污染的基本方法；了解自然通风与机械通风，余压概念，风压和热压及其作用，空气的稀释与置换，局部通风的方法，掌握室内空气流动的评价指标及其测量方法。

（3）**建筑热湿环境** 了解太阳辐射对建筑物的热作用，掌握非透明围护结构和透明围护结构的热湿传递、室内的显热与潜热得热来源和描述方法，冷负荷与热负荷，典型负荷计算方法原理；掌握人体对热湿环境反应的生理学和心理学基础，人体对稳态热环境的反应，人体对动态环境的反应，不同类型热湿环境的评价指标，热环境与劳动效率。

（4）**建筑声环境** 掌握基本概念（声音的性质、特点和基本计量物理量），人体对声音环境的反应原理与噪声评价，声音传播与衰减的原理，材料与结构的声学性能，噪声控制与治理的基本方法。

（5）**建筑光环境** 掌握光的性质与度量，视觉与光环境，天然采光，人工照明，光环境控制技术。

1.4.2 建筑环境主要关注点

人类在日常生活中无时无刻不在接受着建筑环境的影响。以住宅为例，图1-10几乎描绘了整个建筑环境学学科所研究的内容和对象，所涉及的范围基本可归纳为建筑外环境，室内空气、热、声、光环境。图1-10所示，建筑外环境主要有日射、气候条件、建筑间距等内容；建筑室内空间环境参数主要由空气品质、温湿度、照度、声压级等参数组成，围绕改善这些参数的建筑环境设计有通风换气、太阳能利用、隔热保温设计、结露防止、防湿设计、日照设计、采光设计、照明设计、色彩设计、隔声设计、防振设计、音响设计、通信、防灾规划等。

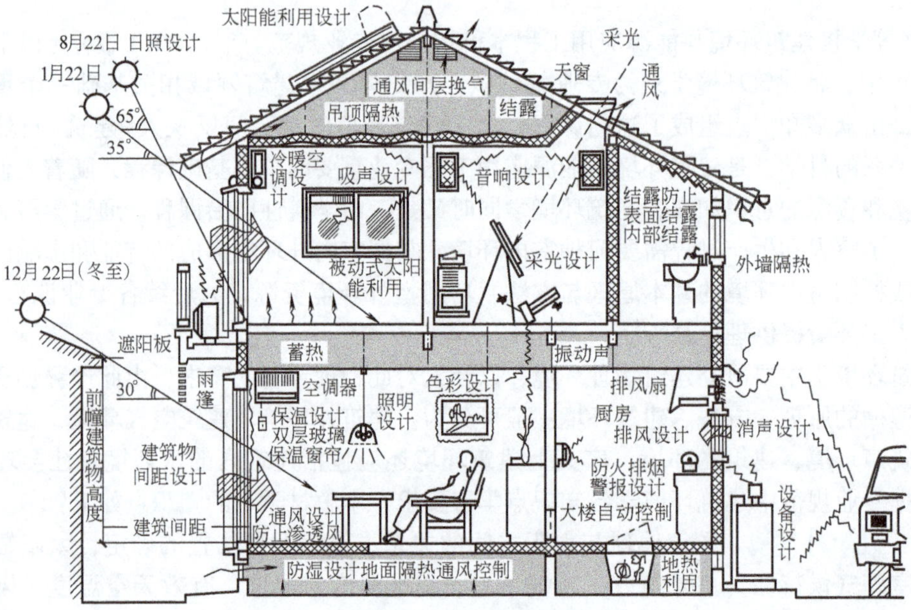

图1-10 住宅与建筑环境学的关联[1]

根据建筑物的使用性质，可将建筑物分为民用建筑、工业建筑和农业建筑三大类。民用建筑又可分为居住建筑和公共建筑。公共建筑包含办公建筑、商业建筑、旅游建筑、体育建筑、交通运输建筑等。建筑环境高度关注满足建筑功能同时的环境需求。比如住宅、办公楼、医院病房、养老设施建筑、幼儿园、学校教室等以人为中心的建筑，特别关注与人密切相关的热湿环境、室内空气品质、室内声光环境是否符合人对环境的要求，而像图书馆除了满足人的需求外，对室内声光环境要求特别关注，再如体育馆建筑，其中的比赛场地环境、观众席环境应有所区别和侧重。

对于工业建筑和农业建筑，建筑环境则更多关注如何使产品生产、农作物的生长环境满足其产品质量、农作物生长要求，若有在室人员，则还应兼顾人对环境的要求，为此掌握这些环境需要满足的条件，提出满足产品生产、作物生长以及在室人员等要求的环境设计方法则是建筑环境关注的主要方面。

不同功能需求的建筑对室内环境要求不同。进入 21 世纪后，人们对节能减排的重视，使得在营造符合建筑功能需要的同时，还关注营造环境所需的设备系统能耗是否最低、污染排放是否最低。为此掌握不同建筑环境特点，为集成与优化环境与设备系统提供依据和方法，使营造的环境舒适、健康、节能、环保，这是学习“建筑环境学”的主要任务。同时，除了关注室内热湿环境、室内空气品质、室内声光环境基本参数外，如何利用建筑本身营造良好的室内环境，如利用自然通风、室内气流组织、室内吸声隔声措施、人工照明等室内环境营造技术则是学习“建筑环境学”的重要任务之一。此外，如何评价室内环境，解决室内环境存在的问题，进而提出改善环境的方案则是学习“建筑环境学”的目标。

1.4.3 建筑环境面临需要解决的问题

建筑环境设计目标的发展经历了安全、舒适、节能、健康和环保的演绎历程。在强调可持续发展的今天，人们对建筑环境舒适、健康的要求在不断提高，随之而来营造建筑环境所需能耗也在不断增加，因能源使用排放至地球的污染也在随之增加，我国建筑用能已接近全国能源消费总量的 1/4，而其中空调能耗占建筑用能中的 50%左右。随着人民生活水平的提高，建筑能耗正逐步增加到全国能源消耗总量的 1/3 以上，我国主要的能源资源中的 2/3 是煤，其污染排放是所有能源中最大的。因此，建筑环境设计目标中环境的舒适与健康和环境的节能与环保的矛盾逐渐趋于突出。

建筑用能消费大量能源，并造成环境污染，各国纷纷将可持续发展上升为国策。我国面临巨大的资源约束瓶颈和环境恶化压力，建筑及其建筑环境的建设唯有走绿色建筑之路，才能实现建筑可持续发展，才能营造集舒适、节能、健康、环保为一体的绿色建筑。

建筑环境中，随着建筑材料、室内家具材料合成化的程度提高，室内空气品质与居住者健康的关联越来越密切。室外交通污染、大气污染对室内环境的影响，大楼“病态建筑综合症”等困扰着建筑环境设计师，如何在营造室内环境的同时，通过工程方法克服来自室内的、室外的污染影响，使室内环境更亲近自然、有利于居住者身心健康、提高工作效率这将是建筑环境设计师们的重要任务。

随着室内环境对人体影响的新问题的不断出现，研究现有环境对人体舒适、健康影响的机理，进而提出舒适、健康的建筑环境参数，找出影响舒适、健康环境的源头，提出改进和遏制影响室内环境的建筑材料、装修材料的方向，完善居住者生活习性，改良空调房间的新风系统，室内环境参数的控制和调节等，这些将是建筑环境研究的重要内容。

1.4.4 建筑环境学研究方法

对现有建筑环境的研究方法根据参数不同可归纳为两大类，一类是针对环境宏观参数进行研究，另一类是针对环境的场参数进行研究。前者侧重于工程设计、环境与外界之间关联、环境状况因果关联的研究，后者侧重于场内参数的变化及其规律的研究，从微环境出发研究建筑环境。前者根据物理对象，一般采用简单的数学模型方法进行求解确定，后者由于求解环境场的数学模型复杂，常采用数值求解方法进行研究。随着计算机技术、测试仪器和测定技术的发展，实验方法研究建筑环境的范围不断地得到扩大，其内涵不断地得到加深。由于建筑环境的评价与人的主观感受有着密切的关联，采用问卷调查研究建筑环境的方法不断地得到重视。为此，无论是环境的宏观参数还是微观参数，其研究手段可归纳有理论解析研究方法、数值模拟研究方法、实验研究方法，其中实验研究方法有现场实测研究方法、模拟实验研究方法、实地调研研究方法。随着科学技术和计算机技术的高度发展，建筑环境研究方法必将趋于多样和复合化。

建筑环境工程是一个系统工程，在学习建筑环境学的过程中，应注意从系统的角度看问题，弄清各教学内容之间的联系，掌握教材中所论述的基本理论及其应用。

习题与思考题

1. 描述您所了解的建筑环境学，并对其发展前景发表自己的观点。
2. 说明建筑环境工程师与建筑师对建筑环境关注的不同点。
3. 您认为今后的建筑环境学在横向方面的交叉学科是什么？纵向方面的边缘学科是什么？
4. 阐述建筑环境-设备系统-能源应用设计中的理念。
5. 当今建筑环境主要解决的问题有哪些？
6. 利用不同渠道的数据，调研当地气候变化对建筑环境的影响。

参考文献

[1] 田中俊六，武田仁，足立哲夫，等．建筑环境工学［M］. 2版．日本：井上书院，2005.
[2] 龙惟定．试论我国暖通空调业的可持续发展［J］．暖通空调，1999，29（3）：25-30.
[3] 清华大学建筑节能研究中心．中国建筑节能年度发展研究报告 2013［R］. 北京：中国建筑工业出版社，2013.
[4] 许鹏，等．美国建筑节能研究总览［M］．北京：中国建筑工业出版社，2012.
[5] 中共中央，国务院．国家新型城镇化规划（2014—2020）［EB/OL］.（2014-03-16）. http：//news. xinhuanet. com/politics/2014-03/16/c_ 119791251. htm.
[6] 高等学校建筑环境与设备工程学科专业指导委员会．高等学校建筑环境与能源应用工程本科指导性专业规范［M］. 北京：中国建筑工业出版社，2013.

第 2 章 建筑外环境

2

环绕建筑物的外环境是通过外围护结构影响室内环境的，室内空气品质与热湿环境直接或间接地受到室外气候的影响，室内自然光环境则直接受室外光气候的影响，而室内声环境是在室外声环境的基础上形成的。掌握环绕建筑物所在地的环境要素及其变化规律特征，是合理、节能地设计舒适的建筑环境的必要条件之一。

建筑外环境主要由这一地区的空气质量、热、光、声等要素构成，具体体现在室外气候、光气候以及环境噪声方面。本章主要讨论与建筑内部空气环境以及热湿环境密切相关的气候要素：太阳辐射、气温、湿度、风、降水等，并介绍建筑外环境中的地质环境、水环境、植被对建筑环境的影响。光气候以及环境噪声等则分别在建筑光环境和建筑声环境中讨论。

2.1 建筑外环境中的太阳辐射

2.1.1 地球绕日运行基本知识

地球绕日运行中的几个基本概念如下：

1. 经线或子午线

通过地轴（即地球南北极连线）的平面同地球表面相交而成的圆叫**经度圈**。经度圈通过地球南北两极，由地轴分割成的两个半圆线称**经线**，或称**子午线**，全球分 180 个经度圈，360 条经线。1884 年在华盛顿召开的国际经度会议商定，以英国伦敦的格林尼治天文台所在的子午线为全世界通用的**本初子午线**。

2. 纬线和赤道

垂直于地轴平面、与地球表面相割而成的圆称为**纬线**，它们彼此平行，其中通过地心的纬线叫**赤道**(又称赤道线)，如图 2-1 所示。赤道所在的平面叫**赤道平面**。赤道平面把地球等分成南半球和北半球。

3. 经度、纬度

不同的经线和纬线分别按不同的经度和纬度来区分，如图 2-1 所示。地球上任何一点的位置，都可用经度和纬度两个纵横坐标来表示。所谓**经度**就是地球上某点本地子午线所在的平面与本初子午线所在的平面间的夹角，通常在赤道平面上度量，它以本初子午线为零度线。自零度线向东分 180°，称为**东经**；向西分 180°，称为**西经**。**纬度**则是本地法线（地平面的垂线）和赤道平面的交角，在本地子午线上度量。赤道面是纬度度量的起点，赤道上的纬度为零。自赤道向北极方向称**北纬**；向南极方向称**南纬**。

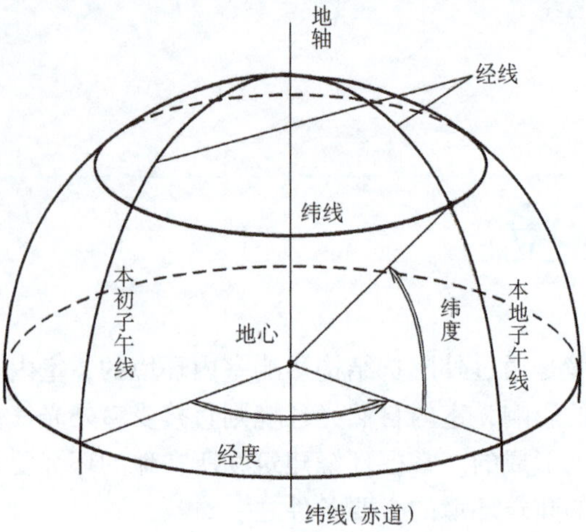

图 2-1 经纬线与经纬度

4. 黄道面

地球围绕太阳逆时针公转是循着一个偏心率很小的椭圆形轨道运行的，这个椭圆形轨道面称为**黄道面**。地球绕太阳公转周期为 1 年。在这一年中，地球距太阳最近时约为 1.47×10^8km（1 月初），距太阳最远时约为 1.53×10^8km（7 月初），如图 2-2 所示。

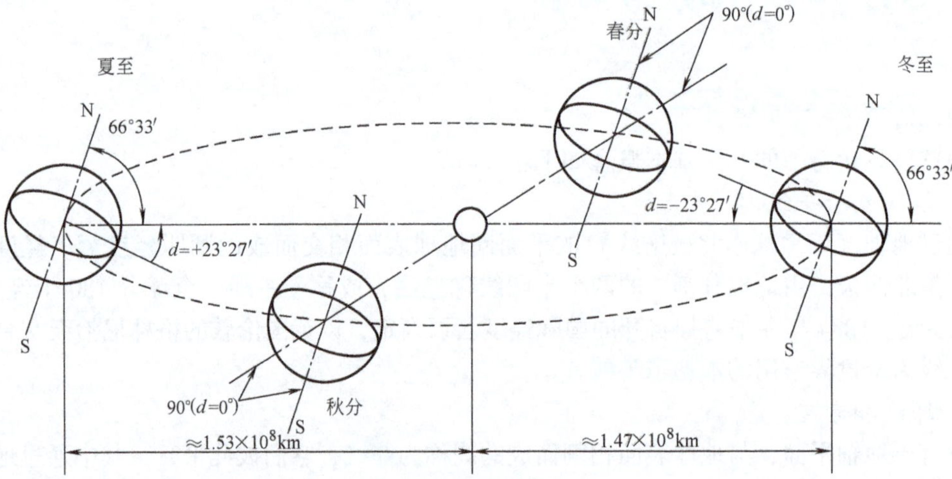

图 2-2 地球的自转与公转

5. 赤纬

赤纬d 即太阳光线与地球赤道平面的夹角，与太阳光线和地轴之间夹角互补为 90°。地球公转时，赤纬随地球公转轨道上的位置，即日期的不同而变化。赤纬从赤道平面算起，向北为正，向南为负。全年赤纬在+23°27′～−23°27′变化。

6. 公转、自转与四季

地球绕太阳公转一周为一年，自转一周为一天。图 2-2 给出了地球在公转轨道上的几个典型位置。6 月 21 日或 22 日（夏至）这天，地球自转轴的北端与围绕太阳的公转轴倾斜

23°27′，即赤纬 $d=+23°27'$，此时，赤道以北的地区日照时间最长，日照面积最大。12 月 22 或 23 日（冬至）那天，地球自转轴的北端与围绕太阳的公转轴偏离 23°27′，即赤纬 $d=-23°27'$，此时，地球赤道以北的地区日照时间最短，也是照射面积最小的一天，赤道以南的情况恰好与上述情况相反。表 2-1 为不同纬度夏至、冬至的白昼时数比较。整个公转周期内，3 月 21 日或 22 日（春分）与 9 月 22 日或 23 日（秋分）两天地球自转轴与围绕太阳的公转轴成直角，即赤纬 $d=0°$，此时，南、北半球的昼夜均等长，赤道南、北地区的日照时间都完全相等，这一天地球赤道地区，正午时刻阳光垂直照射地面。地球在绕太阳公转的行程中，不同日期有不同的太阳赤纬，春分、夏至、秋分、冬至分别把黄道等分成四个区段，如果将每个区段再等分成六小段，则全年可分为 24 小段，每小段太阳运行大约 15 天，这就是我国传统的历法——**24 节气**。一般每年同日期的赤纬与平均时差略有不同，表 2-2 给出了我国古代历法规定的二十四个节气的大致日期及其相应的赤纬度数和平均时差。一年中逐日的赤纬可用下面公式近似计算[1]

表 2-1 不同纬度夏至、冬至的白昼时数比较

北纬	夏至日白昼时数	冬至日白昼时数
66°33′	24 时 00 分	0 时 00 分
60°	18 时 30 分	5 时 30 分
55°	17 时 07 分	6 时 53 分
50°	16 时 09 分	7 时 51 分
45°	15 时 26 分	8 时 34 分
40°	14 时 51 分	9 时 09 分
35°	14 时 22 分	9 时 38 分
30°	13 时 56 分	10 时 04 分
25°	13 时 34 分	10 时 26 分
20°	13 时 13 分	10 时 47 分
15°	12 时 53 分	11 时 07 分
10°	12 时 35 分	11 时 25 分
5°	12 时 17 分	11 时 43 分
0°	12 时 00 分	12 时 00 分
南纬	冬至日白昼时数	夏至日白昼时数

$$d = 23.45 \times \sin\left(\frac{284 + N}{365} \times 360\right) \tag{2-1}$$

式中　d——赤纬（°）；

N——从 1 月 1 日开始计算的天数（d）。

表 2-2 二十四节气的太阳赤纬和平均时差[2]

季节	日期	平均时差	赤纬	平均时差	日期	季节
夏至	6月21日或22日	-1.9min	+23°27′			
芒种	6月6日左右	1.1min	+22°30′	-4.9min	7月8日左右	小暑
小满	5月21日左右	3.2min	+20°00′	-6.2min	7月23日左右	大暑
立夏	5月6日左右	3.4min	+15°00′	-5.4min	8月8日左右	立秋
谷雨	4月21日左右	1.5min	+11°00′	-2.2min	8月23日左右	处暑
清明	4月5日左右	-2.5min	+6°00′	3.0min	9月8日左右	白露
春分	3月21日或22日	-7.1min	0°	8.5min	9月22日或23日	秋分
惊蛰	3月6日左右	-11.6min	-6°00′	13.7min	10月9日左右	寒露
雨水	2月21日左右	-13.9min	-11°00′	16.3min	10月24日左右	霜降
立春	2月4日左右	-14.0min	-15°00′	15.8min	11月8日左右	立冬
大寒	1月21日左右	-11.0min	-20°00′	12.2min	11月23日左右	小雪
小寒	1月6日左右	-5.4min	-22°30′	6.0min	12月8日左右	大雪
			-23°27′	-1.0min	12月22日或23日	冬至

7. 南（北）回归线与南（北）极圈

从图2-2还可看出，冬至日那天，南纬23°27′一线各地中午时刻的阳光垂直地面，而夏至日那天，北纬23°27′一线各地中午时刻的阳光垂直于地面，此二线称作**南、北回归线**。此外，冬至日时北纬66°33′以北的地区整天见不到太阳。但在夏至日时此线以北的地区又整天整夜能有阳光照射，因此，北纬66°33′线称作**北极圈**。同理，南纬66°33′线称作**南极圈**。

北纬地区冬至日日照时数最短，夏至日日照时数最长，并不意味着这两天是这一地区全年最冷和最热日。由于地球是一个庞大的物体，当它受到不同辐射量的阳光照射而使地球表面气温发生变化时，都需要有一相当的时期，一般最冷、最热的天气出现在冬至和夏至一个月以后的大寒和大暑日左右。

8. 时角、真太阳时、平均太阳时

太阳辐射量与日照时间等不仅与地球公转的位置有关，而且还与地球自转位置相关。地球自转的位置用**时角**h度量，以真太阳时为计算基准。所谓**真太阳时**，是以太阳通过当地正南时为正午12点计算一天时间的基准。由于地球循着一个偏心率很小的椭圆形轨迹绕太阳旋转，太阳与地球之间的距离和相对位置随时间变化，致使每天的真太阳时不同。**平均太阳时**是根据假想地球公转的轨道是正圆形，每日地球自转时间相同定义的。真太阳时与平均太阳时之间存在着时差，全年各日平均时差都不相同，二十四节气日平均时差见表2-2。

9. 标准时

经度不同的地方，正午的真太阳时和平均太阳时都不相同，使用很不方便。因此规定在一定经度范围内统一使用一种**标准时**，在该范围内同一时刻的钟点均为相同。经国际协议，以本初子午线处真太阳时为世界时间的标准，即**世界时**，又称**格林尼治时间**。全世界按地理经度划分为24个时区，每个时区包含地理经度15°，相邻两个时区的时差为1h。我国规定以东经120°的真太阳时作为全国范围内实行的标准时间，称为**北京时间**。北京时间和世界时相差8h，即北京时间等于世界时加8h。

10. 真太阳时与标准时的换算

某地真太阳时H与该地标准时之间关系可按下式计算：

$$H = H_s \pm \frac{L - L_s}{15} + e \tag{2-2}$$

式中 H_s——该地标准时（地区平均太阳时）(h)；

L、L_s——当地子午线的经度和地区标准时位置的经度（°）；对于东半球，式中“±”号取正号，对于西半球则取负号；

e——时差修正（h）。

由于地球循着一个偏心率很小的椭圆形轨道运行，实际真太阳时与平均太阳时之间存在一定的时差，如夏至平均时差为-1′54″，秋分平均时差为+8′30″。全年 24 节气的时差可见表 2-2，全年各日平均时差也可用下式计算[3]

$$e = -0.0002786409 + 0.1227715\cos(W + 1.498311) - 0.1654575\cos(2W - 1.261546) - 0.005353830\cos(3W - 1.157100) \tag{2-3}$$

$$W = \frac{2N\pi}{360} \tag{2-4}$$

北京处于东经 116°19′，当不考虑太阳轨迹非圆引起的时差时，北京标准时间 12 点，实际上它的真太阳时间为

$$12:00 + \frac{116°19' - 120°}{15°} = 11:45$$

同理，上海处于东经 121°26′，则当北京时间为中午 12 点时，上海地区的真太阳时间应为

$$12:00 + \frac{121°26' - 120°}{15°} = 12:06$$

北京上海两地时差为 21min。我国地理幅度大部分处于东经 80°~130°，因此在全国范围内真太阳时的时差可达 3h。例如，新疆的喀什与北京标准时间的时差为 2h57min。

2.1.2 太阳位置的表示方法

假定地球不动，天空中一切星体，包括太阳在内，均在一个球面上并绕地球地轴而转动，这个假想球体称为**天球**，延长地轴线与天球相交的两点就是天极，P_N 为**北天极**，另一端则为 P_S **南天极**。把通过地心并平行于某地地平面的平面扩大，同天球相割而成的天球大圆叫**地平圈**，它反映了地球上某地的地平面在天球上的相对位置。现以地平圈以上的半天球作为研究对象，便可用图 2-3 表示太阳在天空中移动的轨迹，太阳位置采用太阳高度角和方位角来表示。**太阳高度角**是地球表面上某点和太阳的连线与地平面之间的交角。**太阳方位角**是太阳至地面上某给定点连线在地面上的投影与南向的夹角，太阳偏东时为负，偏西时为正。任何一个地区在日出、日落时，太阳高度角为零，一天中的正午，即真太阳时 12 时，高度角最大，此时太阳位于正南。任何一天内，上、下午太阳位置对称于正午，例如下午 3 时 15 分对称于上午 8 时 45 分，此时，太阳高度角和方位角数值相同，只是方位角符号相反而已。**夏至**日是一年中正午太阳高度角最高的一天，昼长夜短，日出于东偏北方向，日落于西偏北方向；**春秋分**时日出于正东方向，日落于正西方向；**冬至**日是一年中正午太阳高度角最低的一天，昼短夜长，日出于东偏南方向，日落于西偏南方向。太阳相对于地球的旋转对于地球赤道是对称的，以上所述为北半球所发生的情况，对于地球公转所引起的四季，半年后将在南半球重复出现，而太阳在南半球上的日出与日落方向则与北半球相反。

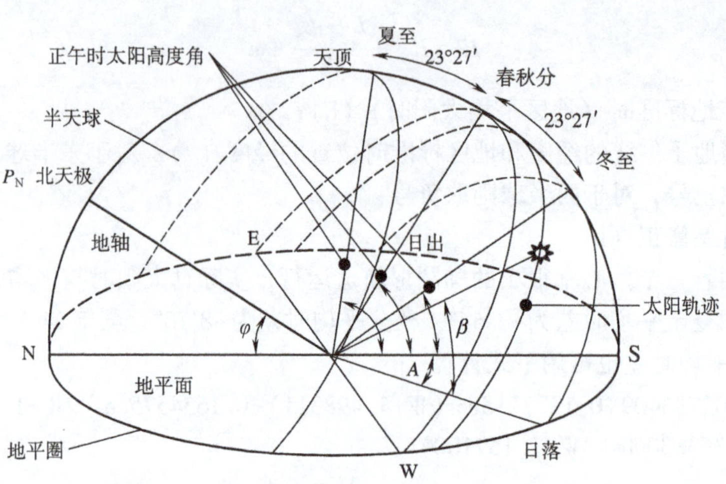

图 2-3 不同季节的太阳轨迹

影响太阳高度角和方位角的因素有三个：地理纬度 φ，它表明观察点所在地方的差异；赤纬 d，它表明季节（即日期）的变化；时角 h，它表明地球自转的位置，即时间的变化。太阳高度角与方位角可用下列两式计算

$$\sin\beta=\sin\varphi\sin d+\cos\varphi\cos d\cos h \tag{2-5}$$

$$\sin A=\frac{\cos d\sin h}{\cos\beta} \tag{2-6a}$$

式中 β——太阳高度角（°），日出日落时为0°；

φ——地理纬度（°）；

d——赤纬（°）；

h——时角（°），以正午为0°，每小时时角为15°，下午取正，上午取负；

A——太阳方位角（°），南向为0°，偏东为负值，偏西为正值。

当采用式（2-6a）计算出的 $\sin A$ 大于1或其绝对值较小时应采用下式计算

$$\cos A=\frac{\sin\beta\sin\varphi-\sin d}{\cos\beta\cos\varphi} \tag{2-6b}$$

2.1.3 太阳辐射能与日照

太阳辐射能是地球上热量的基本来源，是决定气候的主要因素，也是建筑物外部最主要的气候条件之一。

太阳辐射通过大气层时，其中的一部分辐射能被云层反射到宇宙空间；另一部分则受到天空中各种气体分子、尘埃、微小水珠等质点的散射；还有一部分被大气中的氧、臭氧、二氧化碳和水蒸气所吸收，如图 2-4 所示。由于反射、散射和吸收的共同作用，使得到达地球表面的太阳辐射强度大大削弱，辐射光谱也因此发生变化。到达地面的太阳辐射由两部分组成，一是太阳直接辐射到达地面的部分，称**直接辐射**，它的射线基本平行；另一部分是经大气散射后到达地面，它的射线来自各个方向，称为**散射辐射**。一般认为直接辐射与散射辐射之和就是到达地面的太阳辐射总量，称为**总辐射**。

大气对太阳辐射的削弱程度取决于射线在大气中射程的长短即**大气质量**的好坏。图 2-5

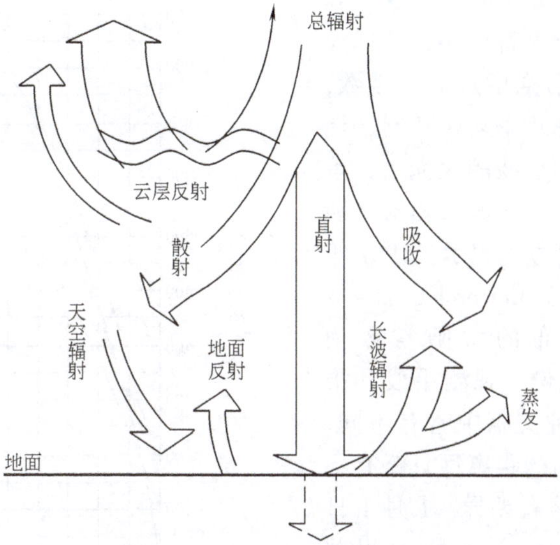

图 2-4　太阳辐射热交换示意图

和图 2-6 分别反映了不同纬度和一天中不同时间的日射情况，图中反映了高纬度和傍晚时由于日射射线在大气中的射程比较长，日射到达地面的量将减弱。图 2-7 则反映了夏季最热月份不同纬度在水平面上太阳辐射强度的日变化。

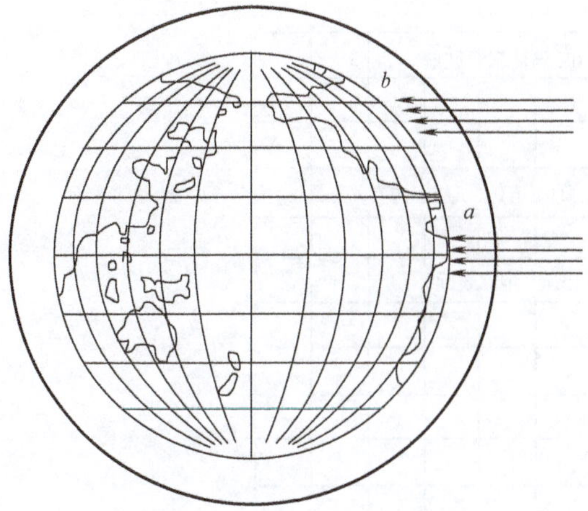

图 2-5　不同纬度受照情况

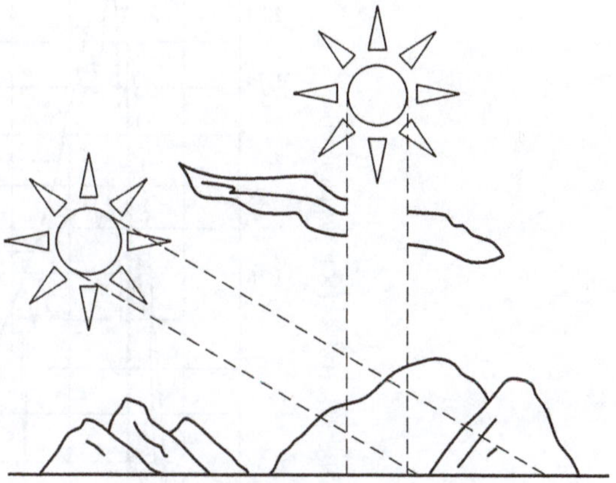

图 2-6　正午和傍晚地面受照情况图

大气透明度也是影响太阳辐射到达地面大小的一个因素。大气透明度视大气中含有的烟雾、灰尘、水汽及二氧化碳等造成的浑浊状况而定。农村上空的大气较城市透明，海拔较高的地区大气中的云量及尘埃均较少，因此农村与海拔高的地区太阳直接辐射强度较大，而散射强度相对较小。有关太阳辐射到达地面的计算方法将在第 4 章描述。

太阳是一直径相当于地球 110 倍的高温气团，其表面温度约 6000K，内部温度高达 2×10^7K。太阳表面不断以电磁波辐射的形式向宇宙空间发射出巨大的热能，地球接受的太阳辐射能量约为 1.7×10^{14}kW，仅占其总辐射能量的二十亿分之一左右。太阳辐射量的大小用单位面积**辐射强度** I（又称**辐射照度**）表示。因地球相对于太阳而言极小，地球大气层外接受的太阳辐射强度近似为常数，为此，定义太阳与地球年平均距离时，地球大气层外垂直于太阳射线的表面上，单位面积单位时间的太阳的全波长辐射总能量称为**太阳常数**，以符号 I_0 表示，1981年世界气象组织（World Meteorological Organization，WMO）公布的太阳常数为 $1368W/m^2$。因观测年份、观测手段和推算方法的差异，在几种文献中略有不同。此外，太阳与地球之间的距离逐日略有不同，太阳辐射强度也略有差异，1月1日最大，7月1日最小，全年最大相差约7%。

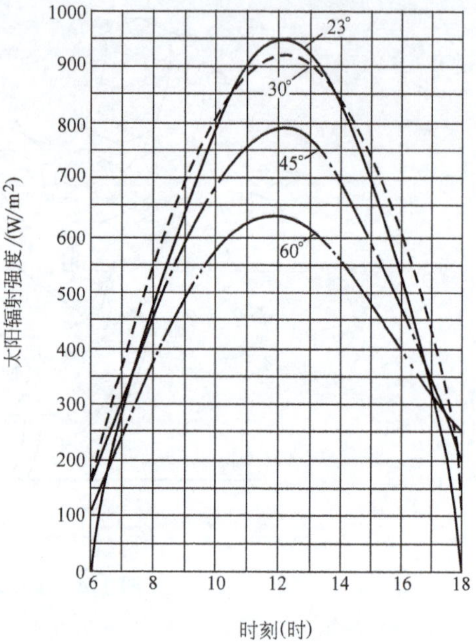

图2-7 不同纬度水平面上太阳辐射

太阳辐射的电磁波波长从 0.1μm 的 X 射线，到波长达 100m 的无线电波，其辐射光谱见图2-8，图中大气层外太阳光谱接近于6000K的黑体辐射光谱，太阳常数与太阳辐射光谱之间的关系可用下式表示

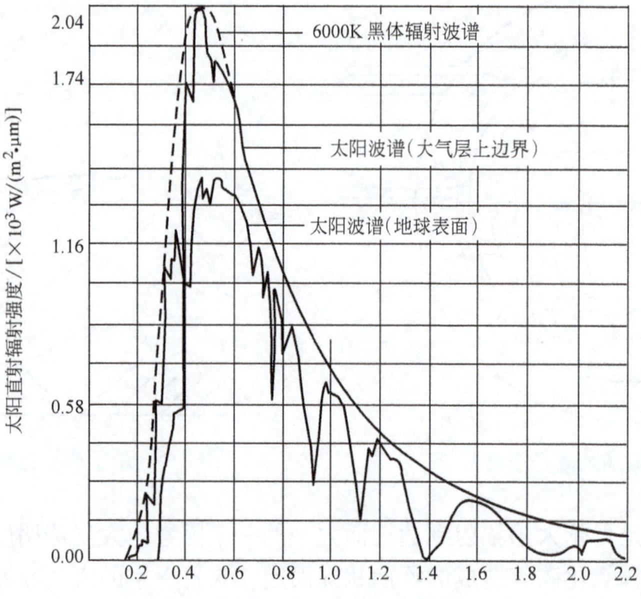

图2-8 太阳辐射光谱分布（晴天）

$$I_0 = \int_0^{\infty} E(\lambda)\,d\lambda \tag{2-7}$$

式中　I_0——太阳常数（W/m^2）；

λ——辐射波长（μm）；

$E(\lambda)$——各种波长的太阳辐射强度[$W/(m^2 \cdot \mu m)$]。

图 2-8 中全波长辐射能量中近 99%的能量集中在波长为 0.28～5.0μm 的波段。大部分**紫外线**（波长为 0.29～0.38μm）被臭氧所吸收；波长为 0.38～0.78μm 之间的可见光部分，可比较完整地到达地面；其次**近红外** 0.76～2.5μm 大部分也能到达地面，但波长超过 2.5μm 的**远红外**射线，在大气层外的辐射强度比较低，再加上大气层中的二氧化碳和水蒸气对它们有强烈的吸收作用，所以能到达地面的能量微乎其微。因此，地面所接受的太阳辐射属于中短波辐射，从地面利用太阳能的角度看，一般只考虑 0.28～2.5μm 的太阳射线。

太阳辐射光谱随太阳高度角不同其成分也有所不同，各种辐射线的能量占太阳辐射总量的百分比随太阳高度角的变化规律如表 2-3 所示。从表中可看出，太阳高度角越高，紫外线及可见光成分就越多；红外线恰好相反，它的成分随太阳高度角增加而减少。

不同地区地面受到的太阳辐射强度，随当地地理纬度、大气透明度、季节与时间的变化而有所不同。第 4 章将进一步量化阐述到达地面以及建筑物表面的太阳辐射强度。

表 2-3　太阳辐射光谱的成分（%）[4]

太阳高度角	紫外线	可见光	红外线
90°	4	46	50
30°	3	44	53
0.5°	0	28	72

描述太阳辐射的另一个指标是日照时数。太阳在天空中，有时被云、烟、雾等遮挡，地面上见不到太阳，地面上一天实际接受直射阳光的时间称**日照时数**。在晴朗天气时，从日出到日落一天内阳光照射大地的时间，称为**可照时数**。它取决于所在地纬度及日期。实际日照时数与可照时数的比值，称为**日照百分率**，简称**日照率**。春分、秋分的可照时数为 12h，如果自 6 时日出到上午 10 时是阴天，而 10 时到下午 18 时是晴天，则该日的日照时数为 8h，日照率为 0.667。日照率越大，则到达地面的太阳辐射能总和就越多；反之就少。我国各地全年的日照率以西北、华北和东北地区为最大，以四川盆地、贵州东部和两湖盆地为最小，华南及长江下游介于中间。《民用建筑供暖通风与空气调节设计规范》（GB 50736—2012）列有我国主要城市冬季日照率，它是采用累年最冷三个月各月平均日照百分率的平均值统计而得。

建筑日照主要应用于研究太阳直接辐射对建筑物的作用和建筑对日照的要求。在建筑及其室内环境设计中，如何采用技术措施，充分利用太阳直接辐射的有利因素，限制太阳直接辐射的不利因素，对于改善生产环境及居住卫生条件，提高劳动生产率，保持人们身心健康，具有十分重要的意义。

希望充分利用日照的建筑物，例如病房、疗养室、幼儿活动室和农业用的日光室等，它们对日照各有特殊的要求。病房、疗养室、幼儿活动室以要求中午前后的阳光为主，此时阳光含有较多的紫外线；而日光室希望整天充满阳光。住宅建筑对日照也有一定的要求，以使室内保持良好的卫生条件，起消灭细菌与干燥房间的作用；且冬季能使房间获得太阳辐射能以提高室温；此外，室内日照充足，环境明亮，降低了照明用电，并给人以一种心情舒畅，和谐温和的感觉。

需要避免日照的建筑有两类：一是防止室内过热，主要在炎热地区的夏季，一般建筑都需避免过多的直射阳光进入室内，特别是恒温恒湿的纺织车间、高温冶炼车间等。另一类是避免眩光和防止化学作用的建筑，如展览室、绘图室、阅览室、精密仪器车间以及某些化工车间、药品车间等。

随着科学技术的发展，人们不断地认识日照，充分利用日照，开发着太阳给予人类的种种恩惠。太阳能发电设备、太阳能集热器等的开发和应用，为能源工程提供了节能方向，也为采用绿色能源、改善环境提供了途径。

太阳射线的杀菌作用逐渐为医学所利用。其中紫外线具有很强的杀菌作用。特别是紫外线中较短波长部分有很强的杀菌作用，并具有预防感冒、治疗佝偻病和皮肤病的效能，防止传染病的传播；紫外线中较长波长部分，能使皮肤表层中的脂肪光合成维生素 D3、改善血液成分、促进人体各种新陈代谢。太阳射线通过普通玻璃，连续照射 3h 以上，即可达到杀菌的效果，使室内获得良好的卫生条件。随着科学技术的进一步发展，日照的作用将不断地被发现和利用。

2.1.4 日照间距

建筑间距直接影响室内获得日照、通风量的大小，是形成室内环境的重要因素之一。建筑间距一般综合考虑日照、采光、防火、交通等方面因素确定，其中日照间距是主要考虑的因素之一。

日照标准是民用建筑设计的卫生标准之一。我国幅员辽阔，南北气候相差悬殊，卫生要求也不尽相同。卫生标准和用地标准，都直接涉及总体规划时的用地多少，它受经济建设条件的制约，因此它也是经济指标之一。

冬季要求日照时数越长越好，室内日照面积越大越好，而夏季则反之。日照时数是以计算日阳光照射到底层窗户作为依据，按最不利状况考虑，一般应按全年日照时间最少的冬至日（12月22日）确定。以冬至日控制日照间距，建筑会占据很多城市用地，实际工作中难以实现。《城市居住区规划设计规范（2002年版）》（GB 50180—1993）制定了不同区域的日照标准，比如高纬度的北方地区比低纬度的南方地区日照时间要低一些，大城市的日照时间比中小型城市要低一些，除了日照时间控制的时数不同外，规范中还确定了除冬至日作为日照标准日外，还确定了较低标准的大寒日为日照标准日，如对于幼儿园、中小学、病房、老年人居住建筑等作出了底层满窗冬至日不少于 2~3h 日照时间的规定。建筑物日照间距则由此日照标准，根据建筑用地地形、建筑朝向、建筑物高度及长度，当地地理纬度等因素决定。图2-9所示为南北向日照间距与日照时间、纬度的关系曲线。

对于图2-10所示前后任意朝向的平行建筑物，日照间距基本计算式如下

$$D_0=(H_0-H_1)\cot\beta\cos\gamma \tag{2-8}$$

式中 D_0——日照间距（m）；

H_0——前栋建筑物计算高度（m）；

H_1——计算点 m 高度（m），一般取后栋建筑底层窗台高度；

β——太阳高度角（°）；

γ——后栋建筑物墙面法线与太阳方位所夹的夹角（°），$\gamma=A-\alpha$；A 为太阳方位角

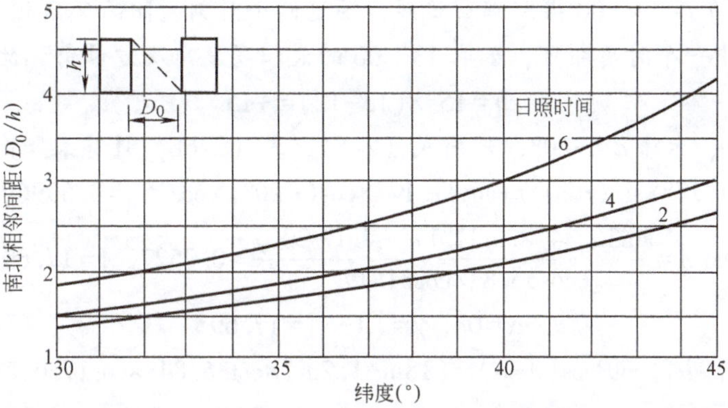

图 2-9 日照间距与日照时间、纬度的关系

(°)；α为墙面方位角（°），即墙面法线与正南方向所夹的角，以南偏西为正，偏东为负。

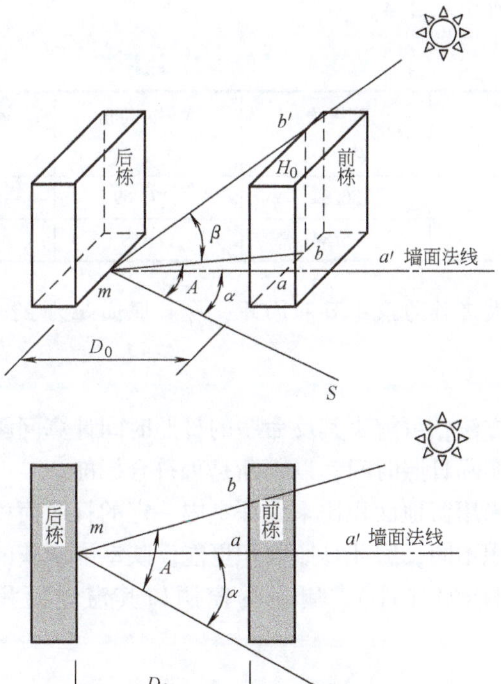

图 2-10 日照间距示意图

【例 2-1】 设上海地区（北纬 31°10′）在平坦的场地上有前后两栋总高均为 18m 正南平行的建筑物。要求大寒日（约 1 月 21 日）底层在正午前后得到 2h 满窗日照，窗台高度为 1.2m，求日照间距。

【解】 由题意已知：$H_0=18\text{m}$，底层窗下沿高度 $H_1=1.2\text{m}$，要求正午前后2h的日照，即午前11:00到午后13:00得到满窗日照，因这两个时刻太阳高度角相同，方位角符号相反，因此只取其中一个时角即可，如取13:00的太阳高度角及方位角，此时时角

$$h=15°\times(13-12)=+15°$$

由北纬 $\varphi=31.17°$、赤纬 $d=-20°$，采用式（2-5）、式（2-6b）计算太阳高度角和方位角

$$\sin\beta=\sin31.17°\times\sin(-20°)+\cos31.17°\times\cos(-20°)\times\cos15°=0.5996,\ \beta=36.84°$$

$$\cos A=\frac{\sin36.84°\times\sin31.17°-\sin(-20°)}{\cos36.8°\times\cos31.17°}=0.9527,\ A=17.69°$$

$$\alpha=0°,\ \gamma=|A-\alpha|=17.69°$$

$$D_0=(H_0-H_1)\cot\beta\cos(A-\alpha)=(18\text{m}-1.2\text{m})\times\cot36.84°\times\cos17.69°=21.4\text{m}$$

【例2-2】 设建筑地点、高度及日照要求均与【例2-1】相同，但建筑朝向为南偏东15°，求最小建筑日照间距。

【解】 为满足正午前后2h的满窗日照，仍应取计算时刻11时和13时，分别计算太阳高度角、方位角及其日照间距（计算方法同前），因建筑朝向南偏东15°，其中墙面方位角 α 应取−15°，计算结果列于表2-4。

表2-4 【例2-2】计算表

计算时刻	时角 h（°）	高度角 β（°）	太阳方位角 A（°）	墙面方位角 α（°）	日照间距 D_0/m
11时	−15	36.84	−17.69	−15	22.4
13时	15	36.84	17.69	−15	18.9

取上述两个间距较大者作为最小日照间距，即日照间距为22.4m。对上题还可分析该建筑底层实际日照时间。

利用上述例题计算方法，可解决其反命题的日照时间计算问题，即通过对建筑物所处的实际建筑间距，计算其实际日照时间，以判断是否符合标准。

日照设计中经常还采用窗地面积比来保证室内一定的日照面积。同样的日照时数，窗孔面积不同，室内日照面积不同，因此日照面积更能反映室内所获的日照量。日照设计中，对于住宅建筑，卧室、起居室（厅）、厨房的窗洞口其窗地面积比应不低于1/7为设计依据[5]。

2.1.5 垂直面日影计算*

所谓**日影**就是物体或遮阳板在阳光照射下形成的阴影。阴影中接受不到太阳光的直接照射，反之能接受到太阳光直接照射的称为**日照面**。日影计算中，近似认为照射到地球表面的太阳光线是一束平行光，一般物体或部件是由各种有规律的平行直线所构成的，它们在任意平面上的投影所形成的日影和日照面，也必然可由各种平行四边形所组成。因此只要确定物体上几个拐角点的投影位置，通过直线连接的方法，便能确定日影区和光照区的大小和位置。

如图2-11所示，当太阳光线照射至某朝向 $X \times Y$ 的玻璃窗时，只要找到水平遮阳板拐角点 A 和侧边垂直遮阳板的拐角点 B 在玻璃窗上的投影 a 和 b 点，然后连接投影点 a 和 b，并通过 a 点作水平线，再过 b 点作垂直线，即可得到玻璃窗上的日影区或日照区。

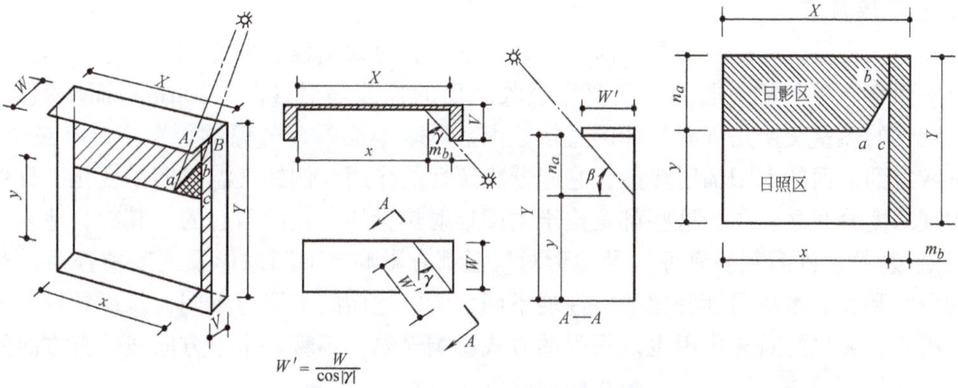

图2-11　某朝向玻璃窗上的日照区

由图2-11可以看出，A、B 两点在窗面上的投影点 a、b 至窗下侧和右侧的距离 n_a、m_b，可用下列公式计算

$$n_a = W\frac{\tan\beta}{\cos|\gamma|} \tag{2-9}$$

$$m_b = V\tan|\gamma| \tag{2-10}$$

式中　W——水平遮阳板宽度（m）；

V——侧向垂直遮阳板宽度（m）；

γ——计算面法线与太阳方位所夹的夹角（°），$\gamma = A - \alpha$；α 为计算面方位角（°）。

其他符号意义同前。

一般情况下，$W \neq V$，即水平遮阳板与垂直遮阳板宽度不等，此时 A、B 不重合，因而在窗面上会形成一个日照三角区 abc。如果 W 与 V 相差很大，此三角区必须计算在内，当 W 与 V 相差不大时，则可忽略之，此时玻璃窗面受到太阳辐射直接照射的面积 F 为

$$F = xy = (X - m_b)(Y - n_a) \tag{2-11}$$

2.2　建筑外环境中的气候环境

最新研究表明，人的性格与气候有关。居住在寒冷地带的人，因为室外活动不多，大部分时间在一个不太大的空间里与别人朝夕相处，养成了能控制自己情绪、具有较强耐心和忍耐力的性格。比如生活在北极圈内的因纽特人，被人们称为世界上“永不发怒的人”。居住在温暖宜人的水乡的人们，因为水网密布、气候湿润、风景秀丽、万物生机盎然，所以人们往往对周围事物很敏感，比较多愁善感，也很机智敏捷。而生活在热带地区的人，在室外活动的时间比较多，那里人的性格暴躁易发怒。室外气候环境与建筑环境和人的关系越来越引起人们的重视。

一个地区的气候环境除了太阳辐射这一主要因素外，气温、湿度、风、降水等也是室外气候中不可缺少的因素。

2.2.1 室外气象参数

1. 空气温度

室外空气在吸收和放射辐射能时具有选择性，它对太阳辐射来说几乎是透明体，直接受太阳辐射而增温是非常微弱的，主要靠吸收地面的长波辐射（3~120μm）而增温。因此，地面与空气的热量交换是气温升降的直接原因。**影响地面附近气温的因素主要有三个方面**：首先是入射到地面的太阳辐射热量，它起着决定性的作用。例如气温有四季变化、日变化以及随地理纬度分布之变化，这些都是由于太阳辐射热量的变化而引起的。其次，地表覆盖层（如草原、森林、沙漠和河海等）及地形对气温都有影响。不同地形及地表覆盖面，对太阳辐射的吸收和反射本身温度变化的特性均不同，所以地面的增温也不同，从而导致了气温的差别。第三，大气的对流作用也以很强的方式影响气温，不管是水平方向或垂直方向的空气流动，都会使两地空气混合，而减小两地的气温差别。

气温有明显的日变化与年变化。一般晴朗日气温一昼夜的变化是有规律的。图2-12中实曲线是气温在一天24h内的变化情况。从图中可以看出，气温日变化中最高气温通常出现在午后2~3时，而不在正午太阳高度角最大的时刻；最低气温一般出现在日出前后。这是由于空气与地面间因辐射换热而引起的增温或降温都需要经历一段时间。一日内最高气温与最低气温之差称为气温**日较差**，通常用它来表示气温的日变化。由于海陆分布与地形起伏的影响，我国各地气温日较差一般从东南向西北递增。

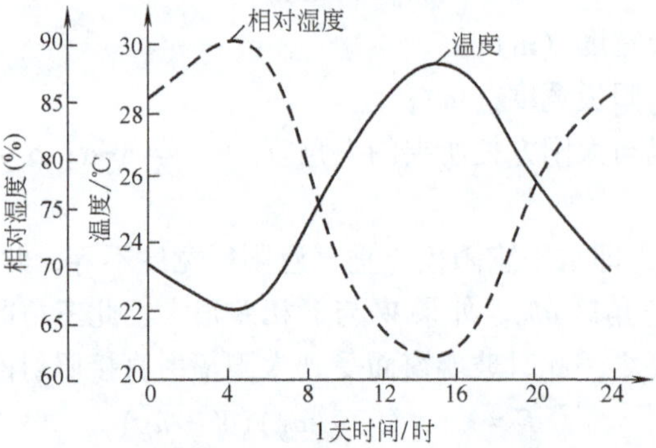

图2-12 气温与相对湿度日变化曲线

一年中各月平均气温也有最大值与最低值。对北半球来说，年最高气温出现在7月（大陆地区）或8月（沿海或岛屿地区），而年最低气温出现在1月或2月。一年内最热月与最冷月的平均气温差称气温**年较差**。我国气温年较差自南到北、自沿海到内陆逐渐增大。华南和云贵高原为10~20℃，长江流域增至20~30℃，华北和东北南部为30~40℃，东北北部与西北部则超过40℃。图2-13所示为上海、西安、北京地区的气温月变化曲线。

考虑到室外逐时气温受日照影响呈周期性变化，同时还受一系列随机因素（如风、雨、云等）影响，夏季空调设计时，常将室外气温用正弦（或余弦）函数项级数形式表达，即可将其变换为傅里叶级数展开，分解为多阶谐波的组合，则 τ 时刻的室外气温为

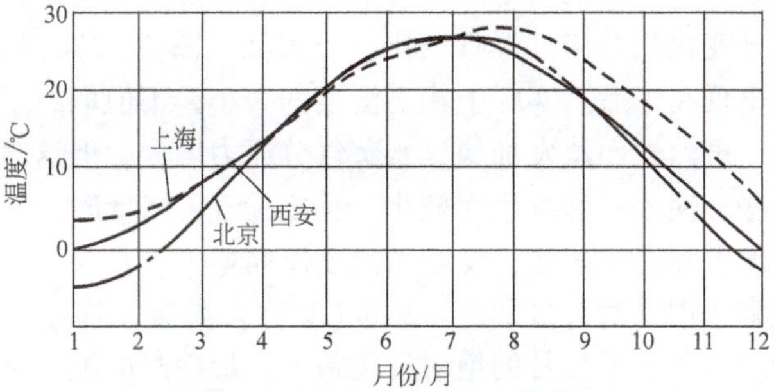

图 2-13　气温月变化曲线[6]

$$t_{w,\tau} = A_0 + \sum_{n=1}^{m} A_n \cos(\omega_n \tau - \varphi_n) \tag{2-12}$$

式中　A_0——计算周期内室外空气平均温度 $t_{w,p}$（℃），也可作为零阶外扰；

A_n——第 n 阶室外气温变化的波幅（℃）；

ω_n——第 n 阶室外气温变化的频率[(°)/h 或 rad/h]，即$\frac{360}{T}n$ 或$\frac{2\pi}{T}n$；

φ_n——第 n 阶室外气温变化的初相角[(°)或 rad]。

工程上一般按一阶简谐波近似计算 $t_{w,\tau}$，通常气温峰值出现在下午 3 时（即 15 时），则式（2-9）可简化为

$$t_{w,\tau} = t_{w,p} + (t_{w,max} - t_{w,p})\cos(15\tau - 225) \tag{2-13}$$

式中　$t_{w,p}$——夏季空调室外计算日平均温度（℃）；

$t_{w,max}$——夏季空调室外计算温度（℃）。

不同地区 $t_{w,p}$、$t_{w,max}$ 均可通过相关手册或规范查获。

【例 2-3】　试求夏季上海市 8 时、13 时的室外计算温度。

【解】　从《民用建筑供暖通风与空气调节设计规范》（GB 50736—2012）查得 $t_{w,max}$ = 34.4℃，$t_{w,p}$ = 30.8℃，则根据式（2-13）8 时、13 时室外计算温度分别为

$$t_{w,8} = [30.8+(34.4-30.8)\cos(15\times8-225)]℃ = 29.9℃$$

$$t_{w,13} = [30.8+(34.4-30.8)\cos(15\times13-225)]℃ = 33.9℃$$

室外气温一般指距地面 1.5m 高、背阴处的空气温度。高度变化也会使气温发生改变，气温垂直递减率平均为 0.6℃/100m。对于上层空气比接近地面空气热的现象称**逆温现象**（或称**倒置现象**）。产生逆温现象的原因很多，最常见的情形是在晴朗无风的夜晚，当地面被强烈冷却而引起贴近地面的空气强烈变冷时，便产生逆温现象。此外，在地形交错的地区，冷空气沿山坡下降，停滞于低凹处，也会形成逆温现象。空气温度左右着大气的季节变化，是人体冷热感觉的显著影响因素。

2. 空气湿度

空气湿度常用**相对湿度**表示，它是指空气中水蒸气的相对含量，是湿空气的水蒸气压力与同温度下饱和湿空气的水蒸气压力之比。空气中的水蒸气来源于江河湖海的水面、植物以及其他水体的水面蒸发，通常以绝对湿度和相对湿度来表示。相对湿度的日变化受地面性

质、水陆分布、季节寒暑、天气阴晴等因素影响，一般大陆大于海面，夏季大于冬季，晴天大于阴天。相对湿度日变化趋势与气温日变化趋势相反（图2-12），晴天时最高值出现在黎明前后，最低值一般出现在午后。实际上相对湿度的大小，不但取决于水蒸气压力，还取决于温度。气温升高时，虽然地面蒸发加快，水蒸气分压力增大，但这时饱和水蒸气压力随温度升高而增大得更多些，使相对湿度反而减小。反之，气温降低时，水蒸气分压力减小，但饱和水蒸气压力随温度下降得更多些，使相对湿度反而增大。

空气中的湿度经常还用绝对含量即**绝对湿度**（又称**含湿量**）描述，它是指单位质量干空气所含的水蒸气质量。一年中最热月的绝对湿度最大，最冷月的绝对湿度最小。这是因为蒸发量随温度变化而变化的缘故。一般来说，一年中相对湿度的大小和绝对湿度相反，相对湿度在冷季最大，在热季最小。但是在季风气候地区，冬季高纬度大陆来的气流寒冷且干燥，夏季低纬度海洋来的气流高温高湿，所以相对湿度以冬季最小，夏季最大。我国大部分地区均属季风气候，因受海洋气候影响，南方大部分地区相对湿度在一年中夏季最大，秋季最小。华南地区和东南沿海一带，因春季海洋气团侵入，且此时气温还不高，故形成较大的相对湿度，3~5月最大，秋季最小，所以在南方地区春夏之交气候较潮湿，室内地面常产生泛潮（凝结）现象。如图2-14所示，北京、广州两地的相对湿度年变化便反映了这些特征。空气中水蒸气的含量随着海拔增加而降低，上部空气层的水蒸气含量低于近地面的空气层，因此海拔高的地区相对湿度较低。空气湿度对人体的舒适感有很大影响，这在第4章会详细描述。

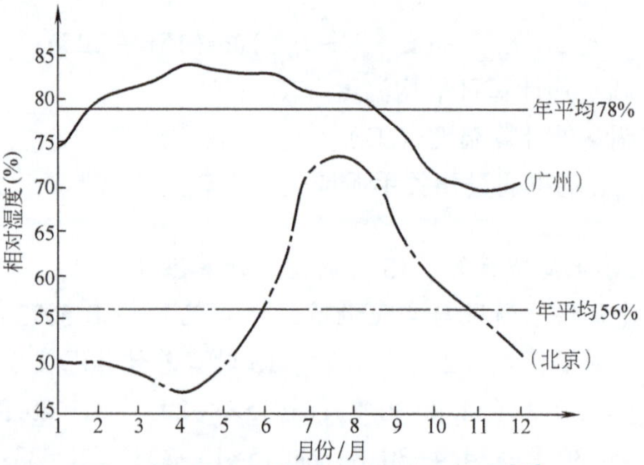

图2-14 北京、广州相对湿度年变化[7]

3. 气压

由于地球引力的作用，空气聚集于地表之上，地表气压最高；离地表越远，空气越稀薄，气压便越低。因此，**气压**一般折算至平均海平面，并定义平均海平面大气压力为101325Pa，即每平方厘米的空气柱质量约为1kg。我国城镇海拔最高达4000m以上，气压变化很大。如图2-15所示，我国不同海拔的气压差可达一倍之多。

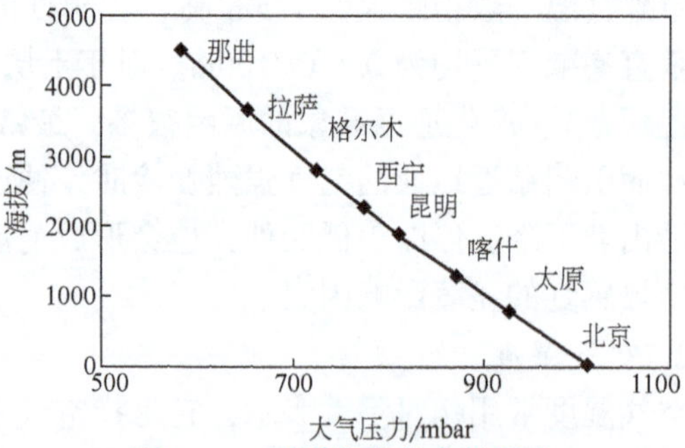

图2-15 不同海拔的大气压力

注：1mbar=100Pa。

地球表面因接受的太阳辐射量不同，其表面冷热不一，赤道的高温和南北两极的低温形成了赤道低压带和极地高压带，地球在与黄道面倾斜23.5°的自转作用下，形成了赤道低气压带、副热带高气压带、副极地低气压带和极地高气压带，造成了如图2-16a所示的大气环流。地球表面不同的气压，使空气由高气压地区流向低气压地区，这种因气压不同而造成的空气流动力称为**气压梯度力**，气压梯度的方向是沿着气压变化最快的路径，从高压指向低压。如果气压梯度为唯一的控制大气运动的力，则风向应与气压梯度一致，即自高气压吹向低气压处，但一般实测风向并非自高气压向低气压直吹，而是斜吹，这是因为地球自转所造成的偏向，北半球向行径路程右偏，而南半球则向左偏。

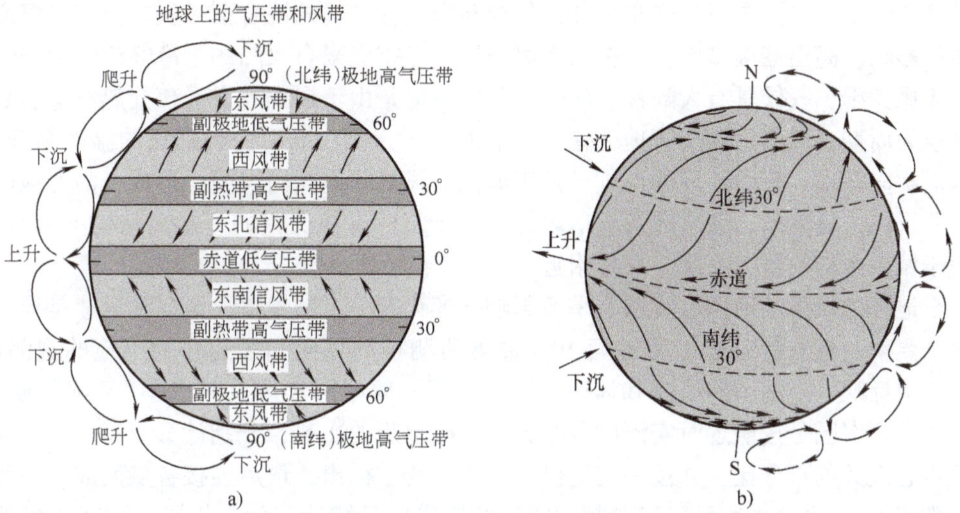

图2-16　太阳辐射以及地球自转作用下的大气环流

气压对人体的影响主要表现在对体内氧气的供应。一个人每天大约需要吸入0.75kg的氧气，吸入的氧气通过血液循环输送到身体的每个细胞，在那里氧化产生热量，维持生命运动。大脑需要氧气最多，约占吸入氧气的20%。

如果气压降低，大气氧分压和肺泡氧分压也会降低，动脉血氧饱和度也将下降，人体即会发生一系列生理反应。如登上空气稀薄的高山时，由于气压降低，会出现呼吸急促、心率加快，头晕、恶心、呕吐和乏力等缺氧反应，严重时会出现肺水肿和昏迷等症状，这便是高山反应。当气压降低至240mmHg（32.0kPa，相当于8500m高处气压）时，体内氧气的储备降至正常时的45%，对于体质较差的人来说就会有生命危险。

4. 风向和风速

风是由大气压力差所引起的大气水平方向的运动。由于地球赤道和南北两极间存在温差，形成了大气由赤道到两极，再由两极到赤道的大气大环流，期间还受地球公转和自转在地表形成的不同气压带影响存在着大气小环流，从而形成了不同地区的气候差异。地表增温不同是引起大气压力差进而形成风的主要原因，不同地表的增温是由于地球表面接受的日辐射不均所致，如图2-16b所示，近赤道附近地表日射大于地表本身辐射，呈现辐射增益状态，近极地地表日射小于地表本身辐射，呈现辐射损失状态。此外，风还受到地形、地势、地表覆盖、水陆分布等局部因素的影响。由于地表水陆分布、地势起伏、表面覆盖等地方性条件的不同而引起的风叫**地方风**，如季风、海陆风、山谷风、庭院风、巷道风及城市风等。**季风**是指由于海陆热力差异或行星风带随季节移动而引起的大范围地区的盛行风，它随季节改变。以东亚季风最为典型，东亚面临太平洋，背靠亚欧大陆，由于水的比热容比陆地大，夏季陆地温度升高比海洋快，海洋温度比陆地低，气压比陆地高，风从海洋吹向陆地，形成夏季风，每年约自4月至8月、9月受海洋气流控制，盛吹东南、西南风；由于陆地比热容小，热量流失比海洋快，秋冬季陆地温度比海洋低，气压比海洋高，风从陆地吹向海洋，形成冬季风，每年自9月、10月至翌年2月、3月受大陆气流控制，盛吹北、西北风。由于季风强弱与进退时间每年不一，故季风气候易于发生旱涝自然灾害，如某些年份干旱少雨、某些年份又会洪涝多雨。季风气候是大陆性气候与海洋性气候的混合型。夏季受来自海洋的暖湿气流的影响，高温潮湿多雨，气候具有海洋性；冬季受来自大陆的干冷气流的影响，气候寒冷，干燥少雨，气候具有大陆性。**海陆风**与**山谷风**是由于局部地方昼夜受热不均引起，是以一昼夜为周期，风向日夜交替地变化，以沿海地区为例，夏季白天陆地的温度高于海面，风从水面吹向陆地；夜间陆地的温度又低于海面，风从陆地吹向海面，形成了沿海地区水陆风的主要风向。**庭院风**、**巷道风**及**城市风**都是由于地面纵横交错的下垫面结构不同而引起，常发生于城市中的街道、庭院、高楼附近。

一个地区的风受其地理位置以及季节影响，变化有一定的规律。风向和风速是描述风特性的两个要素。气象台一般以距地面10m高处所测得的风向和风速作为当地的观测数据。为了直观地反映一个地方的风向和风速，通常用**风向频率图**和**风速频率图**（又称**风玫瑰图**）表示。风向频率图是按照逐时实测的各个方位风向出现的次数，分别计算出每个方向风的出现次数占总次数的百分比，并按一定比例在各方位线上标出，最后连接各点而成。一般陆地上风向常用16个方位来表示。风向频率图可按年或按月统计，分为年风向频率图或某月的风向频率图。图2-17所示为常见的风玫瑰图。其中图2-17a所示为某地全年（实线部分）及7月（虚线部分）的风向频率，圆半径为频率值坐标，每个圆环间隔代表频率为5%。由图中可以看出，该地区全年以北风为主，出现频率为23%；7月以西南风为主，频率为20%。中心圆圈内的数字代表静风的频率。图2-17b所示为风速频率图，它说明了某地全年各方位的风速，该地以东南风为主，且风速较大，西北风发生频率较东南风小，小于1m/s的概率较大。

风向频率图在专业工程设计中应用较多，比如空气调节设计中的新风口、排风口位置的确定，化工厂选址，城市燃气规划设计以及燃气储配站设计等，均需考虑当地年主导风向的影响。

根据我国各地1月、7月和全年的风向频率图，按其相似形状进行分类，可分为季节变化、主导风向、双主导风向、无主导风向和准静止风（风速<1.5m/s）五大类。近年来，地球上强台风、飓风发生频率增加。**强台风**是印度洋、北太平洋西部（东亚、东南亚）常用的一种称呼，**飓风**是大西洋、北太平洋东部（欧洲、北美）常用的一种称呼。我国《热带气旋等级》（GB/T 19021—2006）将原十三个等级（0~12）的蒲福风力等级增加到了十八个等级（0~17级）。其陆地风速分级见表2-5。大西洋、北太平洋东部采用的飓风等级见表2-6。2005年8月23日至31日在美国新奥尔良市发生的卡特琳娜飓风风速达到280km/h（78m/s），是美国数十年来最大的自然灾害之一。

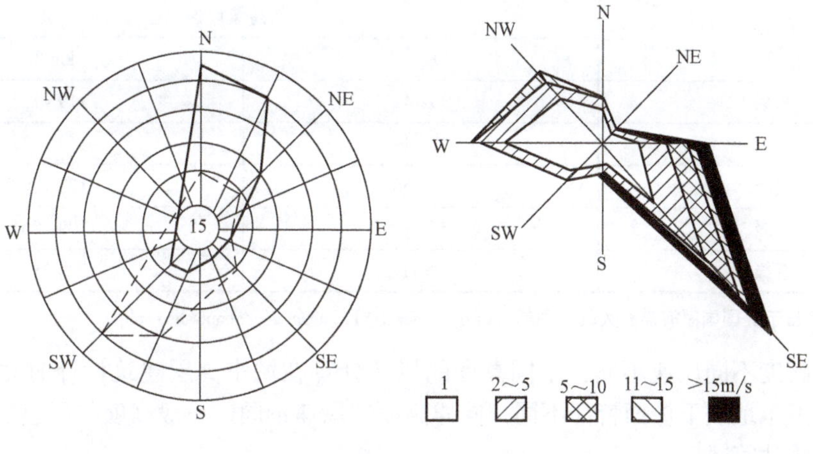

图 2-17　风玫瑰图

a）风向频率图　b）风速频率图

表 2-5　风速分级表（GB/T 19021—2006）

风力级数	名称	陆地地面征象	相当于空旷平地上标准高度 10m 处的风速	
			m/s	km/h
0	静风	静，烟直上	0~0.2	小于 1
1	软风	烟能表示风向，但风向标不能动	0.3~1.5	1~5
2	轻风	人面感觉有风，树叶微响，风向标能转动	1.6~3.3	6~11
3	微风	树叶及微枝摇动不息，旌旗展开	3.4~5.4	12~19
4	和风	能吹起地面灰尘和纸张，树的小枝摇动	5.5~7.9	20~28
5	清劲风	有叶的小树摇摆，内陆的水面有小波	8.0~10.7	29~38
6	强风	大树枝摇动，电线呼呼有声，举伞困难	10.8~13.8	39~49
7	疾风	全树摇动，迎风步行，感觉不便	13.9~17.1	50~61
8	大风	微枝折毁，人行向前感觉阻力甚大	17.2~20.7	62~74
9	烈风	建筑物有小损（烟囱顶部及平屋摇动）	20.8~24.4	75~88
10	狂风	陆上少见，见时可使树木拔起或使建筑物损坏严重	24.5~28.4	89~102
11	暴风	陆上很少见，有则必有广泛损坏	28.5~32.6	103~117
12	飓风	陆上绝少见，摧毁力极大	32.7~36.9	118~133
13	—	—	37.0~41.4	134~149
14	—	—	41.5~46.1	150~166
15	—	—	46.2~50.9	167~183
16	—	—	51.0~56.0	184~201
17	—	—	56.1~61.2	202~220

表2-6 飓风等级

飓风等级	持续风速	
	m/s	km/h
一级	33~42	119~153
二级	43~49	154~177
三级	50~58	178~208
四级	58~70	209~251
五级	≥71	≥252

注：数据来自于美国国家海洋和大气管理局（http：//www. nhc. noaa. gov/aboutsshws. php）。

大气中高度不同风速不同，不同高度的风速计算在城市高层建筑设计时尤为重要。城市、农村等由于地表下垫面特征不同，同样高度的风速不同。一般高度与风速的关系，可按以下经验公式估算[8]

$$v_h = v_0\left(\frac{h}{h_0}\right)^n \tag{2-14}$$

式中 v_h——高度为 h 处的风速（m/s）；

v_0——基准高度为 h_0处的风速（m/s），一般为10m高度处的风速；

n——指数，与建筑物所在地点的周围环境有关。对空旷或临海地区 n 值可取0.14；对市郊，且不是空旷和临海地区，周围有低层建筑时，可取0.2；对市区，英国用0.5，日本用0.20~0.30，美国用0.17。

5. 降水

从大地蒸发出来的水蒸气进入大气层，经过凝结后又降到地面上的液态或固态水分，简称**降水**。雨、雪、冰雹等都属降水现象。表示降水性质的量有降水量、降水时间和降水强度等。**降水量**是指降落到地面的雨、雪、冰雹等融化后，未经蒸发或渗透流失而积累在水平面上的水层厚度，以mm为单位。**降水时间**是指一次降水过程从开始到结束的持续时间，用h或min表示。**降水强度**是指单位时间内的降水量。2008年国家气象局以24h或者12h的降水总量（mm）对降水强度等级进行划分，降雪强度等级采用24h降雪总量划分，详见表2-7。

表2-7 降水、降雪等级划分[9]

雨 (mm/24h) (mm/12h)	小雨 <9.9 <4.9	中雨 10.0~24.9 5.0~14.9	大雨 25.0~49.9 15.0~29.9	暴雨 50.0~99.9 30.0~69.0	大暴雨 100.0~199.9 70.0~139.9	特大暴雨 ≥200.0 ≥140.0
雪 (mm/24h)	小雪 <2.5	中雪 2.6~4.9	大雪 ≥5.0			

影响降水分布的因素很复杂。首先是气温，在寒冷地区水的蒸发量不大，而且由于冷空气饱和水蒸气分压较低，不能包容很多的水蒸气，因此寒冷地区不可能有大量的降水。在炎热地区，由于蒸发强烈而且饱和水蒸气分压也较高，所以水蒸气凝结时会产生较大的降水。此外大气环流、地形、海陆分布的性质及洋流对降水规律都有影响，它们往往互相作用。

我国大部分地区受季风影响，雨量多集中在春、夏季节，由东南向西北递减，山岭的向风坡常为多雨地带，年降雨量变化很大。春末夏初，东南暖湿气流北上，与由北向南的低温气流在长江流域相遇，形成长江流域的梅雨期，其基本特征是在某一特定的时间内，长时期地大量连续降水。华南地区季风降水从 5 月开始到 10 月结束，长江流域为 6 月至 9 月。梅雨期一般气压偏低，湿度较高，由于正值入夏，气温有时可高达 35℃，湿度有时可高达 98%，为此梅雨期的不舒适日较多。由于梅雨期内气候的特殊性，长江流域这一时期的气候对建筑物和室内热环境都有着不可忽视的影响。珠江口和台湾南部在 7 月和 8 月多暴雨，这是由于西南季风和热带风暴或台风的综合影响所致，其特征是降水强度大，往往会造成不同程度的灾害，但一般持续时间不长。降雨过程中，大气中的污染物大多会溶于水或被水携带，使空气得到净化。但是，携带污染物的雨水（如酸雨等）会扩展到更远地区，影响地面环境和人体健康。

我国不同地区的降雪量差别很大，其中北纬 35°~45°地段为降雪或多雪地区。

2.2.2 城市气候

1. 城市气候特点

现代城市由于人口高度密集，众多建筑物所形成的特殊下垫面，高强度的经济活动所消耗的大量燃料，有害气体和粉尘的大量释放，人类生产生活的影响改变了原有的区域气候状况，形成了一种与城市周围不同的局地气候即城市气候。城市气候的特点如下：

（1）城市大气污染　城市中人们各种生产和生活活动所产生的热污染、粉尘污染、有害气体污染大大影响了城市气候品质。近年来，随着城市汽车的增多，汽车尾气排放的氮氧化合物和碳氢化合物，经太阳紫外线照射生成的一种毒性很大、不同于煤尘废气的浅蓝色烟雾，即“**光化学污染**”，其主要成分是臭氧，它具有强烈的刺激作用，能使人眼睛红肿，喉咙疼痛，中毒严重者危害更大。距地面 15~30km 的大气平流层中，氧分子因高能量的能射而分解成氧原子，氧原子又与氧分子结合生成臭氧，从而形成了臭氧浓度较高的“臭氧层”。当大气中含有浓度较高的氟氯化合物（来自工业、民用制冷，家用冰箱、空调等）时，它会上升至平流层，在吸收紫外辐射后释放氯原子，从而分解臭氧分子，造成“**臭氧层空洞**”，其结果使城市上空原来可吸收紫外线的臭氧大大减少，使大量紫外线透过大气层与人类接触，致使皮肤癌患者增多。此外，大量能源使用所排放的二氧化硫和氮氧化合物，在一系列复杂的化学反应下形成硫酸和硝酸，通过降水形成酸雨，导致土壤贫瘠，森林生长速率减慢，微生物活动受到抑制，对鱼类生存构成威胁，刺激人的咽喉和眼睛。各种大气污染在城市高空中的悬浮是城市热岛效应的诱因，为此防止城市大气污染已刻不容缓。

（2）大气透明度低　由于城市中心上升的气流和大气污染的相互作用，空气中有较多的尘埃和其他吸湿性等凝结核，因此云量比郊区多，导致城市太阳辐射比郊区减少高达 15%~20%。工业区比非工业区要低 10%左右。因而削弱了城市所获得的太阳辐射，表 2-8 所示为苏南地区 5 市 5 县在持续 30 年内年均日照时数下降情况。与此同时，城市上空的这些尘埃等凝结核在条件适宜时，即使空气中水汽未达到饱和，也会出现大量的雾，此时相对湿度可达 70%~80%，因此城市的雾多于郊区。我国最严重的城市，其雾日比郊区多 1~2 倍，有时甚至 4 倍。此外，由于热岛现象，气流容易扰动上升，而且尘粒多，水汽容易凝结，因此城市降水也多于城郊。

表2-8 1961~1992年苏南5市5县各时期日照时数年平均值的变化趋势[10]（单位：h）

年份	苏州	无锡	常州	镇江	南京	吴江	江阴	溧阳	丹阳	江宁	区域平均	
											市	县
1961~1969	2083	2097	2167	2193	2280	2139	2287	2205	2202	2217	2164	2210
1970~1979	1969	2027	1967	2056	2053	2123	2090	2017	2018	2142	2014	2078
1980~1992	1779	1937	1917	2003	1921	1994	1986	1974	1883	1888	1911	1965

（3）**城市热岛**特征　城市气温较高是“热岛”现象的主要特征（见图2-18）。由于城市内散发的热量比郊区多，城市范围内的“热”气流上升，周围郊区的“冷”气流则流向城市，形成城乡大气环流，热岛内的空气易于对流混合，但其上部的大气则呈稳定状态而不易扩散，就像一个热的“罩盖”一样，使发生在热岛范围的各种污染物质都被封闭在热岛中，加剧了逆温层现象。城市边缘如果设有排放污染物的工矿企业，则有可能由于城乡大气环流作用，将污染物卷入城市中心。这种“罩盖”引起了“热岛”现象，只有在出现风、雨天气时才会消除。热岛影响所及的高度称作**混合高度**，小城市约50m，大城市则可达500m以上。学者Oke定义热岛中心气温与同时间、同高度附近郊区的气温之差为**城市热岛强度**(Urban Heat Island，UHI)，在绿色建筑的外环境设计时，经常以该外环境区域的气温与郊区气温之差表示热岛强度。目前国家层面还没有标准规定，通常根据热岛强度从弱到强分4级[11]，见表2-9。如图2-19所示的某城区夏季午后的热岛强度为4℃，其等级为4级。城市热岛强度一般冬季大于夏季，夜间大于白天，日落以后城郊温差迅速增大，日出以后又明显减小。表2-10所示为国内外一些城市的热岛强度值。

图2-18 城市“热岛”现象引起的大气环流

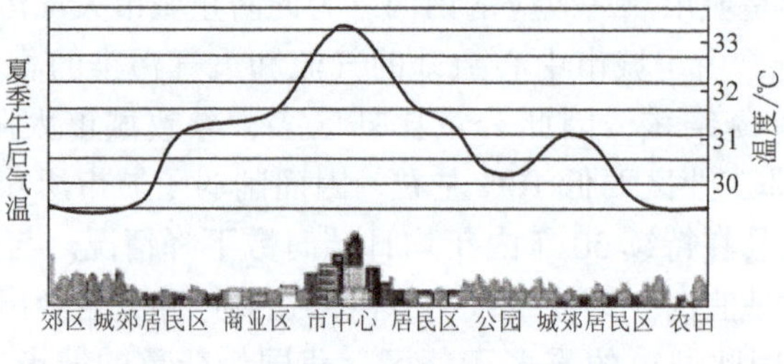

图2-19 某城区夏季午后的热岛强度

表2-9　热岛强度等级[11]

热岛强度等级	1（无）	2（弱）	3（中等）	4（强）
UHI/℃	≤0.5	>0.5~≤1.5	>1.5~≤2.5	>2.5

表2-10　国内外一些城市的热岛强度值

地名	热岛强度/℃	地名	热岛强度/℃
东京	0.5	北京	2.0
巴黎	0.7	上海	1.2
莫斯科	0.7	广州	0.6~1.0
柏林	1.0	香港	0.8
伦敦	1.3	西安	1.5
纽约	1.1	沈阳	1.5

注：上述数据来源于：北京城市气候，1992；城市环境与城市规划，1981，H. Landsberg。

（4）城市风速小而风向各异　现代城市由于街道纵横交错，建筑高低不一，城市区域下垫面粗糙度增大，使整个城市的风速减小，这是城市风场的主要特征。图2-20所示为城市中心、森林区、郊区及开阔水域沿不同高度风速减小的百分比。如北京城区年平均风速比郊区小20%~30%；上海市中心比郊区小40%，城市边缘比郊区小10%。城市下垫面所形成的风速减少，使得城市热岛现象加剧。此外，城市风向不定，局部主导风向可能偏离地区主导风，这主要是由于风在遇到障碍物而绕行时产生方向和速度的转变（如大楼风、巷道风等），如图2-21所示是在上海三条走向不同的街道上同步观察到的风向分布情况，显示了巷道风对主导风向的改变。近年来，城市高层建筑数量日益增多，高度日益增加，造成高楼附近局地强风影响行人的安全和舒适性，城市内的大楼风已成为城市风环境中不可忽略的一个重要因素。

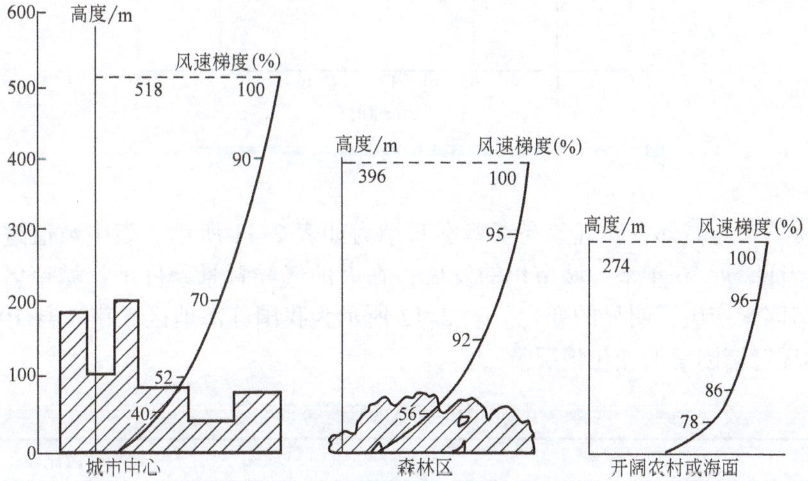

图2-20　不同下垫面风速变化

（5）城市地表蒸发减弱，湿度变小　城市下垫面多为建筑物和不透水的路面，其地表面温度较高，图2-22所示为某校园不同地表覆盖面地面实测温度，混凝土和沥青地面最高表面温度可达50℃以上，比树荫下泥土表面温度高出20℃多。城市道路多为沥青地表，因而水汽蒸发量小，城市空气的平均绝对湿度和相对湿度都较小，在白天易形成“干岛”。夜间城市绝对湿度比郊区大，形成“湿岛”。例如广州市区年平均相对湿度比城郊约低9%，上海约低5%。城市下垫面的吸热快、热容量小、水汽释放小的特征是热岛效应的又一个重要诱因。

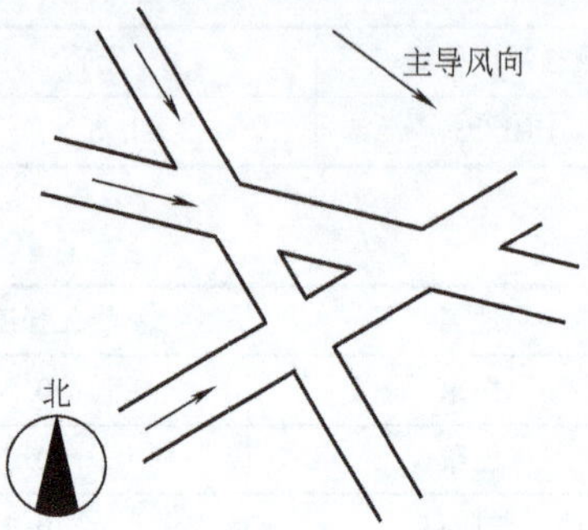

图2-21 巷道风的形成

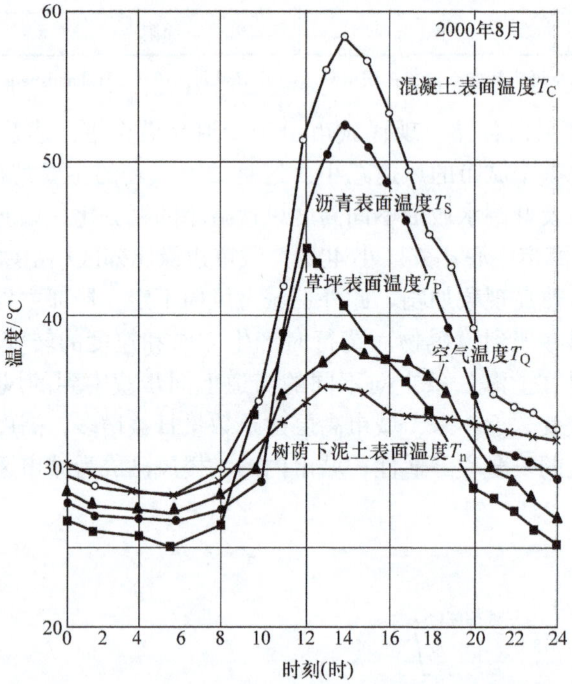

图2-22 某校园不同地表覆盖面地面实测温度[12]

有学者将城市与城郊主要气象要素差别归纳为如表2-11所示。表中数值进一步量化了城市气候的特征。近30年来，城市化的发展，在大的气候背景条件下，城市区域环境，特别是热环境诸因素产生了明显的变化。表2-12所示为我国苏南地区5市5县1961~1992年持续30年热环境诸因素的变化情况。

表2-11 市区与郊区气候特征比较

要素		与郊区比较
大气污染物	凝结核	多10倍
	粉尘	多10倍
	有害气体	多5~20倍

（续）

要素		与郊区比较
辐射	地面总辐射 冬季紫外辐射 夏季紫外辐射 日照时数	少 0~20% 少 30% 少 5% 少 5%~15%
水汽凝结	云量 冬季雾 夏季雾	多 5%~10% 多 100% 多 30%
降水	降水量 小于 5mm 的雨日数 市中心降雪量 市下风向降雪量 雷暴	多 5%~15% 多 10% 少 5%~10% 多 10%~15% 多 10%~15%
气温	年平均 冬季最低气温（平均值） 夏季最高气温	高 0.5~3℃ 高 1~2℃ 高 1~3℃
相对湿度	年平均 冬季 夏季	小 6% 小 2% 小 8%
风速	年平均 极大阵风 无风日数	小 20%~30% 小 10%~20% 多 5%~20%

注：数据来源于 H. Landsberg，1981，城市环境与城市规划。

表 2-12 1961~1992 年苏南 5 市 5 县热环境诸因素的变化趋势及比较[10]

年份	各时期 11 月、12 月、1 月、2 月四个月平均温度/℃		各时期全年平均风速/（m/s）		各时期全年平均相对湿度（%）		各时期全年平均雾日数/d	
	5 市	5 县	5 市	5 县	5 市	5 县	5 市	5 县
1961~1971	5.5	5.5	3.31	3.59	78.3	80.0	22.5	21.5
1972~1982	5.7	5.6	3.36	3.15	77.7	80.0	26.2	29.8
1983~1992	6.0	5.8	2.68	2.63	76.7	79.3	31.2	42.8

减缓城市热岛效应的有效方法之一是大力加强绿化。绿地调节气温是靠绿地内外地层热量差异加上绿地植物的遮阳和叶面蒸腾作用共同完成。上海近 3 年来大规模的城市绿地建设，使中心城区夏季的热岛强度减小了 0.2~0.4℃。其中市区延中绿地 3 年内月平均最高气温连续 5 个月比绿地外 100m 的大楼的月平均最高气温低 0.6℃。这充分说明了城市绿化的效果。

2. 城市环境质量参数

城市气象参数除了上述讨论的室外气象参数，如气温、空气湿度、气压、风向与风速以及太阳辐射等参数外，近年来出现了许多反映城市环境、人体对城市气候适应能力的质量表征参数，下面主要介绍空气质量指数，其他指数仅作扼要介绍。

（1）空气质量指数 **空气质量指数**（Air Quality Index，**AQI**）是一种反映和评价空气质量优劣的指标参数，它将常规的几种空气污染物浓度监测值简化为单一的概念性数值形式，并分级表征空气质量状况与空气污染的程度，其结果简明直观，使用方便，适用于表示城市空气质量状况和变化趋势。

空气质量的好坏取决于各种污染物中危害最大的污染物的污染程度。根据环境空气质量标准和各项污染物对人体健康和生态环境的影响，空气质量指数规定了污染指数的分级及其相应的污染物浓度限值。

《环境空气质量指数（AQI）技术规定（试行）》（HJ 633—2012）提出了六个等级的空气质量指数，表2-13所示为空气质量指数（AQI）各等级对应的空气质量以及对健康的影响程度和建议。

表2-13 空气质量指数及对应的空气质量级别（HJ 633—2012）

AQI	空气质量级别 颜色表征	空气质量状况	对健康影响及建议
0~50	一级 绿色	优	无影响，可正常活动
51~100	二级 黄色	良	可接受，但对极少数异常敏感人群健康有较弱影响，建议其减少户外活动
101~150	三级 橙色	轻度污染	易感人群症状轻度加剧，健康人群出现刺激症状；建议儿童、老年人及心脏、呼吸疾病患者减少长时间、高强度的户外锻炼
151~200	四级 红色	中度污染	易感人群症状加剧，对健康人群心脏、呼吸系统有影响，建议疾病患者避免长时间、高强度的户外锻炼，一般人群适量减少户外运动
201~300	五级 紫色	重度污染	心脏病和肺部患者症状显著加剧，运动耐受力降低，健康人群普遍出现症状，建议儿童、老年人和心脏病、肺病患者停留在室内，停止户外运动，一般人群减少户外运动
>300	六级 褐红色	严重污染	健康人群运动耐受力降低，有明显强烈症状，提前出现某些疾病，建议儿童、老年人、病人留在室内，避免体力消耗，一般人群应避免户外运动

HJ 633—2012根据我国空气污染的特点和污染防治工作的重点，计入空气污染指数的污染物项目有：二氧化硫（SO_2）、氮氧化物NO_2、臭氧（O_3）、一氧化碳（CO）、可吸入颗粒物（PM_{10}）、细颗粒物（$PM_{2.5}$）（又称呼吸性颗粒物）六项，空气质量分指数各分级与所对应的各项污染物浓度限值见表2-14。表中气体污染物二氧化硫（SO_2）、氮氧化物NO_2、一氧化碳（CO）采用了1h均值和24h均值的限值，臭氧（O_3）采用了1h和8h均值限值，颗粒物浓度均采用24h限值。对照《环境空气质量标准》（GB 3095—2012）规定的各污染物浓度限值（表2-15）可知，AQI的一、二级限值基本参考了环境空气污染物一、二级的限值。

《环境空气质量标准》的执行定为分期实施，京津冀、长三角、珠三角等重点区域以及直辖区和省会城市2012年率先实施AQI标准；2013年，113个环境保护重点城市和国家环保模范城市开始实施；2015 年，所有地级以上城市开始实施；2016 年 1 月 1 日，在全国全面实施新标准。表 2-16 所示为中国与 WHO 空气质量准则[13] 中颗粒物浓度限值的比较。WHO 空气质量准则是为世界范围内各国制定空气质量标准参考制定的。随着与空气污染（即便是较低的浓度）相关的各种健康危害效应的科学证据日益增多，很多研究表明，即使空气质量状态达到了 WHO 准则数，或者中国标准的一级，也并不能完全保护人体健康不受污染物的影响。

如果已知某一污染物实测日均值浓度 C_i，便可利用表 2-14 线性内插计算获得该空气质量分指数（$IAQI_i$），在获得各空气质量分指数（$IAQI_i$）后，取其中最大者代表该区域或城市的 AQI 值，当 AQI 大于 50 时，该项最大污染物即为该区域或城市空气中的首要污染物。

$$AQI = Max(IAQI_1, IAQI_2, IAQI_3, \cdots) \tag{2-15}$$

表 2-14　空气质量分指数（IAQI）及对应的污染物项目浓度限值（HJ 633—2012）

空气质量分指数（IAQI）	污染物项目浓度限值									
	二氧化硫（SO_2）24h 平均/（μg/m³）	二氧化硫（SO_2）1h 平均/（μg/m³）①	二氧化氮（NO_2）24h 平均/（μg/m³）	二氧化氮（NO_2）1h 平均/（μg/m³）①	颗粒物（粒径≤10μm）24h 平均/（μg/m³）	一氧化碳（CO）24h 平均/（mg/m³）	一氧化碳（CO）1h 平均/（mg/m³）①	臭氧（O_3）1h 平均/（μg/m³）①	臭氧（O_3）8h 滑动平均/（μg/m³）	颗粒物（粒径≤2.5μm）24h 平均/（μg/m³）
0	0	0	0	0	0	0	0	0	0	0
50	50	150	40	100	50	2	5	160	100	35
100	150	500	80	200	150	4	10	200	160	75
150	475	650	180	700	250	14	35	300	215	115
200	800	800	280	1200	350	24	60	400	265	150
300	1600	②	565	2340	420	36	90	800	800	250
400	2100	②	750	3090	500	48	120	1000	③	350
500	2620	②	940	3840	600	60	150	1200	③	500

① 二氧化硫（SO_2）、二氧化氮（NO_2）和一氧化碳（CO）的 1h 平均浓度限值仅用于实时报，在日报中需使用相应污染物的 24h 平均浓度限值。

② 二氧化硫（SO_2）1h 平均浓度值高于 800μg/m³ 的，不再进行其空气质量分指数计算，二氧化硫（SO_2）空气质量分指数按 24h 平均浓度计算的分指数报告。

③ 臭氧（O_3）8h 平均浓度值高于 800μg/m³ 的，不再进行其空气质量分指数计算，臭氧（O_3）空气质量分指数按 1h 平均浓度计算的分指数报告。

《环境空气质量指数（AQI）技术规定（试行）》（HJ 633—2012）对式（2-15）进行了实时报和日报的技术规定，以此通报城市环境空气质量。

实时报时间周期为 1h，每一整点时刻后即可发布各监测点位的实时报，滞后时间不应超过 1h，其指标包括二氧化硫（SO_2）、二氧化氮 NO_2、一氧化碳（CO）、可吸入颗粒物（PM_{10}）、细颗粒物（$PM_{2.5}$）、臭氧（O_3）六项 1h 平均，以及臭氧（O_3）8h 滑动平均和可吸入颗粒物（PM_{10}）、细颗粒物（$PM_{2.5}$）的 24h 滑动平均共计 9 个指标。

日报时间周期为 24h，时段为当日零点前 24h。日报指标包括二氧化硫（SO_2）、氮氧化物 NO_2、一氧化碳（CO）、可吸入颗粒物（PM_{10}）、细颗粒物（$PM_{2.5}$）的 24h 平均，以及臭氧（O_3）日最大 1h 平均、臭氧（O_3）日最大 8h 滑动平均共计 7 个指标。

表 2-15 环境空气污染物基本项目浓度限值（GB 3095—2012）

序号	污染物项目	平均时间	浓度限值		单位
			一级	二级	
1	二氧化硫（SO_2）	年平均	20	60	$\mu g/m^3$
		24h 平均	50	150	
		1h 平均	150	500	
2	二氧化氮（NO_2）	年平均	40	40	
		24h 平均	80	80	
		1h 平均	200	200	
3	一氧化碳（CO）	24h 平均	4	4	mg/m^3
		1h 平均	10	10	
4	臭氧（O_3）	日最大 8h 平均	100	160	$\mu g/m^3$
		1h 平均	160	200	
5	颗粒物（粒径≤10μm）	年平均	40	70	
		24h 平均	50	150	
6	颗粒物（粒径≤2.5μm）	年平均	15	35	
		24h 平均	35	75	

表 2-16 中国与 WHO 空气质量准则关于颗粒物浓度限值比较（单位：$\mu g/m^3$）

颗粒物	项目	中国		WHO 过渡期			WHO 准则值
		一级	二级	目标一	目标二	目标三	
$PM_{2.5}$	日平均浓度限值	35	75	75	50	37.5	25
	年平均浓度限值	15	35	35	25	15	10
PM_{10}	日平均浓度限值	50	150	150	100	75	50
	年平均浓度限值	40	70	70	50	30	20

（2）空气污染指数与空气质量指数的区别 **空气污染指数**（Air Pollution Index，**API**）也是广泛使用的一种反映和评价室外空气质量优劣的指标参数。它是先于 AQI 指数广泛用于表征室外空气污染状况的参数，主要考量二氧化硫（SO_2）、氮氧化物 NO_2、PM_{10} 三种污染物 24h 的均值，计算方法与 AQI 相同。

【例 2-4】 假定某地区某天的细颗粒物（$PM_{2.5}$）浓度日均值为 57.4μg/m³，可吸入颗粒物（PM_{10}）浓度日均值为 70.0μg/m³，二氧化硫（SO_2）浓度日均值为 17.0μg/m³，二氧化氮（NO_2）浓度日均值为 42.4μg/m³，一氧化碳（CO）浓度日均值为 1.08mg/m³，臭氧（O_3）浓度日最大 1h 均值为 137.6μg/m³，臭氧（O_3）浓度日最大 8h 均值为 106.0μg/m³，请分析给出该地区首要污染物及其地区空气质量指数（AQI）的等级。

【解】 根据细颗粒物（$PM_{2.5}$）浓度**日均值**57.4μg/m³ 查表 2-14 线性内插计算可获得 $PM_{2.5}$ 分指数为

$$IAQI_{PM_{2.5}} = 50 + \frac{57.4-35}{75-35} \times (100-50) = 78$$

同理计算 PM_{10}、SO_2、NO_2、CO、O_3 **日最大**1h、O_3 **日最大**8h 分指数分别为 60、17、

53、27、43、55，由式（2-15）得

$$AQI = Max(IAQI_1, IAQI_2, IAQI_3, \cdots, IAQI_7) = Max(78, 60, 17, 53, 27, 43, 55) = 78$$

计算结果表明，该地区首要污染物为细颗粒物 $PM_{2.5}$，地区空气质量指数等级为二级，空气质量状况为良。

(3) 其他气象参数 反映城市气候特征的还有人体舒适度指数、紫外线指数、高温预警信号等。

人体舒适度指数是从气象角度来评价不同气候条件下人的舒适感，根据人类机体与大气环境之间的热交换而制定的生物气象指标。一般而言，气温、气压、相对湿度、风速四个气象要素对人体感觉影响最大。目前常用的人体舒适度指数 SSD 是建立在气象要素预报的基础上，综合了温度、湿度、风速对人体舒适感的影响。一般将 SSD 分 9 个级别对外发布，表 2-17 所示为综合了各地人体舒适度指数 SSD 的划分等级与人体感受及其舒适度之间的关系。实际使用时，9 个级别中，人体舒适度指数负值常作为寒冷指数（或风寒指数），正值常作为炎热指数，人体舒适度指数计算方法有很多，大多是建立在调查基础上的经验公式，目前国内外还没有统一的标准公式，气象部门使用较多的计算方法如下[14]：

$$SSD = 1.8t - 0.55(1.8t - 26)(100 - \varphi) - 3.2v^{0.5} + 32 \tag{2-16}$$

式中 t——大气温度（℃）；

φ——相对湿度（%）；

v——风速（m/s）。

表 2-17 人体舒适度指数等级与人体感受及其舒适度的关系[15]

舒适度指数	-4 级	-3 级	-2 级	-1 级	0	1 级	2 级	3 级	4 级
SSD	<25	26~38	39~50	51~58	59~70	71~75	76~79	80~85	86~88
人体感受	寒冷	很冷	较冷(清凉)	偏凉	舒适	偏暖	偏热	炎热	酷热
舒适度感受	极不适应	很不舒适	不舒适	较舒适	最为舒适	较舒适	不舒适	很不舒适	极不适应
建议	防止冻伤	保暖防寒	适当保暖				适当降温	防暑降温	防止中暑

紫外线指数（Ultra-Violet Index，**UVI**）指在一天的天空中位置最高时（一般在真太阳时前后），到达地面的太阳光线中的紫外线辐射，对人体皮肤（或眼睛）的可能损伤程度，其损伤程度一般由皮肤红斑确定，即长时间紫外线照射后，人体会出现潮红现象，即红斑效应。一般以紫外线指数变化范围为 0~10，世界气象组织及世界卫生组织建议在 290~400nm 采用红斑作用的辐射强度确定，其辐射强度随紫外线波长不同而不同，以 $25mW/m^2$ 为 1 个紫外线指数。一般夜间紫外线指数为 0，热带或高原地区的晴天无云时，紫外线最强可达 10。气象预报时，一般从低到高依次分为最弱、弱、中等、强、很强（或安全、较安全、轻度有害、有害和有较大伤害）5 个等级，见表 2-18。

表 2-18 紫外线指数（等级）对人体的可能影响[14]

等级	紫外线指数	紫外线强度	防护措施
一级	0，1，2	最弱	使用防晒护肤品
二级	3，4	弱	使用护肤品，并戴帽子
三级	5，6	中等	除上述措施外，并戴太阳镜
四级	7，8，9	强	尽量避免日晒（措施同上）
五级	≥10	很强	一定不要被太阳晒着

2004年8月24日，中国气象局公布了《突发气象灾害预警信号发布试行办法》，将台风、暴雨、高温、寒潮、大雾、雷雨大风、大风、沙尘暴、冰雹、雪灾、道路结冰11类灾害性天气的预警信号总体上分为4级，按照灾害的严重性和紧急程度，预警颜色依次为蓝色、黄色、橙色和红色。国家的高温预警信号分为橙色和红色两级。橙色是指24h内最高气温将升到37℃以上，红色指最高气温将升到40℃以上。各地可根据当地实际情况，制定本地区的预警办法，这是因为不同地区具有不同的气候特点，人的气候适应能力也略有不同，例如同样的气温，广州人和北京人的感觉会有很大差异。

3. 雾霾天气预报

雾的气象学定义为：大量微小水滴或冰晶浮游空中，因呈乳白色使水平能见度小于1.0km，这种天气现象即为雾，形成雾时大气湿度接近饱和或呈饱和状态。雾与云物理本质都是空气中的水汽凝结（或凝华）的产物，云降低至地面时称雾，雾离开地面升高时则为云。大量极细微的灰尘、硫酸、硝酸、有机碳氢化合物等极细微的干尘粒均匀浮游在空中，致使空气浑浊造成水平能见度小于10.0km，这种非水性形成物组成的气溶胶系统，导致视程障碍的现象称为霾或灰霾。遇霾这种浑浊天气可使远处光亮物微带黄、红色，使黑暗物微带蓝色。

雾霾天气是雾和霾的混合物。雾与霾的区别在于霾发生时相对湿度不大，一般小于60%，而雾发生时相对湿度一般大于90%，两者水平能见度差1个数量级。霾和轻雾的混合物共同造成的大气浑浊、视野模糊，能见度恶化，一般是在相对湿度为60%~90%的条件下发生，但其主要成分是霾。霾与晴空区之间没有明显的边界，而雾和云与晴空区之间有明显的边界。灰霾粒子的尺度比较小，且分布比较均匀，其粒子是肉眼看不到的空中漂浮颗粒物，粒子大小为0.001~10μm，平均直径为1~2μm。

当低层大气中出现逆温现象时，较暖而轻的空气位于较冷而重的空气上面，形成一种极其稳定的空气层，严重阻碍了空气的对流运动，致使近地层空气中的各种有害气体、汽车尾气、烟尘以及水汽等，只能漂浮在逆温层下面的空气层中，无法向上向外扩散，助长了云雾的形成，导致能见度降低，由于污染物不能及时扩散，造成大气污染加重。

由于冬季夜间辐射降温显著，大气低空容易出现逆温层，空气中污染物难以及时从浅层大气中扩散排除，因而逐渐积聚形成霾，导致空气污染加剧。同时，冬季夜间漫长，晴天风小的概率较大，地面散热更快，气温下降更显著，早晨气温降至最低时，空气中的水汽容易达到饱和，凝结成小水滴，小水滴越积越多形成雾。因此冬季容易形成雾霾天气。一般早晨相对湿度较高，大多是雾，白天气温上升湿度下降后转变成霾。

已有不少城市将雾霾天气纳入气象观测对象。目前常用的雾和霾有4级，雾有轻雾、大雾、浓雾、强浓雾之分，霾则为轻度霾、中度霾、重度霾、严重霾。雾和霾的四个等级均按能见度划分，能见度越低，雾和霾的严重性加大。目前各城市划分等级的方法有所不同，称呼也有所不同，有些城市按3级划分雾和霾天气。

近年来频发的雾霾天气携带了室外各种污染物，通过通风、空调中的新风系统直接影响了室内空气环境。

2.2.3 我国的气候环境

1. 我国气候特征

我国疆域辽阔，南北纬度差别大，地形地势复杂，位于亚欧大陆东南部，濒临世界最大的大洋——太平洋，导致气候独具特征，基本可以概括为：

(1) 我国是典型的季风气候区　所谓季风气候是指由于风的季节性变化而形成的一种气候类型。其气候特征是：一年内冬、夏季节，风向、降水等气象要素有明显的季节变化。冬季，风从大陆吹向海洋，降水稀少，气候寒冷、干燥；夏季，风从海洋吹向陆地，降水充沛，气候炎热潮湿。我国大多数地方冬季寒冷干燥，夏季暖热、多雨。大部分地区的气温年较差、降水的季节性变化和年际变化，都比世界上同纬度其他地区略大。

表现在气温方面：冬季，我国是世界上同纬度最冷的国家，而西欧沿海是同纬度陆地上最暖和的地区。夏季我国又是最热地区。相同纬度不同地区的平均气温见表 2-19。表中反映了我国部分城市温度年较差大于同纬度国外城市 7.6~26.3℃，季节分明，冬季 1 月平均温度一般都比同纬度的城市要低，更有甚者，英国西海岸的利物浦市和我国漠河镇纬度基本相同，可是利物浦市即使在隆冬季节，清晨最低气温大都在 0℃以上，1 月平均气温高达 4.3℃，比漠河高出 35.2℃之多。1 月份历史极端最低温度为 -9.4℃，比漠河镇高出 42.9℃[16]。我国冬冷的原因，主要是我国位于世界最大大陆欧亚大陆的东南部，东临世界最大的海洋太平洋。在冬季主导风的作用下，由于冬季大陆比热小于海洋，降温比海洋快得多，因而严寒低温。西欧沿海因靠近大西洋，从温暖的大西洋上吹来的西风使得沿岸的冬季很暖和，因此气温不是越北越低，而是越东越冷。

表 2-19　我国和地球同纬度地区平均气温比较表　　(单位：℃)

地区	纬度	1 月平均气温	7 月平均气温	温度年较差	来源
齐齐哈尔	N47°23′	-19.6	22.6	42.2	参考文献 [17]
巴黎	N48°53′	3.1	19.0	15.9	
北京	N39°57′	-4.7	26.1	30.8	参考文献 [18]
纽约	N41°42′	-0.9	22.3	23.2	
上海	N31°14′	3.5	27.4	23.9	参考文献 [19]
开罗	N30°03′	12.4	28.2	15.8	参考文献 [20]

表现在降水方面：夏季，我国除了青藏高原、天山等少数高原、高山外，南北普遍高温，而且是世界同纬度上除沙漠外最热的地区。在高温的夏季，也是我国降水集中的季节。高温期与多雨期一致，水热搭配好，并与农作物的生长期一致，对农作物、森林和牧草的生长十分有利。这是我国气候资源的又一大优势。然而我国降水分配不均，季节变化大，降水量的年际变化也较大。

(2) 南北气候相差悬殊　如表 2-20 所示，我国南北气候差异较大。我国北方冬长且寒，南方夏长且热。极北地区及青藏高原，最热月平均气温仅 10~20℃，常年无夏；而广东地区最冷月平均气温不低于 10℃，终年无冬。漠河是我国最冷的地方，1 月平均气温 -30.9℃，极端最低温度 -52.3℃，而海南岛的平均气温达 20℃以上。北部最大积雪深度可达 700mm；而南岭以南则为无雪地区。台湾地区年降水量多达 3000mm，而塔里木盆地仅 10mm。晴朗高爽的新疆地区全年日照时数达 3000h 以上，阴霾多云的四川、贵州部分地区只有 1000h 左右，相差三倍。

表2-20 中国南北各地主要城市温度特征表（1951—1980年）[21]

地点	平均温度/℃			极端温度/℃	
	全年	1月	7月	最低	最高
漠河	-4.9	-30.9	18.4	-52.3	36.8
哈尔滨	3.6	-19.4	22.8	-38.1	36.4
长春	4.9	-16.4	23.0	-36.5	38.0
呼和浩特	5.8	-13.1	21.9	-32.8	37.3
北京	11.5	-4.6	25.8	-27.4	40.6
西安	13.3	-1.0	26.6	-20.6	41.7
西宁	5.7	-8.4	17.2	-26.6	33.5
乌鲁木齐	5.7	-15.4	17.0	-41.5	40.5
噶尔	0.2	-12.0	13.6	-33.7	25.7
济南	14.2	-1.4	27.4	-19.7	42.5
郑州	14.2	-0.3	27.3	-17.9	43.0
南京	15.3	2.0	28.0	-14.0	40.7
武汉	16.3	3.0	28.8	-18.1	39.4
成都	16.2	5.5	25.6	-5.9	37.3
贵阳	15.3	4.9	24.0	-7.8	37.5
昆明	14.7	7.7	19.8	-5.4	31.5
拉萨	7.5	-2.3	15.1	-16.5	29.4
福州	19.6	10.5	28.8	-1.2	39.8
广州	21.8	13.3	28.4	0.0	38.7
台北	21.7	15.2	28.2	-0.2	38.6

鉴于我国的气候特点，从事建筑与环境设计时考虑因素繁多。为此掌握当地气候特征，因地制宜，利用气候优势，避开劣势，是建筑环境最佳方案设计的基本任务之一。

2. 影响气候的地理因素

（1）南北纬度跨度大　大陆部分南起约北纬18°，北至北纬53°，横跨35个纬度，加之我国最南端北纬4°的南海曾母暗沙，全境共跨越近50个纬度，共跨越热带、亚热带、暖温带、中温带、寒温带等五个气候带。

（2）海陆差别大　我国东临世界最大大洋——太平洋，地处世界最大大陆——欧亚大陆东南部。因此西北部属极为干燥的大陆性气候，其余属海陆交互影响的季风气候。

（3）高度差距大　我国地势总体呈西高东低，形成三个阶梯，西部最高达海拔4000m以上，属第一阶梯，第二阶梯是中部山区海拔在千米左右，第三阶梯主要是平原和丘陵，海拔多在500m以下。

（4）地形复杂　我国境内高山、陆地、盆地、丘陵、河海分布复杂，致使气候复杂多变。

3. 我国的气候分区

为了达到适宜的室内环境，不同气候条件，对建筑的要求是不同的。炎热地区需要通风、遮阳、隔热；寒冷地区需要供暖、防寒、保温。为了明确建筑和气候两者的科学关系，使各类建筑可以更充分地利用和适应气候条件，做到因地制宜。为此，根据气候条件的差异划分区域。常见的气候分区有两种，一是建筑气候区划分法，二是热工设计分区法。

（1）**建筑气候区** 为了区分我国不同地区气候条件对建筑影响的差异性，明确各气候区的建筑基本要求，我国1993年制定了《建筑气候区划标准》（GB 50178—1993），将我国的建筑气候的区划系统分为一级区和二级区两级：一级区划分为7个区，二级区划分为20个区。这里简单介绍一级区的分区标准、类型、包括范围等。

一级区划以1月平均气温、7月平均气温、7月平均相对湿度为主要指标；以年降水量、年日平均气温低于或等于5℃的日数和年日平均气温高于或等于25℃的日数为辅助指标，分区情况见表2-21。

表2-21 建筑气候区划表（GB 50178—1993）

建筑气候区	分区指标		气候特点
	主要指标	辅助指标	
Ⅰ	1月平均气温为-31～-10℃，7月平均气温低于25℃，年平均相对湿度为50%～70%	年降水量为200～800mm，年日平均气温低于或等于5℃的日数大于145d	冬季漫长严寒，夏季短促凉爽；西部偏于干燥，东部偏于湿润；气温年较差很大；冰冻期长，冻土深，积雪厚；太阳辐射量大，日照丰富；冬半年多大风
Ⅱ	1月平均气温为-10～0℃，7月平均气温为18～28℃，年平均相对湿度为50%～70%	年降水量为300～1000mm，年日平均气温低于或等于5℃的日数为90～145d，年日平均气温高于或等于25℃的日数少于80d	冬季较长且寒冷干燥，平原地区夏季较炎热湿润，高原地区夏季较凉爽，降水量相对集中；气温年较差较大，日照较丰富；春、秋季短促，气温变化剧烈；春季雨雪稀少，多大风风沙天气，夏秋多冰雹和雷暴
Ⅲ	1月平均气温为0～10℃，7月平均气温一般为25～30℃，年平均相对湿度较高，为70%～80%	年降水量为1000～1800mm，年日平均气温低于或等于5℃的日数为0～90d，年日平均气温高于或等于25℃的日数为40～110d	夏季闷热，冬季湿冷，气温日较差小；年降水量大；日照偏少；春末夏初为长江中下游地区的梅雨期，多阴雨天气，常有大雨和暴雨出现；沿海及长江中下游地区夏秋常受热带风暴和台风袭击，易有暴雨大风天气
Ⅳ	1月平均气温高于10℃，7月平均气温为25～29℃，年平均相对湿度为80%左右	年降水量大多在1500～2000mm，年日平均气温高于或等于25℃的日数为100～200d	长夏无冬，温高湿重，气温年较差和日较差均小；雨量丰沛，多热带风暴和台风袭击，易有大风暴雨天气；太阳高度角大，日照较小，太阳辐射强烈
Ⅴ	1月平均气温为0～13℃，7月平均气温为18～25℃，年平均相对湿度为60%～80%	年降水量在600～2000mm，年日平均气温低于或等于5℃的日数为0～90d	立体气候特征明显，大部分地区冬温夏凉，干湿季分明；常年有雷暴、多雾，气温的年较差偏小，日较差偏大，日照较少，太阳辐射强烈，部分地区冬季气温偏低
Ⅵ	1月平均气温为0～-22℃，7月平均气温为2～18℃，年平均相对湿度为30%～70%	年降水量为25～900mm，年日平均气温低于或等于5℃的日数为90～285d	长冬无夏，气候寒冷干燥，南部气温较高，降水较多，比较湿润；气温年较差小而日较差大；气压偏低，空气稀薄，透明度高；日照丰富，太阳辐射强烈；冬季多西南大风；冻土深，积雪较厚，气候垂直变化明显

（续）

建筑气候区	分区指标		气候特点
	主要指标	辅助指标	
Ⅶ	1月平均气温为-20～-5℃，7月平均气温为18～33℃，年平均相对湿度为35%～70%	年日平均气温低于或等于5℃的日数为110～180d；年日平均气温高于或等于25℃的日数小于120d	地区冬季漫长严寒，南疆盆地冬季寒冷；大部分地区夏季干热，吐鲁番盆地酷热，山地较凉；气温年较差和日较差均大；大部分地区雨量稀少，气候干燥，风沙大；部分地区冻土较深，山地积雪较厚；日照丰富，太阳辐射强烈

（2）**建筑热工设计分区** 在建筑热工设计时，为考虑气候对室内环境的影响，1993年我国制定了《民用建筑热工设计规范》（GB 50176—1993），2016年经修订颁布了新版《民用建筑热工设计规范》（GB 50176—2016）。建筑热工设计分区以累年最冷月（即1月）和最热月（即7月）平均温度作为分区主要指标，累年日平均温度低于或等于5℃和大于或等于25℃的天数作为辅助指标，将全国划分为严寒、寒冷、夏热冬冷、夏热冬暖和温和5个分区，各区划分的主要指标和设计要求见表2-22。

表2-22 我国建筑热工设计分区及设计要求（GB 50176—2016）

分区名称	分区指标		设计要求
	主要指标	辅助指标	
严寒地区	最冷月平均温度≤-10℃	天数（日平均温度≤5℃）≥145	必须充分满足冬季保温要求，一般可以不考虑夏季防热
寒冷地区	-10℃<最冷月平均温度≤0℃	90≤天数（日平均温度≤5℃）<145	应满足冬季保温要求，部分地区兼顾夏季防热
夏热冬冷地区	0℃<最冷月平均温度≤10℃ 25℃<最热月平均温度≤30℃	0≤天数（日平均温度≤5℃）<90 40≤天数（日平均温度≥25℃）<110	必须满足夏季防热要求，适当兼顾冬季保温
夏热冬暖地区	10℃<最冷月平均温度 25℃<最热月平均温度≤29℃	100≤天数（日平均温度≥25℃）<200	必须充分满足夏季防热要求，一般可不考虑冬季保温
温和地区	0℃<最冷月平均温度≤13℃ 18℃<最热月平均温度≤25℃	0≤天数（日平均温度≤5℃）<90	部分地区应考虑冬季保温，一般可不考虑夏季防热

随着建筑热工设计对建筑能耗的不断关注，在建筑热工设计时不仅需要考虑建筑热工对室内环境的影响，同时还需要考虑对建筑节能的影响。除了考虑最冷（热）月的平均气温和年平均气温的影响外，供暖期时间、冬季太阳辐射量、夏季相对湿度、空调期时间等因素对建筑能耗以及热环境也有不同程度的影响。有学者提出了严寒无夏、冬寒夏凉、冬寒夏热、冬寒夏燥、冬冷夏热、冬冷夏凉、冬暖夏热、冬暖夏凉8个分区[22]。

4. 我国不同气候区的建筑特征

我国有许多适应当地气候条件的地方传统建筑。内蒙古地区（严寒地区）气候变化骤烈，冬季气温低而且风沙大，日照强烈。当地的蒙古包（图2-23），可以抵御风沙，其散热面积小以达到保温目的。由于用电和用水不便，蒙古包内常采用火炉方式以达到冬季取暖的目的。北京地区（寒冷地区）冬季寒冷、干燥，风沙较大，夏季又偏热。传统的四合院（图2-24）可在院内创造比较舒适的小气候，有利于防风沙。主要居室朝南，南向开大窗，

图2-23 蒙古包建筑

图2-24 传统的北京四合院

北向开小窗，同时有适当的挑檐，冬季可获得较多日照，夏季又可起遮阳作用。外墙和屋顶一般都比较厚重，既可保温又可防热。陕西、河南等黄土高原地带（夏热冬冷区）气候比较干燥，冬冷夏热，阳光充足，加以土质好、地下水位低，窑洞可以利用土层保温蓄热，改善室内热环境，尤其是陕北的沿崖窑洞（图2-25），利用山地地形，效果更好。云南西双版纳地区（夏热冬暖区），气候炎热潮湿，民居多为架空设置的竹楼（图2-26），利于隔潮，屋顶坡度大且有较大的出檐和回廊，适合于室外活动，同时，创造了良好的遮挡通风条件。类似这类利用当地气候特征、资源形成的具有民土特征的建筑还有很多。

图2-25 陕北沿崖窑洞

图2-26 云南少数民族民居

2.2.4 供暖通风空调设计中室外空气参数的选用

室外气象条件因时因地而异，各种参数也都不是固定值，总体上都有自身的变化规律。

就某一地点来说，室外空气参数又随季节、昼夜等不断变化。在进行供暖通风空调设计时，需选取合适的计算参数，不仅要保证人们的舒适性、使用的功能性要求，还要考虑设备和系统的经济性、运行的安全性等方面的要求。《民用建筑供暖通风与空气调节设计规范》（GB 50736—2012）规定，计算用室外空气参数一般按平均或累年不保证日（时）数确定，即允许每年少数时间可不予保证室内的温湿度设计标准，例如当夏季实际温度高于计算用温度时，不能保证室内温湿度达到设计标准，而“**不保证时间**”则意味着全年不能保证室内设计要求的累计时间。

1. 供暖、空调、通风设计用室外计算温度和湿度

供暖室外计算温度，应采用历年平均不保证5天的日平均温度。

冬季通风室外计算温度，应采用累年最冷月平均温度。

冬季空调室外计算温度，应采用历年平均不保证1天的日平均温度。

冬季空调室外计算相对湿度，应采用累年最冷月平均相对湿度。

夏季空调室外计算干球温度，应采用历年平均不保证50h的干球温度。

夏季空调室外计算湿球温度，应采用历年平均不保证50h的湿球温度。

夏季通风室外计算温度，应采用历年最热月14时的月平均温度的平均值。

夏季通风室外计算相对湿度，应采用历年最热月14时的月平均相对湿度的平均值。

夏季空调室外计算日平均温度，应采用历年平均不保证5天的日平均温度。

夏季空调室外计算逐时温度，可按下列公式计算

$$t_{sh} = t_{w,p} + \beta\Delta t_r \tag{2-17}$$

式中　t_{sh}——夏季室外计算逐时温度（℃）；

$t_{w,p}$——夏季空调室外计算日平均温度（℃）；

β——室外温度逐时变化系数，见表2-23；

Δt_r——夏季室外计算平均日较差，应按下式计算

$$\Delta t_r = \frac{t_{w,g} - t_{w,p}}{0.52} \tag{2-18}$$

式中　$t_{w,g}$——夏季空调室外计算干球温度（℃）。

上述我国主要城市的各设计参数可从《民用建筑供暖通风与空气调节设计规范》（GB 50736—2012）中查取。其中“历年”数据主要依据1970年1月1日至2000年12月31日30年的6h（每天4次：2时、8时、14时、20时）定时观测数据计算获得，对于不足30年累计气象参数的部分地区，则按实有年份统计，但如果不足10年时应有修正。“**历年**”是指统计年限内的每一年；“**历年平均**”是指累年不保证总数的历年平均值。“**累年**”是指统计年限内的年数总和。当室内温湿度必须全年保证时，应另行确定上述室外计算参数。

表2-23　室外温度逐时变化系数（GB 50736—2012）

时刻	1	2	3	4	5	6	7	8	9	10	11	12
β	-0.35	-0.38	-0.42	-0.45	-0.47	-0.41	-0.28	-0.12	0.03	0.16	0.29	0.40
时刻	13	14	15	16	17	18	19	20	21	22	23	24
β	0.48	0.52	0.51	0.43	0.39	0.28	0.14	0.00	-0.10	-0.17	-0.23	-0.26

2. 其他参数

其他室外计算参数选用依据见表2-24。当室内温湿度必须全年保证时，应另行确定空气调节室外计算参数。

表2-24 室外计算用参数选用依据（GB 50736—2012）

参 数	选用依据
冬（夏）季室外平均风速、冬（夏）季室外大气压力 冬季日照百分率	累年最冷（热）3个月的各月平均值的平均值
冬季室外最多风向的平均风速	累年最冷3个月最多风向（静风除外）的各月平均风速的平均值
冬（夏）季/最多风向及其频率	累年最冷（热）3个月的最多风向及其平均频率
年最多风向及其频率	累年最多风向及其频率

2.3 建筑外环境中的其他环境*

自然界中对建筑环境质量影响较大的还有作为建筑基础的土壤环境以及和人们生活密切相关的水环境。

2.3.1 土壤环境

土壤环境是指岩石经过物理、化学、生物的侵蚀和风化作用，以及地貌、气候等诸多因素长期作用下形成的土壤的生态环境。土壤环境不仅与地下建筑环境密切相关，还与充分利用地能的地源热泵系统效率密切相关，此外，各种利用地能的节能技术需要，使得了解土壤环境显得尤为重要。

1. 地温

地温是指地表面和以下不同深度土壤温度的统称。地层表面温度对地面上的建筑围护结构的传热过程有着显著作用；而地层深部温度变化对地下建筑的传热过程起着决定性作用。此外，地下水的温度往往取决于地下含水层的地层温度。

平原地区的地表温度取决于周期性的太阳辐射和地表本身对天空的长波辐射。白天，地面因太阳辐射作用而升温，并把太阳辐射热一部分通过地表与大气空气进行对流换热，使大气温度上升，同时利用较高的地表温度向天空进行长波辐射，另一部分则将其热量向下传递至土壤，使浅层和深层的土壤温度升高。到了晚上，地面因得不到太阳辐射而冷却，此时地表温度因低于土壤温度，土壤又向地表面释放热量。地表温度就是在这种周而复始的热量传递和释放的过程中形成了地表温度的波动，其波动是响应地面接收的太阳辐射等周期性因素所致，且波动的幅度有所衰减，波动的时间有所延迟，这与土壤的蓄热特性有关。图2-27所示是某市不同深度地层实测温度变化。图中曲线表明，离地面越深，地层中的温度变化幅度越小，出现波动的峰值时间延迟越长。

将地表及以下看作半无穷大的物体，不考虑地热的情况下，则有不稳定导热方程及其边界条件：

$$\frac{\partial \theta}{\partial \tau} = a\frac{\partial^2 \theta}{\partial y^2} \tag{2-19}$$

式中 θ——过余温度（℃），即地层内任意点瞬时温度与全年地面平均温度的差值；

τ——时间（h）；

a——土壤热扩散率（m^2/h）；

y——深度（m）。

全年地面平均温度为 t_g 相当于最冷月地面温度和最热月地面温度的平均值，如任意地层内任意瞬间温度为 $t(y,\tau)$，则有：

$$\theta(y,\tau)=t(y,\tau)-t_g \tag{2-20}$$

由于地层表面温度与大气温度同步变化，因此，可设第一类边界条件为

$$\theta(0,\tau)=A_g\cos\frac{2\pi}{Z}\tau \tag{2-21}$$

式中 $\theta(0,\tau)$——地表初始过余温度（℃）；

A_g——地面温度振动幅度（℃）；

Z——温度波的波动周期（h）。

对式（2-19）进行积分求解，可得地层在周期性热作用下的温度场：

$$\theta(y,\tau)=A_g e^{-y\sqrt{\frac{\pi}{aZ}}}\cos\left(\frac{2\pi}{Z}\tau-y\sqrt{\frac{\pi}{aZ}}\right) \tag{2-22}$$

则地层内任意深度，任意瞬间的温度为

$$t(y,\tau)=t_g+A_g e^{-y\sqrt{\frac{\pi}{aZ}}}\cos\left(\frac{2\pi}{Z}\tau-y\sqrt{\frac{\pi}{aZ}}\right) \tag{2-23}$$

根据式（2-23）可计算地层任意时刻、任意深度的温度。由地层原始温度随深度变化的示意图可以看到，在深度达到某一部位，最热月温度反而低于该点全年平均温度；而在最冷月，该点温度要高于全年平均温度。这对地能的利用具有重要意义。沿地面深度的温度变化，通常呈现如图2-28的变化规律。

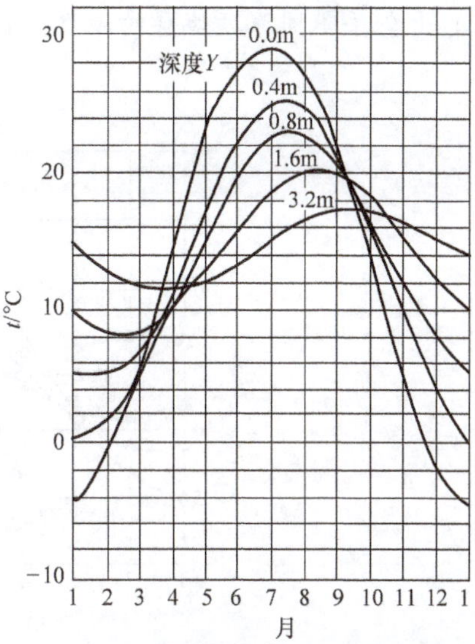

图2-27 某市不同深度地层实测温度变化[23]

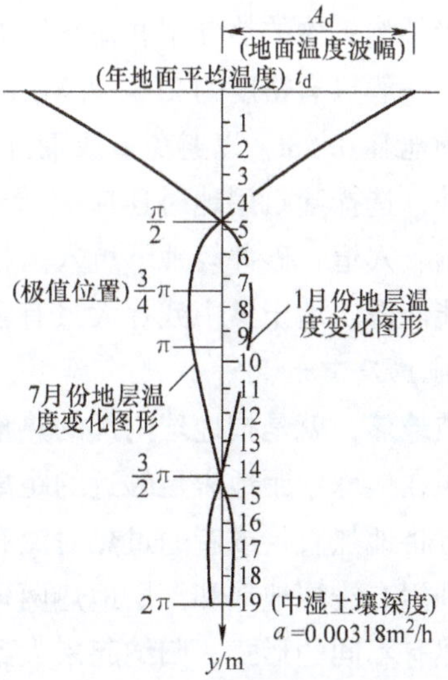

图2-28 地层原始温度变化[23]

【例2-5】 设上海地区土壤表面年平均温度 $t_g=17.0$℃，地面温度波幅 $A_g=15.4$℃，假设土质为中湿土壤地质，土壤热扩散率 $a=0.00318m^2/h$，求地层深6m以内的全年温度变化。

【解】 若不考虑地层内地热影响，利用式（2-23），其中周期 $Z=12$ 月，根据已知条件

便可计算出全年不同深度地层的温度变化曲线，如图 2-29 所示。

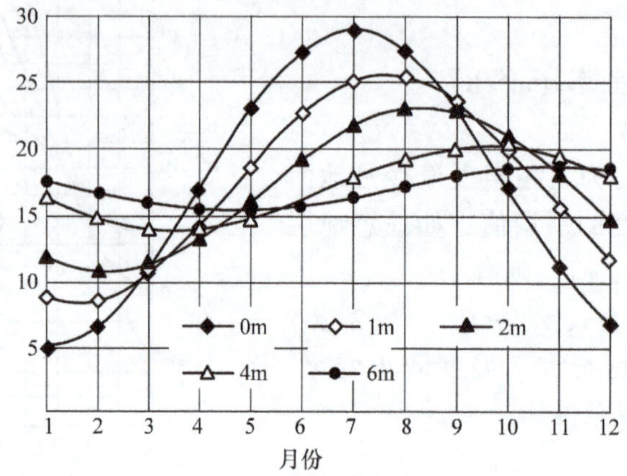

图 2-29 上海市不同深度地层温度变化曲线

影响地面以下温度的重要参数是土壤热扩散率，它由土壤热导率、比热容和密度得到。影响土壤热扩散率的主要因素是含水量和耐压性（通过密度体现），土壤的含水率和孔隙度也会直接影响土壤的热导率和比热容的大小，不同深度土壤的热扩散性能还将受地下水位层的影响。一般只有密度为 2.6~2.8g/cm^3的砂土和黏土适宜作为建筑地基，地下水位层应低于建筑物地基 0.5m，以避免造成潮湿和塌陷。

此外，选择建筑用地时还应查看土壤污染及蚁害、鼠害等情况以及地下有无古墓、古井、坑洞、穴道、砂井等地下坑穴。特别是此前是否用来作化工厂等有毒有害生产用地，这些都可能使得当地土壤中残存大量有害物质，污染建筑环境，影响居民健康。

2. 地热及其利用

所谓**地热**，就是指地球内部的热量。地热能是地球的天然热能。有科学家认为，地热能是以封闭在地球中距地表足够近的距离内，并可被经济开采的天然热能。地热系统根据地质环境特点将地热直接或者通过热对流和热传导两种方式间接地将地热传递至用热之处。地热能源的利用有浅层地热和深层地热两种利用方式。

地热有不同的形式。归纳起来大致有五种：蒸汽型、热水型、高温高压型、干热岩型、岩浆型。其中岩浆中的热量最高，但利用的难度也最大。

蒸汽型地热和热水型地热又称为水热型地热，是由储存在多孔和渗透性岩石中的高温水和（或）蒸汽构成的。由于水和（或）蒸汽通过断层和裂隙的对流循环将热能传递到地球表面附近，其动力是向下运动的冷水和向上运动的热水（汽）之间密度差形成的重力。目前水热型地热系统开采利用非常广泛。

水热型地热的热传递过程为：在补给区以垂直的下渗运动为主，地下水吸收岩石的热量，并将热量传递到深部。径流区地下水以水平运动为主，并在流动过程中不断吸收围岩的热量，将热量带至排泄区。在排泄区，地下水以垂直上升运动为主，被围岩加热的地下水将深部的热量传递至浅部，储集在渗透性良好的岩层中形成热储，或者溢出地表形成温泉等。

地热资源按温度可分为高温、中温和低温三类，见表 2-25。高温地热一般存在于地质活动性强的全球板块的边界，即火山、地震、岩浆侵入多发地区。著名的冰岛奈斯亚威里尔地热田、日本大岳、松川地热田以及我国的西藏羊八井地热田、云南腾冲地热田、台湾大屯地热田都属于高温地热田。中低温地热田广泛分布在板块的内部，我国华北地区的地热田多属于中低温地热田。

表 2-25　地热资源按温度分类[24]

地热类型	高温	中温	低温
温度	>150℃	90~150℃	<90℃
热媒的状态	蒸汽	水和蒸汽	温热水

浅层地热能是指离地表 200m 以内的土壤和地下水中温度低于 25℃的热能，在当前技术经济条件下具备开发利用价值的地球内部的热能资源。它是地热资源的一部分，其能量主要来源于太阳辐射与地球梯度增温，是一种无污染的绿色能源，目前已广泛地应用于工业加工和发电、建筑供暖和空调、医疗、农业等各个方面，收到了良好的经济技术效益，节约了能源。建筑利用地源热泵通常是转移地下地热资源（包括地下水、土壤、地表水等）中热量（冬季）或者冷量（夏季）到需要的建筑物内，以获得适宜的室内环境，一个年度形成一个冷热循环系统，实现节能减排的功能。目前地源热泵利用地热一般有两种形式，开式地源热泵系统和闭式地源热泵系统。开式地源热泵系统是直接从地球表面取用浅层水源进行热量传递的热泵系统，水源经热泵系统的换热器热交换后，通过井水再回灌于地下。在闭式地源热泵系统中，地热能的利用是通过深埋在地下的换热器与地下水或土壤的热交换获得的，与开式系统的最大区别是不需取水至地面并回灌于地下。由于直接利用地热的开式系统对地下水环境、周围河流、土壤环境等污染、影响较大，已在许多地区限制开发利用，而地埋管换热形式的闭式系统受到关注。

3. 土壤中氡的形成及其影响

氡是天然产生的放射性气体，来源于自然界中铀的放射性衰变。在含有铀的土壤和岩石、花岗岩、页岩、磷酸盐和沥青铀矿中，人们可以发现高浓度的氡。在受到某种类型的工业废物如铀和磷酸盐开采的副产品污染的土壤中，也会发现较高水平的氡。

氡是一种无化学活性的惰性气体，是放射性核素铀衰变系列的衰变产物，是一种比空气重 7.5 倍的无色无味的放射性气体。其衰变母体铀—238 广泛存在于地壳中，半衰期长达 44.7 亿年。铀—238 经一系列过程衰变为镭—226，其半衰期为 1602 年。接下来的衰变产物便是惰性气体氡—222，它的半衰期是 3.82 天。随后继续衰变为钋—218、铋—214、铅—214 等氡子体，它们的半衰期从 26.8min 至 164μs 不等。

氡气穿透性很强，可以在房基下的土壤和岩石的空隙中自由运动，可以通过泥土地板、混凝土地板上的裂缝，通过墙、地沟、集水坑、接合面以及空心砖墙中的缝或孔进入房间。

氡还可以进入井水中，当家庭用水时，氡会从水中释放出来进入室内空气。

国外大量实测资料表明，建筑室内外氡浓度与建筑所在地的地质断层关系密切。地层深处的氡气沿着缝隙向上扩散，富集在断层处，其浓度可高达正常值的几倍、十几倍，甚至更多。氡气在土壤中的扩散情况，受地下裂缝的深浅、走向、土质密实程度、潮湿程度、地下水深浅及流动情况等影响。

国内外许多研究表明，地下地质构造断裂带附近的建筑室内外环境中氡浓度较高，对建筑室内外环境氡污染的作用不容忽视。如某市根据行政区的纵横网格100个土壤氡监测点监测结果为土壤氡浓度为417~61746Bq/m^3，几何平均值为5289Bq/m^3[25]。Bq/m^3是空气中放射性氡气浓度的单位。

土壤中氡及其子体以各种途径，如建材、地基、土壤、地下水等多种途径影响室内环境。

2.3.2 建筑水环境

1. 水环境的概念

建筑水环境是指建筑周围的地表水环境和地下水环境。地表水环境包括河流、湖泊、水库、池塘、沼泽等；地下水环境包括泉水、浅层地下水、深层地下水等。

与人们生活密切相关的是住区水环境。**住区水环境**主要有给水排水系统、污水处理与回收利用、雨水回收与利用、绿化与景观用水、节水器具与设施等5个方面组成。

新世纪的生态住区水景住宅应反映以高新技术为先导，以可持续发展为战略，体现节约资源、减少污染以及与周围生态环境相融共生的原则，实现“天人合一”，为创造健康、舒适的居住环境服务。

2. 景观水环境对美化建筑环境的作用

以水为主题，创造滨水文化特色的多样化景观空间，以创造多姿多彩的生活空间。独特的生活空间，引导全新的生活方式。

建筑景观水环境设计主要有自然水景和人工水景两类。如环湖小区、滨海建筑等，宽阔的水面，给人清新、悦目的感观效应；喷泉水池、瀑布、溪流等形成人工水环境，结合住宅或别墅空间，创造良好的自然风情和优雅的居住环境。特别是江南街巷、院落、桥梁、民居，“小桥流水、粉墙黛瓦、户户临水、家家枕河”，记载和传承了江南文化的内涵与精髓，也充分体现了与自然和谐相处的人类集居形态。

3. 景观水环境污染对建筑环境的影响

景观水环境能够美化建筑环境，但若设计不当或管理、使用不当，就会变成新的污染源，变成臭水沟。夏天，散发臭气，污染室内外空气；甚至还会滋生蚊虫，传播疾病；也可能污染地下水。景观水环境污染是目前影响小区住民不舒适感的主要源头，它与景观水环境最初设计目标相违背。大量住宅小区水环境设计，是近年来随着人们对环境的重视而产生的一种“天人合一”的创举，随着使用年限的增加，景观水环境的维护和管理的重要性将逐渐为人们所认识，为此健全城市小区水景设计及其管理的法规已迫在眉睫。

2.3.3 电磁环境

存在于给定场所的所有电磁现象的总和称**电磁环境**(electromagnetic environment)。“给定场所”即“空间”;“所有电磁现象”包括了全部“时间”与全部“频谱”。即电磁环境实际上是空间、时间、频谱的函数，可简单地理解为环境中普遍存在的电磁感应现象、干扰现象。

电磁环境的构成因素包括自然环境因素和人为环境因素。一般情况下，构成电磁环境的各种因素可用图2-30表示。在电气化、信息化的今天，人们的衣、食、住、行都离不开电磁环境。任何事物都有它的两面性，有利必有弊。电磁环境在为人类创造巨大物质文明的同时，也把人们投入到一个由各种电磁辐射源形成的“电磁烟雾”的污染环境之中。

电磁污染被称为社会公害之一，其主要原因：一是它对各类电子设备造成的电磁干扰，影响设备正常工作；二是电磁环境效应可引发意外重大事故；三是电磁环境处理不好危害人体健康。

- 一般电磁环境构成因素
  - 自燃环境因素
    - ①雷电电磁辐射
    - ②静电电磁辐射源
    - ③太阳系和星际电磁辐射源
    - ④地球和大气层电磁场等
  - 人为环境因素
    - ①无线电发射系统：电视、广播发射台，无线电台、站，航空导航系统，无线通信系统，差转台，干扰台，微波接力站等
    - ②工频电磁辐射系统：高电压送、变电系统，大电流工频设备，轻轨和干线电气化铁道等
    - ③工业、科学、医疗、商业领域应用的有电磁辐射的各种设备或系统
    - ④以电火花点燃内燃机为动力的各种交通工具和机器设备
    - ⑤各种家用电器、现代化办公设备、电动工具等
    - ⑥复杂战场电磁环境

图2-30 电磁环境的构成因素

1. 电磁污染的危害

一般自然环境产生的电磁场其天然本底水平的电磁环境对人体没有危害。但人为环境构成的电磁环境超过一定强度时，会影响环境并对人体产生生理危害。

电磁污染危害人体的机理主要包括热效应、非热效应和累积效应等。

热效应：人体70%以上是水，水分子受到电磁波辐射后相互摩擦，导致体温升高，从而影响到体内器官的正常工作。

非热效应：人体的器官和组织都存在微弱的电磁场，一旦受到外界电磁场的干扰，处于平衡状态的微弱电磁场将遭到破坏，人体也会遭受损伤。

累积效应：热效应和非热效应对人体的伤害具有累积效应，其伤害程度会随时间和影响程度发生累积，久而久之会成为永久性病态。对于长期接触电磁波辐射的群体，即使电磁波

功率很小、频率很低，也可能被诱发意想不到的病变。

1998年世界卫生组织调查显示，电磁辐射对人体有五大影响：

1）电磁辐射是心血管疾病、糖尿病、癌突变的主要诱因之一。

2）电磁辐射会对人体生殖系统、神经系统和免疫系统造成直接伤害。

3）电磁辐射是孕妇流产、不育、畸胎等病变的诱发因素之一。

4）过量的电磁辐射直接影响儿童身体组织、骨骼发育，导致视力、肝脏造血功能下降，严重者可导致视网膜脱落。

5）电磁辐射可使男性性功能下降、女性内分泌紊乱。

2. 电磁污染的防护

（1）电磁环境标准及相关规定　1989年起我国卫生部颁布了一系列有关电磁环境辐射强度容许标准，2014年在原来相关标准的基础上，国家环境保护部颁布了《电磁环境控制限值》（GB 8702—2014），规定了控制公众暴露的电场、磁场、电磁场（频率范围1Hz~300GHz）等相关电磁环境的场量限值、评价方法等。相关公众暴露限值标准见表2-26。表中采用电场强度、磁场强度、磁感应强度物理量所描述的电磁环境的特征，并以此作为电磁环境的控制指标，它们都随频率而变化。对人体影响比较大的电磁波长一般在300MHz~30GHz，但低频波长当电场强度等参数很大时对人体健康也有影响。

表2-26　公众暴露控制限值（GB 8702—2014）

频率范围	电场强度/（V/m）	磁场强度/（A/m）	磁感应强度/μT
8~25Hz	40	$4000/f$	$5000/f$
25Hz~1.2kHz	$200/f$	$4/f$	$5/f$
0.1~3MHz	40	0.1	0.12
3~30MHz	$67/f^{1/2}$	$0.17/f^{1/2}$	$0.21/f^{1/2}$
30~3000MHz	12	0.032	0.04

注：f为所处电磁环境的频率；磁感应强度单位为特斯拉或微特斯拉（T或μT）。

（2）电磁波防护措施

1）利用电磁波随距离衰减的特性，对如电视台、广播电台、雷达通信台站、微波传送站等，尽量设在远离居住区的远郊区县或地势高的地区。必须设置在城市内、邻近居住区域和居民经常活动场所范围内的设施，如变电站等，应与居住区保持一定的安全防护距离，保证符合环境电磁波限值要求。也可对电磁波辐射源选用能屏蔽、反射或吸收电磁波的铜、铝、钢等金属丝或高分子膜等材料制成的物品进行电磁屏蔽，将电磁辐射能量限制在规定的空间内。

2）高压特别是超高压输电线路应远离住宅、学校、运动场等人群密集区。

3）严格控制移动通信基站的密度，确保设置在市区内的各种移动通信发射基站天线高于周围建筑，在幼儿园、学校校舍、医院等建筑周围一定范围内不得建立发射天线。

4）为减轻家庭居室内电磁污染，应经常对居室通风换气，保持室内空气畅通。科学使用家用电器，例如观看电视或家庭影院、收听组合音响时，应保持较远距离，并避免各种电器同时开启；使用计算机或电子游戏机持续时间不宜过长等。使用计算机时，应选用低辐射显示器，并保持人体与显示屏正面不少于 75cm 的距离，侧面和背面不小于 90cm，最好加装屏蔽装置。

5）手机打开的瞬间和手机接通前后的几秒钟是手机电磁辐射最强的时候。使用手机通话时，尽量减少通话时间，左右耳交替接听较为科学；手机充电时，插座最好离开人体 30cm 以外等。

2.3.4　核污染环境

核能源因其高能、清洁，已成为当今世界的主要能源，各国在所有能源中核发电占比正逐渐增大。截至 2013 年年底，全球核电份额占比情况[26]如图 2-31 所示，其中法国的核电份额占比最高，为 73.3%，比利时为 52.1%，美国为 19.4%。随着我国核电机组陆续并网发电，核电份额占比有所提高，截至 2014 年 12 月 31 日核电份额为 2.39%[25]。由于核能的特长，很多国家正在或计划大力发展核能。随着核能民用化应用增加，核物质泄漏对环境、人、动植物等的伤害影响已引起人们的广泛关注。

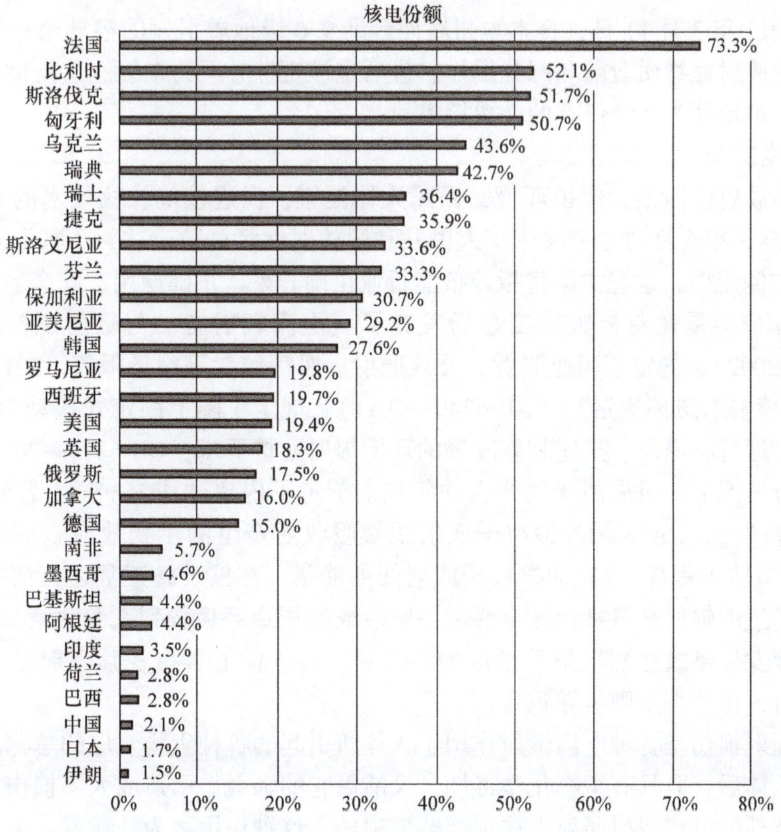

图 2-31　2013 年全球核电份额概况[25]

注：数据来自国际原子能机构动力反应堆信息系统（IAEA PRIS）。

核污染定义为核物质泄漏后的遗留物对环境的破坏，包括核辐射、原子尘埃等本身引起的污染，还有被这些物质污染后带来的次生污染，比如被核物质污染的水源对人畜的伤害。

1. 核污染的来源

1）在大气层进行核武器试验，爆炸产生的沉降物。

2）核燃料的产生、使用、回收过程中产生的“三废”排放，处理不当，会对环境造成危害。

3）工业、医疗、军队、核舰艇、科研等用的放射源，因运输事故、遗失、偷窃、误用，以及废物处理等失去控制而对人们造成大剂量照射或污染环境。

2. 核辐射危害及级别

核污染即放射性污染，主要以α、β、γ三种射线为主，α射线穿透力最弱，β射线其次，这两种射线穿透力都较小，影响距离有限，只要辐射源不进入体内，影响不会太大；γ射线的穿透力很强，能穿透人体和建筑物，危害距离远。在核泄漏中，有四种放射性同位素是对人体比较有危害的：碘、铯、锶及钚。宇宙、自然界能产生放射性的物质很少，危害都不太大，只有核爆炸或核电站事故泄漏的放射性物质才能大范围地对人员造成伤亡。

国际原子能机构根据核辐射释放物质性质、放射量，以及对人体危害程度将核事件分级为7级。其中7级最高，7~4级为核事故，3~1级为核事件[27]。1986年苏联切尔诺贝利事故为7级。2011年3月11日，日本本州岛仙台港9.0级地震引发的福岛第一核电站冷却系统失灵，导致放射性物质泄漏和部分爆炸，最后也被定性升至为7级。这是世界上除原子弹爆炸外历史上被定性为7级仅有的2次核事故。

3. 核污染防治

为了防治放射性污染，保护环境，保障人体健康，促进核能、核技术的开发与和平利用，我国于2003年6月通过了《中华人民共和国放射性污染防治法》《原子能法》与《核安全法》正在制定中，这些法律将指导核能行业正确开采、正确使用、安全监管等。

2002年国家质量监督检验检疫总局发布了《电离辐射防护与辐射源安全基本标准》（GB 18871—2002），规定了职业照射、公众照射、医疗照射等剂量限值。2011年1月发布《核动力厂环境辐射防护规定》（GB 6249—2011），规定了陆上固定式核动力厂厂址选择、设计、建造、运行、退役、扩建和修改等的环境辐射防护要求。GB 6249—2011还要求核电站在正常运行情况下，对周围居民产生的年辐射剂量不得超过0.25mSv（毫希）[（1000mSv=1Sv（希沃特）]，1Sv表示各种粒子或射线被吸收后产生的生物效应强弱的辐射量，即1kg人体组织吸收1焦耳（J）的核粒子或射线的能量。在核设施正常运行情况下，核电站对周围公众产生的辐射剂量符合标准要求，所造成的周边环境辐射剂量远远低于这个限值。但在核电站等发生事故泄漏辐射后形成的核污染，对人体危害将视其辐射量大小不同而不同，核污染对人体危害重则可导致死亡。

放射性辐射损伤是各种电离辐射作用于人体所引起的各种生物效应的总称。一定量放射性物质进入人体后，既具有生物化学毒性，又能以它的辐射作用造成人体损伤，这种作用称为内照射；体外的电离辐射照射人体也会造成损伤，这种作用称为外照射。由于各种电离辐射（如α射线、β射线、γ射线和中子束等）引起电离、激发等作用而把能量传递给机体，造成各组织器官的病理变化。

放射性沉降物一般通过食物链进入人体，在体内达到一定剂量时就会产生有害作用，人会出现头晕、头疼、食欲不振等症状，发展下去还会出现白细胞和血小板减少等现象。如果超剂量的放射性物质长期作用于人体，就能使人患上肿瘤、白血病及遗传障碍，最大的长期健康风险是癌症。

切尔诺贝利核事故当时周围11.6万居民被疏散，300多人受严重辐射而被送进医院抢救，死亡31人[28]。据白俄罗斯国家科学院研究的一份报告说，全球共有20亿人口受切尔诺贝利事故影响，27万人因此患上癌症，其中致死9.3万人[29]。日本福岛核电站核事故在今后的几十年内其影响也将是非常大的。

4. *核污染防护*

核辐射传播的途径是空气，放射性物质主要通过大气释放，随距离增加，放射性物质的浓度会逐渐稀释。但它是物理性传播，就像一种灰尘，随风飘落到哪里，就对那里的环境有影响，然后按自然规律衰减。

对核污染防护的基本原则是“内外兼防”。具体有：

(1) 体外照射的防护　体外照射防护原则：①尽可能缩短被照射时间；②尽可能远离放射源；③注意屏蔽，利用钢板或墙壁挡住或降低照射强度。

当放射性物质释放到大气中形成烟尘时，要及时进入建筑物内，关闭门窗和通风系统，避开门窗等屏蔽差的部位隐藏。

(2) 体内照射的防护　体内照射防护原则：①避免食入、减少吸收、增加排泄、避免在污染地区逗留；②及时清除污染，减少人员体内污染机会。

(3) 辐射环境工作防护　当必须进入空气被核放射性物质污染严重的地区时，注意采取如下措施：

1) 要尽量少地让身体暴露在空气中，对面部要严防，如用手帕、毛巾、布料等捂住口鼻，减少放射性物质的吸入。

2) 穿戴帽子、头巾、眼镜、雨衣、手套和靴子等，有助于减少体表受到放射性污染。

3) 不要食用受到污染的水、食品等。

2.4 植被对建筑外环境的影响*

2.4.1 城市植被的概念和特点

城市植被是指城市内覆盖着的自然植被和人工植被，它包括城市内的公园、校园、寺庙、广场、球场、医院、街道、农田及空闲地等场所拥有的森林、灌木丛、绿篱、花坛、草地、树木、作物等所有植物的总和。

现代都市中，环境中的植被已不同于自然植被，有很多人工成分，人化自然特性突出。其特点主要有：

(1) 演替人工化　城市的地质、地貌、大气、气候、水文和土壤等环境的改变，也改变了城市的土壤结构以及土壤的微生物成分。具有城市特征的气候、土壤使得城市植被具有与自然不同的演替过程，此外城市植被已非单纯的种植植物的概念，人们还利用植被美化环境、改善环境。城市植被无论是形成、更新或演替都是在人为干预下进行的，植被演替逐渐偏离了自然条件。

（2）结构格局单一化、园林化 城市中乔、灌、草、藤等各类植物的配置，如城市森林、树丛、绿篱、草坪或草地、花坛也是按人的意愿和周边环境的相互关系规划、设计而配置和布局的，都是人类精心镶嵌而成，导致了城市植被结构趋于单一化。同时，这些植被在人类的培植和管理下逐步形成了园林化格局。

2.4.2 植被对建筑外环境的作用

1. 绿化美化环境的景观作用

城市植被绿化美化环境的景观效益，其内涵是极为丰富的。在宏观方面，城市绿化实体能把城市的地方特色与风格体现出来。当然，城市植被的地方特色与风格的创立，往往需要经历漫长的历史阶段，并顺乎自然和社会的规律。也就是由这个城市的人民，经过长期艰苦的努力，依据当地的地理、气候和自然植被等自然条件，经济发展和民族风情等社会条件而创造出来的。例如坐落在热带北缘的滨海城市海口的城市植被风格，是海口市人民依据海口市的自然条件和社会条件，经过长期努力形成的，这一绿化实体以椰子树等热带滨海地区分布的植物作为主要树种，把坐落在热带北缘、热量和雨量丰富的滨海城市——海口市的特点恰如其分地体现出来。在微观方面，城市绿化实体还能把某一建筑群或单个建筑体的功能体现出来。例如儿童公园的绿化设计和树种选择，就应切合儿童天真活泼的特点；医院的绿化，就要把医院的宁静、干净等气氛特点给予充分地体现等。总而言之，城市绿化其美化人们生活环境的功能是非常显著的。

2. 城市植被保护和净化环境的生态效益

城市植被保护和净化环境的生态效益是非常显著的，它是城市植被的主要功能之一。包括降温增湿、调节环境条件、吸收有毒气体、滞留烟尘净化空气、降低环境噪声和杀菌效益等。

（1）改善小气候的环境效应 国内外研究资料表明，城市植被的小气候效应极为明显，尤以炎热的热带、亚热带地区更为明显，在温带地区的夏天也有明显的作用。且不同的绿化实体调节小气候条件的能力有一定的差别。以表2-27所示，某市绿化降温效应测定结果为例，在炎热的气候中，它能降低环境日平均温度1~3℃，白天最高可达7.5℃，另空气湿度增加3%~12%，最大可达33%；有效辐射约减少32%，绿化区的蒸发耗热占日射得热的60%以上，因此，绿化区气温明显低于未绿化的街区[30]。

表2-27 某市不同绿化实体的降温效应测定结果[30]

植被类别	木麻黄纯林	小叶榕、椰树 人心果、草地	草地	椰子树 街道树	南洋杉、小叶榕 黄槐、草地
白天平均气温/℃	26.5	25.4	29.3	29.8	26.0
白天最高气温/℃	28.5	27.5	34.0	35.0	27.5

（2）吸收二氧化碳和释放氧气平衡生态效益 大量研究结果表明，自工业革命以来，人们已经从地球中提取了多种形式的碳素，如煤、石油和天然气等，经过燃烧又将二氧化碳等气体释放到大气，植被的光合作用能吸收二氧化碳和释放氧气，从而维持大气中的氧气和二氧化碳的含量相对稳定。据研究表明[31]，1万m^2的阔叶林，1年可以吸收1t二氧化碳，释放0.73t氧气，吸收的二氧化碳转化为植物本身的生物量，以有机体形式储藏起来，并通

过增加空气中的负离子，使人镇静，净化血液，促进新陈代谢，强化细胞功能。

人类工业化以来，二氧化碳排放量的增加，特别是森林与植被面积的不足等原因，使大气中的二氧化碳含量已从按体积估算的 280ppm（280×10^{-6}）上升至 330ppm（330×10^{-6}）以上。城市是工业和人口集中的地方，这种作用将会更加明显。尤其是静风时，城市局部地区氧气不足，二氧化碳浓度偏高。在一些高楼大厦的院子里静风时段较长，城市植被吸收二氧化碳和释放氧气的平衡作用就显得尤为重要。因此，城市植被的设置与布局就显得尤为重要。

（3）植被对大气的净化作用　植物对大气污染的净化作用主要有减少粉尘污染、降低有毒气体浓度、杀菌及清新空气等。

1）减少环境粉尘污染。树木能减少粉尘污染，一方面是由于树木具有降低风速的作用，随着风速减慢，空气中携带的大颗粒灰尘也会随之下降；另一方面是由于树叶表面不平，多绒毛，且能分泌黏性油脂及汁液，吸附大量飘尘。由于树林的叶面积总和可以超过树冠投影地表面积的 60~70 倍，生长茂盛的草皮叶面为地表面积的 22~28 倍，因此其灰尘吸附能力非常可观，表 2-28 所示为某市部分不同树木单位面积的滞尘量。树木浓荫的街道在 1.5m 高处的空气含尘量比没有树木的街道低 50%左右。

表 2-28　某市部分不同树木单位面积的滞尘量[30]

树种	滞尘量/(g/m^2)	树种	滞尘量/(g/m^2)	树种	滞尘量/(g/m^2)
刺楸	14.53	楝树	5.89	泡桐	3.53
榆树	12.27	臭椿	5.88	乌桕	3.39
朴树	9.37	构树	5.87	樱花	2.75
木槿	8.13	枫香	5.52	腊梅	2.42
广玉兰	7.10	桑树	5.39	加杨	2.06
重阳木	6.81	夹竹桃	5.28	黄金树	2.05
女贞	6.63	丝棉木	4.77	桂花	2.02
大叶黄杨	6.63	紫薇	4.42	栀子	1.47
刺槐	6.37	悬铃木	3.73	绣球	0.63

2）降低环境空气有毒气体浓度。几乎所有的植物都能吸收一定量的有毒气体而不受其害。植物通过吸收有毒气体，降低大气中有毒气体的浓度，从而达到净化大气的目的。通常，老叶、成熟叶对硫和氯的吸收能力高于嫩叶。当绿地面积比较大时，这种降毒效果更为明显。例如，北京市园林局测定空气中二氧化硫日平均浓度结果表明，居民区二氧化硫浓度最高，达 $0.223mg/m^3$，绿化区为 $0.121mg/m^3$，绿化区二氧化硫浓度比居民区低 54.3%[30]。

3）杀菌作用。植被可以减少空气中的细菌数量，一方面是由于植物吸滞粉尘，减少细菌载体，从而使大气中细菌数量减少。另一方面植物本身具有杀菌作用，许多植物能分泌出杀菌素，它是由芽、叶和花所分泌的挥发性物质，能杀死细菌、真菌与原生动物。如新鲜的桃树叶可驱杀臭虫；黄瓜的气味可使蟑螂逃之夭夭；洋葱和番茄植株可赶走苍蝇；木本夜来香能驱蚊。

4）负离子化作用。空气负离子能调节人体生理机能，消除疲劳，改善睡眠，预防感冒和呼吸道疾病，改善心脑血管疾病症状等，对人体有保健作用。空气负离子越小活性越强。自然界的空气负离子是在紫外线、宇宙射线、放射性物质、雷电、风暴、瀑布、海浪冲击下产生，它既不断产生，又不断消失，保持一个动态平衡的状态。不同植物对空气的负离子化作用不同，在空气中形成的负离子浓度也是有所不同。针叶树的空气负离子化作用最大。城市空气中的空气负离子浓度一般为0~200个/cm^3，多数情况下是100~200个/cm^3，空旷地为200~600个/cm^3，森林里一般为600~3000个/cm^3，在瀑布、溪流旁负离子浓度较高，有时可高达40000~100000个/cm^3。通常空气负离子浓度森林比草地高，草地比空旷地高，空旷地比城市高，针叶林比阔叶林高[32]。

（4）降低环境噪声　城市植被主要是利用植物对声波的反射和吸收作用来降低环境噪声的。单株或稀疏的植物对声波的反射和吸收很小，但当形成郁闭的树林或绿篱时，则犹如一道隔声板或者吸声板，可以有效地反射或吸收声波，降低环境噪声。综合国内外有关研究结果表明，一般城市绿化实体的声衰减效果具有一定的共性：对于交通和社会噪声，由绿化较好的绿篱、乔灌林及草皮组成的结构每10m可降噪3.4%~4.6%[33]。

所以，绿化美化建筑外环境时，必须充分考虑草坪、地被植物、树林的有机结合，充分利用空间和土地，综合不同植物的特性，不仅注意其景观效应，更要注重其生态效益，使乔、灌、花、草相结合，满足植被本身生态发展所需，符合生态系统中物种之间存在的交互作用所需必备条件。

习题与思考题

1. 地球的自转和公转是如何影响到达地面的日射的？试分析不同的经度和纬度地区室外气候的特征。

2. 古巴首都哈瓦那于当地时间下午3时举行中古女子排球比赛。在北京中央电视台直播的时间应是几时？

3. 不考虑季节因素，计算上海（东经：121°16′）与喀什（东经75°59′）在北京时间12:00时的时差。

4. 什么是太阳常数？太阳辐射对建筑环境有何影响？

5. 某地区（北纬$\varphi=40°$）在平坦的场地上有前后两栋平行的建筑物（前栋高度为15m），若要求冬至日正午前后有3h以上的日照，试确定建筑物的朝向和间距。同样的建筑朝向，如果按大寒日计算，其间距为多少？

6. 有正南北朝向的住宅建筑群，要求冬至日中午能充分保证利用阳光。采用计算法计算在天津（北纬39°06′）和上海（北纬31°12′）两地，其房屋最小间距各为多少？

7. 试求夏季广州中午14时的室外计算温度。

8. 试述风向频率图的做法及作用。

9. 上海地区夏季空调设计用室外风速为 3. 1m/s，对于一幢 150m 的高层，空调设计时最不利室外风速应取多少？

10. 现场实测某一地区 PM_{10}、NO_2、SO_2 日均值浓度分别为 0. 21mg/m^3、0. 08mg/m^3、0. 12mg/m^3，试计算分析该地区的首要污染物种类，及其该地区的空气质量指数 AQI。

11. 我国民用建筑热工设计分区是如何划分的？它们对设计有何作用？

12. 影响建筑环境的地质因素有哪些？如何影响？

参 考 文 献

[1] P I COOPER. The absorption of radiation in solar stills [J]. Solar Energy，1969 (12)：333-346.

[2] 吉林省建筑设计院. 建筑日照设计 [M]. 北京：中国建筑工业出版社，1979.

[3] 彦启森，赵庆珠. 建筑热过程 [M]. 北京：中国建筑工业出版社，1986.

[4] 金招芬，朱颖心. 建筑环境学 [M]. 北京：中国建筑工业出版社，2001.

[5] 中华人民共和国住房和城乡建设部. GB 50096—2011　住宅设计规范 [S]. 北京：中国建筑工业出版社，2011.

[6] 赵荣义，范存养，薛殿华，等. 空气调节 [M]. 北京：中国建筑工业出版社，2009.

[7] 刘加平，杨柳. 室内热环境设计 [M]. 北京：机械工业出版社，2005.

[8] 刘天川. 超高层建筑空调设计 [M]. 北京：中国建筑工业出版社. 2004.

[9] 刘念雄，秦佑国. 建筑热环境 [M]. 北京：清华大学出版社，2005.

[10] 柳孝图. 城市物理环境与可持续发展 [M]. 南京：东南大学出版社，1999.

[11] 北京城市规划建设与气象条件及大气污染关系研究课题组. 城市规划与大气环境 [M]. 北京：气象出版社，2004.

[12] 付祥钊. 夏热冬冷地区建筑节能技术 [M]. 北京：中国建筑工业出版社，2002.

[13] World Health Organization. Air quality guidelines-global update2005 [R]. Bonn：WHO Regional Office for Europe，2005.

[14] 张书余. 城市环境气象预报技术 [M]. 北京：气象出版社，2002.

[15] 吴兑，邓雪娇. 环境气象与特种气象预报 [M]. 北京：气象出版社，2001.

[16] 林之光. 中国气候 [M]. 北京：气象出版社，1987.

[17] 游琪. 中国水利概论 [M]. 北京：中国水利水电出版社，1999.

[18] 魏淑秋，刘桂莲. 中国与世界生物气候相似研究 [M]. 北京：海洋出版社，1994.

[19] 周淑贞. 气象学与气候学 [M]. 北京：人民教育出版社，1979.

[20] 段若溪，姜会飞. 农业气象学 [M]. 北京：气象出版社，2002.

[21] 何方. 中国经济林栽培区划 [M]. 北京：中国林业出版社，2000.

[22] 付祥钊，肖益民. 建筑节能原理与技术 [M]. 重庆：重庆大学出版社，2008.

[23] 牟灵泉. 地道风降温计算与应用 [M]. 北京：中国建筑工业出版社，1982.

[24] 黄素逸，杜一庆，明廷臻. 新能源技术 [M]. 北京：中国电力出版社，2011.

[25] 王喜元. 中国室内氡研究 [M]. 北京：科学出版社，2013.

[26] 中国电力企业联合会网. 2014 年全球核电综述 [EB/OL]. (2015-02-27). http：//www.cec.org.cn/yaowenkuaidi/2015-02-27/134524.html.

[27] 罗云. 中国安全生产基本数据手册 [M]. 北京：煤炭工业出版社，2009.

[28] 贾振邦. 环境与健康 [M]. 北京：北京大学出版社. 2008.
[29] 蒲军. 核爆炸的“后遗症”[J]. 湖南安全与防灾，2009 (9)：36-39.
[30] 王晓晓. 浅析城市基础设施对园林的需求 [J]. 工程建设与档案，2003 (2)：13-15.
[31] 阎志平，秦素玲，侯桂英，等. 城市森林发展的战略研究 [J]. 河南农业大学学报，2005，39 (1)：40-45.
[32] 吴章文. 森林旅游区环境资源评价研究 [M]. 北京：中国环境科学出版社，2003.
[33] 曲向荣. 环境生态学 [M]. 北京：清华大学出版社，2012.

第 3 章 室内空气环境

3

室内空气环境对人体健康的影响，近年来引起了人们广泛的关注并成为研究的热点。对这一问题研究的重要性和必要性，主要源于人有 80% 以上的时间是在室内度过的，室内空气环境的优劣直接影响人体健康；随着室内建筑装饰日趋高档，各种建筑装饰材料、化工产品、家用电器和办公设备的大量使用，室内空气污染物的来源和种类日益增多，加之现代建筑密闭性的增加，空调使用日益普及，使得建筑物通风换气不畅，这一切都加剧了室内空气的污染。室内空气环境已成为建筑环境学重要的研究问题之一。

3.1 室内空气污染物种类

3.1.1 室内空气污染物来源

1. **室外污染源**

室外空气污染物不可避免地会对室内空气造成影响。

室外空气中污染物的来源和种类有很多，其中最常见的是燃料的燃烧所产生的生成物。工业生产中的能源消耗需要燃料燃烧，交通工具、建筑供热等都需要燃料燃烧来提供能源，所以燃烧所产生的生成物是空气中的主要污染物。无论何种燃料，经过燃烧后都会产生各种生成物，各种燃料燃烧所产生的生成物虽然各不相同，但其中大部分都是对人体有害的，如煤燃烧后的主要生成物二氧化硫（SO_2）、一氧化碳（CO）、二氧化碳（CO_2），还有可吸入颗粒物（PM_{10}）；汽车尾气中的一氧化碳（CO）、氮氧化合物（NO_x）和碳氢化合物（HC_x）等；燃气燃烧产生的一氧化碳（CO）、二氧化碳（CO_2）、氮氧化合物（NO_x）等。除了工业企业集中排放的污染物外，城市中的饮食摊位排放的燃料燃烧产物和油烟也会对空气造成污染。

工业企业在生产过程中排放的废气是对空气环境造成污染的另一个主要因素。由于产品和工艺各不相同，这些废气的化学成分十分复杂，如冶炼厂废气中可能含有氟、砷、镉、铅等，化工厂废气可能含有苯、酚、氯化氢等。

建筑用地基地层中的放射性气体氡、不合格的生活用水、人员进出带入室内的各种污染物都可能对室内空气造成污染。

城市中常出现逆温层现象，导致上述各种污染物不易扩散排出，小颗粒污染物尤其是直径 2.5μm 以下的小颗粒浓度增加，致使城市低空容易出现雾霾天气，随通风、人员活动等会将室外的高浓度污染空气带入室内，影响室内空气环境。

2. **室内空气污染源**

（1）室内燃料燃烧及烹饪油烟　室内燃料燃烧主要是指烹饪、取暖等所需燃料的燃烧。

如前所述，由于燃料种类的不同，其产生的污染物也不相同，一般主要有一氧化碳（CO）、二氧化碳（CO_2）、氮氧化合物（NO_x）、二氧化硫（SO_2）及其颗粒物等。烹饪油烟是食用油在高温条件下，发生一系列变化后形成的一组混合性污染物，广泛存在于居民家庭和餐饮业厨房内。如食用油加热到170℃时就会开始出现少量烟雾，随着温度的升高，油的分解速度加快，当达到250℃时会出现大量的烹调油烟，而人们炒菜时通常的油温都在250℃以上。研究表明，烹调油烟成分极为复杂，有200~300种之多，其中包括挥发性亚硝胺等已知的致癌物质。

（2）吸烟 吸烟产生的烟气是室内空气的主要污染源之一，烟草的烟气中含有大量对人体有害的气体，在室内吸烟会导致室内空气的污染。在有人吸烟的房间内，室内空气品质一般都不会好。

（3）建筑材料和装饰材料 建筑材料主要是指某些石材、砖、水泥、混凝土等，这些材料中可能会含有高本底的镭，镭可蜕变成放射性很强的氡，能造成室内放射性污染。建筑材料是室内氡的主要来源，特别是含有放射性元素的天然石材，很容易释放出氡。如果制造建筑材料的原材料中含有放射性元素，那就极有可能释放到室内。例如，有些灰渣制成的砖就有较强的放射性。建筑施工中使用氨类物质作为混凝土防冻剂，随着温湿度等环境因素的变化，氨气就会从墙体中缓慢释放出来，造成室内氨的浓度大幅度增加。

装饰材料主要指人造板、墙纸、化纤地毯、涂料、油漆、黏合剂、保温材料、隔声材料、瓷砖等。甲醛主要来自于黏合剂，如人造板材中大量使用了黏合剂，因此成为室内甲醛的主要来源。在墙纸的粘贴过程中，也需用黏合剂，施工结束后的墙纸会释放甲醛、苯、甲苯、二甲苯、乙苯、氯乙烯等有机气体。化纤地毯的绒毛是用黏合剂粘在背衬上的，它也能释放甲醛、丙烯腈、丙烯等有机气体。服装在用树脂整理的过程中都要涉及甲醛的使用。在面料生产中，为了达到防皱、防缩等作用，或为了保持印花、染色的耐久性，或为了改善手感，需在助剂中添加甲醛。目前，用含甲醛的印染助剂比较多的是纯棉纺织品，因为纯棉纺织品容易起皱，使用含甲醛的助剂能提高棉布的硬挺度。含有甲醛的纺织品，在人们穿着和使用过程中会逐渐释放出游离甲醛。

纯毛地毯是尘螨的滋生地。地毯也是有害物的隐藏场所。曾有人发现，室内铺设地毯与居民癌症发生有一定关系，调查发现，这主要是与地毯吸附了胶鞋底带入的多环芳烃有关。

涂料和油漆的成分十分复杂，主要成分有酚醛树脂、脲醛树脂、乙酸纤维剂、过氧乙烯树脂、丁苯橡胶等，这些物质会散发出甲醛、氯乙烯、苯、氯化氢、酚类等有害气体。涂料的溶剂也是污染空气的重要来源，这些溶剂都是挥发性很强的有机物质，它的作用是将涂料或油漆溶解成液态，最终是要挥发到空气中去的。如刚刚涂刷过的房间，从空气中可检测出大量的苯、甲苯、二甲苯、乙苯、丙酮、醋酸丁酯醋酸、乙醛、丁醇、甲酸等50多种有机物。涂料中的助剂还可能含有一些重金属，如铅、汞、锰、砷等。黏合剂主要会挥发酚、甲酚、甲醛、乙醛、苯乙烯、甲苯、乙苯、丙酮、乙烯醋酸酯、环氧氯丙烷等。隔声材料一般有橡胶、聚氯乙烯塑料板等，它们也可以释放出如石棉、甲醛、酚类、氯乙烯等。

（4）家用化学品 家用化学品是指可能造成室内空气污染的家用化学品，一般有①清洁产品，如地毯清洁剂、厨房器具清洁剂、厕所清洁剂等；②抛光产品，如家具擦光剂、地板擦光剂等；③家用气溶胶，如空气清新剂等；④化妆品，如各种喷雾发胶以及具有染发、烫发等特殊功能的化妆品；⑤家用农药，如各种适于家用的杀虫剂、杀菌剂、杀鼠剂等；

⑥其他，如除臭剂、消毒剂等上述内容中未涉及的化学品。

上述这些化学品散发的污染物品种和成分极为复杂。例如，空气清新剂是由乙醇、香精、丁烷、丙烷、氮气、二甲醚、乙醚、去离子水等成分组成；杀虫剂中含有镉、铅、砷、汞等重金属元素，以及有机氯、苯等有毒物质；烫发水中含有氨；指甲油是以硝化纤维为基料，配以丙酮、醋酸乙酯、乳酸乙酯、苯二甲酸丁酯等化学溶剂、增塑剂及化学染料配制而成的，这些原料中大多是苯环结构化合物；定型发胶及摩丝中起定型作用的基本原料，是水溶性聚合物和它的表面活性剂，它们大多含有酒精类溶剂，并以液化石油气和二甲醚作为推进剂。以上这些家用化学品均含有大量的挥发性有机化合物，对室内空气造成污染。

(5) 家用电器　各种家用电器和电子设备，在使用过程中会产生多种不同波长和频率的电磁波，这些电磁波充斥空间，造成电磁污染，对人体具有潜在危害。电视机或计算机荧光屏在工作时，会产生“溴化三苯并呋喃”有毒气体，且有致癌作用。一台电视机连续使用3天，房间中该有毒气体浓度可达2.7μg/m^3，相当于繁华十字路口测得的量，而新的电视机或计算机显示器产生这种气体更高[1]。

(6) 办公设备　复印机、传真机、激光打印机等办公设备在使用中会产生高压静电，在高压静电的作用下，氧分子受到电子的激发获得能量，并发生相互弹性碰撞，聚合成臭氧分子，从而形成臭氧气体。另外，经定影发热使墨粉溶解后也会产生大量的如苯并（a）芘、二甲基亚硝胺等有机废气。

(7) 生物性污染　室内环境温湿度适宜，容易滋生尘螨、真菌等微生物，特别是在空调系统中的表冷器和接水盘中，非常容易滋生病菌。人体在新陈代谢中产生大量的废弃物主要是通过呼吸、汗液、大小便排除。呼吸气体排泄的有毒物质有上百种，主要是CO_2及一些氨类化合物，还有CO、甲醇、乙醇、苯、甲苯、苯胺、硫化氢、乙醚等。人的尿液和汗液中也有数百种有毒物质。此外，呼吸道病患者通过呼吸、咳嗽、喷嚏等，会将其病原体带入室内，从而造成室内空气的污染。

3.1.2 室内空气主要污染物及其对人体的危害

1. 可吸入颗粒物（PM_{10}）和细颗粒物（$PM_{2.5}$）

空气中的颗粒物除了风沙、尘土等自然现象外，主要来源于燃料燃烧、交通运输和工业企业的排放等，它是空气中主要污染物，常以**总悬浮颗粒物**(Total Suspended Particles, TSP)表示，它是指环境空气中空气动力学当量直径小于或等于100μm的颗粒物，它包含了可吸入颗粒物和细颗粒物。**可吸入颗粒物**(**PM_{10}**, Inhalable Particulate Matter)，是指环境空气中空气动力学当量直径小于或等于10μm的颗粒物，能在空气中长时间飘浮，又称飘尘。它可以进入人体呼吸道，不同粒径的可吸入颗粒物滞留在呼吸道的部位不同：粒径大于5μm的多滞留在上呼吸道，小于5μm的多滞留在细支气管和肺泡上，2.5μm以下的多在肺泡内沉积。为此，将环境空气中空气动力学当量直径小于或等于2.5μm的颗粒物，称为**细颗粒物**(**$PM_{2.5}$**, Respire Particulate Matter)，又称**呼吸性颗粒物**。细颗粒物（$PM_{2.5}$）是可吸入颗粒物（PM_{10}）的一种，它对人体健康影响极大。美国国家环保署（EPA）已将$PM_{2.5}$列为一种致死物质。

空气中的可吸入颗粒物并不都是固态，也有可能是液态，实际上它们属于气溶胶。气溶胶是由固体颗粒、液体颗粒、或固体及液体颗粒悬浮于气体介质中形成的均匀分散体系。根据它们的来源不同，可以分为燃烧型气溶胶、矿物型气溶胶和生物型气溶胶。

燃烧型气溶胶主要是燃料燃烧后的烟气、汽车尾气、香烟烟雾等。室内烹饪、取暖所用燃料的燃烧生成物是室内空气污染的重要来源之一。煤在燃烧过程中会产生大量的以碳粒为主的烟雾（其中可吸入颗粒物约占75%），含有大量的有害物质。煤制气、天然气燃烧也会产生颗粒物，液化石油气燃烧产生的颗粒物中，可吸入颗粒物占93%以上。烹饪油烟产生的颗粒物含有大量有害物。烟草烟雾是另一个重要来源，其气溶胶的主要成分是焦油和烟碱（尼古丁），这些物质对人们健康的影响是不言而喻的。工业、交通排放的污染物，如工业烟气、汽车尾气等也会进入室内，影响人体健康。

矿物型气溶胶是无机矿物质粉碎过程中产生的，大部分是由室外进入室内，当然室内某些活动也会不同程度地存在着这类污染物。

生物型气溶胶主要指的是植物性气溶胶和动物性气溶胶，前者指的是植物纤维、花粉及孢子，后者是指动物皮屑及微生物，包括细菌、真菌、霉菌。值得注意的是细菌和病毒一般都是附着在固体或液体颗粒物上而悬浮在空气中的。

可吸入颗粒物进入人体呼吸道后，会对局部组织有堵塞作用，使支气管和肺泡的换气功能丧失，使肺部组织纤维化，如矽（硅）肺病。颗粒物能吸附一些有害气体（如SO_2、NO_2等），造成人体呼吸道的刺激和腐蚀，诱发鼻炎、咽喉炎、气管炎、支气管炎、哮喘、肺炎等。某些可吸入颗粒物还有致癌性，这包括两重含义：一是颗粒物本身就是致癌物，例如在一些无机物中，如石棉、砷、镍、铬等，已被证明有致癌性；二是可吸入颗粒物能吸附某些致癌物。煤和重油不完全燃烧及汽车尾气排放的碳氢化合物中，有一种叫苯并（a）芘，具有极强的致癌性。汽车尾气中的碳氢化合物和氮氧化合物作用生成的硝基化合物，也具有很强的致癌性。烹饪油烟中含有醛类、酮类、烃、脂肪酸、芳香族化合物及杂环化合物等，它对呼吸道有较强的刺激作用，使气道收缩，呼吸阻力增加，引起继发性支气管炎和严重气道阻塞，而且它还含有大量的已知的致癌物，被认为是女性肺癌高发的主要因素之一。

一般情况下，室内可吸入颗粒物浓度会低于室外。当室内有人员活动时，室内可吸入颗粒物浓度会有所上升，特别是当有人吸烟时，可吸入颗粒物浓度会成倍上升。

降低室内可吸入颗粒物浓度的技术有许多，其中通风换气技术是主要的方法，但控制可吸入颗粒物散发是降低室内颗粒物浓度的根本方法。

2. 微生物

空气中的微生物大多附着在固体或液体颗粒物上，是呼吸道系统疾病的主要传播诱因。微生物的生长需要有以下条件：适宜的温度，适宜的湿度，适宜的营养物质载体。人们在将室内小气候调节到让人感到非常舒适的同时，也为室内的微生物创造了良好的孳生条件，特别是在居室、卫生间和暖通空调系统中，其暖湿的环境非常适宜微生物的生长。一般说来，室外由于受到日照和通风良好的影响，室外空气中的微生物要比室内少得多，而环境不洁、通风不良、人员拥挤的室内微生物污染往往比较严重。除了各种致病微生物外，这里主要介绍尘螨和通过暖通空调系统传播的病菌——军团菌。

随着暖通空调系统应用的日益普及，建筑物长期处于密闭的状态，室内小气候处于温和、湿润、微风或无风的状态，很容易孳生一些过敏源。尘螨是螨虫的一种，其成虫长约0.3mm，以人和动物的皮屑及面粉等碎屑为食，喜在阴暗、潮湿的环境处栖身，易生存于被褥、枕头、床垫、地毯、沙发套、挂毯、窗帘等织物中，曾有人在一只旧的羽绒枕头中发现了6000多只尘螨。尘螨适宜在温度20~30℃、相对湿度75%~85%，并且易在不通风的环境中生存，在通风良好的环境中极易死亡。尘螨的成虫及其生长各阶段的虫体、蜕皮甚至尸体、排泄物都有极强的致过敏作用，易引发过敏性鼻炎、过敏性湿疹和过敏性哮喘。近年来，室内过敏源的影响比以往显得突出，尤其是在装修豪华、室内纺织物多、通风不良的建筑物内，更要引起注意。一旦发现尘螨过敏，应立刻离开该场所，同时要保持室内通风良好，经常拍晒被褥、枕头、床垫、地毯、沙发套、窗帘等。

1976年7月21~24日，在美国宾夕法尼亚州费城的一家饭店召开了美国军团（美国退伍军人组织之一）第58次年会。会议期间暴发了一种以发热、咳嗽及肺部炎症为主的疾病，182名人员受到感染，后经大量的研究发现该病为细菌感染所致，这种细菌后来就被命名为**军团菌**。当时的调查表明，军团菌病的暴发是由于空调冷却水含有军团菌，污染室内空气所致[2]。近年来，国内也有多起军团菌爆发事例的报道。

军团菌为革兰氏阴性杆菌，为需氧菌。它广泛存在于土壤和水体之中，生命力极强，在自来水中可存活1年左右，在蒸馏水中可存活100天左右。美国有关调查显示，调查人员在空调冷却水、冷凝器冷凝水、加湿器水、温水水箱水、温水游泳池水、浴池水、淋浴喷头水等中检出军团菌，而空调系统（主要是冷却水系统）带菌是造成军团菌爆发的主要原因，国内有关调查也证实了这一点。该病症状多样，轻者无临床症状，典型症状为发热、全身不适，食欲不振，嗜睡、头痛、咳嗽，约有一半人有腹泻。除了损伤肺部外，还可以损伤肝脏、肾脏和心脏等。未经治疗的死亡率为5%~20%，对红霉素较为敏感。预防措施主要为消毒杀菌，药剂可用次氯酸钠，也可以用加热消毒法，水温50~60℃需3h、水温65℃需25min可全部杀灭[3]。

3. 氡（Radon，Rn）

氡是镭的衰变物，是一种惰性放射性气体（参见第2章2.3.1小节），其相对分子质量约为空气的8倍。氡子体为固体粒子，有很强的附着力，能在其他物质表面形成放射性薄层，或与空气中微粒结合，形成放射性气溶胶。室外土壤中氡及其子体对室内空气环境的影响是多方面的。某些地区的土地中含镭较高，这种地区称为高本底地区，建在这些地区上的建筑物，就有可能受到从地缝、墙缝等缝隙处进入的氡及其子体的污染。一般说来，地下室和底层房间内氡及其子体污染要比高层房间严重。如果用高本底地区的土、矿石、石料制成建筑材料，那么建筑物内的氡浓度就会上升。1982年联合国原子能辐射效应科学委员会的报告指出：建筑材料是室内氡的最主要来源，特别是含有放射性元素的天然石材易释放出氡。因此，室内氡污染如果仅仅来自建筑材料，则与层数无关，靠近建筑材料处的氡浓度高，远离的就低。取用氡浓度高的地下水，通过淋浴、洗涤也可导致室内氡浓度上升。由于植物可以吸收沉积在土壤中的氡及其子体，所以烟草中也含有氡，并可随吸烟进入体内。此外，室外含较高浓度氡的空气也会随通风系统进入室内污染空气。

氡是仅次于吸烟的第二肺癌诱因。有人曾将全国肺癌发病区和花岗岩分布进行对照后发现，在我国北方，由于长期紧闭门窗，两者的相关性十分紧密；而在华南，尽管也有大面积的花岗岩分布，但那里建筑物的通风良好，肺癌发病率相对较低[4]。

由于氡可以继续衰变为一系列固体辐射物，它能吸附在气溶胶颗粒上被吸入肺内。对人体形成严重威胁的主要是它们在衰变过程中发射出的能量较高的α粒子，一旦氡及其子体被吸入人体后，便会沉积在气管、支气管等部位，并会在肺中不断发射α粒子，形成内照射，这些粒子会杀死或杀伤肺细胞或者局部组织。被杀死的肺细胞或者局部组织可通过新陈代谢得以补充，但被杀伤的肺细胞或者局部组织有可能变异，逐步发展成肺癌和支气管癌等，其潜伏期长达15~40年，许多人会在毫无知觉的情况下受到侵害，到了晚年才发现得了肺癌，而很少有人会认为是由氡污染引起，也正因为如此，其危害性更大。若长期生活在含氡量高的环境里，还可能对人的血液循环系统造成危害，如白细胞和血小板减少，严重的还会导致白血病。氡及其子体在衰变时还会放出穿透力极强的γ射线，对人体造成外照射。科学研究发现，氡对人体的辐射伤害占人体一生中所受到的全部辐射危害（医疗辐射、其他天然辐射等）的55%以上[5]。世界卫生组织的国家癌症研究中心（IARC）以动物实验证实了氡是当前认识到的19种主要环境致癌物质之一[6]。

氡气浓度单位为Bq/m^3，表示单位体积气体中的**放射性活度**，放射性活度1Bq表示每秒有一个放射性原子核发生衰变。我国部分城市室内氡浓度水平见表3-1。对地下建筑，由于其所处位置接近土壤，氡浓度往往比较高，表3-2所示为我国东南沿海城市地下建筑氡浓度水平，检测建筑有坑道、地下室、停车场等。表中结果还显示，夏季氡浓度较低。表3-3所示为一些国家调查的室内氡气浓度水平。

表3-1 我国部分城市室内氡浓度水平[7]

地点	样品数	均值/(Bq/m^3)	最大值/(Bq/m^3)	>100Bq/m^3		>200Bq/m^3	
				样品数	%	样品数	%
北京	229	44.1	249	17	7.8	1	0.5
青岛	98	44.8	205	5	5.1	2	2.0
太原	119	28.3	87.4	0	0	0	0
蚌埠	320	21.3	122	1	0.3	0	0
拉萨	44	44.6	125	1	2.3	0	0
武汉	56	25.7	170	1	1.8	0	0
上饶	150	82.1	596	38	25.3	6	4.0
黄山	12	49.5	96.6	0	0	0	0
海口	65	15.9	47.2	0	0	0	0
广州	250	73.6	248	40	16.0	6	2.4
深圳	189	35.3	332	2	1.1	1	0.5
珠海	221	63.4	771	27	12.2	3	1.3
郑州	25	33.5	133	1	4.0	0	0
平凉	31	61.5	149	2	6.5	0	0
总计	1809			135	7.5	19	1.1

表3-2 我国东南沿海城市地下建筑氡浓度水平[8]

城市	采样数	氡浓度/(Bq/m^3)					
		春季		夏季		冬季	
		范围	平均值及标准差	范围	平均值及标准差	范围	平均值及标准差
上海	8	75.0~198	110±47.2	17.4~142	59.6±59.2	21.5~78.9	49.7±23.0
宁波	9	44.0~303	100±83.0	20.2~1431	203±435	19.4~123	56.6±32.9
温州	9	61.4~534	166±154	27.6~1035	261±329	29.0~349	109±110
福州	11	94.2~2704	728±751	16.5~2992	924±1106	76.6~1750	492±555

（续）

城市	采样数	氡浓度/(Bq/m³)					
		春季		夏季		冬季	
		范围	平均值及标准差	范围	平均值及标准差	范围	平均值及标准差
泉州	3	70.5~140	100±35.6	39.3~378	157±191	77.1~86.8	83.3±5.4
厦门	10	35.0~699	174±191	23.8~533	147±154	35.4~263	125±77.4
汕头	11	32.8~372	187±160	47.4~700	255±245	39.3~776	143±204

表3-3 一些国家调查的室内氡气浓度水平[9]

国家	调查年份	调查用户数目	平均浓度/(Bq/m³)	标准差
美国	1989/1990	5694	24.8	3.11
意大利	1989~1994	4866	55.3	2
瑞典	—	8992	60.5	—
联邦德国	1984	5970	40	1.8
澳大利亚	1990	3413	8.7	2.1
加拿大	1977~1980	13413	14	3.6
丹麦	1985	496	29	2.2
芬兰	1982	8150	64	3.1
法国	1988	3006	41	2.7
爱尔兰	1987	736	37	—
日本	1990	6000	23	1.6
卢森堡公园	1991	2500	65	—
荷兰	1982~1984	1000	24	1.6
新西兰	1988	717	18	—
挪威	1991	7500	30	—
葡萄牙	1991	4200	37	—
西班牙	1991	1700	43	3.7

从上述分析及其调查数据可知，地下建筑应特别注意围护结构的密闭性和良好的通风。居家装饰所用的天然石材也应引起人们的注意，特别是花岗岩。居室中的厨房和卫生间是检出氡超标最多的场所，一旦更换了装饰用的天然石材，其浓度往往就立刻能够达标。

4. **二氧化碳（CO_2）**

CO_2 是大气组分之一，其相对分子质量为44，大气中 CO_2 的含量为0.03%~0.04%（体积分数），经常采用体积或质量的百万分比ppm（10^{-6}，1%=10000ppm），或ppb（10^{-9}）。室内 CO_2 含量一般要高于室外，它的主要来源是各种燃料燃烧的生成物和人体新陈代谢呼出的气体。人体呼出的气体中 CO_2 含量可达4%~5%（体积分数），每个成人每小时呼出的 CO_2 达20~30L，儿童为成人的一半左右。

一旦室内人员过多、通风不良，室内的 CO_2 含量就会上升，同时人体排出的各种污染气体含量也相应升高，因此，室内空气 CO_2 含量的另一个意义就是它能从某种角度反映出室内有害气体量的总体情况，反映出室内通风换气的实际效果，所以，CO_2 常作为室内空气状况的评价指标之一。

CO_2 对空气品质及人体生理的影响详见表3-4。

表3-4 CO_2含量与室内空气品质指标及其对人体生理的影响的关系

作用形式	CO_2含量①（%）	空气品质指标性质及其对人体生理的影响
CO_2含量作为室内空气污染指标参数	0.03~0.04	室外空气浓度范围
	0.07	室内人数多时的室内容许值
	0.10	一般情况的室内容许值
	0.15	通风换气计算基准值
	0.2~0.5	认为室内空气环境品质很不佳（空调房间时为0.25%）
	>0.5	认为室内空气品质恶劣
CO_2含量对人体生理的影响	0.07	少数敏感者已有感觉
	0.1	更多人感到不适
	3	人体呼吸加深加快
	4	感到头晕、头痛、耳鸣、眼花、血压上升等
	8~10	呼吸困难、心跳加快、全身无力、肌肉抽搐、神智由兴奋到丧失
	>18	致命

① 体积分数。

5. 一氧化碳（CO）

CO是一种无色无味气体，化学性能稳定，其相对分子质量为28，略轻于空气，能在空气中燃烧，火焰呈淡蓝色。CO是含碳燃料不完全燃烧的产物，大气中的CO主要来自工业生产过程及汽车尾气的排放，其中汽车尾气是城市CO的最主要的来源。室内的CO主要来自进入室内的室外空气和室内燃烧产物，在通风良好的情况下，室内CO浓度与室外相差不大，但如果室内存在燃料燃烧或吸烟，CO浓度就会大幅上升。如用液化气烹饪，使用1h后室内CO浓度将会是使用前的10~15倍，即使在熄火数小时后，其浓度仍是使用前的2~4倍。吸一包烟可释放20mL CO，因此在有人吸烟的房间内，CO浓度一般都较高。此外有检测结果表明，室内CO浓度高峰还常常与室外汽车流量高峰时间相一致。

CO属于内窒息性毒物（血液、神经毒物），当CO随空气被吸入人体时，它先通过肺泡进入血液循环，通过与血液中的血红蛋白（Hb）结合形成碳氧血红蛋白（COHb），阻止氧与Hb的结合，从而严重阻碍血液氧的输送能力，引起组织缺氧使机体各项代谢发生紊乱，危害人体的中枢神经系统，对脑机能产生严重影响，加重心血管系统疾病患者的缺血。研究表明：在高浓度的CO作用下，人体会出现脉弱、呼吸衰竭等，如抢救不及时就会衰竭而死，即使抢救及时，也会有如记忆力差、肌体无力等严重后遗症。CO含量对人体生理的影响见表3-5。

表3-5 人所处的CO含量及其滞留时间对人体生理的影响

CO含量①（$\times10^{-4}$%）	滞留时间/h	对人体生理的影响
5~30		对呼吸道患者有影响
30	>8	视觉，神经机能受障，血液中COHb达5%，气喘
40	8	

（续）

CO 含量①（$\times10^{-4}\%$）	滞留时间/h	对人体生理的影响
70~100	1	中枢神经受影响
200	2~4	头重、头痛、血液中 COHb 达 40%
500	2~4	剧烈头痛、恶心、无力、眼花、虚脱
1000	2~3	脉搏加速、痉挛、昏迷、潮式呼吸
2000	1~2	死亡
3000	0.5	死亡
5000	0.33	死亡

① 体积分数。

6. 臭氧（O_3）

O_3是一种有强烈刺激性气味的浅蓝色气体，其相对分子质量为 48，大气中臭氧含量为 0~0.07ppm（$\times10^{-6}$，体积分数），它在常温下分解缓慢，在高温下分解迅速（分解成 O_2），是最强的氧化剂之一，同时也是一种消毒剂。

距地面 15~30km 的高空中的氧，在太阳紫外线作用下形成 O_3层，它能吸收 90% 的太阳紫外线，对地球上的生物有保护作用。低空中的 O_3 含量极少。电击会产生 O_3，雷雨过后野外能闻到的一种特殊气味就是 O_3；城市光化学烟雾主要是氮氧化物和碳氢化合物为主的汽车尾气型污染物，其中还含有大量生成的二次污染物臭氧。在室内，电视机、复印机、激光打印机、负离子发生器、紫外灯等在工作过程中也能产生 O_3，如果此时通风不佳也会引起臭氧浓度偏高。

随着我国汽车保有量逐年上升，室外臭氧污染日趋严重，从而也导致了室内臭氧浓度的提高。有关部门对北京市 6 座写字楼的室内空气质量进行检测与调查发现：室内空气中臭氧浓度超标高达 50%[10]（体积分数）。在室内没有臭氧源时，室内臭氧浓度一般为室外的 20%~39%[11]。

O_3比空气重 1.66 倍，常集聚在办公室的下层空间，直接危害人体健康。人对臭氧的嗅觉阈值为 0.01~0.015ppm（$\times10^{-6}$）。大气中臭氧的含量达到 0.1~0.5ppm（$\times10^{-6}$）时，对敏感体质的人会引起哮喘发作，导致上呼吸道疾病恶化[12]。O_3对眼睛、黏膜和肺组织都具有刺激作用，能破坏肺的表面活性物质，并能引起肺水肿、哮喘等疾病，可损害中枢神经系统，也能阻碍血液输氧功能，造成组织缺氧。不同含量下 O_3对人体生理的影响见表 3-6。

表 3-6　O_3对人体生理的影响

O_3 含量①（$\times10^{-4}\%$）	对人体的影响
0.05	引起鼻和喉头黏膜的刺激
0.1~0.5	引起哮喘发作，导致上呼吸道疾病恶化，视力下降
>1	引起头痛、胸痛、思维能力下降，严重时导致肺气肿和肺水肿

① 体积分数。

7. 二氧化硫（SO_2）

SO_2 为无色有强烈刺激性气味的气体，其相对分子质量为 64，人对空气中二氧化硫的嗅觉阈为 0.3ppm（$\times10^{-6}$），当达到 30~40ppm（$\times10^{-6}$）时，即可使人感到呼吸困难[13]。

大气中SO_2含量在1ppm（$\times10^{-6}$）以内。它能与O_2结合产生SO_3，遇水蒸气产生硫酸和亚硫酸，是酸雾或酸雨的主要成因。

SO_2来自含硫燃料的燃烧或工业生产过程。煤和石油是主要的含硫燃料，液化气、人工煤气和天然气燃烧只产生少量的SO_2，气体燃料一般要比固、液燃料清洁。大气中70%的SO_2来自燃料燃烧，26%来自冶金、化工等生产工艺过程，其他来源只占4%。室内二氧化硫除了来自室外以外，主要来自厨房，或者取暖用燃料燃烧产生的污染，在无通风条件的厨房内，二氧化硫含量要高出室外3倍[10]。

SO_2是一种有腐蚀作用的窒息性有毒气体。人体吸入SO_2后，被上呼吸道和支气管吸收，能刺激气管和支气管变窄，使其黏液分泌增多。长期吸入SO_2可引起鼻炎、咽炎、慢性支气管炎、支气管哮喘、肺气肿、肺水肿等。SO_2若吸附在可吸入颗粒物表面进入呼吸道深部，在催化作用下，氧化成硫酸和亚硫酸，会使其毒性作用加强。同时，SO_2对建筑物本身和其他物体也有腐蚀作用。由于不同个体对SO_2的耐受性不同，SO_2引起的刺激阈值也不同，一般人的刺激阈值为0.85~2.85mg/m^3，敏感个体或哮喘病人在2.85mg/m^{3}以下，即可出现呼吸道阻力增加的症状。不同浓度二氧化硫对人体健康的影响见表3-7。

表3-7 二氧化硫对人体健康的影响

序号	二氧化硫浓度/(mg/m^3)	对人体健康的影响
1	0.116	支气管炎及肺癌死亡增多
2	0.12	学龄儿童呼吸系统疾病增多、增重
3	0.3~0.56	老年人呼吸系统疾病增多，可能增加死亡率
4	0.61	慢性肺癌加重
5	0.72	死亡率增加，发病率急增

8. 氮氧化合物（NO_x）

氮氧化合物是氮与氧的多种化合物的总称，主要有NO、NO_2、N_2O、N_2O_3、N_2O_4、N_2O_5等。其中起主要污染作用的是NO、NO_2，NO为无色气体，NO_2是有刺激性气味的红褐色气体，其相对分子质量为46。空气中的NO_x主要来自各种燃料的高温燃烧过程，空气中的氮和氧在高温下可直接合成NO_x，以燃煤和汽车尾气排放的NO_x为最多。室内的NO_x有四个来源：一是室内烹饪或取暖燃料的燃烧；二是吸烟；三是室内复印机；四是室外汽车排出的尾气NO_x的进入。当室内无NO_x污染源时，室内空气中的NO_x主要由室外空气渗入引起，其浓度一般要小于室外；当室内有NO_x污染源时，室外大气对室内空气的NO_x的贡献极小。有关部门曾对哈尔滨、沈阳室内的监测结果表明，冬季使用原煤的住宅室内氮氧化合物日平均浓度为0.06~0.2mg/m^3，使用煤气和液化气的日平均浓度为0.03~0.15mg/m^3，这主要是由于北方冬季门窗紧闭、通风不畅、室内有发生源所致[10]。

NO_x不易溶于水，因此对眼睛和上呼吸道刺激作用较小，而易侵入呼吸道深部，对肺组织产生强烈的刺激和腐蚀作用，引起肺水肿。NO_2的毒性比NO高4~5倍，其嗅觉阈为2~8mg/m^3[14]。当以NO为主时，对中枢神经的损害比较明显；当以NO_2为主时，对肺部的损害比较明显。此外，NO_2会引起支气管哮喘，对心、肝、肾都有影响。

9. 环境烟草烟气

环境烟草燃烧引起的烟气生成物十分复杂，至今已发现3800种，其危害性早已为人们所认识。大量的研究表明，烟草的烟气可引起肺癌、喉癌、咽癌、口腔癌、食道癌等，引发呼吸道系统急慢性炎症和肺气肿，导致冠心病，影响消化道系统、神经系统和生殖系统。

烟气中主要有害物有烟碱（尼古丁）、烟焦油、氢氰酸、镉、一氧化碳、二氧化碳、氮氧化合物等。90%烟碱在肺部吸收，25%在很短时间内即可进入大脑，对大脑皮层产生兴奋作用，也会使心血管系统活动加快，机体需氧量增加。长期吸烟会导致人体对烟碱的依赖，使机体活力下降，记忆力减退。烟焦油是烃及烃类的氧化物、硫化物及氮化物的混合物，成分很复杂，主要有苯并（a）芘和酚类化合物，有极强的致癌作用。镉是一种剧毒的重金属元素，能在体内积聚并有致癌作用，烟气是人体吸入的主要来源。氢氰酸也是一种作用很快的有毒物质，主要是能抑制细胞的呼吸，引起细胞缺氧，使其不能很好地利用氧来进行新陈代谢，减弱呼吸道的防御功能，刺激气管和肺，引起炎症病变甚至癌变。

所谓环境烟草烟气（Environmental Tobacco Smoke，ETS）是指吸烟者呼出的**主流烟气**和烟支阴燃产生的**侧流烟气**（又称**二次烟气**）。吸烟者吸入的烟气大部分是主流烟气，由于侧流烟气不完全燃烧程度高，温度低于主流烟气，其中的有害物浓度要比主流烟气高很多，如烟碱是2.6~3.3倍、苯并（a）芘是2.5~3.5倍，镉是3.6倍、二氧化碳是8~11倍，一氧化碳是2.5~4.7倍，甲醛是15倍，氮氧化物是20~100倍等[3]，因此被动吸烟者所受侵害要高于只吸入主流烟气而未吸入侧流烟气的吸烟者。香烟主流烟气和侧流烟气的主要成分见表3-8。目前肺癌是我国第一致死癌症，吸烟是诱发肺癌的主要因素。

表3-8 香烟主流烟气和侧流烟气的主要成分[10]

组成成分	每支香烟的含量/mg		组成成分	每支香烟的含量/mg	
	主流烟气	侧流烟气		主流烟气	侧流烟气
燃过的烟草	350	400	二氧化碳	60	80
全部颗粒	20	45	氧化氮	0.01	0.08
尼古丁	1	1.7	丙烯醛	0.08	—
一氧化碳	20	80	产生烟气的时间	20s	550s

10. **氨**（NH_3）

NH_3是一种无色有强烈刺激性气味、易燃、易爆的气体，其相对分子质量为17，在空气中含量达到16%~25%（体积分数）时会发生爆炸。室内NH_3主要来源于建筑施工时建材中防冻剂的使用，在房屋建成后，建材中的氨气逐渐释放到室内，特别是夏季气温较高，氨从墙体释放速度快，易造成室内空气中氨浓度超标。此外，室内装饰材料、木材板材中的添加剂、增白剂、黏合剂等也会有一定量的氨气释放。烫发水中也含有NH_3，一些大型理发店内NH_3的浓度可高达28.8mg/m^3[10]。

人对氨的嗅觉阈通常是0.5~1mg/m^3[15]，NH_3会对皮肤和眼睛造成很强的刺激作用，可引起烧灼感。从呼吸道进入时，可出现嗅觉失常、咽炎、声带水肿、咳嗽、头痛，严重时会出现支气管痉挛及肺气肿，可导致呼吸停止而死亡。

11. **甲醛**

甲醛是一种有强烈刺激性的无色气体，人对甲醛的嗅觉阈通常是0.06~0.07mg/m^3[16]，但个体差异很大。甲醛化学分子式为HCHO，相对分子质量为30，密度略重于空气，大气中平均浓度为0.005~0.01mg/m^3。甲醛易溶于水，其中35%~40%的水溶液被称为福尔马林，是一种常用的防腐剂。甲醛是一种挥发性有机物，在工业和民用上被大量用作黏结剂。

室内甲醛主要来自建筑装饰材料、家具、烟草和燃料燃烧，还有书、清洁剂、纺织品等。建筑装饰材料和家具中的人造板材、化纤制品、油漆和涂料都是室内甲醛主要的释放源。新书本也会释放甲醛，因此，在一些书店或书库中，甲醛浓度都比较高。一些纺织品织物也用甲醛树脂来做诸如防皱等的后整理，纺织品织物含有甲醛的问题，近年来也已经引起人们的关注。由于现代建筑大量使用人造板材、化纤制品、油漆和涂料，使得装修后建筑内的甲醛浓度容易超标。为此，室内装修后应有一定的空置时间，从表3-9装修后不同时间的住宅室内甲醛浓度检测结果可知，随着时间延长室内甲醛超标率减小[17]。

表3-9 装修后空置时间对室内甲醛浓度影响（测定条件：20℃）[17]

装修后空置时间/月	检测户数	浓度范围/(mg/m^3)	超标户数	超标率(%)	平均浓度/(mg/m^3)
1~3	10	0.10~1.50	9	90	0.34
3~6	10	0.08~1.42	7	70	0.21
6~9	10	0.07~1.33	4	40	0.09
9~12	10	0.05~1.10	2	20	0.07

为此，在装修房子时，要注意采用环保绿色装修材料，在装修完成后应有一段时间给予充分的通风换气，然后再搬入居住。一般说来，在室温高的情况下，甲醛散发得快；相反，则不易散发。当室内潮湿时，甲醛容易被水汽吸附，也就不容易被排出室外。加强建筑物的通风换气是降低室内甲醛浓度的有效措施。

甲醛会损害人的嗅觉、眼睛，使呼吸道产生刺激症状，还能使人体免疫功能异常、肝肺损伤、神经衰弱。其中以嗅觉和刺激症状最为敏感，主要表现为流泪、咽干发痒、咳嗽、气喘、胸闷、皮肤干燥等，会引发过敏性皮炎、过敏性哮喘等。甲醛浓度对人体生理的影响见表3-10。

表3-10 甲醛浓度对人体生理的影响

空气中甲醛浓度/(mg/m^3)		对人体生理的影响
报道范围	中位数	
0.06~1.2	0.1	嗅阈
0.01~1.9	0.5	眼刺激阈
0.1~3.1	0.6	咽刺激阈
2.5~3.7	3.1	眼刺激感
5.0~6.2	5.6	流泪（30min暴露）
12~25	17.8	强烈流泪（1h暴露）
37~60	37.5	危及生命：水肿、炎症、肺炎
60~125	125	死亡

12. 苯

苯是一种无色至浅黄色液体，易挥发，具有强烈的芳香气味，易燃、易爆，一般作为有机溶剂使用。苯系物是苯及衍生物的总称。在油漆涂料、人造板材、黏合剂、空气消毒剂、杀虫剂中往往含有苯及苯系物，因此新装修房子苯及苯系物浓度比较高。苯系物种类很多，一般将苯（benzene）、甲苯（toluene）、乙苯（ethylbenzene）、二甲苯（xylene）四类的代表性物质，也有简称苯系物记为BTEX。苯和甲醛共存于多种污染源之中。苯的嗅觉阈值为4.8~15mg/m^3[18]，化学式是C_6H_6。

苯对皮肤、眼睛和上呼吸道有刺激作用。经常接触苯，皮肤因脱脂而变得干燥脱屑、易出血，出现过敏性湿疹等。短时间吸入高浓度苯会影响中枢神经系统功能，出现兴奋、头晕、头痛、恶心、呕吐，直至昏迷、抽搐，严重时会因呼吸和循环衰竭死亡。长时间接触苯，除有头晕、头痛、乏力、失眠等以外，还会使白细胞和血小板减少，严重时可导致再生障碍性贫血。孕妇接触苯对胎儿发育不利，且容易引起流产。此外，苯还是公认的致癌物。WHO在《室内空气品质指南》中指出，如果人长期生活的环境，其空气苯浓度达到17μm/m^3、1.7μm/m^3、0.17μm/m^{3}时，患白血病的概率分别为1∶10000、1∶100000、1∶1000000[19]。

2001年消费者协会组织北京和杭州两地对部分装修后的室内环境状况进行了入室测试，结果发现半数以上样本存在苯污染，占样本数的3/4[10]。

13. 挥发性有机化合物（VOCs）

挥发性有机化合物（Volatile Organic Compounds，**VOCs**）是一类重要的室内空气污染物，近年来已引起人们广泛的重视。目前已检出的有500多种，其中20多种为致癌物。WHO根据有机物的沸点，将室内有机化学污染物分成了四类，见表3-11。室内常见的气态污染物是挥发性有机化合物VOCs，它是指室温下饱和压超过了133.32Pa，沸点在50~250℃，常温下可以蒸发的形式存在于空气中的有机物。这些VOCs虽然各自的浓度都不高，但多种低浓度的VOC共存于室内时，对人体的危害作用不可小视。由于单项VOC的浓度一般都很低，甚至人体的嗅觉都毫无感觉，因此对它们的检测一般不逐个进行，而是以它们的总量来表示，这就是**TVOC**（Total VOC），它是指室温下饱和压超过了133.32Pa的有机物，其沸点在50~250℃，常温下可以蒸发的形式存在于空气中。由于VOC种类繁多，我国有关规范选取了最可能出现的9种，即甲醛、苯、甲苯、对（间）二甲苯、邻二甲苯、苯乙烯、乙苯、乙酸丁酯、十一烷作为应识别组，其中甲醛、苯、二甲苯、苯并（a）芘等属于典型的有害物质单独列出，TVOC中不含其浓度。TVOC中的有机化合物分为八类：烷类、芳烃类、烯类、卤烃类、酯类、醛类、酮类和其他。

表3-11 室内有机化学物的标准分类[18]

分类	沸点范围	一般采样方式	例子
超挥发性有机化合物（VVOC）	0℃至50~100℃	间歇式采样；活性炭吸附	甲醛
挥发性有机化合物（VOC）	50~100℃至240~260℃	Tenax、碳分子筛或活性炭吸附	苯、甲苯、二甲苯、苯乙烯
半挥发性有机化合物（SVOC）	240~260℃至380~400℃	聚氨酯泡沫体或AXD-2吸附	磷酸三丁烯（TBP）、邻苯二甲酸二辛酯（DOP）
颗粒物载带的有机化合物或颗粒态有机物质（POM）	>380℃	滤膜采样	磷酸三甲苯酯（TCP）、杀虫剂

室内VOCs主要来自装饰材料、家用化学品和吸烟。装饰材料中的涂料油漆、人造板材、化纤地毯、塑料地板等都能释放各种VOC；家用化学品中的化妆品、除臭剂、杀虫剂、黏结剂、胶带等能释放不同种类的VOC；香烟烟气中也含有很多种类的VOC。一般情况下室内VOCs的浓度要比室外高，英国测定100户住宅在28天中室内VOCs质量浓度水平结果

表明，室内TVOC的质量浓度均值为121.8μg/m^3，是当时室外的2.4倍[20]。新装修房间的TVOC浓度比较高，根据英国有关方面的测试，新建建筑在一定的换气次数情况下，大约要经过一年半，其材料中VOCs散发量才能达到稳定，在开始半年内，房间内VOC的种类最多，浓度为最大，此后逐渐减少并保持稳定[20]，房间换气次数越大，达到低浓度的时间也就越短。

VOCs可引起人体免疫功能下降，影响中枢神经系统功能，出现头晕、头痛、恶心、乏力、精神不振等症状，还可损伤肝脏及造血功能。表3-12所示为TVOC浓度与人体反应的关系。

表3-12 TVOC浓度与人体反应的关系[9]

TVOC浓度/(mg/m^3)	健康效应	分类
<0.2	无刺激、无不适	舒适
0.2~3.0	与其他因素联合作用时，可能出现刺激和不适	多因协同作用
3.0~25	刺激和不适；与其他因素联合作用时，可能出现头痛	不适
>25	除头痛外，可能出现其他的神经毒性作用	中毒

表3-13所示为上述各污染物主要来源及其对人体生理危害的汇总。1991年欧洲室内空气质量及其对健康影响联合行动组织（European Conected Action Orgnization of Indoor Air Quanlity and Its Impacton Man Health）定义的“**建筑并发症**”（BRI）是指特异性因素已经得到鉴定，具有一致的临床表现。这些特异的因素包括过敏原、感染原、特异的空气污染物和特定的环境条件（例如气温和相对湿度）。BRI包括多种不同的疾病：过敏性反应、军团杆菌病等。经临床诊断，这些疾病的起因都与建筑内空气污染物有关，都可以准确找到其病症的成因。如过敏性反应，由若干品种的真菌所引发的过敏性局部急性肺炎、对甲醛的过敏性反应、由尘螨引起的哮喘等。建筑并发症与病态建筑综合征有明显的不同之处，其临床症状明确，病因可查，有相应的治疗对策，既使患者离开了发病现场，症状不会很快消失，需治疗一段时间才能恢复健康。

表3-13 室内空气污染物的主要来源及危害

污染物	主要来源	对人体的危害
可吸入颗粒物	自然界及燃料燃烧、交通运输和工业企业的排放等	引发呼吸道系统疾病，有些物质有致癌性
微生物	室内滋生及人体带入	人体过敏及病毒、细菌感染
氡	地下、建筑材料（特别是某些石材）	放射性物质，致癌
二氧化碳	人体呼吸及燃料燃烧	中毒症状（头晕心跳加快乏力等），直至死亡
一氧化碳	室外进入、室内燃料燃烧或吸烟	严重影响中枢神经系统，造成机体缺血，致使头晕、恶心、直至呼吸衰竭而死，有严重后遗症
臭氧	室内电视机、复印机、打印机等及室外进入	对眼睛、黏膜和肺组织有刺激作用，并能引起肺水肿、哮喘等疾病，可损害中枢神经系统，阻碍血液输氧功能
二氧化硫	含硫燃料的燃烧或工业生产过程	引起鼻炎、咽炎、慢性支气管炎、支气管哮喘、肺气肿、肺水肿等
氮氧化合物	室内烹饪或燃料燃烧、吸烟、室外进入	对肺组织产生强烈的刺激和腐蚀作用，引起肺水肿、支气管哮喘等

（续）

污染物	主要来源	对人体的危害
烟草燃烧生成物	室内吸烟	导致人体对烟碱的依赖，使机体活力下降，记忆力减退，刺激气管和肺，引起炎症病变，致癌
氨	建筑施工防冻剂的释放	刺激皮肤和眼睛，出现嗅觉失常、咽炎、声带水肿、咳嗽、头痛，严重时会出现支气管痉挛及肺气肿，可导致呼吸停止死亡
甲醛	建筑装饰材料、烟草和燃料燃烧，还有书、清洁剂、纺织品等	损害人的嗅觉、眼睛，使呼吸道产生刺激症状，还能使人体免疫功能异常、肝肺损伤、神经衰弱
苯	油漆涂料、人造板材、黏合剂、空气消毒剂、杀虫剂	对皮肤、眼睛和上呼吸道有刺激作用，影响中枢神经系统功能，使白细胞和血小板减少，导致再生障碍性贫血、孕妇流产，是公认的致癌物
挥发性有机化合物	装饰材料、家用化学品和吸烟	人体免疫功能下降，影响中枢神经系统功能，出现头晕、头痛、恶心、乏力、精神不振等症状，还可损伤肝脏及造血功能

3.2 室内空气品质标准及其评价方法

3.2.1 室内空气品质定义及其沿革

20世纪70年代，国外开始了室内空气污染对健康影响的研究，在过去的三十几年中，室内空气品质（Indoor Air Quality，IAQ）的定义经历了许多变化，并有所发展。总体上看，它经历了三个阶段，分别有三种类型的定义。

1. **客观指标**

把室内空气品质完全等同为一系列污染物浓度的指标，这是人们早期的观点。室内空气中污染物种类众多，大部分浓度都可能会低于指标值，如按此定义则室内空气品质应被认为较好，但事实上，低浓度污染物在长期、反复作用下，它对人体的危害被忽略了，人在含有单一低浓度污染物的环境中可能没什么感觉，但在多种低浓度的污染物作用下，就会产生不适。此外，同一污染物指标对个体的影响也不相同，从而对整体的影响也是有差别的。因此，把室内空气品质完全等同为一系列污染物浓度的指标的观点是不全面的。

2. **主观指标**

1989年在室内空气品质讨论会上，丹麦技术大学教授P. O. Fanger提出：品质反映了满足人们要求的程度，如果人们对空气满意，就是高品质；反之，就是低品质。英国的CIBSE（Charter Institute of Building Service Engineers）认为：如果室内少于50%的人能觉察到任何气味，少于20%的人感觉不舒服，少于10%的人感到黏膜刺激，并且少于5%的人在不足2%的时间内感到烦躁，此时室内空气品质是可接受的。这一观点是把室内空气品质高低完全等同于人的主观感受[21]。

人们对室内空气不满意，就是低品质，这应该没什么问题。但如果认为人们感到满意的就一定是高品质的室内空气环境的话，那些无刺激性气味，其浓度又比较低，人体无法感觉到的污染物，它对人体健康长期的、慢性的危害就无法反映出来。

3. 客观指标和主观感受相结合

美国供暖、制冷与空调工程师学会（American Society of Heating, Refrigerating and Air-conditioning Engineers, ASHRAE）颁布的 ASHRAE 62—1989《满足可接受室内空气品质的通风》中综合考虑主客观的定义是：空气中已知的污染物达到公认的权威机构所确定的有害浓度指标，而且处于这种空气中的绝大多数人（≥80%）对此没有表示不满意。这一定义把客观指标和主观感受结合起来，体现了人们对 IAQ 认识的质的飞跃。

此后，在 ASHRAE 62—1989R 中，更进一步提出了可接受的室内空气品质（Acceptable indoor air quality）和可接受的感知室内空气品质（Acceptable perceived indoor air quality）的概念。**可接受的室内空气品质**定义为：空调空间中绝大多数人没有对室内空气表示不满意，并且空气中没有已知的污染物达到可能对人体产生严重健康威胁的浓度；**可接受的感知室内空气品质**定义为：空调房间中绝大多数人没有因为气味或刺激性而表示不满。它是达到可接受的室内空气品质的必要而非充分的条件。感受到的可接受的室内空气品质好，并不表示可接受的室内空气品质好，而可接受的室内空气品质好，却说明感受到的可接受的室内空气品质好。这是因为在室内空气中存在着人无法直接感受到的，会危害人体健康的无色、无味的有害气体。可接受的室内空气品质概念将客观指标和主观感受相结合，并已为人们所接受。在 ASHRAE 此后陆续颁布的 ASHRAE 62—1999、ASHRAE 62—2001、ASHRAE 62. 1—2004、ASHRAE 62. 1—2007 的版本中，也继续沿用了上述定义。

4. **室内环境品质（IEQ）**

造就一个舒适、健康的环境并不仅仅是由室内空气品质决定的，它受到多方面因素的影响，比如适宜的温湿度、室内空气流速、噪声、照明、色彩、良好的室内环境布置、心理上的满意度等。因此，室内空气品质的概念无法全面地描述室内舒适、健康的程度，而用室内环境品质（Indoor Environment Quality, IEQ）则能更加合理、全面地反映出这方面的内涵。美国国家职业安全与卫生研究所（NIOSH）提出的 IEQ 是指室内空气品质、舒适度、噪声、照明、社会心理压力、工作压力、工作区背景等因素对室内人员生理和心理上单独的和综合的作用。

人在室内对其舒适和健康的环境因素的感受是很复杂的，除了对室内空气品质的一系列指标和常规的空调房间室内温湿度、风速有要求外，还对其他多种环境因素有着不同程度的要求。如照明，其含义并不仅仅是照度，还涉及合理的照度分布、舒适的亮度分布、宜人的光色、无眩光等。室内环境布局及环境色彩布置都属于 IEQ 的范畴。人的心理因素就更加复杂，在高层写字楼中，如果采用全封闭的外窗，人的心理就会感到很压抑，一旦改成可开启外窗，即使在其他条件不变的情况下，人的心理感觉就会好得多。理论上讲，一切能影响人的情绪的因素都可列入 IEQ 讨论的范畴，IEQ 问题的复杂性也正是在此，它是多学科综合性的问题。目前，人们对 IEQ 问题的研究还不够深入，但 IEQ 却是室内实现舒适、健康的环境有待解决的关键问题。

3.2.2 室内空气品质标准

我国已经颁布并实施的有关室内空气品质标准按使用性质不同可划分为三种，即综合性标准、室内单项污染物浓度限值标准、不同功能建筑室内空气品质标准，如表 3-14 所示。

表 3-14 已实施的室内空气品质相关标准

性 质	标 准 名	标 准 号
综合性标准	《民用建筑工程室内环境污染控制规范》 《室内空气质量标准》	GB 50325—2010 GB/T 18883—2002
室内单项污染物浓度限值标准	《居室内空气中甲醛的卫生标准》 《住房内氡浓度控制标准》 《室内空气中二氧化碳卫生标准》 《室内空气中可吸入颗粒物卫生标准》 《室内空气中氮氧化物卫生标准》 《室内空气中二氧化硫卫生标准》 《室内空气中细菌总数卫生标准》 …	GB/T 16127—1995 GB/T 16146—1995 GB/T 17094—1997 GB/T 17095—1997 GB/T 17096—1997 GB/T 17097—1997 GB/T 17093—1997 …
不同功能建筑室内空气品质标准	《旅店业卫生标准》 《体育馆卫生标准》 《商场（店）、书店卫生标准》 …	GB 9663—1996 GB 9668—1996 GB 9670—1996 …

这里仅介绍使用较为广泛的综合性标准《民用建筑工程室内环境污染控制规范》和《室内空气质量标准》。

住房和城乡建设部 2010 年 8 月颁布，并于 2011 年 6 月实施的《民用建筑工程室内环境污染控制规范》(GB 50325—2010) 是在 2006 年版的基础上修订完成的，主要是针对新建、扩建和改建的民用建筑工程及其室内装修工程的环境污染控制，不适用于工业建筑、仓储性建筑工程、构筑物和有特殊净化卫生要求的室内环境污染控制，也不适用于民用建筑工程交付使用后的非建筑装修产生的室内环境污染控制。其中实施污染控制的污染物有：放射性污染物氡（Rn-222），化学污染物甲醛、氨、苯及总挥发性有机物（TVOC）共计 5 项，见表 3-15。表中所指的Ⅰ、Ⅱ两类民用建筑是按不同室内环境要求划分的。**Ⅰ类民用建筑**指住宅、医院、老年建筑、幼儿园、学校教室等民用建筑；**Ⅱ类民用建筑**指办公楼、商店、旅店、文化娱乐场所、书店、图书馆、展览馆、体育馆、公共交通等候室、餐厅、理发店等民用建筑。上述两类民用建筑工程验收时，必须进行室内环境污染物浓度检测。其限量必须符合表 3-15 所示的规定。

表 3-15 污染物浓度限量（GB 50325—2010）

污染物	Ⅰ类民用建筑工程	Ⅱ类民用建筑工程
氡/(Bq/m^3)	≤200	≤400
甲醛/(mg/m^3)	≤0.08	≤0.10
苯/(mg/m^3)	≤0.09	≤0.09
氨/(mg/m^3)	≤0.2	≤0.2
TVOC/(mg/m^3)	≤0.5	≤0.6

注：表中污染物浓度限值除氡外均指同步测量的室外上风向空气测量值为基点。

由国家质量监督检验检疫局、原国家环保总局、卫生部制定的《室内空气质量标准》(GB/T 18883—2002) 是 2003 年 3 月正式实施。该标准对物理性、化学性、生物性和放射性污染共计19项参数（表3-16）规定了标准值。该标准适用于住宅和办公建筑物，其他建筑室内环境也可参照。标准提出：除了应达到表3-16中参数要求外，还明确要求“室内空气应无毒、无害、无异常嗅味”。

表3-16 室内空气质量标准（GB/T 18883—2002）

序号	参数类别	参数	单位	标准值	备注
1	物理性	温度	℃	22~28 16~24	夏季空调 冬季供暖
2		相对湿度	%	40~80 30~60	夏季空调 冬季供暖
3		空气流速	m/s	0.3 0.2	夏季空调 冬季供暖
4		新风量	$m^3/(h\cdot 人)$	30	
5	化学性	二氧化硫（SO_2）	mg/m^3	0.50	1h均值
6		二氧化氮（NO_2）	mg/m^3	0.24	1h均值
7		一氧化碳（CO）	mg/m^3	10	1h均值
8		二氧化碳（CO_2）	%	0.10	日均值
9		氨（NH_3）	mg/m^3	0.20	1h均值
10		臭氧（O_3）	mg/m^3	0.16	1h均值
11		甲醛（HCHO）	mg/m^3	0.10	1h均值
12		苯（C_6H_6）	mg/m^3	0.11	1h均值
13		甲苯（C_7H_8）	mg/m^3	0.20	1h均值
14		二甲苯（C_8H_{10}）	mg/m^3	0.20	1h均值
15		苯并[a]芘（B(a)P）	ng/m^3	1.0	日均值
16		可吸入颗粒物（PM_{10}）	mg/m^3	0.15	日均值
17		总挥发性有机物（TVOC）	mg/m^3	0.6	8h均值
18	生物性	菌落总数	cfu/m^3	2500	依据仪器定
19	放射性	氡（^{222}Rn）	Bq/m^3	400	年平均值 （行动水平）

《民用建筑工程室内环境污染控制规范》（GB 50325—2010）和《室内空气质量标准》（GB/T 18883—2002）针对的对象和适用场合有所不同[22]：

1）前者针对的是新建、扩建和改建的民用建筑工程，不适用于特殊的工业建筑工程以及交付使用后的非建筑装修的民用建筑室内环境污染控制；后者针对人们在正常活动情况下的室内环境质量控制。

2）对于控制污染的项目两者也有所不同，前者对化学性指标4项、放射性指标1项提出了强制性控制标准；后者对室内空气物理性指标4项、化学性指标13项、生物性指标1项、放射性指标1项提出了含量限值要求。

3）即使相同指标数值相近，但由于采样要求、检验方法等不同，两者实质存在差异，如前者氡、甲醛、苯、氨、总挥发性有机化合物（TVOC）浓度检测时，对采用集中空调的民用建筑工程，应在空调正常运转的条件下进行，对采用自然通风的民用建筑工程，检测应在对外门窗关闭1h后进行，但对于氡浓度则需对外门窗关闭24h后进行；后者则规定年平均浓度至少采样3个月，日平均浓度至少采样18h，8h平均浓度至少采样6h，1h平均浓度至少采样45min，采样时间应涵盖通风最差的时间段，同时确定了筛选法采样和累积法采样的方法。

4）此外在各污染物浓度检测方法上有异同，室外本地浓度等都有差异。

针对我国标准中的一氧化碳、甲醛、二氧化氮，世界卫生组织欧洲区域办事处2010年给出的限值指南，详见表3-17，同时对一些空气中的萘、四氯乙烯等也给出了限值指南[19]。

表3-17　世界卫生组织室内空气品质指南[19]

参　数	单　位	标准值	备　注
一氧化碳	mg/m^3	7	24h均值
甲醛	mg/m^3	0.1	0.5h均值
二氧化氮	mg/m^3	0.2	1h均值
	mg/m^3	0.04	年均值

3.2.3　室内空气品质评价方法

早期室内空气品质主要以采用单项污染物浓度值是否超标为评价依据，随着室内污染物种类以及污染形式不断为人们所知，室内空气品质评价方法也不断地得到了完善和发展。下面主要介绍客观评价法、主观评价法以及主客观结合的综合评价方法，同时介绍空气质量指数法[23]与Decipol[24]主客观综合评价法。

1. 客观评价法、主观评价法以及主客观结合的概念

客观评价是指直接测量室内污染物浓度来客观了解、评价室内空气品质，**主观评价**则是指利用人的感觉器官进行描述与评判。

在客观评价中，选取何种污染物作为评价对象，选用什么评价指标作为评价依据，选取的客观性、公正性和全面性将会对最终评价结果产生直接的影响。

主观评价以人体的感觉为评判依据，但不同个体对室内空气品质的感受是不同的，同一个体对不同污染物的适应性也是不同的，人的嗅觉也存在着适应性问题，在某一空间逗留的时间越长，则比刚到该空间对空气的适应性要强。导致人们对室内空气品质不满意的原因是多方面的，室内的环境布置、色彩、照明，甚至当时的情绪，都可能对评判结果产生影响，所以该方法的主观性较强。目前采用较多的是问卷调查法，利用数理统计方法获得人们对室内空气品质或室内环境品质的主观评价。

室内空气品质客观评价的方法有多种，可以仅对某种污染物浓度的单项指标进行检测评价，也可以针对多种污染物浓度指标分别检测评价。选用何种污染物作为室内空气品质考察对象，需根据评价目的和室内使用的特点确定。

室内空气品质评价一般采用量化检测和主观调查相结合的方法，即采用客观评价和主观评价相结合。

2. **空气质量指数法**

空气质量指数法选取了CO_2、CO、SO_2、NO_x、甲醛、可吸入颗粒物、菌落数7项为室内空气品质评价指标，是一种客观评价法。其中CO、SO_2、NO_x、可吸入颗粒物为室内环境烟雾的评价指标，当室内无SO_2散发源时，SO_2也可以作为评价室外大气污染对室内渗透的

评价指标之一；CO_2在以人为主要污染物的场合，可作为室内气味或其他有害物质污染程度的评价指标，它也是反映室内通风情况的评价指标；甲醛是反映有机化合物对室内空气污染的主要指标；此外，菌落数则是作为室内空气细菌学的评价指标。

空气质量指数法涉及的参数有4个，分别为各污染物分指数、算术叠加指数P、算术平均指数Q、综合指数I。其中各污染物分指数被定义为污染物浓度C_i与标准上限值S_i之比，反映某个污染物浓度与其标准上限值的距离。由分指数有机组合而成的评价指数能够综合地反映室内空气品质的优劣。借用算术平均指数及综合指数作为主要评价指数，算术叠加指数作为辅助评价指数。

算术叠加指数P为如下的各分指数的叠加

$$P=\sum\frac{C_i}{S_i} \tag{3-1}$$

算术平均指数Q表示为如下的各分指数的算术平均

$$Q=\frac{1}{n}\sum\frac{C_i}{S_i} \tag{3-2}$$

综合指数I则兼顾最高污染分指数和平均分指数，采用下式计算

$$I=\sqrt{\left(\max\left|\frac{C_1}{S_1},\frac{C_2}{S_2},\cdots,\frac{C_n}{S_n}\right|\right)\left(\frac{1}{n}\sum\frac{C_i}{S_i}\right)} \tag{3-3}$$

以上各项指数能较为全面地反映出室内的平均污染水平和各种污染物在污染程度上的差异，并可据此确定室内空气的主要污染物。一般认为分指数和综合指数在0.5以下是清洁环境，此时IAQ等级为Ⅰ级，可获得室内人员最大的接受率。综合指数与IAQ等级间的关系及其特点见表3-18。

表3-18 室内空气品质分级及说明

综合指数I	IAQ等级	等级评语	特点
≤0.49	Ⅰ	清洁	适宜于人类生活
0.50~0.99	Ⅱ	未污染	各环境要素的污染均不超标，人类生活正常
1.00~1.49	Ⅲ	轻污染	至少有一个环境要素的污染物超标，除了敏感者外，一般不会发生急慢性中毒
1.50~1.99	Ⅳ	中污染	一般有2~3个环境要素的污染物超标，人群健康明显受害，敏感者受害严重
≥2.00	Ⅴ	重污染	一般有3~4个环境要素的污染物超标，人群健康受害严重，敏感者可能死亡

3. Decipol评价法[19]

丹麦技术大学Fanger教授提出了Decipol评价法以评价人感受到的室内空气品质（Perceived Air Quality，PAQ）。该方法以olf为室内综合污染的污染物强度单位，定义1olf为一个“标准人”的污染水平，其他的污染源可折算为olf值，其折算关系如表3-19所示。

表3-19 污染源的olf值[25]

污染源	olf值
静坐标准人(1met)	1olf
轻度活动的人(3met)	4olf

（续）

污 染 源	olf 值
中度活动的人(6met)	10olf
幼儿园儿童(3~6岁)	1.2olf
学校孩童(4~16岁)	1.3olf
低污染房间	$0.1olf/m^2$
非低污染房间	$0.2olf/m^2$

注：表中met是代谢率单位，详见小节4.4.3相关内容。

以室内空气品质感知值 C（IAQ perceived value）为评价指标，其单位为decipol，数值越大，表示室内空气品质越差。1decipol表示一个“标准人”产生的污染（1olf）经 $0.01m^3/s$ 未被污染的空气（新鲜空气）通风稀释后的空气品质，即 $1decipol=1olf/0.01m^3/s=100olf/(m^3/s)$。decipol与空气品质状态之间的关系如表3-20所示。

为了反映室内空气品质引起的主观感受，Fanger用QPD（Quality Caused Percentage Dissatisfied）来描述室内空气品质引起的人群不满意百分率。QPD与室内空气品质感知值 C 之间有如下关系

$$QPD=EXP[5.98-(112/C)^{0.25}] \quad (3\text{-}4)$$

由上式可得QPD与 C 的对应关系（表3-21）。

表3-20 decipol值与空气品质状态之间的关系

decipol值	空气品质状态
10	病态建筑
1	健康建筑
0.1	城镇室外空气
0.01	山区室外空气

表3-21 C 与QPD对应关系

C/decipol	QPD（%）
0	0
0.31	5
0.61	10
1.41	20
4.06	40
8.86	60
17.18	80

3.3 民用建筑室内空气污染控制方法

如前所述，目前由于建筑装饰日趋高档，各种装饰材料、化工产品、家用电器和办公设备的大量使用，现代建筑密闭性的增加，使室内空气质量受到严重影响。为此，对建筑物内空气污染加以控制已成为当务之急。

民用建筑室内空气污染控制方法的指导思想可以概括为堵源、截流和稀释。**堵源**就是控制污染源，这是控制室内空气污染的根本所在，通过采取合理的方法控制甚至排除污染源，其效果远比污染物进入室内后再加以治理要好得多。比如使用绿色环保建筑材料和装饰材料、控制人员活动（如吸烟等）和化工产品的使用、正确选择建筑物的基地等。**截流**主要是指采用化学、生物或空气净化的方法消除室内空气污染物。**稀释**就是采用通风控制方法，即引入新鲜空气降低空气中的有害物浓度。本节主要讨论常用污染源的控制和污染物的截流方法，通风控制方法将在下一节中讨论。

3.3.1 室内污染源的控制

1. 使用绿色环保建筑材料和装饰材料

传统的建筑材料和装饰材料能释放大量有害物质，成为室内空气最主要的污染源之一，因此，在建筑材料和装饰材料的选择上，应考虑选用有害物含量低的绿色环保材料。

2001年12月29日，国家质量监督检验检疫总局和国家标准化管理委员会联合发布了室内装饰装修材料有害物质限量10项强制性国家标准。该标准从2002年1月1日起实施，2002年7月1日起停止销售不符合这10项标准的产品。

这10项强制性国家标准包括：人造板及其制品、内墙涂料、溶剂型木器涂料、胶粘剂、地毯衬垫及地毯用胶粘剂、壁纸、木家具、聚氯乙烯卷材地板、混凝土外加剂、建筑材料放射性核元素等。在此之前我国室内装饰装修材料中没有有害物质限量标准，如壁纸、木家具、聚氯乙烯卷材地板、混凝土外加剂等；有的有标准但是没有严格的限量，如人造板及其制品、内墙涂料、溶剂型木器涂料、胶粘剂等；还有的标准以前的控制指标不准确，如建筑材料放射性核元素等。此次颁发的标准完全参照了国际最先进的相关标准，对装饰装修材料中的甲醛、苯、甲苯、二甲苯、VOCs、铅、镉、铬、砷、钡、汞等有害物质的含量做了明确的限制。在装修中，除了采用符合上述标准的材料外，在木材的选择上应尽量采用原木木材；花岗岩氡的检出率较高，应谨慎使用；有条件使用羊毛地毯的，就尽量避免使用化纤地毯。

2. 改进和完善厨房的通风设施

室内燃料燃烧及烹饪油烟是室内空气另一污染源。目前家庭常用的燃料以天然气最为清洁，煤的污染最严重，但不管何种燃料，燃烧后都会产生污染。良好的厨房通风系统能及时将燃烧生成物和烹饪油烟排至室外，以避免扩散到室内其他空间，污染室内空气环境。选择质量好的厨房灶具，对其及时清理，都能提高燃料的燃烧效率，从而降低有害物的产生。新近开发研制的一些灶具能有效降低氮氧化合物的排放。厨房通风设施所采用的脱排油烟机和换气扇，应采用流量大、吸力强的产品，灶具一旦使用，就应立刻开启使用，在燃烧结束后，再让其运行10min，以最大限度地减少污染。平时注意及时清洗脱排油烟机和换气扇，以保证其正常运行。

3. 良好的室内活动和化工产品的慎用

人的某些不良嗜好是影响室内空气质量的重要因素，比如吸烟。主动吸烟或被动吸烟对室内空气的污染和对人体健康的影响已为人们所知。有人吸烟的房间，空气质量不易得到保证，为保证室内空气质量，室内应禁烟。公共场所应设立吸烟区，家庭居室内吸烟，应在厨房通风设备处。

此外，由于人体本身就是污染源之一，人体排出新陈代谢废弃物主要是通过呼吸、汗液、大小便等方式。人体呼吸排出的有害物有149种，主要有二氧化碳、一氧化碳、甲醇、苯、甲苯、苯胺、二硫化碳、二甲胺、硫化氢、砷化氢等，汗液中有151种有害物，而且人体排泄物还会造成异味。人体运动强度越大，新陈代谢速率就越快，呼吸及汗液排放量就越大，此时有害物的排放也会增加，所以应尽量避免在室内做剧烈运动。呼吸道传染病患者通过说话、咳嗽、打喷嚏等活动，能将病原微生物通过飞沫传播给他人，采用适当的方式将他们隔离，能减少疾病的传播。

化妆品、空气清新剂、杀虫剂、清洗剂、地板蜡等室内化工用品，含有对人体有害的化学成分，因此，尽量减少在室内使用这些化工用品，有助于室内空气质量的改善。

4. 正确选择建筑物的基地

建筑物在建造前，应了解该处地面和地基的污染情况，应避免建筑物建在已受污染的地面和地基上。我国北方某地的一处居住区，居民癌症的发病率特别高，后经调查发现，该处原是一化工厂所在地，该厂设备比较简陋，经常发生跑冒滴漏现象，严重污染了该地的地面和地基，造成了迁入居民的癌症高发。

有些地区是放射性物质的高本底地区，在这些地区的建筑物内，很容易渗入氡，引起室内放射性污染，因此要注意对底层房间建筑构造的密封，对各种管线的孔洞也要及时封堵。我国部分城市地铁的氡浓度控制较好，是与地铁内墙铺有质密材料分不开的。

3.3.2 化学和生物控制方法

化学控制方法主要是向空气中或含污染物的材料喷洒某种化合物，它能与某种有害气体产生化学反应，从而达到消除该有害物的目的。使用该方法要注意以下4方面的问题：①当有害气体种类很多时，一种消除剂也只能与其中一种或几种有害气体发生反应；②喷洒后虽能降低有害气体浓度，当时间一长，污染物可能又会释放到空气中；③消除剂本身是否会成为新的污染源；④消除剂与有害气体反应以后的生成物是否也会引起新的二次污染。因此，对该方法的使用还应谨慎。

生物控制方法是利用植物净化室内空气。植物进行光合作用需要吸收大量的CO_2，同时它能释放出大量的O_2，所以植物能使室内空气中的CO_2和O_2相对平衡稳定。一些植物能靠叶子的细微舒张来吸收室内的有害气体。万寿菊、珊瑚花能吸收氟化物；米兰、海桐能吸收SO_2；吊兰、芦荟、非洲菊、金绿萝能吸收CO和甲醛；常春藤、铁树、菊花等能分解二甲苯及甲醛；铁树、雏菊、万年青可以消除由复印机、激光打印机释放的三氯乙烯；红鹳花能吸收二甲苯、甲苯和氨；月季、蔷薇能吸收硫化氢、苯酚、乙醚等有害气体。特别是一些叶片硕大的观叶植物，如一叶兰、龟背竹、绿萝、虎尾兰、发财树、蔓绿绒等能吸收的有害气体更多。据美国景观设计者协会的专家测试，金边虎尾兰的每个叶片，平均在24h里可吸收甲醛30mg。如果在一间30m^2的房间里摆放6盆金边虎尾兰，5天内就能使室内甲醛消失。在24h照明的条件下，芦荟能消除1m^3空气中所含的90%的甲醛，常青藤能消除90%的苯，龙舌兰能消除70%的苯、50%的甲醛和24%的三氯乙烯，垂挂兰能消除96%的CO、86%的甲醛。向日葵吸收NO_2的能力达29mg/m^3，樱树为190mg/m^3。桉树、天门冬、大戟、仙人掌、吊兰能杀死病菌，天门冬还可清除重金属微粒。当然，不是每种植物都能消除有害气体，即使具有消除有害气体的植物也有其不足的一面。如松柏类分泌脂类物质，闻久了会引起食欲下降、恶心；玉丁香发出的气味会引起人气喘烦闷；丁香、夜来香等在进行光合作用时，大量消耗氧气，影响人体健康；夜来香在夜间停止光合作用时，排出大量废气，会使高血压和心脏病患者感到郁闷。

植物还能截留空气中的飘尘，减小室内空气的飘尘含量。植物的芳香还可以调节人的神经系统，可使人精神愉快，有发奋工作的欲望。有些植物还具有驱蚊除蝇、杀菌抑菌的作用。植物的自然状态，使居室环境更具生命力，充满生活情趣。总之，利用植物净化室内空气既简单实用，又能美化环境，值得研究。

3.3.3 空气净化设备

1. 纤维类空气过滤器

在空调系统中，一般采用空气过滤器来除去空气中的微小尘粒，以减小室内可吸入颗粒物的浓度。**空气过滤器**主要是通过过滤材料滤去微小尘粒，其工作原理主要有：拦截效应（当某一粒径的粒子运动到纤维表面附近时，会被滤料纤维拦截而沉积下来）、惯性效应（当尘粒质量较大或速度较大时，由于惯性而碰撞在纤维表面而沉积下来）、扩散效应（小粒径的粒子布朗运动容易碰撞到纤维表面上）、重力效应（尘粒通过纤维层时，因重力沉降而沉积在纤维上）、静电效应（纤维或尘粒可能带有异性电荷，从而产生吸引力而将尘粒吸附到纤维表面上）。

根据空气过滤器能滤去的尘粒大小不同，一般将空气过滤器分为：粗效空气过滤器、中效空气过滤器、高效空气过滤器。**粗效空气过滤器**适用于一般的空调系统（如家用空调），只能除去空气中比较大的颗粒（过滤≥5μm 的尘粒）。**中效空气过滤器**（过滤≥1μm 的尘粒）适用于有一定洁净度要求的空调系统，一般民用建筑的集中式空调系统大都采用此类过滤器，一般中效过滤器前采用粗效过滤器，以保护中效过滤器。对于某些有较高的洁净度要求的建筑，除了前面两道过滤器外，在送风口处，再设**高效空气过滤器**（过滤≥0.3μm 的尘粒）。

过滤材料大多采用化纤无纺布滤料，高效空气过滤材料多数采用聚丙烯超细纤维滤料和超细玻璃纤维滤料。

2. 活性炭和二氧化钛空气过滤器

空气净化的方法有很多。一般意义上的空气过滤器无消除有害气体能力，仅具有过滤空气中尘粒的作用。只有用特殊过滤材料制成的空气过滤器或空气净化器才具有消除有害气体的作用。目前常用的具有净化空气功能的过滤材料有：活性炭过滤材料和纳米二氧化钛光催化材料。

（1）**活性炭过滤材料** 它是利用微孔活性炭的吸附作用，能吸附空气中的有害气体及异味。它对消除大分子量的气体效果较好，如苯、甲苯、二甲苯等，而对清除甲醛、乙烯等小分子量的气体效果较差。对于经过一些特殊处理的活性炭过滤材料，净化含二氧化硫、氮氧化合物等的空气则有较好的效果。活性炭过滤材料存在的主要问题是其使用寿命有限，再生不经济或无法再生。

（2）**纳米二氧化钛（TiO_2）光催化材料** 所谓**催化材料**就是指可用于降低化学反应所需能量，促使化学反应加快速度，但其本身却不因化学反应而产生变化的材料。所谓**光催化材料**是指以光作为化学反应的能源，在光照作用下才能发生催化作用的材料。1972 年

Fujishima和Honda首次报道了受辐照的二氧化钛（TiO_2）电极可使水催化分解成氢和氧，从此以TiO_2为代表的光催化材料的应用研究十分活跃。虽然最初的研究目的在于通过该催化反应将太阳能转化为化学能，然而其后的研究却发现了它在降解有机污染物方面有极强的能力，它能将难降解的有机污染物降解为CO_2、H_2O和其他的无机离子，还能降解一些无机污染物。目前在环境保护领域中，它不仅应用于工业废水处理，还能应用于空气净化，近年来发现它还有抗菌、抗病毒的特性。

根据半导体能带理论，半导体的能带结构通常是由高能导带（Conduction Band，CB）和低能价带（Valence Band，VB）组成，它们之间由禁带分开。当用能量大于等于禁带宽度的光照射半导体时（TiO_2光催化照射的最大波长为387.5nm），价带上的电子（e^-）受到激发跃迁至导带，在价带上产生相应的空穴（h^+），形成电子（e^-）/空穴（h^+）对。TiO_2表面吸附的OH^-（氢氧根离子）基团，将空穴（h^+）俘获后产生氢氧游离基·OH，研究表明，·OH是光催化反应中主要的氧化剂，它无论在吸附相还是在溶液相都能引起氧化反应。电子（e^-）的俘获剂主要是吸附于TiO_2表面的氧，它既能抑制电子（e^-）和空穴（h^+）的复合（复合会降低光催化活性），又能在俘获电子（e^-）后产生负氧离子O_2^-，负氧离子O_2^-经质子化作用后成为·OH的又一来源。当TiO_2表面主要吸附物为有机物时，空穴也可直接氧化有机物。·OH具有很强的氧化分解能力，它可以分解或降解几乎所有的有机化合物和一部分的无机物，将它们分解成无毒的CO_2、H_2O和其他的无机离子，或将高分子化合物降解为小分子化合物，以减弱空气污染。同时它可以破坏细菌的细胞膜，固化病毒的蛋白质，使病原微生物死亡，在杀菌的同时分解细菌尸体上释放出的有害物，具有杀菌、防霉作用。

TiO_2有三种晶型：锐钛矿型、金红石型和板钛型，其中锐钛矿型光催化活性最高。纳米级（≤100nm）的锐钛矿型TiO_2的光催化活性明显强于传统的钛白粉（TiO_2），这是由纳米材料所具有的奇异特性所决定的。**纳米材料**会呈现出一系列与宏观物体截然不同的反常特性，称之为量子尺寸效应。纳米TiO_2所具有的量子尺寸效应使其导带和价带分立，禁带宽度（带隙）变宽，导带电位更负，价带电位更正，这就使纳米TiO_2材料具有更强的氧化能力。同时纳米TiO_2具有更高的比表面积，TiO_2晶粒尺寸减小后光生载流子迁移到晶粒表面的时间大大缩短，提高了光生电子（e^-）和光生空穴（h^+）的产生效率，从而大大提高了光催化活性。

TiO_2作为催化剂本身并不直接参与氧化还原的反应，而只是扮演发生光催化反应的所需媒介，所以以TiO_2为代表的光催化材料又称**光触媒**。也正是由于这个原因，TiO_2本身的净化能力并不随时间而消耗、衰减。

一般的建筑材料、装饰材料及家庭所用的化学品等会释放出种类繁多的挥发性有机和无机化合物，如苯、甲醛、丙酮、氨、二氧化氮、硫化氢等。这些有害气体，绝大多数经过TiO_2的光催化作用，可被完全分解破坏。如果将TiO_2光催化材料用在空调系统的空气过滤器上或者是房间的空气净化器上，就能有效降解室内的有害气体，提高室内空气品质[26]。近年来，已有不少由TiO_2催化材料制成的空气净化器产品问世。用含有纳米TiO_2催化材料的涂料粉刷外墙或室内墙壁，也能净化大气和室内空气环境。有纳米TiO_2涂层的玻璃、瓷砖、地砖或墙砖，不但具有净化空气、抗菌抗病毒的作用，而且还具有良好的自洁性。

以纳米 TiO_2 为代表的光催化材料具有化学性质稳定，在常温、常压下就能进行化学反应，操作简单，对人体和环境无害，且能耗低（可利用太阳能），无二次污染，作用持久等特点，这使得它在环境保护领域的应用日益受到重视。在暖通空调领域，纳米 TiO_2 催化材料的净化空气、杀菌、除臭、防污、防霉等功能正不断地被研究开发，相信它在改善室内空气品质上定会起到越来越大的作用。

3. 等离子空气净化器和臭氧发生器

(1) **等离子空气净化器** 等离子体是由电子、离子、自由基和中性粒子组成的导电性流体，是物质除了气、液、固之外的第四态。其内部同时存在较高浓度（>1%）的正离子和负离子，因而外观表现为电中性。等离子体具有一些独特的性质，在环境保护方面具有较广泛的应用。

当气体分子在电场中被加速获能时，电子与原子间的非弹性碰撞将导致电离而产生离子和电子，当气体的电离率足够大时，中性粒子的物理性质开始退居次要地位。整个系统受带电粒子的支配，此时电离的气体即为等离子体。根据温度和内部的热力学平衡性，可将等离子体分为热力学平衡态（高温）等离子体和热力学非平衡态（低温）等离子体。在热力学平衡态等离子体内，电子温度与离子温度相同，属于一个处于热力学平衡态的整体，体系温度非常高，因此又称为高温等离子体。

非平衡态等离子体内部的电子温度远远高于离子温度（电子温度可高达 104K，而离子温度一般只有 300~500K），系统处于热力学非平衡态，其表观温度较低，所以又被称为低温等离子体。一般用于净化室内环境的大都为低温等离子体。等离子体最基本的特性在于具有极高的电子温度，可导致气态物质的励磁、离子化和裂解。在气体裂解中会产生大量激发态粒子，这些粒子具有较高的活性，所具有的能量足以打断大多数物质的化学键，可以将有机或无机污染物转化成毒性较小的氧化物。此外，这些高活性粒子在离子的碰撞动能作用下，很容易在较低温度下生成一些环境亲和性较好的物质。

等离子体常用制备方法有气体放电法（在电场作用下气体被击穿的物理现象称之为气体放电）、射线辐照法（利用各种射线或粒子束辐照使气体电离产生等离子体，如 α、β、γ、X 射线等）、光电离法（当入射光子的能量大于某种原子或分子的电离能时便能发生光电离），此外还有热电离法和激光等离子体法等。

等离子体可以用于大气污染控制（如脱硫脱硝、汽车尾气治理、VOCs 治理、粉尘飘尘净化等）、水污染治理、固体废弃物处理（主要指垃圾焚烧后的灰尘处理及污水污泥处理）等方面，当然也可以用来净化室内空气。等离子体对 CO、NO_x、SO_2、VOCs、甲醛、可吸入颗粒物、臭味及微生物等室内常见的空气污染物均有较好的处理效果。利用低温等离子体在处理可吸入颗粒物时，主要是聚集的方式，其处理机理是通过电晕放电产生的非平衡等离子体，其中的电子和离子与污染气体中的颗粒物相互碰撞并附着在这些颗粒物上，使之成为带电粒子，进而被集尘极所收集。对于臭味和微生物主要是氧化降解臭味分子，同时等离子体对微生物能使其失去活性。

低温等离子体净化室内空气能耗及费用不高，处理后的生成物为 CO_2、H_2O 和较大颗粒的飘尘，但如果控制不当，会有极少量的臭氧产生，总体来看生成物相对无害。低温等离子体净化室内空气目前比较受到关注的是与其他处理方式耦合的研究，如低温等离子体与静电收集器的耦合、低温等离子体与纳米 TiO_2 光催化的耦合等，研究表明经过耦合后的空气净化效果有较大的提高。

(2) **臭氧发生器** 臭氧发生器中臭氧是通过化学法、电解法、紫外光法、无声放电法等方法制备而成。它是一种对空气中的微生物具有很强的杀灭作用的强氧化性气体，可杀灭细菌繁殖体和芽孢、病毒、真菌，并可破坏肉毒杆菌毒素。臭氧空气净化器对室内空气中的有害气体甲醛、苯也有一定的净化作用，臭氧可以氧化有机物、橡胶、塑料制品以及电子元件，如前所述臭氧对人体有一定危害，因此，它的应用受到一定的限制。

3.4 通风换气控制方法

通风换气能稀释和排除室内空气污染物，它是目前减少室内空气污染物浓度、提高室内空气品质的有效方法和主要途径之一。

就通风范围而言可分为全面通风和局部通风。图3-1所示为三种典型的**全面通风**系统，它们采用全面机械送风与自然排风、全面机械排风与自然进风，以及送排（回）风均采用机械方式对整个建筑空间进行通风换气，用新鲜空气把室内有害气体浓度稀释到允许浓度以下。**局部通风**如图3-2a所示，利用局部气流，把污染源附近的空气排出室内，有效防止污染物在室内扩散，家庭用的脱排油烟机就是典型的局部通风装置，另一种局部通风如图3-2b所示，它是通过局部送风在污染空间内造成局部净化的方式保护人体安全。全面通风所需风量较大。其相应设备的容量和体积也会较大。局部通风装置风量小，效果好，在有集中污染源的场合应优先考虑采用。

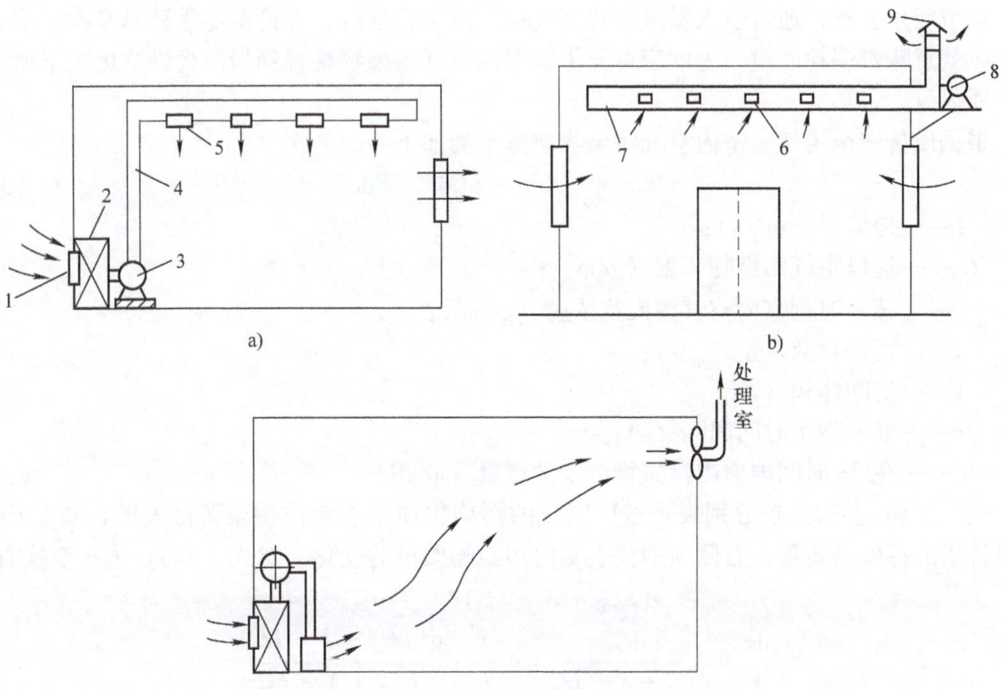

图3-1 三种典型的全面通风系统

a）全面机械送风（自然排风） b）全面机械排风（自然送风） c）全面通风

1—进风口 2—空气处理设备 3—送风机 4—送风道 5—送风口 6—排风口 7—排风道 8—排风机 9—避风风帽

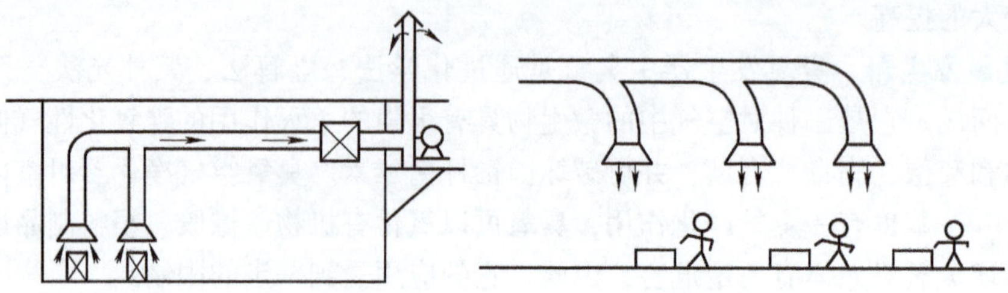

图 3-2 局部通风

a）局部排风系统示意图 b）局部送风系统示意图

通风按空气流动动力不同可分为自然通风和机械通风。**自然通风**是利用空气的风压和热压进行通风，它无需耗用能量、系统简单、通风效果好，但也受到室外气象条件、建筑结构和布局的制约，如高层建筑就很难开窗来利用自然通风。在利用自然通风时，还需要注意避免将室外污染空气引入室内，从而加剧室内空气污染，同时还要注意城市涡流风对自然通风的影响。尽管如此，自然通风仍被广泛地应用于工业与民用建筑的通风中。**机械通风**是利用风机进行强制性通风，可分为有管道通风和无管道通风，其特点是不受室外气象条件、建筑结构和布局的制约。

3.4.1 通风稀释方程与通风量的确定

1. **通风稀释方程**

从节能角度看，通过引入新风稀释室内空气污染物浓度，无论是冬季还是夏季，引入室外新风就意味着多耗能量，为此应首先了解室内空气污染物稀释到最高允许浓度之下所需的最小通风量。

根据质量守恒定律，室内空气污染物质量平衡如下

$$LC_0\mathrm{d}\tau + X\mathrm{d}\tau - LC\mathrm{d}\tau = V\mathrm{d}C \tag{3-5}$$

式中 L——通风量（m^3/s）；

C_0——送风空气污染物浓度（g/m^3）；

C——某一时刻室内空气污染物浓度（g/m^3）；

X——污染物散发量（g/s）；

V——房间体积（m^3）；

$\mathrm{d}\tau$——某一微小时间间隔（s）；

$\mathrm{d}C$——在 $\mathrm{d}\tau$ 时间内室内污染物浓度的增量（g/m^3）。

式（3-5）左边三项分别表示送风空气的污染物质量、室内污染源散发的污染物质量、通风排出的污染物质量，右侧项则代表室内污染物质量的变化。对式（3-5）进行变换有

$$(LC_0 + X - LC)\mathrm{d}\tau = V\mathrm{d}C$$

$$\frac{\mathrm{d}\tau}{V} = \frac{\mathrm{d}C}{LC_0 + X - LC} = -\frac{1}{L}\cdot\frac{\mathrm{d}(LC_0 + X - LC)}{LC_0 + X - LC}$$

当室内空气中污染物浓度在时间 τ 内从 C_1 变化至 C_τ，由上式积分可得

$$\frac{\tau L}{V} = \ln\frac{LC_1 - X - LC_0}{LC_\tau - X - LC_0}$$

即
$$\frac{LC_1 - X - LC_0}{LC_\tau - X - LC_0} = \exp\left(\frac{\tau L}{V}\right) \tag{3-6}$$

将 $\exp\left(\frac{\tau L}{V}\right)$ 用级数展开，当 $\frac{\tau L}{V}<1$ 时，级数收敛，近似取级数前两项 $1+\frac{\tau L}{V}$，可得

$$L = \frac{X}{C_\tau - C_0} - \frac{V}{\tau} \cdot \frac{C_\tau - C_1}{C_\tau - C_0} \tag{3-7}$$

式（3-7）便是通风稀释方程，它反映了室内某一时刻污染物浓度与通风时间和通风量的关系，通过该式可以求出在规定时间内，达到所要求的污染物浓度所需要的通风量，也可以求得在一定的通风量下，达到所要求的污染物浓度所需要的时间。

当通风时间 $\tau\rightarrow\infty$ 时，室内污染物散发量 X 和通风量 L 保持不变，这时室内空气污染物浓度将趋于稳定，令此时 $C_\tau=C_2$，由式（3-6）可得

$$LC_2-X-LC_0=0$$

则
$$L=\frac{X}{C_2-C_0} \tag{3-8}$$

式（3-8）即为稳定状况下室内通风量计算式。当室内允许浓度为 C_y，即 $C_2=C_y$，室外空气污染物浓度为 C_0 时，按式（3-8）计算所得风量就是利用室外空气通风换气稀释室内污染物至允许浓度的**必要通风量**。

由于室内污染物一般都不止一种，而通风能同时稀释各种污染物，因此，应分别计算稀释各污染物至允许浓度所需的必要通风量，然后取其最大值作为房间通风量。对于同类污染物应采用它们各自必要通风量的叠加值参与确定最大风量的计算。对于会发生化学反应的不同污染物，则以最后生成的污染物所需的通风量为依据。

2. 必要通风量的确定

（1）以室内 CO_2 允许浓度为标准的通风量　当室内人员过多、活动量较大或通风不良时，室内 CO_2 浓度就会上升，同时人体排出的各种气体污染物浓度也相应升高。室内空气 CO_2 浓度在某种程度上反映了室内空气质量及通风换气的状况。因此，CO_2 常作为室内空气状况的评价指标之一，《室内空气质量标准》（GB/T 18883—2002）规定 CO_2 含量的限值为 0.1%（体积分数）。

室内人体、香烟、燃烧设备主要污染物发生量可参考表3-22。

表3-22　室内人体、香烟、燃烧设备主要污染物发生量[27]

发生源	污染物	发生量			
人体	活动状态	静坐	事务性轻工作	漫步行走	急步行走
	粉尘	1~2mg/h	10mg/h	20mg/h	30mg/h
	CO_2	15L/h	20L/h	23L/h	42L/h
	O_2 消费量	17L/h	20L/h	25L/h	40L/h
	体臭	与人种及性别有关，发生量可认为与不同状态下 CO_2 发生量成比例			
香烟	吸烟量	居住房间可根据吸烟情况确定，会议室等可按 0.5 根/(人·h) 确定			
	粉尘	因香烟种类而不同，约 10mg/根（每根香烟取 1/2 长）			
	CO_2	因香烟种类而不同，约 2L/根			
	CO	因香烟种类而不同，约 50mg/根（每根香烟取 1/2 长）			
	NO_x	因香烟种类而不同，约 0.1mL/根（每根香烟取 1/2 长）			

（续）

发生源	污染物	发生量		
燃烧设备（每1kJ发热量）	燃烧种类	城市煤气	液化气	煤油
	CO_2	26mL	31mL	36mL
	CO①	0.12~0.25mL	0.15~0.3mL	0.17~1.35mL
	H_2O（水蒸气）	38mg	34mg	26mg
	NO_2	0.4mL	0.5mL	6mL
	NO	0.03mL	0.04mL	9mL
	臭气	几乎没有	几乎没有	点火熄火时有少量
	O_2 消费量	0.043L	0.051L	0.052L

① 此值仅对一般灶炉而言，比火炉的情况要小得多。

对稀释室内 CO_2 所必需的通风量计算可根据式（3-8）进行

$$L=\frac{X}{C_2-C_0}$$

对于办公室，取室外空气 $C_0=0.3\text{L/m}^3$，室内允许浓度 $C_2=C_y=0.1\%=1\text{L/m}^3$，并取表3-22中事务性轻工作 $X=20\text{L/(h·人)}=5.55\times10^{-3}\text{L/(s·人)}$，得到房间内稀释一个人产生的 CO_2 所需必要通风量为

$$L=\frac{5.55\times10^{-3}}{1-0.3}=7.93\times10^{-3}\text{m}^3/(\text{s·人})=28.5\text{m}^3/(\text{h·人})$$

上述计算结果与《室内空气质量标准》中规定的每人所需新风量 $30\text{m}^3/\text{h}$ 是一致的。

当室内有燃烧设备时，室内 CO_2 发生量除了考虑人体发生量外，还应考虑燃烧设备燃烧时 CO_2 的发生量，即将室内所有 CO_2 发生量叠加后，利用式（3-8）计算房间排出 CO_2 所需通风量。

（2）以稀释臭气为标准的通风量　室内的臭气主要来源于建筑装饰、抽烟、厨房、卫生间等，而人体自身的汗液、呼吸及各种有机排泄物和微生物分解所产生的气味也是室内臭气的一个重要来源。为评价室内臭气强度，亚格隆（C. P. Yaglou）制定了**臭气强度指数**（表3-23）。到目前为止，对臭气强度的评价还只能通过合格的监测人员的嗅觉进行判断。

表3-23　臭气强度指数[28]

臭气强度指数	定　义	说　明	臭气强度指数	定　义	说　明
0	—	完全感觉不出	3	强	不快感
0.5	可感觉临界值	极微，经训练的人才嗅得出	4	很强	强烈的不快感
1	明确	一般人可感觉出，无不适感	5	极强	令人作呕
2	中	稍有不适			

研究表明，由人体引起的臭气强度与人员活动强度、人均所占房间空间、人的年龄与性别、人种等有关。

室内通过通风稀释臭气，其臭气强度指数一般控制在2以内。亚格隆（C. P. Yaglou）针对人体引起的室内臭气，按进入室内人员为成人和少年，分别测定了使室内达到臭气强度指数2所需的通风量（表3-24）。实验采取预先让一些人在实验房内，实验过程中再让另一

些人进入实验房，通过不断调节通风换气量，记下室内人员和刚进入室内的人员，在臭气强度指数为2时的通风换气量。由于嗅觉容易疲劳，会随着时间推移对气味的敏感度下降，因此滞留室内人员评定臭气强度指数为2的通风量要比进入室内人员小。

表3-24 达到臭气强度指数2所需的通风量[28]

<table>
<tr><th colspan="2">设备情况</th><th>室内人员</th><th>人均房间容积/m^3</th><th>进室人员判断的必要通风量/[m^3/(h·人)]</th></tr>
<tr><td colspan="2" rowspan="4">无空调</td><td rowspan="4">静坐的成人/少年</td><td>2.8</td><td>42.5/49.2</td></tr>
<tr><td>5.7</td><td>27.0/35.7</td></tr>
<tr><td>8.5</td><td>20.4/28.8</td></tr>
<tr><td>14.0</td><td>12.0/18.6</td></tr>
<tr><td rowspan="2">有空调</td><td>冬季</td><td rowspan="2">静坐的成人</td><td>5.7</td><td>20.4</td></tr>
<tr><td>夏季</td><td>5.7</td><td><6.8</td></tr>
</table>

(3) 以其他标准确定的通风量　为满足空气品质所需的必要通风量，除了考虑上述CO_2、臭气污染物外，室内常见的其他污染物还有烟气污染物、燃烧产生的颗粒污染物等，此外还应考虑为满足人员呼吸所需氧量的通风量。

香烟烟气成分十分复杂，根据亚格隆（C. P. Yaglou）的实验研究结果，当控制吸烟场所臭气强度指数为2时，$1m^3$的空气中吸烟所散发的污染物只能控制在35.3mg以下，因此当每小时吸烟散发的污染物浓度为M（mg/h），则满足臭气强度指数为2时的通风量为

$$L=\frac{M}{35.3} \tag{3-9}$$

根据表3-8所提供的一支香烟燃烧所散发的最大烟气含量约为750mg（含主流烟气和二次烟气）计算，稀释一支烟的烟气所需要的风量约为$21m^3$，因此吸烟房间可根据室内实际单位时间内的抽烟情况确定房间所需通风量。

当室内臭气强度指数控制为1时，$1m^3$的空气中吸烟所散发的污染物则必须控制在17.7mg以下，按上述方法，可确定满足室内臭气强度指数为1时所需的必要通风量。

室内人员呼吸所需新风量可按室内空气标准含氧量计算获得，采用式（3-8）。室内允许含氧量一般按$C_2=C_y=19\%=0.19\times10^6 mL/m^3$，$C_0=0.21\times10^6 mL/m^3$，轻体力工作时，耗氧量为$X=-20\times10^6 mL/h$，由此计算获得每人所需新风量为$1m^3/h$，一般通风均能满足，因此，计算通风量时一般不予考虑。

如果室内还含有某种特殊的污染物时，则可按上述方法，计算出稀释这种污染物浓度所需的必要通风量。

(4) ASHRAE标准　上述通风量标准均以人作为室内唯一的污染源加以考虑，事实上，现代建筑由于推崇和强化室内装修，建筑装饰材料散发的大量污染物某种程度上比人员引起的污染更为严重，特别是对那些空旷、人员稀少的建筑，如图书馆、车库等。因此，简单地仅考虑以人为唯一指标的通风量计算方式已难以适应需要。

ASHRAE 62.1—2007《满足可接受的室内空气品质的通风标准》中提出了一个将人和建筑装修两个因素同时考虑的新的通风量计算标准（非自然通风条件下）

$$L_{f,\min}=L_pP+L_bA \tag{3-10}$$

式中　$L_{f,\min}$——最小新风量（m^3/h）；

L_P——每人每小时所需的新风量 [$m^3/(人 \cdot h)$];

P——室内人数;

L_b——单位建筑面积每小时所需的新风量，见表 3-25 [$m^3/(m^2 \cdot h)$];

A——通风房间建筑面积 (m^2)。

表 3-25 所示同时考虑了人员卫生所需新风量和建筑所需新风量以确定建筑最小新风量。它比单纯考虑人员因素的新风量要大些，空调系统所需能耗也将有所增加。

表 3-25 非自然通风条件下新风量标准[29]

场所	新风量		场所	新风量	
	L_P/[$m^3/(人 \cdot h)$]	L_b/[$m^3/(m^2 \cdot h)$]		L_P/[$m^3/(人 \cdot h)$]	L_b/[$m^3/(m^2 \cdot h)$]
办公空间	9	1.08	住宅单元	9	1.08
接待区	9	1.08	住宅公共走廊	—	1.08
电话/数据录入室	9	1.08	一般销售场所	13.7	2.16
大门大厅	9	1.08	商场公共区域	13.7	1.08
银行保险库/保险箱	9	1.08	理发店	13.7	1.08
计算机室(无打印)	9	1.08	美容美甲	36	2.16
电子设备室	—	1.08	宠物商店(动物居住区)	13.7	3.24
收发区	—	2.16	超市	13.7	1.08
药房(配置区)	9	3.24	投币式洗衣店	13.7	1.08
照相馆	9	2.16	运动场(运动区)	—	5.4
交通等候区	13.7	1.08	健身房、体育馆(运动区)	—	5.4
仓库	—	1.08	体育场所观众区	13.7	1.08
宗教场所	9	1.08	游泳馆(泳池和甲板)	—	8.64
礼堂座位区	9	1.08	迪斯科/舞池	—	1.08
法庭	9	1.08	健康俱乐部/健美操室	36	1.08
议院	9	1.08	赌场	13.7	3.24
图书馆	9	2.16	游戏厅	13.7	3.24
公共大厅	9	1.08	舞台、演播室	18	1.08
博物馆、美术馆	13.7	1.08			

(5) 消除余热和余湿所需要的通风量 在室内有散热和散湿的情况下，为消除余热或余湿所需的通风量可按下式计算。

消除余热所需的通风量

$$G=\frac{Q}{c(t_n-t_w)} \tag{3-11}$$

式中 G——消除余热所需的通风量 (kg/s);

Q——室内余热量 (kW);

c——空气质量热容[$kJ/(kg \cdot ℃)$];

t_n——室内空气温度（℃）；

t_w——室外空气温度（℃）。

消除余湿所需的通风量

$$G=\frac{W}{d_n-d_w} \tag{3-12}$$

式中 W——室内余湿量（g/s）；

d_n——室内空气含湿量（g/kg）；

d_w——室外空气含湿量（g/kg）。

（6）空调系统的新风量 上述计算所得通风量仅为非空调房间的通风量，即送入房间的空气均未经任何处理，而且全部为室外空气。

对空调系统，一般采用部分室内回风与室外新风混合后再经处理送入的方式，如图3-3所示。为此，**空调系统新风量**确定的依据有以下二条：

1）新风量应能补偿局部排风和维持室内正压两者之和的要求。

2）综合考虑人员污染和建筑污染的每人每小时新风量。

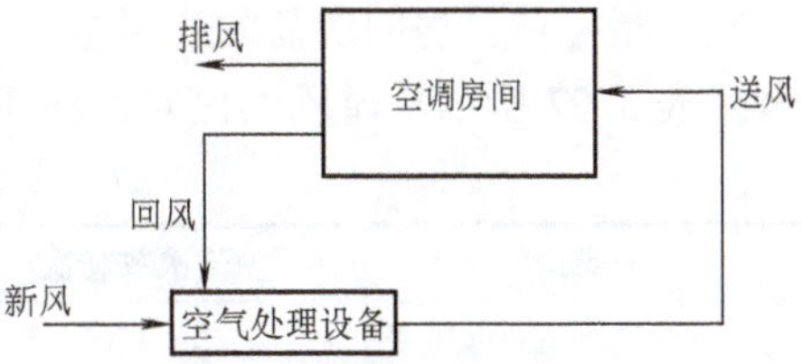

图3-3 空调系统示意图

空调系统设计新风量应取上述二者中的最大值。《民用建筑供暖通风与空气调节设计规范》（GB 50736—2012）对不同建筑类型提供了不同方法确定最小卫生新风量。表3-26中除了居住建筑和医院建筑采用新风换气次数外，其余建筑则采用人均最小新风量。由于居住建筑和医院建筑的建筑污染部分比重要高于人员污染部分，因此以换气次数表示最小新风量。

表3-26 民用建筑最小新风量（GB 50736—2012）

建筑类型		新风量/[m^3/(h·人)]	高密度人群 P_F/(人/m^2) 建筑类型	新风量/[m^3/(h·人)]		
				$P_F \leqslant 0.4$	$0.4<P_F \leqslant 1.0$	$P_F>1.0$
公共建筑	办公室	30	商场、超市	19	16	15
	客房	30	博物馆、展览厅	19	16	15
	大堂、四季厅	10	公共交通等候室	19	16	15
居住建筑	人员密度 P_F/(人/m^2)	新风换气次数/(次/h)	影剧院、音乐厅、大会厅、多功能厅、会议室	14	12	11
	$P_F<0.02$	0.45	歌厅	23	20	19
	$0.02 \leqslant P_F<0.05$	0.50	酒吧、咖啡厅	30	25	23
	$0.05 \leqslant P_F<0.1$	0.60	宴会厅、餐厅	30	25	23
	$P_F \geqslant 0.1$	0.70	游艺厅、保龄球馆	30	25	23
医院建筑	门诊室	2	体育馆	19	16	15
	急诊室	2	健身房	40	38	37
	配药间	5	教室	28	24	22
	放射室	2	图书馆	20	17	16
	病房	2	幼儿园	30	25	23

3. 换气次数

在设计通风空调系统时，常用换气次数作为衡量房间通风状况的一个指标。换气次数 N 是每小时的通风量与房间体积之比，可用下式来表示

$$N=\frac{L}{V} \tag{3-13}$$

式中 N——换气次数（次/h）；

L——通风量（m^3/h）；

V——房间体积（m^3）。

由式（3-13）可以看出，换气次数 N 的物理意义为，理论上房间在1h内空气更换了 N 次。一般来说，房间空气质量或空调精度要求高的场合，就需要大换气次数。工程上常采用换气次数指标估算房间所需的通风量，即根据房间体积与换气次数指标的乘积获得房间的通风量。表3-27所示是通风工程典型房间的换气次数指标。

表3-27 典型房间通风换气次数指标[30]

房间类型	换气次数/(次/h)	房间类型	换气次数/(次/h)
住宅、宿舍的卧室及起居室	1.0	变电室	10.0
厨房	3.0	蓄电池室	12.0
卫生间	1.0~3.0	制冷空调机房	5.0
盥洗室	0.5~1.0	汽车库（停车场）	2.0
学校教室	1.0~1.5	汽车修理间	3.0
学校厕所	5.0	地下停车库	进气：4~5，排气5~6

3.4.2 自然通风原理

自然通风是指利用自然手段（热压、风压等）来促进室内空气流动而进行的通风方式。这种通风方式的最大优点是无需耗用能量，系统简单，容易实现。虽受到室外气象条件、建筑结构和布局的制约，不易人为控制，但由于上述优点，仍被广泛地应用于工业与民用建筑的通风中。

空气流过窗孔，相当于流过一个局部构件，两侧压降即局部阻力损失 Δp 可用下式表示

$$\Delta p=\xi\frac{\rho v^2}{2} \tag{3-14}$$

式中 Δp——局部阻力损失（Pa）；

v——空气流过窗孔的流速（m/s）；

ρ——空气密度（kg/m^3）；

ξ——窗孔局部阻力系数。

变换式（3-14）有

$$v=\sqrt{\frac{2\Delta p}{\xi\rho}}=\mu\sqrt{\frac{2\Delta p}{\rho}} \tag{3-15}$$

式中 μ——窗孔流量系数，$\mu=\sqrt{1/\xi}$，其大小与窗孔结构有关。μ 越大，通过窗孔的阻力就越小。

由此可得通过窗孔的空气体积流量 L（m^3/s）和质量流量 G（kg/s）分别为

$$L=vF=\mu F\sqrt{\frac{2\Delta p}{\rho}} \tag{3-16a}$$

$$G=\rho L=\mu F\sqrt{2\rho\Delta p} \tag{3-16b}$$

式中 F——窗孔面积（m^2）。

上式 μF 又称**有效面积**。从上式可以看出，在窗孔面积 F 一定的情况下，通过窗孔的空气流量取决于窗孔两侧的压差 Δp，即取决于窗孔两侧动力源 Δp。自然通风中常见的动力源有热压和风压，下面分别介绍。

1. 热压作用下的自然通风

一建筑物如图3-4所示开设两个不同位置高度的外窗a和b，两者的高度差为 h，假设窗孔外空气静压力为 p_a、p_b，窗孔内静压力为 p'_a、p'_b，室内外空气温度和密度分别为 t_n、ρ_n 和 t_w、ρ_w。

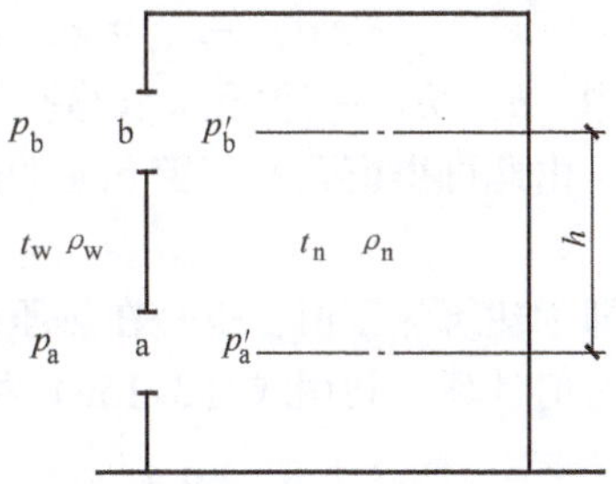

图3-4 热压作用下的自然通风

窗孔a、b内外压差 Δp_a、Δp_b 分别为

$$\Delta p_a=p'_a-p_a \tag{3-17a}$$

$$\Delta p_b=p'_b-p_b \tag{3-17b}$$

根据流体静力学原理

$$p'_b=p'_a-\rho_n gh \tag{3-18a}$$

$$p_b=p_a-\rho_w gh \tag{3-18b}$$

则

$$\Delta p_b=p'_b-p_b=p'_a-\rho_n gh-p_a+\rho_w gh=\Delta p_a+gh(\rho_w-\rho_n) \tag{3-19}$$

假设关闭窗孔b，仅开窗孔a，不管空气在窗孔a如何流动，最终它会趋于停止，即 $\Delta p_a=0$，此时可以发现，只要 $t_w\neq t_n$（即 $\rho_w\neq\rho_n$），窗孔b两侧就会存在压差。将窗孔b打开，如果是 $t_n>t_w$（即 $\rho_n<\rho_w$），则 $\Delta p_b>0$，就会有空气从窗孔b流出。当空气从窗孔b流出后，会造成室内静压下降，Δp_a 就会由0变成小于0（即负压），室外空气就会流入，由此形成了上排下进的自然通风现象。

可以发现，上述自然通风现象的根本动力在于存在 $gh(\rho_w-\rho_n)$，深入分析空气流动的动力，根源主要在于室内外空气存在温差 Δt（即 $\Delta\rho$），为此称 $gh(\rho_w-\rho_n)$ 为**热压**，两窗孔的高度差 h，则是引起上排下进（或 $t_n<t_w$ 时的上进下排）的建筑结构的保证。如果只有一个窗孔，则会出现窗孔上部排风、下部进风的自然通风现象。

为便于后续分析计算，把热压作用下窗孔内外的压差称为该窗孔的**余压**。在仅有热压作用的条件下，如果窗孔的余压为正，则该窗孔排风；如果窗孔的余压为负，则该窗孔进风。这样，离a窗孔 x 处的余压值 Δp_x 应为

$$\Delta p_x=\Delta p_a+gx(\rho_w-\rho_n) \tag{3-20}$$

式中 Δp_x——离a窗孔 x 处的余压值（Pa）；

x——离a窗孔的高度（m）。

如果以窗孔a作为基准，任何窗孔的余压等于窗孔a的余压和该窗孔的热压之和，当室内外空气密度不随高度变化时，余压与高度成正比为线性关系。在热压作用下，余压沿建筑物高度的变化如图3-5所示。余压值从进风窗孔a的负值逐渐增大到排风窗孔b的正值，因此在窗孔a和窗孔b之间，必然存在余压为0的水平面，该水平面称为**中和面**。在中和面

上，室内外压差为0，如果在中和面上开窗孔，则其通过该窗孔的自然通风量为0。

如果以中和面为基准，假定中和面在 x_0 处（即 $\Delta p_{x0}=0$），窗孔a和窗孔b的余压利用式（3-20）和式（3-19）可分别表示为

$$\Delta p_a=\Delta p_{x0}-gh_1(\rho_w-\rho_n)=-gh_1(\rho_w-\rho_n) \tag{3-21a}$$

$$\Delta p_b=\Delta p_a+gh(\rho_w-\rho_n)=-gh_1(\rho_w-\rho_n)+gh(\rho_w-\rho_n)=gh_2(\rho_w-\rho_n) \tag{3-21b}$$

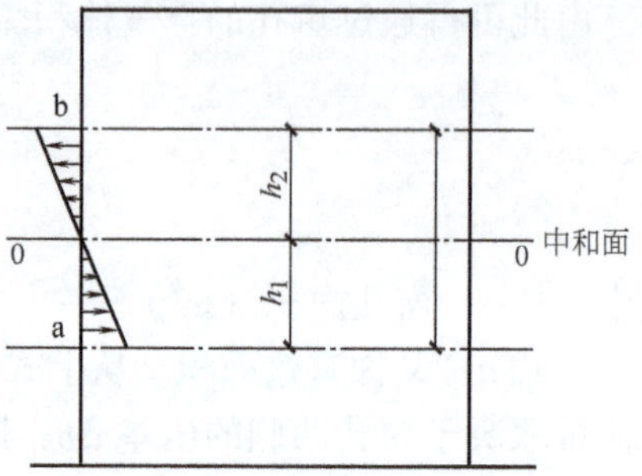

图 3-5 余压沿建筑高度的变化

式中 h_1、h_2——窗孔a和窗孔b距中和面的高度（m），见图3-5。

由此可得窗孔b与窗孔a的热压差 Δp 为

$$\Delta p=\Delta p_b-\Delta p_a=g(h_1+h_2)(\rho_w-\rho_n)=gh(\rho_w-\rho_n) \tag{3-22}$$

此即为建筑热压值，也是在热压作用下自然通风的动力源。考虑余压有正有负的因素，取其绝对值计算，利用式（3-16b）可得通过窗孔a、b的空气流量 G_a（kg/s）、G_b（kg/s）

$$G_a=\rho_w L_a=\mu_a F_a\sqrt{2\rho_w|\Delta p_a|}=\mu_a F_a\sqrt{2\rho_w g h_1(\rho_w-\rho_n)} \tag{3-23a}$$

$$G_b=\rho_n L_b=\mu_b F_b\sqrt{2\rho_n|\Delta p_b|}=\mu_b F_b\sqrt{2\rho_n g h_2(\rho_w-\rho_n)} \tag{3-23b}$$

根据质量守恒定理，存在 $G_a=G_b$，利用式（3-21），便可获得中和面高度 h_1（或 h_2）计算式

$$\frac{h_1}{h_2}=\left|\frac{\Delta p_a}{\Delta p_b}\right|=\left(\frac{G_a}{\mu_a F_a}\right)^2\frac{1}{2\rho_w}\bigg/\left(\frac{G_b}{\mu_b F_b}\right)^2\frac{1}{2\rho_n}=\frac{\rho_n}{\rho_w}\left(\frac{\mu_b F_b}{\mu_a F_a}\right)^2 \tag{3-24a}$$

或

$$\frac{h_1}{h}=\frac{1}{1+\dfrac{\rho_w}{\rho_n}\left(\dfrac{\mu_a F_a}{\mu_b F_b}\right)^2} \tag{3-24b}$$

式中，$\dfrac{1}{\rho_w}\cdot\dfrac{1}{(\mu_a F_a)^2}$、$\dfrac{1}{\rho_n}\cdot\dfrac{1}{(\mu_b F_b)^2}$ 可理解为空气通过窗孔a、b时的**当量阻力**，可以发现，中和面高度 h_1 实际上可通过下部进风窗孔a当量阻力与上部排风窗孔b当量阻力之比求得，它与窗孔a、窗孔b的有效面积（即窗孔结构）和室内外空气密度比值相关。上部窗孔有效面积增加（或面积增加，或流量系数增加），中和面上移，反之亦成立。

上述讨论均基于 $t_n>t_w$，当 $t_n<t_w$ 时，采用同样的讨论方法，可获得相应的结果。

2. 风压作用下的自然通风

室外气流与建筑物相遇时，会发生绕流，经过一段距离后，气流才恢复正常。由于建筑物的阻挡，建筑物四周气流的压力分布将发生变化，迎风面气流受阻，动压降低，静压升高，侧面和背风面由于产生局部涡流，静压降低（图3-6），并常低于大气压力。由于室外空气流动造成建筑物各表面相对未扰动气流的静压变化，即风的作用在建筑物表面所形成的空气静压力变化称为风压。静压升高，风压为正；静压降低，风压为负。风压为负的区域称为空气动力阴影区。建筑物的风压分布与该建筑的几何形状和室外风向有关。建筑物外围护结构上某一点处的风压值可用下式表示

$$p_f=K\frac{v_w^2}{2}\rho_w \tag{3-25}$$

式中 p_f——建筑物外围护结构上某一点处的风压值（Pa）；

v_w——室外空气流速（m/s）；

ρ_w——室外空气密度（kg/m^3）；

K——空气动力系数，又称风压系数。

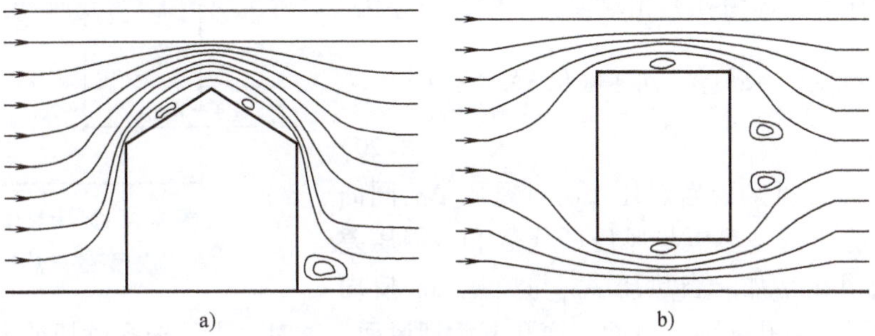

图3-6 建筑物四周的气流分布

a）立面气流分布 b）平面气流分布

风压系数 K 是动压与静压之间的转换系数，K 值有大有小，可正可负，K 值为正，说明风压为正值，来流动压转换为正静压；K 值为负，说明风压为负值，负静压引起涡流。不同形状建筑物在不同风向的作用下，K 值的分布是不同的。K 值要在风洞内通过模型实验求得。同一建筑物的外围护结构上，如有两个风压值不同的窗孔，K 值大的窗孔会进风，K 值小的窗孔会排风。

图3-7所示的建筑，处在风速为 v_w 的风力作用下，若不考虑热压的作用，迎风面窗孔的风压为 p_{fa}，背风面窗孔的风压为 p_{fb}（$p_{fa}>p_{fb}$），窗孔中心面上的余压为 p_x。如果开启窗孔a，关闭窗孔b，由于空气不断流入，室内的余压值 p_x 逐渐升高，当 $p_x=p_{fa}$ 时，空气停止流动。此时打开窗孔b，由于 $p_{fa}>p_{fb}$，且 $p_x=p_{fa}$，所以 $p_x>p_{fb}$，此时空气会从窗孔b流出。随着空气的流出，室内余压值 p_x 下降，这时 $p_{fa}>p_x$，室外空气由窗孔a流入，一直到窗孔a的进风量等于窗孔b的排风量时，p_x 才保持稳定（$p_{fa}>p_x>p_{fb}$）。

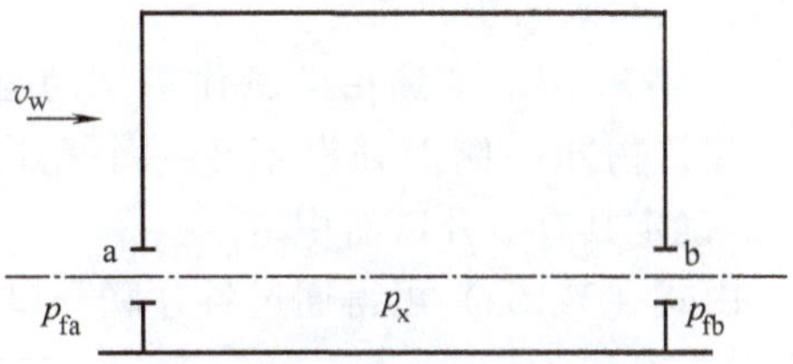

图3-7 风压作用下的自然通风

当风压作用于一建筑物时，建筑物迎风面接受的是正压，背风面则为负压，整个建筑物上作用的风压可表示为

$$\Delta p=(K_f-K_b)\frac{v_w^2}{2}\rho_w \tag{3-26}$$

式中 K_f、K_b——建筑物迎风面、背风面上的风压系数。

3. 风压和热压共同作用下的自然通风

某一建筑受到风压和热压同时作用时（图3-8），外围护结构上各窗孔的内外压差应等于各窗孔的余压和室外风压的差值。

窗孔a和窗孔b的内外压差分别为

$$\Delta p'_a=\Delta p_a-K_a\frac{v_w^2}{2}\rho_w \tag{3-27}$$

$$\Delta p'_b=\Delta p_b-K_b\frac{v_w^2}{2}\rho_w=\Delta p_a+gh(\rho_w-\rho_n)-K_b\frac{v_w^2}{2}\rho_w \tag{3-28}$$

式中 K_a、K_b——窗孔 a 和窗孔 b 的空气动力系数。

因此，图 3-8 所示建筑在热压和风压同时作用下自然通风动力压差，即窗孔 b 相对窗孔 a 的静压差为

$$\Delta p=\Delta p'_b-\Delta p'_a=gh(\rho_w-\rho_n)+(K_a-K_b)\frac{v_w^2}{2}\rho_w$$
$$=\Delta p_r+\Delta p_v \tag{3-29}$$

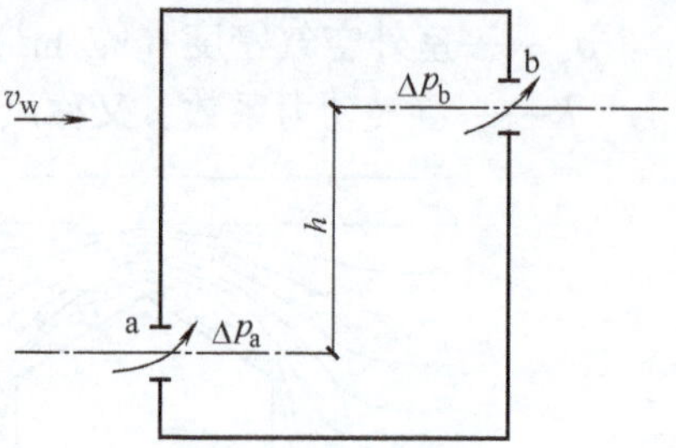

图 3-8 风压热压同时作用下的自然通风

由式（3-29）可知，当热压 Δp_r 与风压 Δp_v 同向时，上下窗孔静压差是热压与风压的代数和，静压差增加，自然通风量增加。当热压 Δp_r 与风压 Δp_v 反向时，图 3-8 中设定窗孔 a 为背风面，窗孔 b 为迎风面，这时，上下窗孔静压差大小取决于热压与风压的大小。当热压大于风压时，自然通风流向按热压方向流动，当热压小于风压时，自然通风流向按风压方向流动。其静压差因热压和风压反向而减小，自然通风量也将有所减少。

3.4.3 实际建筑自然通风*

采用式（3-16）计算自然通风量在解决了式中的动力压差 Δp 后，其关键就是确定开口的有效面积 μF，实际建筑的开口形式有许多，基本可归纳为并联开口和串联开口，下面分别讨论其有效面积的确定。

1. **并联开口**建筑在风压作用下的自然通风量的确定

建筑物同一侧面开设不止一个孔口时，可按并联开口（图 3-9）确定其有效开口面积。

由式（3-16a）可得通过各并联开口 1、2、…、n 的通风量为

$$L_1=\mu_1F_1\sqrt{\frac{2\Delta p}{\rho}}$$

$$L_2=\mu_2F_2\sqrt{\frac{2\Delta p_2}{\rho}}$$

…

$$L_n=\mu_nF_n\sqrt{\frac{2\Delta p_n}{\rho}}$$

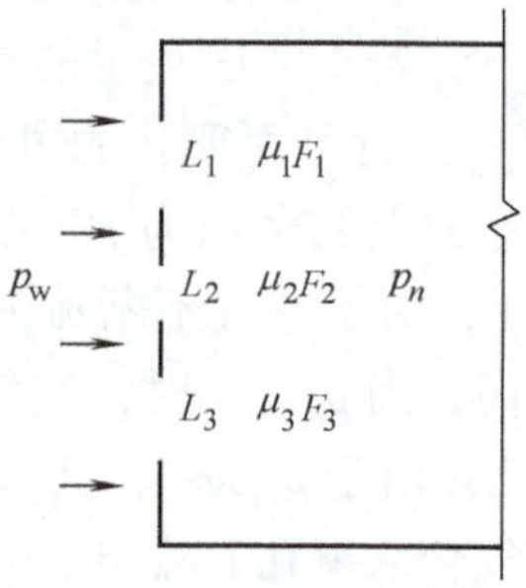

图 3-9 并联开口建筑

将上述等式左右项分别相加，并假定各孔口处的室内外压差相等（即 $\Delta p=p_w-p_n$），即可得总的通风量

$$L=L_1+L_2+\cdots+L_n=(\mu_1F_1+\mu_2F_2+\cdots+\mu_nF_n)\sqrt{\frac{2\Delta p}{\rho}}=\mu F\sqrt{\frac{2\Delta p}{\rho}} \tag{3-30}$$

$$\mu F=\mu_1F_1+\mu_2F_2+\cdots+\mu_nF_n \tag{3-31}$$

式中 μF 为并联开口时的**当量有效开口面积**，利用式（3-26）、式（3-30）和式(3-31）便可计算一侧为多个开口时的自然通风量。

有效开口面积 μF 与窗孔结构有关，常见窗孔流量系数、缝隙有效面积见表 3-28 和表

3-29。

表3-28 常见窗孔流量系数[31]

窗扇结构形式		开启角度α(°)	流量系数μ H:B=1:1	流量系数μ H:B=1:2
单层窗上悬（进风窗）		α=15°	0.25	0.22
		α=30°	0.42	0.38
		α=45°	0.52	0.50
		α=60°	0.57	0.56
单层窗上悬（排风窗）		α=15°	0.30	0.24
		α=30°	0.45	0.38
		α=45°	0.56	0.50
		α=60°	0.63	0.57
单层窗中悬（进风窗）		α=15°	0.15	
		α=30°	0.30	
		α=45°	0.44	
		α=60°	0.56	
		α=90°	0.64	
双层窗上悬		α=15°	0.26	0.18
		α=30°	0.45	0.32
		α=45°	0.51	0.44
		α=60°	0.58	0.53
竖轴板式窗 对开窗、大门门洞	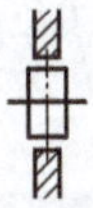	α=90°	0.65	

注：表中H表示窗孔高度，B表示窗孔宽度。

表3-29 常见缝隙有效面积[32] μF （单位：m^2）

木框				金属框				门
单层		双层		单层		双层		
窗	天窗	窗	天窗	窗	天窗	窗	天窗	
0.003	0.005	0.002	0.003	0.002	0.004	0.0012	0.0025	0.01

2. **串联开口**建筑在风压作用下的自然通风量的确定

若建筑物除外墙有开口外，沿空气流向的另一侧也设有开口，可按串联开口（图3-10）确定其有效开口面积。

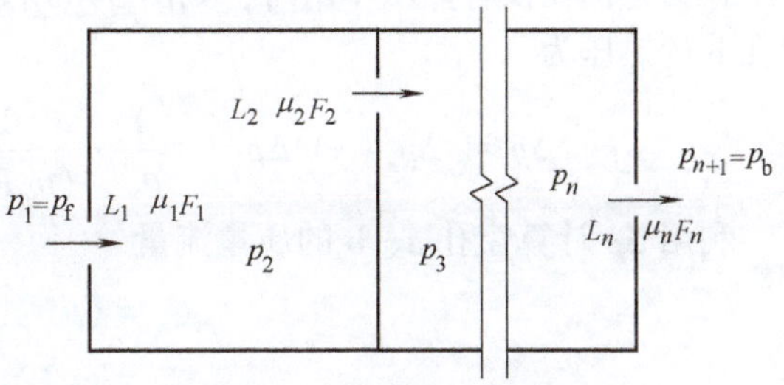

图3-10 串联开口建筑

由式（3-16a）得到通过各串联开口1、2、…、n的通风量为

$$L_1=\mu_1 F_1\sqrt{\frac{2(p_f-p_2)}{\rho}}$$

$$L_2=\mu_2 F_2\sqrt{\frac{2(p_2-p_3)}{\rho}}$$

…

$$L_n=\mu_n F_n\sqrt{\frac{2(p_n-p_b)}{\rho}}$$

将上述式子整理为

$$p_f-p_2=\frac{\rho}{2}\left(\frac{L_1}{\mu_1 F_1}\right)^2$$

$$p_2-p_3=\frac{\rho}{2}\left(\frac{L_2}{\mu_2 F_2}\right)^2$$

…

$$p_n-p_b=\frac{\rho}{2}\left(\frac{L_n}{\mu_n F_n}\right)^2$$

将上述各等式左右项分别相加，并注意到 $L=L_1=L_2=\cdots=L_n$，可得

$$p_f-p_b=\frac{\rho}{2}\left[\left(\frac{L}{\mu_1 F_1}\right)^2+\left(\frac{L}{\mu_2 F_2}\right)^2+\cdots+\left(\frac{L_n}{\mu_n F_n}\right)^2\right]$$

由上式可得由风压引起的通风量 L 为

$$L=\frac{1}{\sqrt{\left(\frac{1}{\mu_1 F_1}\right)^2+\left(\frac{1}{\mu_2 F_2}\right)^2+\cdots+\left(\frac{1}{\mu_n F_n}\right)^2}}\sqrt{\frac{2}{\rho}(p_f-p_b)}$$

$$=\mu F\sqrt{\frac{2}{\rho}(p_f-p_b)} \tag{3-32}$$

其中串联开口的当量有效开口面积 μF 可表示为

$$\left(\frac{1}{\mu F}\right)^2=\left(\frac{1}{\mu_1 F_1}\right)^2+\left(\frac{1}{\mu_2 F_2}\right)^2+\cdots+\left(\frac{1}{\mu_n F_n}\right)^2 \tag{3-33}$$

即串联开口空气流动总当量阻力为各开口流动当量阻力之和。利用式（3-26）、式（3-32）和式（3-33）便可计算诸如穿堂风的自然通风量。

作为特例在仅有热压作用时，如图 3-8 所示，采用当量阻力概念，热压作用下窗孔 a 与窗孔 b 的热压为

$$\Delta p=|\Delta p_a|+|\Delta p_b|=\frac{1}{\rho_w}\cdot\frac{1}{(\mu_a F_a)^2}\cdot\frac{G_a^2}{2}+\frac{1}{\rho_n}\cdot\frac{1}{(\mu_b F_b)^2}\cdot\frac{G_b^2}{2} \tag{3-34}$$

利用 Δp 计算窗孔 a、b 的质量流量

$$G_a=(\mu F)_a\sqrt{2\rho_w\Delta p} \tag{3-35a}$$

$$G_b=(\mu F)_b\sqrt{2\rho_n\Delta p} \tag{3-35b}$$

式中，$(\mu F)_a$、$(\mu F)_b$是以窗孔 a 和窗孔 b 为计算依据的当量有效面积。根据 $G_a=G_b=G$，联立式（3-34）和式（3-35），便可得到

$$\frac{1}{(\mu F)_a^2}=\left(\frac{1}{\mu_a F_a}\right)^2+\frac{\rho_w}{\rho_n}\left(\frac{1}{\mu_b F_b}\right)^2 \tag{3-36a}$$

同理

$$\frac{1}{(\mu F)_b^2}=\frac{\rho_n}{\rho_w}\left(\frac{1}{\mu_a F_a}\right)^2+\left(\frac{1}{\mu_b F_b}\right)^2 \tag{3-36b}$$

利用上述结果，结合式（3-22）便可计算如图3-8所示的热压作用下的自然通风量。

若图3-8中窗孔a开在背风面，窗孔b开在迎风面，窗孔高度不变，此时风压和热压的流向非同向，则应比较风压和热压的大小，室内空气流向则取风压和热压中较大的流向，此时自然通风动力源为风压和热压之差的绝对值。若此时风压大于热压，背风面的窗孔a为排风，迎风面的窗孔b为进风，则可利用上述原理推导获得以窗孔a为计算依据的质量流量和当量有效面积

$$G_a=(\mu F)_a\sqrt{2\rho_n\Delta p} \tag{3-36c}$$

$$\frac{1}{(\mu F)_a^2}=\left(\frac{1}{\mu_a F_a}\right)^2+\frac{\rho_n}{\rho_w}\left(\frac{1}{\mu_b F_b}\right)^2 \tag{3-36d}$$

同理可推得以窗孔b为计算依据的当量有效面积。

由上述分析可知，当房间存在热压作用时，系统有效面积与空气流向有关，与开孔高度、风压系数无关。

3. **混合开口**建筑在风压作用下的自然通风量的确定

混合开口建筑是指既有并联开口，又有串联开口的建筑物（图3-11）。这类建筑的自然通风量可根据上述并联开口和串联开口的自然通风计算原理确定。

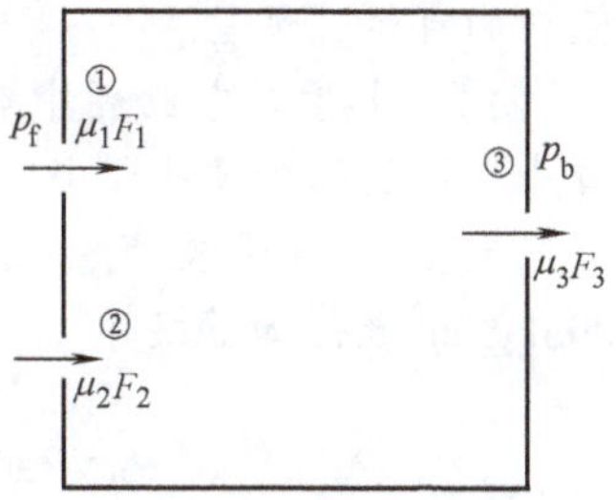

图3-11　混合开口建筑

图3-11中的开口①和开口②属于并联开口，而它们与开口③之间属于串联关系。由上述串并联计算原则可知，开口①和开口②的当量有效开口面积为（$\mu_1F_1+\mu_2F_2$），当建筑仅有风压作用时，建筑物总当量有效开口面积为

$$\mu F=\frac{1}{\sqrt{\left(\frac{1}{\mu_1F_1+\mu_2F_2}\right)^2+\left(\frac{1}{\mu_3F_3}\right)^2}} \tag{3-37}$$

相应由风压引起的自然通风量为

$$L=\mu F\sqrt{\frac{2(p_f-p_b)}{\rho}}=\mu F\sqrt{\frac{2\Delta p}{\rho}} \tag{3-38}$$

式（3-38）中Δp可通过式（3-26）求解。

【例3-1】　某建筑平面如图3-12所示，迎风面空气动力系数$K_f=+0.8$，背风面$K_b=-0.4$，室外空气流速$v_w=3\text{m/s}$，各开口流量系数$\mu_i=0.65$，迎风面开口1、2面积均为0.6m^2，背风面开口3面积为1.2m^2，空气密度$\rho=1.2\text{kg/m}^3$，求：由风压引起的自然通风量。

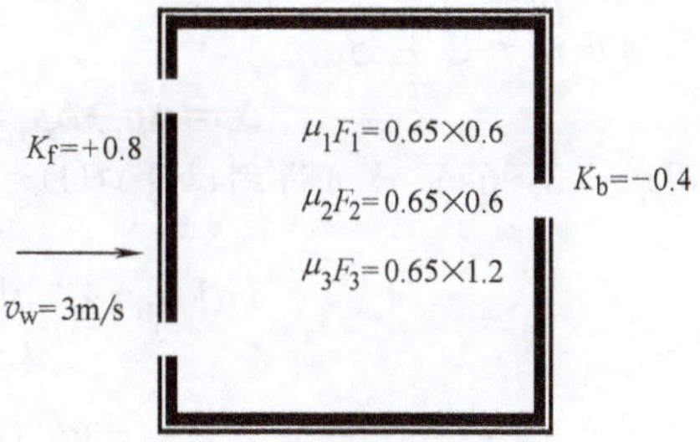

图3-12　例3-1图示

【解】　该建筑为混合开口建筑，利用已知参数

可计算得到其当量有效开口面积为

$$\mu F=\frac{1}{\sqrt{\left(\frac{1}{\mu_1 F_1+\mu_2 F_2}\right)^2+\left(\frac{1}{\mu_3 F_3}\right)^2}}=0.55\text{m}^2$$

风压引起的自然通风动力压差为

$$\Delta p=p_{\text{f}}-p_{\text{b}}=(K_{\text{f}}-K_{\text{b}})\frac{\rho}{2}v_{\text{w}}^2$$

$$=(0.8+0.4)\times\frac{1.2}{2}\times 3^2\text{Pa}=6.48\text{Pa}$$

风压引起的自然通风量为

$$L=\mu F\sqrt{\frac{2}{\rho}\Delta p}=1.807\text{m}^3/\text{s}=6505\text{m}^3/\text{h}$$

【例3-2】 某建筑如图3-13所示，下侧开口 $F_1=0.72\text{m}^2$，上侧开口 $F_2=0.4\text{m}^2$，两者高差2m，两开口流量系数 $\mu=0.65$，室温20℃，室外温度5℃，迎风面空气动力系数 $K_{\text{f}}=+0.65$，背风面空气动力系数 $K_{\text{b}}=-0.55$，求室外风速0.8m/s和1.5m/s时，从室外流入室内的自然通风量。

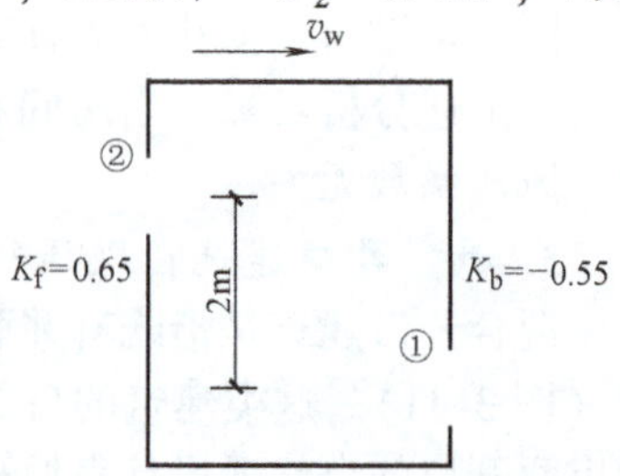

图3-13 例3-2图示

【解】 由于在本例题中热压和风压作用方向相反，因此首先比较热压和风压大小，以确定空气流向的主导动力。

假定空气为干空气，利用标准状态下干空气密度 1.293kg/m^3 进行如下换算

$$\rho_{\text{n}}=\rho_{20}=\rho_0\frac{T_0}{T_{20}}$$

$$=1.293\times\frac{273}{273+20}\text{kg/m}^3$$

$$=1.205\text{kg/m}^3$$

同理，可计算5℃时的 $\rho_{\text{w}}=\rho_5=1.270\text{kg/m}^3$。

热压：$\Delta p_{\text{r}}=h(\rho_{\text{w}}-\rho_{\text{n}})g=2\times(1.270-1.205)\times 9.8\text{Pa}=1.274\text{Pa}$

风压：当 $v_{\text{w}}=0.8\text{m/s}$ 时，以开口①为基准的风压为

$$\Delta p_{\text{v}}=(K_{\text{b}}-K_{\text{f}})\frac{v_{\text{w}}^2}{2}\rho_{\text{w}}=(-0.55-0.65)\times\frac{0.8^2}{2}\times 1.27\text{Pa}=-0.488\text{Pa}$$

由于热压与风压反向，且热压大于风压，此时将以热压方向为主导方向，室外空气从开口①流入室内，室内空气从开口②排向室外。由式（3-29）可得建筑在热压和风压同时作用下自然通风动力压差为

$$\Delta p=\Delta p_{\text{r}}+\Delta p_{\text{v}}=(1.274-0.488)\text{Pa}=0.786\text{Pa}$$

利用式（3-36a）便可得到以开口①为计算依据的当量有效面积

$$(\mu F)_1=1/\sqrt{\left(\frac{1}{\mu_1 F_1}\right)^2+\frac{\rho_{\text{w}}}{\rho_{\text{n}}}\left(\frac{1}{\mu_2 F_2}\right)^2}$$

$$=1/\sqrt{\frac{1}{(0.65\times 0.72)^2}+\frac{1.270}{1.205}\frac{1}{(0.65\times 0.4)^2}}\text{m}^2$$

$$=0.223\text{m}^2$$

由此解得从开口①流入室内的自然通风量为

$$L_1=(\mu F)_1\sqrt{\frac{2}{\rho_w}\Delta p}=0.223\sqrt{\frac{2}{1.270}\times 0.786}\ \text{m}^3/\text{s}=0.248\text{m}^3/\text{s}=893\text{m}^3/\text{h}$$

按上述计算方法，当 $v_w=1.5\text{m/s}$ 时，可得 $\Delta p_v=-1.715\text{Pa}$，与热压 $\Delta p_r=1.274\text{Pa}$ 进行比较可知，此时风压大于热压，室内将以风压方向为主导风向，即室外空气从开口②流入室内，室内空气从开口①排向室外，窗孔②相对于窗孔①的空气流动动力压差为

$$\Delta p=-(\Delta p_r+\Delta p_v)=-(1.274-1.715)\text{Pa}=0.441\text{Pa}$$

利用推导式（3-36b）的方法，便可得到以开口②为计算依据，且空气流向与上述相反的当量有效面积

$$(\mu F)_2=1/\sqrt{\frac{\rho_w}{\rho_n}\left(\frac{1}{\mu_1 F_1}\right)^2+\left(\frac{1}{\mu_2 F_2}\right)^2}$$

$$=1/\sqrt{\frac{1.270}{1.205}\cdot\frac{1}{(0.65\times 0.72)^2}+\frac{1}{(0.65\times 0.4)^2}}\ \text{m}^2$$

$$=0.226\text{m}^2$$

$$L_2=(\mu F)_2\sqrt{\frac{2}{\rho_w}\Delta p}=0.226\sqrt{\frac{2}{1.270}\times 0.441}\ \text{m}^3/\text{s}=0.188\text{m}^3/\text{s}=677\text{m}^3/\text{h}$$

以上计算结果说明，室内自然通风量的大小和流向取决于热压与风压的共同作用。

3.4.4 有组织的自然通风

1. 有组织的自然通风及其实现

若要使室内获得良好的自然通风，最有效的方法是让室外空气能穿堂入室直吹室内。定义风向投射线与墙面法线的夹角 α 为风向投射角，如图 3-14 所示。如果室外风直吹室内，风向投射角 α 为 0。显然，α 越小，越有利于室内通风。建筑物布局通常均非单排，如果 α 为 0，建筑物背风面涡流区会较大，影响后排建筑的通风。风向投射角 α 与室内风速降低、屋后流场的关系见表 3-30。从表中数据可见，随着风向投射角 α 的加大，室内风速降低较多，但屋后的涡流区却缩小了，因此在建筑设计时，就应根据所在地的主导风向利用建筑布局、建筑朝向、建筑窗孔等，使室内形成**有组织的自然通风**。

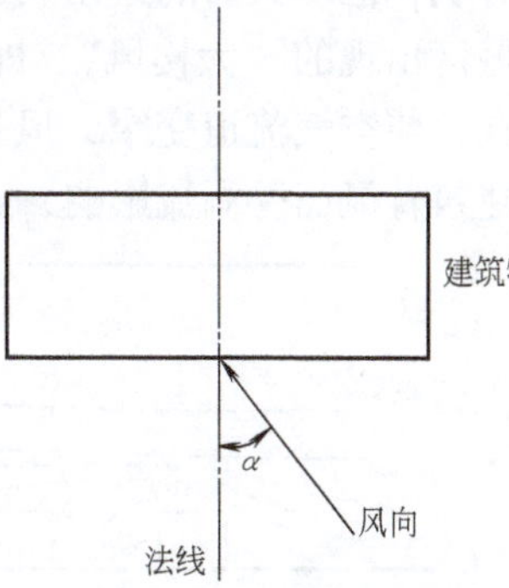

图 3-14 风向投射角

表 3-30 风向投射角 α 与流场的关系[33]

风向投射角 α	室内风速降低值（%）	屋后涡流区长度
0°	0	3.75*H*
30°	13	3*H*
45°	30	1.5*H*
60°	50	1.5*H*

注：表内 *H* 为建筑高度。

房间的穿堂风应满足气流流过人的活动范围，同时室内风速最好能达到0.3m/s以上。良好的自然通风应注意以下几点：

（1）建筑朝向、间距与布局　建筑朝向应垂直于当地夏季主导风向，我国大部分地区夏季的主导风向都为南、偏南或东南，因此国内建筑大都按此朝向设置。建筑朝向设置除了考虑主导风向外，还应考虑防止太阳辐射。

建筑间距是影响自然通风的重要因素，尤其是前幢建筑物的阻挡状况是主要影响因素。因此，应根据风向投射角α对室内风环境的影响程度选择合理的建筑间距，同时结合改变建筑群布局方式达到缩小间距的目的。综合考虑风向投射角、室内风速、涡流区等因素，选风向投射角$\alpha=45°$左右比较合适，从通风角度看，房屋间距以（0.7~1.11）H为宜。

从建筑布局看，一般建筑布局有行列式、错列式、斜列式、周边式等形式（图3-15），从通风角度看，错列式和斜列式比行列式和周边式好。错列式和斜列式可使风从斜向导入建筑群内部，周边式很难使风导入建筑群内部，一般只适合寒冷地区。建筑平面布置和剖面处理应尽量做到有较好的自然通风，在建筑布局中宜采用交错排列或前低后高的布置形式。

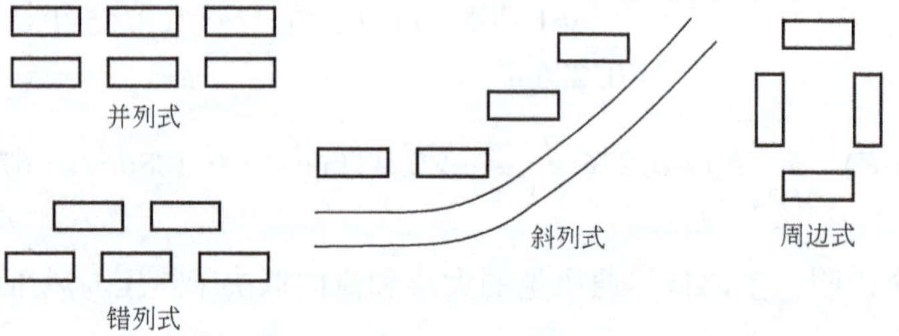

图3-15　建筑群布置

建筑高度对自然通风也有很大影响，高层建筑由于有较大的风压和热压，对其室内通风较为有利，但对其后的建筑物的通风会造成影响（图3-16）。随着城市高层建筑的不断增加，城区出现的“大楼风”，即在建筑迎风面2/3的高度以下形成涡流区，由于相邻建筑物的存在，使空气流道变窄，风速增大，对低层建筑通风的稳定性极为不利。图3-16所示，高层建筑背风面受涡流影响，经常会出现与原有风方向相反的气流。

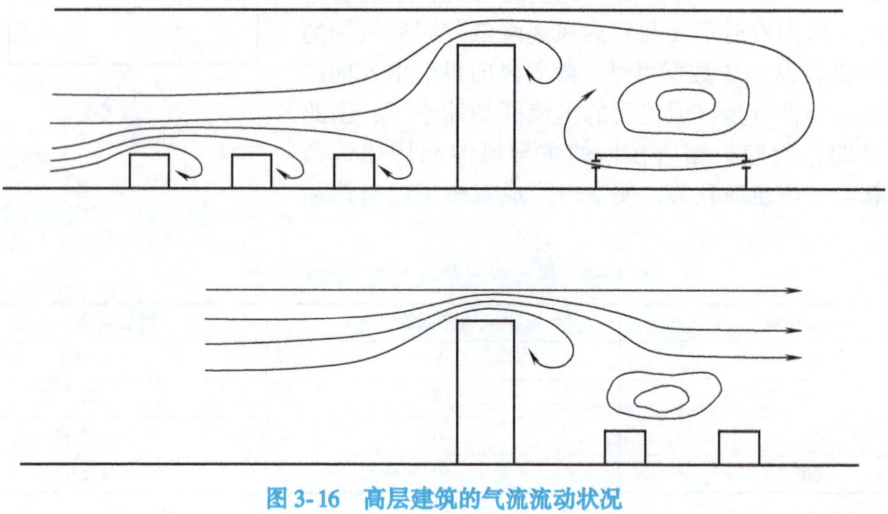

图3-16　高层建筑的气流流动状况

（2）房间开口和通风措施　房间开口面积和位置是能否获得一定空气流速、获得均匀通风流场的重要因素。房间开口面积越大，室内通风区域增加，室内流场越均匀；开口越小，室内流速虽有所增加，但通风区域缩小。增大房间开口面积虽对自然通风有利，但也会增加夏季进入室内的太阳辐射热，增加冬季的热损失，一般开口面积占地板面积的 15%~25%为宜。有资料表明，当进出口面积相同时，室内平均风速随进出口宽度的增加而显著增加，但当开口达到室内宽度的 2/3 时，风速增加就不明显了，开口面积占地板面积超过 25%时，气流基本不受进出口面积的影响。当窗高超过 1.1m 时，对人活动区的空气流通影响就会减少。

气流进出口位置设在中间位置时，对室内气流分布较为有利，但在实际建筑中，由于平面组合的要求，往往把开口偏向一侧或设在侧墙上，这会使得气流导向一侧，室内部分区域产生涡流现象。图 3-17a 和图 3-17b 房间出口相同，但入口不同，图 3-17c 进出口与图 3-17b相同，但进风处有侧壁，图 3-17d 迎风侧无窗但双侧设有窗户。由图 3-17 可知，在风向一定时，室内自然通风路径受窗户开设位置、窗户进风挡板等因素影响。

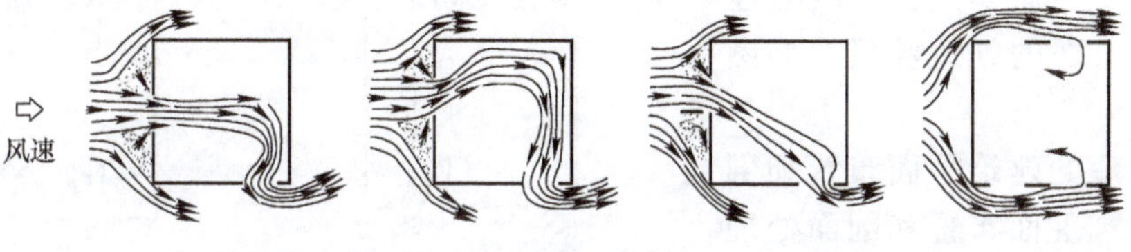

图 3-17　开口位置与气流路线的关系

图 3-18 所示为不同开窗高度对室内气流的影响，一般开口位置在下方时，室内下部气流情况较好。图 3-18a 进气口在上方且无挑檐时的气流路线，图 3-18b 为有挑檐时的情况；图 3-18c 和图 3-18d 进出口窗户高度相同，但后者进风口处设有导流设施，从而导致了室内主要气流在高低上不同；由图 3-18e 和图 3-18f 所示的不同出口高度室内气流速度分布看，出口在上部时室内各点的气流速度均比出口在下方时各相应点的气流速度要小些。一般开口位置在下方时，室内下部人员活动区域气流情况较好。室内气流分布受门窗开口高度、挡风或导风作用影响较大，若设置得当，能增加室内通风效果。就窗的形式而言，一般平开窗户常向外开启 90°，当风向与窗户不垂直时，风将受到很大的阻挡。采用平开移动式（推拉式），就不存在这个问题，但会使整个开口面积缩小一半。中轴旋转窗可任意调节开启角度，导风效果最好。常见窗户形式如图 3-19 所示。

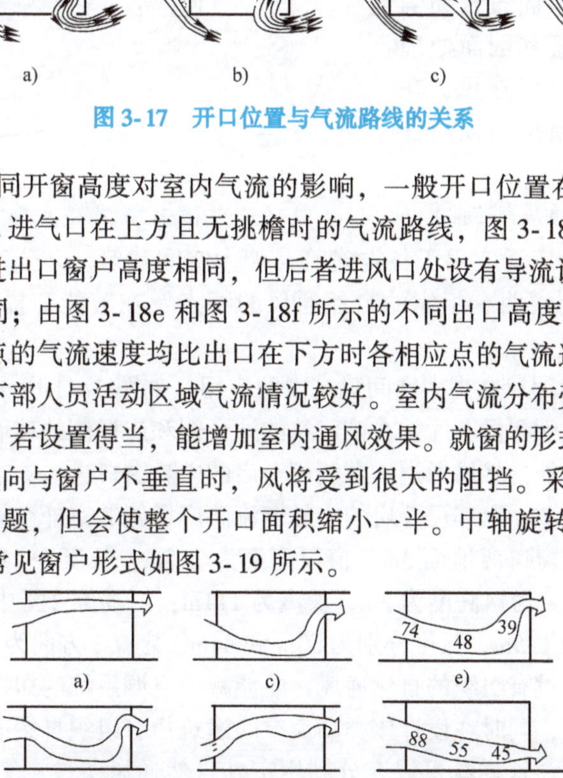

图 3-18　开口、出口高低与气流路线的关系[34]

采用镂空隔断、格窗、旋窗等，或在屋顶考虑设置天窗、老虎窗等，都能起到导风、透风的作用；利用天井、楼梯间等增加建筑内部的开口面积，并利用这些开口引导气流，组织

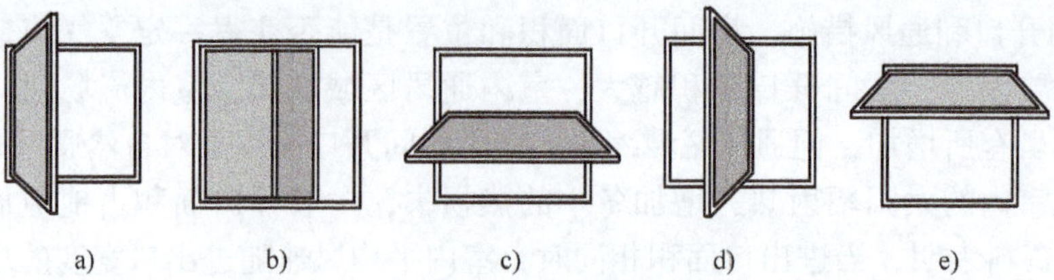

图 3-19 常见窗户形式

a) 平开窗 b) 水平（垂直）推拉窗 c) 水平中悬窗 d) 垂直中悬窗 e) 上悬（下旋）窗

自然通风；设置合理的开口位置，使室内流场分布均匀；改进门窗及其构造，使其有利于导风、排风和调节风量。

绿化也能改变气流状况。绿化不仅能降低周围空气温度和太阳辐射的影响，而且当布置合理时，也能起到阻挡或导流作用，可改变建筑物周围和内部的气流流场，如图3-20所示。

（3）合理的建筑平面布置和剖面处理 建筑平面布置和剖面处理应尽量做到有较好的自然通风，在建筑布局中宜采用交错排列或前低后高。

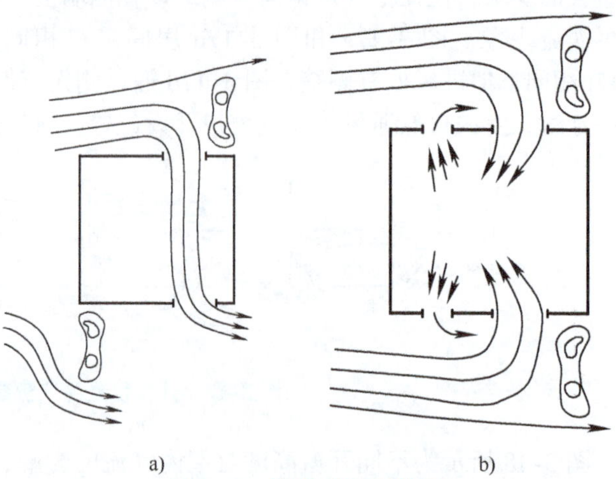

图 3-20 绿化的导风作用

2. 有组织的自然通风实例

有组织的自然通风广泛应用于各类建筑（如大空间建筑、办公室、住宅等民用建筑）中，下面选取几个实例说明有组织的自然通风的特点及在节能和提高人体舒适性方面的作用。

（1）有组织的自然通风在高大空间建筑中的应用 如图3-21所示，该建筑为某火车站一二层高大空间的集散厅和候车厅。在该建筑的站台侧和广场侧的玻璃幕墙上设置有利于自然通风的中悬窗口，室外自然风通过站台侧可开启的中悬窗口进入一二层的候车厅，进入室内后受热上升，通过集散厅上部可开启的中悬窗流向广场侧的室外空间。其中，站台侧一层候车厅自然通风用中悬窗口离地面3m，窗口高度为1.5m，长度为111m；二层候车厅的自然通风口离地面11.4m，窗口高度为3m，长度为111m；广场侧2排中悬窗口离地面高度分别为3m和9m，高度为1.5m，长度分别为50m和84m。定义z方向为偏东28°。模拟研究可知，该高大空间建筑通过有组织的自然通风，既能减少空调系统的初投资，又可改善室内空气品质和室内热舒适性，同时在设计该类高大空间建筑物有组织自然通风时，应该注意合理设计和确立建筑物朝向，这样既可以充分利用室外自然通风条件，又可以满足建筑功能的需求。

（2）有组织的自然通风在办公建筑中的应用 由于风压的影响，一般传统的高层办公建筑采用密闭的外围护结构，依赖空调系统维持室内舒适度，消耗了大量能源。而通过双层通风立面能够使高层办公建筑实现自然通风。如图3-22所示，位于德国杜塞尔多夫的

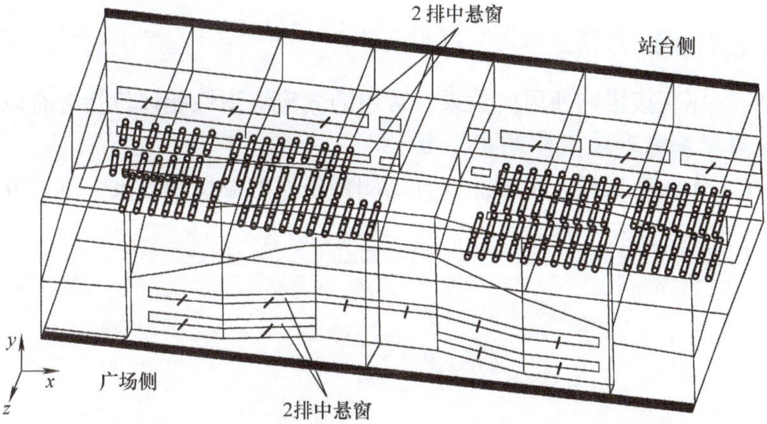

图3-21　有组织的自然通风在某高大空间建筑应用示意图

ARAG2000办公楼，采用了竖井式双层通风立面，大约120m高的办公楼竖向分为4段，相应通风竖井贯通6层或者7层高度至服务层或者花园层结束。立面的内表面为传统的竖向旋转窗。对应于竖井的窗户仅在维护时开启，遮阳百叶位于空腔的距外表面1/3处。每个双层通风窗户具有150mm高可关闭的通风口，室内空气通过边侧的开口进入竖井。模拟表明，全年50%~60%的时间可利用自然通风，有效地减少了空调能耗。

（3）有组织的自然通风在住宅建筑中的应用　图3-23所示房型为典型的通透型住宅建筑，该建筑通过客厅侧的南面移门和餐厅北侧的北面窗口构成有利于自然通风的空气进出通道。在夏天通过开启南面移门和北面窗口使室外空气进入房间，对房间空气进行冷却；冬天关闭南面移门和北面窗口，使热空气留在室内。从而达到节能和提高室内热舒适性的目的。

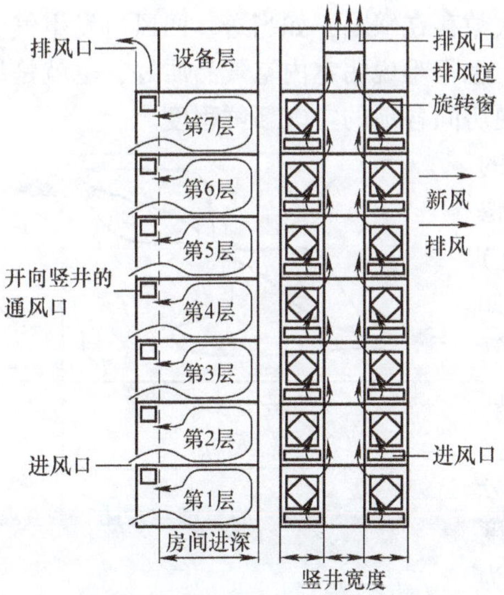

图3-22　有组织的自然通风在办公建筑应用示意图

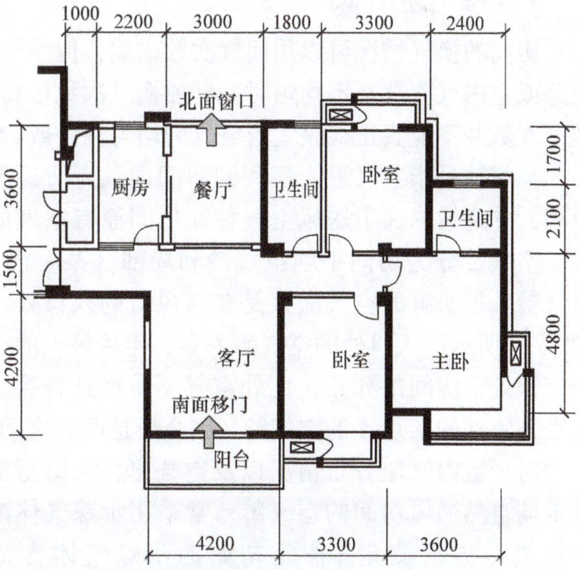

图3-23　有组织的自然通风在住宅建筑应用示意图

3.4.5 气流组织评价方法

气流组织的好坏直接影响通风的效果，常用的气流组织性能评价指标有以下几种。

1. **温度不均匀系数**和**速度不均匀系数**

该方法是在工作区内选择 n 个测点，分别测得各点的温度和速度，求其算术平均值为

$$\bar{t}=\frac{\sum t_i}{n} \tag{3-39a}$$

$$\bar{v}=\frac{\sum v_i}{n} \tag{3-39b}$$

均方根偏差为

$$\sigma_t=\sqrt{\frac{\sum(t_i-\bar{t})^2}{n}} \tag{3-40a}$$

$$\sigma_v=\sqrt{\frac{\sum(v_i-\bar{v})^2}{n}} \tag{3-40b}$$

不均匀系数为

$$k_t=\frac{\sigma_t}{\bar{t}} \tag{3-41a}$$

$$k_v=\frac{\sigma_v}{\bar{v}} \tag{3-41b}$$

显然不均匀系数越小，室内气流分布均匀性就越好。

2. 空气（年）龄

房间的换气情况可以用换气次数描述，但换气次数存在缺陷，如当送、回风口发生气流短路或室内气流存在不均匀时，即使换气次数很高，也很难说明室内空气品质好，也就是说换气次数并不能真正代表室内空气的均匀性，或者说房间各地的空气新鲜程度。

空气龄是指空气进入房间到房间内某点所经历的时间，它定量描述了送风空气替换房间原有空气的快慢。空气龄分为房间平均空气龄和局部（某一测点）空气龄。最新鲜的空气应该是在送风口的入口处，如图3-24所示，入口处的空气龄为零，年龄最大的空气龄应该处于房间的死角，此处空气不易得到替换。而在空气流动的某点 A 的空气龄，则介于这两者之间。

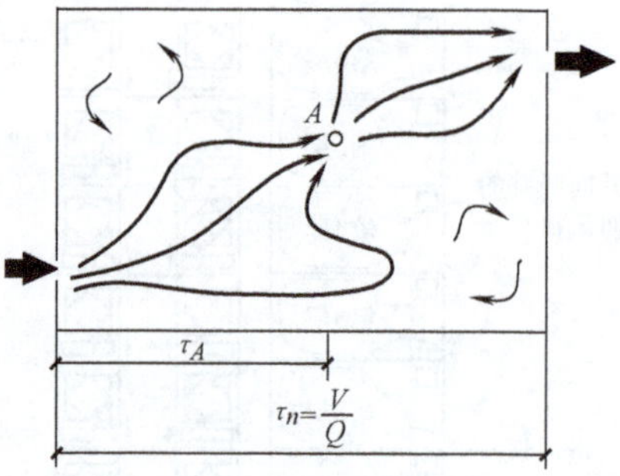

图3-24 空气龄示意图

对于室内气流分布情况以及空气出、入口不十分确定的自然通风房间的空气龄，常采用示踪气体浓度自然衰减方法测定。假定初始的示踪气体含量为100%，由于通风换气，其浓度将随时间而下降。浓度百分数和时间的关系曲线与坐标所围的面积，就是反映该点的空气新鲜程度（图3-25）。对于某一测点 A，定义其空气龄为曲线以下面积与初始浓度之比，其表达式为

$$\tau_A = \frac{\int_0^{\infty} C(\tau)\mathrm{d}\tau}{C_0} \tag{3-42}$$

式中 $C(\tau)$——A 点瞬时浓度；

C_0——A 点初始浓度。

上式可以理解为测点 A 被浓度为 0 的新鲜空气替换，其初始浓度为 C_0 所需的时间，也就是测点 A 具有浓度 C_0 的寿命时间。

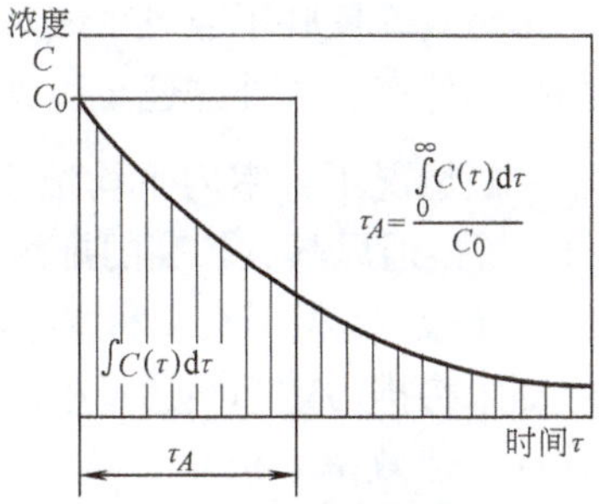

图 3-25 浓度衰减曲线

房间空气的平均空气龄 $\bar{\tau}$ 为

$$\bar{\tau} = \frac{\int_0^{\infty} \tau C_{\mathrm{P}}(\tau)\mathrm{d}\tau}{\int_0^{\infty} C_{\mathrm{P}}(\tau)\mathrm{d}\tau} \tag{3-43}$$

式中 C_{P}——排出空气浓度。

3. **换气效率**

换气效率 ε 被定义为：理论上最短的换气时间 τ_{n} 与实际换气时间 τ_{γ} 之比。即

$$\varepsilon = \frac{\tau_{\mathrm{n}}}{\tau_{\gamma}} \tag{3-44}$$

定义置换室内全部空气所需的时间为室内平均空气龄的 2 倍，即 $\tau_{\gamma} = 2\bar{\tau}$。因此式(3-44)为

$$\varepsilon = \frac{\tau_{\mathrm{n}}}{2\bar{\tau}} \tag{3-45}$$

理论上最短的换气时间 τ_{n} 应为房间体积 V 与通风量 L 的比值，即

$$\tau_{\mathrm{n}} = \frac{V}{L} \tag{3-46}$$

房间气流一般有三种典型的形式，一种是活塞流，其送风口处空气龄接近为 0，排风口处为最大，房间平均空气龄为排风口处的 1/2；还有一种是完全混合流，其室内平均空气龄等于排风口处的空气龄；这两种情况都是极端的。最常见的就是介于这两者之间的非完全混合流，其排风口处的空气龄要大于室内平均空气龄。只有是活塞流，其换气时间 $\tau_{\gamma} = \tau_{\mathrm{n}}$，$\varepsilon=1$，其他情况都是 $\tau_{\gamma}>\tau_{\mathrm{n}}$。

一般混合通风 $\varepsilon=50\%$，置换通风 $\varepsilon=50\%\sim100\%$，理想活塞流 $\varepsilon=100\%$。

换气效率是衡量室内换气效果的一个指标，是气流自身的特性参数，其定义本身与污染物无关，考察点换气效果的优劣取决于该点的局部平均空气龄。

4. **排污效率**(或**通风效率**)

排污效率 E 可以被表示为

$$E = \frac{C_{\mathrm{P}} - C_0}{\bar{C} - C_0} \tag{3-47}$$

式中 C_{P}、C_0、$\bar{C}$——排风口处、进风口处、室内（或工作区）平均污染物浓度。

若 $C_0=0$，则

$$E = \frac{C_{\mathrm{P}}}{\bar{C}} \tag{3-48}$$

排污效率反映了通风系统对污染物的排除能力，或者说是排除污染物的迅速程度。它除了与换气效率有关外，还与污染物的特点（如污染物的位置、污染物的密度等）有关。

一般情况下，室内平均浓度 $\overline{C}$ 要小于排风浓度 C_P，因此 E 一般大于 1。实验表明 $E=1\sim4$，置换通风具有较高的排污效率，而混合通风 $E\approx1$。以上的 E 均指室内平均值。

5. **排热效率（能量利用系数）**

如果将排污效率表达式中的浓度全部用相应的温度来替换，则排污效率就成了能量利用系数（排热效率）η

$$\eta=\frac{t_p-t_0}{t_n-t_0} \tag{3-49}$$

式中 t_p、t_0、t_n——排风温度、送风温度、室内（工作区）平均温度（℃）。

若 $t_p>t_n$，则 $\eta>1$；$t_p<t_n$，则 $\eta<1$。一般下送上排气流方式 $\eta>1$；上送下排气流方式 $\eta<1$。能量利用系数评价的是通风系统的排热能力，从能量利用系数的引出可以发现，能量利用系数与排污效率就物理意义而言是一致的，前者是排热，后者是排污。

3.4.6 室内气流的定量分析方法*

目前常用的室内气流的定量分析方法有两种，示踪气体法和计算流体力学法（Computational Fluid Dynamics，CFD）。

1. **示踪气体法**

示踪气体法是通过实验方法进行的。其基本原理是通过向被测空间注入一定量的示踪气体，然后利用示踪气体的质量守恒方程，通过室内监测的示踪气体浓度推算通风量等物理量。根据测试方法、监测点位置等的不同，可以得知被测空间的通风量、气流分布、空气龄、排污效率、室内污染物的扩散情况、空调系统漏风量、排气罩的排气效率等。示踪气体法测试所用仪器有：气体浓度检测仪、示踪气体及释放头、采样头等。示踪气体的选择应具有：①可测性，检测手段简单、费用低、具有较高的测量精度；②具有稳定性，不易与其他物质发生物理、化学反应；③无毒、无腐蚀性，不易燃、易爆；④密度与空气接近，不会产生示踪气体与空气分层现象；⑤在空气中含量较少。常用的示踪气体有二氧化碳、一氧化碳、二氧化氮、六氟化硫等。

示踪气体法原理简单，操作简便，且有相当的精度，有其他测量方法无法替代的优点，非常适合实验室研究，有时也可作为工程现场测量的方法。

常见的示踪气体法有三种：下降法（又称衰减法）、上升法、脉冲法。三种方法的原理相同，都可以用式（3-50）来表达

$$V\frac{dC}{d\tau}=F(\tau)+L(\tau)(C_{out}-C(\tau)) \tag{3-50}$$

式中 V——房间空气体积（m^3）；

$C(\tau)$——房间空气中示踪气体体积浓度（m^3/m^3）；

τ——时间（h）；

$F(\tau)$——单位时间内示踪气体散发量（m^3/h）；

C_{out}——室外示踪气体浓度（m^3/m^3）；

$L(\tau)$——室内外换气量（m^3/h）。

（1）**下降法（衰减法）** 首先在一封闭被测房间内释放一定量的示踪气体，通过一定手段使房间示踪气体浓度均匀，待其浓度达到稳定均匀分布后，停止释放示踪气体，然后开启房间测定状态所需的门窗开口，使房间处于稳定通风状态，此时式（3-50）中$F(\tau)=0$，风量$L(\tau)$为常数，室内浓度呈下降趋势，则积分便可获得房间通风换气次数

$$N=\frac{L}{V}=\frac{\ln\left[C(0)-C_{out}\right]-\ln\left[C(\tau)-C_{out}\right]}{\tau} \tag{3-51}$$

式中 $C(0)$——开始时刻的示踪气体浓度（m^3/m^3）；

其他量物理意义同前。

为了提高测量效果，常用一个小风机（或风扇）将室内空气与示踪气体充分混合。用这种方法可以很方便地测出房间与外界的换气量，从而得到房间的换气次数。

（2）**上升法** 该方法是在处于测试状态的被测房间释放点，连续释放固定强度源的示踪气体［$F(\tau)$= 常数］，通过观察测点示踪气体浓度随时间上升趋势的变化过程，利用式（3-50）便可获得通风量。假定释放点处通风量恒定，当示踪气体浓度达到稳定时可通过式（3-50）获得通风换气次数计算式

$$N=\frac{F}{V(C_n-C_0)} \tag{3-52}$$

式中 C_n——释放点下游示踪气体浓度，对于房间则为房间排风处浓度或房间内浓度（需均匀），对于管道可认为是管道出口浓度，对于排放罩则可认为排风罩抽吸管道内浓度；

C_0——释放点前的示踪气体浓度，对于房间处于自然通风状态的情况下，该示踪气体为二氧化碳；

其他符号意义同前。

（3）**脉冲法** 该方法是通过改变示踪气体的释放速度，来保持室内示踪气体浓度稳定不变，并通过计算，得出房间与外界的换气次数。即在式（3-50）中，浓度是恒定不变的，但为了维持室内浓度恒定，示踪气体释放速度可能是变化的，这尤其适合房间与外界空气交换的情况，特别适用于有人员活动的建筑物。其换气次数的计算式为

$$N=\frac{F(\tau)}{V(C_n-C_0)} \tag{3-53}$$

式中 C_n——房间或管道设定的恒定的示踪气体浓度；

C_0——房间或管道内示踪气体的背景浓度。

实际上，无论哪一种方法，只需根据实际情况将各参数代入式（3-50），对式进行积分便可获得示踪气体浓度的函数曲线，利用浓度函数曲线便可求解相关参数。

采用示踪气体法测量通风量时，实验数据处理方法有回归法、差分法、稳定法等，其中下降法采用的式（3-51）被《公共场所室内新风量测定方法》（GB/T 18204.18—2000）采纳，现被《民用建筑工程室内环境污染控制规范》（GB 50325—2010）引用，故式（3-51）又称国标法。不同数据处理方法，结果略有不同。研究发现，以CO_2作为示踪气体测定新风量时，非线性回归法最为精确，差分法其次，国标法所得新风量略偏低，稳态法计算的新风量偏高[35]。

2. **计算流体动力学(CFD)方法**

随着计算机的发展，利用计算流体动力学（Computational Fluid Dynamics，CFD）对气流组织进行数值求解的方法应运而生。用CFD技术进行数值求解的基本思想是：把原来在空间与时间坐标中连续物理量的场（如浓度场、速度场、温度场等），用一系列有限个离散点（称为节点，node）上的值的集合来代替，通过一定的原则建立这些离散点上变量值之间关系的代数方程（称为离散方程，discretization equation），求解所建立的代数方程以获得所求解变量的近似值，如图3-26所示。

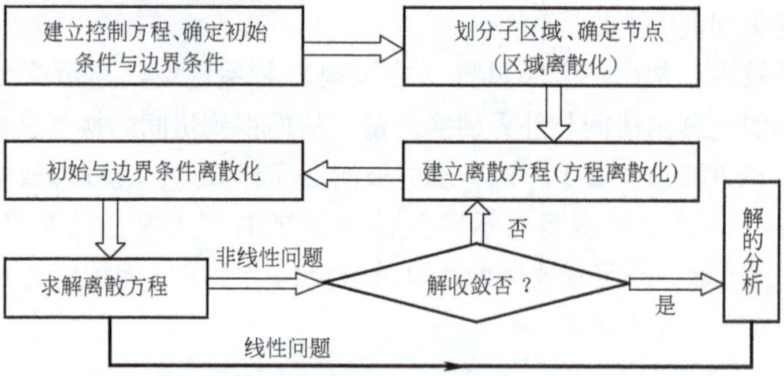

图3-26 物理问题数值求解的基本过程

CFD的各种数值解法主要区别在于区域的离散方式、方程的离散方式和代数方程求解的方法这三个环节上。目前得以应用的方法有：有限差分法（Finite Difference Method，FDM)、有限容积法（Finite Volume Method，FVM)、有限元法（Finite Element Method，FEM）及有限分析法（Finite Analytic Method，FAM)。其中应用最广泛和最成熟的方法是有限容积法。

CFD计算软件是一种高层次、知识密集度极高的商业产品。至今，全世界至少有50余种这样的产品，比较著名的有PHOENICS、CFX、STAR-CD和FLUENT等大型软件。它们一般包含以下几方面内容：

（1）前处理器　一般计算软件前处理器的作用是构造几何模型和划分网格，对于复杂的几何系统，网格划分尤为重要。它的完善程度也是评价一个软件的重要指标。一般的计算软件除了有该软件自己开发的网格生成系统外，还设有模块接口与专门用以生成网格的商用软件（如PATRAN、ICEM-CFD等）连接。

（2）求解器　计算软件的求解器主要有以下几个作用：确定CFD方法的控制方程；选择离散方法进行离散求解；选用数值计算方法；输入相关参数（初始条件、边界条件、松弛因子、物性参数、其他)；最后予以计算。各计算软件在这个方面的处理能力比较完善，差别并不大。

（3）后处理器　将计算结果及时、完善地进行处理与显示，是减轻用户负担、减少差错的重要手段。因而后处理器功能的完善与否也是评价计算软件的重要指标。与前处理器一样，目前软件市场上也有许多专门进行后处理的软件，商用软件一般也提供接口以满足用户不同需要。

（4）用户自定义模块　作为计算软件来说，一经研制出来，它的功能也就随之定型，所解决的问题局限在软件所提供的各种功能里。然而对于使用者来说，碰到的实际问题是千变万化的，计算软件不可能提供所有问题的解决方法。这就需要软件自身提供让用户有可能纳入一些该软件本身所未包含的功能，以解决该软件以前所不能解决的问题。因此，许多软件都提供专门接口允许用户加入自己开发的模块。

与以往只能用模型实验的方法研究几种典型的气流组织状况，获得一些简化的计算公式不同，数值求解方法通过求解质量、动量、能量、气体组分质量守恒方程和粒子运动方程，得到室内各个位置的风速、温度、相对湿度、污染物浓度、空气龄等参数，从而分析评价通风换气效率、热舒适和污染物排除效率等。由于数值求解方法具有能预先进行、周期短、费用低等特点，近年来得到了越来越多的应用。

图3-27所示为不同送回风气流组织室内温度分布，由图中温度分布可知，室内不同气流组织所营造的温度环境是不同的。

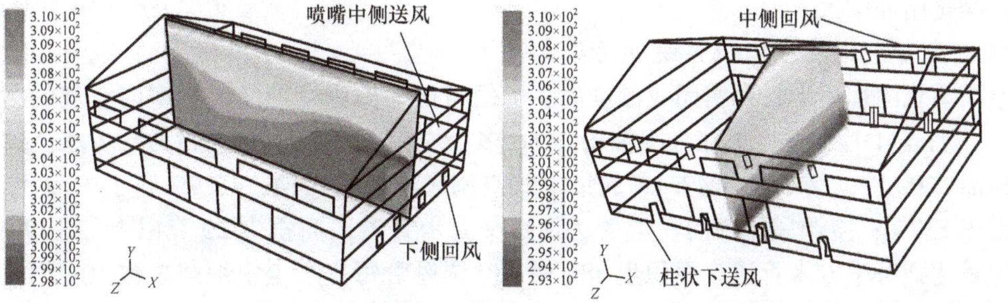

图3-27 不同送回风气流组织室内温度分布

a）喷嘴中侧送风下侧回风 b）柱状下侧送风中侧回风

3.4.7 空调系统的应对措施

空调系统的本意是给人们提供一个良好的室内空气环境，但目前空调系统一般采用部分室内循环风与部分新风混合后送入室内的方法，以解决空调房间新鲜空气不足的问题。空调房间的密闭性一般都比较好，系统新风量一般都不多，这不利于稀释或排出室内空气污染物，但是空调系统也能在某种程度上降低空气污染。空调房间的空气温度一般比较低，而温度是影响建筑装饰材料中挥发性有机物散发的主要因素，因此温度的降低可以减小挥发性有机物的释放量。总体而言，空调系统对室内空气污染的影响取决于空调系统在此方面的设计以及后续的运行管理。总之，当今空调的概念已经不仅仅局限于为室内提供良好的温湿度，人们更关注的是为工作、生活环境创造一个健康、舒适的空气环境，所以如何提高空调房间空气品质是我们面临的一个重要问题。空调系统改善室内空气品质的方法和措施主要有以下几种。

1. 保证适当的新风量

适当的新风量是稀释室内空气污染物、改善室内空气品质的前提。从提高室内空气品质角度看，空调系统的新风量应该是越多越好，但新风量越多，系统能耗也越大，这就需要在两者之间有所兼顾，既要考虑室内空气品质的需要，又要考虑系统的能耗。空调系统新风量的要求和指标，已经在前面作了讨论，在此不再赘述。

2. 保证新风品质

在保证新风量的同时，对新风品质问题也应引起足够的重视。在新风入口的选择上，要注意避免卫生间、厨房、冷却塔等不洁空气的影响，与室外空气污染源应有一定的距离间隔，同时应避免将新风口设置在污染源的下风处。在新风管内设置新风过滤器可以提高新风品质，也能减少空气集中处理设备的积尘，目前新风过滤器通常只用粗效空气过滤器，也有人认为仅用粗效空气过滤器很难确保新风品质。对室内空气品质要求较高的净化空调系统，如电子工业等高洁净度车间，则采用新风三级过滤处理的方法，以避免室外污染对室内高洁净度环境的影响，同时还能延长空调系统中空气过滤设备的寿命，降低费用和能耗。

3. 空气过滤净化系统

空气过滤系统的主要设备为空气过滤器。其中的新风过滤器一般设置于新风管内。除了新风过滤器外，对一般空调系统，还会在空调系统中设置空气过滤净化系统，以过滤净化空调系统中循环空气的灰尘。对于循环空气中的污染气体，一般会采用吸附等类型的空气净化设备以净化循环空气。

4. 定期清洗或更换空调系统易污染部件

空调系统内部由于长期密闭、湿度高、不便清洁等原因，容易成为室内空气的污染源。2004年2月至4月，卫生部在全国抽检了60多个城市具备集中式空调的937家公共场所，检测样品5600件，结果发现47.1%的集中式空调属于严重污染，46.7%属于中等污染，合格的仅占6.2%；空调风管内的积尘量达到每平方米管道表面积尘20克以上的占90%，最高积尘量达到每平方米管道表面积尘486克，空调风管每克积尘中细菌总数10万个以上占80%，每克积尘中细菌总数最高达到277万个，不少单位自空调通风系统建成后，一直没有清洗过[36]。因此对空调系统中的过滤器、消声器、表冷器、风道内壁等应进行定期的维护清洗，对产生凝结水的设备（如表冷器、风机盘管接水盘）应及时排除积水，保持干燥，以免孳生微生物。

2003年6月30日国家质量监督检验检疫总局颁布了《空调通风系统清洗规范》（GB 19210—2003），该规范规定了通风与空调系统中的风管系统清洁程度的检查、工程环境控制、清洗方法、清洗后的修复与更换、工程监控和清洗效果的检验，用于被尘粒和生物性因子的污染，对空气过滤无特殊要求的通风与空调系统中的风管系统的清洗。规范对空调通风系统需清洗检查的时间间隔、部位、方法等作了规定。表3-31列出了需清洗检查的时间间隔。

表3-31 通风系统清洗检查时间间隔（GB 19210—2003） （单位：年）

建筑物用途分类	空气处理机组	送风管	回风管
工业	1	1	1
居室	1	2	2
小商业	1	2	2
商业	1	2	2
卫生保健	1	1	1
航运业	1	2	2

5. 合理组织室内气流

在确定了合理的风量以后，如何合理组织室内气流会直接影响室内空气品质。不同的通风方式和气流分布方式，其稀释和排除室内污染物的效果是不同的。

传统空调系统一般采用上送下回式气流方式，经处理的空气先是进入房间上部，再到下部的工作区，当其到达工作区时已受到污染，因此该送风方式对工作区空气品质是不利的。

集中式定风量全空气系统，靠调节送风温差满足室内外负荷变化，难以使消除室内热湿负荷的通风量与确保室内空气品质所需的通风量相一致。变风量空调系统室内外负荷变化时，送风量随之变化，当送风量小到一定程度，会使室内流场不均匀，甚至会产生冷气流跌落，冬季会产生热气流浮升，出现局部高速气流或气流死角，不仅热舒适出现问题，而且由于相应的新风量减少，室内空气品质也不能满足要求，因此对于变风量空调系统，必须确保系统的最小通风量和最小新风量。为了避免建筑内污染物交叉传播，降低空调能耗，不宜直接从吊顶内回风。由于在施工过程中，吊顶上部存在较多的尘土，或者在建筑使用中，建筑吊顶也存在着逐步积灰疏于清扫的现象，采用吊顶回风对室内卫生条件极为不利。

目前办公楼等公共建筑常采用风机盘管加新风的空调系统，其风机盘管机组通常用于消除房间热湿负荷，而独立的新风系统通常用于确保室内空气品质所需的新风量，有时也承担部分房间热湿负荷。风机盘管机组将空气的热湿处理和过滤移到室内，系统用水管代替了风管，由于机组盘管排数少，除湿能力差，在室内湿负荷大的情况下使室内相对湿度提高；机组内的盘管湿表面常常成为室内的细菌源、气味源；盘管机组风机的压头小，不能满足有较高过滤效率的空气过滤器的压头要求；由于室内通常没有排风，单靠送入的新风形成微小正压，从建筑缝隙渗透出去被稀释的空气，污染空气容易积聚在室内，易被风机盘管机组重新吸入后再送入室内。因此，风机盘管系统对室内空气品质会产生诸多的负面影响，在保证室内空气品质方面还有许多问题有待研究。

置换通风（图3-28a）最早是用于工业厂房解决室内的污染控制问题，然后转向民用，如办公室、会议厅、剧院等，目前我国在一些建筑中已有所应用。**置换通风**是直接在房间的下部以低风速送入，依靠人、设备等热源的热力作用，使送风以很小的扰动通过工作区，卷吸了周围的热空气和污染物质，定向地上升至设置在上部的排风口排出。在下部新鲜的送风空气推动下，室内形成近似置换式的通风，保证工作区的最佳空气品质，换气效率最高。因此仅就提高空气品质和节能而言，置换通风方式是目前为止较佳的室内气流组织方式。对比**混合通风**(图3-28b)，新鲜干净的空气顶部送入室内后，经与室内人员、设备等散发的热

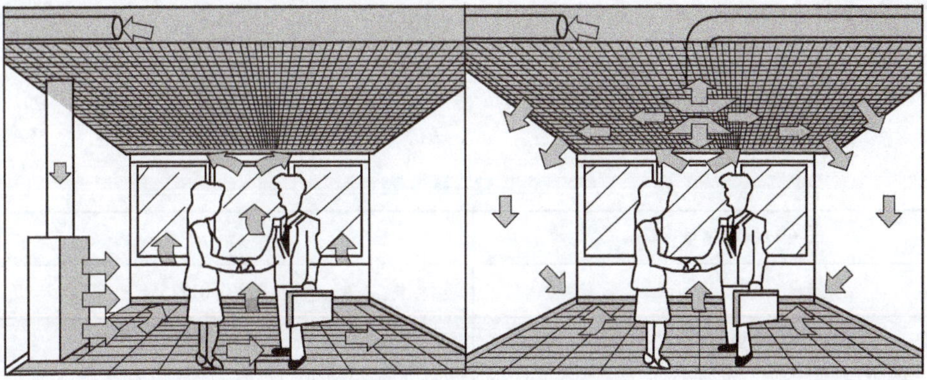

图3-28 置换通风与混合通风

a）置换通风 b）混合通风

量、水汽以及污染物混合后由上部回风带走，此时工作区处于新鲜干净空气与散发的热量、水汽、污染物的混合状态，新鲜干净空气只是起到了稀释作用，当回风口布置不当时，新鲜干净空气还可能被短路直接由回风口排出室内。由此可见，置换通风方式比混合通风方式更能保障工作区的空气品质。

习题与思考题

1. 由于 VOC 种类繁多，我国有关规范选取了哪些物质作为 VOC 的应识别组？

2. 感受到的可接受的室内空气品质好是否就说明可接受的室内空气品质好？为什么？

3. 我国颁布的《民用建筑工程室内环境污染控制规范》和《室内空气质量标准》两个规范有何区别？

4. 房间内甲醛散发量为 3×10^{-5}g/s，初始浓度为 1.2×10^{-4}g/m^3；苯的散发量为 2×10^{-5}g/s，初始浓度为 1.1×10^{-4}g/ m^3。若房间体积为 500m^3，送风空气中污染物的浓度为零，希望在 1h 内将室内甲醛的浓度控制在 0.06mg/m^{3}以下，苯的浓度控制在 0.07mg/m^{3}以下，分别求出两种污染物浓度控制在要求范围内所需的通风量，以及同时能满足这两种污染物浓度要求的房间通风量。当稳态时要求污染物浓度控制在所要求的允许范围内，计算分别排除这两种污染物的必要通风量，以及这两种污染物共存时房间的必要通风量。

5. 简述自然通风的优点和不足。

6. 根据国家有关规范的规定，空调系统新风量确定的依据是什么？

7. 某一可供 20 人开会的会议室，平均每人每小时抽 0.5 支烟，试分析有哪几种影响室内空气品质的污染物，并计算该房间的必要通风量。如果该房间是空调房间，则满足这一要求的新风量为多少（已知维持空调房间正压所需风量为 450m^3/h，不考虑室内发热、发湿所需风量）？

8. 图 3-29 所示的建筑立面图中，其中和面高度为 3m，室内外温度分别为 20℃和 0℃，试画出室内垂直面、屋顶、地板余压分布图。

9. 某居室开口缝隙布置及其有效开口面积如图 3-30 和表 3-32 所示，求该居室当量有效开口面积。如果该居室居住 3 人，仅考虑风压作用，问室外风速低于多少时不能满足室内人员卫生所需新风量（建筑迎风面和背风面的风压系数分别为 0.8 和-0.4，空气密度 $\rho=1.2$kg/m^3）？

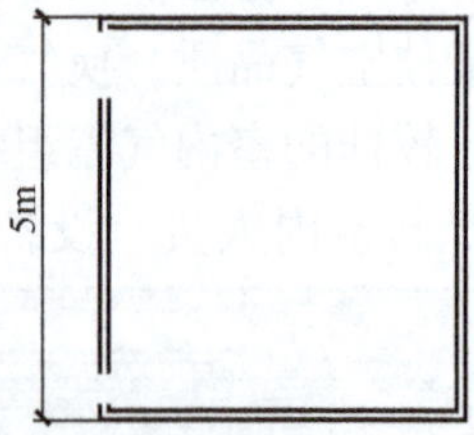

图 3-29 题 8 图

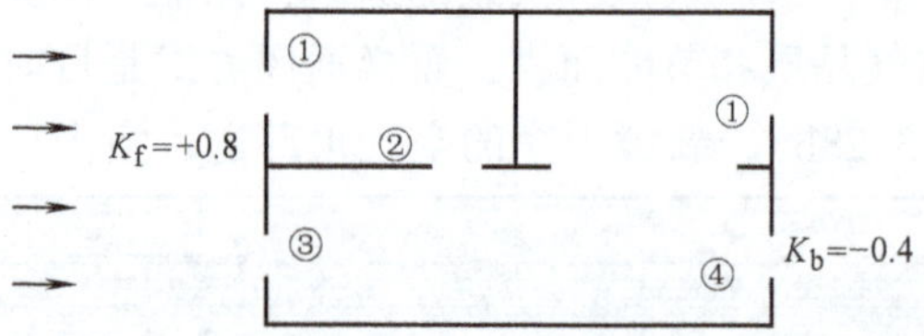

图 3-30 题 9 图

表 3-32 题 9 表

开口缝隙序号	μF
①	0.01725
②	0.0504
③	0.027
④	0.0216

10. 如图 3-31 所示，高差 2m，室温 22℃，室外温度-5℃下侧 2 个开口：①$\mu F=0.4$m^2，上侧 1 个开

口；②$\mu F=0.6\text{m}^2$。试确定室外风速 1.5m/s、2m/s 时室内自然通风的主导流向，并确定其相应的自然通风量的大小（标准状态下 $\rho=1.293\text{kg/m}^3$，题中 ρ 可采用 $\rho T=$常数计算）。

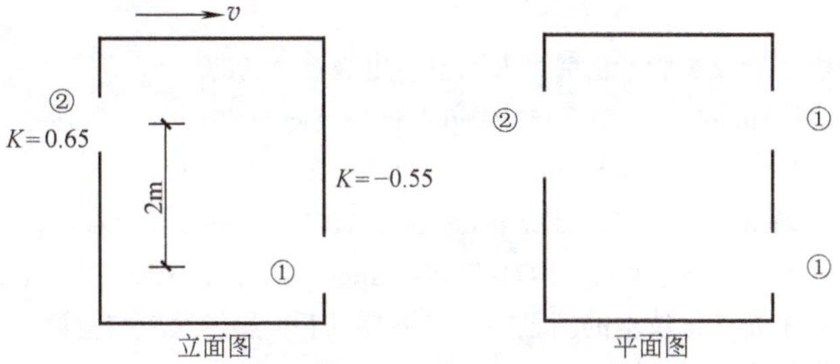

图 3-31 题 10 图

11. 某房间面积为 100m^2，层高为 3m，房间送入的室外新鲜空气量为 $0.4\text{m}^3/\text{s}$。室内平均空气龄$\bar{\tau}$为 10min，求：①房间换气次数 n（次/h）；②房间理论最短换气时间 τ_n；③房间实际换气时间 τ_γ；④房间换气效率 ε。

参考文献

[1] 刘君卓，等. 居住环境和公共场所有害因素及其防治 [M]. 北京：化学工业出版社，2000.
[2] 张金良，郭新彪. 居住环境与健康 [M]. 北京：化学工业出版社，2004.
[3] 蔡宏道. 现代环境卫生学 [M]. 北京：人民卫生出版社，1995.
[4] 吴功建. 岩石圈论文集 [M]. 北京：中国地质科学院，1986.
[5] 敖雪桔，宁喜太，刘秀芝. 环境保护概论 [M]. 哈尔滨：哈尔滨地图出版社，2008.
[6] 张博，等. 室内环境卫生学 [M]. 北京：中国环境科学出版社，2008.
[7] 朱立，等. 放射性元素氡与室内环境 [M]. 北京：化学工业出版社，2004.
[8] 李晓燕，王燕，郑宝山，等. 我国东南沿海城市地下建筑氡浓度分布 [J]. 原子能科学技术，2006，40 (5)：635-639.
[9] John D S，Jonathan M S，John F M. Indoor Air Qulity Handbook [M]. McGraw-Hill Companies. Inc.，2001
[10] 史德，苏广和. 室内空气质量对人体健康的影响 [M]. 北京：中国环境科学出版社，2005.
[11] 姜安玺，等. 空气污染控制 [M]. 北京：化学工业出版社，2003.
[12]《中国大百科全书·环境科学》编委会. 中国大百科全书 环境科学 [M]. 北京：中国大百科全书出版社，2002.
[13] 奚旦立，等. 环境监测 [M]. 北京：高等教育出版社，1995.
[14] 王簃兰，等. 劳动卫生学 [M]. 北京：人民卫生出版社，1981.
[15] 税永红. 居家室内环境保护 [M]. 北京：科学出版社，2011.
[16] 陈冠英. 居室环境与人体健康 [M]. 北京：化学工业出版社，2005.
[17] 李翠林，王传娥，王莹，等. 居民室内甲醛污染现状调查与分析 [J]. 甘肃联合大学学报，2013，27 (3)：29-31.
[18] 王喜元. 民用建筑工程室内环境污染控制 [M]. 北京：中国计划出版社，2011.
[19] WHO Regional Office for Europe. WHO guidelines for indoor air quality：selected pollutants [M]. Puncto druck+medien GmbH，Bonn，2010.
[20] 贾衡. 人与建筑环境 [M]. 北京：北京工业大学出版社，2001.
[21] Bjarne W Olesen. International developmen t of standards forventilation of building [J]. ASHRAE J,

1997 (4): 31 -39 .
[22] 兰军明.《GB 50325—2010》与《GB/T 18883—2002》的比较和分析 [J]. 标准规范, 2012, 30 (5): 26-28, 48.
[23] 姚志麟. 环境卫生学 [M]. 3 版. 北京: 人民卫生出版社, 1987.
[24] Fang er P O. Introduction of the olf and decipol units toquantify air pollution perceived by humans indoors andoutdoors [J]. Energy and Buildings, 1988, 12 (1) : 1- 6.
[25] ASHRAE. ASHRAE Handbook (SI) Fundamentals, 2013, American Society of Heating, Refrigerating and Air-conditioning Engineers, Inc., 1971 Tullie circle, N. E., Atlanta, GA 30329, 2013.
[26] 高立新, 陆亚俊. 基于光催化技术的新型空调过滤器 [J]. 热能通风与空调, 2003 (2): 40-41.
[27] 藤井正一. 住居环境学入门 [M]. 日本: 彰国社, 1984.
[28] 金招芬, 朱颖心. 建筑环境学 [M]. 北京: 中国建筑工业出版社, 2001.
[29] ASHRAE. ASHRAE Standard 62. 1 2007, Ventilation for acceptable indoor air quality, ASHRAE, 2007.
[30] 孙一坚. 简明通风设计手册 [M]. 北京: 中国建筑工业出版社, 1997.
[31] 刘锦染, 苏永森. 工业厂房通风技术 [M]. 天津: 天津科学技术出版社, 1985.
[32] 魏润柏. 通风工程空气流动理论 [M]. 北京: 中国建筑工业出版社, 1981.
[33] 柳孝图. 建筑物理 [M]. 北京: 机械工业出版社, 2010.
[34] 林其标, 林燕, 赵维稚. 住宅人居环境设计 [M]. 广州: 华南理工大学出版社, 2000.
[35] 王立鑫, 白郁华, 刘兆荣, 等. CO_2 示踪气体法测定室内新风计算方法研究 [J], 建筑科学, 2007, 2 (8): 79-81.
[36] 卫监督发 [2004] 392 号. 卫生部关于 2004 年公共场所卫生监督抽检情况的通报 [J]. 卫生部公报, 2004 (12): 62-64.

4

第 4 章

建筑热湿环境

室外气候条件以及室内发热发湿源直接影响着建筑物室内热湿环境。图 4-1 所示表明了室内热湿环境的形成过程。室外对室内热湿环境影响主要来自太阳辐射和室外热湿空气的共同作用，它们通过建筑物围护结构把大量热量传进室内，同时还通过门窗透过太阳辐射热，通过缝隙渗透热湿空气影响室内热湿环境，这一类影响室内热湿环境的因素称为**外扰**。影响室内热湿环境的另一个主要因素又称**内扰**，就是室内照明、电器等工艺设备、人体等散发的热量或水蒸气，它们以不同的散热散湿的形式，直接地或通过建筑内表面间接地影响着室内热湿环境。无论是外扰还是内扰，它们主要是以辐射、传导或传湿、对流热交换或对流质交换三种形式影响室内热湿环境。其中建筑传热中部分辐射来自围护结构或室内家具等的蓄热放热过程，这是区别于其他传热过程的一个重要特点，是室内得热与室内负荷不等的主要原因。建筑物围护结构的热工特性直接影响着室内得热及其负荷的大小。因此，室内热湿环境是在内扰、外扰、建筑热工特性等物理因素的共同作用下形成的。不同的热湿环境对人们产生不同的生理和心理上的影响。总之，营造一个良好的热湿环境，不仅需要了解形成室内热湿环境的物理因素，而且还需要了解人们在不同热湿环境中的生理和心理上的反应。

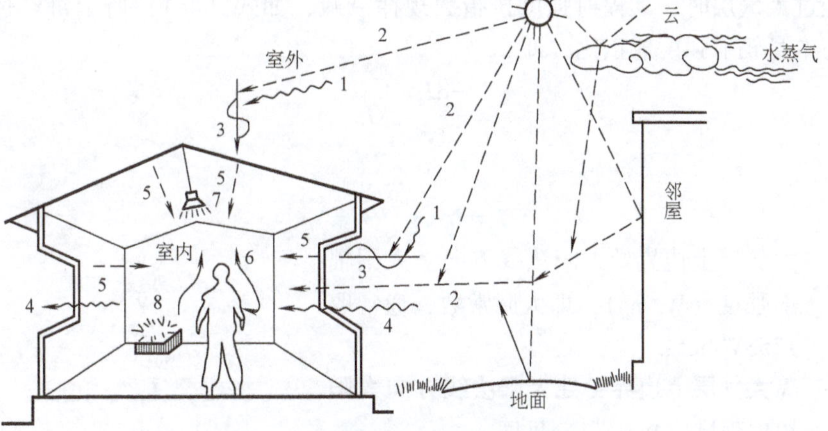

图 4-1 建筑物室内热湿环境的形成

1—室外气温 2—太阳辐射 3—室外空气综合温度 4—热湿空气交换 5—建筑围护结构传热 6—人体热源 7—照明热源 8—室内设备等热源

本章将在描述各种形成热湿环境物理因素的基础上，阐述热湿环境的形成机理；在区分室内得热与负荷概念不同的基础上，讲解室内负荷计算原理；从人体对热湿环境的生理和心理反应出发，介绍室内热湿环境的评价方法，描述室内热湿环境参数对舒适性、建筑节能以及人们工作效率的影响。

4.1 影响室内热环境的物理因素

影响室内热环境的主要物理因素是太阳辐射量和室外空气温度等外扰因素，这些外扰因素通过围护结构传递到室内，从而影响室内热环境。当太阳辐射照射到围护结构外表面时，一部分辐射量被围护结构所吸收，一部分辐射量被围护结构反射回去，还有一部分辐射量透过围护结构进入室内。如果太阳辐射透过围护结构进入室内的比例接近于0时，这种围护结构称为**非透明体围护结构**；如果太阳辐射透过围护结构进入室内的比例大于0但小于100%时，这种围护结构称为**半透明体围护结构**。常见的非透明体围护结构有墙、屋顶和楼板等；半透明围护结构有窗户、天窗和阳台门等。本节主要论述太阳辐射与室外综合空气温度之间的关系，以及非透明体围护结构和半透明体围护结构热工参数如何影响室内热环境的变化等内容。

4.1.1 太阳辐射与室外空气综合温度

对于建筑热环境来说，太阳辐射是一项十分重要的外扰，特别是透过玻璃窗直接射入室内的辐射热对房间的温度状况有着特殊的影响。在寒冷的冬季，太阳辐射为人们提供了免费的热源，而在炎热的夏季，人们又必须花费一定的代价，以抵消其对房间温度的干扰。因此，掌握太阳辐射特性，对合理控制或利用太阳辐射相当重要。

继第2章学习了到达大气层上边界的太阳辐射能及其特性之后，本小节将定量讨论到达建筑物表面的太阳辐射能，并利用温度的概念简化太阳辐射对室内热环境的作用。

1. 大气透明度与大气质量

阳光经过大气层时，其辐射强度按指数规律衰减，如式（4-1）所示每经过dx距离的衰减梯度与本身辐射强度成正比，即

$$\frac{-\mathrm{d}I_x}{\mathrm{d}x}=KI_x \tag{4-1}$$

解得

$$I_x=I_0\exp(-Kx) \tag{4-2}$$

式中 I_0——大气层上边界处太阳法线方向上太阳辐射强度（W/m^2），即太阳常数，通常取1353W/m^2；

I_x——离大气层上边界x处太阳法线方向太阳辐射强度（W/m^2），见图4-2；

K——比例常数（m^{-1}），又称消光系数；

x——太阳光线行进路程（m）。

K值越大，辐射强度衰减越快，其值与大气成分、云量等参数有关。x值由太阳位置计算得出。当太阳位于天顶时（日射垂直地面），到达地面的太阳辐射强度为

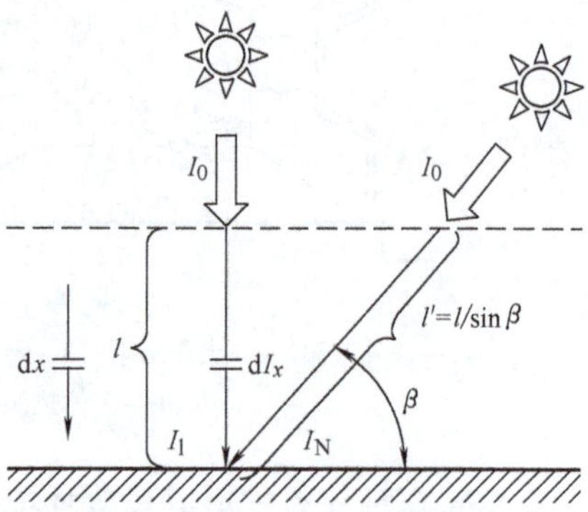

图4-2 太阳光的路程长度

$$I_l = I_0\exp(-Kl) \text{ 或 } P = \frac{I_l}{I_0} = \exp(-Kl) \tag{4-3}$$

l 为大气层厚度，P 称为**大气透明度**，它是衡量大气透明程度的参数，综合反映大气层厚度、消光系数等因素对太阳辐射的减弱程度，P 值越接近 l，大气越清澈，P 值一般为 0.65~0.75。夏季空气调节负荷计算用各地大气透明度可从有关设计手册中查得。

当太阳不在天顶，太阳高度角为 β 时，太阳光线路程长度 $l'=l/\sin\beta$。垂直于太阳光线平面上的太阳辐射强度为

$$I_N = I_0\exp(-Kl') = I_0\exp(-Kml) = I_0P^m \tag{4-4}$$

式中，$m=\frac{l'}{l}=\frac{1}{\sin\beta}$，称为**大气质量**，它反映了太阳射线在大气层内通过的距离长短，与太阳高度角相关，正午时太阳射线到达地面的距离最短，大气质量最小。

2. 太阳辐射强度

建筑表面接受的太阳辐射由直射辐射和散射辐射两部分组成。

（1）**太阳直射辐射强度**　直射到水平面、垂直面、倾斜面上的太阳辐射强度可通过图 4-3 和图 4-4 所示的几何关系获得如下计算式

水平面：
$$I_{S,Z} = I_N\sin\beta \tag{4-5}$$

垂直面：
$$I_{C,Z} = I_N\cos\beta\cos\theta \tag{4-6}$$

倾斜面：
$$I_{\gamma,Z} = I_N\cos i \tag{4-7}$$

式中　θ——太阳方位角与所考察的建筑表面方位角之差（°），即太阳射线在水平面上的投影与建筑表面法线的夹角，$\theta=A\pm\alpha$；

A——太阳方位角（°），太阳射线在水平面上的投影线偏离南向的角度；

α——建筑表面方位角（°），建筑表面法线偏离南向的角度；

i——太阳射线与倾斜面法线之间的夹角（°），i 角度可通过下式计算得到

$$\cos i = \cos\gamma\sin\beta + \sin\gamma\cos\beta\cos\theta \tag{4-8}$$

γ——倾斜面对地面的高度角（°）。

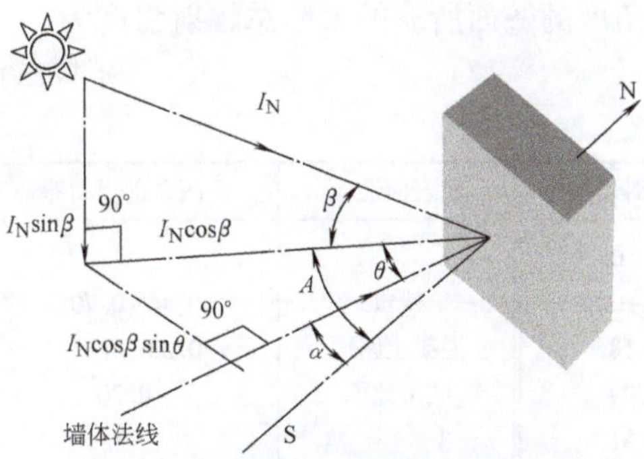

图 4-3　太阳射线与建筑物水平面和垂直面之间的关系

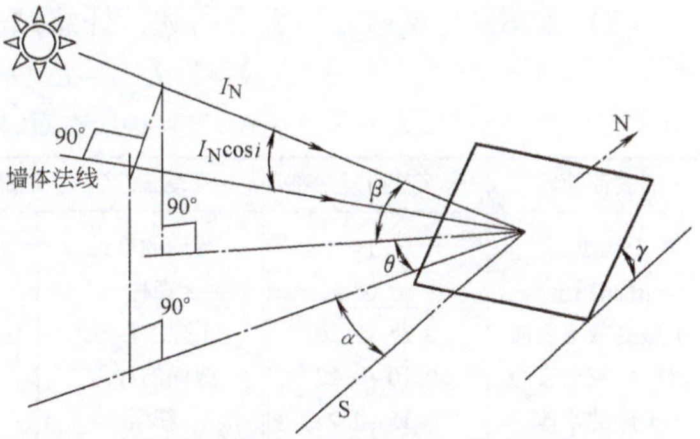

图 4-4　太阳射线与建筑物倾斜面之间的关系

（2）**太阳散射辐射强度**　建筑围护结构外表面所获得的太阳散射主要有天空散射辐射和地面反射辐射。其中天空散射辐射是关键项。

1）**天空散射辐射**：指来自天空向各方向反射、折射的散射光，以短波辐射为主。多云

气候，散射辐射增多，而直射辐射则成比例地降低。晴天水平面上的太阳散射辐射强度计算公式有很多，目前常采用 Berlage 公式计算，它是在假定天空为等辉度散射条件下推导得出的，即

$$I_{S,S}=\frac{1}{2}I_0\sin\beta\frac{1-P^m}{1-1.4\ln P} \tag{4-9}$$

同理，与水平面呈 γ 角的倾斜面所能“看见”天空的百分数为 $\left(\frac{1}{2}+\frac{1}{2}\cos\gamma\right)$，故倾斜面的太阳散射辐射强度为

$$I_{\gamma,S}=I_{S,S}\left(\frac{1}{2}+\frac{1}{2}\cos\gamma\right)=I_{S,S}\cos^2\frac{\gamma}{2} \tag{4-10}$$

对于垂直面（$\gamma=90°$）上的太阳散射辐射强度则取

$$I_{C,S}=\frac{1}{2}I_{S,S} \tag{4-11}$$

2）**地面反射辐射**：指太阳光线射到地面上以后，其中一部分被地面反射到建筑物表面的辐射，由于地面及其地面上的物体形状各异，把地面作为散射面，则与水平面呈 γ 角的倾斜面获得的地面日射反射辐射强度 $I_{\gamma,D}$ 为

$$I_{\gamma,D}=\rho_G I_{S,\Sigma}\left(\frac{1}{2}-\frac{1}{2}\cos\gamma\right)=\rho_G I_{S,\Sigma}\left(1-\cos^2\frac{\gamma}{2}\right) \tag{4-12}$$

对于垂直壁面，$\gamma=90°$，所获得的地面日射反射强度 $I_{C,D}$ 为

$$I_{C,D}=\frac{1}{2}\rho_G I_{S,\Sigma} \tag{4-13}$$

式中 ρ_G——地面平均日射反射率（见表 4-1），一般城市地面反射率可近似取 0.2；城市与郊区冬季的反射率有明显的差异，一般城市冬季地面反射率要比郊区小 10%～30%[1]。

$I_{S,\Sigma}$——水平面所接受的太阳总辐射强度（W/m²），即

$$I_{S,\Sigma}=I_{S,Z}+I_{S,S} \tag{4-14}$$

（3）**太阳总辐射强度** 综上所述，任意倾斜 γ 角度的壁面所获的太阳总辐射强度为

$$I_{\gamma,\Sigma}=I_{\gamma,Z}+I_{\gamma,S}+I_{\gamma,D} \tag{4-15}$$

表 4-1 各种地表面的日射反射率 ρ_G[1][2]

地表面性质	地面日射反射率	地表面性质	地面日射反射率	地表面性质	地面日射反射率
干燥黑土	0.14	湿润的草地	0.14～0.26		
湿润黑土	0.08	森林	0.04～0.10	残雪	0.46～0.70
干燥的灰土表面	0.25～0.30	干燥的沙地	0.18	混凝土路面	0.33～0.37
湿润的灰土表面	0.10～0.12	湿润的沙地	0.09	城市地面	～0.20
干燥的草地	0.15～0.25	新雪	0.81		

由此可得垂直壁面所获得的太阳总辐射强度为

$$I_{C,\Sigma}=I_{C,Z}+\frac{1}{2}I_{S,S}+I_{C,D} \tag{4-16}$$

工程上计算太阳总辐射强度时，有时散射辐射项仅计算其中的天空散射辐射项。

图 4-5 所示给出了北纬 40°全年水平面、南向表面和东向表面每日所获得的太阳总辐射

强度变化曲线。由图中曲线变化可以看出，日总辐射强度夏季水平面最大，而冬季则南向垂直面最大。

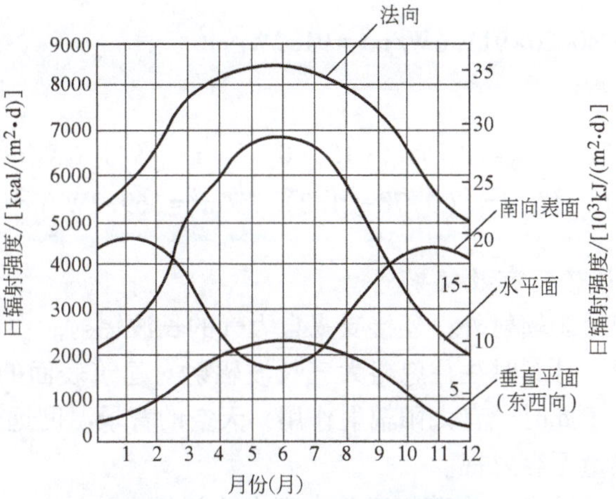

图 4-5 北纬 40°太阳总辐射强度

【例 4-1】 计算上海地区（北纬 31°10′）大暑日 13 时屋顶、东墙接受到的太阳总辐射强度。大气透明度 $P=0.60$。

【解】 由表 2-2 查得大暑日赤纬为 20°，时角 15°×1=15°，求得太阳高度角 β 及其方位角 A 分别为

$$\sin\beta=\sin31°10'\times\sin20°+\cos31°10'\times\cos20°\times\cos15°=0.954,\ \beta=72.5°$$

$$\cos A=\frac{\sin72.5°\times\sin31.17°-\sin20°}{\cos72.5°\times\cos31.17°}=0.589,\ A=53.9°$$

太阳光线法向平面上辐射强度：

$$I_N=I_0P^m=I_0P^{\frac{1}{\sin\beta}}=1353\times0.60^{\frac{1}{0.954}}\text{W/m}^2=792\text{W/m}^2$$

太阳直射辐射强度：

屋顶：$I_{S,Z}=I_N\sin\beta=792\times0.954\text{W/m}^2=755.6\text{W/m}^2$

东墙：因为 $\alpha=-90°$，$\theta=A-\alpha=143.9°>90°$，东墙为阴影面，所以 $I_{E,Z}=0\text{W/m}^2$

太阳散射辐射强度由天空散射辐射和地面反射辐射组成。

天空散射辐射：

屋顶：$I_{S,S}=\dfrac{1}{2}I_0\sin\beta\dfrac{1-P^m}{1-1.4\ln P}$

$$=\frac{1}{2}\times1353\times0.954\times\frac{1-0.60^{\frac{1}{0.954}}}{1-1.4\times\ln0.60}\text{W/m}^2=156\text{W/m}^2$$

东墙：$I_{E,S}=\dfrac{1}{2}I_{S,S}=\dfrac{1}{2}\times156\text{W/m}^2=78\text{W/m}^2$

地面反射辐射强度：

屋顶：$I_{S,D}=\rho_G I_{S,\Sigma}\left(\dfrac{1}{2}-\dfrac{1}{2}-\cos\gamma\right)=0$

东墙：$I_{E,D}=\dfrac{1}{2}\rho_G I_{S,\Sigma}$

取城市地面反射率0.20，则有

$$I_{S,\Sigma}=I_{S,Z}+I_{S,S}=(755.6+156)\ \mathrm{W/m^2}=911.6\mathrm{W/m^2}$$

$$I_{E,D}=\frac{1}{2}\rho_G I_{S,\Sigma}=\frac{1}{2}\times 0.20\times 911.6\mathrm{W/m^2}=91.2\mathrm{W/m^2}$$

太阳总辐射强度：

屋顶：$I_{S,\Sigma}=I_{S,Z}+I_{S,S}+I_{S,D}=(755.6+156+0)\ \mathrm{W/m^2}=911.6\mathrm{W/m^2}$

东墙：$I_{E,\Sigma}=I_{E,Z}+I_{E,S}+I_{E,D}=(0+78+91.2)\ \mathrm{W/m^2}=169.2\mathrm{W/m^2}$

3. 大气长波辐射与晚间有效辐射

建筑表面除了获得太阳辐射外，还接受来自大气的长波辐射。白天，由于太阳辐射强度远远大于大气长波辐射，计算时往往忽略大气长波辐射对建筑表面的影响。然而，在晚间，特别是冬季的晚间，由于此时没有太阳辐射作用，天空的背景温度远远低于空气温度，因此建筑物向天空的辐射热量不容忽视。

（1）**大气长波辐射** 大气中水蒸气吸收太阳光的部分热（约10%），同时还吸收来自地面和围护结构外表面的反射辐射热，因此大气温度上升，并向地面进行长波辐射。其辐射强度I_a可按黑体辐射的四次方定律计算，即

$$I_a=C_b\left(\frac{T_s}{100}\right)^4\phi \tag{4-17}$$

式中 C_b——黑体辐射常数［$\mathrm{W/(m^2\cdot K^4)}$］，为$5.67\mathrm{W/(m^2\cdot K^4)}$；

ϕ——接受辐射的表面对天空的角系数，平面屋顶可取1，垂直壁面可取0.5；

T_s——天空当量温度（K），可借助天空当量辐射率ε_s求得。

天空当量辐射率ε_s定义为

$$\varepsilon_s=\left(\frac{T_s}{T_a}\right)^4 \tag{4-18}$$

式中 T_a——室外空气干球温度（K）。

晴朗天空时当量辐射率计算式很多，一般常用Brunt方程式计算，即

$$\varepsilon_s=0.51+0.208\sqrt{p_q} \tag{4-19}$$

式中 p_q——空气中水蒸气分压力（kPa）。

由式（4-17）、式（4-18）和式（4-19）可得水平面接受到的大气长波辐射强度为

$$I_a=C_b\left(\frac{T_a}{100}\right)^4(0.51+0.208\sqrt{p_q}) \tag{4-20}$$

（2）**晚间有效辐射** 建筑物表面实际接受大气辐射的同时还接受来自地面的长波辐射，假定地表（包括地表面上的物体）为黑体，并认为其温度与地面附近的大气温度相等，则地面长波辐射强度类似于天空长波辐射，其辐射强度为

$$I_d=C_b\left(\frac{T_a}{100}\right)^4 \tag{4-21}$$

则地表（水平面）有效辐射为$I_{S,B}=I_d-I_a$，即

$$I_{S,B}=C_b\left(\frac{T_a}{100}\right)^4(0.49-0.208\sqrt{p_q}) \tag{4-22}$$

垂直面有效辐射为

$$I_{C,B}=\frac{1}{2}I_{S,B} \tag{4-23}$$

对于与水平呈 γ 角的倾斜面，其有效辐射强度 $I_{\gamma,B}$ 为

$$I_{\gamma,B}=I_{S,B}\cos^2\frac{\gamma}{2} \tag{4-24}$$

在晚间，由于地表温度往往大于空气温度，故晚间有效辐射始终向天空放射热量。

式（4-22）、式（4-23）和式（4-24）均为天空无云层条件下得到，如果大气有云层，地表面或建筑物表面因低空较高温度云层的辐射增加，表面有效辐射换热将减少。通过下式可计算具有一定云量的有效辐射强度 I_y

$$I_y=I_B\left\{1-(1-k)\frac{e}{10}\right\} \tag{4-25}$$

式中　I_B——某表面有效辐射强度（W/m^2），根据表面朝向选取式（4-22）～式（4-24）计算；

k——云层高度修正系数，当云层在上层、中层、下层时，其值 k=0.8、0.3、0.15；

e——云量，晴天为 0，全云天为 10，等分为 11 个等级。

许多学者从不同视角、采用不同方法通过以地表温度或者附近空气温度为代表的地面，与天空当量温度代表的天空之间的有效辐射来研究**天空当量温度**（有时又称**有效天空温度**），以此研究分析大气对建筑物的热作用，实现为冬夏季建筑供暖空调提供节能思路等的各种研究目的。综合上述分析，可以发现该天空当量温度与地面温度、地面附近空气温度及水蒸气分压力、大气云层厚度等气象因素有关，还可发现它还与所处海拔等地理特性、大气层污染情况等多种因素相关。

【例 4-2】 计算【例 4-1】中的屋顶、东墙表面有效辐射强度，假定屋顶、东墙表面为黑体，确定屋顶、东墙表面接受的总辐射强度。已知室外环境空气温度为 33.5℃，水蒸气分压力为 3950Pa，且天空晴空万里。

【解】 屋顶：$I_{S,B}=C_b\left(\frac{T_a}{100}\right)^4(0.49-0.208\sqrt{p_q})$

$=5.67\times\left(\frac{273+33.5}{100}\right)^4\times(0.49-0.208\sqrt{3.95})\ W/m^2$

$=38.3W/m^2$

$$I_{S,y}=I_{S,B}=38.3W/m^2$$

东墙：$I_{E,y}=\frac{1}{2}I_{S,y}=19.2W/m^2$

由【例 4-1】计算结果得到屋顶、东墙表面接受到的总辐射强度分别为

屋顶：$I_S=(911.6-38.3)\ W/m^2=873.3W/m^2$

东墙：$I_E=(169.2-19.2)\ W/m^2=150.0W/m^2$

【例 4-3】 某冬天夜晚，地面附近空气温度为 3.0℃，相对湿度 50%，求此时夜晚屋顶与墙体接受到的天空有效辐射强度。设大气上层云量为 4。

【解】 从有关手册中查得：空气温度 3.0℃ 时，$p_{q,b}$ = 757.3Pa，p_q = 0.50 × 757.3Pa = 378.65Pa。

屋顶：$I_{S,B}=5.76\times\left(\frac{273+3}{100}\right)^4\times(0.49-0.208\sqrt{0.37865})$ W/m²

$=120.9977\text{W/m}^2$

考虑云层因素，此时屋顶与墙体有效辐射强度分别为

$$I_{S,y}=120.9977\times\left[1-(1-0.8)\times\frac{4}{10}\right]\text{W/m}^2=111.32\text{W/m}^2$$

$$I_{C,y}=\frac{1}{2}I_{S,y}=55.66\text{W/m}^2$$

4. 室外空气综合温度

假定围护结构外侧是被空气温度 t_w 相等的黑体所笼罩，则围护结构外表面热传递如图4-6所示。它可以归纳为两大主要部分，即太阳等辐射引起的辐射得热和大气与外表面温度差引起的传热得热。

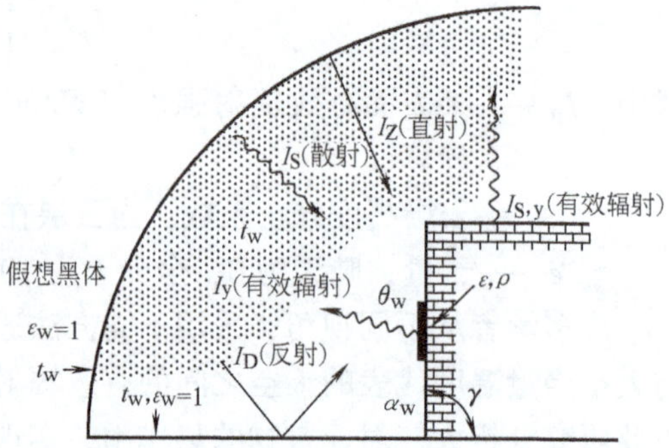

图4-6 围护结构外表面的热传递

图4-6所示围护结构外表面接受到的热量为

$$\begin{aligned}q&=\alpha_w(t_w-\theta_w)+\alpha_s I-\varepsilon I_y\\&=\alpha_w\left[(t_w-\theta_w)+\frac{\alpha_s I}{\alpha_w}-\frac{\varepsilon I_y}{\alpha_w}\right]\\&=\alpha_w(t_z-\theta_w)\end{aligned}\tag{4-26}$$

式（4-26）等式右边三项分别为外壁对流传热得热、太阳辐射得热及围护结构本身对外有效辐射放热。

式中 α_w——围护结构外表面传热系数［W/(m²·K)］，一般取 18.6W/(m²·K)，当室外平均风速已知时，可由表4-2查取；

θ_w——围护结构外壁面温度（℃）；

α_s——围护结构外壁对太阳辐射的吸收系数；

ε——围护结构外壁长波辐射系数；

I——太阳总辐射强度（W/m²），可通过式（4-15），或查阅有关手册确定；

I_y——围护结构外表面有效辐射（W/m²），I_y 可近似采用式（4-25）确定；工程上将 $\varepsilon I_y/\alpha_w$ 值做如下的近似处理：

垂直面：$\varepsilon I_y/\alpha_w=0$；水平面：$\varepsilon I_y/\alpha_w=3.5\sim4.0$℃；

t_z——室外空气综合温度（℃），其定义可用下式表示

$$t_z=t_w+\frac{\alpha_s I}{\alpha_w}-\frac{\varepsilon I_y}{\alpha_w}\tag{4-27}$$

表4-2 围护结构外表面传热系数 α_w[3]

室外平均风速/(m/s)	1.0	1.5	2.0	2.5	3.0	3.5	4.0
传热系数/[W/(m²·K)]	14.0	17.4	19.8	22.1	24.4	25.6	27.9

所谓**室外空气综合温度**是相当于室外气温由原来的 t_w 值增加了一个太阳辐射的等效温度 $\alpha_s I/\alpha_w$ 值，并扣除了物体本身与环境的有效辐射的当量温度 $\varepsilon I_y/\alpha_w$ 值。综合温度将围护结构外表面众多的因素综合成一个相当于室外的空气温度，并非实际的空气温度。

室外空气综合温度考虑长波辐射作用后有所下降。如果不考虑围护结构外表面长波有效辐射作用，夏季空调冷负荷计算是偏安全的。

由于太阳辐射强度因朝向而异，吸收系数 α_s 也因外围护结构表面材料各异有所不同，所以一个建筑物的屋顶、各朝向外墙表面有着不同的综合温度值。

对于热容很小的外壁，传入室内的稳定传导热量可用下式计算

$$q=K(t_z-t_n) \tag{4-28}$$

【例4-4】 根据【例2-3】计算所得的 t_w 和【例4-1】、【例4-2】计算所得的屋顶和东墙太阳总辐射强度 $I_{S,\Sigma}$、$I_{E,\Sigma}$ 以及有效辐射 $I_{S,y}$、$I_{E,y}$，确定此时上海地区建筑物屋顶（吸收系数 $\alpha_s=0.75$，$\varepsilon=0.90$）、东墙（$\alpha_s=0.55$，$\varepsilon=0.80$）13时的室外空气综合温度。

【解】 由【例2-3】计算得 $t_w=33.5$℃、【例4-1】计算得屋顶与东墙接受的太阳总辐射强度分别为 $I_{S,\Sigma}=911.6\text{W/m}^2$，$I_{E,\Sigma}=169.2\text{W/m}^2$，【例4-2】计算得屋顶与东墙有效辐射分别为 $I_{S,y}=38.3\text{W/m}^2$，$I_{E,y}=19.2\text{W/m}^2$，取 $\alpha_w=18.6\text{W/(m}^2\cdot\text{K)}$，则有

$$\text{屋顶：}t_z=\left(33.5+\frac{0.75\times911.6}{18.6}-\frac{0.90\times38.3}{18.6}\right)℃=68.4℃$$

$$\text{东墙：}t_z=\left(33.5+\frac{0.55\times169.2}{18.6}-\frac{0.80\times19.2}{18.6}\right)℃=37.7℃$$

【例4-5】 已知某一屋顶日射吸收率为 $\alpha_s=0.7$，其外壁全日射量 $I=698\text{W/m}^2$，当室外气温为 $t_w=32$℃，室内温度为 $t_n=25$℃时，求：①屋顶室外空气综合温度；②传入室内的稳定传热量。屋顶传热系数为 $K=2.33\text{W/(m}^2\cdot\text{K)}$，$\alpha_w=18.6\text{W/(m}^2\cdot\text{K)}$。

【解】 当缺乏计算有效辐射相关数据时，取 $\varepsilon I_y/\alpha_w=4.0$℃，则有

$$t_z=t_w+\frac{\alpha_s I}{\alpha_w}-\frac{\varepsilon I_y}{\alpha_w}=\left(32+\frac{0.7\times698}{18.6}-4\right)℃=58.3℃$$

由式（4-28）计算得到稳定传热量为

$$q=K(t_z-t_n)=2.33\times(58.3-25)\text{W/m}^2=77.6\text{W/m}^2$$

如果不考虑有效辐射，则综合温度

$$t_z=(58.3+4)℃=62.3℃$$

$$q=K(t_z-t_n)=2.33\times(62.3-25)\text{W/m}^2=86.9\text{W/m}^2$$

则屋顶稳定传热量偏大11.6%。

4.1.2 非透明体围护结构的热工特性

围护结构传热量的大小，不仅取决于室外空气综合温度和室内空气温度，还取决于围护结构的热工特性。室外环境通过围护结构向室内传递热的基本形式有导热、对流和辐射三种。根据室外环境气象参数波动特点，通过围护结构的传热又有稳定和不稳定传热之分。本小节将通过一系列热工参数叙述围护结构在不同传热形式时稳定传热与不稳定传热的热工特性。

1. 围护结构热传导与表面热对流

围护结构热传导是指围护结构内物体各部分因温度不同，或两物体直接接触而发生的热传导现象。材料的**热导率**λ（又称**导热系数**）是材料在稳定导热条件下导热特性的一个指标。它在数值上等于材料层单位厚度内温度差为1℃时，单位时间内通过单位面积的热量。不同状态材料热导率相差很大，气体的热导率最小，其数值约在0.006~0.6W/(m·K)，静止不流动的空气具有很好的保温性能；液体的热导率次之，约为0.07~0.7W/(m·K)，如水在常温下，其热导率为0.58W/(m·K)，约为空气的20倍；金属的热导率最大，约为2.2~420W/(m·K)；非金属材料，如绝大多数建筑材料的热导率介于0.3~3.5W/(m·K)之间。工程上常把λ小于0.3W/(m·K)的材料作为**保温隔热材料**，如矿棉、泡沫塑料、珍珠岩、蛭石等。附录A列出了常用的建筑材料热导率λ值，也可查阅相关手册获取。

不同材料其热导率一般是不同的，即使相同的材料，热导率也可能不同。对热导率影响最大的因素是干密度和湿度。一般来说，干密度越大，热导率也越大，但对某些干密度较小的材料来说，当干密度降低到一定程度后，若继续降低干密度，热导率不仅不再降低，反而会增大。这种材料存在着一个最佳干密度的界限，即在该干密度下，材料具有最小的λ值。图4-7所示玻璃棉热导率与最佳干密度的关系便是一例。材料的湿度增大，热导率将显著增大。从图4-8所示砖砌体热导率与质量湿度W_w（材料中所含水分质量与绝对干燥状态下材料质量的百分率）关系可以看到，当砖砌体的质量湿度由0增至4%时，热导率由0.5增至1.04，增加了1倍以上。因此，湿度对热导率的影响在建筑热工设计中必须引起充分注意。

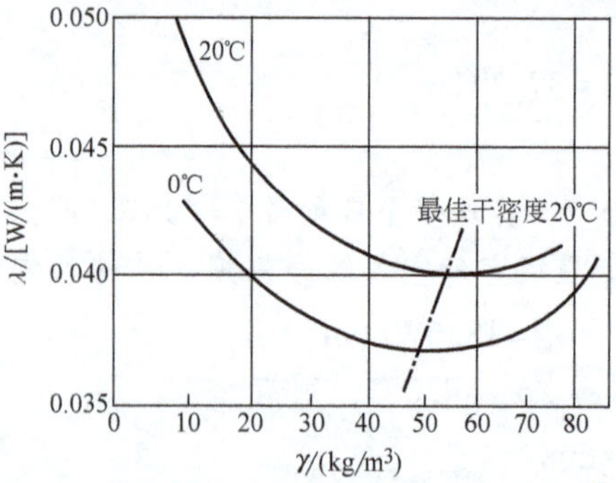

图4-7 玻璃棉热导率与最佳干密度的关系[4]

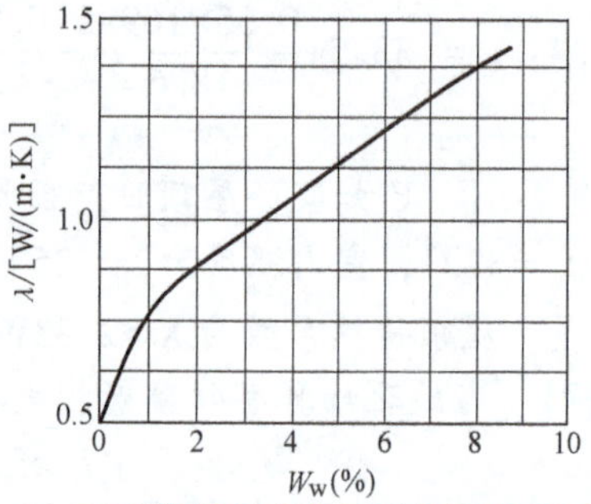

图4-8 砖砌体热导率与质量湿度的关系[4]

围护结构表面热对流是指流体与围护结构表面发生热传递现象，其传递过程称表面对流传热，**表面对流传热系数**α_c则反映了墙体对流换热的强度，它表示当固体壁面与流体主体部分的温差为1℃时，单位时间通过单位面积的换热量。α_c值大小取决于表面光滑程度、壁面形状和大小、流体与固体壁面温度、主体气流速度等。建筑热工中常遇到的对流换热问题都是指固体壁面与空气之间的换热，建议根据具体情况选用表4-3所列公式。

表4-3 表面对流传热系数的计算公式[4]

空气运动发生原因	壁面位置	表面状况	热流方向	计算公式
自然对流	垂直壁			$\alpha_c=2.0\sqrt[4]{\theta-t}$
	水平壁		由下而上	$\alpha_c=2.5\sqrt[4]{\theta-t}$
			由上而下	$\alpha_c=1.3\sqrt[4]{\theta-t}$
受迫对流	内表面	中等粗糙度		$\alpha_c=2.5+4.2v$
	外表面	中等粗糙度		$\alpha_c=(2.5\sim6.0)+4.2v$

2. 围护结构表面热辐射及换热特性

物体对外来热射线的反应遵循与可见光相同的规律。所谓**围护结构表面热辐射**是当某一热射线投射到建筑或物体表面时，其中一部分能量被反射，另一部分能量被物体吸收，还有一部分能量可能透过物体（如窗玻璃），物体表面的反射、吸收、透射特性分别可以用反射率ρ、吸收率α、透射率τ表示，根据能量守恒定律有

$$\rho+\alpha+\tau=1 \tag{4-29}$$

对于非透明体围护结构而言，透射系数$\tau=0$，存在$\rho+\alpha=1$，墙体等围护结构均属非透明体；凡是将外来辐射能全部反射的物体（$\rho=1$）称为**白体**；能全部吸收的物体（$\alpha=1$）称为**黑体**，工程上一般将吸收率接近1的表面称作黑体，小于1的表面称作**灰体**，其计算以黑体为基准。凡是善于反射辐射的物体，则一定不善于吸收辐射能；反之亦然。

物体对外辐射热能的能力用辐射量来表示，采用**辐射率**ε来反映物体对外辐射能力的大小。

对于黑体$\varepsilon=1$，灰体ε辐射率则小于1，白体$\varepsilon=0$。根据克希荷夫定律，在一定温度下，灰体的吸收率与辐射率是相等的，并不随波长变化。

黑体、灰体、白体都是理想体。实际物体接近灰体，但并非灰体，它们在不同波长的射线辐射下，其反射率、吸收率、透射率并非常数，其辐射率也随波长不同而不同。如图4-9所示，同温度下物体辐射光谱特性表示，黑体不仅能将一切波长的外来辐射热完全吸收，也能向外发射一切波长的热辐射，只是不同波长的单色辐射量不同而已。灰体辐射光谱具有与黑体相似的特点，且其单色辐射量E_λ与同温度同波长的黑体的$E_{\lambda b}$的比值为常数。实际物体大多只能吸收和发射某些波长的热辐射，其单色辐射量E_λ总小于同温度同波长时的黑体的单色辐射量，这种物体叫“**选择性辐射体**”。因此实际物体表面辐射特性与波长有关，不同波长下，不一定存在吸收率与辐射率相等的规律。图4-10给出了不同类型表面对不同波长辐射的反射率。黑色表面对各波长的辐射几乎全部吸收（反射率接近于0），而白色表面对不同波长的辐射反射率不同，对于太阳辐射中的可见光线几乎90%都反射回去，所以在外围护结构上刷白或玻璃窗上挂白色窗帘都可以减少进入室内的太阳辐射热。图4-10中还说明了一般围护结构外表面接受太阳辐射的短波辐射特性与接受常温表面的长波辐射特性是不相同的。此外，非透明围护结构其表面粗糙程度也影响反射率和吸收率的大小，表面越粗糙，吸收的太阳辐射热就越多。表4-4列出了一些围护结构外表面对太阳辐射的吸收率α_s与常温辐射率ε。

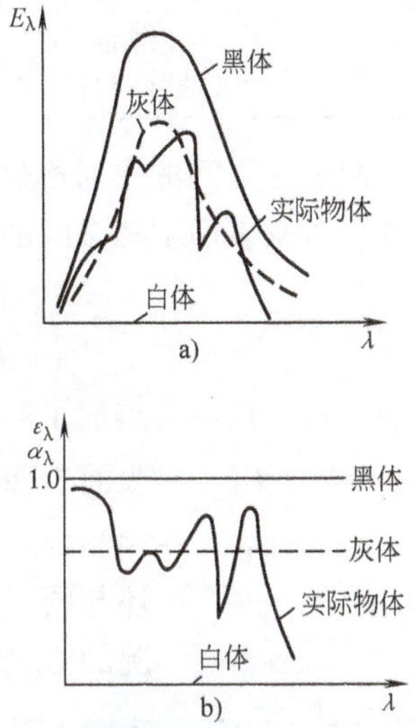

图4-9 实际物体、黑体、灰体的辐射和吸收光谱特性

a）辐射特性 b）辐射率和吸收率

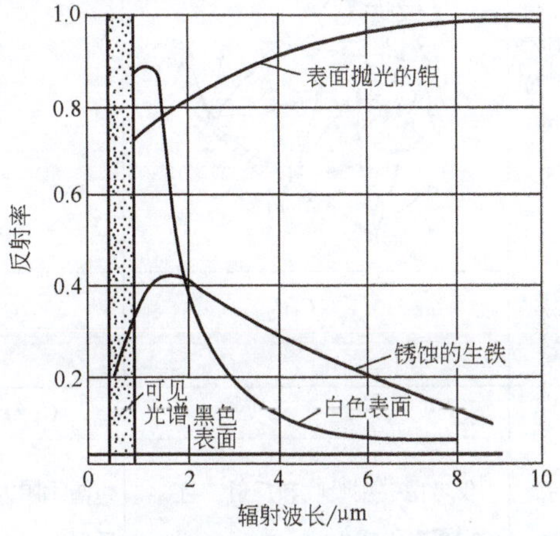

图4-10 各种表面在不同辐射波长下的反射率[5]

表4-4 围护结构外表面对太阳辐射的吸收率与常温辐射率[4]

序号	材　料	长波辐射率 ε (10~40℃)	辐射系数 $C=\varepsilon C_b$	日射吸收率 α_s
1	黑体	1.00	5.68	1.00
2	开在大空腔上的小孔	0.97~0.99	5.50~5.62	0.97~0.99
3	黑色非金属表面（如沥青、纸等）	0.90~0.98	5.11~5.50	0.85~0.98
4	红砖、红瓦、混凝土、深色油漆	0.85~0.95	4.83~5.40	0.65~0.80
5	黄色的砖、石、耐火砖等	0.85~0.95	4.83~5.40	0.50~0.70
6	白色或淡奶油色砖、油漆、粉刷、涂料	0.85~0.95	4.83~5.40	0.30~0.50
7	窗玻璃	0.90~0.95	5.11~5.40	大部分透过
8	光亮的铝粉漆	0.40~0.60	2.27~3.40	0.30~0.50
9	铜、铝、镀锌钢板、研磨钢板	0.20~0.30	1.14~1.70	0.40~0.65
10	研磨的黄铜、铜	0.02~0.05	0.11~0.28	0.30~0.50
11	磨光的铝、镀锡钢板、镍铬板	0.02~0.04	0.11~0.23	0.10~0.40

两表面之间的辐射换热量大小取决于两表面的温度、发射和吸收辐射能的能力及其相对位置。对灰表面1和2间的辐射换热量 Q_r 可用下式计算

$$Q_r=C_{12}\left[\left(\frac{T_1}{100}\right)^4-\left(\frac{T_2}{100}\right)^4\right]\overline{\phi_{12}}F_1=C_{21}\left[\left(\frac{T_2}{100}\right)^4-\left(\frac{T_1}{100}\right)^4\right]\overline{\phi_{21}}F_2 \tag{4-30}$$

式中 T_1、T_2——表面1和表面2的热力学温度（K）；

F_1、F_2——表面1和表面2的表面积（m^2）；

C_{12}——相当辐射系数［$W/(m^2\cdot K^4)$］，它除了与两表面辐射率 ε_1、ε_2 有关外，还与两表面的相对位置及计算精度有关；建筑环境中几种典型辐射换热情况的 C_{12} 如表4-5所示；

$\overline{\phi_{12}}$、$\overline{\phi_{21}}$——表面1对表面2和表面2对表面1的平均角系数，它们之间存在如下关系：

$$\overline{\phi_{12}}F_1=\overline{\phi_{21}}F_2 \tag{4-31}$$

表4-5 相当辐射系数计算公式

两辐射表面相对位置示意	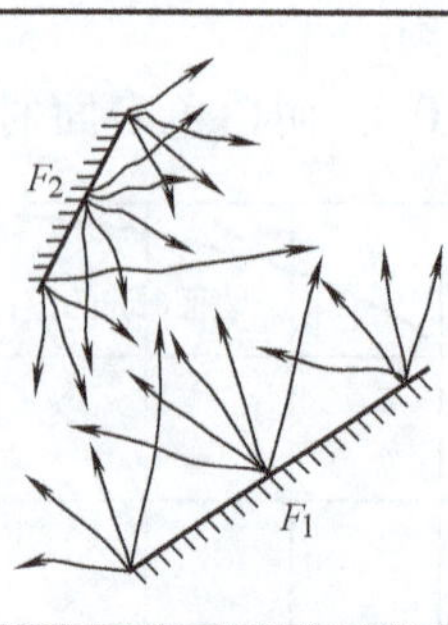	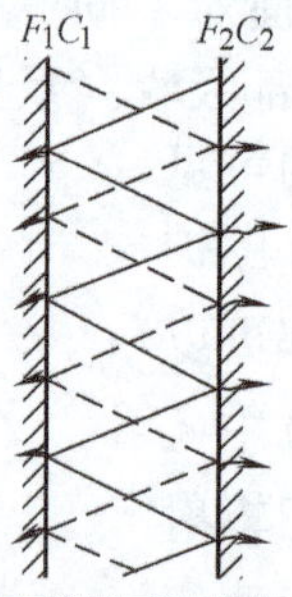	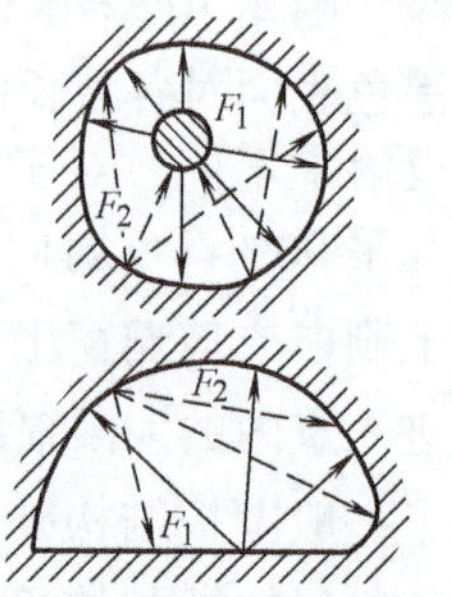
C_{12}计算公式	$C_{12}=\frac{C_1C_2}{C_b}$	$C_{12}=\frac{1}{\frac{1}{C_1}+\frac{1}{C_2}-\frac{1}{C_b}}$	$C_{12}=\frac{1}{\frac{1}{C_1}+\frac{F_1}{F_2}\left(\frac{1}{C_2}-\frac{1}{C_b}\right)}$
	$C_1=\varepsilon_1\sigma$，$C_2=\varepsilon_2\sigma$，$C_b=\sigma$		
说明	仅考虑一次吸收和反射，且 ε_1、ε_2 均需大于0.8	两无限大平壁，考虑多次吸收及反射，且 $\overline{\phi_{12}}=\overline{\phi_{21}}=1$	表面1无凹角，表面2无凸角，考虑多次吸收及反射，且 $\overline{\phi_{12}}=1$，$\overline{\phi_{21}}=\frac{F_1}{F_2}$

工程中所遇到的实际问题，往往同时存在辐射换热与对流换热，因此辐射传热计算常采用对流换热形式，用**表面辐射传热系数**的方式表示

$$q_r=\alpha_r(\theta_1-\theta_2) \tag{4-32}$$

式中 q_r——单位时间内两表面单位面积之间的辐射换热量（W/m^2）；

θ_1、θ_2——表面1和表面2的温度（℃）；

α_r——表面1和表面2间的表面辐射传热系数 [$W/(m^2\cdot K)$]。

$$\alpha_r=C_{12}\frac{\left[\left(\frac{T_1}{100}\right)^4-\left(\frac{T_2}{100}\right)^4\right]}{\theta_1-\theta_2}\overline{\phi_{12}} \tag{4-33a}$$

上式也可写成如下形式

$$\alpha_r=C_{12}(T_1^2+T_2^2)(T_1+T_2)\overline{\phi_{12}}\times10^{-8} \tag{4-33b}$$

当计算的两壁面温差不大，如室内表面之间的壁面辐射换热时，可近似采用式（4-33c）计算，其中 T_p 为壁面1和壁面2的平均温度。

$$\alpha_r=4C_{12}T_p^3\overline{\phi_{12}}\times10^{-8} \tag{4-33c}$$

围护结构表面与空气之间的换热是对流换热与辐射换热的综合过程，其内、外表面换热量为

$$q_n=(\alpha_{nc}+\alpha_{nr})(\theta_n-t_n)=\alpha_n(\theta_n-t_n) \tag{4-34}$$

$$q_w=(\alpha_{wc}+\alpha_{wr})(t_w-\theta_w)=\alpha_w(t_w-\theta_w) \tag{4-35}$$

式中 q_n、q_w——从室内表面、室外表面进入室内的热量（W/m^2）；

$\alpha_{nc}(\alpha_{wc})$、$\alpha_{nr}(\alpha_{wr})$——室内（外）表面传热系数和表面辐射传热系数 [$W/(m^2\cdot K)$]；

$\theta_n(\theta_w)$、$t_n(t_w)$——室内（外）表面温度和室内（外）空气温度（℃）；

α_n、α_w——室内外**表面传热系数**[$W/(m^2\cdot K)$]。

3. 墙体稳定传热量计算

根据传热学知识可得到一般多层均质墙体的传热量为

$$q=\frac{t_w-t_n}{\frac{1}{\alpha_w}+\sum\frac{d_i}{\lambda_i}+\frac{1}{\alpha_n}}=\frac{t_w-t_n}{R_w+\sum R_i+R_n}=\frac{t_w-t_n}{R_0}=K_0(t_w-t_n) \tag{4-36}$$

式中 d_i、λ_i——材料层 i 厚度（m）及其热导率 [$W/(m\cdot K)$]；

R_n、R_w——室内和室外表面放热热阻（$m^2\cdot K/W$），可用表面传热系数倒数 $1/\alpha_n$ 和 $1/\alpha_w$ 表示；

R_i、R_0——材料层 i 热阻和墙体总热阻（$m^2\cdot K/W$）；

K_0——多层均质墙体总传热系数 [$W/(m^2\cdot K)$]。

围护结构传热系数与其热阻存在如下关系

$$R_0=R_w+\sum R_i+R_n=1/K_0 \tag{4-37}$$

围护结构热工设计计算时，在无实测数据的情况下，α_n 和 α_w 可采用表4-6中的数据计算，若室外侧已知风速，则可采用表4-2中的数据计算。

表4-6 表面传热系数和热阻[6]

表面特性		α_n/[W/(m²·K)]	R_n/(m²·kW)
室内侧表面	墙、地面；表面平整的顶棚、屋盖或楼板以及带肋的顶棚（$h/s \leqslant 0.3$）	8.72	0.115
	有井形突出物的顶棚、屋盖或楼板（$h/s \leqslant 0.3$）	7.56	0.132
室外侧表面	与室外空气直接接触的表面	23.26	0.043
	不与室外空气接触的表面：阁楼楼板上表面	8.14	0.123
	不供暖地下室顶棚下表面	5.82	0.172

注：表中 h 为肋高，s 为肋间净距。

不同材料层组成的墙体总热阻计算略有不同。

（1）m 层**多层均质墙体**

$$\sum R_i = R_1 + R_2 + \cdots + R_m = \frac{d_1}{\lambda_1} + \frac{d_2}{\lambda_2} + \cdots + \frac{d_m}{\lambda_m} \tag{4-38}$$

（2）**封闭空气间层** 对于带封闭空气间层如空心砌块等节能建筑材料，其空气间层内进行的是导热、对流和辐射换热综合的热交换，由于空气热导率小，封闭空气间层内的传热强度主要取决于对流及辐射换热的强度。有限空间内的对流换热强度与间层厚度、间层设置方向、热流方向、间层材料表面的辐射系数等因素有关。在确定空气间层热流强度时，常以**空气间层当量热阻**来反映其热工特性，即把空气间层看作均质层材料。如图4-11a和图4-11b所示，在垂直空气间层中，当间层两界面存在温差时，空腔内形成了热表面附近空气上升和冷表面附近空气下降的空气对流，其空气对流换热强度随间层厚度加大而减弱，即空气间层当量热阻增加，当加大到一定厚度后，冷热空气对流互不干扰，其当量热阻随厚度变化影响不大。对于如图4-11c所示的水平空气间层，当热面在上方时，间层可视为不存在气体的对流，当热面如图4-11d所示在下方时，热气流的上升和冷气流的下降相互交替形成自然对流，这时空气间层换热强度增加，其当量热阻减少。

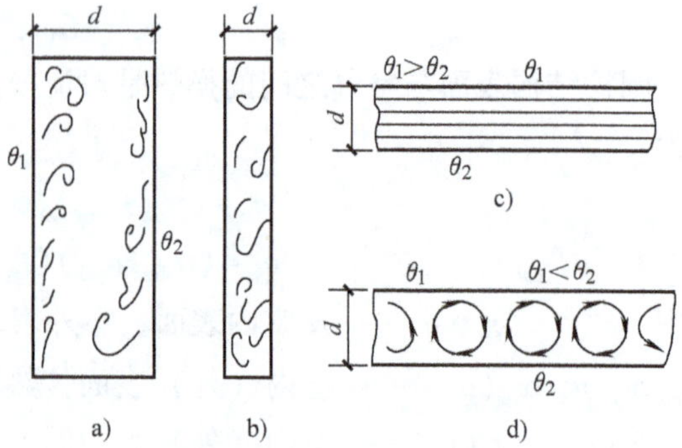

图4-11 不同封闭空气间层的自然对流换热情况

a）“厚”垂直间层 b）“薄”垂直间层

c）热面在上方 d）热面在下方

为了进一步提高材料的保温性能，提高空气间层当量热阻，常在空气间层内壁涂贴铝箔等辐射系数较小的反射材料。由于铝箔辐射系数（0.05~0.20）远小于建筑材料的辐射系数（0.82~0.95），空气间层内辐射换热强度减弱，间层当量热阻因此而增加。铝箔一般应设在间层的高温侧，否则会使间层低温侧的温度进一步降低，从而增加间层内部结露的可能性，影响其保温性能。表4-7列出了空气间层的当量热阻。

表 4-7 空气间层当量热阻 R_a[6] （单位：$m^2 \cdot K/W$）

位置、热流状况及材料特性	冬季状况							夏季状况						
	间层厚度/cm							间层厚度/cm						
	0.5	1	2	3	4	5	≥6	0.5	1	2	3	4	5	≥6
一般空气间层：														
热流向下（水平、倾斜）	0.10	0.14	0.17	0.18	0.19	0.20	0.20	0.09	0.12	0.15	0.15	0.16	0.16	0.15
热流向上（水平、倾斜）	0.10	0.14	0.15	0.16	0.17	0.17	0.17	0.09	0.11	0.13	0.13	0.13	0.13	0.13
垂直空气间层	0.10	0.14	0.16	0.17	0.18	0.18	0.18	0.09	0.12	0.14	0.14	0.15	0.15	0.15
单面铝箔空气间层：														
热流向下（水平、倾斜）	0.16	0.28	0.43	0.51	0.57	0.60	0.64	0.15	0.25	0.37	0.44	0.48	0.52	0.54
热流向上（水平、倾斜）	0.16	0.26	0.35	0.40	0.42	0.42	0.43	0.14	0.20	0.28	0.29	0.30	0.30	0.28
垂直空气间层	0.16	0.26	0.39	0.44	0.47	0.49	0.50	0.15	0.22	0.31	0.34	0.36	0.37	0.37
双面铝箔空气间层：														
热流向下（水平、倾斜）	0.18	0.34	0.56	0.71	0.84	0.94	1.01	0.16	0.30	0.49	0.63	0.73	0.81	0.86
热流向上（水平、倾斜）	0.17	0.29	0.45	0.52	0.55	0.56	0.57	0.15	0.25	0.34	0.37	0.38	0.38	0.35
垂直空气间层	0.18	0.31	0.49	0.59	0.65	0.69	0.71	0.15	0.27	0.39	0.46	0.49	0.50	0.50

(3) **组合墙体** 实际上，围护结构常常是如图 4-12 所示由材料Ⅰ、材料Ⅱ组成的组合墙体，如内塞保温材料墙体、含钢筋的混凝土砌块、空心砌块等。组合墙体内的导热实际上是一个二维的导热问题，单位面积热流强度是不均匀的，热阻小的部分墙体通过的热量要比热阻大的部分墙体通过的热量大，一般可通过数值求解精确计算。

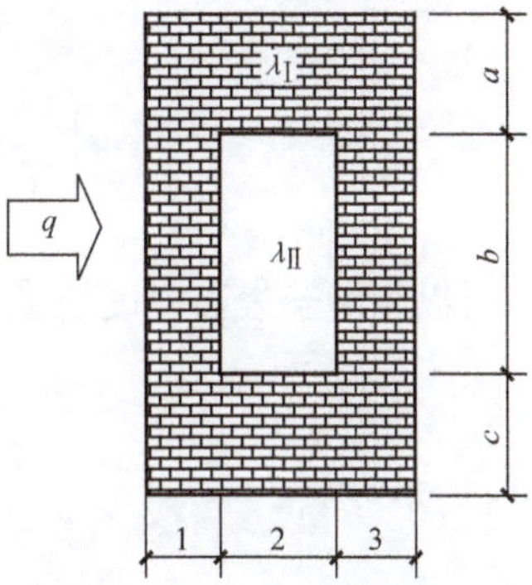

图 4-12 组合材料层结构

工程计算时，首先将组合墙体在垂直于热量方向上划成若干个均质层和组合层，如图 4-12 所示的 1、3 层为均质层，2 为组合层，组合层按不同材料所占面积大小加权计算平均热导率，即

$$\bar{\lambda}=\frac{\lambda_{Ⅰ}F_a+\lambda_{Ⅱ}F_b+\lambda_{Ⅰ}F_c}{F_a+F_b+F_c}=\lambda_2 \tag{4-39}$$

由此计算组合层的平均热阻

$$\bar{R}=R_2=\frac{d_2}{\bar{\lambda}}=\frac{F_a+F_b+F_c}{\frac{F_a}{R_{Ⅰ}}+\frac{F_b}{R_{Ⅱ}}+\frac{R_c}{R_{Ⅰ}}} \tag{4-40}$$

式中，$R_{Ⅰ}$ 和 $R_{Ⅱ}$ 分别可通过 $d_2/\lambda_{Ⅰ}$、$d_2/\lambda_{Ⅱ}$ 计算获得，为此组合墙体平均热阻可将组合层作为均质层处理，则总热阻由式（4-37）可得下式

$$R_0=R_w+\sum R_i+\bar{R}+R_n \tag{4-41}$$

其中 $\sum R_i$ 是除组合层外的均质层热阻之和，图 4-12 中为 R_1+R_3。求解上式后，利用式（4-36）便可获得通过组合墙体的稳定传热量。

4. 围护结构周期性不稳定热工特性

室外空气温度和太阳辐射强度具有逐日、逐年周期变化的特性，围护结构外表面一般处于白天被加热，夜间又被冷却这样的交替过程，式（4-42）表示介质温度在周期 T 初相位

ϕ 时的简谐变化曲线，图 4-13a 表示了式（4-42）的情况。如果以外表面为基准，则为距表面 x 处任一时刻的相对温度（瞬时温度与平均温度之差）$\Delta\theta_{x,\tau}$ 可用式（4-43）表示

$$t_\tau=\bar{t}+A_{tw}\cos\left(\frac{2\pi}{T}\tau-\phi\right) \tag{4-42}$$

$$\Delta\theta_{x,\tau}=A_x\left(\frac{2\pi}{T}\tau-\phi_x\right)=A_w e^{-\sqrt{\frac{\pi}{aT}}x}\cos\left(\frac{2\pi}{T}\tau-\phi_w-\sqrt{\frac{\pi}{aT}}x\right) \tag{4-43}$$

式中 A_{tw}、A_w、A_x——介质、围护结构表面、距表面 x 处温度波振幅（℃）；

ϕ、ϕ_w、ϕ_x——空气温度谐波初相位，以及表面温度波、距表面 x 处温度波相位（rad）；

T——温度波周期（s 或 h）；

a——材料热扩散率（m^2/s 或 m^2/h），$a=\lambda/(\rho c)$。

λ、ρ、c——材料热导率［$W/(m\cdot K)$］、密度（kg/m^3）、比热容［$J/(kg\cdot K)$］。

令

$$\nu=\frac{A_w}{A_x}=e^{\sqrt{\frac{\pi}{aT}}x} \tag{4-44}$$

这里称 ν 为材料层温度波的衰减度，$\sqrt{\frac{\pi}{aT}}x$ 为该温度波动的相位滞后。因为

$$\cos\left(\frac{2\pi}{T}\tau-\phi_w-\sqrt{\frac{\pi}{aT}}x\right)=\cos\frac{2\pi}{T}\left(\tau-\frac{\phi_w}{\frac{2\pi}{T}}-\frac{\sqrt{\frac{\pi}{aT}}x}{\frac{2\pi}{T}}\right)$$

所以相对于表面温度的延迟时间为

$$\xi=\frac{\sqrt{\frac{\pi}{aT}}x}{\frac{2\pi}{T}}=\frac{1}{2}\sqrt{\frac{T}{a\pi}}x \tag{4-45}$$

随着材料层厚度 x 增大，材料层衰减度增大，温度波波峰的延迟时间则加长。图 4-13b 反映了围护结构在 T 周期的外扰作用下，各温度波在周期内的变化情况；图 4-13c 则为材料层内温度分布及温度波幅在各层中的衰减与延迟程度。

结合材料层 ν、ξ，式（4-43）可表达成

$$\Delta\theta_{x,\tau}=\frac{A_w}{\nu}\cos\left[\frac{2\pi}{T}(\tau-\xi_w-\xi)\right] \tag{4-46}$$

式中 ξ_w——以小时为单位的表面温度波的相位（h），$\xi_w=\phi_w/(2\pi/T)$。

根据上式物理意义，对于围护结构内表面温度波幅 $\Delta\theta_{n,\tau}$，利用外侧介质温度式（4-42a）作为室外空气温度，便可写出如下表达式

$$\Delta\theta_{n,\tau}=\frac{A_{tw}}{\nu_o}\cos\left[\frac{2\pi}{T}(\tau-\varphi-\xi_o)\right] \tag{4-47}$$

式中 ν_o——**总衰减系数**，即室外空气温度波动波幅与室内表面温度波动波幅之比；

ξ_o——总延迟时间（h），即室外空气温度谐波出现最大值的时间与内表面温度谐波出现最大值时间的差；

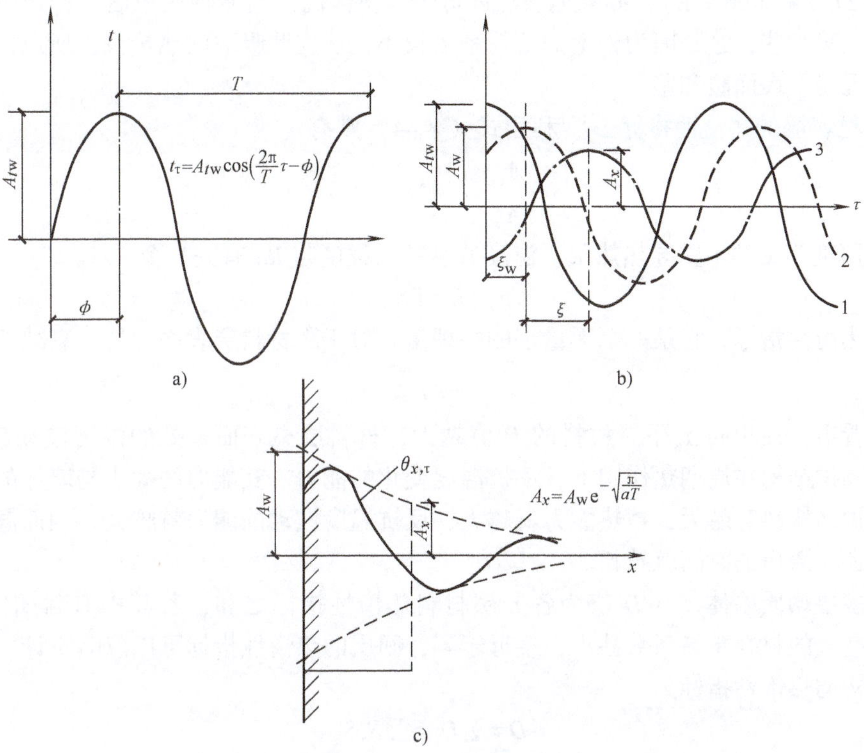

图 4-13　半无限厚平壁在简谐热作用下的传热

a）简谐热作用　b）介质温度　c）某瞬时平壁内部温度分布曲线及波幅变化

1—平壁表面温度　2—壁体内壁距表面 x 处的温度　3—随时间的变化曲线

φ——以小时为单位的室外空气温度谐波的相位（h），$\varphi=\phi/(2\pi/T)$。

在简谐热作用下，围护结构内部温度分布、温度波波幅的衰减程度以及相位延迟的多少，都与所选材料、构造情况和边界条件有直接的联系，其中涉及几个主要的不稳定热工特性参数。

（1）**材料的蓄热系数**　由式（4-43）可求得围护结构外表面热流量如下

$$q_{w,\tau}=-\lambda\frac{\partial\theta}{\partial x}\bigg|_{x=0}=\lambda A_w\sqrt{\frac{2\pi}{aT}}\cos\left(\frac{2\pi}{T}\tau-\phi_w+\frac{\pi}{4}\right)=A_q\cos\left(\frac{2\pi}{T}\tau-\phi_w+\frac{\pi}{4}\right)\tag{4-48}$$

令

$$S=\frac{A_q}{A_w}=\lambda\sqrt{\frac{2\pi}{aT}}=\sqrt{\frac{2\pi c\rho\lambda}{T}}\tag{4-49}$$

这里称 S 为材料的蓄热系数，其物理意义为：表面温度波幅为 1℃时，流入材料表面的最大热流密度。它反映了材料在周期热作用下蓄热和放热的能力大小。在同样的热作用下，S 越大，表面温度波动越小；反之亦然。通常希望围护结构的材料蓄热系数 S 值要大些，这样当热流有波动时，可以减少围护结构内表面以及室内空气温度的波动。S 不仅与材料的热物理性能（λ、c 和 ρ）有关，还与外界热作用的波动周期相关。在一般手册中，给出各种不同材料的蓄热系数 S 时，采用下标表示周期，如 S_{24} 就是周期为 24h 材料的蓄热系数。对于同样的表面温度，蓄热系数较大的材料，表面换热较大。松木的 $S_{24}=3.6\text{W}/(\text{m}^2\cdot\text{K})$，而混

凝土 $S_{24}=11.2\text{W}/(\text{m}^2\cdot\text{K})$，如果地表温度低于人体体温，当赤脚在地面上行走时，感到松木比混凝土暖和些，这是因为松木的蓄热系数较小，从皮肤吸取的热量少，所以使人感到松木表面比混凝土表面暖和些。

（2）**材料层的热惰性指标 D** 利用式（4-44）则有

$$\nu=\frac{A_\text{w}}{A_x}=e^{\sqrt{\frac{\pi}{aT}}x}=e^{\frac{Sx}{\sqrt{2}\lambda}}=e^{\frac{RS}{\sqrt{2}}}$$

上式 R 是厚度为 x 的平壁导热热阻，温度波衰减的程度与 RS 有关，令

$$D=RS \tag{4-50}$$

称材料层热惰性指标，它是一个无量纲的物理量。对于距材料层表面 x 处，衰减度便可写成

$$\nu=e^{\frac{D}{\sqrt{2}}} \tag{4-51}$$

可以看出，在相同 A_w 下，材料的 D 值越大，材料层离表面 x 处的温度波动就越小，D 值反映了围护结构在周期热作用下，反抗温度变化的能力。其能力的大小与墙体的蓄热能力有关，围护结构热容越大，蓄热能力就越大，反抗温度波动的能力就越大，因而温度波幅的衰减就越大，滞后的时间就越长。

对于多层均质墙体，其 D 值为各分层材料热惰性指标之和，若其中有封闭空气间层，因间层中空气的材料蓄热系数甚小，接近于零，间层的热惰性指标可以忽略不计。于是，多层围护结构的热惰性指标为

$$D=\sum D_i=\sum R_iS_i \tag{4-52}$$

两种材料以上组成的组合层材料，D 值按下式计算

$$D=\overline{RS} \tag{4-53}$$

平均蓄热系数 $\overline{S}$ 如下式仿式（4-39）平均热导率 $\overline{\lambda}$ 面积加权计算的方法，对于组合层中平行于表面热流量有 m 个传热面积时

$$\overline{S}=\frac{S_1F_1+S_2F_2+\cdots+S_mF_m}{F_1+F_2+\cdots+F_m} \tag{4-54}$$

工程上，常以 D 值区分围护结构的类型，$D\geqslant6$ 为**重型结构**，$3\leqslant D<6$ 为**中型结构**，$D<3$ 为**轻型结构**。

（3）材料层表面蓄热系数* 式（4-49）所示是半无限厚壁体在谐波热作用下的单一材料层蓄热系数，其材料层的波幅衰减与相位延迟均只涉及材料蓄热系数。但工程实践中绝大多数是有限厚度的单层或多层围护结构，材料层受到简谐温度波作用时，其表面的温度波动不仅与各构造层材料的热物理性能有关，而且与边界条件有关，即在顺着温度波前进的方向，与该材料层相接触的材料或空气热物理性能或换热条件对其表面温度的波动均有关联。所以，对于有限厚度的材料层，考虑材料层表面边界条件等因素的影响，提出**材料层表面蓄热系数**的概念，为区别起见以 Y 表示。Y 与 S 的物理意义是相同的，其定义式都是材料表面的热流量波动振幅 A_q 与表面温度波动振幅 A_w 的比值，差别仅在于计算式的不同。当边界条件的影响可以忽略不计时，两者在数值上也可视为相等。

在建筑热工学中，假设简谐温度波通过壁体某材料时，当材料层反映抵抗温度波动能力的热惰性指标 $D\geqslant1.0$ 时，该材料层内温度波动仅与该层材料的热物理性能有关，可忽略该层边界条件的影响；如达不到这一要求，该层边界条件的影响不能忽略。因此，对于有限厚

度的材料层，当该材料层的热惰性指标 $D_x \geqslant 1.0$ 时，便可近似取 Y 值等于 S 值；当材料层的热惰性指标 $D_x < 1.0$ 时，则材料层另一侧表面边界条件对表面温度波动有不可忽视的影响，此时 Y 与 S 在数值上是不相等的。上述工程上近似的处理方法可具体描述[7]为：

1）材料层外表面 $Y_{i,\mathrm{w}}$ 蓄热系数的计算。当温度谐波由外向内传递时，材料层外表面蓄热系数 $Y_{i,\mathrm{w}}$（$i=1，2，\cdots，m$）的计算从平壁内侧第一层开始，即逆着温度谐波前进的方向依次向外逐层推算，如图 4-14 所示。

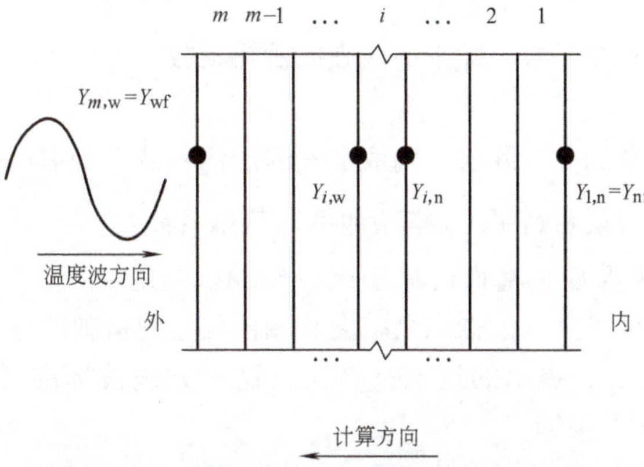

图 4-14 材料层外表面蓄热系数的计算顺序

注：蓄热系数 Y 第 1 下标表示材料层序号（由内向外排序，$i=1，2，3，\cdots，m$），第 2 下标表示材料层的内表面（n）或外表面（w）。

第 1 层外表面蓄热系数 $Y_{1,\mathrm{w}}$：

当 $D_1 \geqslant 1.0$ 时
$$Y_{1,\mathrm{w}} = S_1 \tag{4-55a}$$

当 $D_2 < 1.0$ 时
$$Y_{1,\mathrm{w}} = \frac{R_1 S_1^2 + \alpha_\mathrm{n}}{1 + R_1 \alpha_\mathrm{n}} \tag{4-55b}$$

其中 α_n 是平壁内表面传热系数，表示平壁内侧第一层边界条件（与室内空气热交换的程度）的影响，而 R_1、S_1 则是该层材料热物理性能的热工参数，反映该层热工特性的影响。

第 2 层开始后任一层的外表面蓄热系数 $Y_{i,\mathrm{w}}$：

当 $D_i \geqslant 1.0$ 时
$$Y_{i,\mathrm{w}} = S_i \quad (i=2,3,4,\cdots,m-1) \tag{4-55c}$$

当 $D_i < 1.0$ 时
$$Y_{1,\mathrm{w}} = \frac{R_i S_1^2 + Y_{i-1,\mathrm{w}}}{1 + R_i Y_{i-1,\mathrm{w}}} \quad (i=2,3,4,\cdots,m-1) \tag{4-55d}$$

上式反映了第 $i-1$ 层的表面蓄热特性对第 i 层表面蓄热的影响。

最外一层外表面蓄热系数，就是平壁外表面的蓄热系数，即

$$Y_{m,\mathrm{w}} = Y_\mathrm{wf} \tag{4-55e}$$

2）材料层内表面蓄热系数 $Y_{i,\mathrm{n}}$ 的计算。设温度谐波由内向外传递，材料内表面蓄热系数 $Y_{i,\mathrm{n}}$ 的计算还是逆着温度波前进的方向从最外一层开始，然后由外向内逐层计算。

若层次编号仍如图 4-14 所示，则最外一层即第 m 层的内表面蓄热系数 $Y_{m,\mathrm{n}}$：

当 $D_m \geqslant 1.0$ 时
$$Y_{m,\mathrm{n}} = S_m \tag{4-56a}$$

当 $D_m<1.0$ 时 $$Y_{m,n}=\frac{R_m S_m^2\alpha_w}{1+R_m\alpha_w} \tag{4-56b}$$

其中 α_w 为平壁外表面传热系数。

其他各层的内表面蓄热系数 $Y_{i,n}$：

当 $D_i\geqslant 1.0$ 时 $$Y_{i,n}=S_i\quad(i=2,3,4,\cdots,m-1) \tag{4-56c}$$

当 $D_i<1.0$ 时 $$Y_{i,n}=\frac{R_i S_i^2+Y_{i+1,n}}{1+R_i Y_{i+1,n}}\quad(i=2,3,4,\cdots,m-1) \tag{4-56d}$$

最内一层的内表面蓄热系数，即平壁内表面蓄热系数

$$Y_{1,n}=Y_{nf} \tag{4-56e}$$

在上述计算中，若遇到空气间层，则取空气间层的蓄热系数 $S=0$，若遇到组合层材料，则按前述方法计算该组合层材料平均热阻 $\overline{R}$ 和平均蓄热系数 $\overline{S}$。

5. 温度谐波在有限厚度平壁内的振幅衰减和相位延迟*

温度谐波在有限厚度平壁内的振幅衰减度和相位延迟的精确计算方法很复杂，现介绍什克洛维尔（A. M. Щкловер）提出的近似计算法，这一方法被标准《民用建筑热工设计规范》(GB 50176—1993)[7]采纳。

(1) 室外温度谐波传至平壁内表面时的总衰减度和总相位延迟

总衰减度：

$$\nu_o=0.9e^{\frac{\sum D}{\sqrt{2}}}\frac{S_1+\alpha_n}{S_1+Y_{1,w}}\cdot\frac{S_2+Y_{1,w}}{S_2+Y_{2,w}}\cdots\frac{S_m+Y_{m-1,w}}{S_m+Y_{m,w}}\cdot\frac{Y_{m,w}+\alpha_w}{\alpha_w} \tag{4-57}$$

总延迟时间：

$$\xi_o=\frac{1}{15}\left(40.5\sum D+\arctan\frac{Y_{wf}}{Y_{wf}+\alpha_w\sqrt{2}}-\arctan\frac{\alpha_n}{\alpha_n+Y_{nf}\sqrt{2}}\right) \tag{4-58}$$

用式（4-57）和式（4-58）计算时，要注意材料层的编号应由内向外（与温度波前进的方向相反），即邻接平壁内表面的一层为第 1 层，而邻接外表面的为第 m 层。利用式（4-57）和式（4-58）便可采用式（4-47）计算得到内表面温度。

(2) 室内温度谐波传至平壁内表面时的衰减和延迟 室内温度谐波传至平壁内表面时，只经过一个边界层的振幅衰减和相位延迟过程。到达内表面的衰减度 ν_i 和延迟时间 ξ_i 按下列公式计算

$$\nu_i=0.95\frac{\alpha_n+Y_{nf}}{\alpha_n} \tag{4-59}$$

$$\xi_i=\frac{1}{15}\arctan\frac{Y_{nf}}{Y_{nf}+\alpha_n\sqrt{2}} \tag{4-60}$$

上面各式中的 arctan 项均用度数计量。

利用式（4-59）和式（4-60），采用式（4-47）同样的处理方式，便可计算得到室内温度波动时的内表面温度波幅计算式。

如果围护结构两侧空气温度均为谐波变化，则可利用叠加原理对两侧扰动分别作用求得的解进行叠加，便可得到两侧空气温度同时变化时的内表面温度解。

当内表面温度求得后，便可利用式（4-34）求得墙体表面与空气之间的换热量。

【例4-6】 试计算图4-15所示墙体的总热阻、总衰减度和总延迟时间。

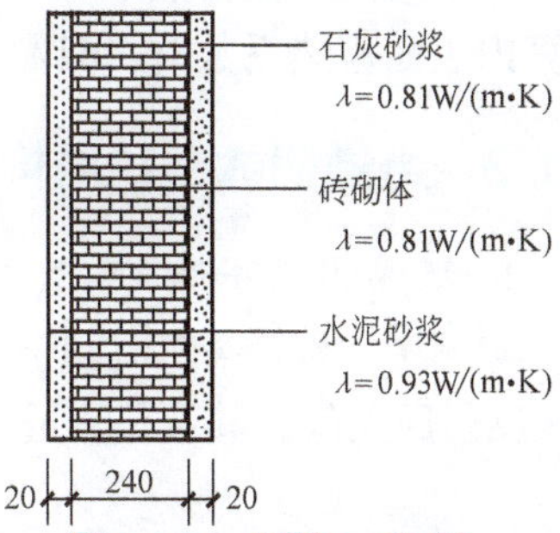

图4-15 【例4-6】图

【解】 1）各材料层热物理参数及其计算结果列于表4-8。查表4-6，取 α_n、α_w 为 8.72W/(m^2·K)、18.6W/(m^2·K)，则有 $R_n=0.115$ m^2·K/W、$R_w=0.054$m^2·K/W

$$R_0=R_n+\sum R+R_w=(0.115+0.343+0.054)\text{m}^2\cdot\text{K/W}=0.511\text{m}^2\cdot\text{K/W}$$

表4-8 墙体 R、S_{24} 及 D 的计算

序号	材料层	d/m	λ/[W/(m·K)]	$R=\frac{d}{\lambda}$/(m^2·K/W)	S_{24}/[W/(m^2·K)]	D
1	石灰砂浆	0.02	0.81	0.0247	10.07	0.249
2	砖砌体	0.24	0.81	0.296	10.63	3.146
3	水泥砂浆	0.02	0.93	0.022	11.37	0.250
				$\sum R=0.343$		$\sum D=3.645$

2）计算各材料层外表面蓄热系数，由内壁向外计算。

$$D_1<1.0\quad Y_{1,w}=\frac{R_1S_1^2+\alpha_n}{1+R_1\alpha_n}=\frac{0.0247\times10.07^2+8.72}{1+0.0247\times8.72}\text{W/(m}^2\cdot\text{K)}=9.24\text{W/(m}^2\cdot\text{K)}$$

$$D_2>1.0\quad Y_{2,w}=S_2=10.63\text{W/(m}^2\cdot\text{K)}$$

$$D_3<1.0\quad Y_{3,w}=Y_{wf}=\frac{R_3S_3^2+Y_{2,w}}{1+R_3Y_{2,w}}=\frac{0.022\times11.37^2+10.63}{1+0.022\times10.63}\text{W/(m}^2\cdot\text{K)}=10.92\text{W/(m}^2\cdot\text{K)}$$

3）计算各材料层内表面蓄热系数，由外壁向内计算。

$$D_3<1.0\quad Y_{3,n}=\frac{R_3S_3^2+\alpha_w}{1+R_3\alpha_w}=\frac{0.022\times11.37^2+18.6}{1+0.022\times18.6}=\text{W/(m}^2\cdot\text{K)}=15.22\text{W/(m}^2\cdot\text{K)}$$

$$D_2>1.0\quad Y_{2,n}=S_2=10.63\text{W/(m}^2\cdot\text{K)}$$

$$D_1<1.0\quad Y_{nf}=Y_{1,n}=\frac{R_1S_1^2+Y_{2,n}}{1+R_1Y_{2,n}}=\frac{0.0247\times10.07^2+10.63}{1+0.0247\times10.63}\text{W/(m}^2\cdot\text{K)}=10.40\text{W/(m}^2\cdot\text{K)}$$

4）计算总衰减度 ν_o 与总延迟时间 ξ_o。

$$\nu_o=0.9e^{\frac{3.645}{\sqrt{2}}}\times\frac{10.07+8.72}{10.07+9.24}\times\frac{10.53+9.24}{10.63+10.63}\times\frac{11.37+10.63}{11.37+10.92}\times\frac{18.6+10.92}{18.6}=16.88$$

$$\xi_o=\frac{1}{15}\left(40.5\times3.645+\arctan\frac{10.92}{10.92+18.6\sqrt{2}}-\arctan\frac{8.72}{8.72+10.40\sqrt{2}}\right)\text{h}$$

$$=\frac{1}{15}(147.62+16.35-20.42)\text{h}=9.57\text{h}$$

由上述内表面蓄热系数计算过程可知，由于 $D_2>1.0$，$Y_{3,n}$ 并无参加后续计算，因此，计算内表面蓄热系数时，只需选择由内向外 $D_i>1.0$ 的第 i 层材料算起即可。

4.1.3 半透明体围护结构的热工特性

1. 玻璃的光学性能

当太阳辐射能 I 投射到半透明体围护结构外表面时，被物体吸收 I_α，部分作为反射能量 I_ρ 被反射回大气，其余作为透射能 I_τ 透过半透明体围护结构，根据能量守恒定律有

$$I_\alpha+I_\rho+I_\tau=I \tag{4-61}$$

两端同除以 I，便获得式（4-29），即半透明体表面吸收率、反射率、透射率之和为1。

建筑材料中玻璃属半透明体围护结构。所谓**玻璃的光学性能**就是指玻璃的吸收率、反射率、透射率特性。

玻璃的反射率、吸收率和透射率均介于0~1。玻璃对太阳光射线的中短波辐射来说它是半透明体，而对长波热辐射则几乎是不透明体，这种选择性特点从图4-16中可以看出，对于可见光和波长3μm以下的短波红外线来说玻璃几乎是透明体，但却能有效地阻隔长波红外线辐射。因此当太阳直射在普通玻璃窗上时，绝大部分的可见光和短波红外线将会透过玻璃，其吸收率很小（最多为10%~20%），而对长波辐射普通玻璃的吸收率可高达90%~95%，故其透射率很小，即波长较长的热辐射几乎不能透过玻璃。窗玻璃这种对外界辐射波长具有**选择性的光学性能**是引起“温室效应”的关键。其含义为：以玻璃为围护结构的建筑（如温室），太阳辐射能透过玻璃进入室内，而室内固体表面因太阳辐射能等辐射作用表面温度提高而发出的热辐射却不能透过玻璃传至室外，只能通过与空气的对流换热使室温提高，从而达到室内温度较高的“**温室效应**”。

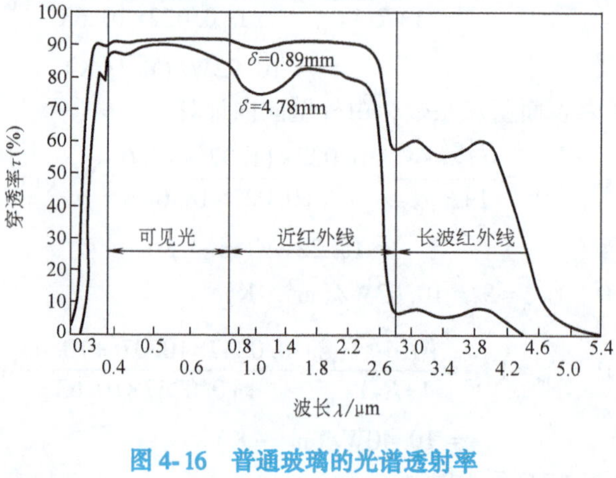

图4-16 普通玻璃的光谱透射率

对于单层玻璃窗，如图4-17所示，射线要通过玻璃层两侧两个分界面才能透过玻璃。设 r_0 为空气与半透明体界面上的反射百分比，a_0 为射线单程通过半透明体薄层的吸收率，当单位辐射能从空气射入玻璃层时，由于分界面的反射作用，只有（$1-r_0$）的辐射能进入半透明薄层。经半透明薄层的吸收作用，有（$1-r_0$）（$1-a_0$）的辐射能可以到达第二个分界面。又因第二个界面的反射作用，只有 $(1-r_0)^2$（$1-a_0$）的辐射能可以进入另一侧的空气，

其余（$1-r_0$）（$1-a_0$）r_0的辐射能又被反射回去，再经过玻璃吸收后抵达第一分界面，……如此反复反射、吸收、透射。

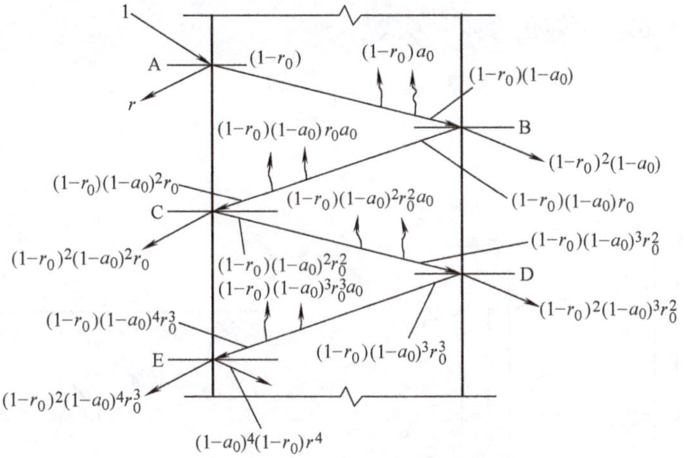

图4-17 单层半透明体薄层中辐射特性

定义半透明体薄层对于太阳辐射的总反射率、吸收率和透射率为辐射能在半透明体薄层内进行无穷次反射、吸收和透射后的总和。则半透明体薄层总吸收率为

$$\begin{aligned}\alpha_z &= (1-r_0)a_0 + (1-r_0)(1-a_0)r_0a_0 + (1-r_0)(1-a_0)^2r_0^2a_0 + \cdots \\ &= a_0(1-r_0)\sum_{n=0}^{\infty} r_0^n(1-a_0)^n = \frac{a_0(1-r_0)}{1-r_0(1-a_0)}\end{aligned} \tag{4-62}$$

同理，半透明体薄层总反射率为

$$\begin{aligned}\rho_z &= r_0 + r_0(1-a_0)^2(1-r_0)^2\sum_{n=0}^{\infty} r_0^{2n}(1-a_0)^{2n} \\ &= r_0\left[1+\frac{(1-a_0)^2(1-r_0)^2}{1-r_0^2(1-a_0)^2}\right]\end{aligned} \tag{4-63}$$

半透明体薄层总透射率为

$$\tau_z = (1-a_0)(1-r_0)^2\sum_{n=0}^{\infty} r_0^{2n}(1-a_0)^{2n} = \frac{(1-a_0)(1-r_0)^2}{1-r_0^2(1-a_0)^2} \tag{4-64}$$

同样，太阳辐射通过如图4-18所示的双层半透明体玻璃时，也可通过类似的方法得到其总反射率、总透射率和各层半透明体的吸收率。表4-9列出了单层、双层、三层玻璃各参数的计算公式。

上述各参数的计算依赖于透明体界面反射百分比r_0和单层吸收百分比a_0。r_0与射线入射角和通过的两种介质性质有关，可用下式计算

$$r_{0,i} = \frac{I_\rho}{I} = \frac{1}{2}\left[\frac{\sin^2(i-i')}{\sin^2(i+i')}+\frac{\tan^2(i-i')}{\tan^2(i+i')}\right] \tag{4-65}$$

式中，i和i'分别为入射角和折射角，见图4-19。入射角和折射角的关系与两种介质的折射指数n有关，可以用下式表示

$$\frac{\sin i}{\sin i'}=\frac{n}{n_0} \tag{4-66}$$

空气的平均折射指数 $n_0=1.0$；在太阳光谱的范围内，玻璃平均折射指数 $n=1.526$。当入射角 $i=0°$时，式（4-65）可转化为如下形式

$$r_{0,i=0}=\left(\frac{n-1}{n+1}\right)^2 \tag{4-67}$$

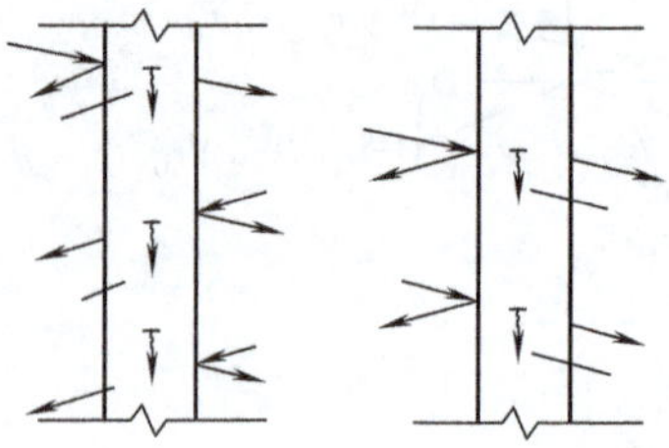

图 4-18 双层半透明体薄层辐射过程

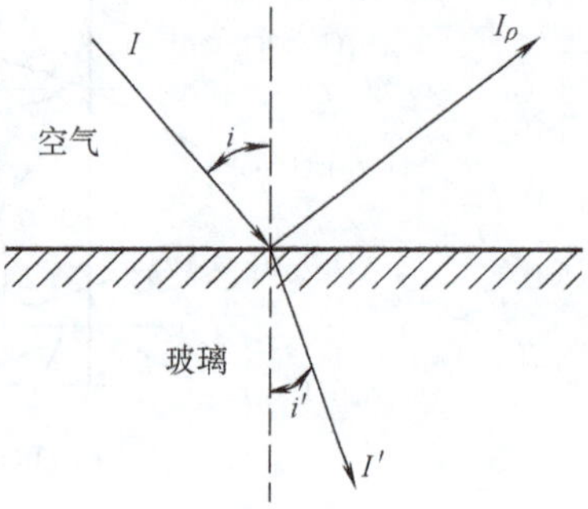

图 4-19 空气半透明体薄层界面的反射和折射

半透明体单层吸收百分比 a_0 取决于对应其波长的材料消光系数 K_λ 及射线在半透明薄层中的行程 L。行程 L 又与入射角和折射指数有关。在太阳光的主要波长范围内，其消光系数近似等于常数，如普通窗玻璃的消光系数 $K\approx0.045\text{mm}^{-1}$，水白玻璃的消光系数 $K\leqslant 0.015\text{mm}^{-1}$。为此太阳辐射通过玻璃薄层时，其单层吸收百分比可简化为如下公式

$$a_{0,i=0}=1-\exp(-KL) \tag{4-68}$$

由以上分析可知，入射角不同，空气-半透明薄层界面的反射百分比 $r_{0,i}$ 不同，射线单程通过半透明薄层的吸收率 $a_{0,i}$ 也不同，从而导致半透明体的吸收率、反射率、透射率都随入射角变化而变化。

表 4-9 半透明体总透射率、总吸收率

		总透射率	总吸收率
单层	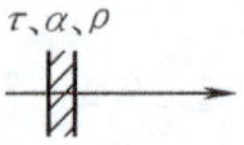	τ（透射率）	α（吸收率）
双层	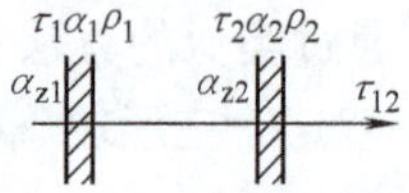	$\tau_{12}=\dfrac{\tau_1\tau_2}{1-\rho_1\rho_2}$	$\alpha_{z1}=\alpha_1\left(1+\dfrac{\tau_1\rho_2}{1-\rho_1\rho_2}\right)$ $\alpha_{z2}=\dfrac{\tau_1\alpha_2}{1-\rho_1\rho_2}$
三层	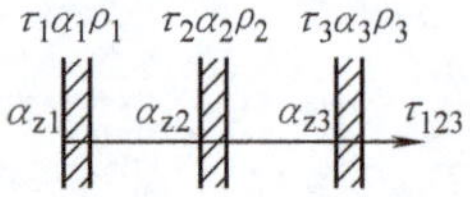	$\tau_{123}=\dfrac{\tau_1\tau_2\tau_3}{(1-\rho_2\rho_3)(1-\rho_1\rho_2)-\tau_2^2\rho_1\rho_3}$	$\alpha_{z1}=\alpha_1\left(1+\dfrac{\tau_1\rho_2+\tau_1\tau_2^2\rho_3-\tau_1\rho_2^2\rho_3}{(1-\rho_2\rho_3)(1-\rho_1\rho_2)-\tau_2^2\rho_1\rho_3}\right)$ $\alpha_{z2}=\alpha_2\left(\dfrac{\tau_1-\tau_1\rho_2\rho_3+\tau_1\tau_2\rho_3}{(1-\rho_2\rho_3)(1-\rho_1\rho_2)-\tau_2^2\rho_1\rho_3}\right)$ $\alpha_{z3}=\alpha_3\left(\dfrac{\tau_1\tau_2}{(1-\rho_2\rho_3)(1-\rho_1\rho_2)-\tau_2^2\rho_1\rho_3}\right)$

$$\frac{\ln(1-a_{0,i=0})}{\ln(1-a_{0,i})}=\sqrt{1-\frac{\sin^2 i}{n^2}} \tag{4-69}$$

按照目前国内生产的标准玻璃平均折射指数1.526，平均消光系数0.045mm^{-1}，由玻璃厚度便可计算出$r_{0,i}$和$a_{0,i}$，通过式（4-62）、式（4-63）和式（4-64）便可得到不同厚度时的单层玻璃吸收率、反射率、透射率，表4-10所示为3mm、5mm、6mm厚的普通玻璃光学性能参数计算结果。由表中数据可知，当阳光入射角大于60°时，透射率急剧减小。

由理论计算分析可知，散射辐射作用下的玻璃光学性能与直射辐射在入射角为45°~60°的数值接近，工程计算时，一般可直接采用入射角为45°时的光学性能参数。

表4-10 标准玻璃的太阳光学性能[8]（%）

入射角 i		0°	15°	30°	45°	60°	70°	80°	90°
α_i	δ=3mm	11.7	11.9	12.4	13.1	13.9	14.3	13.9	0.0
	δ=5mm	18.7	18.9	19.7	20.8	22.0	22.3	20.8	0.0
	δ=6mm	22.0	22.2	23.1	24.4	25.6	25.9	23.8	0.0
ρ_i	δ=3mm	7.2	7.2	7.4	8.8	14.8	26.2	50.7	100.0
	δ=5mm	6.7	6.8	6.9	8.2	13.7	24.5	48.2	100.0
	δ=6mm	6.5	6.6	6.7	7.9	13.3	23.7	47.2	100.0
τ_i	δ=3mm	81.1	80.9	80.2	78.1	71.3	59.5	35.4	0.0
	δ=5mm	74.6	74.3	73.4	71.1	64.3	53.2	31.0	0.0
	δ=6mm	71.5	71.2	70.2	67.7	61.1	50.4	29.0	0.0

2. 窗户的热工特性

除了日射通过玻璃影响室内热环境外，室外气温也同时通过温差传热影响室内热环境。在考虑温差传热时，往往是通过考察玻璃或称玻璃系统及其窗框组成的**窗户系统**进行的。假定玻璃及窗框的传热为严格的并联关系，窗户的总热阻可表示为

$$R=\left[\frac{1}{F_g+F_f}\left(\frac{F_g}{R_g}+\frac{F_f}{R_f}\right)\right]^{-1} \tag{4-70}$$

式中 R_g、R_f——玻璃与窗框所对应的总热阻；

F_g、F_f——玻璃与窗框的面积，如图4-20所示。

定义窗框比率为窗框占整个窗户面积比η_f，即

$$\eta_f=\frac{F_f}{F_g+F_f} \tag{4-71}$$

则传热系数K可表示为

$$K=K_g+\eta_f(K_f-K_g) \tag{4-72}$$

由前述了解到玻璃组成的**玻璃系统**有很多形式，玻璃系统热阻确定方法与非透明体围护结构确定方法相同，可以根据玻璃及其组合方式计算确定。常见的玻璃系统传热系数见表4-11。表4-12所示为常用窗框材料的热导率，实际上窗框内并非如表所示的均质材料，窗框型材断面是由空气间隙及其他材料组成，窗框热阻除了与不同材料组合结构有关外，还与窗框表面换热热阻有关。表4-13所示为常见的窗户传热系数。

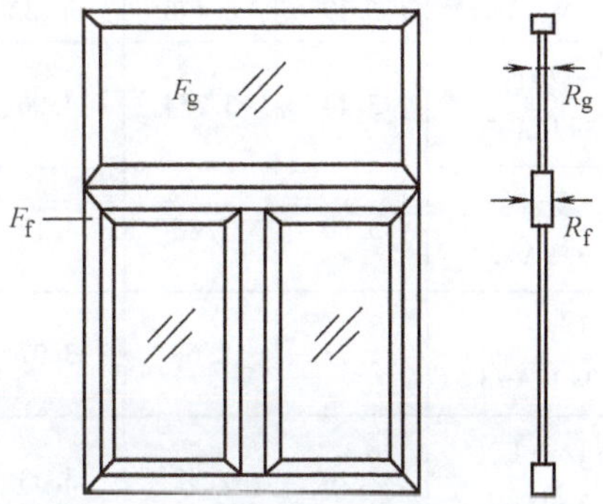

图4-20 由玻璃系统与窗框组成的窗户

表 4-11 玻璃系统传热系数[9]

玻璃类别		表面辐射率	系统构造	传热系数/[W/(m²·K)]
单玻	白玻、吸热	0.84	3mm	6.17
			6mm	6.03
	SS 反射	0.5	5mm 内侧镀膜	5.01
	Low-E 玻璃	0.10		3.48
		0.05		3.30
双玻	白玻、吸热	0.84	3+12A+3	3.14
			3+9A+3	3.29
	SS 反射	0.5	5+12A+3	2.71
			5+9A+3	2.89
	Low-E 中空	0.10	5+12A+3	1.88
			5+9A+3	2.19
		0.05	5+12A+3	1.73
			5+9A+3	2.07
		0.05 充氩气	5+12A+3	1.30
			5+9A+3	1.55

表 4-12 常用窗框材料的热导率[9] [单位：W/(m·K)]

玻璃	钢材	铝合金	PVC	PA	松木	玻璃钢
0.76	58.2	203	0.16	0.23	0.17	0.52

表 4-13 常见窗户传热系数[9] [单位：$W/(m^2 \cdot K)$]

窗框材料		铝合金		U-PVC		断热桥		木窗	
窗框传热系数		6.21		1.91		3.72		2.37	
窗框面积比 η_f / 玻璃系统		20	30	30	40	25	40	30	45
单玻：3mm	6.17	6.178	6.182	4.89	4.47	5.56	5.19	5.03	4.46
双玻：3+12A+3	3.14	3.754	4.06	2.77	2.65	3.29	3.37	2.92	2.79
双玻：3+9A+3	3.30	3.88	4.17	2.88	2.74	3.41	3.47	3.02	2.88
Low-E：3+12A+3	1.73	2.63	3.07	1.78	1.80	2.23	2.53	1.92	2.02
Low-E：3+9A+3	2.10	2.92	3.33	2.04	2.02	2.51	2.75	2.18	2.22

随着玻璃系统由单玻向双玻、Low-E 中空玻璃的逐步变化，窗户的传热系数呈现明显的台阶式降低，这说明减少窗户传热最有效的措施在于采用热阻较高的玻璃系统。而窗框作用也不可小觑，由上表可知一般铝合金窗的传热系数是 PVC 塑料窗的 1.5 倍。

4.2　房间冷负荷的形成及其计算方法概述

房间冷负荷是热环境、空调系统设计的重要计算参数之一，它与房间热工性能、室内得热的性质和大小密切相关。随着人们对负荷的认识的加深，以房间得热到房间冷负荷的形成及其计算方法正不断地得到完善。本小节将通过分析房间得热到房间负荷的转变过程，介绍目前常用的负荷计算方法。

4.2.1　得热与负荷的基本概念

1. 得热与负荷的定义和构成

所谓**得热**是指进入建筑物的总热量，它们以导热、对流、辐射、空气间热交换等形式进入建筑，如室外温湿度、太阳辐射等通过围护结构进入室内的外扰作用的热量，室内人员、照明、设备等的内扰作用的热量。所谓**冷（热）负荷**是指维持室内一定热湿环境所需要的在单位时间内从室内除去（补充）的热量。

现以**送风空调**方式维持室内热湿环境为例说明**得热与负荷的关系**。所谓送风空调，是指以空气为媒介除去室内的热量和湿量，从而达到调节室内热湿环境的目的。此时冷（热）负荷的概念是从（向）室内空气中除去（补充）的热量。进入典型空调房间的总得热可分为潜热和显热两部分，如果不考虑围护结构和家具的吸湿和蓄湿作用，潜热立即进入空气，影响室内空气热湿环境成为负荷；显热中一部分以对流换热方式进入室内空气，并改变室内热湿环境参数立即成为负荷，一部分则以辐射形式进入建筑，储蓄于围护结构或家具等固体物体之中，提高壁面温度，最终以对流形式逐步释放给室内空气成为负荷，或释放到室外空气而流失。如外围护结构在日射热作用下，壁温提高，在以后的时间内，蓄存在壁体内的热量将逐渐以对流形式释放到墙体两侧的室内外空气中，其中一部分释放到室内空气侧成为负荷，而释放到室外侧的对流热便流失到大气之中。房间负荷这种储存释放特性，便是导致负荷其量和时间相对于其得热产生**衰减和延迟现象**的原因。当室内热湿环境处于非稳定状态时，房间得热中还应包括室内空气参数波动所需的空气放热或蓄热。由上述分析可知，进入房间的得热不一定等于房间的冷负荷，辐射得热是得热与负荷不等的重要原因。为此送风空调方式维持室内热湿环境的负荷计算就是如何准确确定影响空气状态参数的显热交换（包括辐射热释放的对流热交换）、水蒸气蒸发的潜热交换。图 4-21 所示说明了上述得热与房间负荷形成的一般过程，空调系统中的冷冻设备通过制冷循环将房间热量排到室外大气。

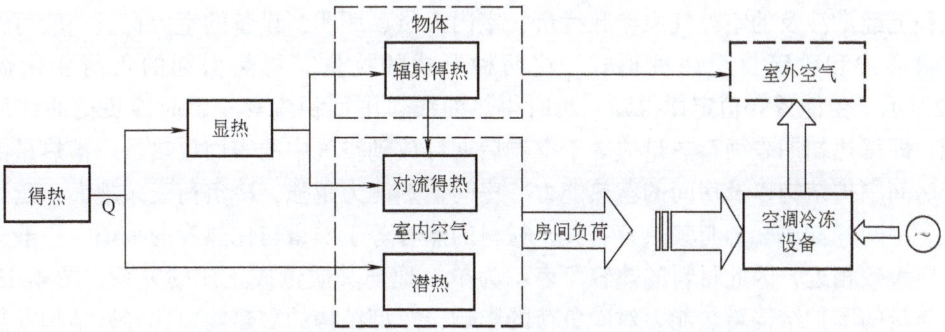

图 4-21　一般空调送风方式房间得热与负荷之间的关系

目前使用较多的**辐射式空调**方式，是通过辐射板以辐射和对流方式除去（补充）室内热量，使室内空气达到所需的热湿环境和平均辐射温度。它与送风空调方式排除（补充）热量不同的是，辐射空调系统不仅需要在空气中除去（补充）热量，还需通过辐射方式除去各热表面上的热量，或向各冷表面补充热量。因此，室内冷（热）负荷除了需要从空气中除去（补充）的热量外，还应包括冷（热）辐射表面为维持室内空气温度与其他热（冷）表面的辐射换热。本教材着重阐述送风空调方式房间内的热湿环境。

2. 冷负荷形成过程

得热转化为冷负荷的影响因素很多，其中围护结构、房间的蓄热特性是关键因素。分析冷负荷形成过程，可将得热到负荷的蓄放热过程划分为围护结构、房间两个蓄放热过程。不同性质的得热，所经历的蓄放热过程有所不同。如围护结构外表面作用的室外空气综合温度扰量，由于其周期性特性以及围护结构蓄热特性，室外空气综合温度扰量首先经过围护结构本体第一蓄放热过程后得到衰减和延迟，并到达围护结构的内表面；由于室内各表面温度的差异和热容的不同，各表面之间存在长波辐射换热，进入内表面后的得热又经过房间第二蓄放热过程，得热中一部分储存在房间各表面或家具中，另一部分则通过表面以对流换热的形式进入空气，这一进入空气的热量才是负荷。对于室内负荷如照明、人员、设备等室内扰量的得热，一般仅经历房间第二蓄放热（即得热至负荷）的转化过程。对于外围护结构，因其蓄放热特性，还有可能将储蓄的一部分得热通过外围护结构表面的对流方式传递给室外空气，工程上这部分热量很小，经常忽略不计。一般来说，得热转变到负荷的比例与辐射在整个得热中所占比例的大小有关，常见扰量得热中辐射热、对流热和潜热的比例见表4-14。

表4-14 各种瞬时得热量中各热量比例[5]

得 热	辐射热 β_f（%）	对流热 β_d（%）	潜热（%）
太阳辐射热（无内遮阳）	100	0	0
太阳辐射热（有内遮阳）	58	42	0
荧光灯	50	50	0
白炽灯	80	20	0
人体	40	20	40
传导热	60	40	0
机械或设备	20~80	80~20	0
渗透和通风	0	100	0

3. 建筑蓄热特性对冷负荷的影响

工程上经常涉及的室外气象参数扰量、室内人员、照明、设备的室内扰量一般可归结为**谐波扰量**形式和**阶跃扰量**两种形式。这两种形式的扰量其得热引起的负荷变化规律如图4-22所示。由能量守恒定律得知，瞬时得热曲线包围面积应等于瞬时冷负荷曲线所包围的面积，即得热初期表面蓄热量应等于空调后期释放到空气中的表面放热量。蓄热量的大小取决于房间围护结构以及房间的蓄热能力。房间蓄热能力越强，冷负荷衰减越大，延迟时间也越长。**房间的蓄热能力**与其热容有关，材料的热容等于质量与比热容的乘积，一般建筑材料比热容大致相近，因此材料的热容可表示为单一地与其质量成正比的关系。图4-23所示为不同质量的围护结构蓄热能力对冷负荷的影响，重型结构的蓄热能力比轻型结构蓄热能力大得多，其冷负荷的峰值就比较小，延迟时间也长得多。

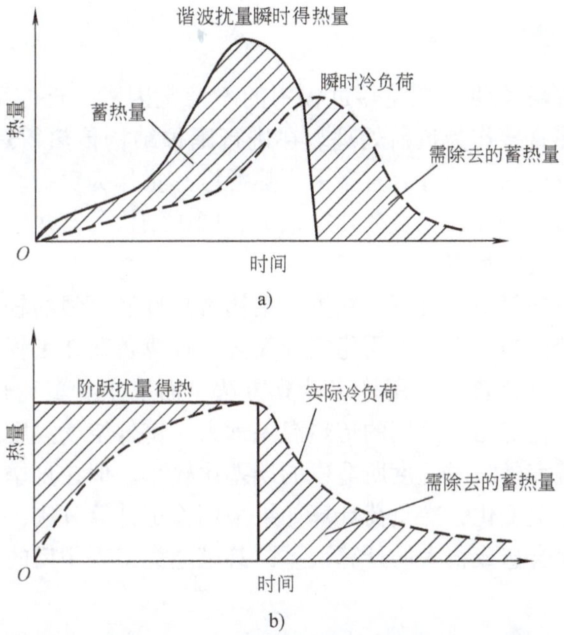

图4-22 谐波扰量、阶跃扰量引起的负荷变化规律

a）谐波扰量 b）阶跃扰量

4. 得热转变为负荷的模拟软件

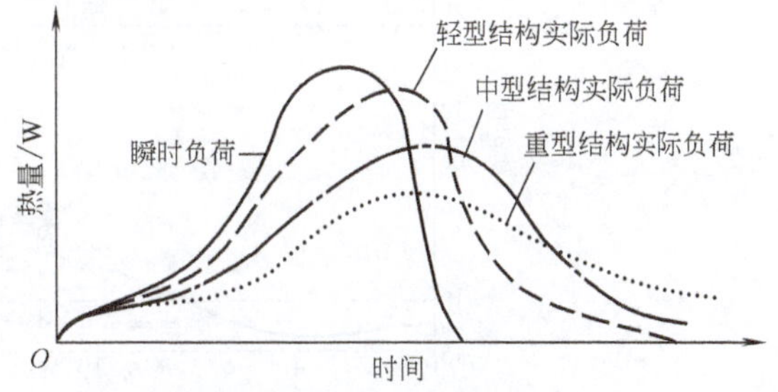

图4-23 瞬时得热与轻、中、重型建筑实际冷负荷之关系

分析上述房间得热转变为负荷的过程可以看到，由得热转变为负荷的比例与建筑物的热工特性密切相关，实际上，它还与热源性质、房间结构、相邻热源的干扰程度等因素存在着一定的关联。因此，如果考虑各种因素定量确定得热转变为负荷的比例，最好的方法就是建立数学模型模拟系统中各物体的传热过程，通过计算获得实际物体由得热转变为负荷的分析解。各国科学家利用现代计算机研制了许多模拟分析软件，例如国际上应用非常普遍的美国建筑热模拟商用软件DOE-2；EnergyPlus也是美国的一个商用、教学研究用的建筑热模拟软件；目前建筑与设备系统结合的能耗动态模拟软件比较成熟的有英国的ESP-r软件；我国清华大学在20世纪末研制开发了Dest暖通空调系统分析和辅助设计软件。这些软件的主要模拟目标是建筑或建筑与系统的长周期的动态热特性，通过建立不同的模型，模拟分析以建筑物围护结构动态特性为主的系统全年运行能耗。模拟分析软件计算结果的准确性依赖于模拟对象大量的基础数据的正确性，因此推广应用模拟分析软件的关键是完善模拟软件的基础数据。

上述模拟软件均是建立在一定的负荷计算方法的基础上开发研制的。不同形式的得热，根据其形成负荷的机理不同，所采用的负荷计算方法也略有不同，下面针对几种典型得热形成负荷的过程，介绍几种已被我国规范或工程界认可的负荷计算方法。

4.2.2 稳定计算方法

稳定计算方法是忽略了建筑在受热过程中的不稳定因素，近似采用稳定计算的一种方法，即将得热或者散热直接作为负荷处理。在进行围护结构传热得热计算时采用 $Q=KF\Delta T$ 的形式表示负荷，在室内热源计算时直接采用热源散热量作为负荷。由于稳定计算不考虑建筑的蓄热作用，计算所得的冷、热负荷往往偏大，围护结构的蓄热性能越好，产生的误差就越大，从而造成设备投资的浪费。

但是，稳定计算方法简单、直观，在围护结构蓄热性能不强的轻型结构建筑，或者受热因素不稳定特征不显著的情况下，采用稳定计算方法计算负荷在工程上是可以接受的。

目前工程上**冬季热负荷**普遍采用稳定计算方法，而**夏季冷负荷**普遍采用不稳定计算方法。这主要是冬季热负荷稳定计算用的传热温差远大于室外空气温度的波动（图 4-24），采用室外日平均温度代替室外瞬时温度所造成的误差比较小。但在夏季，由于传热温差与室外温度波动在一个数量级上变化，冷负荷计算如果采用稳定计算方法，即采用室外日平均温度代替室外瞬时温度，就会造成很大的计算误差，甚至还会出现相反的计算结果。

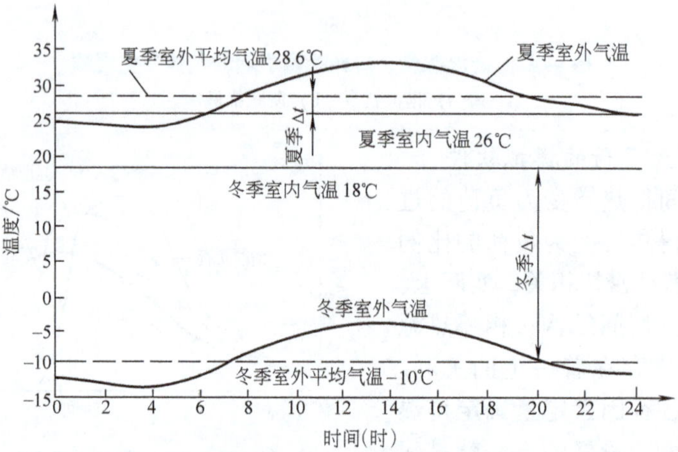

图 4-24 冬夏季室外温度波动及其室内外温差比较举例

目前冬季空调或供暖围护结构负荷常采用如下形式的稳定传热计算方法。

$$\mathrm{HLQ}=KF(t_n-t_w) \tag{4-73}$$

式中 t_w——冬季室外设计温度，空调系统采用每年不保证 1d、供暖系统为每年不保证 5d 的最低日平均温度（℃）；

t_n——冬季室内设计温度（℃）；

K、F——围护结构传热系数 [W/(m²·K)] 和传热面积（m²）。

4.2.3 非透明体围护结构冷负荷及谐波反应法

在研究室外气温和日射通过非透明体围护结构（如屋顶或墙体）影响室内热环境时，常以综合温度这一扰量代替气温和日射的共同作用。如图 4-25 所示，实际室外空气综合温度可采用傅里叶级数分解成如下形式

$$t_z(\tau)=A_0+\sum_{n=1}^{m}A_n\cos(\omega_n\tau-\phi_n) \tag{4-74}$$

式中 A_0——零阶外扰，即计算日室外空气综合温度的平均值 $t_{z,p}$（℃）；

A_n——第 n 阶室外空气综合温度变化波幅 $\Delta t_{z,n}$（℃）；

ω_n——第 n 阶室外空气综合温度变化的频率，$360n/T$ [(°)/h]；或 $2\pi n/T$ (rad/h)；

ϕ_n——第 n 阶室外空气综合温度变化的初相角 [(°) 或 rad]。

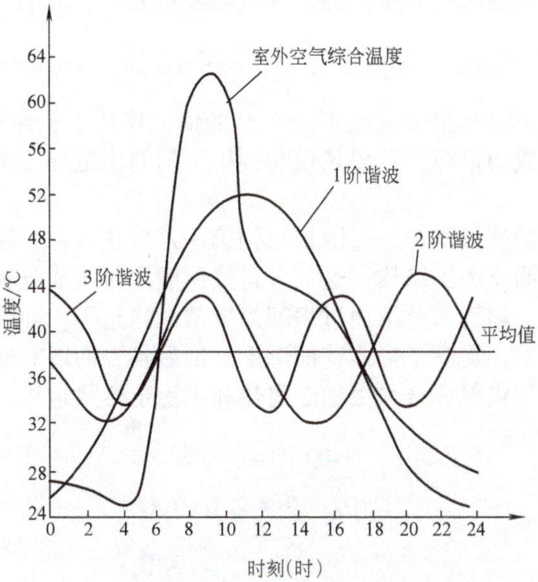

图 4-25 24h 室外空气综合温度的傅里叶级数分解

式（4-74）可分解为稳定扰量和波动扰量之和

$$t_z = t_{z,p} + \Delta t_{z,\tau} = t_{z,p} + \sum_{n=1}^{m} \Delta t_{z,n} \cos(\omega_n \tau - \phi_n) \tag{4-75}$$

上式第一部分与室内空气温度 t_n 之差形成稳定传热得热 $\overline{Q}$，第二部分将引起围护结构内表面波动 $\Delta\theta_{n,\tau}$，产生不稳定传热得热 $\widetilde{Q}$，这两部分得热分别表示如下

$$\overline{Q} = KF(t_{z,p} - t_n) \tag{4-76}$$

$$\widetilde{Q} = \alpha_n F \Delta\theta_{n,\tau} \tag{4-77}$$

内表面 $\Delta\theta_{n,\tau}$ 是围护结构在各阶扰量 $\Delta t_{z,\tau}$（$n \geqslant 1$）作用下的频率响应，它经过围护结构的衰减和延迟有

$$\Delta\theta_{n,\tau} = \sum_{n=1}^{m} B_n \cos(\omega_n \tau - \phi_n - \varepsilon_n) = \sum_{n=1}^{m} \frac{\Delta t_{z,n}}{\nu_n} \cos(\omega_n \tau - \phi_n - \varepsilon_n)$$
$$= \sum_{n=1}^{m} \Delta\theta_{n,n} \cos(\omega_n \tau - \phi_n - \varepsilon_n) \tag{4-78}$$

式中 $\Delta\theta_{n,n}$——围护结构内表面 n 阶温度波幅（℃）；

ν_n、ε_n——围护结构 n 阶室外空气综合温度扰量传至内表面的衰减度及相位延迟时间 [(°) 或 rad]，它们分别定义为

$$\nu_n = \frac{\Delta t_{z,n}}{\Delta\theta_{n,n}} = \frac{A_n}{B_n} \tag{4-79}$$

$$\xi_n=\theta_{n,n}(\tau)\text{相位}-t_z(\tau)\text{相位} \tag{4-80}$$

ν_n、$\varepsilon_n\left(\xi_n=\dfrac{\varepsilon_n}{\omega_n}\right)$——可根据实际围护结构从相关手册中查取，也可根据各组成材料的热工性能按4.1.2小节相关内容计算确定。

为此，由围护结构内表面进入房间的得热量可表示为

$$Q=KF\left[(t_{z,p}-t_n)+\frac{\alpha_n}{K}\sum_{n=1}^{m}\frac{\Delta t_{z,n}}{\nu_n}\cos(\omega_n-\phi_n-\varepsilon_n)\right] \tag{4-81}$$

式（4-81）说明房间在室外日射与温差综合的谐波作用下，经过围护结构衰减、延迟，综合温度波才进入房间成为得热，其得热量与围护结构的稳定热工特性和不稳定热工特性密切相关。

室外空气综合温度谐波扰量，经过围护结构第一蓄放热过程，转变为建筑内表面进入房间的得热后，对于非透明体围护结构，这部分得热一般由对流成分和辐射成分构成，对流部分立即转换成瞬时负荷，辐射部分则通过房间第二蓄放热过程，即通过长波辐射将热量蓄存于室内各壁面等物体之中，提高了物体壁面温度，最后各表面以对流放热形式将热量传递给空气。得热中对流成分与辐射成分均由稳定得热和不稳定得热组成，即

$$Q=\overline{Q}+\widetilde{Q}=Q_d+Q_f \tag{4-82}$$

$$\overline{Q}=\overline{Q}_d+\overline{Q}_f=\beta_d\,\overline{Q}+\beta_f\,\overline{Q} \tag{4-83a}$$

$$\widetilde{Q}=\widetilde{Q}_d+\widetilde{Q}_f=\beta_d\,\widetilde{Q}+\beta_f\,\widetilde{Q} \tag{4-83b}$$

总得热量可分解为上述四个部分组成，其中对流、辐射比例β_d、β_f在缺乏数据时可参考表4-14数据。如果不考虑围护结构吸热后向室外（或邻室）散热的情况，辐射得热中的稳定辐射热$\overline{Q}_f$，经过室内各表面多次反复吸收和反射，提高了各表面温度，最后由各表面向室内空气放热，形成了稳定的对流热冷负荷。因此上述除不稳定辐射部分得热$\widetilde{Q}_f$外，其余三个部分得热均成为瞬变冷负荷。

不稳定辐射部分得热$\widetilde{Q}_f$可用下式表示

$$\widetilde{Q}_f=\beta_f\,\widetilde{Q}=\beta_f\alpha_n F\sum_{n=1}^{m}\frac{\Delta t_{z,n}}{\nu_n}\cos(\omega_n\tau-\phi_n-\varepsilon_n) \tag{4-84}$$

进入房间后以一定比例P_j分配到各内表面，则第j表面接受的辐射热为$\widetilde{Q}_{f,j}=P_j\widetilde{Q}_f$，它向室内空气的放热为

$$\mathrm{CL}\,\widetilde{Q}_{f,j}=P_j\beta_f\alpha_n F\sum_{n=1}^{m}\frac{\Delta t_{z,n}}{\nu_n\nu_{f,j,n}}\cos(\omega_n\tau-\phi_n-\varepsilon_n-\varepsilon'_{f,j,n}) \tag{4-85}$$

式中　$\nu_{f,j,n}$、$\varepsilon'_{f,j,n}$——j表面第n阶辐射扰量的放热衰减度和相位延迟［(°)或rad］。

对于房间内各表面（1至k表面）向室内空气的总放热，即不稳定辐射得热转换为房间冷负荷的部分为

$$\mathrm{CL}\,\widetilde{Q}_f=\sum_{j=1}^{k}\mathrm{CL}\,\widetilde{Q}_{f,j}=\beta_f\alpha_n F\sum_{j=1}^{k}P_j\sum_{n=1}^{m}\frac{\Delta t_{z,n}}{\nu_n\nu_{f,j,n}}\cos(\omega_n\tau-\phi_n-\varepsilon_n-\varepsilon'_{f,j,n}) \tag{4-86}$$

将上式中P_j与$\nu_{f,j,n}$、$\varepsilon'_{f,j,n}$经一定组合、运算、整理后，可写成下式

$$\mathrm{CL}\,\widetilde{Q}_f=\beta_f\alpha_n F\sum_{n=1}^{m}\frac{\Delta t_{z,n}}{\nu_n\mu_n}\cos(\omega_n\tau-\phi_n-\varepsilon_n-\varepsilon'_n) \tag{4-87}$$

式中　μ_n、ε'_n——房间对 n 阶围护结构传导热中辐射扰量的衰减度和相位延迟［(°) 或 rad］，也可用ξ'_n表示，$\xi'_n=\frac{\xi'_n}{\omega_n}$ (h)。

$$\mu_n=(E_{1,n}^2+E_{2,n}^2)^{-\frac{1}{2}} \qquad \varepsilon'_n=-\tan^{-1}\frac{E_{2,n}}{E_{1,n}}$$

$$E_{1,n}=\sum_{j=1}^{k}\frac{P_j}{\nu_{f,j,n}}\cos\varepsilon'_{f,j,n} \qquad E_{2,n}=-\sum_{j=1}^{k}\frac{P_j}{\nu_{f,j,n}}\sin\varepsilon'_{f,j,n}$$

房间放热特性μ_n、ε'_n与六面体各内表面的放热衰减度$\nu_{f,j,n}$、放热相位延迟$\varepsilon'_{f,j,n}$以及各表面接受的辐射热扰量比例P_j有关。房间六面体构造上所接受的辐射热比例和辐射扰量类型、各围护结构的表面性质以及房间各部分的几何尺寸比例有关。一般可根据房间尺寸和各表面的反射特性，运用传热学知识加以确定。表4-15所示为特定房间的P_j值。分析表中各数值可知，对谐波辐射得热转换为负荷影响较大的主要围护结构是内墙和楼板。为简化计算，工程上另一种划分轻型、中型、重型房间的方法，就是按内墙和楼板的放热衰减度来确定，如表4-16所示。不同房间类型的各面围护结构及其二阶放热特性值见表4-17。

表4-15　辐射热在房间内的分配系数P_j[5]

辐射源	楼板	顶棚	内墙	外墙	外窗
外墙内表面	0.20	0.20	0.60	—	—
屋顶内表面	0.35	—	0.50	0.10	0.05
照明	0.35	—	0.50	0.10	0.05
人体	0.30	0.10	0.50	0.05	0.05
设备器具	0.20	0.25	0.45	0.05	0.05
外窗散射辐射	0.20	0.15	0.65	—	—
外窗直射辐射	0.80	0.05	0.15	—	—

注：标准房间为1.0（高）：1.2（宽）：1.5（进深），外窗面积比为0.2。

表4-16　房间类型和放热特性[5]

房间类型	围护结构的放热衰减度 ν_f	
	内墙	楼板
轻型	1.2	1.4
中型	1.6	1.7
重型	2.0	2.0

注：1. ν_f为一阶谐波（周期24h）的放热衰减度。

2. 地面按重型楼板考虑，如地面上铺地毯，则按轻型楼板考虑。

表4-17　房间类型及其围护结构的放热特性[5]

房间类型 / 放热特性	轻			中			重		
	楼板	顶棚	内墙	楼板	顶棚	内墙	楼板	顶棚	内墙
$\nu_{f,j,1}$	1.39	1.42	1.14	1.68	1.39	1.57	2.03	1.25	1.98
$\xi'_{f,j,1}$	1.0 15.1	0.8 12.3	1.5 23.2	2.2 32.4	0.6 8.5	2.8 41.4	3.0 45.5	1.8 26.6	2.9 42.8
$\nu_{f,j,2}$	1.57	1.47	1.46	2.28	1.41	2.50	3.25	1.60	3.03
$\xi'_{f,j,2}$	0.6 18.2	0.5 16.1	1.2 35.8	1.3 40.5	0.3 8.4	1.6 49.3	1.5 43.7	1.3 38.5	1.4 41.9

注：1. ν、ξ'的第三位下标角码为谐波阶数。

2. ξ'一栏两行数字的单位：上行h，下行（°）。

根据上述各项结果便可得到 τ 时刻房间总冷负荷如下

$$\mathrm{CLQ}_\tau=\mathrm{CLQ_d}+\mathrm{CL}\,\overline{\mathrm{Q}}_\mathrm{f}+\mathrm{CL}\,\widetilde{\mathrm{Q}}_\mathrm{f}=\beta_\mathrm{d}Q+\beta_\mathrm{f}\overline{Q}+\beta_\mathrm{f}\alpha_\mathrm{n}F\sum_{n=1}^{m}\frac{\Delta t_{z,n}}{\nu_n\mu_n}\cos(\omega_n\tau-\phi_n-\varepsilon_n-\varepsilon'_n) \tag{4-88}$$

工程上为简化上述计算，将式（4-88）简化成如下形式

$$CLQ_\tau=KF\Delta t_{\tau-\xi} \tag{4-89}$$

式中 τ——计算时间（h）；

ξ——围护结构表面在周期为24h温度谐波作用下，温度波传播到内表面的时间延迟（h）；

τ-ξ——温度波的作用时间，即温度波作用于围护结构内表面的时间（h）；

K——围护结构传热系数［$\mathrm{W/(m^2\cdot K)}$］；

F——围护结构计算面积（$\mathrm{m^2}$）；

$\Delta t_{\tau-\xi}$——在作用时刻下，围护结构的冷负荷计算温差（℃），又称负荷温差，可从相关手册中查取。它与建筑所处地理纬度、建筑朝向、季节、房间类型等因素有关。

4.2.4 半透明体围护结构得热与负荷及其节能方法

1. 半透明体围护结构得热

日射对半透明体围护结构的作用远大于非透明体围护结构。以玻璃为例，在太阳辐射和室内外温差的综合作用下，热量经过两个途径传入室内：途径之一是一部分太阳辐射能量透过玻璃以短波辐射的形式直接进入室内；途径之二是玻璃吸收了一部分太阳辐射能，提高了自身的温度，然后在室内外温差的共同作用下，以对流和长波辐射的形式向室内和室外散热。此时向室内散热和向室外散热的比例与室内外温度、玻璃内外表面传热系数的大小有关，向室内侧散热的部分便成为房间得热。

透过单位面积单层玻璃进入室内的太阳辐射热 q_τ 与单位面积单层玻璃吸收的热量 q_α 分别表示为

$$q_\tau=\tau_{z,i}I_z+\tau_sI_s \tag{4-90}$$

$$q_\alpha=\alpha_{z,i}I_z+\alpha_sI_s \tag{4-91}$$

式中 $\tau_{z,i}$、$\alpha_{z,i}$——入射角为 i 时玻璃的直射透射率与直射吸收率，入射角 i 与太阳高度角 β 互为90°的补角；

I_z——玻璃表面接受的日射直射强度在玻璃表面法线方向的分量（$\mathrm{W/m^2}$）；

τ_s、α_s——玻璃的散射透射率与散射吸收率；

I_s——玻璃表面接受的日射散射强度（$\mathrm{W/m^2}$）。

玻璃吸收了太阳辐射热后温度升高，并与室内和室外环境进行热交换。如果在任一瞬间这一过程可当作稳定传热过程，则可以写出如下的热平衡式

$$q_\alpha=\alpha_n(\theta_n-t_n)+\alpha_w(\theta_w-t_w) \tag{4-92}$$

式中 α_n、α_w——玻璃内、外表面的传热系数［$\mathrm{W/(m^2\cdot K)}$］；

θ_n、θ_w——玻璃内、外表面温度（℃），当不考虑玻璃自身热阻，即玻璃自身蓄热时，$\theta_n=\theta_w=\theta_b$；

t_n、t_w——室内、室外空气温度（℃）。

式（4-92）可以改写成

$$\theta_b-t_n=\frac{q_\alpha+\alpha_w(\theta_b-t_w)}{\alpha_n+\alpha_w}$$

在太阳辐射和室内外温差共同作用下，玻璃内表面向室内的散热量，其量为

$$q_n=\alpha_n(\theta_b-t_n)=\frac{\frac{1}{\alpha_w}q_\alpha+(t_w-t_n)}{\frac{1}{\alpha_n}+\frac{1}{\alpha_w}} \tag{4-93}$$

总传热系数 K（或总热阻 R）为

$$K=\frac{1}{R}=\frac{1}{\frac{1}{\alpha_n}+\frac{1}{\alpha_w}} \tag{4-94}$$

在式（4-93）中代入式（4-94）后有

$$q_n=\frac{R_w}{R}q_\alpha+K(t_w-t_n)=Nq_\alpha+K(t_w-t_n) \tag{4-95}$$

式中 $N=R_w/R$ 的物理意义是：玻璃在阳光照射下，当 $t_w=t_n$ 时，玻璃吸收的太阳辐射热 q_α 传向室内的热量占总吸收热的比例。式（4-95）中，Nq_α 是仅有太阳辐射作用时玻璃通过吸热释放到室内的热量，$K(t_w-t_n)$ 是仅有室内外温差作用时，室内得到的热量。式（4-95）便是实际情况下两者同时存在时的叠加结果。由此，可写出**进入室内的玻璃总得热**是

$$q_{glass}=q_\tau+q_n=q_\tau+Nq_\alpha+K(t_w-t_n) \tag{4-96}$$

【例 4-7】 计算单层 3mm 厚标准玻璃由于太阳辐射和室内外温差造成的室内得热量。已知：$t_n=26℃$，$t_w=34℃$，$\alpha_w=18.6W/(m^2\cdot K)$，$\alpha_n=8.7W/(m^2\cdot K)$，$i=30°$，$I_z=250W/m^2$，$I_s=100W/m^2$。

【解】 从表 4-10 查得在 $i=30°$ 时，$\tau_{z,i}=0.802$，$\tau_s=\tau_{z,i}\ (i=45°)=0.781$，$\alpha_{z,i}=0.124$，$\alpha_s=\rho_{z,i}\ (i=45°)=0.131$。于是可以进行如下的计算

$$q_\tau=\tau_{z,i}I_z+\tau_sI_s=(0.802\times250+0.781\times100)W/m^2=278.6W/m^2$$

$$q_\alpha=\alpha_{z,i}I_z+\alpha_sI_s=(0.124\times250+0.131\times100)W/m^2=74.1W/m^2$$

$$N=\frac{R_w}{R}=\frac{\frac{1}{18.6}}{\frac{1}{8.7}+\frac{1}{18.6}}=0.319,\ K\approx\frac{1}{\frac{1}{8.7}+\frac{1}{18.6}}W/(m^2\cdot K)=5.93W/(m^2\cdot K)$$

$$q_{glass}=[278.6+0.319\times74.1+5.93\times(34-26)]W/m^2=350W/m^2$$

从上例计算结果可以看出，当 $t_w=t_n$ 时，在通常条件下，玻璃吸收的太阳辐射热约有 1/3 是传向室内的，室外风速越大，传入室内的热量便越小。

式（4-96）等号右边的三项中，前两项仅与太阳辐射和玻璃的太阳光学性能有关。对特定玻璃，此项只与太阳辐射有关。现采用 3mm 厚**标准玻璃**的有关光学性能数据计算，并令它们之和为“**日射得热因数**”，用 D_s 表示，即

$$D_s=q_\tau+Nq_\alpha=\tau_{z,i}I_z+\tau_sI_s+N(\alpha_{z,i}I_z+\alpha_sI_s) \tag{4-97}$$

日射得热因数也可用如下的直射得热 SG_z 与散射得热 SG_s 的形式给出

$$D_s = SG_z + SG_s = (\tau_{z,i} I_z + N\alpha_{z,i} I_z) + (\tau_s I_s + N\alpha_s I_s) \tag{4-98}$$

实际上，式（4-97）和式（4-98）计算窗户得热时，日射直射照射面积应为太阳光斑面积，而散射照射面积应为玻璃面积，工程计算时，通常近似采用玻璃面积替代太阳光斑面积。为便于工程应用，前人将各地 D_s 计算值制成表格。表4-18所示是上海和北京地区设计用 D_s 值，其制作依据是：①3mm厚标准玻璃；② $\alpha_w = 18.6\text{W}/(\text{m}^2 \cdot \text{K})$，$\alpha_n = 8.7\ \text{W}/(\text{m}^2 \cdot \text{K})$，$N = 0.319$；③地面反射率 $\rho_G = 0.15$。利用表中 D_s，可以很方便地按下式计算标准玻璃得热

$$q_{glass} = D_s + K(t_w - t_n) \tag{4-99}$$

目前，我国、美国和日本均采用3mm厚普通玻璃作为标准玻璃，英国以5mm厚窗玻璃作为标准玻璃，各国标准玻璃材质成分略有不同，因此性能上也略有不同，我国目前生产的窗玻璃含铁成分较多，断面呈墨绿色，法向入射时透射率为0.8，反射率为0.126。而美国、日本的标准玻璃法向入射时透射率在0.86以上。

表4-18 上海和北京的日射得热因数 D_s[8,10] （单位：W/m²）

地名	方位	时间												
		6	7	8	9	10	11	12	13	14	15	16	17	18
北京	S	25.6	53.5	80.2	143.5	225.7	288.3	310.1	288.3	225.7	143.5	80.2	53.5	25.6
	SE	178.7	328.3	432.3	474.3	447.8	361.0	229.1	126.5	113.0	97.7	77.9	53.5	25.6
	E	373.2	553.0	585.5	544.1	415.1	233.0	124.1	120.7	113.0	97.7	77.9	53.5	25.6
	NE	340.5	426.0	400.8	293.3	161.5	120.7	124.1	120.7	113.0	97.7	77.9	73.3	90.7
	N	90.7	73.3	77.9	97.7	113.0	120.7	124.1	120.7	113.0	97.7	77.9	73.3	90.7
	NW	25.6	53.5	77.9	97.7	113.0	120.7	124.1	120.7	161.5	293.3	400.8	426.0	340.5
	W	25.6	53.5	77.9	97.7	113.0	120.7	124.1	233.0	415.1	544.1	585.5	530.0	373.2
	SW	25.6	53.5	77.9	97.7	113.0	126.5	229.1	361.0	447.8	474.3	423.3	328.3	178.7
	H	81.4	246.3	435.8	605.0	736.5	818.7	846.3	818.7	736.5	605.0	435.8	246.3	81.4
上海	S	15.1	40.7	65.1	87.2	126.5	163.0	176.3	163.0	126.5	87.2	65.1	40.7	45.1
	SE	132.7	263.0	350.2	375.5	340.5	249.8	145.8	107.0	98.9	83.7	65.1	40.7	15.1
	E	299.1	470.8	536.2	503.5	385.2	212.5	111.0	107.0	98.9	83.7	65.1	40.7	15.1
	NE	279.0	398.5	409.3	330.7	205.0	114.0	111.0	107.0	98.9	83.7	65.1	40.7	15.1
	N	79.1	80.2	70.9	83.7	98.9	107.0	111.0	107.0	98.9	83.7	70.9	80.2	79.1
	NW	15.1	40.7	65.1	83.7	98.9	107.0	111.0	114.0	205.0	330.7	409.3	398.5	279.0
	W	15.1	40.7	65.1	83.7	98.9	107.0	111.0	212.5	385.2	503.5	536.2	470.8	299.1
	SW	15.1	40.7	65.1	83.7	98.9	107.7	145.8	249.8	340.5	375.5	350.2	263.0	132.7
	H	46.5	198.0	391.0	567.3	702.7	788.3	817.5	788.3	702.7	567.3	391.0	198.0	46.5
广州	S	12.8	44.2	74.4	97.7	113.9	125.6	131.4	125.6	113.9	97.7	74.4	44.2	12.8
	SE	96.5	215.2	293.1	310.5	269.8	190.7	129.1	124.4	113.9	97.7	74.4	44.2	12.8
	E	224.5	410.5	495.4	480.3	378.0	222.1	128.0	124.4	113.9	97.7	74.4	44.2	12.8
	NE	214.0	366.3	415.2	374.5	275.6	165.1	128.0	124.4	113.9	97.7	74.4	44.2	12.8
	N	66.3	98.9	102.3	104.7	113.9	124.4	128.0	124.4	113.9	104.7	102.3	98.9	66.3
	NW	12.8	44.2	74.4	97.7	113.9	124.4	128.0	165.1	275.6	374.5	415.2	366.3	214.0
	W	12.8	44.2	74.4	97.7	113.9	124.4	128.0	222.1	378.0	480.3	495.4	410.5	224.5
	SW	12.8	44.2	74.4	97.7	113.9	124.4	129.1	190.7	269.8	310.5	293.1	215.2	96.5
	H	30.2	173.3	369.8	551.3	692.0	781.5	811.8	781.5	692.0	551.3	369.8	173.3	30.2

制表条件：①标准玻璃；② $\alpha_w = 18.6\text{W}/(\text{m}^2 \cdot \text{K})$，$\alpha_n = 8.7\text{W}/(\text{m}^2 \cdot \text{K})$；③地面反射 $\rho_G = 0.15$。

2. 玻璃面发展及其节能特性

随着国家能源政策及节能建筑的推广，建筑围护结构节能已成为建筑节能工作的重点，而玻璃幕墙和玻璃外门是建筑围护结构节能非常薄弱的环节。降低玻璃幕墙和玻璃外门对日射的透射能力，对于夏热冬冷地区或南方地区便成为节能的关键所在。随着建材业的发展和进步，建筑所用的幕墙、门窗玻璃的品种越来越多。目前常用玻璃有普通透明玻璃、吸热玻璃、热反射（镀膜）玻璃、Low-E 玻璃等，以及由这些玻璃组成的中空玻璃等。

普通透明玻璃的透射能力较好，基本上可以透过全部太阳能的80%以上，不同厚度的玻璃主要是吸收率和透射率不同。为阻挡太阳热辐射，20 世纪 60 年代，人们在玻璃原片中添加一些金属离子或某些物质形成吸收率较高的**吸热玻璃**，这种玻璃从颜色来划分有茶色、蓝色、灰色和绿色。不同颜色玻璃有不同的透射率和吸收率，同一种颜色也会因物质掺杂含量的不同而导致颜色的深浅和光学性能的不同。吸热玻璃因其吸热能力的增强，使通过玻璃向室外的长波辐射和温差传热增强。一般室外风速比室内大，玻璃外表面传热系数较大，按上述标准玻璃计算可知玻璃吸热量中的 68.1%向室外散去，通过这样的热量转换，太阳光的大部分能量未能进入室内，从而达到隔热的目的。吸热玻璃吸收的热量越多，隔热的效果就越好。吸热玻璃的产生给建筑大师们带来了色彩斑斓的特别是大面积玻璃幕墙建筑的设计空间，丰富了城市的色彩。由于被玻璃吸收的能量有相当一部分会以对流和热辐射的形式散发到室内，所以采用吸热玻璃控制太阳辐射得热仍然是有限的。

20 世纪 70 年代，人们在玻璃表面通过镀膜技术增加玻璃的反射作用，产生了反射率较高的**热反射玻璃**，以减少透过玻璃的日射量，大大降低了夏季室内空调负荷，从而使热反射玻璃成为建筑节能玻璃的主要品种之一。热反射玻璃有各种各样的颜色，各种颜色有不同的反射率。玻璃上贴膜或镀膜的不同膜厚也有不同的反射率，膜反射率越高，其节能效果就越明显。一般吸热玻璃与热反射玻璃的区别在于吸收率与反射率的比值，大于 1 为吸热玻璃，小于 1 为热反射玻璃。吸热玻璃、热反射玻璃的隔热特性与普通玻璃的比较见图 4-26。热反射玻璃对日射有较强的遮挡能力，对夏季有显著的隔热作用的特点，使得热反射玻璃在当时广为使用。热反射玻璃用作大面积玻璃幕墙时，可以映射出环境景色、周围建筑物，丰富了建筑师们的表现手法。然而，与吸热玻璃类似，反射玻璃并不具有光谱的选择性，对可见光与红外线辐射一样不加区别地反射，并且反射膜对近红外线辐射普遍具有较高的透射率，从而使得进入室内的可见光相对减少，同时增加了室外对室内的近红外线辐射[9]，此外，反射光还造成了城市的眩光污染。上述这种特性对室内营造舒适的光环境以及建筑节能都不利。

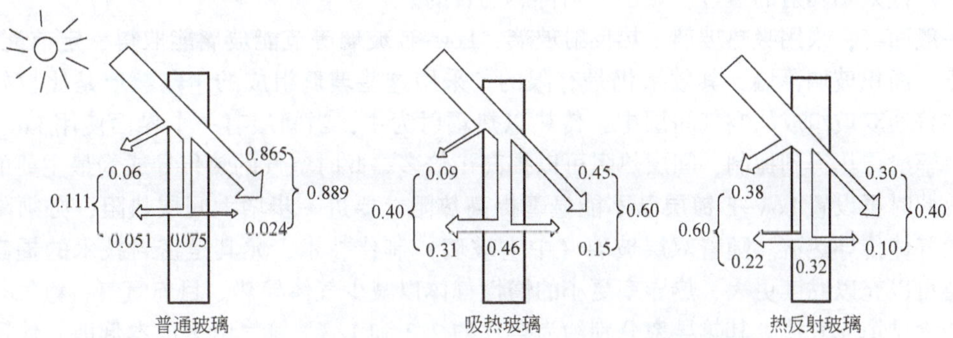

图 4-26 普通玻璃、吸热玻璃、热反射玻璃的能量传递[11]

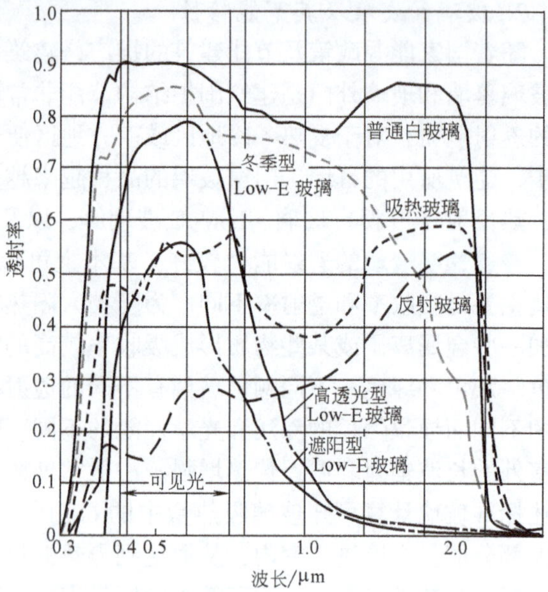

图 4-27 普通玻璃、吸热玻璃、热反射玻璃与 Low-E 玻璃的透射曲线[9]

低辐射（Low-E）玻璃发明于第二次世界大战时期，但直到20世纪70年代能源危机的出现，才迫使人们对这种节能玻璃进行大量研究，在20世纪80年代成为盛行的节能玻璃。Low-E玻璃使用真空沉积技术在玻璃表面沉积一层既薄又耐久的镀银薄层，其表面辐射率低（$\varepsilon \leqslant 0.15$），红外反射率高，既具有吸热少、升温低、二次辐射热量低，同时该镀层又像摄影镜头一样设置了增透覆层以保证可见光的透射率。与热反射镀膜玻璃相比，Low-E玻璃阻挡同样数量的太阳热能时，不过多地限制可见光的透过，为此，太阳光经过Low-E玻璃过滤后成为了“冷光源”，这对改善室内热环境和光环境有着很重要的作用。Low-E玻璃与其他玻璃的光谱特性比较见图4-27。

Low-E镀膜技术的优越性在于可精确控制膜层的厚度和均匀性，并可根据不同需要，通过调整膜层达到或接近所要求的光谱选择性或反射指标。对于冬季或以供暖供热为主的地区，人们需要在整个太阳辐射光谱范围内具有较高的透射率，如图4-27所示的冬季型Low-E玻璃特性。典型的冬季型Low-E镀膜，如以银为基底的$SnO_2/Ag/SnO_2$型镀层，其厚度为40nm/0.7nm/40nm，可见光透射率为0.86，太阳辐射透射率为0.73，热辐射率为0.08。在炎热的夏季或以空调供冷为主的地区，为了减少进入室内的热量，人们需要具有高透光性能，同时尽可能遮挡太阳中的近红外线辐射的Low-E玻璃，如图4-27所示的高透光型Low-E玻璃的特性，这类玻璃的典型镀膜有双层银膜镀层$SnO_2/Ag/SnO_2/Ag/SnO_2$型镀层，其厚度为40nm/10nm/40nm/10nm/40nm，它具有0.05的低辐射率、0.74的高可见光透射率，以及高达0.8的近红外区的反射率。对于西向或东向窗户，可以选用图4-27所示的遮阳型Low-E玻璃，它在近红外辐射低透过的基础上，把可见光透射率降低到50%~60%或更低，以达到降低太阳辐射的透过，减小太阳得热的目的。

一般而言，采用吸热玻璃、热反射玻璃、Low-E玻璃等节能玻璃能取得一定节能效果，但对于大面积玻璃幕墙，其效果仍是有限的。采用这些玻璃组成的**中空玻璃**是比较好的选择。在普通双玻组成的空气间层中，传热以热辐射为主，当间层有一个界面使用Low-E镀层时，辐射传热得到扼制，间层热阻可以提高1倍多，此时空气的热传导成为最主要的传热方式，此时再设置Low-E镀层已不能显著提高热阻。要进一步增大间层热阻，必须降低间层中的气体传导热流。随着双层玻璃（中空玻璃）制作技术、尤其是密封技术的提高，玻璃间层可以充以黏度更大、热导率更小的惰性气体以减少气体导热。目前氩气、氪气是中空玻璃的常见填充气体，其热导率分别约为空气的2/3和1/3。氩气由于成本低廉，使用最为广泛；氪气热导率很低，特别适合用来构造薄型玻璃系统。6+12+6的白玻中空组合玻璃，充

填空气时传热系数 K 值约为 2.7W/($m^2 \cdot K$)，充填氩气时传热系数 K 值约为 2.53W/($m^2 \cdot K$)，充填氪气时传热系数 K 值约为 2.47W/($m^2 \cdot K$)[12]。降低双玻间层传导的根本方法是把双玻之间的空气全部排空变成真空，即形成真空玻璃。但是，真空玻璃的大面积普及还有待时日。

对于反射太阳辐射而言，吸热玻璃与 Low-E 玻璃组合成中空玻璃是一种比较好的选择，太阳辐射被吸热玻璃吸收后变成热能，其辐射变成长波辐射，长波辐射被 Low-E 玻璃反射隔绝不能进入室内。中空玻璃中贴膜位置不同也会有不同的隔热效果。当热反射膜位于外玻内面，而 Low-E 膜层位于内玻外面时，能起到很好的反射太阳辐射、阻隔长波辐射、保持一定透光性能的效果。对于 Low-E 玻璃和透明玻璃构成的中空玻璃，一般选用的方法是，南方地区（以空调供冷为主）Low-E 膜位于外玻内面，而北方地区（以供暖为主）则位于内玻外面，由于阻隔日射辐射的起始位置不同，整个玻璃的温度水平有所不同，使得阻挡日射的效果前者优于后者，此时，外观颜色效果也有所不同，对于有色 Low-E 膜层，前者的外观具有镀膜玻璃的质感。为此，在组成玻璃系统时，应根据地区、室内热环境等需要经济合理地选择玻璃材料。

3. 降低通过玻璃门窗传入室内热量的措施

降低通过玻璃门窗传入室内热量的重要措施就是正确、合理地选用门窗玻璃面。计算上述以降低通过玻璃门窗传入室内热量为目的的非标准玻璃系统得热时，常在标准玻璃（3mm 厚）得热的基础上，采用非标准门窗**窗玻璃的遮阳系数** C_s（又称**遮挡系数**）进行修正，遮挡系数定义为在一定条件下，太阳辐射透过窗玻璃所形成的室内得热量与相同条件下标准窗玻璃所形成的太阳辐射得热量之比，一般窗玻璃的遮阳系数小于 1。当缺乏玻璃相关光学参数时，可采用表 4-19 所示窗玻璃的遮阳系数。对于如单片热反射镀膜、Low-E 镀膜品种不同，双层玻璃时贴膜位置不同等其窗玻璃的遮阳系数也有所不同，表 4-19 列出了 6+12A+2 不同膜面位置与膜面品种的窗玻璃的遮阳系数。由于国外有些标准玻璃定义与我国不尽相同，相关参数会有所不同，选用的参数应修正对应的标准玻璃。

表 4-19 窗玻璃的遮阳系数（遮挡系数）C_s[5][9]

玻璃类型	C_s
标准玻璃	1.00
5mm 厚普通玻璃	0.93
6mm 厚普通玻璃	0.89
3mm 厚吸热玻璃	0.96
5mm 厚吸热玻璃	0.88
6mm 厚吸热玻璃	0.83
双层 3mm 厚普通玻璃	0.86
双层 5mm 厚普通玻璃	0.78
双层 6mm 厚普通玻璃	0.74
6+12A+6 外玻内面贴透明膜的 Low-E 玻璃	0.61
6+12A+6 内玻外面贴透明膜的 Low-E 玻璃	0.69
6+12A+6 外玻内面贴银灰色膜的 Low-E 玻璃	0.31
6+12A+6 内玻外面贴银灰色膜的 Low-E 玻璃	0.53

要降低通过窗户进入室内的得热，除了选择节能玻璃及其组合外，还可以采取一些遮阳措施。图4-28所示为不同遮阳措施的效果比较，比较结果表明，外遮阳的遮阳效果最好，这是因为外遮阳在遮阳的同时，其吸热量几乎全部散发在室外而没有进入室内，玻璃外表面也只是接收到透过外遮阳的太阳辐射。同样的遮阳方式，其遮阳效果还与遮阳材料有关。表4-20所示为常见遮阳设施的**窗户的遮阳系数**C_n，其定义为透过有遮阳措施的窗玻璃的太阳辐射得热与无遮阳措施的窗玻璃的太阳辐射得热之比。若窗口上方有固定遮阳板，也可根据几何关系计算日射直射面积。

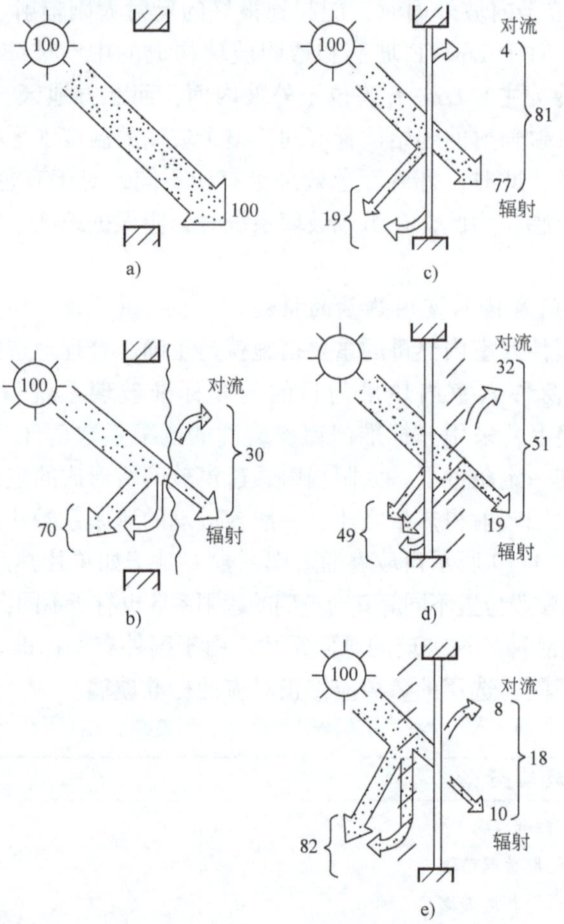

图4-28 各种遮阳措施效果比较[13]

a）无窗 b）无窗+窗帘 c）6mm玻璃 d）6mm玻璃+内侧百叶 e）6mm玻璃+外侧百叶

表4-20 有遮阳设施时窗户的遮阳系数 C_n[5][14]

遮阳类型		C_n
内遮阳	白布帘（浅色）	0.50
	浅蓝布帘（中间色）	0.60
	深黄、紫红、深绿布帘（深色）	0.65
	活动百叶帘（中间色）	0.60

（续）

遮阳类型		C_n
外遮阳	可完全遮挡直射阳光的固定百叶、固定挡板遮阳板等	0.5
	可基本遮挡直射阳光的固定百叶、固定挡板遮阳板等	0.7
	较密的花格	0.7
	可完全覆盖窗的不透明活动百叶、金属卷帘	0.5
	可完全覆盖窗的织物卷帘	0.7

为了计算通过窗户进入室内的实际日射得热，工程上常采用对标准玻璃得热因数进行修正的方法。所采用的修正系数包括玻璃系统的遮阳系数 C_s、窗户遮阳设施的遮阳系数 C_n、考虑窗框因素的窗户有效面积系数 x_g，以及计算地点与日射得热因数选取数据偏离的地点修正系数 x_d。具体公式如下

$$HGQ_{solar}=x_g x_d C_s C_n D_s F \tag{4-100}$$

式中 F——窗户面积（m^2）；

x_g——窗户有效面积系数，与窗框形式有关，单层木窗为0.7，双层木窗0.6，单层钢窗0.85，双层钢窗0.75；

x_d——地点修正系数，可从相关手册查取[6]。

上述修正系数中也有采用窗户遮阳系数 $SC=C_s\times C_n$（Shading Coefficient，SC）方式表示窗户玻璃及遮阳情况的修正。

结合式（4-100），利用式（4-99）便可得到由实际窗户进入室内的日射得热与温差得热。

$$HGQ_{glass}=x_g x_d C_s C_n D_s F+KF(t_w-t_n) \tag{4-101}$$

【例4-8】 已知单玻铝合金窗传热系数 $K=6.2W/(m^2\cdot K)$，$t_n=26.0$℃。利用【例2-3】计算结果求上海地区此窗处于东向时，上午8时和下午13时夏季设计条件下单位面积通过窗户进入室内的得热量。玻璃为3mm厚的标准玻璃。

【解】 由【例2-3】计算结果已知 $t_{w,8}=29.5$℃，$t_{w,13}=33.5$℃，从表4-18查得上午8时与下午13时的日射得热因数分别为 $536.2W/m^2$、$107W/m^2$，取钢窗的有效面积系数代之，单位面积窗户进入室内得热量为

$$q_{\tau=8}=x_g x_d C_s C_n D_s+K(t_w-t_n)$$
$$=[0.85\times536.2+6.2\times(29.5-26.0)]W/m^2=477.5W/m^2$$
$$q_{\tau=13}=x_g x_d C_s C_n D_s+K(t_w-t_n)$$
$$=[0.85\times107+6.2\times(33.5-26.0)]W/m^2=137.5W/m^2$$

对于大面积玻璃幕墙，参考上述计算结果，东向玻璃幕墙上午8:00得热为 $477.5W/m^2$，其值相当可观。

【例4-9】 试计算上题在下列三种情况下窗玻璃的得热量：①标准单玻铝合金窗采用浅色窗帘内遮阳形式；②双玻铝合金（3+12A+3mm），$K=3.9W/(m^2\cdot K)$，无遮阳设施；③标准单玻铝合金窗加铝制百叶卷帘外遮阳。

【解】 由表4-19及表4-20查得 C_s 和 C_n，利用钢窗 x_g 采用式（4-101）求得8时、13

时窗得热量分别为

① $q_{\tau=8}=x_g x_d C_s C_n D_s+K(t_w-t_n)$

$=[0.85\times0.50\times536.2+6.2\times(29.5-26.0)]W/m^2=249.6W/m^2$

$q_{\tau=13}=x_g x_d C_s C_n D_s+K(t_w-t_n)$

$=[0.85\times0.50\times107+6.2\times(33.5-26.0)]W/m^2=92.0W/m^2$

② $q_{\tau=8}=x_g x_d C_s C_n D_s+K(t_w-t_n)$

$=[0.75\times0.86\times536.2+3.9\times(29.5-26.0)]W/m^2$

$=359.5W/m^2$

$q_{\tau=13}=x_g x_d C_s C_n D_s+K(t_w-t_n)$

$=[0.75\times0.86\times107+3.9\times(33.5-26.0)]W/m^2=98.3W/m^2$

③ $q_{\tau=8}=x_g x_d C_s C_n D_s+K(t_w-t_n)$

$=[0.85\times0.11\times536.2+6.2\times(29.5-26.0)]W/m^2=71.8W/m^2$

$q_{\tau=13}=x_g x_d C_s C_n D_s+K(t_w-t_n)$

$=[0.85\times0.11\times107+6.2\times(33.5-26.0)]W/m^2=56.5W/m^2$

以上两题计算结果表明，东墙窗户在上午8时高峰负荷时，上述几种形式的日射占总得热量达70%~95%。在所计算的降低日射负荷的措施中，外遮阳最为有效。

在日射得热计算时，当建筑采取遮阳措施后，围护结构（包括非透明体和透明体）表面产生部分阴影面，此时一般按阴影面计算日射散射得热量，按直射面计算日射直射和散射的得热量。工程计算时，为了安全，围护结构得热计算一般不考虑因阴影面而减少的得热。

随着建筑玻璃幕墙的频繁使用，2015年10月1日正式实施的《公共建筑节能设计标准》（GB 50189—2015）规定了窗墙比较大者，允许其传热系数值低，标准中对不同气候区有明确的窗墙比下的传热系数允许值，在不满足允许值时需进行围护结构热工性能的权衡判断，即通过软件的方法，计算采用其他节能手段使其达到节能标准的判断。在“节能”“环保”以及“高科技”的设计理念指导下，通风窗、双层通风玻璃幕墙应运而生。前者常用于一般建筑，后者用于需要建筑结构支撑的大面积玻璃幕墙。

4. 通风窗等的**节能原理**及方法

通风窗、**双层通风玻璃幕墙**(Double Skin Facade，DSF)，又称呼吸式玻璃幕墙是由内外两层玻璃或两层玻璃幕墙组成，与传统的双层窗、玻璃幕墙相比，它的最大特点是在两层玻璃之间形成通风换气层，通风窗换气层宽一般约为200mm，双层通风玻璃幕墙一般可达600mm左右，以便清扫和维护。根据要求不同内外玻璃面上可以有通风口便于自然通风，也可采用风机使两层玻璃之间换气层实现机械通风。为此，一般根据有无风机可分为主动式和被动式，根据空气流动方向可分为内循环、外循环、或内外贯通型。通风换气层内还可设置百叶等遮阳装置。表4-21所示为较常用的几种通风窗及其转化形式——空气屏障式的结构和特点。图4-29所示为双层通风玻璃幕墙的一般形式。夏季一般开启通风窗或通风幕墙上的进出通风口，换气层中空气在阳光的照射下，因“烟囱效应”自下而上将空气层内的热量带走；冬季一般会关闭换气层进出通风口，换气层在阳光的照射下产生“温室效应”，空气形成自循环，使内层玻璃温度接近室内温度，减少了玻璃面与室内空气的对流传热温差。与传统玻璃幕墙相比，双层通风玻璃幕墙在供冷季节节能可达40%~60%，供暖季节节能一般可达 40%~50%[15]。表 4-21 所示的**空气屏障式**(Air Barrier) 是通风窗的转化形式，与通风窗相比，采用百叶替代了内玻璃，利用风机在外玻璃与百叶外侧之间，或在百叶室内侧形成空气屏障，借助上侧回风或排风，带走百叶或玻璃的热量，以减少通过玻璃的传热温差。通风窗、双层通风玻璃幕墙如果能配上合理的玻璃系统结构（如 Low-E 玻璃等)，减少透过玻璃的太阳辐射，其节能效果会更显著。此外，通风窗或双层通风玻璃幕墙的使用改善了窗际环境的舒适性，在一定程度上起到了隔声的效果。

a)　　b)

图 4-29　双层通风玻璃幕墙

a）外立面　b）通风换气层

表 4-21　通风窗类型及其特点

类型	通风窗			通风窗的转化形式——空气屏障式	
循环方式	内外贯通型	外循环	内循环	内循环	
流动方式	被动式 （内进外出）	被动式 （外进外出）	主动式 （抽吸式）	主动式 （抽吸式）	主动式 （压出式）
结构	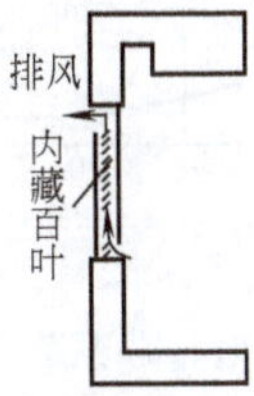	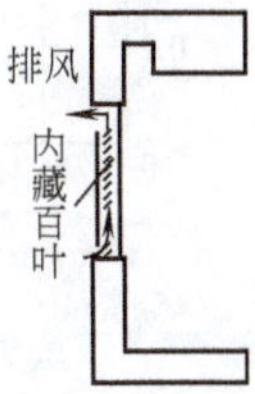	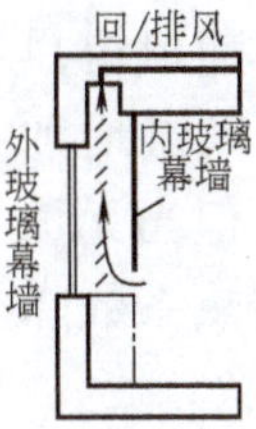	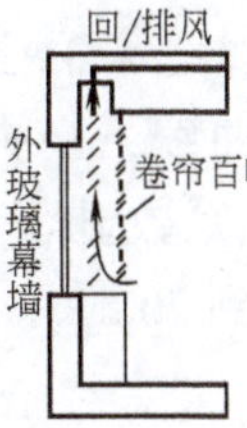	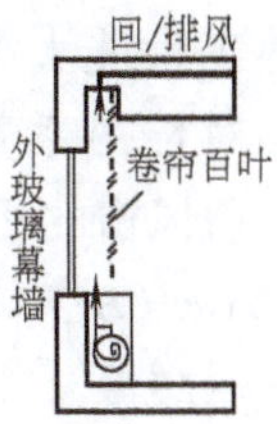
换气作用	有	无	有	有	有
适应场合	需要排热、 换气的场合	夏季、过渡季节 需要排热的场合	冬夏季节有空调的房间		

对于如图 4-30a 所示的双层通风玻璃节能特性，可通过如图 4-30b 所示的传热网络图计算确定，也可通过微分式（4-102）解析获得。

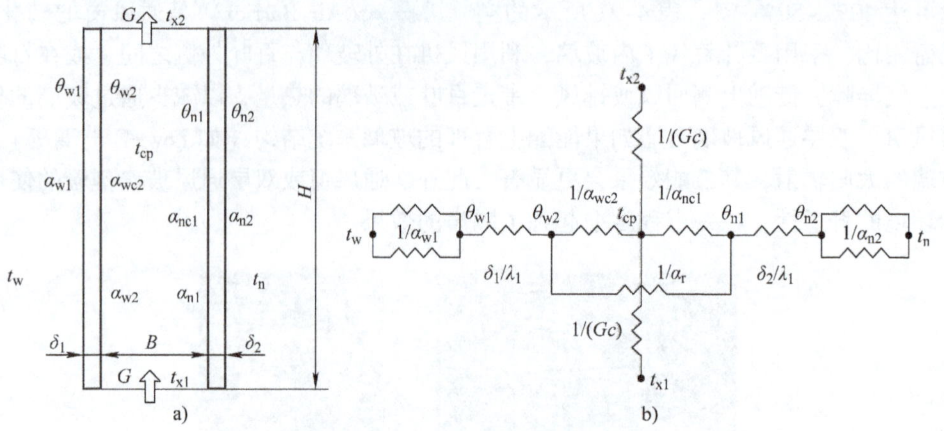

图4-30 通风窗热工计算模型图

a）通风窗模型 b）通风夹层传热网络图

注：t_n、t_w—室内外空气温度（℃） θ_{w1}、θ_{w2}—双层玻璃的外侧玻璃的外壁面、内壁面温度（℃） θ_{n1}、θ_{n2}—双层玻璃的内侧玻璃的外壁面、内壁面温度（℃） α_{w1}、α_{n2}—外侧玻璃的外壁面、内侧玻璃的内壁面表面传热系数［W/(m²·K)］ t_{x1}、t_{x2}—进出通风窗的空气温度（℃） t_{cp}—通风夹层内平均空气温度（℃） G—通风夹层内通风量（kg/s） δ_1、δ_2—通风窗外侧、内侧玻璃厚度（m） B、H—通风窗夹层宽度和高度（m） λ_1、λ_2—双层玻璃外侧和内侧的玻璃热导率［W/(m·K)］，c—空气比热容［J/(kg·K)］ α_r—双层玻璃之间的辐射传热系数［W/(m²·K)］，可通过式(4-33)计算获得

$$-c(G/B)\frac{dt_x}{dx}=k_w(t_x-t_w)+k_n(t_x-t_n) \quad (4\text{-}102)$$

式中 k_w、k_n——双层玻璃外侧、内侧玻璃面传热系数［W/(m²·K)］。

其他符号意义同图4-30。

通风窗由于夹层通风带走了热量，使得通风窗热工性能大大改善，图4-31给出了通风窗户的相对传热系数变化曲线，当夹层通风量增加时，通风窗的相对传热系数显著降低，但当无量纲量 $Gc/(BHk_0)$ 增加到20时，相对传热系数降低开始缓慢。

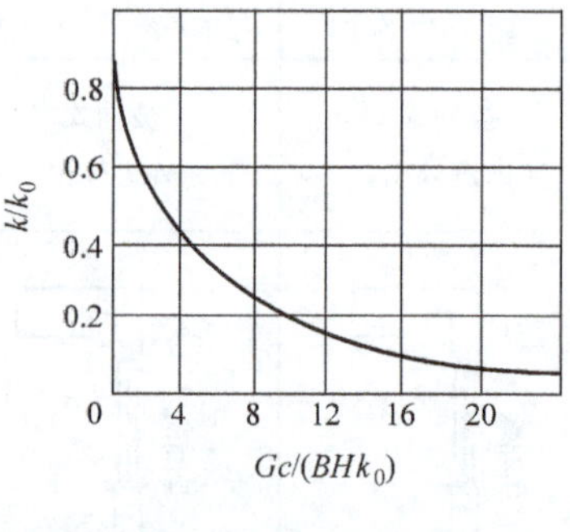

图4-31 双层通风窗相对传热系数[16]

注：k为双层通风窗传热系数［W/(m²·K)］，k_0为通风量为0时的双层通风窗传热系数［W/(m²·K)］。

表4-22所示为一般空气屏障在不同通风量时的传热系数和遮阳系数，其中遮阳系数是指玻璃在其法线面太阳入射时的日射得热量与3mm透明玻璃在相同条件下得热量的百分比。目前常采用通风量为每1m窗宽为80m³/h，两玻璃的间距为20cm[17]。

表4-22 不同通风量时典型空气屏障的遮阳系数与传热系数[17]

窗通风量/[m³/(h·m)]	0	40	80	120
遮阳系数	0.33	0.24	0.20	0.19
传热系数/[W/(m²·℃)]	2.60	1.60	1.30	1.00

5. 半透明体围护结构负荷计算方法

由上述理论分析式（4-101）可知，进入室内的**半透明体得热量**有传热得热和日射得热两部分，传热得热由室内外温差引起，日射得热中，一部分是由玻璃透射进入室内，另一部分则通过玻璃吸热，提高玻璃温度，然后再以对流和长波辐射的方式向室内散热。从传热得热和日射得热的传递过程看，由于玻璃非常薄，一般不考虑玻璃本身的衰减和延迟，然而进入房间的得热中均含有辐射热成分，因此这两部分得热进入室内后，因蓄热作用需经过房间的放热衰减和放热延迟才形成房间冷负荷。为充分反映日射得热受玻璃光学性能、入射情况等因素的影响，通过玻璃进入房间的**半透明体得热形成的负荷**一般温差传导负荷、日射负荷分别计算。

如果式（4-101）中日射得热项与温差得热项均可采用谐波方式表示，则仿非透明体围护结构负荷也可采用谐波反应法获得各自的冷负荷。

假定外扰室外空气温度 t_w、日射得热因数 D_s 可采用下式表示

$$t_w = t_{w,p} + \Delta t_{w,\tau} = t_{w,p} + \sum_{n=1}^{m} \Delta t_{w,n} \cos(\omega_n \tau - \phi_{1,n}) \tag{4-103a}$$

$$D_s = \sum B_n \cos(\omega_n \tau - \phi_{2,n}) \tag{4-103b}$$

当忽略窗户热容时（即扰量经过窗户时，无衰减和延迟），此时，温差传导得热与日射得热可分别表示成式（4-104a）和式（4-104b）

$$Q_{1,\tau} = KF(t_{w,p} - t_n) + \Delta Q_{1,\tau} \tag{4-104a}$$

$$Q_{2,\tau} = x_g x_d C_n C_s F \sum_{n=1}^{m} B_n \cos(\omega_n \tau - \phi_{2,n}) \tag{4-104b}$$

其中 $\Delta Q_{1,\tau} = KF \sum_{n=1}^{m} \Delta t_{w,n} \cos(\omega_n \tau - \phi_{1,n})$

根据上述分析，由于房间的衰减和延迟，经过窗户形成的温差传导负荷与日射负荷可写成

$$\mathrm{CLQ}_{1,\tau} = KF(t_{w,p} - t_n) + \beta_{1,d} \Delta Q_{1,\tau} + \beta_{1,f} KF \sum_{n=1}^{m} \frac{\Delta t_{w,n}}{\mu_{1,n}} \cos(\omega_n \tau - \phi_{1,n} - \varepsilon'_{1,n}) \tag{4-105a}$$

$$\mathrm{CLQ}_{2,\tau} = \beta_{2,\tau} \Delta Q_{2,\tau} + \beta_{2,f} x_g x_d C_n C_s F \sum_{n=1}^{m} \frac{B_n}{\mu_{2,n}} \cos(\omega_n \tau - \phi_{2,n} - \varepsilon'_{2,n}) \tag{4-105b}$$

式中 $\beta_{1,d}$、$\beta_{2,d}$——窗户传导得热、日射得热中对流热比例；

$\beta_{1,f}$、$\beta_{2,f}$——窗户传导得热、日射得热中辐射热比例；

$\mu_{1,n}$、$\mu_{2,n}$——房间对 n 阶窗户传导得热、日射得热中辐射扰量的衰减度；

$\varepsilon'_{1,n}$、$\varepsilon'_{2,n}$——房间对 n 阶窗户传导得热、日射得热中辐射扰量的相位延迟［（°）或 rad］。

工程计算时，将上述两式简化为

$$\mathrm{CLQ}_{1,\tau} = KF\Delta t_\tau \tag{4-106a}$$

$$\mathrm{CLQ}_{2,\tau} = x_g x_d C_n C_s F J_\tau \tag{4-106b}$$

式中 Δt_τ——τ 计算时刻的负荷温差，可通过式（4-105a）相关项计算，或制成的相关设计手册查取（℃）；

J_τ——τ 计算时刻的透过单位窗户面积的太阳总辐射热形成的冷负荷，又称负荷强度，

其值也可通过式（4-105b）相关项计算，或通过相关设计手册查取（W/m^2）。

4.2.5 冷负荷系数法与室内负荷

1. 冷负荷系数法

室内扰量如人体、照明、设备等得热常以无规则变化的方式作用于室内空气，这类扰量求解负荷响应的方法，常采用**冷负荷系数法**。冷负荷系数法是基于反应系数法，利用 Z 传递函数求解负荷的一种方法。

所谓**反应系数法**就是将时间连续变化的扰量曲线离散为按时间序列分布的单元扰量，通过求解单位单元扰量的响应，即所谓的反应系数，然后利用求得的反应系数通过叠加积分计算最终的结果。反应系数法并不要求周期扰量为前提，这是它区别于谐波法的重要特征，因此反应系数法适用于各种扰量形成的负荷的计算和模拟。

对于可采用常系数线性偏微分方程描述的热力系统，扰量-响应的求解方法经常借助于**积分变换**，即把一个复杂方程的分析解从A计算域变换至B计算域中，在B计算域中用较简单的方法求得分析解，利用对分析解逆变换的方法变换至原来的A计算域中，以获得这一热力系统的最终解。空调负荷计算中常用的积分变换有连续函数的拉普拉斯变换，周期函数的傅里叶变换，以及脉冲函数的 Z 变换。积分变换可以将复杂函数变为简单函数，如拉普拉斯变换可将A计算域中偏微分方程变换为B计算域中的常微分方程，或把A计算域中常微分方程变换为B计算域中的代数方程，使原来不可解的问题变为可解的问题。扰量曲线离散的方法有很多，如离散为等腰三角波、矩形波、脉冲分布函数等。对于具有随机变化特点的扰量，扰量曲线的离散多采用如图4-32所示的脉冲序列分布函数，即为 Z^{-1} 的多项式。例如，室外空气综合温度的 Z 变换为

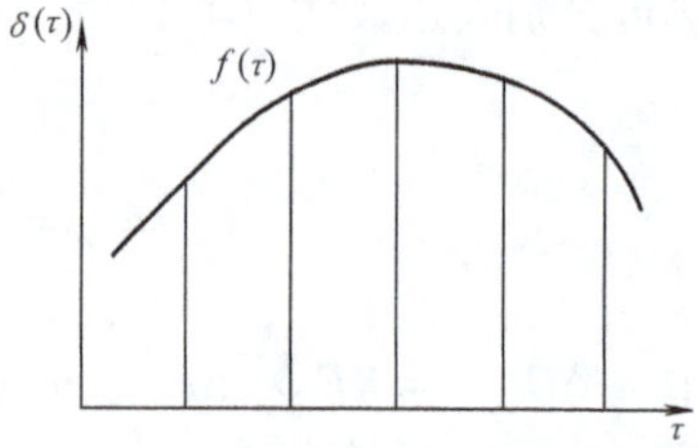

图4-32 时间序列离散扰量

$$t_z(Z)=t_{z,0}+t_{z,1}Z^{-1}+t_{z,2}Z^{-2}+\cdots \tag{4-107}$$

式中 $t_{z,0}$、$t_{z,1}$、$t_{z,2}$——室外空气综合温度在时间 $\tau=0, 1, 2, \cdots$ 时的数值。

对描述热力系统的偏微分方程，利用积分变换求解获得的是一种传递矩阵或传递函数，即以扰量（如外扰室外温度变化，或内扰室内热源散热量）作为输入 $I(\tau)$，系统输出（如房间得热或房间负荷）为 $O(\tau)$，则采用拉普拉斯变换或 Z 变换的传递函数 $G(s)$、$G(Z)$ 可分别表示如下

$$G(s)=\frac{O(s)}{I(s)} \tag{4-108a}$$

$$G(z)=\frac{O(z)}{I(z)} \tag{4-108b}$$

式中 $I(s)$、$I(z)$ ——输入量 $I(\tau)$ 的拉普拉斯变换和 Z 变换；

$O(s)$，$O(z)$——输出量 $O(\tau)$ 的拉普拉斯变换和 Z 变换。

传递函数 $G(s)$、$G(Z)$ 仅取决于系统本身的特性，与输入、输出无关。如果已知系统的传递函数和输入函数，便可直接求得输出函数（即系统的响应或反应）。

由小节4.2.3中介绍的**谐波反应法计算过程**可以看出，谐波反应法求解围护结构负荷的

过程是通过室外综合温度扰量求得进入房间的得热，再由其房间得热计算获得房间负荷，整个计算经历了两个步骤。利用这个概念，对室外综合温度扰量进行离散，并获得如式(4-107)的 Z 变换，分别利用围护结构、房间的 Z 传递函数，也可得到各时刻的房间得热以及房间冷负荷。**冷负荷系数法计算过程**则简化了上述两个步骤的得热计算和负荷计算，将两者合二为一，直接从扰量求出房间的冷负荷。

在计算不同性质的冷负荷时，冷负荷系数法通过冷负荷温差或冷负荷系数等形式直接从各种扰量源求得逐时冷负荷。如在处理围护结构形成的瞬时冷负荷时，则采用冷负荷温差或冷负荷温度表示，前者表达形式与谐波反应法的工程简化计算式（4-89）类似，后者如下式所列，针对相同类型的围护结构，两种方法得到的冷负荷温差是相同的。

$$\mathrm{CLQ}_{\tau}=KF[t_l(\tau)-t_{\mathrm{n}}] \tag{4-109}$$

通过玻璃窗的日射冷负荷则可采用冷负荷系数 $C_{\mathrm{LQ}}(\tau)$ 简化为

$$\mathrm{CLQ}_{\tau}=x_{\mathrm{g}}x_{\mathrm{d}}C_{\mathrm{s}}C_{\mathrm{n}}FD_{\mathrm{s,max}}C_{\mathrm{LQ}}(\tau) \tag{4-110}$$

式中，$D_{\mathrm{s,max}}$ 为日射得热因数最大值，对比式（4-106b），$D_{\mathrm{s,max}}C_{\mathrm{LQ}}(\tau)$ 的物理意义就是负荷强度 J_{τ}。工程计算时，$t_l(\tau)$、$C_{\mathrm{LQ}}(\tau)$ 均可通过相关手册查取。

2. 冷负荷系数的简便计算

室内照明、设备、人体得热常以如图4-33所示的阶跃扰量形式作用于室内空气，由得热转化成负荷的比例大小和时间滞后与其阶跃扰量的作用时间有关。现假定时间为整数讨论它们的冷负荷系数。

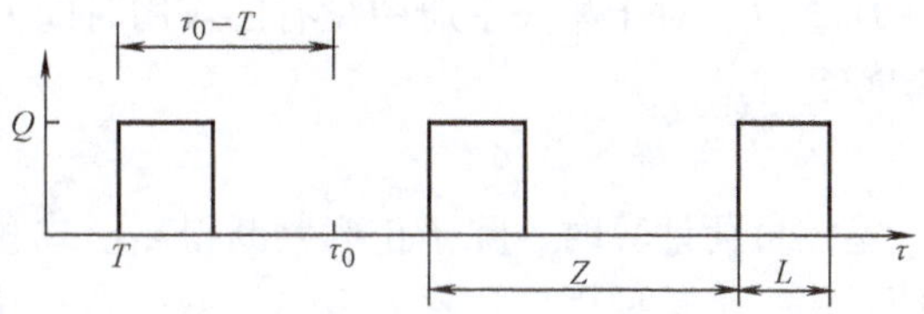

图4-33　周期性阶跃扰量作用

设计算时刻为 τ，单位阶跃扰量在 T 时刻作用了 L 时间，令 $X_{L,\tau-T}$ 为单位阶跃扰量在扰量作用后 $\tau-T$ 时刻由得热转化为负荷的比例系数，也可称冷负荷系数或负荷强度系数。设阶跃扰量连续作用 $L=1\mathrm{h}$ 后停止，并以周期 $Z=24\mathrm{h}$ 重复作用，则任意计算时刻 τ 的负荷强度系数 $X_{1,\tau-T}$ 存在如式（4-111）的关系

$$\sum_{\tau-T=1}^{24}X_{1,\tau-T}=\sum_{i=1}^{24}X_{1,i}=1 \tag{4-111}$$

上式 $\tau-T$ 以扰量作用时间 T 为计时基准，是扰量作用后的时间。此时 τ 时刻的负荷

$$\mathrm{CLQ}_{\tau}=Q_{1,T}X_{1,\tau-T} \tag{4-112}$$

式中　$Q_{1,T}$——室内热源阶跃得热（W），它在 T 时刻作用，作用时间 $L=1\mathrm{h}$；

$X_{1,\tau-T}$——单位阶跃扰量作用了单位时间后，距扰量作用时间 T 后 $\tau-T$ 时刻的冷负荷系数。

上式冷负荷系数或**负荷强度系数 $X_{1,\tau-T}$ 的物理意义**是很显然的，它表示了 T 时刻作用了 L（$L=1\mathrm{h}$）时的得热，在 $\tau-T$ 时刻时由得热转变为负荷的比例。对于立即成为负荷的室内得热扰量，其负荷系数或负荷强度系数为1。

对于线性热力系统，当单位扰量作用了 L 时间，并以周期 $Z=24\mathrm{h}$ 作用系统，$X_{L,i}$（$i=\tau-T$）可由式（4-113）求得。因为作用了时间 L 的得热总可分解成连续的 L 个单位时间（即作用时间为1h）得热的叠加，利用单位时间作用下的冷负荷系数 $X_{1,i}$，通过叠加，便可获得扰量作用了时间 L 的冷负荷系数。

$$X_{L,\ \tau-T} = \sum_{i=1}^{\tau-T} X_{1,\ i} \qquad 0 < \tau - T \leqslant L$$

$$X_{L,\ \tau-T} = \sum_{i=\tau-T-L+1}^{\tau-T} X_{1,\ i} \qquad L < \tau - T \leqslant 24$$

$$X_{L,\ \tau-T} = X_{L,\ \tau-T+24} \qquad \tau - T \leqslant 0 \tag{4-113}$$

式（4-113）说明对于作用时间为 L 的单位阶跃扰量，其负荷强度系数 $X_{L,\tau-T}$ 均可通过单位作用时间的负荷强度系数 $X_{1,\tau-T}$ 求解。$X_{L,\tau-T}$ 和 $X_{1,\tau-T}$ 之间数值关系还可用图 4-34 描述。由此，便可计算扰量作用了时间 L 的负荷，即

$$CLQ_{\tau} = Q_{L,T} X_{L,\tau-T} \tag{4-114}$$

在图 4-34 中，序列 $X_{1,\tau-T}$ 与房间类型和辐射热比例等因素有关。相同扰量在同样时间的作用下，重型结构的房间释放的时间比轻型结构的房间要长些，辐射比例较高的扰量其负荷强度系数比较小。表 4-23 列出了人体、照明、设备散热在作用时间为 1h 的负荷强度系数 $X_{1,\tau-T}$。当已知扰量得热及作用情况，便可通过式（4-113）和式（4-114）计算其负荷。现行许多设计手册将不同热源作用了 L 小时的 $X_{L,\tau-T}$ 值整理成不同的表格，计算时也可通过相关手册查得。对于相关手册中没有的作用时间 L 的负荷系数，便可利用上述原理通过 $X_{1,\tau-T}$ 求解获得 $X_{L,\tau-T}$。

3. 室内负荷

室内负荷计算时，除了正确判断得热形式和选取负荷强度系数外，正确确定室内扰量得热便是另一个重要因素。室内得热类型很多，其构成也不相同，一般可归结为由潜热得热与显热得热。

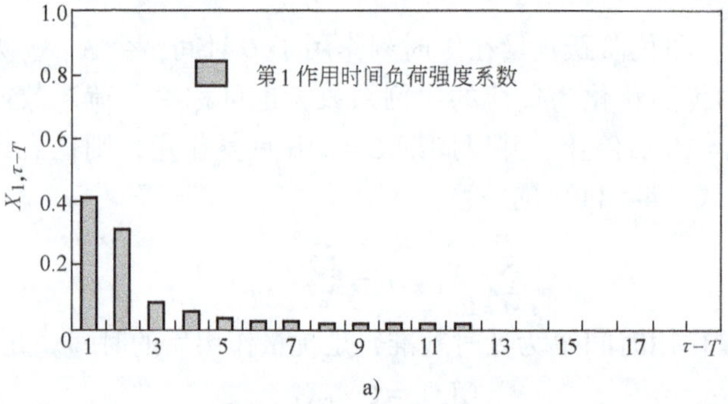

a)

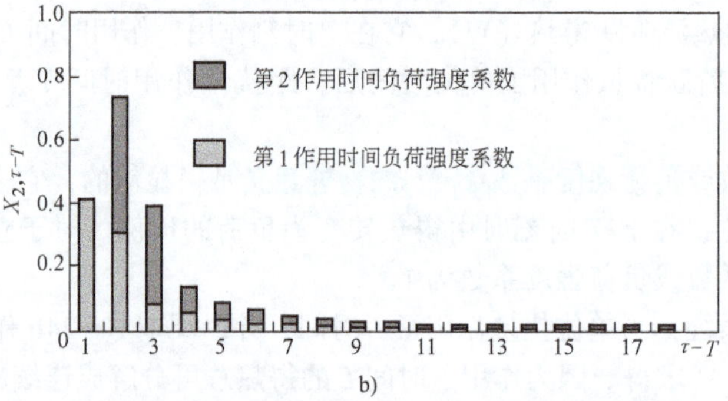

b)

图 4-34 作用时数 L=1h、2h、3h、4h 负荷强度系数 $X_{L,\tau-T}$

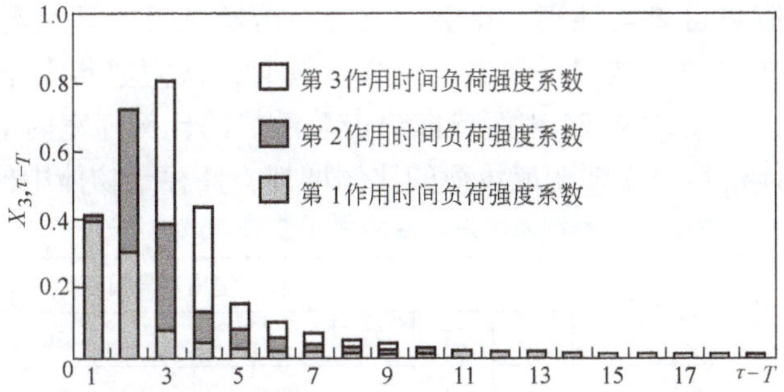

c)

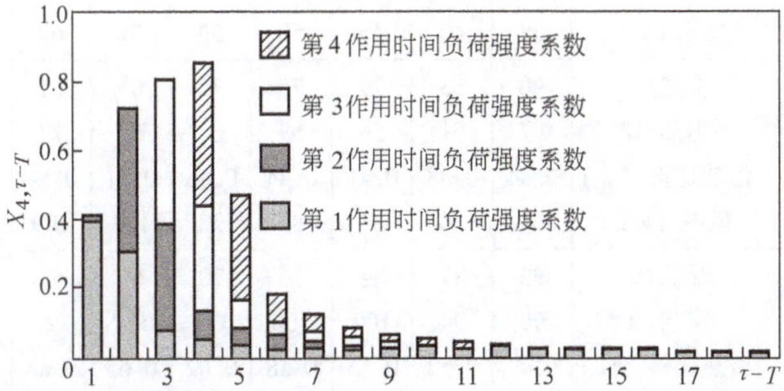

d)

图4-34　作用时数 L=1h、2h、3h、4h负荷强度系数 $X_{L,\tau-T}$（续）

（1）**人体得热与负荷**　人体散热主要由潜热散热 Q_q 和显热散热 Q_x 组成，即

$$Q_\tau=Q_q+Q_x \tag{4-115}$$

其中潜热得热立即成为负荷，而显热中由于存在辐射成分，并非立即成为负荷，变形式（4-114）便可得到人体散热形成的冷负荷为

$$CLQ_\tau=Q_q+Q_xX_{L,\tau-T} \tag{4-116}$$

上式表示人员在 T 时刻进室，并在室内停留 L 小时，τ 时刻人体散热形成的负荷。

表4-23　设备、照明、人体显热连续散热1h的负荷强度系数 $X_{1,\tau-T}$[5]

负荷种类	房间类型	投入运行使用后的小时数 τ−T																							
		1	2	3	4	5	6	7	8	9	10	11	12	13	14	15	16	17	18	19	20	21	22	23	24
人体显热散热	轻	0.51	0.27	0.07	0.04	0.03	0.02	0.01	0.01	0.01	0.01														
	中	0.51	0.19	0.06	0.04	0.03	0.03	0.02	0.02	0.02	0.01	0.01	0.01	0.01	0.01	0.01									
	重	0.51	0.16	0.05	0.04	0.03	0.02	0.02	0.02	0.02	0.01	0.01	0.01	0.01	0.01	0.01	0.01	0.01	0.01						
照明散热	轻	0.41	0.31	0.08	0.05	0.03	0.02	0.02	0.01	0.01	0.01	0.01	0.01												
	中	0.41	0.20	0.07	0.06	0.04	0.04	0.03	0.02	0.02	0.02	0.01	0.01	0.01	0.01	0.01	0.01	0.01							
	重	0.41	0.19	0.06	0.05	0.04	0.04	0.03	0.03	0.02	0.02	0.02	0.02	0.01	0.01	0.01	0.01	0.01	0.01	0.01	0.01				
设备散热	轻	0.56	0.25	0.06	0.03	0.02	0.02	0.01	0.01	0.01	0.01	0.01													
	中	0.56	0.19	0.04	0.03	0.03	0.02	0.02	0.02	0.01	0.01	0.01	0.01	0.01	0.01	0.01									
	重	0.56	0.16	0.05	0.04	0.03	0.02	0.02	0.02	0.02	0.01	0.01	0.01	0.01	0.01	0.01	0.01	0.01							

人体潜热和显热散热得热与性别、年龄、衣着、劳动强度、环境温度等因素有关。表4-24列出了成年男子的散热、散湿量数据。工程计算时，认为成年女子总散热量约为男子的85%，儿童则约为75%。表4-24中潜热散热占总散热的比例随室内空气温度与劳动强度的增加而增加，即人体得热中立即变成负荷的比例增加，储存于物体中的蓄热比例将减少。

表4-24 不同温度条件成年男子散热、散湿量[5]

体力活动性质		平均总散热	热湿量	室内空气温度/℃										
				20	21	22	23	24	25	26	27	28	29	30
静坐	影剧院	108 W	显热/W	84	81	78	74	71	67	63	58	53	48	43
	会堂		潜热/W	26	27	30	34	37	41	45	50	55	60	65
	阅览室		潜热比例（%）	0.24	0.25	0.28	0.31	0.34	0.38	0.42	0.46	0.51	0.56	0.60
			散湿/(g/h)	38	40	45	50	56	61	68	75	82	90	97
极轻劳动	旅馆	135 W	显热/W	90	85	79	75	70	65	61	57	51	45	41
	体育馆		潜热/W	47	51	56	59	64	69	73	77	83	89	93
	手表装配		潜热比例（%）	0.34	0.38	0.41	0.44	0.48	0.51	0.54	0.57	0.62	0.66	0.69
	电子元件		散湿/(g/h)	69	76	83	89	96	102	109	115	123	132	139
轻度劳动	百货商店	182 W	显热/W	93	87	81	76	70	64	58	51	47	40	35
	化学实验室		潜热/W	90	94	100	106	112	117	123	130	135	142	147
	电子计算机房		潜热比例（%）	0.49	0.52	0.55	0.58	0.62	0.65	0.68	0.72	0.74	0.78	0.81
			散湿/(g/h)	134	140	150	158	167	175	184	194	203	212	220
中等劳动	纺织车间	235 W	显热/W	117	112	104	97	88	83	74	67	61	52	45
	印刷车间		潜热/W	118	123	131	138	147	152	161	168	174	183	190
	机加工车间		潜热比例（%）	0.50	0.52	0.56	0.59	0.63	0.65	0.69	0.71	0.74	0.78	0.81
			散湿/(g/h)	175	184	196	207	219	227	240	250	260	273	283
重度劳动	炼钢车间	407 W	显热/W	169	163	157	151	145	140	134	128	122	116	110
	铸造车间		潜热/W	238	244	250	256	262	267	273	279	285	291	297
	排练厅		潜热比例（%）	0.58	0.60	0.61	0.63	0.64	0.66	0667	0.69	0.70	0.71	0.73
	室内运动场		散湿/(g/h)	356	365	373	382	391	400	408	417	425	435	443

（2）**照明得热与负荷** 照明得热以显热形式散热。通常，照明所耗电能一部分转换为光能，一部分直接转换为热能，后者以对流、热辐射形式向周围散热。对流部分直接传给空气或由灯具传给空气而立即成为负荷，热辐射则透过空气被周围物体吸收，使物体温度升高，然后将吸收的热量以对流形式逐渐传给室内空气（也有可能传给室外空气）。转化成光的能量，透过空气射向室内物体，被物体吸收后也转化为热能，以对流形式传给室内空气或室外空气。

供照明的电能转化为不同形式能量的比例随照明光源类型不同而有所不同。图4-35所示是典型光源各能量分配比例，图中红外线便是辐射热，由此可见，白炽灯辐射热最大，荧光灯最小，立即变成负荷的对流热，白炽灯最小，荧光灯最大，即照明得热并不等于照明负荷。图中典型光源中，白炽灯的光效最低。

灯具形式直接影响灯具在上下空间的散热比例。如果灯具上装有排风口，将一部分热量排走，这些热量就不会形成负荷，从而减少了空调冷负荷。实际空调系统采用排风方法排除灯具部分热量的处理方式很多。不同方式排除热量的比例也有所不同。因此照明得热应根据具体照明类型、灯具形式、布置方式通过实测确定。对于荧光灯还有整流器耗功系数等的修正。空调负荷计算时，可按照明功率考虑灯具隔热等因素的修正计算照明得热，然后采用式（4-114）计算其冷负荷。

采用光效高的光源、灯具效率高的照明设备以及合理的照明方式是照明节能设计、降低照明负荷的关键，有关这方面的内容将在6.4.6小节人工照明的节能措施中介绍。

（3）**设备得热与负荷** 设备散热形成的得热一般由对流得热和辐射得热构成，与照明得热形成负荷相似，其中对流散热得热立即成为负荷，而辐射散热得热通过辐射蓄存于围护结构及家具中，然后逐步以对流形式释放至空气中，显然其得热与负荷不等。对于特殊设备如类似蒸汽熨斗的设备，其得热则与人体得热类似，由潜热和显热组成，其中显热则由对流得热和辐射得热构成，这类设备的得热转变为负荷的计算方法与人体负荷相似。由于设备安装功率在工艺设计时按最大可能的使用情况设计，电动机效率、设备利用情况、室内各设备的使用情况、设备平均实耗功率偏离最大功率的程度等因素，使得设备实际散热与设备安装功率之间存在着很大的差别。对于不同设备如电动设备、电热设备、电子设备由于散热特点不同，实际散热也有所不同。设备得热计算时应根据实际情况在安装功率的基础上加以修正。同照明负荷相似，利用修正后的设备得热采用式（4-114）计算负荷。

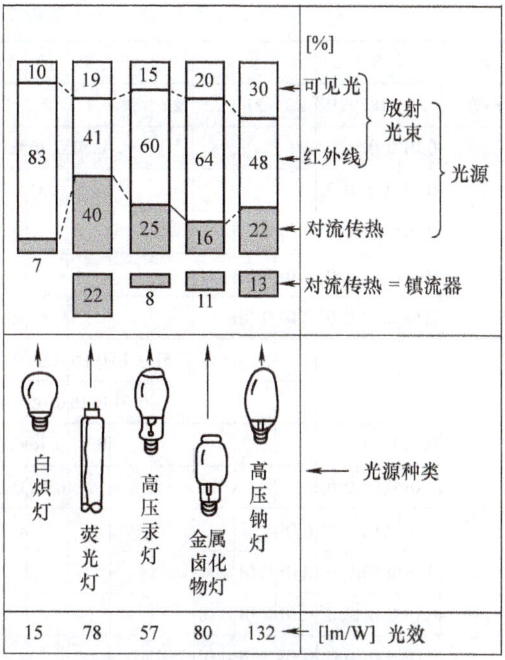

图4-35 典型光源能量分配[18]

【例4-10】 按图4-36所示人员流动情况计算某纺织车间6：00~14：00室内逐时人体冷负荷，房间类型为重型，室内温度为26℃。

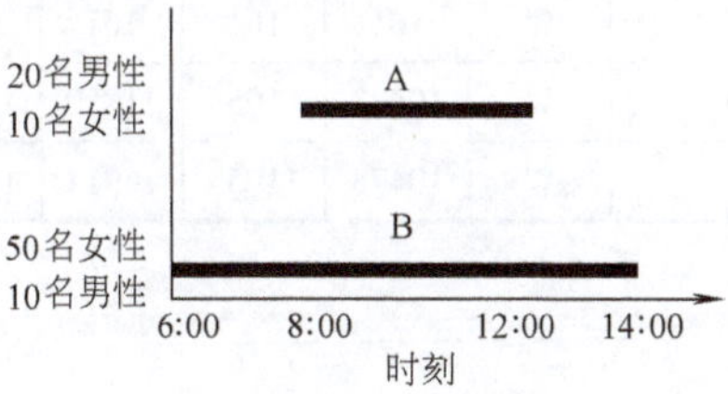

图4-36 【例4-10】图

【解】 根据图中表达的人员流动情况，采用A、B热源分别计算叠加的方法。A持续时间为$L=4$h，B持续时间为$L=8$h。按A、B两热源的男女比例加权计算得热的性别修正值分别为0.95、0.875。由题意查表4-24得成年男子散热显热74W、潜热161W。根据式（4-116）及表4-23，计算热源A、B的人体显热散热负荷强度系数见表4-25，车间在6：00~14：00时间内逐时人体负荷计算见表4-26。

表 4-25 人体显热散热负荷强度系数计算表

τ	1	2	3	4	5	6	7	8	9	10	11	12	13	14	15	16	17	18	19	20	21	22	23	24
$\tau-T$	17	18	19	20	21	22	23	24	1	2	3	4	5	6	7	8	9	10	11	12	13	14	15	16
$L=4$	0.01	0.01							0.51	0.16	0.05	0.04	0.03	0.02	0.02	0.02	0.02	0.01	0.01	0.01	0.01	0.01	0.01	0.01
	0.01	0.01	0.01							0.51	0.16	0.05	0.04	0.03	0.02	0.02	0.02	0.02	0.01	0.01	0.01	0.01	0.01	0.01
	0.01	0.01	0.01	0.01							0.51	0.16	0.05	0.04	0.03	0.02	0.02	0.02	0.02	0.01	0.01	0.01	0.01	0.01
	0.01	0.01	0.01	0.01	0.01							0.51	0.16	0.05	0.04	0.03	0.02	0.02	0.02	0.02	0.01	0.01	0.01	0.01
$X_{A,\tau-T}$	0.04	0.04	0.03	0.02	0.01				0.51	0.67	0.72	0.76	0.28	0.14	0.11	0.09	0.08	0.07	0.06	0.05	0.04	0.04	0.04	0.04
$L=8$							0.51	0.16	0.05	0.04	0.03	0.02	0.02	0.02	0.02	0.01	0.01	0.01	0.01	0.01	0.01	0.01	0.01	0.01
	0.01							0.51	0.16	0.05	0.04	0.03	0.02	0.02	0.02	0.02	0.01	0.01	0.01	0.01	0.01	0.01	0.01	0.01
	0.01	0.01							0.51	0.16	0.05	0.04	0.03	0.02	0.02	0.02	0.02	0.01	0.01	0.01	0.01	0.01	0.01	0.01
	0.01	0.01	0.01							0.51	0.16	0.05	0.04	0.03	0.02	0.02	0.02	0.02	0.01	0.01	0.01	0.01	0.01	0.01
	0.01	0.01	0.01	0.01							0.51	0.16	0.05	0.04	0.03	0.02	0.02	0.02	0.02	0.01	0.01	0.01	0.01	0.01
	0.01	0.01	0.01	0.01	0.01							0.51	0.16	0.05	0.04	0.03	0.02	0.02	0.02	0.02	0.01	0.01	0.01	0.01
	0.01	0.01	0.01	0.01	0.01	0.01							0.51	0.16	0.05	0.04	0.03	0.02	0.02	0.02	0.02	0.01	0.01	0.01
	0.01	0.01	0.01	0.01	0.01	0.01	0.01							0.51	0.16	0.05	0.04	0.03	0.02	0.02	0.02	0.02	0.01	0.01
$X_{B,\tau-T}$	0.07	0.06	0.05	0.04	0.03	0.02	0.52	0.67	0.72	0.76	0.79	0.81	0.83	0.85	0.36	0.21	0.17	0.14	0.12	0.11	0.10	0.09	0.08	0.08

表 4-26 人体负荷计算表

τ		单位	7	8	9	10	11	12	13	14
CLQ_A	扰量 A 负荷强度系数：$X_{4,\tau-T}$	—			0.51	0.67	0.72	0.76	0.28	0.14
	1 男子显热负荷：$X_{4,\tau-T}Q_x$	W			37.7	49.6	53.3	56.2	20.7	10.4
	1 男子潜热负荷：Q_q	W			161	161	161	161		
	$CLQ_A=0.95\times N_A(X_{4,\tau-T}Q_x+Q_q)$	W			5664	6002	6107	6191	591	295
CLQ_B	扰量 B 负荷强度系数：$X_{8,\tau-T}$	—	0.52	0.67	0.72	0.76	0.79	0.81	0.83	0.85
	1 男子显热负荷：$X_{8,\tau-T}Q_x$	W	38.5	49.6	53.3	56.2	58.5	59.9	61.4	62.9
	1 男子潜热负荷：Q_q	W	161	161	161	161	161	161	161	161
	$CLQ_B=0.875\times N_B(X_{8,\tau-T}Q_x+Q_q)$	W	10473	11055	11250	11405	11522	11599	11677	11755
CLQ_A+CLQ_B		W	10473	11055	16914	17407	17629	17791	12268	12050

4.2.6 通风渗透负荷

由于建筑存在各种门、窗和其他类型的开口、缝隙，室外空气有可能进入房间，给房间空气直接带来热量和湿量，并立即影响室内空气的温湿度，因此，需要考虑这部分室外空气给室内带来的通风渗透得热。由于通风渗透空气与室内空气直接混合进行热交换，因此其得热立即成为负荷。

通风渗透是指由于室内外存在压力差，在建筑门窗等开口或者缝隙处发生室内外空气流通的现象，也就是所谓的无组织通风。一般情况下，空气的流（渗）入与空气的流（渗）出总是同时出现，流（渗）出的是室内状态的空气，流（渗）入的是外界空气，由于流

（渗）入的空气状态决定了进入室内的得热量，因此在冷热负荷计算中只考虑空气的流（渗）入。

通风渗透得热（负荷）可用下式表示

$$CLQ_s = HGQ_s = G_s(h_w - h_n) = \rho_s L_s(h_w - h_n) \tag{4-117a}$$

当不考虑室内外空气湿度差别时

$$CLQ_s = HGQ_s = G_s c_s(t_w - t_n) = \rho_s c_s L_s(t_w - t_n) \tag{4-117b}$$

式中 h_n、h_w——室内外空气比焓（kJ/kg）；

ρ_s、c_s——进入室内的通风渗透空气密度（kg/m^3）和比热容［kJ/(kg·℃)］；

G_s、L_s——进入室内的通风渗透空气质量风量（kg/s）和体积风量（m^3/s）；

t_n、t_w——室内、室外空气温度（℃）。

导致建筑开口与缝隙处空气流动的压力差一般有热压、风压、房间正（负）压。

夏季室内外温差不大，风压是造成建筑开口或缝隙处空气出入的主要动力。为此，在开口与缝隙处，需要考虑室外空气进入室内引起的通风渗透得热。如果室内有空调送风，并造成房间足够的正压，此时只有室内空气向室外流（渗）出，不存在进入房间的通风渗透得热。

对于冬季供暖房间，由于室内外温差较大，加之室内受热源热气流向上引起的烟囱拔风效应，室外冷空气会从建筑下部开口或缝隙处进（渗）入，室内热空气则从建筑上部开口与缝隙处流（渗）出，热压往往比风压对开口与缝隙处的空气出入作用更大。高层（大）建筑由于高度高，上下空气温差大，这种热压作用会更显著。因此，冬季上述情况必须同时考虑风压和热压作用引起的通风渗透热损失。

无论何种情况，当风压、热压、正（负）压综合作用结果使房间某一处处于负压，导致开口进风或缝隙空气渗入时，通风渗透负荷不容忽视。

计算通风渗透得热的关键在于确定通风渗透风量。计算**通风渗透风量**方法主要有压差法、缝隙法、换气次数法。后两种方法仅适用于求解门窗缝隙的渗透风量。

1. 压差法

压差法认为引起建筑开口及缝隙处空气通风渗透的动力源压差 Δp，就是空气通过开口或者缝隙时的阻力。因此压差法是利用动力源压差或流动阻力来计算通风渗透风量的。

对于形状比较简单的孔口出流，流速较高，流动一般处于阻力平方区，流速 v 与其两侧压差 Δp 的 1/2 次幂成正比，即第 3 章式（3-15），其开口通风量可采用式（3-16）计算。

通常渗流空气流速缓慢，流道断面狭小，空气流动处于层流区，此时出流速度与压差的 1 次幂成正比。一般门窗缝隙的空气渗透介于孔口与渗流之间，空气渗透风量可表示为

$$L_s = vF = al\Delta p^{1/1.5} \tag{4-118}$$

式中 a——门窗的气密性系数［$m^2/(h \cdot Pa^{1/1.5})$］，见表 4-27；

l——缝隙长度（m）。

计算通风渗透风量时，式（3-17）和式（4-118）中空气流动动力压差 Δp 应为热压、风压、房间正（负）压（与室外压差）的代数和。热压、风压可根据第 3 章相关小节计算，房间正（负）压可根据空调房间设计参数确定。采用压差法计算通风渗透量的关键是正确确定导致空气流动的动力源压差 Δp。

表4-27 门窗的气密性系数 a [单位：$m^2/(h \cdot Pa^{1/1.5})$]

气密性	好	一般	不好
缝宽/mm	~0.2	~0.5	1~1.5
系数	0.87	3.28	13.10

2. 缝隙法

缝隙法是根据不同种类门窗缝隙的特点，给出其在不同室外平均风速条件下单位窗缝隙长度的空气渗透量。由于不同地区的主导风向不同，因此在采用缝隙法计算时，对不同地区给予不同朝向的门窗以不同的修正值。其计算公式如下

$$L_s = k l_a l \tag{4-119}$$

式中 l_a——单位长度门窗缝隙的渗透量 [$m^3/(h \cdot m)$]，见表4-28；

k——不同地区（主导风向）、不同朝向时的修正系数，见表4-29。

表4-28 单位长度门窗缝隙的渗透量 l_a[6][19] [单位：$m^3/(h \cdot m)$]

门窗种类	室外平均风速/(m/s)					
	1	2	3	4	5	6
单层木窗	1.0	2.0	3.1	4.3	5.5	6.7
单层钢窗	0.6	1.5	2.6	3.9	5.2	6.7
双层木窗	0.7	1.4	2.2	3.0	3.9	4.7
双层钢窗	0.4	1.1	1.8	2.7	3.6	4.7
推拉铝窗	0.2	0.5	1.0	1.6	2.3	2.9
平开铝窗	0.0	0.1	0.3	0.4	0.6	0.8

注：1. 每米外门的缝隙渗入的空气量为表中同类外窗的2倍。

2. 当有密封条时，表中数据可乘以0.5~0.6的系数。

表4-29 不同地区（主导风向）各朝向修正系数 k[6]

城市	朝向							
	北	东北	东	东南	南	西南	西	西北
哈尔滨	0.30	0.15	0.20	0.70	1.00	0.85	0.70	0.60
乌鲁木齐	0.35	0.35	0.55	0.75	1.00	0.70	0.25	0.35
沈阳	1.00	0.70	0.30	0.30	0.40	0.35	0.30	0.70
呼和浩特	0.70	0.25	0.10	0.15	0.20	0.15	0.70	1.00
兰州	1.00	1.00	1.00	0.70	0.50	0.20	0.15	0.50
太原	0.90	0.40	0.15	0.20	0.30	0.20	0.70	1.00
长春	0.35	0.35	0.15	0.25	0.70	1.00	0.90	0.40
西宁	0.10	0.10	0.70	1.00	0.70	0.10	0.10	0.10
银川	1.00	1.00	0.40	0.30	0.25	0.20	0.65	0.95
西安	0.70	1.00	0.70	0.25	0.40	0.50	0.35	0.25
北京	1.00	0.50	0.15	0.10	0.15	0.15	0.40	1.00
天津	1.00	0.40	0.20	0.10	0.15	0.20	0.10	1.00
济南	0.45	1.00	1.00	0.40	0.55	0.55	0.25	0.15
郑州	0.65	1.00	1.00	0.40	0.55	0.55	0.25	0.15
成都	1.00	1.00	0.45	0.10	0.10	0.10	0.10	0.40
贵阳	0.70	1.00	0.70	0.15	0.25	0.15	0.10	0.25

3. 换气次数法

在缺少足够门窗缝隙数据时，对于围护结构上门窗数目不同的房间，给出一定室外平均风速范围内的平均换气次数，通过换气次数计算空气渗透风量。

$$L_s = nV/3600 \tag{4-120}$$

式中 n——换气次数（次/h）；

V——房间容积（m^3）。

表4-30给出我国推荐的房间换气次数取值。式（4-121）介绍了美国采用的一种换气次数的估算方法，该方法综合考虑了室外风速和室内外温差的影响，即有

$$n = a + bv + c(t_w - t_n) \tag{4-121}$$

式中 v——室外平均风速（m/s）；

a、b、c——系数，见表4-31。

表4-30 渗透空气换气次数[6]

夏季空调负荷计算推荐值		冬季供暖负荷计算推荐值	
容积/m^3	换气次数/(次/h)	房间暴露情况	换气次数/(次/h)
<500	0.7	一面有外窗或门	0.25~0.67
500~1000	0.6		
1000~1500	0.55	二面有外窗或门	0.50~1.00
1500~2000	0.5		
2000~2500	0.45	三面有外窗或门	1.00~1.50
2500~3000	0.4		
>3000	0.35	门厅	2
上述数据用于一面或两面有门、窗暴露面的房间。当房间有三面或四面门、窗暴露面时，表中数值应乘以1.15			

表4-31 式（4-121）换气次数计算用系数[20]

建筑气密性	a	b	c
气密性好	0.15	0.01	0.007
一般	0.20	0.015	0.014
气密性差	0.25	0.02	0.022

除了上述介绍的几种方法外，还有一种百分数法，主要是用于冬季建筑门窗冷风渗透负荷、外门冷风侵入热负荷的估算。它是以某一基础热负荷为基准，以这一基础热负荷的百分率作为估算冷风渗透热负荷的依据。这一方法及其相关参数的选取参见有关书籍。

4.3 室内湿环境的形成

影响室内湿环境的主要因素是室内散湿量、围护结构的湿传递。在现行工程设计中，一般不考虑透过围护结构进入房间的水蒸气量。但对于有严格湿度控制要求的恒温恒湿房间或者低温环境室，应考虑通过围护结构渗透的水蒸气量。在计算室内湿传递与散湿量时，一般不考虑围护结构及家具的吸湿和放湿作用，因此，室内瞬时散湿量即为湿负荷。围护结构表

面或内部结露都会影响建筑材料的保温性能、寿命和美观，因此防止围护结构表面或内部凝结是湿传递计算的主要目的之一。

4.3.1 室内湿源及其散湿量

室内湿源散湿主要有工艺设备、水槽、地面积水以及人员的散湿。工艺设备、水槽、地面积水等室内湿源一般以湿表面散湿和蒸汽散湿两种形式向室内散湿。

1. **湿表面散湿**

湿表面散湿的散湿量可按下式计算

$$W=\beta(p_b-p_a)F\frac{B_0}{B} \tag{4-122}$$

式中 W——湿表面散湿量（g/h）；

p_b、p_a——水表面温度下饱和空气的水蒸气分压力和空气中的水蒸气分压力（Pa）；

B_0、B——标准大气压力（101325Pa）和当地实际大气压力（Pa）；

F——水（湿）表面蒸发面积（m^2）；

β——蒸发系数［g/(N·h)］，$\beta=\beta_0+13.07\times10^{-2}v$，$\beta_0$为不同水温下的扩散系数［g/(N·h)］，见表4-32；v为水面上的空气流速（m/s）。

湿表面散湿有靠热源加热的蒸发散湿和自然散湿两种形式。前者湿表面向室内散湿的同时，还携带着热量进入室内空气，与室内空气进行热交换，即显热和潜热交换。显热交换量取决于水表面与室内空气的传热温差和传热面积，潜热交换可根据水温状态时的汽化热与式(4-122)计算所得的散湿量乘积得到。如果已知热表面设备功率，则可直接根据功率计算散热量。对于自然蒸发的湿表面，仍可采用式（4-122）计算散湿量，由于其蒸发过程可近似看作绝热过程，因此可不必计算其散热量。

表4-32 不同水温下的扩散系数β_0 ［单位：g/(N·h)］

水温/℃	<30	40	50	60	70	80	90	100
$\beta_0\times10^{-2}$	16.56	20.88	24.84	27.72	31.68	34.56	38.16	45.00

2. **蒸汽散湿**

对于工艺设备因采用蒸汽或蒸汽泄漏向室内散发的湿量，可直接根据泄漏量计算其散湿量，其散热量近似考虑蒸汽携带的潜热便可。表4-33列出了民用建筑常见的室内发湿设备的散湿量。

表4-33 室内常见设备散湿量[13]

散湿设备	发湿条件	散湿量/(g/h)
锅（直径22cm）	强沸腾，无盖	1400~1500
	一般，有盖	500~700
中型水壶	强沸腾，无盖	1300~1400
浴槽	水面积0.5m^2、2人浴槽	500~1000
	入浴中	1000~1500
燃烧设备：煤气	发热量：每1kW	140
灯油	发热量：每1kW	95
丙烷气	发热量：每1kW	120

3. 人体散湿

人体的散湿量与散热量相似，与人体代谢率、环境温度有关，表4-24列出了成年男子的散湿量。一般在热条件下工作的人，排汗的散湿量约为1L/h；在很热的环境中进行繁重的工作，排汗所引起的散湿量可达到2.5L/h，但只能支持30min，有关人体排汗散湿的生理过程可见小节4.4.1。

4.3.2 墙体传湿及计算

与围护结构传热相似，当室内外空气水蒸气含量不相等时，水蒸气将从分压力高的一侧向分压力低的一侧渗透，在稳定条件下，单位时间内通过单位面积围护结构传入室内的水蒸气量与两侧水蒸气分压力差成正比，即

$$w=K_v(p_w-p_n)=\frac{1}{H_v}(p_w-p_n) \tag{4-123}$$

式中 p_n、p_w——室内、室外空气水蒸气分压力（Pa）；

K_v、H_v——围护结构总蒸汽渗透系数［g/(Pa·m²·h)］、总蒸汽渗透阻（Pa·m²·h/g），两者关系可按下式计算

$$H_v=\frac{1}{\beta_n}+\sum\frac{\delta_i}{\lambda_{vi}}+\frac{1}{\beta_a}+\frac{1}{\beta_w}=\frac{1}{K_v} \tag{4-124}$$

式中 β_w、β_n、β_a——围护结构外表面、内表面和墙体中封闭空气间层的散湿系数［g/(Pa·m²·h)］，见表4-34；

δ_i、λ_{vi}——第i层材料层厚度（m）和蒸汽渗透系数［g/(Pa·m·h)］，常见材料层蒸汽渗透系数见附录1。

表4-34 围护结构表面和空气间层的散湿系数[21]

［单位：g/(Pa·m²·h)］

条件	散湿系数×10²	条件	散湿系数×10²	条件	散湿系数×10²
室外垂直表面	37.51	水平面湿流向下	10.51	空气层厚度10mm	6.77
室内垂直表面	12.53	水平空气层湿流向上	0.47	空气层厚度20mm	3.38
水平面湿流向上	15.01	水平空气层湿流向下	2.63	空气层厚度30mm	0.76

一般表面蒸汽渗透阻远小于材料层蒸汽渗透阻，计算时常常忽略表面蒸汽渗透阻。

对于多层均质材料组成的围护结构，由于围护结构两侧空气水蒸气分压力不同，围护结构内部水蒸气压力分布与温度分布具有相似之处。由传热学知识可知，对于多层均质材料组成的围护结构，当围护结构两侧空气温度不同时，围护结构内部形成一定的温度分布。在稳定状态下，从围护结构内表面算起，第i层材料层外表面的温度可按下式确定

$$\theta_i=t_n-K(t_n-t_w)\left(\frac{1}{a_n}+\sum_{k=1}^{i}\frac{\delta_k}{\lambda_k}\right) \tag{4-125}$$

同理，围护结构在两侧水蒸气压力p_n、p_w作用下，第i层材料层外表面的水蒸气分压力为

$$p_i=p_n-K_v(p_n-p_w)\left(\frac{1}{\beta_n}+\sum_{k=1}^{i}\frac{\delta_k}{\lambda_{vk}}\right) \tag{4-126}$$

4.3.3 围护结构结露及其防治

暖空气比冷空气可以容纳更多的湿气。表 4-35 给出了不同温度时饱和空气所能容纳的水蒸气含量即空气含湿量。当暖空气与冷表面接触时，冷表面附近的空气迅速降温，其容纳湿气的能力下降，如果冷表面处于或低于空气的露点温度，当冷表面附近空气冷却至露点温度时，空气达到饱和，如果继续冷却，超过了空气容纳水蒸气的能力，多余的水汽凝结成液体，即出现**结露**。例如，18℃的空气饱和含湿量为 12.9g/kg（干空气），如果此时空气实际含湿量为 8.75g/kg（干空气），则其相对湿度可认为是 67.8%。但此时空气中的实际含湿量已能使 12℃的空气饱和，故 12℃为该空气的露点。当空气冷却至低于 12℃时，即发生凝结。

表 4-35 饱和空气所能容纳的水蒸气含量

空气温度/℃	5	6	7	8	9	10	11	12	13	14	15	16	17	18	19
水蒸气含量/[g/kg（干空气）]	5.40	5.79	6.21	6.65	7.13	7.63	8.15	8.75	9.35	9.97	10.6	11.4	12.1	12.9	13.8
空气温度/℃	20	21	22	23	24	25	26	27	28	29	30	31	32	33	34
水蒸气含量/[g/kg(干空气)]	14.7	15.6	16.6	17.7	18.8	20.0	21.4	22.6	24.0	25.6	27.2	28.8	30.6	32.5	34.4

围护结构冷凝受潮有两种情况，即表面结露与内部冷凝。

所谓**表面结露**，就是围护结构表面出现凝结水，其原因就是湿气较高的暖空气遇到冷表面，在冷表面上析出凝结水，此时表面温度的饱和水蒸气压力低于所处空气的水蒸气分压力，也可以说表面温度低于所处空气的露点温度。

因此，防治围护结构表面受潮的条件是围护结构表面温度 θ_n 应高于它所处的环境空气露点温度 t_l，即

$$\theta_n > t_l \tag{4-127a}$$

图 4-37 所示为围护结构内部的温度分布与水蒸气分压力分布，它们都可通过式（4-124）和式（4-125）计算绘出。对于任一截面，当水蒸气分压力 p_i 大于该断面温度相应的饱和水蒸气分压力 $p_b(t)$ 时，此截面将有水蒸气凝结，即所谓的**内部凝结**。如图 4-37 所示的材料 A 和材料 B 交界面处有凝结结露现象；如果该结露断面温度低于零度，还将出现冻结现象。所有这些现象均将导致围护结构传热系数增大，加大围护结构的传热量，同时将加速围护结构的损坏。因此，无论是围护结构内部还是表面，当所处表面或内部某个截面式（4-127b）成立时则产生凝结结露现象

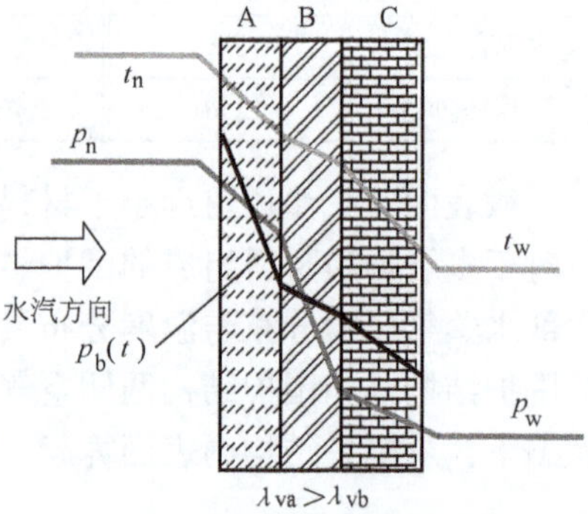

图 4-37 围护结构温度及湿度分布

$$p_i > p_b(t) \qquad i=0,1,2,\cdots \tag{4-127b}$$

【例 4-11】 试检验图 4-38 所示的外墙构造是否会产生结露现象。已知 $t_n=16℃$，$\varphi_n=60\%$，供暖期室外平均气温 $t_w=-4.0℃$，$\varphi_w=50\%$。外墙构造中 1 为 20mm 厚石灰水泥砂浆内粉刷，2 为 50mm 厚泡沫混凝土（$\rho_0=500kg/m^3$），3 为 120mm 厚砖墙。

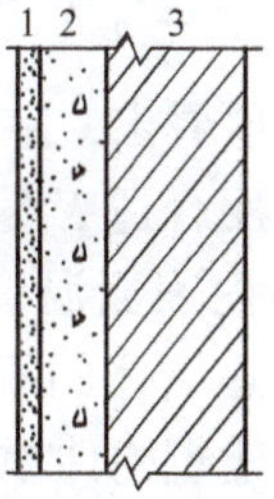

图 4-38 【例 4-11】计算用外墙构造

【解】 1）查附录 1 相关数据，计算各分层热阻和水蒸气渗透阻列于表 4-36。

表 4-36 【例 4-11】计算列表

序号	材 料 层	δ/m	λ/[W/(m·K)]	R=δ/λ/ [W/(m²·K)]	λ_v/ [g/(Pa·m·h)]	$H_v=\delta/\lambda_v$/ (Pa·m²·h/g)
1	石灰水泥砂浆内粉刷	0.02	0.87	0.023	0.0000975	205
2	泡沫混凝土	0.05	0.19	0.263	0.0001110	450
3	砖墙	0.12	0.81	0.148	0.0001050	1143
	Σ			0.434		1798

由此得热阻 $R_0=(0.11+0.434+0.04)\ m^2\cdot k/W=0.584m^2\cdot K/W$

忽略表面蒸气渗透阻，得到总渗透阻 $H_v=1798Pa\cdot m^2\cdot h/g$

2）计算室内、室外空气的水蒸气分压力。

$t_n=16℃$ 时，$p_b=1817.2Pa$

则 $p_n=1817.2\times60\%Pa=1090.3Pa$

$t_w=-4℃$ 时，$p_b=437.3Pa$

则 $p_w=437.3\times50\%Pa=218.7Pa$

3）计算围护结构内部各层温度和水蒸气分压力。

$$\theta_n=\left[16-\frac{0.11}{0.584}\times(16+4)\right]℃=12.2℃,p_{b,n}=1419.9Pa$$

$$\theta_1=\left[16-\frac{0.11+0.023}{0.584}\times(16+4)\right]℃=11.4℃,p_{b,1}=1347.9Pa$$

$$p_1=\left[1090.3-\frac{205}{1798}\times(1090.3-218.7)\right]Pa=990.9Pa$$

$$\theta_2=\left[16-\frac{0.11+0.023+0.263}{0.584}\times(16+4)\right]℃=2.4℃,p_{b,2}=726.6Pa$$

$$p_2=\left[1090.3-\frac{205+450}{1798}\times(1090.3-218.7)\right]Pa=772.8Pa$$

$$\theta_w=\left[16-\frac{0.584-0.04}{0.584}\times(16+4)\right]℃=-2.6℃,p_{b,w}=492.0Pa$$

4）按一定比例作 $p_{b,i}$、p_i 曲线于图 4-39，观察 $p_i>p_{b,i}$ 的截面得出墙体在泡沫混凝土与砖墙交界面处 $p_2>p_{b,2}$，此界面附近墙体内部有水汽凝结的结论。

影响水汽凝结发生及冷凝程度的主要因素有室内水蒸气分压力、内表面温度以及材料蒸汽渗透性能等参数。内表面温度取决于传热量、室内外温差和外墙热阻。

冬季大面积供暖时，室内空气与外墙内表面的温差在稳定传热条件下，可表示为

$$t_n-\theta_n=\frac{K}{\alpha_n}(t_n-t_w) \tag{4-128}$$

从上式可以看出，室内温度与内壁面温度差越大，越易结露。采用合适 K 值（或者说热阻）的墙体材料可以避免外墙内表面温度过低。实际上，决定水汽凝结的因素并非是墙体的平均热阻，而是墙体最冷部位的热阻值。当建筑构件中有低热阻的嵌入体时，例如，砖墙内的混凝土梁和柱，冷凝现象首先就在这些部位发生。这些部位称为**冷桥**或**热桥**。为此，避免冷桥处结露是围护结构防止内部冷凝的关键。

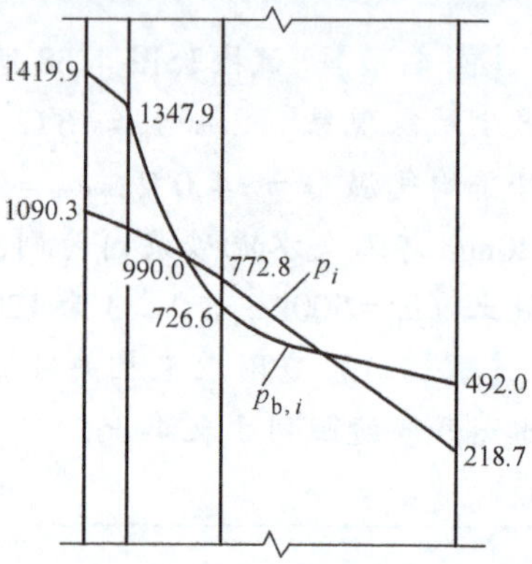

图 4-39 【例 4-12】墙内水蒸气分压力分布

通常，对正常湿度的房间，若围护结构按最小总热阻方法进行设计，主体部分一般不会产生表面冷凝。但围护结构中保温薄弱部位则应认真检验和慎重处理。

由于围护结构内部湿迁移和水蒸气冷凝过程比较复杂，其影响因素较多，所以在设计中一般根据实践经验，采取一定的构造措施来改善围护结构的湿度传递过程。其材料层次的布置和特殊层次的设置则应遵守“**难进易出**”的原则。

（1）合理布置材料层次　在同一气象条件下，围护结构采用相同材料，但材料层次布置不同，防止内部凝结效果有显著不同，如图 4-40 所示外墙，方案 a（图 4-40a）将热导率小、水蒸气渗透系数大的保温材料层布置在水蒸气渗入的一侧，将比较密实、热导率较大而蒸汽渗透系数较小、隔汽效果好的材料布置在另一侧。由于内层保温材料热阻大，温度降落多，饱和水蒸气分压力曲线 $p_{b,x}$ 相应降落也快，但该层透汽性大，水蒸气分压力曲线 p_x 降落平缓；而外层情况正相反。这样，$p_{b,x}$ 线与 p_x 线容易相交，导致墙体内部某一截面及其附近 $p_x>p_{b,x}$，出现内部凝结。方案 b（图 4-40b）把轻质材料保温层布置在外侧，将密实材料层布置在内侧。水蒸气难进易出，$p_{b,x}$ 线与 p_x 线不易相交，墙体内部不易出现冷凝。显然，从防止内部结构出现冷凝来看，b 方案较为合理，应当在设计中采纳，即水蒸气渗透较小的材料应放置于墙体所处环境水汽较高的一侧，而诸如保温层这样的透气较好的材料应放置于墙体所处水汽较低的一侧。这便是材料层次设置时应遵循的水蒸气“难进易出”的原则。

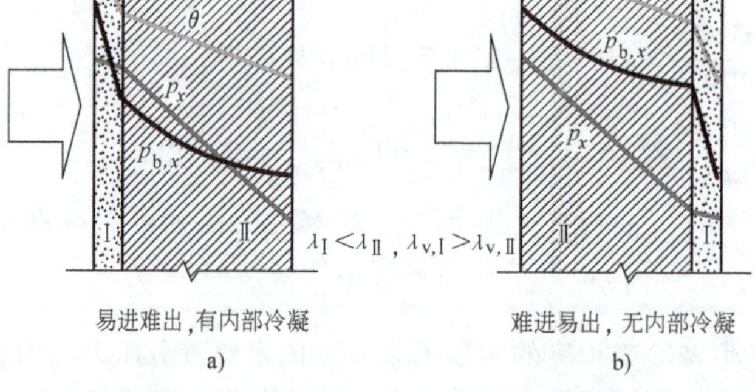

图 4-40 材料布置层次对内部冷凝的影响

此外，还有一种倒置屋面，其构造如图4-41所示，就是根据“难进易出”的原则设计的。这种屋面与常规屋面构造不同的是，防水层设在保温层下，这样不仅消除了内部冷凝，又使防水层得到保护，提高了耐久性。

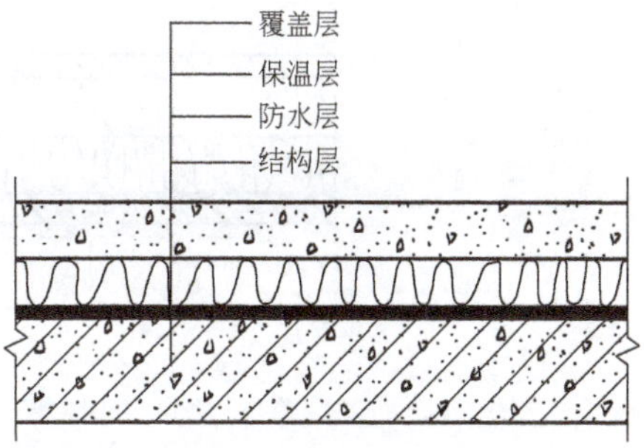

图4-41　倒置屋面构造

(2) 设置隔汽层　尽管“难进易出”是合理设计构造的原则，但有时却难以完全遵循，如【例4-11】。此时为消除或减弱围护结构内部的冷凝现象，在保温层蒸汽渗入的一侧设置隔汽层，使水蒸气分压力急剧下降，从而避免内部冷凝产生。图4-42所示为同一构造方案有无隔汽层设置时内部水蒸气分压力分布状况。不难看出，b方案（图4-42b）由于设置隔汽层使内部 p_x 曲线急剧下降，避免与 $p_{b,x}$ 曲线相交，从而起到了防止内部冷凝的作用。

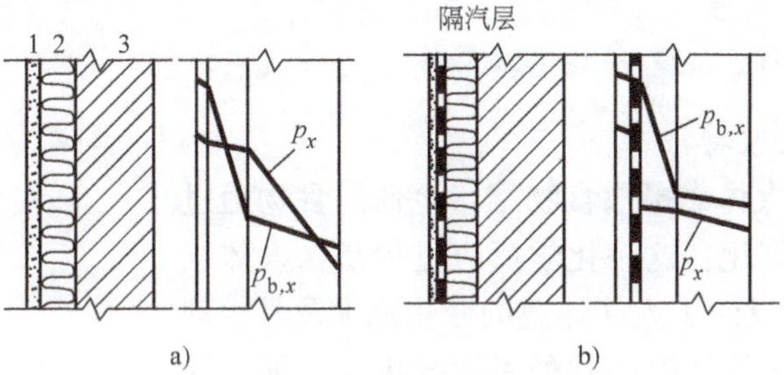

图4-42　设置隔汽层防治冷凝

a) 未设隔汽层　b) 设置隔汽层

1—石膏板条粉刷　2—保温层　3—砖砌体

隔汽层应布置在蒸汽渗入的一侧，因此，对供暖房屋应布置在保温层内侧，对冷库建筑应布置在保温层外侧，也就是布置在高温一侧。若在全年中出现反向的蒸汽渗透现象，则应根据具体情况决定是否在内外侧都布置隔汽层。必须指出，对于采用双层隔汽层一定要慎重。因为在这种情况下，施工中保温材料不能受潮，隔汽层的施工质量必须严格保证。否则在使用中万一产生内部冷凝，冷凝水就不易蒸发出去，所以一般情况下，应尽可能避免采用双层隔汽层。对于虽然存在反向蒸汽渗透，但其中一个方向的蒸汽渗透量大，而且持续时间长；另一个方向较小，持续时间较短，这时可仅考虑前者。另一方向产生的渗透凝结，待气候条件转变后即能排除出去，不至于造成严重的不良后果。

(3) 设置通风间层或泄汽沟道　设置隔汽层虽能改善围护结构内部的湿状况，但有时并不一定是最妥善的办法，因为隔汽层的隔汽质量在施工和使用过程中较难保证。为此，在围护结构中设置通风间层或泄汽沟道往往更为妥当，一般保温材料设置在靠近通风间层的一侧，这样能让进入保温层的水分充分排泄，如图4-43所示。

这项措施特别适用于高湿度房间的围护结构以及卷材防水屋面的平屋顶结构。由于保温层外侧设有一层通风间层，从室内渗入的蒸汽可被不断与室外空气交换的气流带出，对围护结构的保温层起风干的作用。

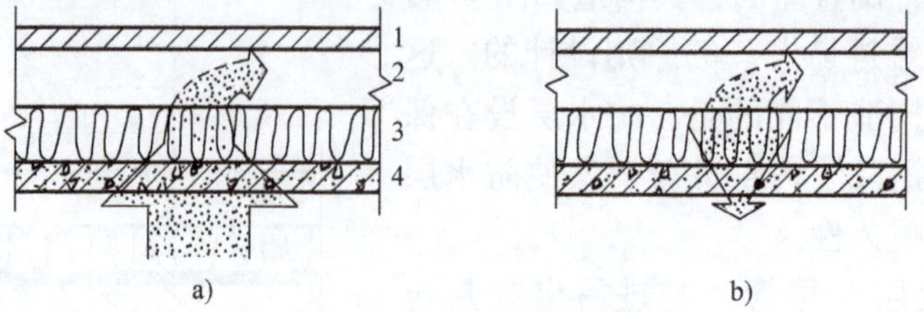

图 4-43 有通风间层的围护结构

a）冬季冷凝受潮 b）暖季蒸发干燥

1—细石混凝土板 2—通风间层 3—保温层 4—结构层

4.4 热湿环境中的人体生理学和心理学基础

4.4.1 热湿环境中的人体生理学基础

1. 人体体温的生理特征

（1）**核心温度** 人体靠摄取食物维持生命。食物通过人体能量代谢被分解氧化，这一化学反应过程是在人体细胞中完成的。图4-44反映了人体体温的变化范围及其生理反应。为维持生命，人体体温必须处于适合生存、能行使正常功能，且较窄的温度范围内，这一范围的中心温度称为核心温度，又称中心层温度，通常以接近大脑体温调节中枢——下丘脑的部位为标准。由于各器官的代谢水平及散热条件不同，各部分的体温也不完全相同，肝脏代谢旺盛，产热较多，温度接近38℃，是全身温度最高的部分，大脑次之，肾脏、胰腺、十二指肠等稍低，直肠更低。血液在体内不断循环流动使各器官温度趋于一致。接近下丘脑部位温度的器官主要有鼓膜、食道、直肠、肺动脉等。其中鼓膜温度最接近核心温度。受体温测量技术的局限，目前人们常采用腋温、口温、肛温测量人体核心温度，表4-37所示是我国正常成年人静止时的体温。直肠温度即肛温，易测、稳定，在人体生理学中常以直肠温度代表核心温度。

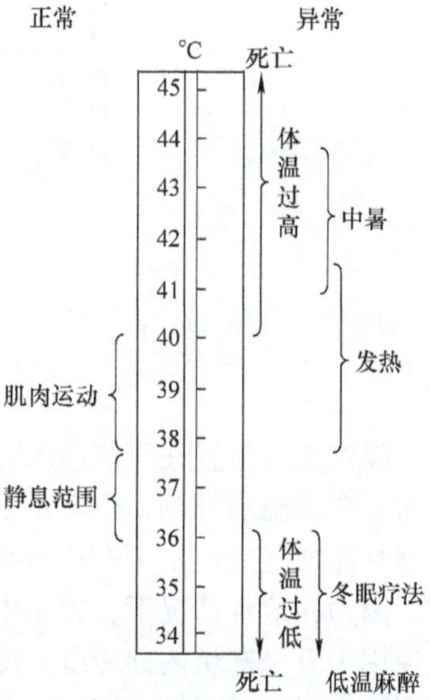

图 4-44 人类体温的变化范围及其反应[22]

表 4-37 我国正常成年人的体温[22] （单位：℃）

	平均温度	变化范围
腋温	36.8	36.0~37.4
口温	37.2	36.7~37.7
肛温	37.5	36.9~37.9

人体的核心温度是由人体的运动强度即代谢率决定的。代谢率越高，人体核心温度就越高。有人给出如下估算式计算在体温升高区之前核心温度（直肠温度）t_{cr}[23]，即

$$t_{cr}=37.0+0.0038M \tag{4-129}$$

式中 M——能量代谢率（W）。

（2）**皮肤温度** 人体皮肤温度与核心温度不同，随环境温度变化而变化。与核心温度相比，皮肤温度一般小于核心温度，受外界条件影响，人的皮肤温度可在 15~42℃[24] 较大范围内变化。皮肤温度由皮肤血流量所控制，以使皮肤散热量符合当时条件下人体热平衡的要求。人体皮肤温度除了受周围环境影响外，还与皮下组织的脂肪层厚度、性别、衣着、距离心脏的远近、局部汗腺分泌等相关。人体各部位皮肤温度与核心温度相似，存在一定的差异。

计算皮肤温度的方法有很多，其基本思路是测定各典型部位的皮肤温度，通过各典型部位所代表的面积加权得到人体皮肤平均温度，表 4-38 所示是较为常用的 8 节点和 4 节点的取点及其加权的皮肤平均温度求解方法。

表 4-38 皮肤平均温度的两种求解方法

取点位置	加权系数	
	哈迪和杜波依斯（Hardy & Dubois）（1938）	莱曼纳斯（Ramanathan）（1964）
头	0.07	
胸	0.175	0.3
背	0.175	
上臂	0.07	0.3
小臂	0.07	
手	0.05	
大腿	0.19	0.2
小腿	0.20	0.2

（3）**人体平均温度** 在人体热平衡以及以人为一个单位宏观计算时，常采用人体平均温度 t_b（Mean Body Temperature），它是通过人体核心温度及皮肤平均温度的某个加权平均加以估算，即

$$t_b=0.9t_{cr}+0.1t_{sk}(\text{在热环境中}) \tag{4-130a}$$

$$t_b=0.67t_{cr}+0.33t_{sk}(\text{在冷环境中}) \tag{4-130b}$$

由于冷环境中人体皮肤层内血管收缩，血流量减少，人体的核心部位所占比例减小，其相应的加权系数也减小。

2. 人体热感受系统

如果用小而尖的凉或热的金属探针探测皮肤，可以发现大部分皮肤表面触及探针时并不产生冷或热的感觉，只有很少的点有冷热感觉反应。20 世纪初就有很多研究者发现人的皮肤上存在着“冷点”和“热点”，即对冷敏感的区域和对热敏感的区域。有学者对人体各部位皮肤冷点和热点的分布密度进行了实测研究，研究结果表明，人体各部位的冷点数目明显多于热点，且冷点和热点所处的位置不同。

人体能够感受外界的温度变化是因为在人体皮肤层中存在温度感受器，当它们受到冷热刺激时，就会产生冲动，向大脑发出 50mV 左右的脉冲信号。信号的强弱由脉冲的频率决定。如果将一个微电极插入一个神经元的轴突中或单个神经纤维中，就可以直接记录下这些

脉冲，同时可以考察到它们的频率随温度刺激的变化而改变。目前，科学家们就是用这种方法来研究人体和动物的冷热感觉和体温调节的生理机制的。

除了人体皮肤中存在温度感受器外，人体体内某些黏膜和腹腔内脏等处也存在温度感受器。这些均可称为人体的外周温度感受器。人体的脊髓、延髓和脑干网状结构中也存在着能感受温度变化的神经元，称为人体的中枢性温度敏感神经元。下丘脑局部温度改变0.1℃，这些神经元的放电频率就会有所改变，而且没有适应现象。延髓和脑干网状结构中的温度敏感神经元还对传入的温度信息有不同程度的整合处理功能。

根据温度感受器对动态刺激的反应特性，可将它们分为**热感受器**和**冷感受器**两种。不管初始温度如何，热感受器总是对热刺激产生一个大的激越脉冲，而在冷刺激下，应激性被短暂地抑制。与此相反，冷感受器只对冷刺激产生冲动，在热刺激下被抑制。当皮肤温度和人体核心温度改变时，温度感受器感受到这种变化，产生瞬态的冷热感觉，同时发送脉冲信号，通过脊髓传递到大脑。热感受器与冷感受器的信号在传输过程中是分开传送的，在中枢神经系统的不同层次中进行整合，产生对应的冷感觉和热感觉，同时对产热和散热的过程进行促进或抑制。

虽然迄今用显微镜还无法识别冷热感受器，但现代生理学的发展使人们对皮肤的机构有了更清晰的认识。1930年Bazett等已经发现冷感受器位于贴近皮肤表面下0.15~0.17mm的生发层中，而热感受器则位于皮肤表面下0.3~0.6mm处。冷感受器与热感受器在皮肤中的分布密度是不同的，冷感受器的数目要多于热感受器。冷感受器的这种位置分布和密度分布决定了人体对冷感觉的反应要比对热感觉的反应更灵敏。

3. 人体的体温自调节控制系统

人体通过基础代谢过程、食物摄取和肌肉活动等产生热量，并通过辐射、对流、汗液蒸发、呼吸和大小便等散发热量。人体产热与散热的平衡保持了人体温度的相对稳定。人体体温影响化学反应速度，人体内许多系统，尤其是酶系统最佳工作状态的维持，只允许体温在很窄的范围内波动，人体体温自调节控制系统的主要功能，便是将人体的核心温度维持在一个适合于生存的较窄的范围内。人体的这种自我调节控制系统不仅与人体内部各环节紧密相关，还与外部环境参数，如气温、湿度、风速、辐射，以及人体所需完成的工作任务等都密切相关。

调节体温的中枢机构是下丘脑。它是大脑的一部分，在食物摄入、水分平衡、体温调节等一些自主功能中起着主要作用。下丘脑由几个分区组成，其中两个分区控制着温度调节，称为下丘脑前部和后部。一些实验观察到下丘脑前部的主要作用是促进散热，而后部的主要作用是促进产热以达到御寒的目的。但也有实验发现下丘脑前部也对产热有影响作用。

下丘脑前部的作用是调动人体散热功能。如果周围环境温度提高或进行高强度的运动，热感受器就会向大脑发出信号。当下丘脑前部的温度稍高于设定值时，它就会发送出神经脉冲以引发人体的相关机能有所变化。开始时皮肤表层的血管会扩张，增加血液流量，这样血液就能够把更多的热量带到皮肤表面，提高皮肤温度，从而增加皮肤向环境的散热量。如果这样仍然不能抑制体温上升，体温调节系统就会命令皮肤出汗，通过蒸发来带走体内热量，与此同时人体会通过减少活动、厌食等减少产热。

下丘脑后部执行抵御寒冷的功能。当人体处于冷环境时，下丘脑后部从冷感受器接受温度信号，然后指示皮下血管收缩来减少身体表层的血流量，通过这种方式可以降低皮肤温度以减少人体辐射和对流散热损失。为了调节温度而改变血流量和皮肤表面细胞的大小的机能叫作血管收缩调节。如果人体内部温度仍不能维持恒定，人体体温调节系统就会自动通过冷颤等方式增加代谢率。如果人体产热量不能抵偿热损失，体温就不可避免地要下降。因此，人体的御寒能力很弱。相对而言，人体防止过热的能力却要强得多。这也可能是为什么人体对冷刺激的反应要比热刺激的反应敏感的原因。

人体体温自调节系统如图4-45所示，整个调节主要靠神经调节和体液调节来完成。判断调节与否的信号是人体的核心温度和平均皮肤温度。当核心温度与设定值之间产生偏差时，体温调节系统开始工作。人体体温设定值主要取决于体内代谢率，即工作强度，工作强度越高，设定值就越高，如静止时为36.8℃，步行时为37.4℃，慢跑时为37.9℃，剧烈运动时可能高达39.5℃。

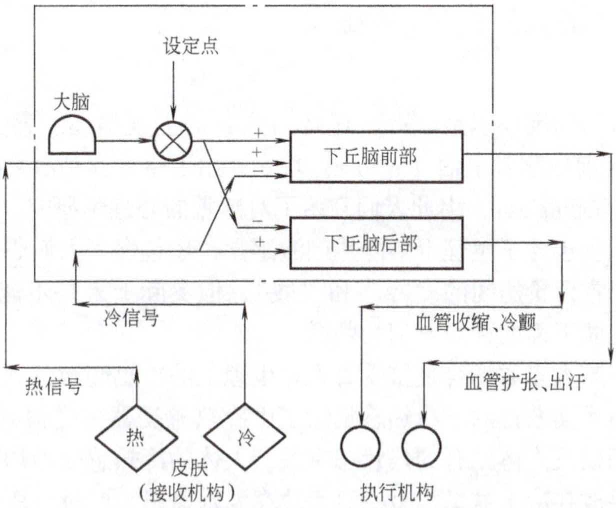

图4-45　人体体温自调节系统原理简图[25]

人体体温自调节时，下丘脑前部和后部是以相互抑制的方式联系在一起的，如果人体核心温度较高而导致下丘脑前部温度也较高，则会因此出汗，使皮肤温度降低，皮肤温度的降低传导到下丘脑的后部则会使出汗减少或停止。因此，当下丘脑后部感受到皮肤冷感受器的冷信号时，下丘脑前部感受到的核心温度如果高于设定温度例如37.4℃，就会阻止产热如颤抖等反应。如果下丘脑前部的温度低于37.4℃，皮肤温度的降低就会引起冷颤而增加产热量。反之，皮肤温度升高使核心温度高于37.4℃时会起到增加排汗量的作用。如果核心温度低于37.4℃，皮肤温度的升高就不会促进出汗。

4. 人体水分蒸发的生理现象

人体通过水分蒸发达到散热的形式主要有皮肤及肺部被动的水分损耗和汗腺分泌的主动排汗两种。

(1) **水分损耗**　皮肤被动的水分损耗是一种扩散过程，是由人体与周围空气的水蒸气压力差所致，肺部的水分损耗取决于周围的水蒸气压力及呼吸率，它决定于人体的能量代谢率和需氧量，这种通过皮肤及肺部的水分损耗可称为“无感觉的汗”，它几乎不受周围温度的影响，当人处于休息时，通过皮肤及肺部的水分损耗约为40g/h。

(2) **汗腺排汗** 当人体产热量大于人体与环境之间热交换的散热（包括对流及辐射散热、无感觉汗的蒸发散热）时，即开始出汗，以增加人体向环境的散热，达到人体的新的热平衡。汗液是由汗腺分泌的液体，汗腺是皮肤的附属器，位于皮下深处并几乎布满全身；普通男子每人约有300万汗腺分布全身，在前额、腋窝、手掌和脚底尤其密集；汗液是一种很稀的溶液，含99%以上的水分，其溶质主要是氯化钠，还有少量的钾、钙等固体成分。有研究表明，人体承受热应力时，汗腺因交感神经的刺激而活跃起来。其中一种是感受来自对外界的热神经的刺激，另一种则来自下丘脑中的热调节中心的刺激。当下丘脑的温度升高时（例如体力活动的响应），一定的表皮刺激即引起较多的汗分泌。汗腺不仅会因受热和劳动而活跃起来，心理上的刺激也会引起汗腺分泌，特别是在手心、脚掌心、面部及胸部等位置的汗腺。

4.4.2 热湿环境中的人体心理学基础

1. 热感觉

所谓热感觉是人对周围环境是“冷”还是“热”的主观描述。感觉不能用任何直接的方法来测量。1850年前后学者韦伯（Weber）首先开始了感觉和刺激之间关系的研究，开辟了心理物理学（Psychophisics），由此人们开始了对感觉的心理学研究。

人的冷热感觉不仅包含了生理上的冷热刺激感觉，还包含了人们心理上对冷热感觉的主观描述。尽管人们经常评价房间的“冷”和“暖”，但实际上人是不能直接感觉到温度的，只能感受到位于他皮肤下面的神经末梢的刺激。

人脑产生的冷热感大多数场合是接受着来自生理上的冷热刺激感觉，它主要是通过人体冷热感受器传递的信号而获得的。冷热感觉除了由冷热感受器传递得到的冷热刺激信号外，还与刺激的延续时间以及人体原有的热状态有关。人体的冷热感受器均对环境有显著的适应性。例如，把一只手放在冷水盆里，另一只手放在温水盆里，经过一段时间后，再把两只手同时放在具有中间温度的第三个水盆里，尽管它们处于同一温度的水盆内，但原先放在冷水盆里的手将感到暖和，而原先放在温水盆里的手将感到凉快。皮肤所能适应的温度通常在29~37℃范围内，人体不同部位的适应温度是不同的，一般前额为35℃左右，耳垂为28℃左右。同样部位不同人的适应温度也有所不同。当人体某部位皮肤温度处于适应温度时，对人体施加一个产生温暖感觉的刺激，一段时间后，此人可能不复有受刺激的意识。

当皮肤局部面积已经适应某一温度后，改变皮肤温度，当温度的变化率和变化量在一定范围内时，是不会引起皮肤有任何热感觉上的变化的。图4-46和图4-47所示是Kenshalo在1970年发表的人的前臂皮肤温度变化的响应实验结果。图4-46所示两条曲线之间的区域是皮肤没有热感觉的中性区阈值范围。图中曲线规律说明皮肤对温度的快速变化更为敏感。当变化率在0.1℃/s以上时，皮肤温度只要升高0.5℃就会感到温暖；而在0.01℃/s的较小变化率下，在皮肤温度升高3℃以前却没有任何感觉。即当温度

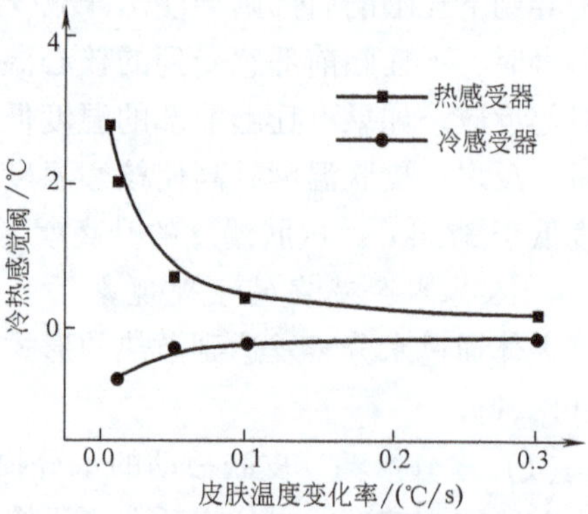

图4-46 温度变化率对冷阈和暖阈的影响[25]

变化率较大时，皮肤温度变化很小就有冷热感，而当温度变化率较小时，皮肤温度即使变化很大也无明显的感觉，这主要是皮肤适应了温度的变化。

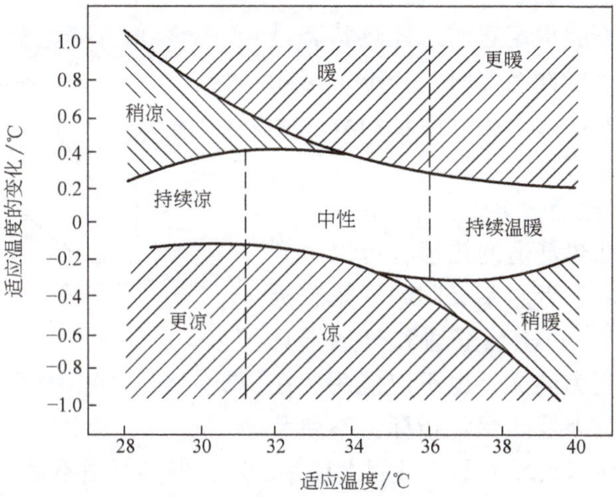

图 4-47　皮肤温度改变引起的感觉与适应温度及其变化量之间的关系[25]

图 4-47 反映了前臂皮肤温度改变引起的感觉与适应温度以及温度变化量之间的关系。可以看出中性区在 31~36℃，在 31℃以下，当适应温度的变化不大时，即使经过 40 min 的充分适应期，仍然感到一股持续的凉意。在 30℃时，当温度升高 0.3℃也不会产生感觉上的变化，而升高 0.8℃皮肤就会感到温暖。但当皮肤处于 36℃适应温度时，冷却 0.5℃就会感到凉。也就是说，同一块皮肤，30.8℃时可能会感到暖，35.5℃时却可能会感到凉，这种感觉是由皮肤冷热感的适应性决定的。

除皮肤温度以外，人体的核心温度对热感觉也有影响。例如，一个坐在 37℃浴盆中的人可以维持恒定的皮肤温度，但核心温度却不断上升，因为他身体的产热散不出去。如果他的初始体温比较低，开始他感受的是中性温度。随着核心温度的上升，他将感到暖和，随后感到燥热，因此，热感觉最初取决于皮肤温度，而后取决于核心温度。

当环境温度迅速变化时，热感觉的变化比体温的变化要快得多。Gagge 等（1967）所作的一系列突变温度环境的实验发现，人处于突变的环境空气温度时，尽管皮肤温度和核心体温的变化需要好几分钟，但热感觉却会随空气温度的变化马上发生变化。因此在瞬变状况下，用空气温度来预测热感觉比根据皮肤温度和核心温度来确定可能更为准确。

2. 热舒适

热舒适感是人体自身通过热平衡和感觉到的环境状况并综合起来获得是否舒适的感觉，它是由生理和心理综合决定的，并且更偏重于心理上的感受，它与“中性”的热感觉是不同的。Ebbecke（1917）曾对热感觉和热舒适感给出了之间的区别，“热感觉是假定与皮肤热感觉的活动有联系，而热舒适是假定依赖于来自调节中心的热调节反应”[27]。Mower（1976）在进行不同体温时手浸在水中判断舒适与否的实验后发现，舒适感取决于深部体温。在较低的直肠温度下，受试者可以发现较低的手温是不舒适的，而较高的手温则是舒适的，反之亦然。从图 4-48 Mower 的实验中可以发现，体温过低时手温较高是舒适的，但其热感觉评价却应该是“暖”，而不是“中性”。相反体温过高时手温较低是舒适的，但其热

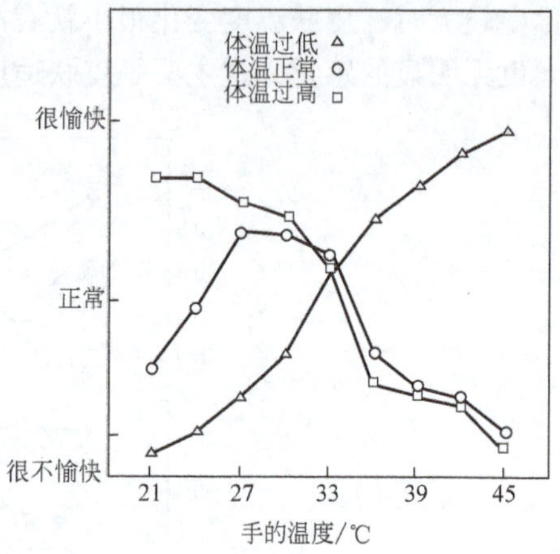

图 4-48 不同体温时手浸在水中的舒适感[25]

感觉的评价应该是“凉”而不是“中性”。因此，根据人的体内状态，一定的刺激可能带来舒适感，相反也可能带来不舒适感。当人获得一个带来快感的刺激时，并不能肯定它的总体热状态是中性的；而当人体处于中性温度时，并不一定能得到快适感。因此有人认为，热舒适是随着热不舒适的部分消除而产生的。

3. **热感觉与热舒适的差异**

分析上述热感觉和热舒适的描述，可以感到两者之间的差异。国内学者赵荣义归纳了热感觉和热舒适的区别如下[27]：①热舒适和热感觉具有不同的含义，不应视为同义，也不应混用。在稳态热环境下，一般只涉及热感觉指标，不涉及热舒适指标。②只有动态热环境下才可能出现热舒适，但热舒适不是持久的，只是一个动态过程，与热舒适过程相伴的总是有不舒适过程。③只有在定义无差别（无刺激）状态下的热感觉当作热舒适时，才可有条件地使用“热舒适”一词。④热环境参数适当地动态化可能有利于实现在尽可能少的能量消耗和环境污染前提下，提供健康、舒适和可承受居住环境的发展目标。

ISO 7330 对热舒适的定义是主观感觉满意的热环境则为热舒适环境[28]。ANSI/ASHRAE Standard 55—2010《室内人居热环境标准》与 2004 年版一致，对热舒适定义强调在主观感觉满意的同时对热舒适性的主观评价[29]。

引起热不舒适的原因在生理上除了前面热感觉中所提到的皮肤温度和核心温度以外，人的皮肤润湿度也会影响人的热舒适感。**皮肤湿润度**的定义是，皮肤的实际蒸发量于同一环境中皮肤完全湿润而可能产生的最大蒸发散热量之比，相当于湿皮肤表面积占人体皮肤总表面积的比例。在皮肤没有完全润湿时，人体靠散热（包括排汗）达到平衡，此时人体核心温度不会上升，当人体皮肤逐渐润湿时，皮肤“黏着性”增加，人体因不能及时通过蒸发排出体内热量而感到不舒适，随着皮肤的润湿度增加，人体核心温度开始上升，人的不舒适感也随之增加。皮肤润湿度与环境相对湿度密切相关，它随着相对湿度的提高而提高。

由于无法测量热感觉和热舒适感，因此通常只能采用问卷的方式了解受试者对环境的热感觉和热舒适感，即要求受试者按某种等级标准来描述其热感觉和热舒适。由心理学研究结果表明，一般人可以不混淆地区分感觉的量级不超过 7 个，因此热感觉和热舒适的评价指标往往采用 7 个分级。表 4-39 所示是 3 种目前广泛使用的标度。其中贝氏标度是由英国的 Thomas Bedford 于 1936 年提出，其特点是把热感觉和热舒适合二为一[27]。1966 年 ASHRAE 开始使用 7 级热感觉标度（ASHRAE thermal sensation scale）。与贝氏标度相比，它的优点在于精确地指出了热感觉，通过对受试者的调查得出定量化的热感觉评价。**预计平均热感觉指数**（Predicted Mean Vote，**PMV**）是目前最为广泛使用的热感觉标度，与上述两者主要不同的是分级范围采用了 -3～+3 的 7 级分度指标，它是决定热舒适评价中客观生理感觉的主要依据，有关 PMV 指标将在下一小节介绍。

对热湿环境的热反应常常采用**热感觉投票**(Thermal Sensation Vote，TSV)和**热舒适投票**(Thermal Comfort Vote，TCV)，即表4-39所示的PMV热感觉标度和热舒适标度。

表4-39 Bedford、ASHRAE和PMV的7级标度、热舒适指标

贝氏标度（Bedford）		ASHRAE热感觉标度		PMV热感觉标度		热舒适标度	
过分暖和	7	热	7	热	+3	不可忍受	4
太暖和	6	暖	6	暖	+2	很不舒适	3
令人舒适的暖和	5	稍暖	5	微暖	+1	不舒适	2
舒适（不冷不热）	4	正常	4	适中	0	稍不舒适	1
令人舒适的凉快	3	稍凉	3	微凉	−1	舒适	0
太凉快	2	凉	2	凉	−2		
过分凉快	1	冷	1	冷	−3		

4.4.3 人体热平衡方程以及热舒适性描述

人的热舒适感除了与人体皮肤温度和核心温度相关外，还与室内热湿环境参数及其组合紧密相关，使人们感到舒适的热湿环境的客观生理感觉影响因素除了与空气温度和湿度紧密相关外，还与室内辐射温度、风速等因素有关，并且衣着、活动量也左右了人们的热舒适感的判断，此外，人们的年龄、性别、个性等因素也影响人们对热舒适的评判。为此专家作出这样的结论，凡是能使80%的人感到满意的环境就算达到了舒适状态。人们对热湿环境的舒适感主要来自于人体的热平衡，为此热平衡是研究人们热舒适感的数学基础。

人体所摄取的食物（糖、蛋白质、碳水化合物等）在人体新陈代谢过程中被分解氧化，同时释放能量（即新陈代谢的产热量）。其中大部分能量直接以热能形式散发到体外，其他部分则为人体做功需要的能量，人体以这种与外界的能量传递方式保持了人体的产热量和散热量平衡，维持人体正常体温。当人体产热量与散热量不等时，人体将蓄热（即得热）或放热（即失热）。据此1982年P. O. Fanger，提出了单位人体表面积、单位时间内**人体热平衡方程**，见下式

$$S=M-W-E-(\pm R)-(\pm C) \tag{4-131}$$

式中 S——人体蓄热率（W/m^2）；人体得热为“+”，失热为“−”；

M——人体能量代谢率（W/m^2），即新陈代谢产生的得热量；

W——人体所做的机械功（W/m^2）；

E——人体总蒸发散热量（W/m^2）；

R——人体外表面向周围环境的辐射散热量或得热量（W/m^2）；

C——人体外表面向周围环境空气的对流散热量或得热量（W/m^2）。

人体蓄热率可采用下式计算

$$S=1.15mc_p(t_1-t_2)/\tau \tag{4-132}$$

式中 m——人体质量（kg）；

c_p——人体比热容［kJ/(kg·K)］，为3.475 kJ/(kg·K)；

t_1、t_2——人体始末平均体温（℃）；

τ——人体平均体温变化时间（s）。

在稳定环境条件下，式（4-131）左侧人体蓄热率 S 为零时，人体保持能量平衡。当周围环境温度（空气温度及围护结构、周围物体表面温度）提高时，人体对流和辐射散热将减少；为了保持热平衡，人体会首先血管扩张，而后运用自身的自动调节机能来加强汗腺分泌，以排汗增加蒸发的热量，补偿人体对流辐射散热的减少。当人体散热量小于其产热量，体内蓄热量难以全部散出时，此时蓄热率为正值，体温升高，即使比正常温度高1℃，也会危及身体健康。参考图4-44可知，当体温升到40℃时，出汗停止，如不采取措施，体温将迅速上升；体温升到43.5℃时，人有可能死亡，一般认为人的最高致死体温为45℃。反之，如果人体蓄热率 S 为负值，人体产热小于人体散热，体温下降，人感觉到寒冷，在自然冷却的情况下，先血管收缩，后发生冷颤以增加新陈代谢，当体温在34~35℃时，不再打颤（肌体适应了），此后体温迅速下降；当体温为25~28℃时，呼吸停止，人就死亡。1982年P. O. Fanger，提出了单位人体表面积、单位时间内，人体热舒适方程式（4-133），即人体热平衡方程式（4-131）中人体蓄热率 $S=0$ 是达到**人体热舒适的必要条件**，即

$$M-W-E-(\pm R)-(\pm C)=0 \tag{4-133}$$

热舒适方程式(4-133）建立的条件是人必须处于稳定的热平衡状态，皮肤温度可依赖适当的排汗而具有与舒适相适应的水平。式中各项可以在一定的范围内变动，多种不同的组合都可能满足上述热平衡方程，但人体的热感觉却可能有较大的差异。换言之，从人体热舒适角度考虑，单纯达到热平衡是不够的，还应当使人体与环境的各种换热限制在人体能接受的范围内。根据研究，当人体达到热平衡时，对流换热约占总散热量的25%~30%，辐射散热量占45%~50%，呼吸和无感觉蒸发散热占25%~30%时，人体才能达到热舒适状态[30]，能使人体保持这种适宜比例散热的环境便是人体感到**热舒适的充分条件**。

热舒适性方程式（4-133）中各物理量描述及其解析如下：

1. 人体能量代谢率

人体能量代谢率（Metabolic Rate，MR）受多种因素的影响，除年龄、性别、进食后时间的长短、神经紧张程度及环境等因素的不同程度影响外，主要取决于人体的活动量或者生产劳动强度。为减少各因素对能量代谢率的影响，引入基础代谢率，规定未进早餐前，保持清醒静卧半小时，室温条件维持在18~25℃测定的代谢率为基础代谢率（Basal Metabolic Rate，BMR），以此作为衡量不同情况下能量代谢的基准。

人体内在进行新陈代谢的过程中，是通过化学反应释放体能，进而变成热和肌肉的有效功，这一体能值的大小经常被定义为**人体能量代谢率**。生理学家按人体活动所需的氧气量以及二氧化碳排放量来确定人体新陈代谢过程中产生的体能，《热环境人类工效学 代谢率的测定》（GB/T 18048—2008）推荐了Y. Nishi方法计算人体能量代谢率

$$M=21(0.23\mathrm{RQ}+0.77)V_{\mathrm{Q_2}}/A_{\mathrm{D}} \tag{4-134}$$

式中 M——代谢率（$\mathrm{W/m^2}$）；

RQ——呼吸商，定义为单位时间内呼出二氧化碳和吸入氧气的物质的量之比；

$V_{\mathrm{Q_2}}$——环境参数在0℃、101.325kPa条件下单位时间耗氧量体积（mL/s）。

A_{D}——裸身人体皮肤表面积（$\mathrm{m^2}$），GB/T 18048—2008推荐了D. DuBois方法

$$A_{\mathrm{D}}=0.202m^{0.425}H^{0.725} \tag{4-135}$$

m、H——人的体重（kg）与身高（m）。

我国另一种成人体表面积计算式[31]

$$A_D = 0.61H + 0.0128m - 0.1529 \quad (4\text{-}136)$$

如果某人身高为1.78m，体重为65kg，采用式（4-135）计算得皮肤表面为1.81m^2，若按式（4-136）计算结果为1.76m^2。

采用式（4-134）计算 M 值时，一般成人在静坐和轻劳动（$M<87.2W/m^2$）时可取RQ=0.83，而在重劳动（$M>290W/m^2$）时RQ可取1.0，中间状态可以线性插值得到。10%的RQ估算误差最多会带来3%的代谢率计算误差[32]。

耗氧量可根据活动状态及其心率由表4-40选取。

表4-40　不同活动强度时人体心率与耗氧量变化[32]

活动强度	心率/(次/min)	耗氧量 V_{O_2}/(L/h)
轻劳动	<90	<2.22
中等劳动	90~110	2.22~16
重劳动	110~130	16~24
很重劳动	130~150	24~32
极重劳动	150~170	>32

人体能量代谢率在一定的环境温度范围内（22.5~35℃）比较稳定，当环境温度升高或降低时，代谢率都会增加。如在低于22.5℃温度下停留1~2h后，身体出现冷颤，同时产热量开始增加；环境温度升高时，细胞内的化学反应速度增加，排汗、呼吸以及循环机能加强则也会导致代谢率增加。

人进食后产热量会逐渐增加，并延续7~8h。所增加的热量值取决于食品的性质。全蛋白质食物可增加热量30%，糖类或脂肪类食物只能增加4%~6%，混合食物一般增加产热量10%。人体的基础代谢率BMR随年龄增长逐渐下降，少年较高，老年稍低。女性比男性低6%~10%，根据中国医学科学院卫生研究所测定，我国男女不同性别随年龄变化的BMR见表4-41。BMR正常变动范围在10%~15%，若超过20%，则属病理状态。

表4-41　正常中国人基础代谢率平均值BMR[33]　　（单位：W/m^2）

年龄/岁	11~15	16~17	18~19	20~30	31~40	41~50	51以上
男性	54.3	53.7	46.2	43.8	44.1	42.8	41.4
女性	47.9	50.5	42.8	40.7	40.8	39.5	38.5

表4-42所示为成年男子在不同活动强度下保持连续活动的能量代谢率。其中**静坐时人体代谢率**为1 met，**1met定义为58.15W/m^2**，表中代谢率是平均体表面积为1.8m^2成年男子不同活动强度时的代谢率。当体表面积等不同时可采用式（4-134）计算。

正常健康人20岁时的最大代谢率可以达到12met，但到70岁时就会下降到7met。长跑运动员最高可达20met。35岁左右的未专门训练的成人最大代谢率约为10met。代谢率达到5met以上，人就会感到非常疲劳。对于交替从事不同强度劳动时，则可采用不同强度类型的代谢率按劳动时间进行加权平均获得代谢率。对于大于3met以上的代谢率则可取类似劳动强度的代谢率值，但误差较大[32]。

表4-42 部分典型活动强度时人的能量代谢率[32]

对象	活动类型	W/m^2	met
休息	睡眠	40	0.7
	斜倚	45	0.8
	静坐	60	1.0
	放松站立	70	1.2
办公室	坐姿：阅读、写字、打字	55、60、65	1.0、1.0、1.1
	文件整理：坐姿、站姿	70、80	1.2、1.4
	步行、举物/搬运	100、120	1.7、2.1
步行（平面上）	3.2km/h（0.9m/s）	115	2.0
	4.3km/h（1.2m/s）	150	2.6
	6.4km/h（1.8m/s）	220	3.8
驾驶/飞行	汽车	60~115	1.0~2.0
	飞机：常规、仪表着陆、战斗	70、105、140	1.2、1.8、2.4
	重型车辆	185	3.2
职业活动	烹饪	95~115	1.6~2.0
	房屋打扫	115~200	2.0~3.4
	保持坐姿的重肢体运动	130	2.2
	机械加工：锯切（桌锯）、轻度（电气工业）、重度	105、115~140、235	1.8、2.0~2.4、4.0
	处理50kg的袋子	235	4.0
娱乐活动	跳舞，社交	140~255	2.4~4.4
	体操/运动	175~235	3.0~4.0
	网球，单打	210~270	3.6~4.0
	篮球	290~440	5.0~7.6
	摔跤、竞技	410~505	7.0~8.7

2. 人体所做的机械功

由能量守恒原理分析，人体新陈代谢自由能产热量（即能量代谢率）与**人体所做的机械功** W 和人体新陈代谢所释放的热量 Q 存在如下关系

$$M=W+Q \tag{4-137}$$

定义人体对外做功的机械效率为

$$\eta=W/M \tag{4-138}$$

人体在不同活动强度下，机械效率值比较低，休息状态、大部分办公室劳动和户外轻度劳动的机械效率近似为0；一般在5%~10%，很少能超过20%。因此在空调负荷计算时往往把人体的机械效率 η 看作0，忽略人体所做的机械功，这对于空调负荷计算来说是偏安全的。

3. 人体总蒸发散热量

人体通过水分蒸发（皮肤及肺部被动的水分损耗和汗腺分泌的主动排汗）向环境散发

的**人体总蒸发散热**可归结呼吸蒸发散热和皮肤蒸发散热两大部分。其中呼吸蒸发散热包括显热散热 L_{res} 和潜热散热 E_{res} 两部分。皮肤蒸发散热包括无感觉汗液渗出的皮肤扩散蒸发散热 E_{dif} 和皮肤汗液蒸发散热 E_{rsw}。即

$$E=L_{res}+E_{res}+E_{dif}+E_{rsw} \tag{4-139}$$

呼吸蒸发的显热散热和潜热散热可分别用下面两个公式计算

$$L_{res}=0.0014M(34-t_a) \tag{4-140}$$

$$E_{res}=0.0173M(5.867-p_a) \tag{4-141}$$

式中　t_a、p_a——环境空气温度（℃）和水蒸气分压力（kPa）。

皮肤扩散蒸发散热和汗液蒸发散热分别采用下面两个公式计算

$$E_{dif}=3.05(0.254t_{sk}-3.335-p_a) \tag{4-142}$$

$$E_{rsw}=0.42(M-W-58.15) \tag{4-143}$$

上式皮肤扩散蒸发散热忽略了正常排汗对皮肤扩散的影响。在接近热舒适条件下，人体皮肤温度可采用下式计算

$$t_{sk}=35.7-0.0275(M-W) \tag{4-144}$$

由上述一系列计算式可知，人体蒸发散热主要与人体代谢率、环境温度和水蒸气分压力有关。

4. 人体外表面与外界的辐射换热量

人体外表面与外界的辐射换热量可用如下方程表示

$$R=\varepsilon f_{cl}f_{eff}\sigma[(t_{cl}+273)^4-(\theta_{mrt}+273)^4] \tag{4-145}$$

式中　ε——人体表面辐射系数，对于长波辐射可取表面吸收系数，人体皮肤可取 $\varepsilon\approx1$，而大多数服装 $\varepsilon\approx0.95$，在一般辐射换热计算中，ε 可取平均值 0.97；

σ——斯蒂芬-玻尔兹曼常数［$W/(m^2\cdot K^4)$］，为 $5.67\times10^{-8}W/(m^2\cdot K^4)$；

θ_{mrt}——周围环境的平均辐射温度（Mean Radiate Temperature，MRT）（K）；

f_{eff}——人体姿态影响有效表面积修正系数，它主要考虑不同姿态对人体的表面积的影响，Fanger（1972）提出坐姿为 0.70，站姿为 0.72；

f_{cl}——人体服装面积系数，它是着装后实际表面积 A_{cl} 与人体裸身表面积 A_D 之比，即

$$f_{cl}=A_{cl}/A_D \tag{4-146a}$$

不同服装的面积系数 f_{cl} 可查阅文献，也可采用下式计算

$$f_{cl}=\begin{cases}1.00+1.290I_{cl} & 当\ I_{cl}\leqslant0.078m^2\cdot℃/W\\ 1.05+0.645I_{cl} & 当\ I_{cl}>0.078m^2\cdot℃/W\end{cases} \tag{4-146b}$$

I_{cl}——服装热阻（$m^2\cdot K/W$）；

t_{cl}——人体着装后外表面温度（℃），根据热平衡关系有

$$t_{cl}=t_{sk}-I_{cl}(R+C) \tag{4-147}$$

如果取人体着装吸收率为 0.97，姿态修正系数 0.72，式（4-145）有

$$R=3.96\times10^{8}f_{cl}[(t_{cl}+273)^4-(\theta_{mrt}+273)^4] \tag{4-148}$$

5. 人体外表面与周围环境空气的对流换热量

人体外表面与周围环境空气的对流换热量可用下式表示

$$C=\alpha_{cl}f_{cl}(t_{cl}-t_a) \tag{4-149}$$

式中 α_{cl}——对流传热系数 [W/(m²·K)]，可采用下式计算

$$\alpha_{cl}=\begin{cases}2.38(t_{cl}-t_a)^{0.25} & 当\ 2.38(t_{cl}-t_a)^{0.25}>12.1\sqrt{v_a}\\ 12.1\sqrt{v_a} & 当\ 2.38(t_{cl}-t_a)^{0.25}<12.1\sqrt{v_a}\end{cases} \tag{4-150}$$

式中 v_a——空气风速（m/s）。

将式（4-139）、式（4-148）和式（4-149）代入热舒适方程式（4-133）可得

$$\begin{aligned}&M-W-0.0014M(34-t_a)-0.0173M(5.867-p_a)-\\&3.05[5.733-0.007(M-W)-p_a]-0.42(M-W-58.15)-\\&3.96\times10^{-8}f_{cl}[(t_{cl}+273)^4-(\theta_{mrt}+273)^4]-\\&\alpha_{cl}f_{cl}(t_{cl}-t_a)=0\end{aligned} \tag{4-151}$$

式（4-151）中有8个变量：M、W、t_a、p_a、f_{cl}、t_{cl}、θ_{mrt}、α_{cl}。其中 W 可近似取0，f_{cl}可由I_{cl}确定，t_{cl}、α_{cl}总可归结为风速 v_a、θ_{mrt}、M、I_{cl}的函数。因此热舒适方程反映了人体处于热平衡状态时，6个影响人体热舒适性的变量M、t_a、p_a（或ϕ）、θ_{mrt}、I_{cl}、v_a之间的定量关系。

6. 人体总散热量

归纳人体热平衡方程式各热量的组成可将**人体总散热**分为显热散热和潜热散热两部分，其散热大小主要取决于人体的代谢率（即活动强度），活动强度增加，人体能量代谢率提高，人体所散发的总热量增加。研究发现，环境空气温度越高，人体显热散热减少，潜热散热增加，而总散热量变化不大。表4-24所示我国成年男子在不同环境温度条件和不同活动强度条件下向外界散发的散热量便反映了这一规律。表中所涉及的环境其辐射温度与空气温度相同，衣着则为适合该活动强度下的常规衣着。

4.5 人对热湿环境的评价

4.5.1 PMV-PPD指标及其影响因素

根据上述分析，热舒适方程式（4-151）在人体蓄热率 S 为0时各变量之间存在如下关系

$$S=f(M,t_a,p_a,\theta_{mrt},I_{cl},v_a)=0 \tag{4-152}$$

丹麦学者P.O. Fanger搜集了1396名美国和丹麦受试者的冷热感觉资料，提出了表征人体热舒适评价指标预计平均热感觉指数PMV（Predicted Mean Vote）的计算式

$$\mathrm{PMV}=[0.303\exp(-0.036M)+0.0275]f(M,t_a,p_a,\theta_{mrt},I_{cl},v_a) \tag{4-153}$$

即

$$\begin{aligned}\mathrm{PMV}=&[0.303\exp(-0.036M)+0.0275]\{M-W-\\&0.0014M(34-t_a)-0.0173M(5.867-p_a)-\\&3.05[5.733-0.007(M-W)-p_a]-0.42(M-W-58.15)-\\&3.96\times10^{-8}f_{cl}[(t_{cl}+273)^4-(\theta_{mrt}+273)^4]-\alpha_{cl}f_{cl}(t_{cl}-t_a)\}\end{aligned} \tag{4-154}$$

PMV指标采用7个等级，将人体蓄热相关的客观物理量与人体热感觉定性量有机地建立了量化关系。表4-43给出了不同热感觉时相应的**PMV等级**及其客观生理反应。

表 4-43　PMV 等级及相应的客观反应

热感觉	热	暖	微热	舒适	微凉	凉	冷
PMV	+3	+2	+1	0	−1	−2	−3
客观生理反应	见汗滴	手、颈、额等局部见汗	感觉热，皮肤发黏、湿润	感觉舒适，皮肤干燥	局部关节感到凉，但可忍受	局部感到不适需加衣服	很冷，可见鸡皮疙瘩和冷颤

预计平均热感觉指数 PMV 指标代表了同一环境下绝大多数人的热感觉，但是人与人之间存在生理差别，因此 PMV 指标并不一定能够代表所有人的感觉。为此 Fanger 教授提出了**预计不满意百分数**（Predicted Percent Dissatisfied，**PPD**）指标来表示人群对热环境的不满意率，并用概率分析方法，给出 PMV 与 PPD 之间的定量关系

$$PPD=100-95\exp\left[-\left(0.2179PMV^2+0.03353PMV^4\right)\right] \tag{4-155}$$

式（4-155）的曲线变化见图 4-49，当 PMV=0 时，PPD 为 5%，即意味着在室内热环境处于最佳的热舒适状态时，由于人群中个体的生理差别，允许有 5%的人感到不满意。

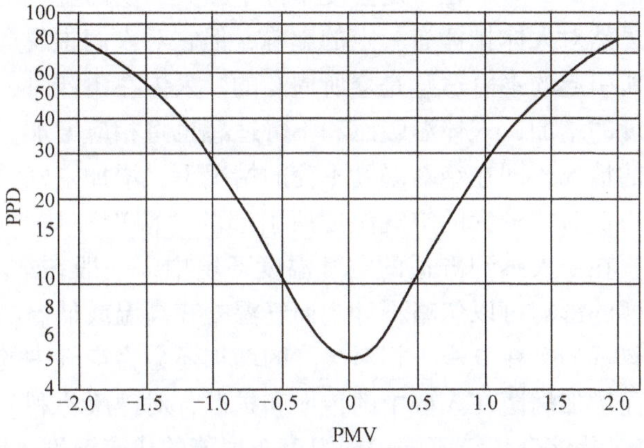

图 4-49　PMV 与 PPD 的关系曲线

1984 年国际标准化组织提出了室内热环境评价与测量的新标准化方法 ISO7730。在 ISO7730 标准中，采用**PMV-PPD 指标**描述和评价热环境，提出了 PMV-PPD 指标的推荐值为：PMV 在−0.5~+0.5 之间，相当于人群中允许有 10%的人感到不满意[28]。为此，业内常用 PMV 作为舒适性的客观指标，把 PPD 作为舒适性的主观指标，PMV-PPD 将两者联系了起来。我国《中等热环境　PMV 和 PPD 指数的测定及热舒适条件的规定》（GB/T 18049—2000）也采用了此方法评价室内中等热环境。

分析式（4-154），在明确了人体活动强度或者人体新陈代谢率的条件下，影响 PMV-PPD 指标的参数主要有环境参数及其人的衣着。

1. 环境参数

PMV-PPD 指标的**六个影响因素**中有四个环境参数：空气温度 t_a、空气水蒸气分压力 p_a（习惯上采用相对湿度 ϕ）、平均辐射温度 Mean Radiation Temperature，MRT θ_{mrt}、空气风速 v_a。环境参数不同的组合可以实现同样的舒适度指标 PMV。因此，选择合理的环境参数，以最小的投入，创造最佳的热舒适环境，一直是建筑环境工程师们在进行室内环境和空调设

计时追求的目标之一。我国现行《民用建筑供暖通风与空气调节设计规范》（GB 50736—2012）对人员长期逗留区域舒适性空调房间的设计参数提出了如表4-44所示的选用范围，其中温度对热舒适性、空调能耗等影响最大，为此热舒适度等级不同，温度选用完全不同，规范中室内热舒适度Ⅱ级环境设计参数兼顾了建筑节能，即在图4-49中PMV舒适度指标并不是PPD≤27%的U形全部区域。

表4-44 舒适性空调室内设计参数（GB 50736—2012）

类别	热舒适度等级	温度/℃	相对湿度（%）	风速/(m/s)	PMV	PPD
供热工况	Ⅰ级	22~24	≥30	≤0.2	-0.5≤PMV≤0	≤10%
	Ⅱ级	18~22	—	≤0.2	-1≤PMV<-0.5	≤27%
供冷工况	Ⅰ级	24~26	40~60	≤0.25	0≤PMV≤0.5	≤10%
	Ⅱ级	26~28	≤70	≤0.3	0.5<PMV≤1	≤27%

速度对人的舒适感的影响主要取决于吹风的形式，业内常用吹风感表示风速对舒适感的影响，这将在后续小节中讨论。

环境湿度对人体舒适感的影响在一定温度条件下较大。室内空气绝对湿度将影响人体的蒸发散热，相对湿度虽然对人体排汗有一定的影响，但它对人们主观产生凉热感觉有着更大的作用。高湿兼高温所引起的不舒适感是众所周知的。人体在出汗时，周围空气相对湿度的增加将导致皮肤润湿度的增加，人体温暖感和不舒适感也将相应增加。但在冬季周围空气温度较低时会出现相反的情况，即在绝对湿度不变的情况下，增加空气温度就会增加对干燥的不满，但当空气温度很低时，较大的空气湿度所引起的“湿冷”比“干冷”更冷，使人更不舒适。有研究发现，在令人感到舒适的空气温度环境中，一般在23℃或稍低的温度水平下，湿度对人的舒适感的影响可以忽略不计。而气温处在高温或低温的情况下，湿度对人的舒适感的影响是不容忽视的。在夏季，相对湿度的增加还会为空气中的微生物滋长提供所需的水分等营养源，从而增加病菌在人群中的传播和扩散，对健康不利。

平均辐射温度MRT是综合环境不同表面温度辐射能的代表温度，因此考虑其物理意义，它应通过各表面温度的四次方按面积加权获得，对于长波辐射，可简化为如下的一次方表达式

$$\theta_{\mathrm{mrt}}=\frac{\sum_{i=1}^{n}(F_i\theta_i)}{\sum_{i=1}^{n}F_i} \tag{4-156}$$

式中 F_i——周围环境各可见表面面积（m^2）；

θ_i——周围环境各可见表面的表面温度（℃）。

对于外墙或外窗内表面温度，可利用室内外空气温度采用下式计算

$$\theta_i=t_{\mathrm{n}}-\frac{K}{\alpha_{\mathrm{n}}}(t_{\mathrm{n}}-t_{\mathrm{w}}) \tag{4-157}$$

目前常通过测量黑球温度t_g计算得到平均辐射温度。黑球温度计是由如图4-50所示的一个直径为150mm涂黑的薄壁铜球内装的一个温度计组成。使用时，把黑球温度计悬挂在测点处，使其与周围达到热平衡，此时测得的温度为**黑球温度**t_g，当平均辐射温度与室温相

差不大时，平均辐射温度可采用贝尔丁经验公式计算

$$\theta_{mrt}=t_g+2.44\sqrt{v_a}(t_g-t_a) \quad (4\text{-}158)$$

在辐射式空调房间中，平均辐射温度是影响热舒适性的主要参数。它与其他环境参数的不同组合，将导致不同的热舒适感和不同的系统能耗。近年来，对平均辐射温度的研究逐渐为人们所重视。

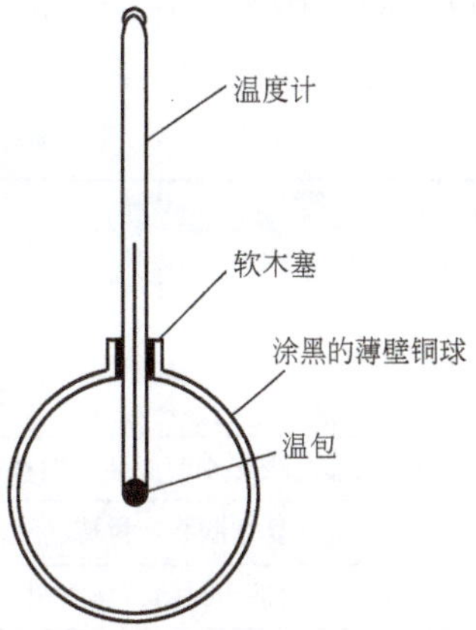

图4-50 黑球温度计

在应用与推广PMV-PPD指标时，平均辐射温度难以准确获得，为此引入**作用温度**t_{op}（Operative Temperature），它综合了室内气温和平均辐射温度对人体的影响，常应用于评价热环境时热环境的表征参数，其计算式为

$$t_{op}=\frac{\alpha_c t_a+\alpha_r\theta_{mrt}}{\alpha_c+\alpha_r}=At_a+(1-A)\theta_{mrt} \quad (4\text{-}159)$$

式中，参数A取值见表4-45。

表4-45 作用温度计算用系数A取值（GB/T 5701—2008）

v_a/(m/s)	<0.2	0.2~0.6	0.6~1.0
A	0.5	0.6	0.7

《室内热环境条件》（GB/T 5701—2008）定义满足下列4种条件的情况下，认为作业温度等于空气温度：①没有辐射加热或辐射冷却系统；②室外窗户/墙面的平均K值必须满足：$K<50(t_n-t_w)$；③窗户遮阳系数（SHGC）小于0.48；④空间中没有主要的产热设备。

有学者在办公室环境内通过实验获得如图4-51所示的作用温度与PPD之间的关系，该曲线以PPD为10%（-0.5~+0.5范围）为准，由曲线可知，冬季舒适性范围比夏季大，这是由于夏季穿衣量少，人的适应范围较小[17]。

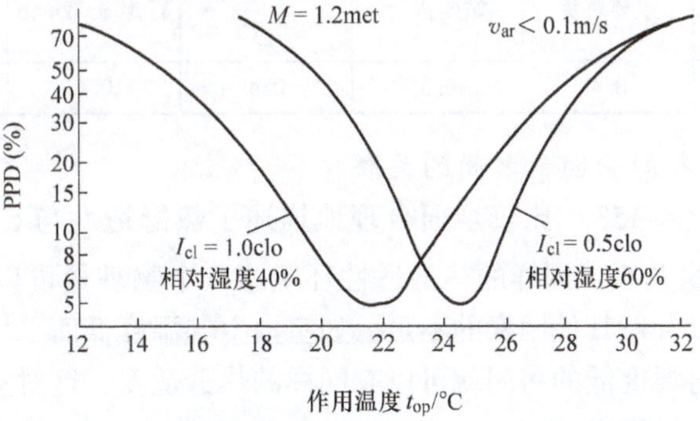

图4-51 办公室环境作用温度与PPD之间的关系[17]

2. 服装热阻

服装热阻I_{cl}是服装保温性能的一个指标，常用单位为$m^2\cdot K/W$和clo，两者存在着$1clo=0.155m^2\cdot K/W$的关系。它是一个静坐者在21℃空气温度，空气流速不超过0.05m/s，相对湿度不超过50%的环境中，感到舒适所需穿着的服装的热阻，相当于内穿衬衣外穿普通外衣时的服装热阻。表4-46所示为典型着装时的服装热阻取值，有关工作服装、单间服装的热

阻可查阅《中等热环境 PMV 和 PPD 指数的测定及热舒适条件的规定》（GB/T 18049—2000）。

表 4-46 部分典型着装服装热阻（GB/T 18049—2000）

日常着装	组合服装热阻	
	$m^2\cdot K/W$	clo
裸身	0	0
短裤	0.015	0.1
典型的炎热季节服装：内裤、T恤衫、短外衣、薄袜、便鞋	0.050	0.3
一般的夏季服装：衬裤、短袖衬衫、轻便裤子、薄短裤、鞋	0.080	0.5
内裤、衬裙、连衣裙、鞋、内衣、衬衫、裤、袜	0.110	0.7
衬内裤、衬衫、裤、夹克、袜、鞋	0.155	1.0
有短袖及短裤腿的内衣、衬衫、裤、马甲、夹克、外衣、袜、鞋	0.230	1.5

实际状况的服装热阻还与人活动的姿态、活动速度、服装润湿程度等因素有关。坐着的人由于椅子与人体的接触面积增加，使服装热阻增加，增加幅度取决于接触面积，当接触面积为 $0.27m^2$，则衣服热阻会增加 0.1clo[32]，一般不超过 0.15 clo；行走着的人，由于人体与空气的相对速度增加，会降低服装热阻。其降低的热阻可用下式估算

$$\Delta I_{cl}=0.504I_{cl}+0.00281V_{walk}-0.24 \tag{4-160}$$

式中 V_{walk}——行走速度（步/min）。

被汗液润湿的服装，因水分增加降低了服装热阻，其降低量与活动强度有关。表 4-47 推荐了 1 clo 干燥服装被汗润湿后在不同活动强度下的热阻。部分润湿的服装，其热阻介于干燥热阻和润湿后的服装热阻之间。

表 4-47 1 clo 干燥服装被汗液润湿后的服装热阻

活动强度	静坐	坐姿售货	站姿售货	站立但偶尔走动	行走 3.2km/h	行走 4.8km/h	行走 6.4km/h
服装热阻/clo	0.6	0.4	0.5	0.4	0.4	0.35	0.3

3. 热舒适状态下各影响因素之间的关联

热舒适性方程式（4-153）比较全面合理地描述了热舒适性与 6 个物理量 M、t_a、p_a、θ_{mrt}，v_a、I_{cl}之间的定量关系。同样的热舒适性环境这 6 个物理量可以有不同的组合，改变其中一个因素往往可以补偿其他因素的不足，如室内空气温度低而平均辐射温度高，和室内空气温度高而平均辐射温度低的房间就可以有同样的热舒适度，这对室内热环境设计以及空调设计有着很重要的指导意义。

图 4-52~图 4-54 所示为一组热舒适线图。其中图 4-52 所示为室内空气温度与平均辐射温度相等、相对湿度为 50%时，活动量、风速与空气温度三者在舒适性条件下的关系。图 4-53 所示为在一定的活动量、衣着条件下，风速、空气温度、平均辐射温度之间满足舒适的关联。图 4-54 所示则是在空气温度与平均辐射温度相等时，室内风速、相对湿度、空气温度之间的关系。

不同劳动强度，在一定的环境温度下，可通过调整衣着达到相同的热舒适度，换而言

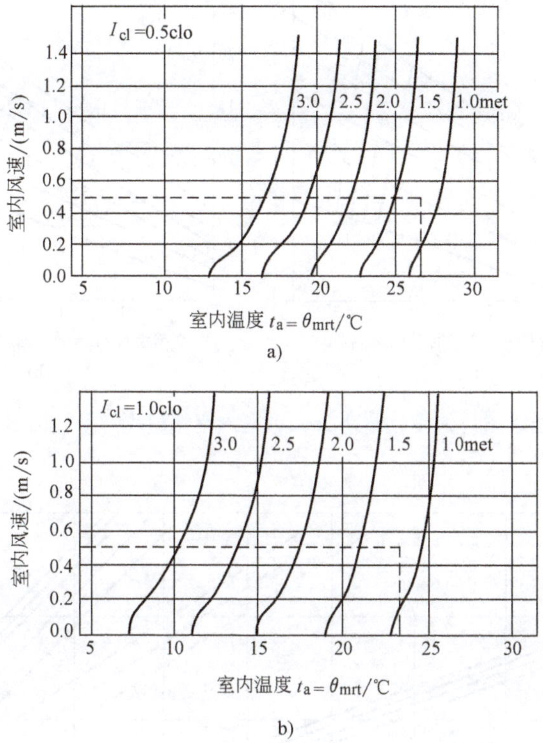

图 4-52　热舒适线图（相对湿度 50%，室内空气温度与平均辐射温度相等时）

a）衣着 $I_{cl}=0.5$clo　b）衣着 $I_{cl}=1$clo

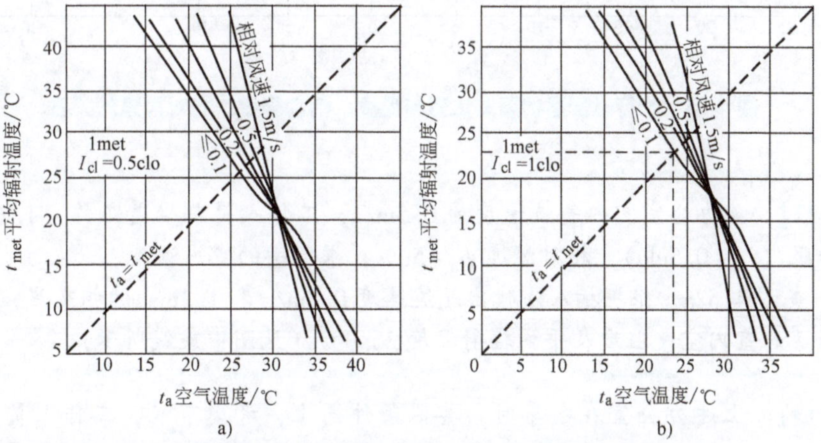

图 4-53　热舒适线图（相对湿度 50%，人体代谢率 1met 时）

之，改变服装热阻相应的也可以改变室内环境参数。图 4-55 所示为人在步行时所需要的感到比较舒适的服装的热阻，它可作为公共交通设施或者商店等建筑室内设计温度的依据。

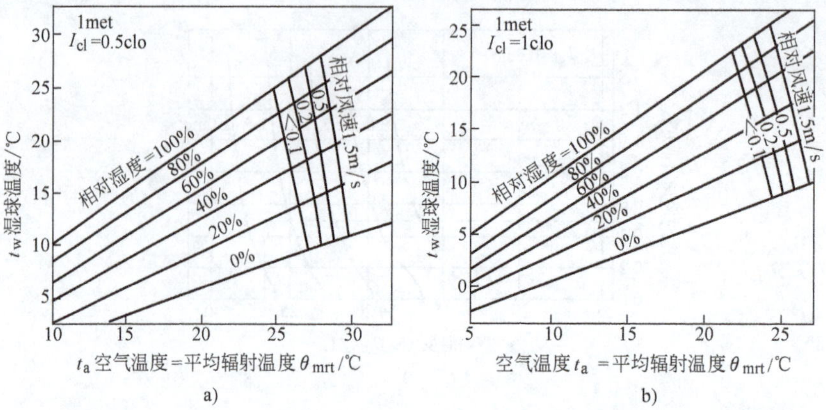

图4-54 热舒适线图（人体代谢率1met，室内空气温度与平均辐射温度相等时）

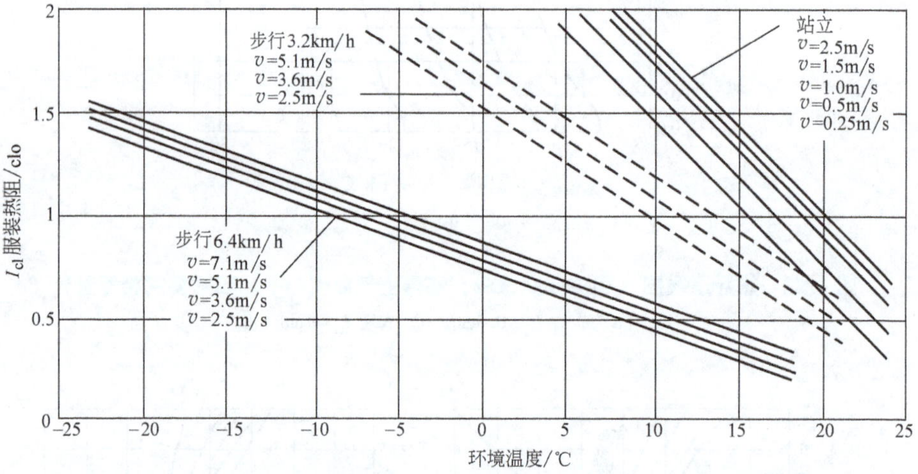

图4-55 步行时舒适的服装热阻与温度、活动强度、相对风速的关系

【例4-12】 某办公室室内气流速度为0.5m/s，工作人员都坐着工作（1.2met），穿统一的薄工作服（I_{cl}=0.5clo），相对湿度ϕ_a=50%，求舒适的室内温度。

【解】 查图4-52a，根据插入法找出气流速度0.5m/s和1.2met的相交线，从横坐标即可找出其舒适的室内空气温度及平均辐射温度26.6℃（见图中虚线所示）。

【例4-13】 上述办公室在冬季时，其他条件同上，考虑节能，工作人员衣着加厚为1clo，问舒适的室内温度应定为多少？

【解】 同上法，查图4-52b得到室内舒适温度（$t_n=\theta_{mrt}$）应为23.3℃（见图中虚线所示）。

【例4-14】 在一座有空调设施的电影院中，观众坐着（1met），穿1.0clo的衣服，若ϕ_a=50%，v_a≤0.1m/s，假定$t_a=\theta_{mrt}$，求舒适的室内温度。

【解】 查图4-53，根据已知条件可找出舒适的室内温度 $t_a=\theta_{mrt}=23℃$（见图中虚线所示）。

4. 不同性状人的舒适感

Fanger在深入研究上述6个参数对热舒适性影响的同时，还对不同性状的人的舒适感判断，进行了大量的实验研究。

对不同年龄组的人进行实验发现，年龄对热舒适没有显著影响，老年人代谢率低的影响被蒸发散热率低所抵消。老年人往往比年轻人喜欢较高室温的现象，有一种解释是因为他们的活动量小。

另一些对不同性别的对比实验发现，在同样条件下男女之间对环境温度的好恶没有显著区别。实际生活中女性比男性更喜欢高一点的室温的主要原因，可能是女性比较喜欢穿较轻薄的衣物。

长期在炎热地区和寒冷地区的人，对炎热或寒冷环境有比较强的适应力，即表现在他们能够在炎热或寒冷环境中，保持比较高的工作效率和正常的皮肤温度。为了了解他们对热舒适的要求是否因此有所变化，Fanger对来自美国、丹麦和热带国家的受试者进行实验，发现他们原有的热适应力对他们的热舒适感没有显著影响，即长期在热带地区生活的人并不比在寒冷地区生活的人更喜欢较暖的环境，因此他得出结论，对热舒适条件的要求全世界相同，不同的只是他们对热不舒适环境的忍受能力。

4.5.2 空调房间引起局部热不舒适的主要因素

上述各小节讨论了以热舒适方程为基础引出的PMV-PPD指标，围绕6个主要影响因素 M、t_a、p_a、θ_{mrt}、I_{cl}、v_a的变化对热舒适感的影响。实际使用发现，对于空调房间，除了上述6个主要客观影响因素外，诸如室内垂直温差、地板温度、吹风感、非对称热辐射等因素，很大程度上也会影响人们对热舒适性的判断。下面主要以《室内热环境条件》（GB/T 5701—2008）（以下简称《热环境国标》）为主，拓展介绍有关垂直温差、地板温度、吹风感、非对称热辐射对人体引起的**局部热不舒适感**。《热环境国标》主要思想来自于ANSI/ASHRAE（美国国家标准/美国供暖制冷与空调工程师学会）《室内人居热环境标准》55—2004。《热环境国标》重点量化讨论了室内局部不舒适感，并确定了可以接受的局部不舒适感所对应的不满意率，见表4-48，在此基础上获得了相应允许的状态参数。这一界定是在空气温度接近舒适区中心附近、着装轻便（$I_{cl}=0.5\sim0.7$clo）、坐姿状态（$M=1.0\sim1.3$met）的条件下获得的。一般来说，当人体温度低于热中性状态时，人们对于局部不适感要比当人体温度高于热中性状态时更为敏感。衣着热阻越大，能量代谢率越高，人的热敏感性就越低。表4-48所示是对整个舒适区而言的，因此，当条件接近于舒适区的温度上限时，这些判据是偏保守的；而条件接近于舒适区的温度下限时，则会低估对局部热不舒适感的可接受的百分比。

表4-48 可接受的局部热不舒适感所对应的不满意率（%）

垂直温差	地板温度	吹 风 感	非对称热辐射
<5	<10	<20	<5

1. 垂直温差

由于空气的自然对流作用，室内常常存在着上部温度高，下部温度低的状况，由于头部所处的空气温度高于脚踝处，这种热分层现象可能会导致热不舒适感。一些研究者就垂直温度的变化对人体热感觉的影响进行了研究。虽然受试者处于热中性状态，但如果头足所处的环境温度差即垂直温差很大时，感觉不舒适的人的比例就会提高。图4-56所示为头足温差与不满意率之间关系的实验结果，其中头足离地高度分别为1.1m和0.1m。《热环境国标》规定的允许垂直温差应低于3℃。

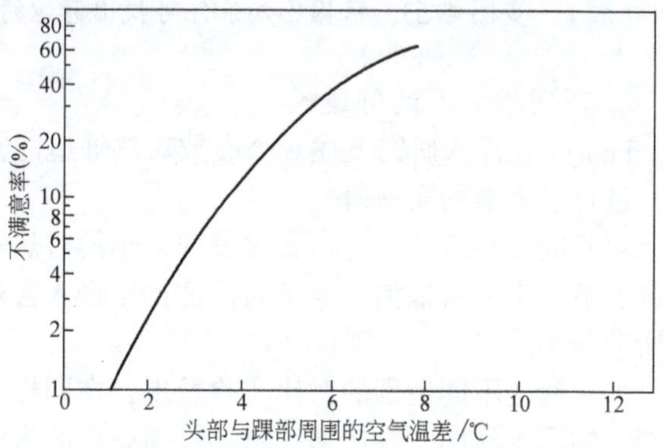

图4-56 头足温差与不满意率之间关系的实验结果

2. 地板温度

地板温度过高或过低同样会引起居住者的不满。研究证明居住者足部寒冷往往是由于全身处于寒冷状态导致末梢循环不良造成的。地板温度过低易使赤足的人感到脚部寒冷，影响这一舒适的最重要因素是脚部导热。脚部热量散热速率不仅与地板温度密切相关，还与地板材料的热特性相关。地毯或软木地板要比混凝土或瓷砖地面更具有温暖感。表4-49给出了不同地板材料与舒适的地面温度之间的关系。图4-57所示两条不同的虚线，是奥利森（1977）所作的软木和混凝土地板温度与不满意率之间关系的实验结果[25]。它对诸如室内游泳池等建筑，特别是对这类建筑的辐射地板供热设计有着一定的指导意义。由表4-48可知，《热环境国标》规定了穿便鞋时地板温度可以接受的范围为19~29℃。

表4-49 不同地板材料的舒适温度[25][32]

地板面层材料	不满意度<15%的地面温度/℃	地板面层材料	不满意度<15%的地面温度/℃
木	23~28	橡木地板	24.5~28
混凝土	26~28.5	松木地板	22.5~28
毛织地毯	21~28	2mm 聚氯乙烯	26.5~28.5
5mm 软木	23~28	大理石	28~29.5

3. 吹风感

吹风感是最常见的不满意问题之一。吹风感的一般定义是，由于空气流动引起的人体所不希望的局部降温。实验发现，对吹风是否感到愉快是和一个人原有的温暖感密切相关。对于处于“中性-热”状态下的人来说，吹风是愉快的。但如果风速恒稳少变，其舒适度则不如自然风，这是因为人体感觉器官对变化的刺激比稳定的刺激敏感。而在“冷-中性”环境中，某个频率下的动态风会使人产生吹风感。范格和彼得逊（1977）通

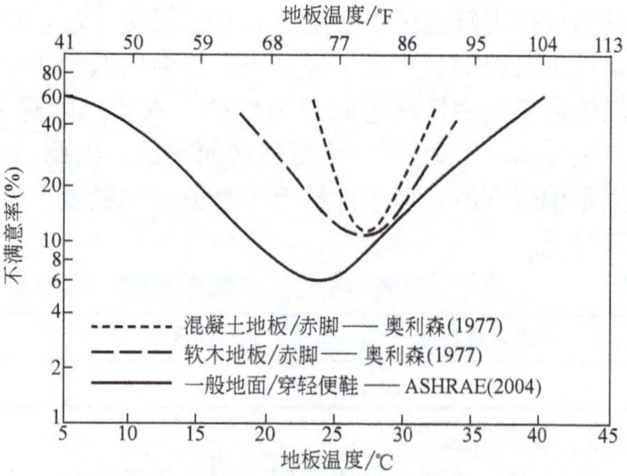

图4-57 地板温度与不满意率的关系

过受试者体验不同频率的风速，获得了如图 4-58 所示的不舒适反应实验结果，这一不舒适动态风的频率为 0.3~0.5Hz[25]。

霍顿（1938）、内文斯（1971）等人通过定义**有效吹风感**（又称**有效吹风温度**，或**有效温度差**）θ，实验研究了室内气流温度及其风速的舒适范围[25]，对于室内某点 i，有效吹风感定义为

$$\theta_i=(t_i-t_a)-8(v_i-0.15) \tag{4-161}$$

式中 t_i、v_i——室内 i 点空气温度（℃）和速度（m/s）；

t_a——室内空气温度（℃），可采用室内设计温度或平均温度。

有效吹风感是综合了温度和速度因素，考量室内偏离平均空气温度、风速 0.15m/s 的程度，即描述吹风感的指标。文献［25］推荐舒适标准为

$$-1.7<\theta_i<1.1,\ v_i<0.35\text{m/s} \tag{4-162a}$$

ASHRAE 则推荐舒适标准为

$$-1.5<\theta_i<1.0,\ v_i<0.35\text{m/s} \tag{4-162b}$$

当有效吹风温度小于下限值时便有吹风感。实际上，吹风感不仅与空气速度、空气温度有关，还与湍流强度、活动性和衣着有关。当皮肤没有衣服覆盖时，对吹风感最为敏感，尤其是头部区域（包括头部、颈部和肩部）和腿部区域（包括踝部、足部和腿部）。图 4-59 所示为《热环境国标》所提供的在不满意率为 20% 的条件下，室内允许平均风速随空气温度和湍流强度的变化。图中曲线是基于从后面来风时头部敏感区域得到的，对于吹向身体其他部位和来自其他方向的气流，采用图中曲线可能显得保守。

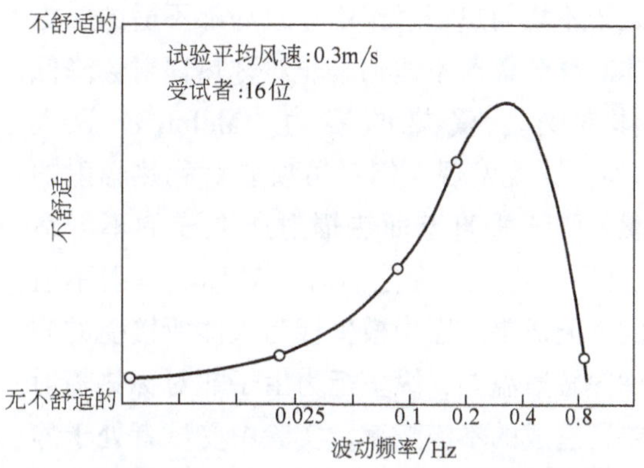

图 4-58 颈部暴露在波动吹风情况下受试者不舒适反应[25]

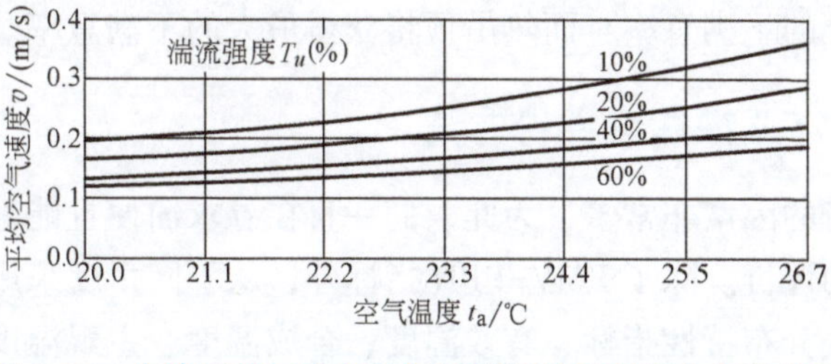

图 4-59 允许平均风速与空气温度及湍流强度之间的关系

对于吹风感所引起的不满意率的定量确定，与 ASHRAE 55—2004、ISO 7330 标准相同，《热环境国标》采用了 Fanger 教授研究的涡动气流强度作为由冷吹风感引起的不满意率百分数，其计算公式为

$$\text{DR}_i=(34-t_i)(v_i-0.05)^{0.62}(0.37v_i\text{Tu}_i+3.14) \tag{4-163}$$

式中 DR_i——涡动气流强度，即由于涡动气流而不满意的人的百分数（%）；

Tu_i——局部湍流强度（%），其定义为局部空气流速的标准方差与局部平均空气流

速之比。

当 v_i<0.05m/s 时，取 v_i=0.05m/s；当 DR_i>100%时，取 DR_i=100%。

式（4-163）是根据50名受试者的实验结果得到的，其实验环境的空气温度为20~26℃，平均风速0.05~0.4m/s，湍流强度0~70%，受试者处于轻体力活动（主要是坐姿）的状态，其全身热感觉接近于适中。

如果活动量大于坐姿，且热感觉会比式中稍热，则涡动气流强度，即不满意率将有所降低。当局部湍流强度难以测定获得时，对于混合通风情况，居住域中的大部分区域可采用35%，而对于置换通风或非机械通风的情况，局部湍流强度可取20%。

由上述有效吹风温度与涡动气流强度（涡动气流不满意率）的定义可知，它们都是室内某点的性能参数，对于房间而言，各点集合便形成了有效吹风温度分布和涡动气流强度分布（涡动气流不满意率分布）。

4. 非对称热辐射

由于冷热表面或者日射照射等原因，人体因处于不均匀热辐射作用导致局部不适的感觉称**非对称热辐射**不适感。非对称热辐射会降低人体对外承受热的能力。McIntyre 等人（1974）研究发现人们对吊顶非对称热辐射的敏感要强于垂直壁面热辐射所造成的不舒适感。图4-60所示为他们对非对称热辐射不适感的实验成果。图中横坐标为人体所接受的非对称热辐射温差，纵坐标为由于非对称热辐射温差所造成的不满意率。实验中受试者处于静坐，接近于热中性状态。《热环境国标》引用了这一研究成果，并规定了在符合表4-48所示的可接受的局部热不舒适的条件下，非对称热辐射温差根据允许的温差大小排序，热吊顶、冷壁面、冷吊顶、热壁面分别为5℃、10℃、14℃、23℃，即同样的非对称热辐射温差，热壁面可获得最小的不满意率，而热吊顶将获得最大的不满意率。

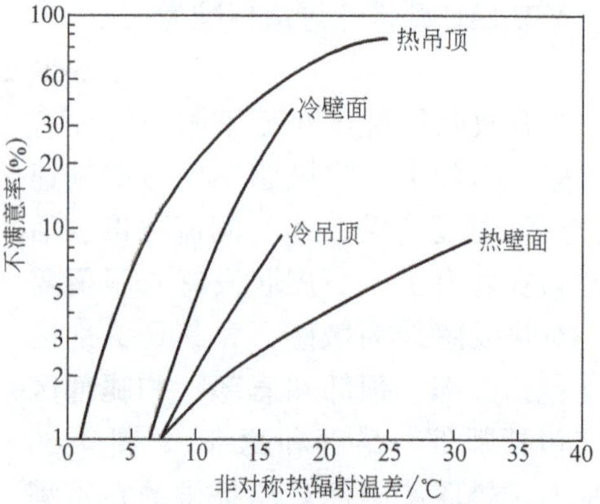

图4-60 不同非对称热辐射引起的局部不适感

4.5.3 其他稳态热舒适性综合评价方法

影响室内热湿环境的因素非常多，为此人们一直在寻求简便且能综合多种因素的评价指标，以简化热湿环境的评价。除了PMV-PPD指标外，从不同角度采用不同因素综合的热湿环境评价指标还有空气分布特性指标、有效温度、合成温度、主观温度等。本小节将介绍空气分布特性指标、有效温度、作用温度及其应用。

1. 空气分布特性指标

空气分布特性指标（Air Diffusion Performance Index，**ADPI**）利用室内工作区域各点有效吹风温度和风速满足式（4-162）舒适区的比例，判断整个房间气流组织的舒适性，ASHRAE Handbook2001采用了各点舒适条件式（4-162b）判断ADPI值，即

$$\mathrm{ADPI}=\frac{\text{符合}\ \{-1.5<\theta_i<1,\ v_i<0.35\}\ \text{的测点数}}{\text{总测点数}}\times 100\% \tag{4-164}$$

《民用建筑供暖通风与空气调节设计规范》（GB 50736—2012）中，ADPI采用了有效吹风感，（-1.7～1.1）作为测点满足要求的判别依据。

一般当ADPI≥80%时，室内气流所形成的热环境被认为是满意的。ADPI指标综合空气温度、气流速度评价室内气流组织的舒适程度，在室内热环境评估中得到了广泛的应用。区别于有效吹风温度和涡动气流强度描述的房间某点特性的特点，ADPI是描述房间气流组织的性能参数。

2. 有效温度及其评定热舒适性的应用

有效温度（Effective Temperature，**ET**）是室内气温、湿度、风速三个重要参数在一定条件下组合的综合指标，它是1923年学者霍顿、雅格劳等通过与基础对照环境比较获得同样热舒适感的实验得到的。基础对照环境的实验条件是，风速近似为静止（v_a=0.12～0m/s），湿度接近饱和状态（$\phi_a \approx 100\%$），当某一任意环境的热舒适感与基础对照环境相同时，则基础对照环境的温度便为该环境的有效温度。将相同的有效温度点作为等舒适线绘制成诺模图，如图4-61所示，当采用黑球温度（t_g）代替空气温度（t_a）时，得到“修正有效温度”CET，“修正有效温度”是由学者弗农和沃纳（1932）、埃利斯（1972）等提出，并完善了诺谟图。有效温度曾广泛应用于空调设计，但其不足之处是由于实验方法造成对湿度的影响可能估计过高，此外，实验条件的限制使得有效温度难以反映各种不同场合。然而，由于有效温度将人们最为关注的三个参数综合为一个指标，因此，在许多舒适性研究时引用了它。

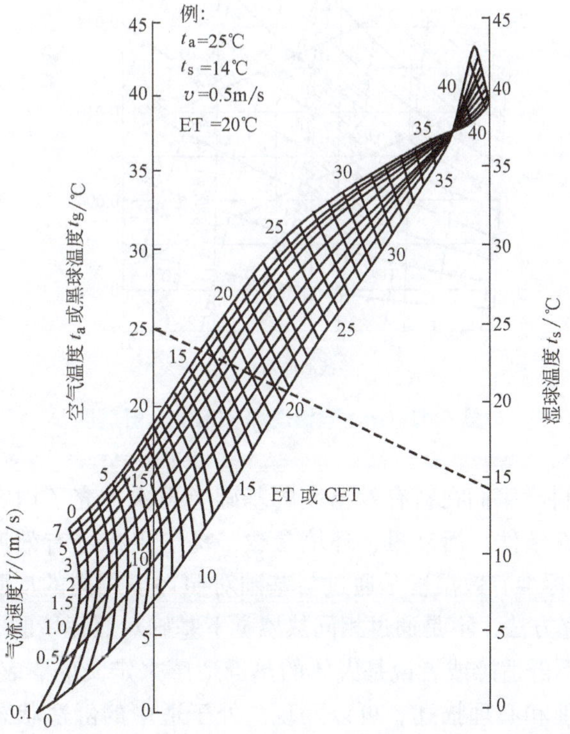

图4-61 有效温度（ET）和修正有效温度（CET）指标[25]

1971 年 Gagge 等人引入了皮肤润湿度的概念，从而得到了**新有效温度** ET*，并将基础对照环境的湿度定为 50%，风速为 0.15m/s，通过对衣着为 0.6clo，静坐（M=1met）的受试者的舒适性实验获得。ASHRAE 1977 年手册给出了如图 4-62 所示的以新有效温度 ET* 定义的舒适区[5]。图中舒适区是以 ET* = 22 ~ 25.5℃，含湿量 d = 0.0042 ~ 0.012kg/kg（干空气）定义的，其实验条件为衣着 0.8 ~ 1.0clo，且坐着但活动量较大的场合。图中的另一块菱形区域是美国堪萨斯州立大学通过实验得到的舒适区，其实验条件为服装热阻 0.6 ~ 0.8clo，坐着且活动量较前者小的场合[5]。

利用图 4-62 可确定任意状态下的有效温度 ET 和新有效温度 ET*。如干球温度为 25℃，相对湿度为 68%，在图 4-62 得到状态点 A，过该点在两条 ET* 虚线之间插值画出一条虚线，该虚线与 100%相对湿度线的交点所对应的干球温度即为有效温度 ET = 23.5℃，该虚线与 50%相对湿度线的交点所对应的干球温度为新有效温度 ET* = 25.5℃。

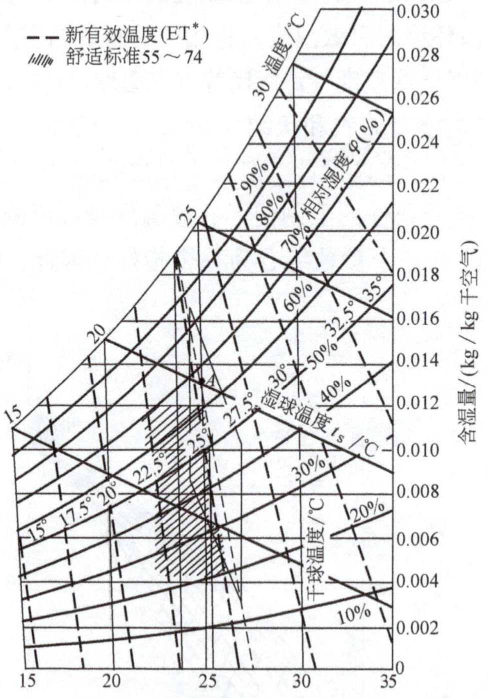

图 4-62 新有效温度和 ASHRAE 舒适区

继 ET* 后不久，科学家们在新有效温度的基础上再次扩充了内容，引入皮肤温度对热感觉的影响，综合衣着条件、活动量、环境参数，提出了标准有效温度 SET（Standard Effective Temperature）。标准有效温度是通过与基础对照环境相同的皮肤温度来定义的，它区别于 ET 和 ET* 的研究方法，不是通过相同热感觉下基础对照环境的空气温度定义，而是通过预测人体排汗时的不舒适感或者说是人体的热舒适感来定义的。表 4-50 列出了不同标准有效温度所对应的生理和心理描述，可以发现，处于适中的舒适状态的标准有效温度约为 24℃左右。尽管标准有效温度反映了人的热感觉，但由于它需要计算皮肤温度和皮肤湿润度，因此应用比较复杂，反而不如只能描述坐着活动的 ET 和 ET* 应用广泛。

表 4-50　不同标准有效温度的生理和心理描述[25]

标准有效温度/℃	坐着工作的人的生理状态	热感觉	热舒适感
>37.5	调节失效	很热	很不舒适
34.5~37.5	大量出汗	热	令人非常不满
30.0~34.5	出汗	温暖	令人不舒适和不满
25.6~30.0	轻微出汗，血管扩张	稍暖	令人有些不满
22.2~25.6	适中	舒适	令人满意
17.5~22.2	血管收缩	稍凉	令人有些不满
14.5~17.5	身体慢慢变冷	凉	令人不满
10.0~14.5	冷颤	冷	令人非常不满意

3. 作用温度与空调房间可接受的热舒适区

由式（4-159）作用温度定义可知，作用温度以室内气流对流作用和壁面热辐射作用的加权方式考虑空气温度、平均辐射温度对人的舒适性的影响，实际上，它是空气温度、平均辐射温度、空气速度的综合评价参数。ANSI/ASHRAE Standard 55—2004 以作用温度、含湿量为坐标，确定了风速小于 0.2m/s、能量代谢率 1.0~1.3met、衣着热阻分别为 1clo 和 0.5clo 时的热舒适区域，如图 4-63 所示。在此热舒适区，必须满足可接受率大于 80%的条件，在 20%的不可接受率中，除了考虑室内状态参数对人体热舒适性不满意率 PPD=10%（|PMV|>0.5）以外，还考虑了由于局部热不舒适所引起 10%的不满意率。图中衣着热阻为 1.0clo 和 0.5clo 的两个区域，可分别作为冬夏两季空调房间热舒适环境设计参数选用范围。考虑到皮肤润湿而带来的不舒适感，以空气含湿量不大于 0.012kg/kg（干空气）(标准大气压下露点温度 16.8℃）作为上限，对空调房间，图中未设含湿量的下限，ASHRAE Handbook 2005 推荐了下限含湿量为 0.0044kg/kg（干空气）[26]。当实际衣着热阻在 $0.5<I_{cl}<1.0$ 时，可采用插值方法获得实际衣着时的热舒适区的作用温度上下限，即

$$t_{o,min/I_{cl}}=\frac{(I_{cl}-0.5)t_{o,min/1.0}+(1.0-I_{cl})t_{o,min/0.5}}{0.5} \tag{4-165a}$$

$$t_{o,max/I_{cl}}=\frac{(I_{cl}-0.5)t_{o,max/1.0}+(1.0-I_{cl})t_{o,max/0.5}}{0.5} \tag{4-165b}$$

式中　$t_{o,min/0.5}$、$t_{o,max/0.5}$——图 4-63 中 $I_{cl}=0.5$ 的可接受区域的作用温度下限和作用温度上限（℃）；

$t_{o,min/1.0}$、$t_{o,max/1.0}$——图 4-63 中 $I_{cl}=1.0$ 的可接受区域的作用温度下限和作用温度上限（℃）；

$t_{o,min/I_{cl}}$、$t_{o,max/I_{cl}}$——实际衣着 I_{cl} 条件下可接受区域的作用温度下限和作用温度上限（℃）。

ANSI/ASHRAE Standard 55—2010 在2004年版的基础上，提出了空气风速超过0.20m/s时，图中夏季可接受的热舒适区的作用温度上限将有所提高，同样，当夏季衣服热阻、能量代谢率较低时，夏季可接受热舒适区的作用温度上限也将有所提高，同理，当冬季衣着热阻、能量代谢率较高时，冬季可接受热舒适区的作用温度下限有所降低[29]。

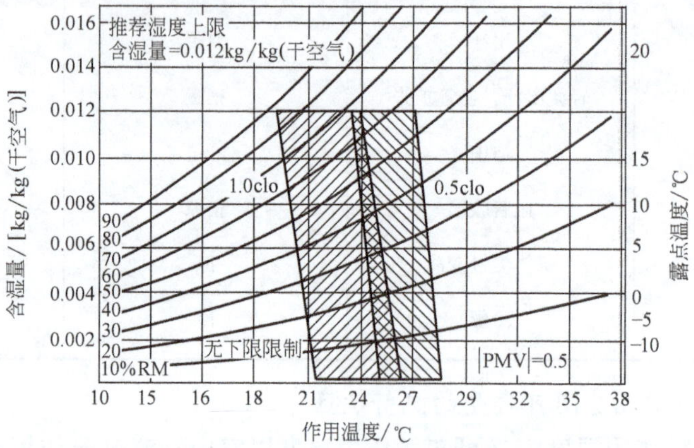

图4-63 冬夏季可接受的热舒适区范围[34]

4. 非空调房间的热舒适性

所谓**非空调房间的热舒适性**，是指靠开闭门窗调节热环境的房间的热舒适性。

由于人的不同衣着、不同的热舒适控制方式以及对热舒适性的不同期望目标，使得热舒适性判断比较复杂，实际上，这类房间的热舒适性很大程度上取决于室外环境，这是不同于空调房间的主要特征。

ASHRAE 55—2010 利用室外月平均气温给出了热舒适可接受率为80%和90%时作用温度的变化范围，如图4-64所示，图中可接受的热舒适范围源于全球范围内办公建筑的21000

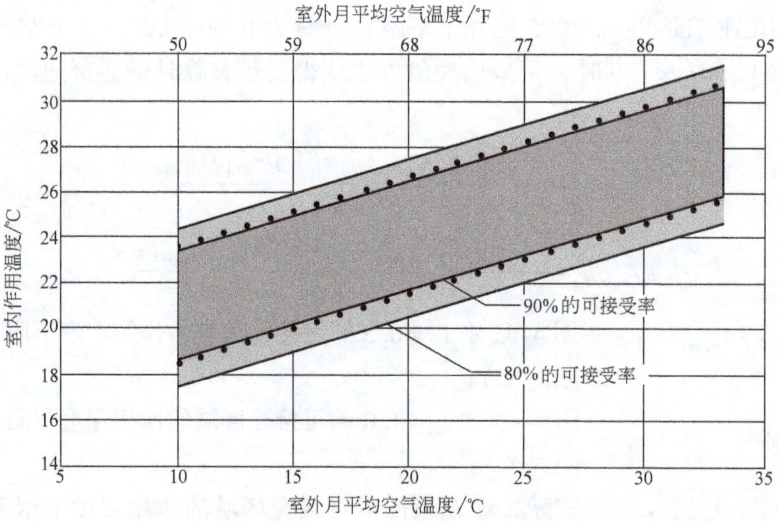

图4-64 非空调房间可接受的作用温度范围[29]

注：室外月平均温度为最大、最小日干球温度的算术平均值。

个调查数据所建立的热适应模型。该范围适应于坐姿状态（M=1.0~1.3met），穿与室外热环境相适应的着装，且室外气温不低于10℃或高于33.5℃的场合。图中可接受率为80%的热舒适性适用于一般典型建筑，可接受率为90%适用于热舒适性标准较高的场合。

国内外许多学者进行了非空调环境的研究后发现，人的热舒适反应与传统的适用于稳态空调环境的预计平均热感觉指数PMV指标值存在较大偏差[24]，即使在人体达到热平衡状态下也是如此。2012年我国发布的《民用建筑室内热湿环境评价标准》（GB/T 50785—2012）中对未采用人工空调房间的热湿环境，提出了采用适应性平均热感觉指数APMV的评价方法，其评价等级见表4-51，其中Ⅰ等级与Ⅱ等级的适应性平均热感觉指数APMV评判值与表4-44中空调房间评判Ⅰ等级与Ⅱ等级的PMV评判值相同。APMV的计算公式见式(4-166)。

$$APMV = PMV/(1+\lambda \cdot PMV) \tag{4-166}$$

式中　λ——自适应系数，见表4-52。

表4-51　非人工冷热源热湿环境评价等级（GB/T 50785—2012）

等级	评价指标（APMV）
Ⅰ	$-0.5 \leq APMV \leq 0.5$
Ⅱ	$-1 \leq APMV < -0.5$ 或 $0.5 < APMV \leq 1$
Ⅲ	$APMV < -1$ 或 $APMV > 1$

表4-52　自适应系数（GB/T 50785—2012）

建筑气候区		居住建筑、商店建筑、旅馆建筑及办公室	教育建筑
严寒、寒冷地区	PMV≥0	0.24	0.21
	PMV<0	-0.5	-0.29
夏热冬冷、夏热冬暖、温和地区	PMV≥0	0.21	0.17
	PMV<0	-0.49	-0.28

提出**适应性平均热感觉**指数的基本思想来源于人体热环境适应性理论。针对大量实地热舒适实测或调查结果常常与热舒适实验室研究结果存在偏差的现象，热适应性理论认为：这一偏差是人体热适应性所致。人们应对不舒适情况的反应，总是会朝着恢复自身舒适的方向发展。大量研究还表明[24]：长期生活在热气候环境下的人们对室内的期望温度要比那些生活在寒冷气候环境下人们的期望温度要高，也就是生活在热气候环境的人们其适应性平均热感觉指数APMV一般都比预计平均热感觉指数PMV要高，相反生活在寒冷气候环境的人们其APMV比PMV要低。

人体热环境适应理论还告诉我们，人不仅是环境热刺激的被动接受者，同时还是积极的适应者，人对环境的热感觉往往超过了自身的热平衡，这种对热环境的适应是来自人体的生理适应、心理适应和行为适应，适应性模型便是由生理适应、心理适应、行为适应三部分组成。这一人体热舒适适应性理论对于非空调房间环境热舒适性评价尤为适应。

4.5.4　动态热湿环境及其评价方法

以上介绍的各种描述人体热感觉的指标均是在稳定环境的条件下，即人体处于热平衡条件下得出的。而实际上人们常处于不稳定情况下的多变环境，如由室外进入空调房间或走出空调房间到室外等，此时人的热感觉与稳态环境下的感觉是不同的。

1. 人体对突变环境的热反应

早期1967年Gagge等[35]对三名裸体受试者进行了由中性环境突变到冷或热环境，再由冷或热环境突变到中性环境两个不同环境的实验（图4-65）后发现，前者人体热感觉变化有“滞后”，而后者有“超越”现象，即人体的热感觉响应较快，Gagge认为这种现象是皮肤温度急剧变化所致，此时皮肤温度的变化率产生了一种附加热感觉，它掩盖了皮肤温度本身引起的热不舒适感。这一结论为后期多位研究者所证实[36][37]。

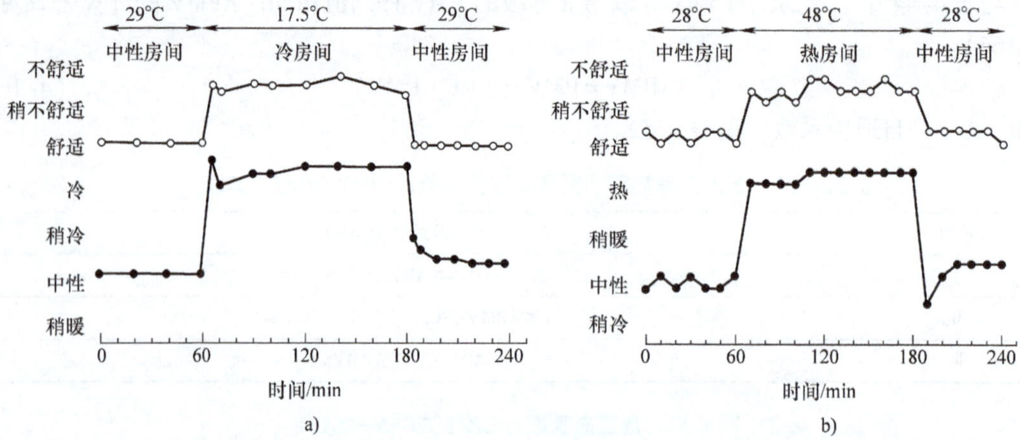

图4-65 “中性–冷/热–中性”过渡环境时热感觉与热舒适投票对比[36]

a）中性–冷–中性实验 b）中性–热–中性实验

人体在突变环境中生理反应也有很大的变化。当环境温度变化时，体温需要相当长的时间才会稳定到新的平衡温度值。林德和巴斯（1963）实验研究了受试者在适应环境过程中对热响应的平均直肠温度、脉搏跳动次数和排汗量的变化，图4-66所示为实验结果。实验循环天数为9天，受试者以200W/m²的热强度在炎热气候（$t=49℃$，$t_s=26.7℃$）条件

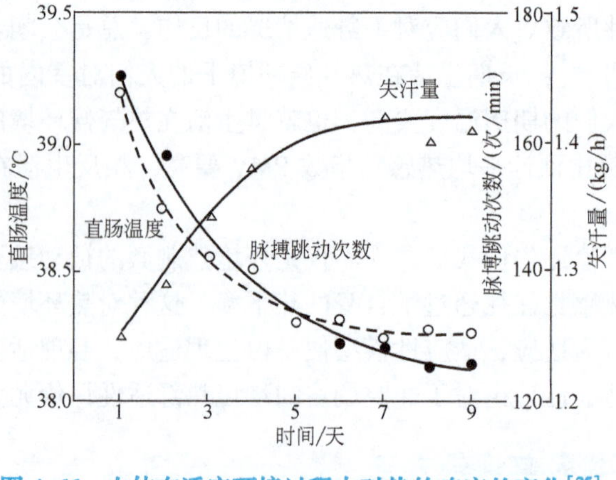

图4-66 人体在适应环境过程中对热的响应的变化[25]

下工作。实验结果表明，人体适应环境的能力通常提高得很快，尤其在开始的三、四天内，到九天之后这一适应过程实际上已经完成，人体平均直肠温度、脉搏跳动次数和排汗量达到了一个新的平衡点。

2. 过渡活动状态的热舒适指标 RWI 和 HDR

在实际的供暖空调工程设计中，经常会遇到人员短暂停留的**过渡区间**，该过渡区间可能连接着两个不同空气温度、湿度等热环境参数的空间。人员经过或在该区间作短暂停留而且活动状态有所改变的时候，对该空间的热感觉与在同一空间作长期停留时的热感觉是不同的。因此，有必要对人体在这类过渡空间的热舒适感进行试验，以指导确定这类空间的空调设计参数。

相对热指标（Relative Warmth Index，**RWI**）和**热损失率**（Heat Deficit Rate，**HDR**）是美国运输部考虑人体在过渡空间时的热舒适指标，为指导确定地铁车站站台、站厅和车厢等环境的空调设计参数而设置的。这些指标是根据 ASHRAE 的热舒适试验结果得出的。相对热指标 RWI 适用于较暖环境，而热损失率 HDR 适用于冷环境。但它们没有考虑人体在过渡空间受到变化温度刺激时，出现 Gagge 等发现的热感觉“滞后”和“超越”的现象，而考虑了过渡状态人体的热平衡。在动态过程中的某一状态的能量代谢率和衣着热阻可按两种已知状态的插值确定，而这两种状态需要 6min 的时间人体才能达到热平衡，当过渡时间超过 6min 时，则按后一状态确定。

RWI 是一无量纲的指标，其定义式为

$$\mathrm{RWI}=\frac{M(\tau)[I_{\mathrm{cw}}(\tau)+I_{\mathrm{a}}]+6.42(t_{\mathrm{a}}-35)+RI_{\mathrm{a}}}{234}(p_{\mathrm{a}}\leqslant 2269\mathrm{Pa}) \tag{4-167a}$$

$$\mathrm{RWI}=\frac{M(\tau)[I_{\mathrm{cw}}(\tau)+I_{\mathrm{a}}]+6.42(t_{\mathrm{a}}-35)+RI_{\mathrm{a}}}{65.2(5858-p_{\mathrm{a}})}(p_{\mathrm{a}}\geqslant 2269\mathrm{Pa}) \tag{4-167b}$$

HDR 反映了人体单位皮肤面积所损失的热量，单位为 $\mathrm{W/m^2}$。其表达式为

$$\mathrm{HDR}=28.39-M(\tau)-\frac{6.42(t_{\mathrm{a}}-30.56)+RI_{\mathrm{a}}}{I_{\mathrm{cw}}(\tau)+I_{\mathrm{a}}} \tag{4-168}$$

式中 t_{a}、p_{a}——所处环境的空气温度（℃）和水蒸气分压力（Pa）；

R——平均辐射得热（$\mathrm{W/m^2}$）；

M——人体过渡不同环境时的能量代谢率（$\mathrm{W/m^2}$）；对我国成年男子而言，室外活动量可按 $M=151.3\mathrm{W/m^2}$（$=2.6$met）取值，站台内活动量为站立并不时走动，可按 $M=116.1\mathrm{W/m^2}$（$=2$met）取值；

I_{cw}——人员实际服装热阻（clo），考虑人员活动时因服装鼓风效应以及汗湿等因素，可利用一已知活动状态热阻线性插值估算

$$I_{\mathrm{cw2}}=I_{\mathrm{cw1}}+0.246(v_1-v_2) \tag{4-169}$$

v_1、v_2——两种活动量下的等效行走速度（m/s）；

I_{a}——服装外空气边界层热阻（clo），如果已知人体运动产生的诱导风速 V_{a}，则有

$$I_{\mathrm{a}}=0.3923V_{\mathrm{a}}^{-0.4294} \tag{4-170}$$

人体的平均皮肤温度是随外界环境的变化而变化，感觉基本舒适的平均皮肤温度范围约为 30.6~35℃，RWI 和 HDR 指标根据人体皮肤温度是否超出舒适范围，以及超出的程度大

小来判断其环境的舒适性。在热环境下，RWI 的分度与 ASHRAE 热感觉标度之间的关系见表4-53。在冷环境下，HDR 的舒适范围为0~−56W/m^2。

表4-53 RWI的分度与ASHRAE热感觉标度之间的关系

热感觉	ASHRAE 热感觉标度	相对热指标 RWI	热感觉	ASHRAE 热感觉标度	相对热指标 RWI
暖	2	0.25	中性	0	0.08
稍暖	1	0.15	稍凉	−1	0.00

如果给定各连续过渡空间的空气参数、人员衣着以及进入这些空间后的活动状态，根据式（4-167）~式（4-170）计算各连续过渡空间的RWI或HDR值，就可以了解人员依次进入这些过渡空间的相对热感觉，以判断过渡空间比前一个空间更凉爽些还是更暖些，反过来也可用于确定各功能空间的设计参数。

4.5.5 过热、过冷热湿环境及其评价方法

人在正常的生理活动情况下，对外界环境有相当大的适应能力。这种正常范围内的适应能力不但对身体无害，相反能够使肌体得到锻炼，提高肌体的灵活性和适应性。结合我国实际情况，有人提出，人体对“冷耐受”而不至于导致异常反应的下限温度可定义为11℃左右；而对“热耐受”的上限温度可定义为26~29℃[38]。在此上下限温度范围内，人的感觉虽不一定最舒适，但不会产生过热或过冷的感觉，不会影响生产操作，可以保持一定的劳动生产和学习的工作效率。

1. 人在过热环境中的生理反应

无论是由于活动增强还是环境温度提高的缘故，当体内热度增高时，则体温调节系统总是力图保持体内的热平衡，可资利用的最重要的机能便是出汗，但随之会引起体内水分和盐分的过量损失。如果环境温度过高，超过了温度调节系统的调节范围，体温将升高到危险的程度，这时就产生了一系列生理失调，它将会影响人的体力和精神状态甚至健康，这种对人体具有潜在危害的、不舒适的过热环境会形成一个强烈刺激即热应力。图4-67给出了随环境热应力增加人体的生理热失调反应。图中B区为人体能够耐受的自调节区，随着环境热应力增加，人体排汗量增加，靠排汗散热以维持人体内部温度，当排汗过量时，人体内部温度开始上升，随之心跳加快，出现了生理上的热失调反应，人体各机能已无法靠自调节维持正常运作而进入生理失调区C区，随之会出现中暑、热昏厥、汗闭性热衰竭、缺盐、热浮肿等危及生命的生理现象，这便是人在过热环境中的生理反应。

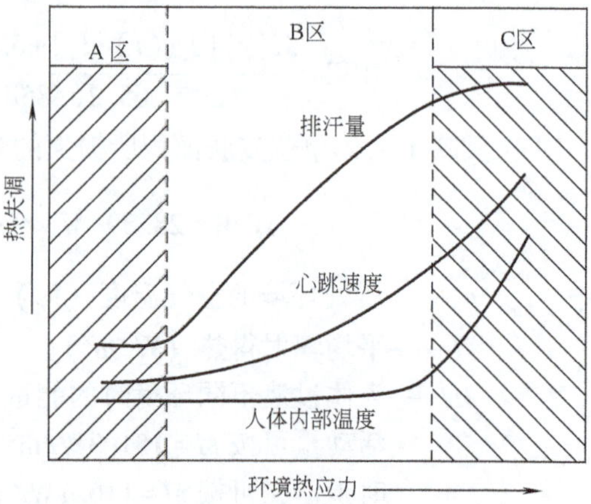

图4-67 环境热应力与热失调关系[25]

2. 过热环境评价指标

上述介绍的热湿环境的各种评价指标，均旨在预测热感觉和主观热舒适感。但在可能引

起热失调的过热环境中，如高温车间，用感觉作为生理应变的指标是不够的，因此需要根据人体生理失调机理拟定指标以评价这种环境。

（1）热应力指数 HSI（Heat Stress Index） **热应力指数**由匹兹堡大学的 Belding 和 Hatch 于 1955 年提出的。它假定皮肤温度恒定在 35℃的基础上，在蒸发热调节区内，不考虑呼吸散热，人体维持热平衡时，通过排汗从皮肤由体内向外散发的实际散热损失（近似等于能量代谢率减去对流和辐射散热量）与该环境中可能的最大蒸发热损失之比值，即

$$HSI=\frac{E_{req}}{E_{max}}\times 100 \tag{4-171}$$

$$E_{req}=E_{rsw}+E_{dif}=M-R-C \tag{4-172}$$

HSI 在概念上与皮肤湿润度相同。规定 E_{max} 的上限值为 390W/m^2，相当于一个典型男子的排汗量，其值为 1L/h[25]。热应力指数 HIS 简要计算方法见表 4-54。当 HSI>100 时，意味着人体开始蓄热，体温升高，此时必须通过**暴露时间**以控制体温升高，其暴露时间 AET（min）可采用下式计算

$$AET=2440/(E_{req}-E_{max}) \tag{4-173}$$

表 4-55 列举了不同热应力指数 HSI 下人体热失调的生理反应。当 HSI<0 时，人体开始失热，体温下降。

表 4-54 热应力指数 HIS 简要计算方法[25]

物理量名称		穿衣	裸体
辐射热损失	$R/(W/m^2)$	$4.4(35-\theta_{mrt})$	$7.3(35-\theta_{mrt})$
对流热损失	$C/(W/m^2)$	$4.6v_a^{0.6}(35-t_a)$	$7.6v_a^{0.6}(35-t_a)$
最大蒸发热损失	$E_{max}/(W/m^2)$	$7v_a^{0.6}(5600-p_a)$	$11.7v_a^{0.6}(5600-p_a)$

注：表中辐射温度 θ_{mrt} 为环境平均辐射温度（℃）；t_a 为环境空气温度（℃）；v_a 为环境风速（m/s）；p_a 为环境水蒸气分压力（Pa）。

表 4-55 热应力指数的生理反应[25]

HSI	暴露 8h 所反映的生理反应
-20	轻度冷失调
0	没有热失调
10~30	轻度至中度的热失调。对体力工作几乎没有影响，但可能减低技术性工作的效率
40~60	严重的热失调。除非身体健壮，否则将危及健康。需要很强的适应环境的能力
70~90	非常严重的热失调。必须经体格检查挑选过的人才能在此环境中工作，应保证摄入充分的水和盐分
100	适应环境的健康年轻人所能容忍的最大热失调
大于 100	暴露时间受体内温度升高的限制

（2）湿球黑球温度指数 WBGT（Web Bulb Globe Temperature Index） **湿球黑球温度指数**可简单地采用干球温度、黑球温度、自然湿球温度计算，它常用于户外或高温车间的环境评价。WBGT 可由下式表示[25]

$$WBGT=0.7t_{nw}+0.2t_g+0.1t_a \tag{4-174a}$$

当室内外无太阳时：

$$WBGT=0.7t_{nw}+0.3t_g \tag{4-174b}$$

式中 t_{nw}——**自然湿球温度**，指非通风的、自然风速环境湿球温度计所测得的湿球温度

(℃)，当自然空气流速大于2.5m/s时，$t_{nw}=0.9t_s+0.1t_a$；

t_g——该环境黑球温度（℃）；

t_a——该环境空气干球温度（℃）；

t_s——湿球温度（℃）。

t_{nw}与环境气流速度、水蒸气分压力、空气温度等有关，t_g与辐射温度、气流速度等有关，因此WBGT是一个综合了干球温度、水蒸气分压力（相对湿度）、气流速度、辐射温度的综合评价参数。由于WBGT指数简单、直观、易测，且基本反映了热湿环境的主要参数，因此被作为过热环境的评价标准居多。表4-56所示为我国《热环境 根据WBGT指数（湿球黑球温度）对作业人员热负荷的评价》（GB/T 17244—1998）采用WBGT指数对过热环境的评价标准。

表4-56 WBGT指数评价标准（GB/T 17244—1998）

平均能量代谢率①/(W/m²)	平均能量代谢率等级		WBGT指数/℃			
			好②	中	差	很差
$M\leq65$	0	休息	≤33	≤34	≤35	>35
$65<M\leq130$	1	低代谢率	≤30	≤31	≤32	>32
$130<M\leq200$	2	中代谢率	≤28	≤29	≤30	>30
$200<M\leq260$	3	高中代谢率	≤26	≤27	≤28	>28
$M>260$	4	极高中代谢率	≤25	≤26	≤27	>27

① 平均能量代谢率是指一个或多个作业人员8h内各能量代谢率的平均值，其面积是指人体表面积，当作业时间内活动强度不连续或者不同时，可采用时间加权平均值。

② “好”级的WBGT指数值是以最高肛温不超过38℃为限。

如果无法避免而又必须在过热环境中工作，则可采用控制暴露时间或者控制劳动/休息时间分配比的方法。图4-68所示为GB/T 17244—1998给出的不同劳动强度和劳动/休息时间分配比时WBGT的参考曲线。

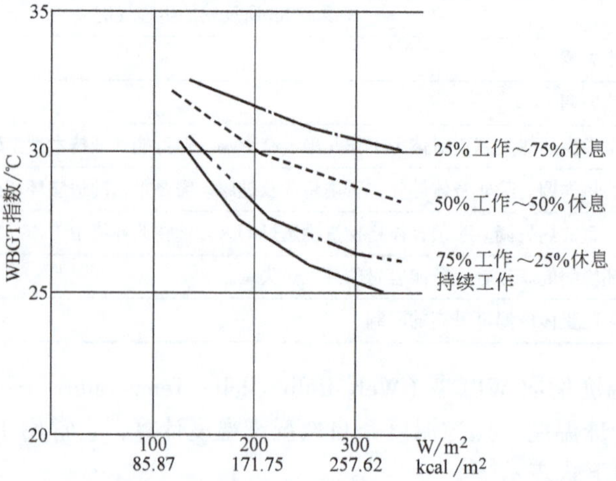

图4-68 不同劳动/休息时间分配比的WBGT推荐参考（GB/T 17244—1998）

3. 人在过冷环境中的反应

过冷环境对健康的危害较过热环境为小，这主要是因为低温对人体的作用比较缓慢，并且与抵御热应力相比，可以采取增加活动量、增加服装等自主调节来抵御冷应力的作用。但如果长时间在过冷环境中工作，人体无法产生足够的热量来维持平衡，体温就会下降，进入人体冷却区。人体冷却期的生理反应首先是手指、耳朵和脚产生疼痛感，体温处于 32～35℃时，表现出剧烈的发抖，低于 32℃时发抖停止，心率呼吸受到抑制，开始出现精神错乱，如果再进一步降温，可能会导致昏迷，低于 22～23℃时，则有生命危险。

人在过冷环境中的反应还与其适应能力、年龄、体质、脂肪层厚度等因素有关。长期在过冷环境生活的人具有很强的耐冷能力，3 个受试的因纽特人在 10℃的水浴中仅感到冷而无疼痛感，而一般人在数分钟后就会感到深层的疼痛，对于长期在寒冷环境中生活或者工作的人，可能会产生一种在体表特别是双手表皮下具有维持血液流动的能力，而对不适应寒冷的人来说，在这种环境中就可能产生极不舒服的感觉，并使其肌体和双手失去灵活性。由于老年人、体弱者对寒冷的血管收缩反应、颤抖响应往往较弱，这就降低了在寒冷环境中增加任何新陈代谢产热量的功能，从而比正常人抵御寒冷的能力要差。在热环境中，体内热量主要通过血流传向表皮，通过脂肪层的导热量相对所占比例较小，胖与瘦耐热能力差别不大；在冷环境中，血管收缩，热量主要通过传导散去，脂肪层厚的人提供了较大的热阻层，因而较胖的人具有较好的耐冷能力。

4. 过冷环境评价指标

过冷环境中，空气湿度对人的影响不大，而气温及风速是影响人体热损失的主要因素。科学家们综合了这两个因素，提出了风冷却指标（Wind Chill Index，WCI），用此表示皮肤温度在 33℃以下的表皮冷却速度

$$\mathrm{WCI}=(10\sqrt{v_a}+10.45-v_a)(33-t_a)\times 4.1868 \tag{4-175}$$

式中 WCI——风冷却指标[kJ/(m² · h)]；

t_a、v_a——环境温度（℃）与风速（m/s）。

表 4-57 将风冷却指数与人的生理感觉联系起来，WCI 作为过冷环境的评价指标现已得到广泛应用，美国气象局已将此作为描述冬季气候条件的寒冷程度。

WCI 指数简单易测，但作为预测着装者的热损失指标有一定的不足。由于服装保温性能可以抵消风速对人体散热的影响，表 4-57 所示适合于穿合适衣服的北极探险者暴露于冷风中的皮肤生理感觉的描述，因此不能认为表中的“凉”与 ASHRAE 热感觉标度中的“凉”是一致的。

表 4-57 风冷却指数与人体的生理感觉[25]

风冷却指数		生理感觉	风冷却指数		生理感觉
kJ/(m² · h)	kcal/(m² · h)		kJ/(m² · h)	kcal/(m² · h)	
837	200	愉快	5024	1200	剧冷
1675	400	凉	5862	1400	肌肉冻僵
3349	800	冷	10467	2500	不能忍受
4187	1000	很冷			

4.6 室内热环境对人员工作效率的影响

相对于工作压力等因素，室内环境对人员工作效率有着更大的影响。人体生理学及神经

行为学方面的研究学者提出，就室内热环境的影响因素，如温度、相对湿度、风速和辐射温度都会对人的工作效率产生影响，其中温度是主要影响因素，它们首先通过影响人的舒适感而后影响人们的工作效率。这就是**热环境对人员工作效率的影响**机理。

在衣着适当、人员活动量合适的状态下，表4-44所设定的室内环境参数不仅能使人员获得对热环境的舒适感，同时也能获得较高的工作效率。图4-69给出了研究得到的室内环境温度与人员工作绩效的量化曲线[39]，该曲线显示，在21~25℃这个温度范围内，模拟办公任务的工作绩效变化较小，即此温度范围内一个正常人员的工作效率正常，随着环境温度升高或降低，其人员工作绩效将有所衰减。因此，大多数研究人员提出保持室内环境温度在此范围时，才能有效保持其工作效率不受热环境特别是温度的影响，由图中可以推断，当环境过热或过冷时，人员工作效率必定显著降低。

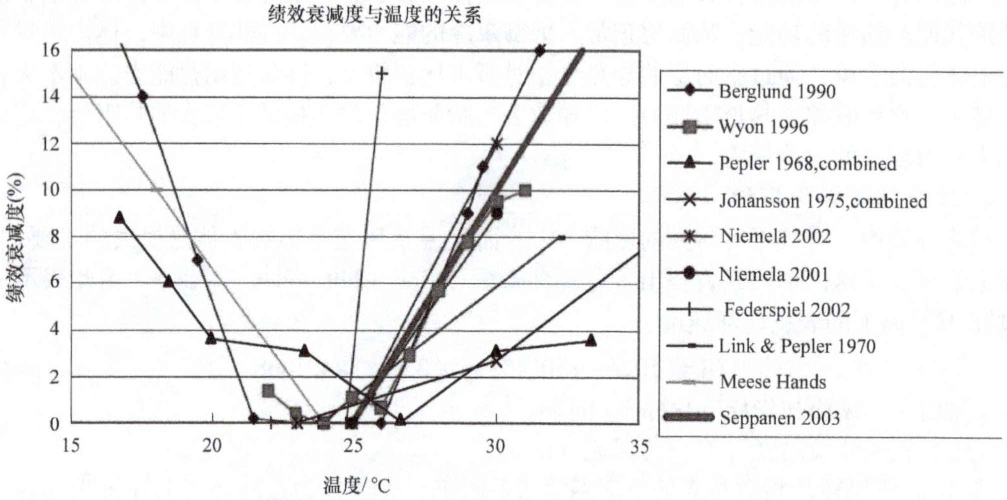

图4-69 人员工作绩效与室内环境温度的关系曲线[39]

过热环境主要影响人的体力和精神状态甚至健康，而过冷环境会影响人的情绪以及人的动作的灵活性。当人们所处环境给人带来热不舒适感时，他们的工作效能将会下降。许多学者研究气候条件对工作能力的影响时发现，在湿热环境下人容易疲劳，工作效率明显降低，即使熟练的无线电报务员也会经常出现差错。当气温过低时，为了保持体温、皮肤毛细管收缩，皮肤温度降低，高级神经中枢活动性降低，肌肉活动灵敏度和准确度都相对变差，尤其对用手指肌肉操作的精细工种，影响更大。这些都是因为过热或过冷环境已经处于或者超过人们生理上所能自我调节的限度，从而引起自身调节系统紧张或者出现调节障碍所致。

图4-70所示是空气温度与速度对体力劳动者工作效率的影响，实验结果表明，当湿球温度为27.2℃时，工作效率为100%；随着温度的升高和空气速度的降低，工作效率明显下降[40]。这一特征对脑力劳动者同样存在。图4-71所示为不降低脑力劳动者效率的允许工作时间与WBGT指数的关系，当环境温度上升时，脑力工作的时间应减少，这样才不至于影响工作效率，实验适用于坐姿的脑力劳动者。图4-71所示曲线已为美国职业安全与健康研究所1972年标准NIOSH（1972）（National Institute for Occupational Safety and Health）所采纳[25]。许多实验发现，脑力劳动效能在环境SET高于33℃（相当于空气温度33℃，相

对湿度 50%）时下降，当高于 38.6℃时，影响十分显著[41]。

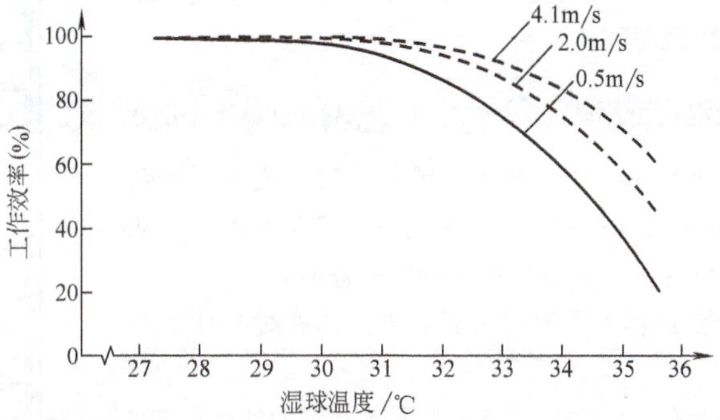

图 4-70　体力劳动者工作效率与空气温度和流速的关系[40]

简单的脑力劳动很少受到冷环境的影响，即使体温出现少许降低也不碍事。但当气温过冷时，特别是在冷环境中停留时间较长以及有较强的冷风时，有许多实验发现，由于冷刺激的激励作用、体温下降的生理反应、冷风的呼啸声引起的心理恐惧等因素，使得需要脑力劳动的受试者表现出注意力不够集中，短期记忆力下降；在过冷环境中工作的体力劳动者，其主要反应是手及手指因受冷而麻木或僵硬，使得工作的准确性及效率下降。实验发现，当皮肤温度在 16℃时，手指灵敏度没有影响，但降至 13℃时，手指动作明显受到干扰，因此，可以认为 13～16℃的皮肤温度是手指灵敏度的临界温度[41]。

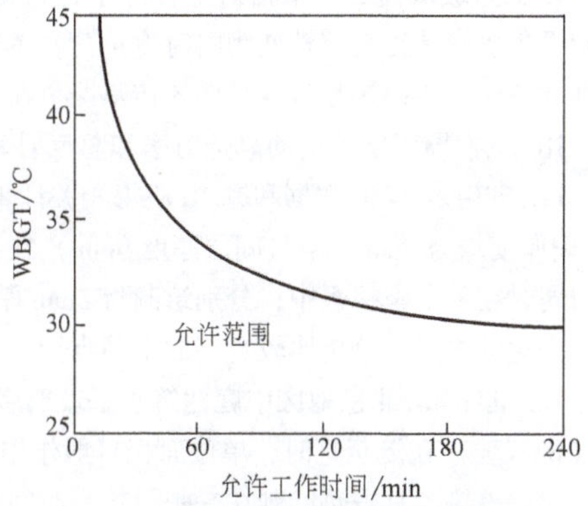

图 4-71　不影响脑力劳动者效率的允许工作时间与 WBGT 指数的关系[25]

综上所述，过度的热或冷都会影响人的脑力和体力工作的效率，其影响的程度因人而异。尽管如此，人们可以通过防护措施加以避免，除了在无法改善工作条件的情况下才会出现上述现象。例如，在冷藏库内搬运物品、在炼钢炉前操作等。因此，了解过热或过冷环境对人的工作效率乃至生理反应的影响，将有助于采取适当的预防措施，以保证工作人员的健康和安全。

习题与思考题

1. 红砖和炉渣组成的组合墙体如图 4-72 所示，其内、外表面各有 15mm 的石灰砂浆和水泥砂浆的粉刷层，当室内外空气温度为 22℃和 4℃时，求传热量。

2. 为什么冬季可以采用稳态算法计算供暖负荷，而夏天却一定要采用动态算法计算空调负荷？

3. 有一建筑物的外墙由红砖砌筑，没有外抹灰，当太阳辐射强度为 140W/m^2、气温 28℃时，太阳辐射的等效温度是多少？室外空气综合温度是多少？又当其外表面贴上白瓷砖后，在同样情况下，室外空气综合温度是多少？

4. 某建筑屋顶在夏季某一天内所处的环境为：室外空气综合温度平均值 $t_{z,p}=33.5$℃，最高值 63℃出现在14点，当该屋顶总衰减倍数 $v_o = 15.6$、延迟时间 $\xi_o = 5.2\text{h}$，屋顶内表面平均温度 $\theta_{n,p} = 30.5℃$ 时，不考虑室内温度波动影响，求当天屋顶内表面的最高温度及其出现时间。

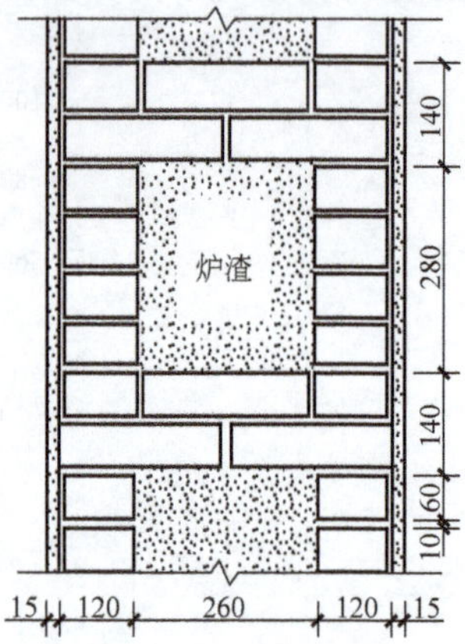

图4-72 题1图

5. 如果室外空气综合温度可用式 $t_{z,\tau} = A_0 + \sum_{n=1}^{m} A_n \cos(\omega_n \tau + \varphi_n)$ 表示，请写出传入室内的得热量。如果题4中屋顶材料为均质，厚度为150mm，其热导率 $\lambda = 0.22\text{W/(m·K)}$，求室内空气温度为26℃时从屋顶传入室内的最大得热量（α_n、α_w 取用教材中的推荐值）。

6. 围护结构与玻璃窗在计算太阳辐射引起的负荷计算时有什么不同？

7. $\varepsilon I_y/\alpha_w$ 的物理意义是什么？垂直面与水平面的处理为什么不同？

8. 如果地面考虑保温与防湿，则保温层与隔汽材料的布置顺序一般应如何考虑？

9. 透过玻璃窗的太阳辐射是否等于建筑物的瞬时冷负荷？室内照明和设备散热是否直接转变为瞬时冷负荷？考虑墙体蓄热与延迟由室外参数计算得到内壁温度，由此计算得到的墙体传热得热是否就是墙体传热冷负荷？试给出解答上述问题的理由。

10. 试推导双层玻璃的总透射率和总反射率。

11. 利用表4-10数据和题10所得相关计算式或表4-9相关计算式，借助Excel运算中空玻璃5-9A-5（玻璃厚度均为5mm，空气间层厚度9mm）在不同入射角时的总透射率和总吸收率，其结果以表格形式表示，同时在一个坐标系中，分别绘制将5mm厚的普通玻璃与5-9A-5双层玻璃的总透射率和总吸收率随入射角变化的曲线，分析比较它们的不同点。

12. 北纬40°北京地区中庭建筑水平玻璃屋顶，分别计算玻璃厚度为5mm单层玻璃和5-9A-5双层玻璃（即双玻）在夏至日时，单位面积日射作用和温差作用下的室内得热量。并分别将两种玻璃的日射得热、温差得热、总得热绘制在一张得热—时间坐标系中［大气透明度 $P = 0.65$，室内温度为26℃，室外温度为33.2℃，室内外表面传热系数分别为 $8.7\text{W/(m}^2\text{·K)}$、$18.6\text{W/(m}^2\text{·K)}$，单玻、双玻传热系数分别为 $5.5\text{W/(m}^2\text{·K)}$ 和 $2.5\text{W/(m}^2\text{·K)}$］（提示：太阳高度角与太阳射线在平面玻璃上的入射角之和为90°）。

13. 综合分析【例4-9】三个算例节能措施的利弊。

14. 某房间有一面积为 7.5m^2 的单层玻璃窗［$K = 5.6\text{W/(m}^2\text{·K)}$］，现计划改成双层玻璃［$K = 3.0\text{W/(m}^2\text{·K)}$］，在33星期长的供热季节内，通过窗户的平均温度差为7℃。试计算①两种玻璃窗在供热期的总传热损失；②试做市场调查，根据当前电价与这两种窗户的市场价，估算采用双层玻璃窗户所省电费需多少时间抵消双层玻璃窗的投资。

15. 为什么夏季空调负荷中一般不考虑渗透负荷，而冬季一般必须考虑渗透负荷？

16. 为什么在寒冷地区冬季供暖的建筑，需防止围护结构产生表面和内部凝结？

17. 如图4-73所示为手表装配车间工作人员考勤状况，利用表4-23数据列表计算：①中型结构车间内人员在室2h、4h、6h、8h的冷负荷系数；②8:00~18:00逐时人体冷负荷与湿负荷。室温取26℃。

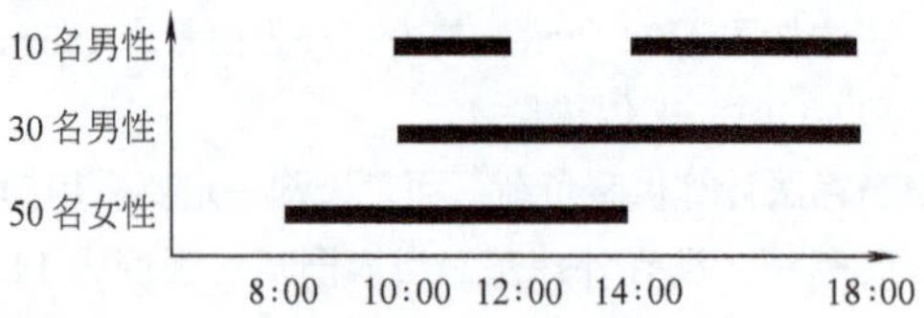

图4-73 题17图

18. 计算上海地区空气调节室外设计参数（干球温度34℃，湿球温度28.2℃，风速3.2m/s）和民用建筑室内设计参数（取干球温度26℃，相对湿度60%，风速0.3m/s）的ET、WBGT。利用这些参数分析和描述上海地区夏季室内外热环境（假定辐射温度接近空气温度）。

19. 一座有空调的电影院，夏天空气温度维持在22℃，观众穿短衫、短裤和凉鞋感到很舒适；而冬天维持在23.8℃，原来的观众却要穿长袖衫厚衣裤才感到舒适，为什么？

20. 某工作人员打扫房间（能量代谢率2.0met），衣着0.5clo，室内风速0.2m/s，相对湿度50%，室内温度与平均辐射温度相同，均为22℃。问这种状态下人是否舒适？为达到舒适可调整哪些参数？请给出调整后的取值。

21. 讨论PMV-PPD在室内热环境设计与校验中的应用。

22. 影响人体皮肤热感觉的因素有哪些？

23. 空调房间中，人的热舒适感主要受哪些环境客观因素影响？请叙述ASHRAE是如何采用不满意率控制这些影响因素的？

参考文献

[1] 刘加平．城市环境物理［M］．北京：中国建筑工业出版社，2011.

[2] 田中俊六，武田仁，足立哲夫，等．建筑环境工学［M］．2版．日本：井上书院，1999.

[3] 建设部建筑设计院．民用建筑暖通空调设计技术措施［M］．2版．北京：中国建筑工业出版社，1996.

[4] 柳孝图．建筑物理［M］．3版．北京：中国建筑工业出版社，2010.

[5] 赵荣义，范存养，薛殿华，等．空气调节［M］．4版．北京：中国建筑工业出版社，2009.

[6] 陆耀庆．实用供热空调设计手册［M］．2版．北京：中国建筑工业出版社，2008.

[7] 中国建筑科学研究院．GB 50176—1993　民用建筑热工设计规范［S］．北京：中国计划出版社，1993.

[8] 陈沛霖，曹叔维，郭建雄．空调负荷计算理论与方法［M］．上海：同济大学出版社，1987.

[9] 涂逢祥．节能窗技术［M］．北京：中国建筑工业出版社，2003.

[10] 徐湘波，胡益雄．建筑物及汽车空调负荷［M］．长沙：国防科技大学出版社，1997.

[11] 涂逢祥．建筑节能［M］．北京：中国建筑工业出版社，2002.

[12] 孙文迁，王波．铝合金门窗设计与制作安装［M］．北京：中国电力出版社，2013.

[13] 藤井正一．住居环境学入门［M］．2版．日本：彰国社，1984.

[14] 中国建筑科学研究院．JGJ 75—2012　夏热冬暖地区居住建筑节能设计标准［S］．北京：中国建筑工业出版社，2012.

[15] 李继业．建筑节能工程设计［M］．北京：化学工业出版社，2012.

[16] 冯贵枢．通风窗户［J］．暖通空调，1988（3）：23-26，33.

[17] 范存养，李小平．办公楼建筑窗际热环境的改善和节能［J］．暖通空调，1997，27（2）：18-25.

[18] 小泉实．图解室内照明［M］．邸更岩，李文林，译．北京：科学出版社，1998.

[19] 暖通规范管理组．暖通空调设计规范专题说明选编［M］．北京：中国计划出版社，1990.

[20] Wilbert F Stoecker，Jerold W Jones. Refrigeration and Air Conditioning［M］．2nd ed. New York：McGraw-Hill Inc.，1982.

[21] 金招芬，朱颖心．建筑环境学［M］．北京：中国建筑工业出版社，2001.

[22] 北京大学生物系生理学教研室．基础生理学［M］．北京：人民教育出版社，1979.

[23] S A 康兹，魏润柏．人与室内环境［M］．北京：中国建筑工业出版社，1985.

[24] 李百战，郑洁，姚润明，等．室内热环境与人体热舒适［M］．重庆：重庆大学出版社，2012.

[25] D A 麦金太尔．室内气候［M］．龙惟定，等译．上海：上海科学技术出版社，1988.

[26] ASHRAE Handbook（SI）Fundamentals，2005，American Society of Heating，Refrigerating and Air-conditioning Engineers，Inc.，1971 Tullie circle，N. E.，Atlanta，GA 30329，2005.

[27] 赵荣义．关于“热舒适”的讨论［J］．暖通空调，2000，30（3）：25-26.
[28] ISO7730：Moderate thermal environments-Determination of the PMV and PPD indices and specification of the conditions for thermal comfort，1994（E）.
[29] ANSI/ASHRAE Standard 55-2010，Thermal Environmental Conditions for Human Occupancy，2010.
[30] 叶韵．建筑热环境［M］．北京：清华大学出版社，1996.
[31] 吴之理．医学全科通览［M］．北京：人民军医出版社，1998.
[32] ASHRAE Handbook（SI）Fundamentals，2013，American Society of Heating，Refrigerating and Air-conditioning Engineers，Inc.，1971 Tullie circle，N. E.，Atlanta，GA 30329，2013.
[33] 祝世功，张志文．人体生理学［M］．北京：北京医科大学出版社，中国协和医科大学联合出版社，2002.
[34] ANSI/ASHRAE Standard 55-2004，Thermal Environmental Conditions for Human Occupancy，2004.
[35] A P Gagge，J A J Stolwijk，J D Hardy. Comfort and thermal sensations and associate physiological responses at various ambient temperatures［J］. Environment Research，1967，1（1）：1-2.
[36] 王良海．突变热环境下人体热反应的研究［D］．北京：清华大学，1992.
[37] Kazoo Nagano，Akira Takaki，Megumi Hirakawa，et al. Effects of ambient temperature steps on thermal comfort requirements［J］. Int J Biometeorol，2005（50）：33-39.
[38] 艾裕和，叶恩赐．环境舒适度对工作效率的影响［J］．环境保护，1982（4）：27-29.
[39] Seppänen O，Fisk W J，Faulkner D. Cost benefit analysis of the night-time ventilative cooling［C］// Proceedings of the Healthy Buildings 2003 Conference，Singapore，2003：394-399.
[40] 贾衡，冯义．人与建筑环境［M］．北京：北京工业大学出版社，2001.
[41] 魏润柏，徐文华．热环境［M］．上海：同济大学出版社，1994.

第 5 章 建筑声环境

5

建筑声环境主要讨论室内声环境问题和振动与噪声的控制问题。理想的声学环境能使讲话、音乐等需要的声音高度保真；使不需要的声音即噪声不干扰人们的工作、学习和生活。研究声音质量问题的建筑声学是现代声学最早发展的一个分支；研究减少噪声干扰的振动和噪声控制始于 20 世纪 50 年代，主要是由于工业与交通的发展而建立起来的最新分支。

随着城市化进程的加快，振动、噪声控制已成为现代城市人们营造良好的生活与工作所需声环境的必要措施。如何消除或适当减少室内外噪声，创造一个可接受的建筑声环境，正是本章需要阐述的重要内容。

5.1 声音的基本概念及特性

5.1.1 声音的基本特性

1. 声波的概念

声音包含两方面的含义：其一为客观声音；其二属于主观声音。在物理学方面，声音是一种压力的波动，是**客观声音**；从生理学来讲，声音乃是物理波动现象引起的听觉感觉，应是**主观声音**。通常所讲的声音是指通过人耳获得的听觉，是由空气压力的波动而产生的机械波，又叫**声波**。

声音来源于振动的物体，通常把受到外力作用而产生振动的物体即发声体称为声音的来源，简称**声源**。声源具有指向性。声源产生的振动必须通过媒介传播，人耳才能有声音感觉，真空不能传声。声传播过程见图 5-1。

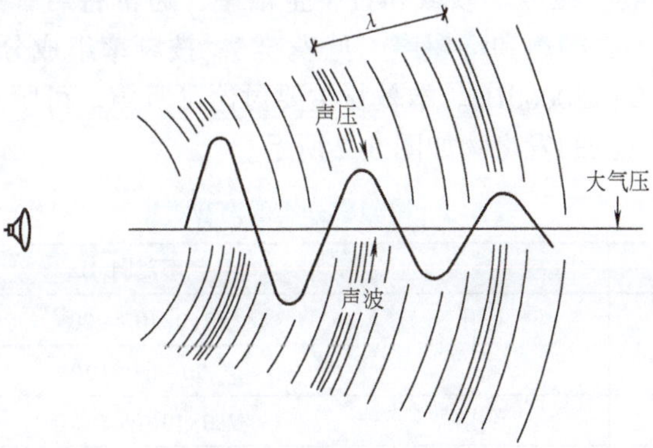

图 5-1 声波的传播

声波在空气中对空气质点的膨胀压缩形成了空气的压力波动，压力的起伏变化依次作用于人的耳膜，形成了声音的感觉。压力波的传递属非空气介质的传递，与空气流动方向无关。

声音在传播过程中，空气质点只是在压力平衡点附近往返振动，并不随声波移动。

发声体可以是固体、液体或气体，如表5-1所示。

声波从声源出发，在同一介质中按一定方向传播，在某一时刻，波动所达到的各点包络面称为**波阵面**。波阵面形状与声源类型有关，对于点声源所形成的波阵面为**球面波**。声学工程中的声源主要有四种，如表5-2所示。

表5-1 发声体的类型及举例

发声体	举　例	
固体	击鼓声	鼓面振动发出
液体	热水供暖管道中响声	液体振动发出
气体	压缩机气缸排气声	高速气体振动形成

表5-2 声学工程中的声源类型

声源类型	举　例
点声源（单声源）	如人的嘴、扬声器、汽车喇叭、家用电器、排气口
线声源	如火车、车间成排的机器等所产生的声音
面声源	如波涛翻滚的大海、室内运动场中成千上万呼喊的观众等
“立体”声源	如室内排列的立体方位的“声柱”等

2. 声音的频率特性

（1）频率的概念　空气质点在1s内位移或振动的次数称为**频率**，单位为赫兹（Hz），简称赫。声波在每次完整的振动周期内传播的距离，称为**波长**。频率、波长和声速之间的恒定关系为

$$c=f\lambda \tag{5-1}$$

式中　c——声波的传播速度（m/s）；

f——声波的频率（Hz）；

λ——声波的波长（m）。

（2）声音按频率分类　在声学领域和日常生活中，通常将声音按频率分类，根据频率高低可分为**次声**、**可听声**、**超声**和**特超声**，见表5-3。按频率组成分类见表5-4。正常人耳可能听见的声音频率在20~20000Hz。本教材主要讨论可听声。可听声根据频率高低有低频声、中频声和高频声，常见的发声物如图5-2所示。

表5-3 按频率分类的声音类型

声音类型	频率范围/Hz
次声	$1.0\times10^{-4}\sim20$
可听声	$20\sim2.0\times10^{4}$
超声	$2.0\times10^{4}\sim5.0\times10^{5}$
特超声	$5.0\times10^{5}\sim1.0\times10^{12}$

表 5-4　按频率组成分类的声音类型

声音类型	频率组成
纯音	单一频率
音乐	不同声音的有序组合
噪声	频率杂乱无序组合

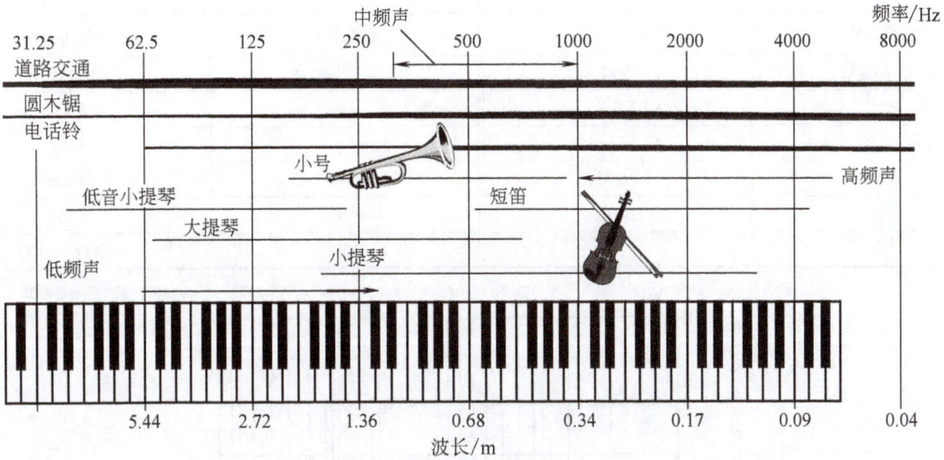

图 5-2　可听声发声频率及发声体[1]

3. 声音的速度特性

声波以一定速度传播。在空气中传播的声速与空气介质温度有关，即

$$c(t)=331.4\sqrt{1+\frac{t}{273}} \tag{5-2}$$

式中　$c(t)$——声波在某温度时的传播速度（m/s）；

t——介质的温度（℃）。

通常以 340m/s 近似表示常温下的声速。

声波的传播速度还与介质的性质有关，在理想气体中声速可表示为

$$c=\sqrt{\kappa RT} \tag{5-3}$$

式中　κ——等熵指数；

R——气体常数[J/(kg·K)]；

T——介质的热力学温度（K）。

声波在液体和固体中的传播速度比在空气中传播的速度要快。表 5-5 列出了声音在一些介质中传播的声速值。表中数值说明液体中的声速数倍于空气中的声速，而铁、钢中的声速比空气中的声速高出一个数量级，因此，在日常生活中，把耳朵贴在铁轨上比站在路基旁可以提前听到驶来的火车声响；印第安人常把耳朵贴在地面上听远处的马蹄声。

4. 声音的频谱

表征声音的特性量随频率变化的曲线，称为频谱，主要用来反映复音中不同频率组合的强度分布特性。频谱图是把声音按频率大小依次排列起来得到的频率分布图，有线状谱、连续谱和混合谱三种。

频谱通常以频率为横坐标、声压级为纵坐标的频谱图表示。一个单一频率的简谐声信号，又称纯音，其频谱图是一条在频率标度处的竖线，竖线的高度表示其强度的声压级值。如管弦乐器发出的声音，其频谱图是线状谱（又称**离散谱**），如图5-3所示。而空调机组中的风机所发出的噪声包含连续的频率成分，频谱图是连续谱。图5-4所示是一些连续谱实例。**混合谱**是线状谱和连续谱的混合。

表5-5 一些物质中的声速[2][3]

传播介质	声速/(m/s)	传播介质	声速/(m/s)
空气（15℃）	340	铝	5110
水（25℃）	1498	锌	3700
海水（25℃）	1531	砖	3700
铜	3600	石板	4500
铁	5000	玻璃	5000
钢	5100	木材	3000~4000

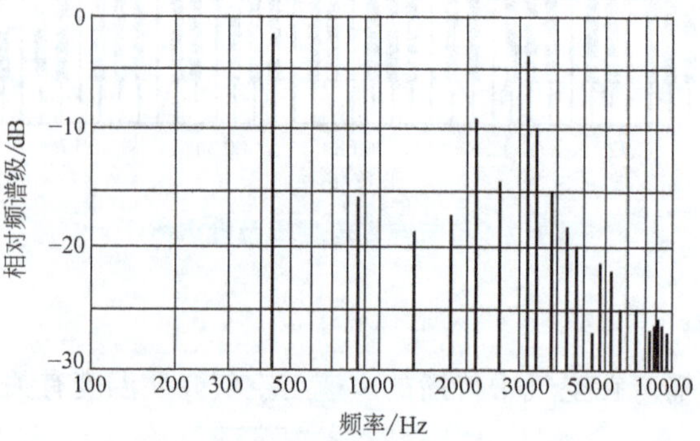

图5-3 单线谱图[4]

在建筑声学中，频带划分是以各频带的频程数 n 相等来划分。频程 n 与各频带的**下界频率** f_1、**上界频率** f_2 存在如下关系

$$\frac{f_2}{f_1}=2^n \tag{5-4}$$

式中 n——正整数或分数，$n=1$，称为一个倍频程；$n=1/3$，称为1/3倍频程。

其**中心频率** f_c 与下界、上界频率 f_1、f_2 的关系是

$$f_c=\sqrt{f_1 f_2} \tag{5-5}$$

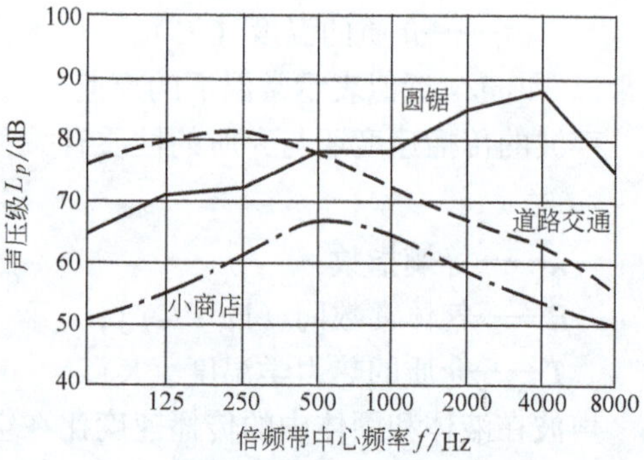

图5-4 连续谱图[5]

工程上采用**倍频程**（$n=1$）较多，其中心频率依次定义为：31.5Hz、63Hz、125Hz、250Hz、500Hz、1000Hz、2000Hz、4000Hz、8000Hz。

5. 声音的三要素

音量、音调、音色是声音的三个主要属性，故称它们是**声音的三要素**。

音量又称响度，是指人耳感受到的声音强弱，它是人对声音大小的一个主观感觉量。响度的大小决定于声音接收处的波幅，就同一声源来说，波幅传播得越远，响度越小；当传播距离一定时，声源振幅越大，响度越大。

声音的高低叫音调。音调的高低，主要取决于声波频率的高低。频率越高，音调越高；反之音调越低。

声音的品质叫音色，也称“音品”或“音质”。很多声音（语言、音乐、噪声）是由多种频率组成，它是由各组成声音的频率及其声波波形所决定的。

很多音乐是由许多单一频率的纯音所组成，这种组合声音称复音。复音中最低频率的声音称基音，较高频率的声音称泛音，当泛音的频率是基音频率的简单整数倍时，则称为谐音。

乐音与噪声在客观上的区别，在于乐音(音乐术语）是由一组基音、谐音组成的有规则的复音。乐音的发声源总是作周期的振动，其波形是有规则的分离谱。不同的乐器有不同的泛音。人们能够分辨出不同乐器的声音，就是因为即使在基音频率相同的情况下，音色也各不相同。例如合奏的二胡、月琴、琵琶，由于音色不同，人们的听觉可以分辨各乐器发声。而噪声是由声源无规则振动产生的，所对应的波是由不同频率、不同强度的多种无规则的声波组合而成，其波形和频谱是一个振幅无规则变化的连续谱。

5.1.2 声音的度量

1. 声功率、声强和声压

(1) 声功率 W　声功率是指声源在单位时间内向外辐射的声能，计作 W，单位为瓦（W）或微瓦（μW）。声源声功率有时是指在某个有限频率范围所辐射的声功率（通常称为频带声功率），此时需注明所指的频率范围。它是声源本身的一种特性，不因环境条件的不同而变化。

(2) 声压 p　声压是指介质中有声波传播时的静压强相对于无声波时介质静压强的差值，单位为帕（Pa），即牛/米^2（N/m^2）。任一点随时间不断改变的声压，称为瞬时声压，某段时间内瞬时声压的均方根值称为有效声压，计作 p，通常所指的声压即为有效声压。对于简谐声波，有效声压可采用瞬时声压的最大值计算

$$p=\frac{p_{max}}{\sqrt{2}}$$

(3) 声强 I　声强是衡量声波传递过程中声音强弱的物理量。声场中某点的声强，是指该点发出的声波在单位时间内，通过垂直于传播方向上的单位面积内的声能，计作 I，单位为 W/m^2。其定义为

$$I=\frac{dW}{dS} \tag{5-6}$$

式中 dS——声能所通过的面积（m^2）；

dW——单位时间内通过 dS 的声能（W）。

在无反射声波的自由场中，点声源发出的是球面波，距声源中心 r 的球面上的声强为

$$I=\frac{W}{4\pi r^2} \tag{5-7}$$

因此，在无损耗时，对于球面波，声强与声源的声功率成正比，而与到声源的距离的平方成反比。对于平面波，声能与距离无关，声强为恒定值。例如指向性极强的大型扬声器就是利用这一原理设计的，其声音可传播十几千米。实际上，声能在传播过程中总是有损耗的。

声压 p 与声强 I 的关系是

$$I=\frac{p^2}{\rho_0 c} \tag{5-8}$$

式中 ρ_0——空气密度（kg/m^3）；

c——空气中的声速（m/s）；

$\rho_0 c$——空气的介质特性阻抗，在20℃时，其值为415N·s/m^3。

在实际工作中，通常是测出声压，通过已知距声源的距离，计算出声强和声功率。

2. 声学量的表示及其运算

（1）**级的概念** 定义正常人耳听觉范围内，人耳刚能感受到的声音为闻阈声（或听阈声），常作为基准声；使人感到疼痛的声音为痛阈声。对于频率为1000Hz的声音，闻阈声的声强为10^{-12} W/m^2，其声压为2×10^{-5} N/m^2；而痛阈声的声强为1W/m^2，其声压为20N/m^2。可以看出，人耳可接受的声强是基准声的1万亿倍，声压也达到了100万倍，计量范围之大，使用极为不便，由于人耳的听觉系统对声强与声压的响应接近于对数关系，为此人们引入了“级”的概念，即对声压、声强等物理量采用对数标度，单位为分贝（dB）。

（2）声级 声学范畴内通常指声压级、声强级、声功率级。

声压级定义为

$$L_p=20\lg\frac{p}{p_0} \tag{5-9}$$

式中 p——考察点声压（Pa）；

p_0——基准点声压（Pa），$p_0=2\times10^{-5}$Pa；

L_p——考察点声压级（dB）。

声强级定义为

$$L_I=10\lg\frac{I}{I_0} \tag{5-10}$$

式中 I——考察点声强（W/m^2）；

I_0——基准点声强（W/m^2），$I_0=1\times10^{-12}$W/m^2；

L_I——考察点声强级（dB）。

声功率级定义为

$$L_W=10\lg\frac{W}{W_0} \tag{5-11}$$

式中 W——考察点声功率（W）；

W_0——基准点声功率（W），$W_0=1\times10^{-12}$W；

L_W——考察点声功率级（dB）。

声压级常用于描述声场声量的大小；声强级则反映声源在空间传递声能量的大小，它具有方向性；声功率级则仅表示声源发声能力的大小。它们之间可以相互换算。

点声源在自由声场中时，**声功率级与声压级的关系**有

$$L_p = L_W + 10\lg\frac{1}{4\pi r^2} \tag{5-12}$$

在式（5-8）成立的条件下，**声压级与声强级的关系**有

$$L_I = L_p + 10\lg\left(\frac{p_0^2}{I_0}\cdot\frac{1}{\rho_0 c}\right) \approx L_p \tag{5-13}$$

式（5-13）的成立是基于在一个大气压的室温条件下 $\rho_0 c$ 值接近于400，而由闻阈所定义的基准可知，p_0^2/I_0也为400。

（3）**声级的叠加与分解** 当几个不同的声源同时作用于某一点时，若不考虑干涉效应，该点的总声强是各声强的代数和，即

$$I_z = I_1 + I_2 + \cdots + I_n \tag{5-14}$$

而它们的总声压（有效声压）是各声压的均方根值，即

$$p_z = \sqrt{p_1^2 + p_2^2 + \cdots + p_n^2} \tag{5-15}$$

利用式（5-9），便可得到总声压级

$$L_{p_z} = 10\lg\frac{p_z^2}{p_0^2} = 10\lg(10^{0.1L_{p_1}} + 10^{0.1L_{p_2}} + \cdots) \tag{5-16a}$$

或

$$10^{0.1L_{p_z}} = 10^{0.1L_{p_1}} + 10^{0.1L_{p_2}} + \cdots \tag{5-16b}$$

当 n 个声压 $p_i = p$（$i=1, 2, \cdots, n$）的声音叠加时，便可得到总声压级为

$$L_{p_z} = 20\lg\frac{\sqrt{n}p}{p_0} = 20\lg\frac{p}{p_0} + 10\lg n = L_p + 10\lg n \tag{5-17}$$

从式（5-17）看出，两个数值相等的声压级叠加时，只比原来增加3dB，如100dB加100dB只是103dB，而不是200dB。这一结论同样适用于声强级和声功率级的叠加。

如果两个声压级分别为 L_{p_1}、L_{p_2}（设 $L_{p_1} \geqslant L_{p_2}$），利用式（5-16a），其总声压级为

$$L_{p_z} = L_{p_1} + 10\lg(1 + 10^{-\frac{L_{p_1} - L_{p_2}}{10}}) = L_{p_1} + \Delta L \tag{5-18}$$

式中修正量 ΔL 也可根据 $L_{p_1} - L_{p_2}$ 查图5-5获得，将它加到较高的那个声压级 L_{p_1}上即得所求的总声压级。如果两个声压级差超过10~15dB，附加值很小，可略去不计。

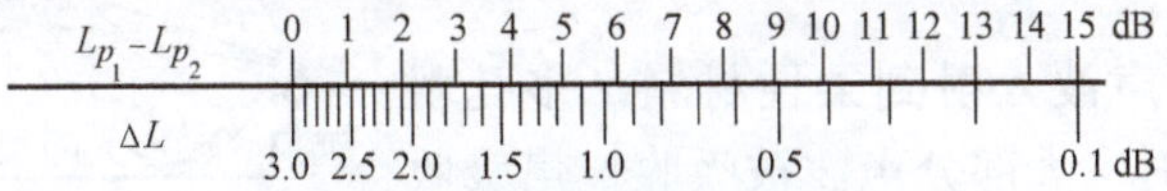

图5-5 声压级叠加的修正量

【例5-1】 测得某风机噪声声压级频谱如表5-6所示，试求总声压级。

表5-6 风机噪声频带声压级

倍频程中心频率/Hz	63	125	250	500	1000	2000	4000	8000
声压级/dB	90	95	100	93	82	75	70	70

【解】 将声压级依次排队：100、95、93、90、82、…，

将相邻两个声压级依据图5-5依次叠加，得

$$\left.\begin{matrix}100\\95\end{matrix}\right]-\left.\begin{matrix}101.2\\93\end{matrix}\right]-\left.\begin{matrix}101.8\\90\end{matrix}\right]-102.1\approx 102\text{dB}$$

上述三次叠加后即得102dB，与其余未叠加的声压级的差值均超过15dB，修正值很小，可见总声压级主要决定于前4个数值，其余的作用不大，可以不再计入。

【例5-2】 现场实测空调机房（2台型号性能相同的机组）开机与停机时的声压级分别为77dB和70dB，试求该型号风机本身声压级。

【解】 第1次测定值77dB实际上是机房背景噪声（工程上常将停机时测得的噪声称背景噪声）与2台性能一致的风机噪声的合成，假定单台风机本身噪声为L_{p_A}，背景噪声为L_{p_B}，即实测获得的70dB，利用式（5-16b），第1次测定值L_{p_C}可分解为

$$10^{0.1L_{p_C}}=2\times10^{0.1L_{p_A}}+10^{0.1L_{p_B}}$$

则该型号风机本身声压级为

$$L_{p_A}=10\lg\left(\frac{10^{0.1L_{p_C}}-10^{0.1L_{p_B}}}{2}\right)\mathrm{dB}=73\mathrm{dB}$$

5.1.3 声音的传播特性

1. 声音遇到障碍物时的传播

（1）**声反射** 当声波在传播中遇到尺寸比波长大得多的障碍板或界面时，声波将被反射。如声源发出的是球面波，反射后仍是球面波。该过程遵循反射定律，即

1）入射线、反射线和反射面的法线在同一平面内。

2）入射线和反射线分别在法线的两侧。

3）反射角等于入射角。

在室内，凸的反射面散射声波，凹的反射面将反射声波聚集在一起，如图5-6所示。在中型和大型厅堂适当位置，设置反射板会大大改善听觉效果，这是反射板的具体应用实例。

衡量物体反射声能大小的量化参数是声能的反射系数ρ，定义为反射声能E_ρ与入射声能E_0之比，即

$$\rho=\frac{E_\rho}{E_0} \tag{5-19}$$

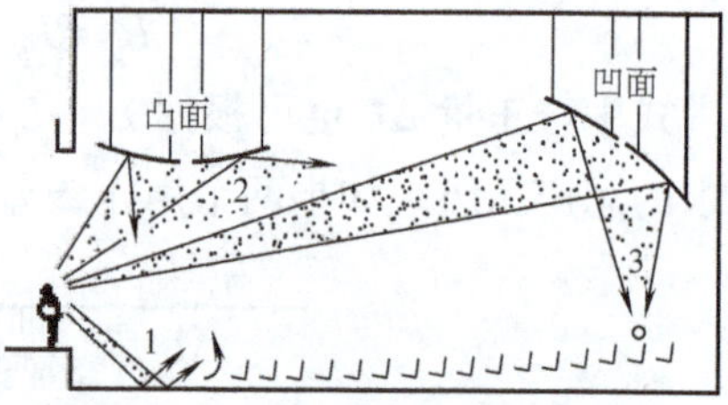

图5-6 不同形状表面的声反射

1—均匀反射 2—声散射 3—声聚集

（2）**声吸收** 当声波入射到柔性材料、多孔材料、纤维材料和人体时，大部分声波被吸收。声吸收是把声能转变为其他形式的能（如热能），一般声波的传播速度不受吸收影响。

当反射系数$\rho\approx1$时，为全反射；$\rho<1$时，入射声能有一部分被界面吸收。将未被反射回来的声能看作是被吸收的声能，它与入射声能的比值称为吸声系数α。α与ρ关系是

$$\alpha=1-\rho=1-\frac{E_\rho}{E_0}=\frac{E_\alpha+E_\tau}{E_0} \tag{5-20}$$

（3）**声透射** 声透射是指声波入射到建筑构件（如墙、天花板）时，除了被吸收、反射的能量外，还有一部分声能能够透过建筑物部件、构件继续传播的现象。根据能量守恒定律，单位时间内入射到构件的总声能E_0与其反射声能E_ρ、构件吸收的声能E_α、透过构件的

声能 E_τ（图5-7）存在如下关系

$$E_0 = E_\rho + E_\alpha + E_\tau \tag{5-21}$$

度量构件透过声能大小的参数为透射系数，定义为透射声能与入射声能之比，即

$$\tau = \frac{E_\tau}{E_0} \tag{5-22}$$

（4）**声扩散** 声波在传播过程中，当遇到一些凸形界面时，就会分解成许多较小且较弱的反射声波，这种现象称为声扩散，见图5-8。声扩散可使室内声场趋于均匀。某些特殊房间，如音乐厅、播音室等需要适当的声扩散，以改善音质效果。实现声扩散的方法有：

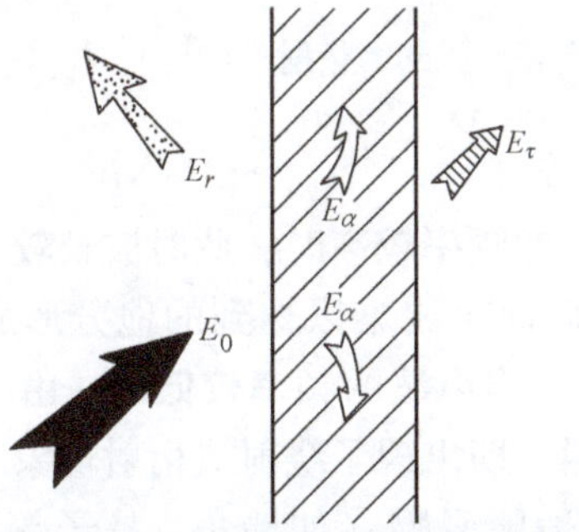

图5-7 声能的反射、吸收和透射

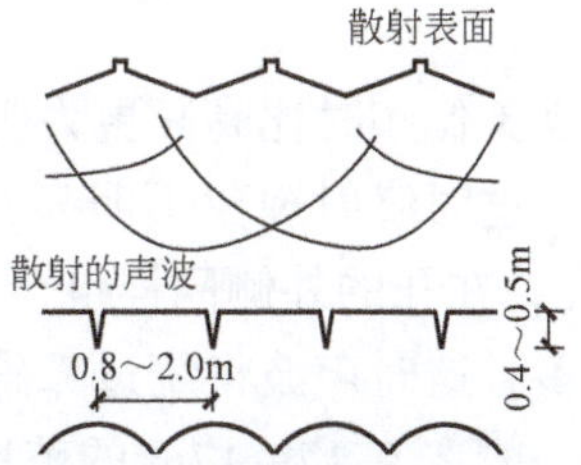

图5-8 界面对声波的扩散

1）把厅堂内表面处理成不规则形和设置扩散体，如采用半露柱、支柱、外露梁、装饰天花板，雕刻的挑台栏杆和锯齿形墙面等。

2）在墙面上交替地作声反射和声吸收处理。

3）使各种吸声处理不规则地分布。

必须注意，室内突出表面和补钉式吸声处理的整个尺寸，应不小于可听频率范围内的波长。不规则表面的突出部分，最小达到波长的1/7时才起扩散作用。

（5）声绕射与声衍射 当声波在传播途中遇到障碍板时，不再是直线传播，而是绕到障碍板的背后改变原来的传播方向，继续传播，这种现象称为**声绕射**。通常将声波在障碍物周围发生绕射和散射的现象称作**声衍射**。

一切声波都能发生绕射或衍射，其程度与波长、障碍物的大小有关。图5-9反映了声波通过大小不同的障碍板时声波绕射的情况。当声波在传播过程中遇到一块有小孔的障碍板时，如果孔径远小于波长（$d<\lambda$），小孔处的质点可近似看成一个集中的新声源，产生新

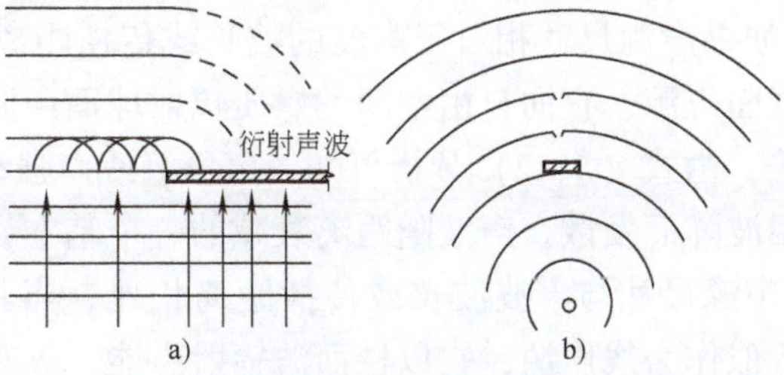

图5-9 声波遇到不同尺寸的障碍板产生的声绕射

a）大障碍板 b）小障碍板

的球面波，它与原来的波形无关；如果孔径远大于波长（$d>\lambda$），则新的波形较复杂，如图5-10所示。

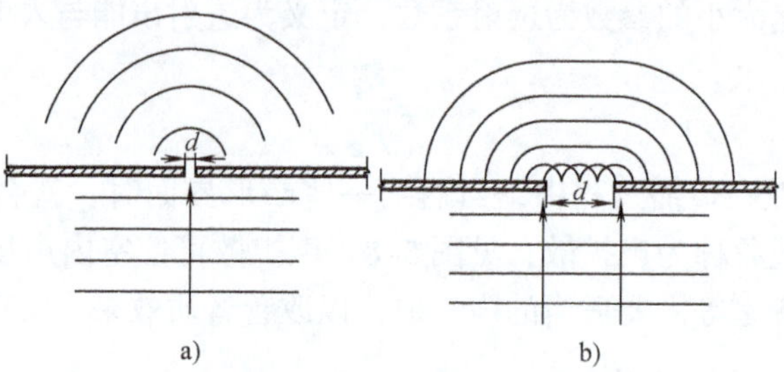

图5-10 声波遇到不同尺寸的孔径产生的声衍射

a）$d<\lambda$ 的孔径 b）$d>\lambda$ 的孔径

绕射或衍射现象低频时比高频更为明显。当声波的频率较高时，此时波长较短，比障碍物的尺寸小得多，这时绕射现象不明显，在障碍物后面声波难以达到的地方形成了“声影区”。如果是小孔，在孔的外侧同样也会形成声影区。当声波的频率较低时，由于波长比障碍物的尺寸大得多，这时声波将绕过障碍物继续传播，即出现了绕射或衍射现象。

可听声波长一般在0.17~17m的范围内，与一般障碍物（如墙角、柱子等建筑部件）的尺度相当，所以能绕过一般障碍物，听到障碍物另一侧的声音。经验表明，楼座若挑出很深，会使挑台下面的观众因声影的影响，处于听闻条件比较差或失真的环境，此时高频声不能或很少到达，而低频声因衍射作用能完全到达。

在噪声控制工程中，应该注意声波绕射现象对降噪效果的影响。隔声屏障存在孔洞或缝隙时，由于绕射的原因，能够大量通过声波，从而影响隔声屏障的隔声效果，声波频率越低，这种影响就越严重。因此，在噪声控制中，对于起隔声作用的结构，在设计和加工过程中应严防孔洞和缝隙的出现。利用高频声形成声影区的现象，常常在噪声源与操作者之间设置隔声屏障，使人处在声影区内。应该指出的是，这种屏障对于低频声隔声效果较差，只有加高屏障，并覆盖吸声材料才能收到一定的降噪效果。

2. 声音的衰减

声波在实际介质中传播时，由于扩散、吸收和散射等原因，会随着离开声源的距离增加而自身逐渐减弱。这种减弱与传播距离、声波频率和界面性质等因素有关。

（1）**传播衰减** 点声源、面声源、线声源三种类型不同的声源辐射出的声波波阵面形状不同，随着传播距离增加，其扩散衰减的规律也不相同。

1）点声源的衰减：如果声源尺寸相对于声波的波长或传播距离而言较小时，则声源可近似作为理想点声源或球面声源，它向自由空间的媒质辐射球面声波。当声源以稳定的功率W辐射时，传播距离加倍，由式（5-12）分析可知，声压级或声强级要衰减约6dB，这是球面波在自由空间传播时因波阵面发散，声波随距离衰减的一个基本规律。

2）线声源的衰减：声源尺寸与声波波长或传播距离相比，当其高度和宽度可以忽略，但长度不能忽略时，可近似作为线声源，它以柱面波辐射声能。火车噪声、公路上的机动车辆噪声、输送管道的辐射噪声等，都可以近似作为线声源。在自由声场中，对于一个无限长的线声源，若离开线声源的距离加倍，则声压级衰减3dB。

（2）**吸收衰减** 它是指声源在传播途径中由于介质性质不同所引起的吸收衰减。

1）空气吸收衰减：一般意义上的声波传播都是指由声波引起的空气状态的变化不产生损耗。而实际上声波在传播过程中，空气也将产生很大的吸收。其吸声性能可用空气吸收系数 $4m$ 表示，其值主要取决于声波频率、空气的相对湿度与温度。在计算中考虑空气吸收时，空气的吸声量为 $4m$ 乘以房间容积 V。

2）绿色植被的吸收衰减：树木和草坪对声波有一定程度的吸收衰减作用，其效果与林带宽度、高度、位置、配置以及树木种类等密切相关。树干对高频声起散射作用；树叶其周长接近或大于声波波长时也有较好的吸收作用。日本曾有调查结果表明，40m 宽的结构良好的林带，可以减低噪声 10～15dB。如果绿化带不是很宽，则声波衰减不明显，但对人的心理有重要的作用，它能给人以宁静的感觉。

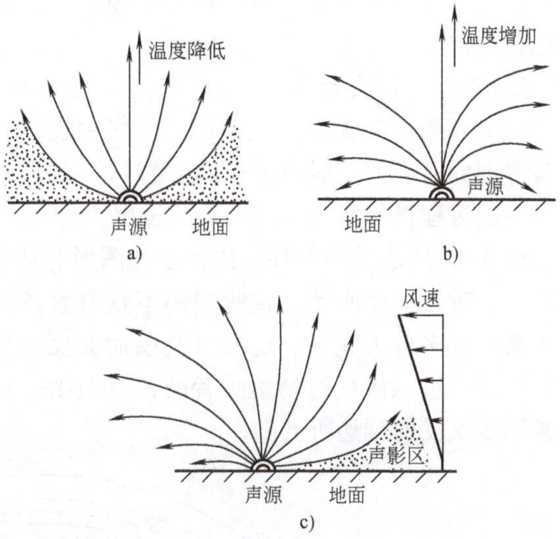

图 5-11 风速和温度梯度对声波传播的影响

a）白天声传播 b）晚上声传播 c）有风速时的声传播

3）因大气温度梯度与气流的吸收衰减：声波在大气中折射的主要因素是温度和风速。例如，白天地面吸收太阳能，使靠近地面的空气层温度升高，声速变大，自地面向上温度降低，声速逐渐变小，导致声音传播方向向上弯曲，如图 5-11a 所示。反之，傍晚时，地面温度较低，声速随离地面高度而增加，声波传播方向向下弯曲，如图 5-11b 所示。这也是声音为什么夜晚比白天传得远的原因。此外，声波顺风传播时，由于地面边界层效应，声速随高度增加，声线向下弯曲。反之逆风传播时，声线向上弯曲，并有声影区，如图 5-11c 所示。这就说明声音顺风比逆风传播得远。

5.1.4 室内声学特性

1. 封闭空间的声特性及方向性

（1）**封闭空间的声特性** 声波在室内封闭空间的传播比露天复杂得多，如图 5-12 所示，其显著特点是：

1）距声源同样距离的接收点，声能密度比在自由声场中大，常不随距离的平方衰减。

2）声源停止发声后，在一定的时间里，声音不会马上消失，存在“混响现象”。

3）由于与房间的共振，引起室内声音某些频率的加强或减弱。

4）由于房间形状和内装修材料的布置，形成回声、颤动回声及其他各种特异现象。

（2）**声辐射的方向性** 声波辐射的方向性比较复杂，它与波长有关。当声源的尺度比波长小得多时，可以看作是无方向性的“点声源”，在距声源中心等距离处的声压级相等。当声源的尺度与波长差不多或更大时，此时就不能作为点声源，应看成是由许多点声源所组成，叠加后各方向辐射不同，具有指向性，距声源中心等距离处的声压级不等。声源尺寸比波长大得越多，指向性就越强。人头和扬声器比低频波长要小，因此低频发声可看作是点声源，但对高频发声就不能作为点声源，此时具有较明显的指向性。图5-13所示为类似半岛形舞台上的人发声时声波在平面上传播的指向性图。高频语言声的辐射比较集中在声源的纵向轴线周围，因此厅堂两侧座位的语言可懂度就比较差，它需要利用墙壁和顶棚来反射声音弥补这一缺陷，而中频和低频语言声的辐射则比较均匀地向各方向辐射。

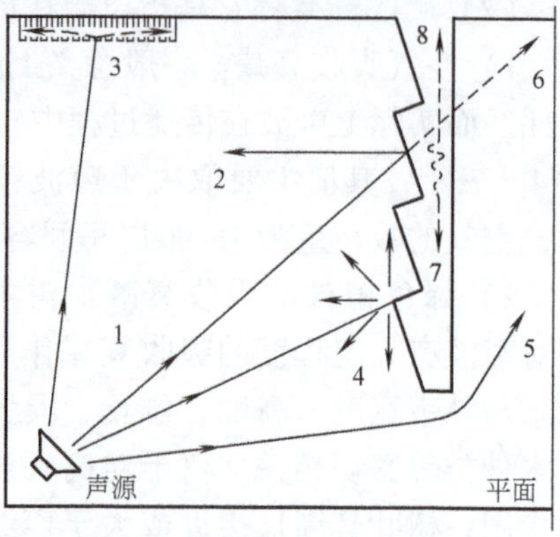

图5-12 封闭空间内的声特性

1—直达声 2—反射声 3—声音的吸收
4—声扩散或散射 5—衍射或绕射
6—透射声 7—声音在结构内耗散
8—声音通过结构传递

2. 混响与混响时间

(1) **混响** 声源停止发声后，声场中还存在着来自各界面的迟到的反射声形成的“残留”现象称为混响。混响过程就是室内声波衰减的过程。

图5-14所示是声音在室内传播的图形。从图中可以看到，对于一个听者，接收到的不仅有直达声，而且还有陆续来自天花板、地面以及墙面的反射声，它们有的是经过一次反射到达听者的，有的则是经过两次甚至多次反射到达听者的。

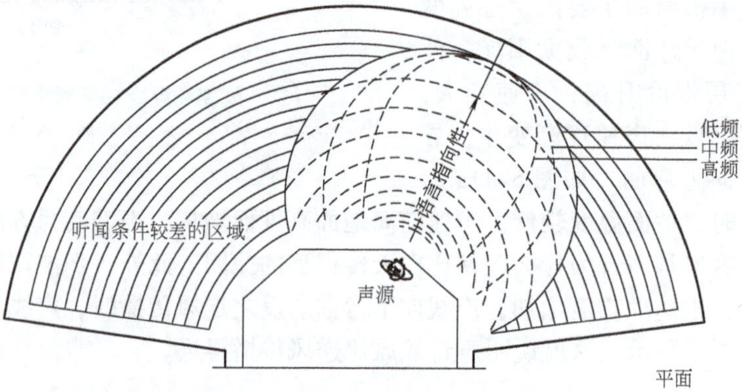

图5-13 平面上人发声的指向性

图5-15所示为室内常见的四种声音反射的典型例子。图中A与B均为平面反射，所不同的是离声源近者A，因各入射角变化较大，反射声线发散；而离声源远者B，因各入射线近于平行，反射声线的方向也接近一致。C与D是两种反射效果截然不同的曲面，凸曲面C使声线束扩散；凹曲面D则使声音集中于一个区域，形成声音的聚焦。

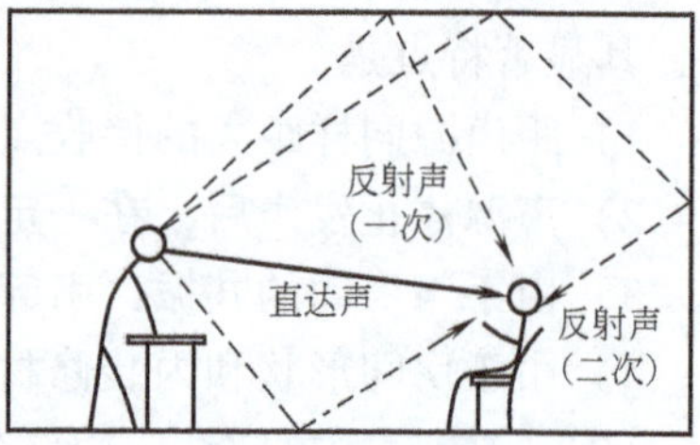

图5-14 室内声传播示意图

在室内各接收点上，直达声以及反射声的分布，即反射声在空间的分布与时间上的分布对音质有着极大的影响。人们利用这些原理营造良好的室内声环境。

(2) **混响时间** 在室内声音达到稳定状态，即室内保持在稳态声压级后，停止声源发声，此时室内声能立即衰减，声音自稳态声压级衰减60dB所需的时间称为混响时间。

混响时间的计算和确定主要用于指导剧院、厅堂、教室等室内建筑材料的选择和布置，预测待建建筑声学效果，分析现有建筑的音质缺陷等。

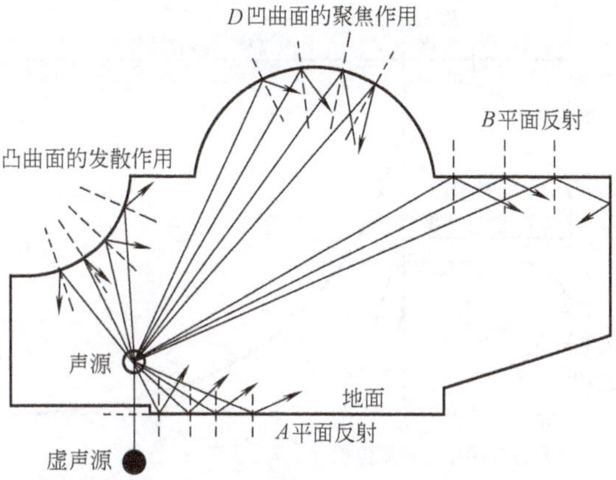

图 5-15 室内声音反射的几种典型情况

混响时间可以用赛宾公式计算，只是结果误差较大，现多用依林公式计算，即

$$T=\frac{0.161V}{-S\ln(1-\overline{\alpha})+4mV} \tag{5-23}$$

式中 T——混响时间（s）；

S——房间内总表面积（m^2）；

V——房间容积（m^3）；

$4m$——空气吸收系数（m^{-1}），见表 5-7；

$\overline{\alpha}$——室内表面平均吸声系数，接下式计算

$$\overline{\alpha}=\frac{\Sigma S_i\alpha_i}{\Sigma S_i} \tag{5-24}$$

式中 S_i、α_i——室内 i 表面的面积及其吸声系数。

表 5-7 室温 20℃时的空气吸收系数 4m 值[6] （单位：m^{-1}）

相对湿度	倍频程中心频率/Hz			
	500	1000	2000	4000
50%	0.0024	0.0042	0.0089	0.0262
60%	0.0025	0.0044	0.0085	0.0234
70%	0.0025	0.0045	0.0081	0.0208
80%	0.0025	0.0046	0.0082	0.0194

混响时间计算值与实测值之间会有一定的误差，大量的现场测定表明：低频混响时间计算值大于实测值；高频则小于实测值。因此，计算时必须考虑经验修正。

由上述混响时间计算可知，混响时间与房间表面吸收特性密切相关。图 5-16 描述了室内表面不同吸收特性时的声能密度 $E(t)$ 的衰减情况。图中实线表示室内表面反射很强的情况。此时，在声源发声后，很快就达到较高的声能密度并进入稳定状态，当声源停止发声，

声音将比较慢地衰减下去。虚线与点画线则表示室内表面的吸声量增加到不同程度时的情况。若纵坐标以分贝标度，则衰减曲线就呈如图5-17所示的直线下降。

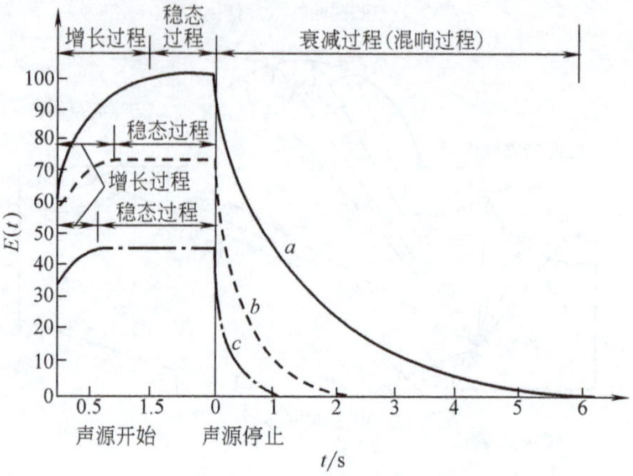

图5-16 室内吸收不同对声音增长和衰减的影响

a—吸收较少 *b*—中等吸收 *c*—吸收较强

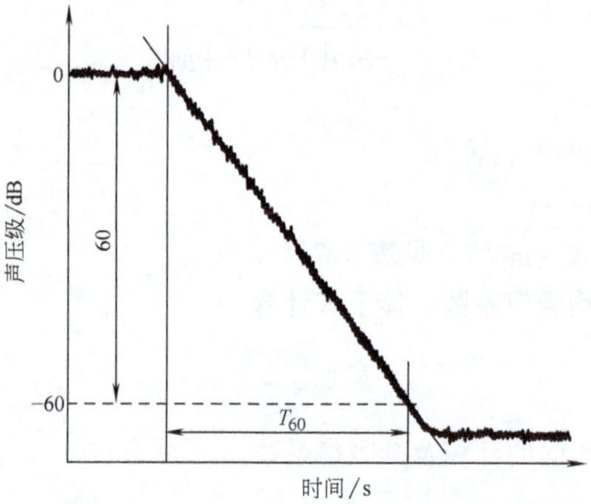

图5-17 室内声能密度用dB标度的混响时间曲线

3. 混响时间的选用

房间的使用要求不同，混响时间要求也不同。例如，主要用于语言的房间，混响时间应短些；主要用于音乐的房间，混响时间应适当长些。一般以500Hz为准来规定不同房间的最佳混响时间。最佳混响时间是根据对大量已建房间进行主观评价，结合客观测定结果，经过统计归纳而确定的。它不是一个确定值，而是一个数值范围，它要求综合考虑响度要求和清晰度要求。目前普遍采用按照大厅容积和使用类型推荐的最佳混响时间（500Hz）。图5-18所示为国外学者归纳提出的不同使用要求空间的混响时间标准。

由混响时间的计算式（5-23）可知，影响混响时间的主要因素是房间的容积和总吸声量。在总吸声量中，除了室内固体如建筑表面吸声面积的吸声量外，对于以观众为主的教室、剧院、报告厅、体育馆等由于观众所占的比例很大，一般剧场中观众人体表面吸声量可占总吸声量的1/2~2/3。因此，控制了房间容积和观众人数之间的比例，也就在一定程度上控制了混响时间。在一般人员较多的房间，常用每座容积这一指标，单位为m^3/座。这项指标若选择恰当，就可以在尽可能少用吸声处理的前提下得到合适的混响时间，从而降低建筑造价。如果每座容积选择过大，则必须增加大量的额外吸声处理，才能保证最佳混响时间；反之，如选择过小，则混响时间偏短，一旦竣工将无法更改，从而造成室内音质的先天性缺陷。

根据经验，为达到适当的混响时间，各类教室可采用我国《民用建筑隔声设计规范》(GB 50118—2010) 推荐值，见表5-8。

4. 房间共振和共振频率

室内声源发声时，声能密度会由于声源的频率不同而有强有弱，房间本身振动的频率称为**房间固有频率**，房间对不同的频率有不同的"响应"，声源的频率与房间的固有频率越接近，越易引起房间的共振，这个频率的声能密度也就越强，即所谓的**共振现象**。共振现象需用驻波解释。

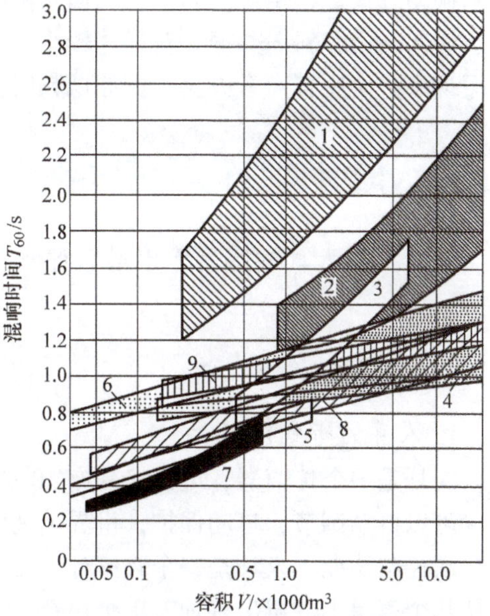

图5-18 不同使用要求空间的混响时间标准[7]

1—教室 2—音乐厅 3—音乐播音室 4—会议室 5—小的话剧院 6—室内乐 7—语言播音室 8—电影院 9—剧院

表5-8 各类教室空场500~1000Hz的混响时间 (GB 50118—2010)

房间名称	房间容积/m^3	空场500~1000Hz混响时间/s
普通教室	≤200	≤0.8
	>200	≤1.0
语言及多媒体教室	≤300	≤0.6
	>300	≤0.8
音乐教室	≤250	≤0.6
	>250	≤0.8
琴房	≤50	≤0.4
	>50	≤0.6
健身房	≤2000	≤1.2
	>2000	≤1.5
舞蹈教室	≤1000	≤1.2
	>1000	≤1.5

在自由空间中有一面反射性的墙。一定频率的声音入射到此墙面，产生反射，入射波与反射波形成"干涉"。即在入射波与反射波相位相同的位置上，振幅因相加而增大；在相位相反的位置上，振幅因相减而减小，这就形成了位置固定的波腹与波节，这就是"驻波"。

在自由声场中的两面平行墙面，会产生"轴向共振"，共振频率取决于两面墙之间的距离和振动方式。在矩形房间里，墙面两两平行，地面与天花板平行，共振较复杂，有轴向共振、切向共振和斜向共振。对尺寸较小、体型较简单的播音室和录音室，由于复杂的多重的共振现象，使原有声音失真，例如低频时会产生嗡声。

5.2 人的听觉特征及其对环境噪声的反应

声音要靠人耳的感受作出最后评判，人耳的听觉特征是音质设计和噪声环境控制的依据。

5.2.1 人耳的听觉特性

1. 人耳的听觉范围

人耳是一个传声器，可以接受有 10^7 数量级的声强动态范围。对于外界的不同强度的声音，可以自动调节，自动保护，世界上还没有一个仪器可以有这么大的动态范围和这样优异的自动控制功能。人耳是一个频率计，可以测出不同的频率。人耳也是一个频率分析器，可以从几个声源中分辨出多种或单个声音。

图 5-19 所示为人耳的听觉范围。横轴是频率，纵轴是声压级。人耳只有在一定的频率和声强范围内才能听得见。图中最小的一块区域是一般说话和歌唱的范围，稍大的一围是音乐范围，最大的一个区域是全部可听声域。从图 5-19 中还可以看到，在 1000～5000Hz 附近，耳朵可以听到最弱的声音。图中听阈声压强随频率不同，低于 3000Hz 时频率越低，听阈声压级越高，图中虚线表示不同频率时人耳感觉到的声音响度相同，图中痛阈也表示了不同频率引起痛阈的声压级是不同的。

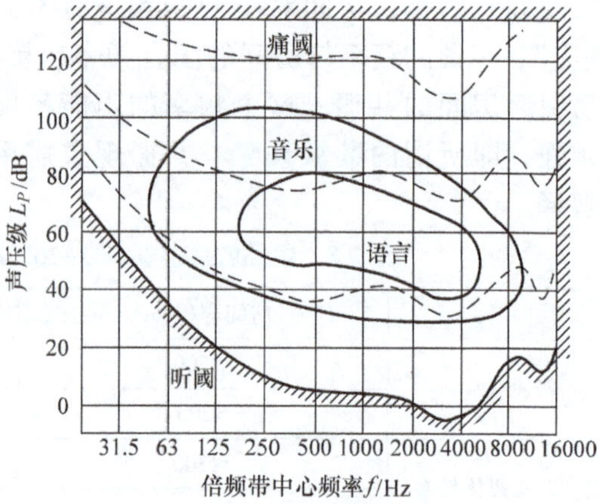

图 5-19 人耳的听觉范围[3]

2. 响度和响度级

响度反映声音入射到人耳鼓膜使听者获得的感觉量。将听起来一样响的声音的响度用 1000Hz 纯音的声压级又称响度级来表示，单位：方（phon，1phon≙1dB）。图 5-20 所示为人耳的等响曲线，等响曲线是通过不同频率纯音的主观响度与 1000Hz 的纯音的主观响度进行比较得到的。对 1000Hz 的声音，人耳能够承受的最大声压级为 120dB，即 120 方。超过 120 方以上的区域称为痛阈，其响度可能会对内耳造成伤害。最低的虚线表示人耳的最小听觉阈，低于此曲线以下的响度区域人耳无法听到，高于此曲线以上的响度才能被人耳感受到。

从曲线图中可以看到人耳对 3000～3500Hz 区域的频率最敏感，随着频率的降低听觉灵敏度也逐渐降低，因此许多立体声功放和接收机都具备“响度”控制，通过提升低频响度，使得高低频率较平衡，从而使听音者感到声音的平衡，以弥补人耳听觉上在低频灵敏度上的不足。

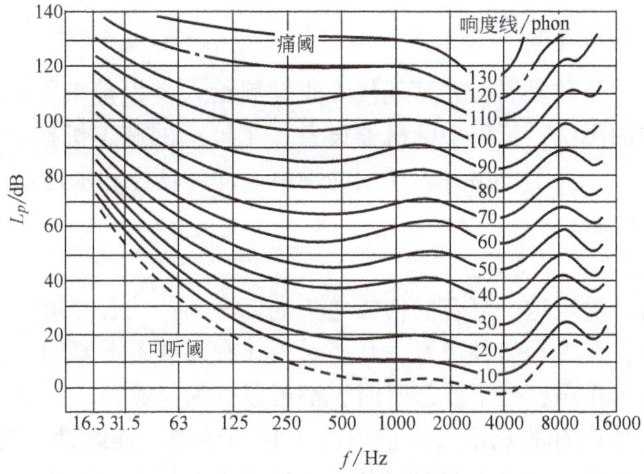

图5-20　等响曲线

3. 掩蔽效应

声音必须达到一定强度才能引起听觉，引起最小听觉的强度称**听阈**。一个声音的听阈因另一个声音的存在而上升的现象称为**掩蔽**。人耳对一个声音的听觉灵敏度因另一个声音的存在而降低的现象叫**掩蔽效应**。听阈所提高的分贝数称掩蔽量。由于掩蔽效应，当一个复合声信号作用到人耳时，其中有响度较高的频率分量，则人耳不易觉察到低响度的频率分量。日常生活中，人们常利用一种喜欢听的声音如音乐（又称掩蔽音），去掩蔽另一种不喜欢听的声音如噪声，有效地利用掩蔽效应控制环境噪声；又如在大型敞开式办公室，人们常利用适当的空调系统的背景噪声作为"**声音香料**"，以掩蔽室内的谈话声、电话声等噪声；但客观存在的无序的掩蔽效应又经常影响着人们的工作效率，如在公众嘈杂的环境中，人们听不清要听的内容。掩蔽效应的强弱取决于两个声音之间的相对强度和频率结构，以及听者的心理状态。客观上存在如下规律：

1）频率相近的纯音掩蔽效果显著。

2）掩蔽音的声压级越高，掩蔽量越大，掩蔽的频率范围越宽。

3）低频音对高频音掩蔽作用大，高频音对低频音掩蔽作用小。

4. 方位感

方位感是双耳听觉判断声源位置的属性。声波到达两耳的强度和时间，随声源相对于听音人的位置而有差别，听觉系统根据这种时间差和强度差就可确定声源的方位。

对于低频声，定位可能依赖相位差，实际上也就是时间差。在高频时，定位可能依赖于头部产生放射作用而在两耳处引起的强度差。如果定位时头部可以左右摇摆，则定位的准确度就要高得多。在有混响的地方，定位只依赖于最先到达两耳声音的时间差。如果在室内一声源发出一个脉冲声，人们首先听到的是直达声，然后陆续听到的是经过天花、地面、墙壁等界面的一次、二次、三次……反射声。一般情况下，在直达声到达后50ms内到达的反射声会加强直达声，而在50ms后到达的反射声不会加强直达声。

声源方位感明显的噪声容易引起人们心理上的烦躁，而无明确方位感的噪声则易被人忽略。所以，在利用掩蔽效应控制噪声时，应尽量弱化掩蔽声源的方位感。

5.2.2 室内环境噪声与来源

随着人类文明的进步和发展，尤其现代工业发展给人类也带来了前所未有的噪声干扰。如地上的汽车、空中的飞机、工厂中的机器设备、工地上的施工机械、大街上拥挤的人群、住宅楼内邻居的喧闹等，无不发出令人厌烦的噪声。噪声已经和水污染、空气污染、垃圾并列为现代世界的四大公害。

1. **噪声的基本概念**

从物理角度而言，噪声这一复音的构成是杂乱无序的；从心理角度而言，凡人们不愿听的各种声音都是噪声；无论是何种声音，凡是对人体有害或不需要的声音均可称为噪声。因此，即使是语言声或音乐声，当不愿意听时，都可以认为是噪声。一个人对一种声音是否愿意听，不仅取决于这种声音的响度，而且取决于它的频率、连续性、发出的时间和信息内容，同时还取决于发出声音的主观意愿以及听音者的心理状态和性情。一首优美的歌曲对欣赏者是一种享受，而对一个下夜班需要休息的人则是引起反感的噪声。交通噪声在白天人们还可以勉强接受或容忍，而对夜间需要休息的人则是无法忍受的。

噪声是一种物理性污染，它的特点是局部性和没有后遗症。噪声在环境中只是造成空气物理性质的暂时变化，噪声输出停止以后，污染立即消失，不留下任何残余物质。

环境噪声领域内，一般低于350Hz的噪声称为低频噪声，高于1000Hz的噪声称高频噪声，介于350~1000Hz的噪声则为中频噪声。

2. 室内噪声的来源

室内噪声主要来源于户外的交通噪声、工业与施工噪声、室内外的社会生活噪声等，在封闭建筑内，经常还有空调系统设备引起的空调噪声等。根据2003年城市声环境质量报告统计，我国52个城市环境噪声构成中，交通噪声占23.5%，工业噪声占10.7%，施工噪声占3.5%，社会生活噪声占51.6%，其他噪声占10.7%。可见，社会生活噪声所占比例最大，是影响范围最广的噪声源，其次是交通噪声[8]。

（1）**交通噪声** 交通噪声是指机动车辆、飞机、火车、轮船等交通工具所产生的噪声。其中城市区域内交通干线上的机动车辆噪声（主要为载货汽车、公共汽车、摩托车等噪声），已成为城市的主要噪声。距车7.5m测定资料表明，载货车辆、公共汽车等重型车辆噪声约89~92dB，而吉普车、轿车等轻型车辆噪声约80~85dB，车辆噪声还受汽车速度的影响，车速越快，噪声越大。车速提高1倍，噪声增加6~10dB。城市交通干线噪声的等效声级一般可达75~85dB（A），这些噪声通过关闭的窗户传进道路两旁的住宅，声级不过衰减10~20dB[9]。城市地铁由于在地道内行驶，噪声不易扩散，据英国实测，车厢内开窗时噪声可达102dB[10]。

（2）**工业噪声与建筑施工噪声** 工业噪声主要来自生产和各种工作过程中的机械振动、摩擦、撞击以及气流扰动而产生的声音。电子工业与轻工业的噪声约在90dB以下，机械工业的噪声在80~120dB[11]。这些工业噪声，特别是建在居民区的工厂所发出的噪声对居民的干扰相当严重。有时工厂附近的居民区有高达60~80dB（A）甚至90dB（A）的噪声，这些噪声昼夜不停，严重影响了居民的休息甚至身心健康[9]。

建筑施工噪声主要是指城市施工现场中各种机械噪声。打桩、爆破、混凝土搅拌机、推土机、空压机、运料车等可以在其附近地区产生80~90dB（A）的噪声[12]。建筑施工虽然对某一地区是暂时性的，但对附近居民与建筑工人来说，危害也相当严重。

（3）**社会生活噪声** 社会生活噪声是指城市中人们生活和社会活动中出现的噪声，如集贸市场、流动商贩、街头宣传、歌厅歌舞、学校操场、住宅楼内住户个人装修等，以及建筑内部各种生活设施、人群活动等产生的声音，如在居室中儿童哭闹、高声说话，电视、音响设备等家用电器设备，生活管道如上下水管等的噪声。这些噪声可以分为居室噪声和公共场所噪声两类，它们一般在80dB以下[13]，对人没有直接生理危害，但都能干扰人们交谈、工作、学习和休息。随着城市人口密度的增加，社会生活噪声的影响也在增加。

（4）**空调噪声** 现代建筑特别是高层建筑，室内昼夜空调开启，空调系统设备运行以及风道内气流流速引起的空调噪声影响着室内人们的工作、学习和生活，已逐渐为人们所关注。空调噪声主要来源于空调系统中的风机、制冷机房、冷却塔等的噪声，管道内气流流速及其经过阻力件的噪声等。一般高压风机噪声属中高频噪声，离心风机噪声属低频噪声。制冷机房室内噪声高达90dB，甚至更高，即使机房门窗外的噪声也可达到近80dB。冷却塔噪声属中低频噪声。管道内的气流一般属于低频噪声，但因阀门开度不当而引起的啸叫声则属高频噪声。

5.2.3 噪声的危害

低频噪声与高频噪声不同，高频噪声随着距离越远或遭遇障碍物时，能迅速衰减，如高频噪声的点声源，每10m距离就能下降6dB。而低频噪声却递减得很慢，声波又较长，能轻易穿越障碍物，长距离奔袭和穿墙透壁直入人耳。因此，长期的低频噪声对人体健康影响较大。

噪声的危害是多方面的。它可以使人听力衰退，引起多种疾病，同时，还影响人们正常工作与生活，降低劳动生产率。特别强烈的噪声还能损坏建筑物，影响仪器设备的正常运行。

1. 噪声对听觉器官的损害

当人们进入较强烈的噪声环境时，会觉得刺耳难受，经过一段时间就会产生耳鸣现象，这时用听力计检查，将发现听力有所下降，但这种情况持续不会很长，只要在安静地方停留一段时间，听力就会恢复，这种现象称为“**听觉疲劳**”，其听力损失一般在10dB以内。如果长年累月地处在强烈噪声环境中，这种听觉疲劳就难以消除，而且将日趋严重，这就是一种职业病——**噪声性耳聋**或噪声性听力损失，即由于噪声引起听阈的提高称为**听阈上移**或**听力损失**。国际上以500Hz、1000Hz、2000Hz听力损失的平均值超过25dB作为噪声性耳聋的生理依据[14]。表5-9描述了听力损失与耳聋程度的关系。长期在高噪声环境中引起的耳聋又称**噪声性耳聋**或**职业性耳聋**。一般当听力损失大于90dB时，则称**全聋**。当人耳突然暴露于极强烈的噪声之下时（如噪声强度高达150dB），由于声压很大，伴有冲击波，可造成急性听觉器官外伤而丧失听力，这种现象称为**爆震性耳聋**，其主要症状为鼓膜破裂，内耳出血等生理性的破坏，严重者可导致永久性耳聋[16]。一般在90dB的噪声环境中工作，有20%的人会引起噪声性耳聋；在95dB条件下，30%的人会引起噪声性耳聋；在95dB条件下，则有40%的人会引起噪声性耳聋[17]，如不及早防治，发展下去就可能成为生理上的耳聋。实际上，听力损失与年龄及噪声频率相关，图5-21所示为不同年龄在不同噪声频率下的听力损失。

表 5-9 听力损失与耳聋程度[15]

听力损失/dB	15	25~40	40~65	65~70	70~90	>90
耳聋程度	正常	轻度耳聋	中度耳聋	显著耳聋	重度耳聋	极端耳聋

2. 噪声引起多种疾病

噪声作用于人的中枢神经时，使人的基本生理过程——大脑皮层兴奋与抑制的平衡失调。较强噪声作用于人体引起的早期生理异常一般都可以恢复正常，但久而久之，则会影响到植物性神经系统，产生神经衰弱、头痛、头晕、记忆力减退、失眠和全身疲乏无力等多种病状。近年来，噪声对心血管和消化系统影响的研究结果表明，噪声可以使心跳加速、心律不齐、血压升高、胃炎等疾病。噪声对神经系统的影响程度与噪声强度有关，不正常的神经系统会导致人体内脏多种疾病。当噪声在 50~85dB 时，主要表现为头痛、睡眠不好；90~100dB 时，常常易激动，有疲劳感觉；100~120dB 时，头晕、失眠、记忆力明显下降；当噪声增强到 140~145dB 时不但会引起耳痛，而且还能引起恐惧或全身神经系统紧张感[18]。

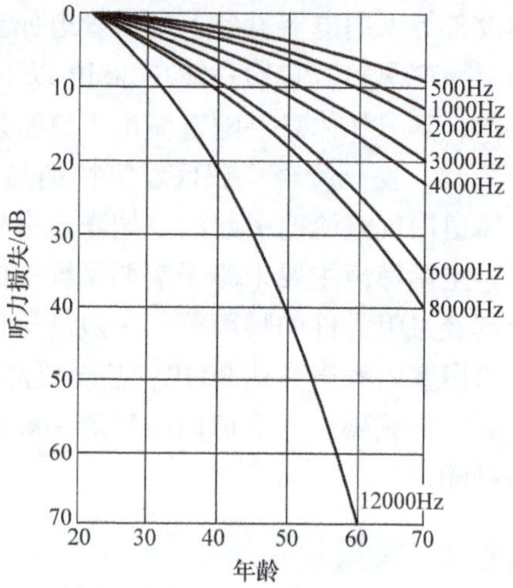

图 5-21 不同年龄、不同频率时的听力损失[17]

3. 噪声对正常生活与工作效率的影响

有人做过实验，发现在 40~45dB（A）的噪声刺激下，睡眠的人脑电波就出现了觉醒反应，说明 45dB（A）的噪声就开始对正常人睡眠发生影响[19]。对于神经衰弱者，则更低的声级就会产生干扰。目前街道上的噪声和工厂附近的噪声有时高达 70~80dB（A），这些噪声不仅影响人们的休息，而且还会干扰人们互相交谈、收听广播、电话通信、听课与开会等。

在嘈杂的环境中，人们心情烦躁，工作容易疲劳，反应也迟钝。噪声对于精密加工或脑力劳动的人影响更为明显。有人对打字、排字、速记、校对等工种进行过调查，发现随着噪声的增加，差错率有上升的趋势。相反，有一电话交换台，当噪声从 50dB 降低到 30dB 时，差错率可减少 42%[20]。此外，由于噪声的心理作用，分散了人们的注意力，还容易引起工伤事故。

近年来低频噪声的危害逐渐为人们所认识。在全封闭的高层建筑中，由于长期受到建筑内部的不易察觉的低频噪声侵害，会使人感觉神经紧张，末梢血管收缩，心动过速，血压升高，内分泌失调。由于它是被迫接受的，对其心理会产生恶劣的影响，使人烦恼激动、易怒，甚至失去理智，分散注意力，工作效率下降。低频噪声已经成为威胁都市市民身心健康的新都市病。

4. 噪声对建筑物的损坏

在 20 世纪 50 年代就有过报道，一架在 60m 低空以 1100km/h 速度飞行的飞机产生的噪声，曾使地面一幢楼房遭到破坏，这还只是亚声速。超声速飞机飞行引起的冲击波，声压级可达 130~140dB，并产生巨大的“轰鸣声”[9]。

工厂中的机器与城市建设中施工机械的噪声和振动，对建筑物也有一定的破坏作用。如大型振动筛、冲床、空气锤、发动机试验站、打桩机等，对附近建筑物会有不同影响。当噪声超过 160dB 时，不仅建筑物受损，发声体本身也会由于强烈的振动而损坏。在极强的噪声作用下，灵敏的自控、遥控设备会失灵。因此，近年来，对高声强的噪声研究越来越引起人们的注意。

5.2.4　环境噪声的评价

人们对于噪声的主观感觉与噪声强弱、噪声频率、噪声随时间的变化有关。如何结合噪声的客观物理量与主观感觉量，获得与主观响应相对应的评价量，以评价噪声对人的干扰程度，是一个复杂的问题。迄今为止，稳态噪声对人的影响已经有不少研究结果，并应用于噪声评价和制订噪声允许标准。噪声评价量和评价方法已有几十种，下面所叙述的内容是基本公认的评价参数和评价方法。

1. A 声级 L_A

这是目前国际上使用最广泛的单值评价方法，许多环境噪声标准都引用了 A 声级作为基本评价量。从等响曲线可以看出，人耳对低频声感觉迟钝，但对高频声却十分敏感。为模拟人耳听觉特征，在测量仪器中，安装一套滤波器（亦称计权网络），对不同频率的声音进行一定的衰减和放大，目前常用的有 A、B、C 和 D 四套计权网络。A、B、C 计权是分别模拟人耳对 40 方、70 方、100 方纯音的响应。用 A、B、C、D 计权网络测得的声压级，分别称为 A 声级、B 声级、C 声级和 D 声级，单位分别记为 dB（A）、dB（B）、dB（C）和 dB（D）。声级是噪声所有频率成分的综合反应，是一个单一的数值，可以直接测量。

A 声级能很好地反映人对声音的主观感觉，它对 500Hz 以下的声音有较大的衰减，以模拟人耳对低频不敏感的特性，《电声学　声级计　第 1 部分：规范》（GB/T 3785.1—2010）给出了 A 声级计权修正值，见表 5-10。A 声级越高，人觉得越吵。因此世界各国声学界、医学界公认以 A 声级作为保护听力和健康，评价环境噪声的物理量。常见声源的 A 声级见表 5-11。

表 5-10　A 声级计权修正值（GB/T 3785.1—2010）

倍频程中心频率 f/Hz	A 计权修正值 ΔA_i/dB	倍频程中心频率 f/Hz	A 计权修正值 ΔA_i/dB
31.5	-39.4	1000	0
63	-26.2	2000	+1.2
125	-16.1	4000	+1.0
250	-8.6	8000	-1.1
500	-3.2		

表 5-11　常见声源的 A 声级和主观评价[21]

序号	声源	主观感受	A 声级/dB（A）
1	轻声耳语	安静	20~30
2	静夜，图书馆	安静	30~40

（续）

序号	声源	主观感受	A 声级/dB（A）
3	普通房间，吹风机	较静	40~60
4	普通谈话声，小空调机	较静	60~70
5	大声说话，较吵街道，缝纫机	较吵	70~80
6	吵闹的街道，公共汽车，空压机站	较吵	80~90
7	很吵的马路，压路机，载重汽车，推土机	很吵	90~100
8	织布机，大型鼓风机，电锯	很吵	100~110
9	柴油发动机，球磨机，凿岩机	痛阈	110~120
10	风铆，螺旋桨飞机，高射机枪	痛域	120~130
11	风洞，喷气式飞机，大炮	无法忍受	130~140
12	火箭，导弹	无法忍受	150~160

A 声级通常直接测得，也可以由倍频程或1/3倍频程声压级计算得到，A 声级可由下式计算

$$L_A = 10\lg\sum_{i=1}^{n}10^{0.1(L_{pi}+\Delta A_i)} \tag{5-25}$$

式中 L_A——A 声级［dB（A）］；

L_{pi}——第 i 个倍频带声级（dB）；

ΔA_i——第 i 个频率 A 计权网络修正值（dB）。

【例5-3】 测得某鼓风机进口倍频带声压级列于表5-12，试求该风机的 A 声级。

【解】 首先根据其倍频程声压级，由表5-10查得 A 计权网络修正值并列于表5-12中，然后由式（5-25）计算风机的 A 声级

$$L_A = 10\lg\sum_{i=1}^{8}10^{0.1(L_{pi}\Delta A_i)}\text{dB(A)} = 105\text{dB(A)}$$

由表5-11可知该风机噪声会使人感到很吵。

表5-12 【例5-3】计算表

倍频程中心频率 f/Hz	63	125	250	500	1000	2000	4000	8000
声压级 L_{pi}/dB	110	101	100	102	98	98	98	85
A 计权网络修正值 ΔA_i/dB	-26.2	-16.1	-8.6	-3.2	0	1.2	1.0	-1.1

A、B、C 计权声级的主要差别是对噪声低频成分的衰减程度不同，A 衰减最多，B 次之，C 最少，其中 B 计权已逐渐不用，按 GB/T 3785.1—2010 绘制的 A 计权和 C 计权网络修正曲线如图5-22所示。虽然 A 计权声级能较好地反映人耳对声音的响度感觉，但单靠 A

声级来评价和控制噪声，往往会显得不够充分，它无法反映低频噪声对人们的侵害程度，难以实现控制噪声时对其频谱的全面了解。**C 声级**在一定程度上可以弥补 A 声级对低频噪声评估的不足。D 计权声级是对噪声参量的模拟，用于飞机噪声的测量。

2. 语言干扰级

语言干扰级(Speech Interference Level，SIL）是评价噪声对语言干扰的单值量。考虑到语言声能的大部分是在低于 800Hz 的频率范围，以及高于 800Hz 声音对清晰度的重要作用，以中心频率为 500Hz、1000Hz、2000Hz 和 4000Hz 4 个倍频带噪声声压级的算术平均值作为语言干扰级。语言干扰级只反映人们所处环境的噪声背景。人的正常谈话声为 70dB 左右，当环境噪声增大时，人们就不得不提高音量或缩短谈话距离。图 5-23 所示为在不同的背景噪声环境中进行语言交谈所要求的语言声级。

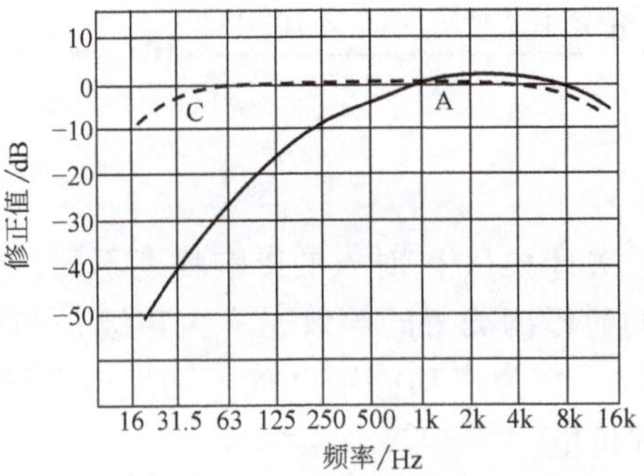

图 5-22 A、C 计权网络修正曲线（GB/T 3785.1—2010）

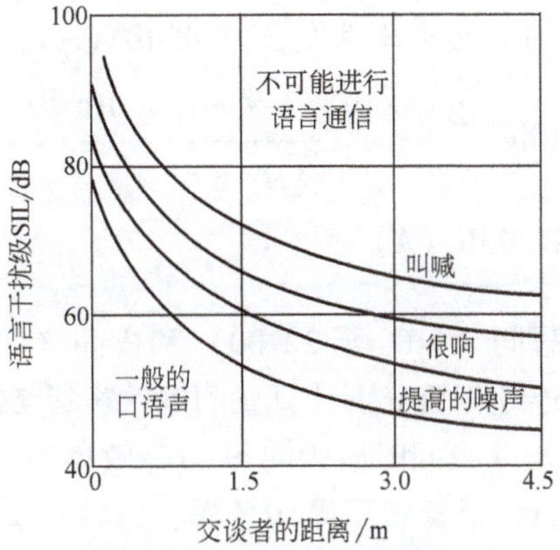

图 5-23 交谈的语言声级与背景噪声（SIL）的关系[5]

3. 等效连续 A 声级 L_{Aeq}

对于声级随时间变化的起伏噪声，其 L_{A} 是变化的，**等效连续 A 声级**利用某一段时间内能量平均的概念，将起伏暴露的几个不同的 A 声级噪声，利用时间加权平均的方法，以一个 A 声级表示该时间段内的噪声大小，简称**等效声级**，即指在规定时间 T 内 A 声级的能量平均值，记为 $L_{\mathrm{Aeq},T}$，简写为 L_{eq}，，单位为 dB（A）。在 T 时间内各噪声的 A 声级 $L_{\mathrm{A}i}$ 的暴露时间为 T_i，则 T 时间内等效连续 A 声级的数学表达如下

$$L_{\mathrm{Aeq},\,T} = 10\lg\left(\frac{T_1}{T}10^{0.1L_{\mathrm{A1}}} + \frac{T_2}{T}10^{0.1L_{\mathrm{A2}}} + \cdots + \frac{T_n}{T}10^{0.1L_{\mathrm{A}n}}\right)$$

$$= 10\lg\sum_{i=1}^{n}\frac{T_i}{T}10^{0.1L_{\mathrm{A}i}} \tag{5-26a}$$

或

$$L_{\mathrm{Aeq},T} = 10\lg\left(\frac{1}{T}\int_0^T 10^{0.1L_{\mathrm{A}}}\mathrm{d}t\right) \tag{5-26b}$$

当 T 时间内各 n 个 A 声级暴露时间 $\Delta\tau$ 等间距时

$$L_{\mathrm{Aeq},n\Delta\tau} = 10\lg\left(\frac{1}{n}\sum_{i=1}^{n}10^{0.1L_{\mathrm{A}i}}\right) \tag{5-27}$$

在对不稳态噪声的大量调查中，已证明等效连续 A 声级与人的主观反映存在良好的相

关性。我国和许多国家的噪声标准中，都用该量作为非连续噪声的评价指标。

【例 5-4】 测得某车间一个工作日的噪声分布为：4h，90dB（A）；3h，100dB（A）；2h，110dB（A）。计算其工作日的等效声级 L_{Aeq}。

【解】 由式（5-26a），得

$$L_{Aeq,\ 8} = 10\lg \sum \left(\frac{T_i}{T} 10^{0.1 L_{Ai}} \right) = 10\lg \left[\frac{4}{8} \times 10^{0.1\times 90} + \frac{3}{8} \times 10^{0.1\times 100} + \frac{1}{8} \times 10^{0.1\times 110} \right] \mathrm{dB(A)}$$
$$= 102.2\mathrm{dB\ (A)}$$

【例 5-5】 已知某操作工每班在 70dB（A）的操作室工作 4h，在机房内工作 4h，如果噪声允许标准为 85dB（A）。试问机房内所允许的最高噪声级是多少？

【解】 因为总声压级 $L_{Aeq,8}=85$dB（A），$L_{A1}=70$dB（A），$t_1=4$h，则

$$L_{A2} = 10\lg \frac{\sum t_i \times 10^{0.1 L_{Aeq}} - t_1 \times 10^{0.1 L_{A1}}}{\sum t_i - t_1} = 10\lg \frac{8 \times 10^{0.1\times 85} - 4 \times 10^{0.1\times 70}}{8-4} \mathrm{dB(A)}$$
$$= 87.9\mathrm{dB\ (A)}$$

噪声在昼间（6:00 至 22:00）和夜间（22:00 至次日 6:00）对人的影响程度不同，为此利用等效连续声级分别计算昼间等效声级 L_d（昼间时段内测得的等效连续 A 声级）和夜间等效声级 L_n（夜间时段内测得的等效连续 A 声级），作为声功能区（如不同城市区域）的声环境质量评价量和厂界（场界、边界）噪声的评价量。

4. 累积百分声级 L_N

为描述随机起伏的道路交通噪声，利用概率统计的方法，记录随时间变化的 A 声级噪声，通过统计分析获得的声级称**累计百分声级**，记作 L_N，单位为 dB（A）。它表示测量时间内占 N%的时间超过的声级，最常用的是 L_{90}、L_{50}、L_{10}。一般说来，把低声级看作来自所有方向和许多声源形成的“背景噪声”，人们很难辨认其中的任何声源。这种背景噪声声级占测量时间的 90%，例如 $L_{90}=70$dB（A）表示整个测量时间内有 90%的测量时间，噪声都超过 70dB（A），通常将它看成**背景噪声**。平均噪声级定义为等于测量时间 50%的声级，如 $L_{50}=74$dB（A）表示 50%的测量时间内，噪声超过 74dB（A），又称**中间值噪声**。来自某些干扰的噪声，例如，一辆卡车通过或一架飞机飞越，使噪声达到相当高的“峰值”，其所经历的时间大约占 10%，这种噪声称**峰值噪声**，如 $L_{10}=80$dB（A）表示 10%的测量时间内，噪声超过 80dB（A）。因此，某一地区一天里特定的一段时间的城市噪声暴露，可以简单地用背景噪声 L_{90}、平均噪声 L_{50}、峰值噪声 L_{10} 描述。

交通噪声基本符合正态分布，其等效连续声级 $L_{Aeq,T}$ 与累积百分声级 L_N 的关系可近似表示为

$$L_{Aeq,T} \approx L_{50} + \frac{(L_{10}-L_{90})}{60} \tag{5-28}$$

现场实测时，可通过等时间间隔测量数据求得累积百分声级。首先将测到的 100 个数据从大到小按顺序排列，第 10 个数据即为 L_{10}，第 50 个数据为 L_{50}，第 90 个数据为 L_{90}。

累积百分声级主要用于噪声随机变化的交通噪声、城市噪声标准。

5. NR 噪声评价曲线

NR 噪声评价曲线是国际标准化组织（ISO）规定的一组评价曲线，它可作为评价已存在的噪声问题，也可以作为室内达到可接受的背景噪声确定的设计目标，或者工业噪声治理的限值目标。图 5-24 所示 NR 噪声评价曲线反映了 NR 噪声评价数与倍频带声压级之间的关系。NR 曲线的序号表示该曲线通过中心频率 1000Hz 的声压级数值，每一条曲线各中心频率下的声压级均可由图 5-24查出。各倍频带声压级与 NR 有如下关系

$$L_p = a + b\text{NR} \tag{5-29}$$

式中 a、b 为常数，其值列于表 5-13。NR 数与 A 声级 L_A具有较大的相关性，工程上可以近似为[22]

$$L_A = \text{NR}+5 \tag{5-30a}$$

$$L_A = 0.8\text{NR}+18 \tag{5-30b}$$

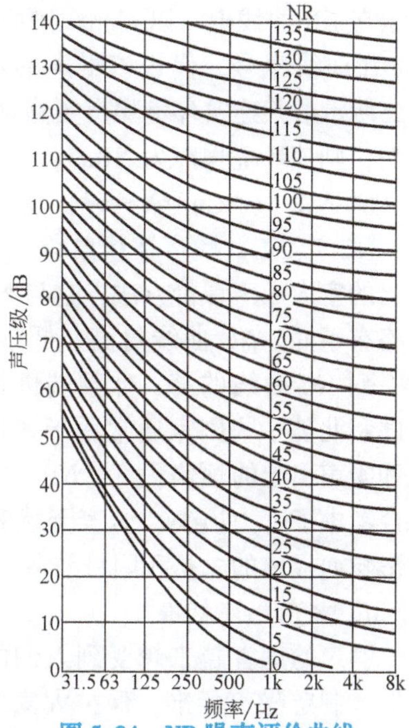

图 5-24 NR 噪声评价曲线

（1）**设计应用** 近年来，各国规定的噪声标准都以 A 声级或等效连续 A 声级作为设计标准，如标准规定为 90dB（A），则根据上式可知相当于 NR85。利用 NR 曲线获得 NR85 曲线上各倍频带声压级值，即为允许标准值。在室内消声设计或空调系统消声设计时，可作为消声设计依据。

表 5-13 常数 a 和 b[9]

倍频带中心频率 f/Hz	a/dB	b/dB
63	35.5	0.790
125	22.0	0.870
250	12.0	0.930
500	4.8	0.974
1000	0	1.000
2000	-3.5	1.015
4000	-6.1	1.025
8000	-8.0	1.030

【例 5-6】 某剧院室内噪声设计参数为 NR30，室内声学设计或消声设计时，写出室内各频带声压级控制量频谱。

【解】 由图 5-24 查得 NR30 时各频带声压级相应值列于表 5-14 中。

表 5-14 【例 5-6】计算表

倍频带中心频率 f/Hz	63	125	250	500	1000	2000	4000	8000
倍频程允许声压级 L_p/dB	62	49	40	35	30	27	25	23

（2）**校核应用** NR 曲线还经常应用于通过现场一组实测数据判断室内 NR 噪声数是否

达标的场合。其应用方法为：将各倍频带测得的声压级描绘在NR曲线上，以实测频谱曲线与NR曲线相切的最高NR曲线序号，代表该噪声的噪声评价数。例如，图5-25所示的某建筑环境噪声实测频谱曲线，与NR35曲线相切，则该环境噪声为NR35。

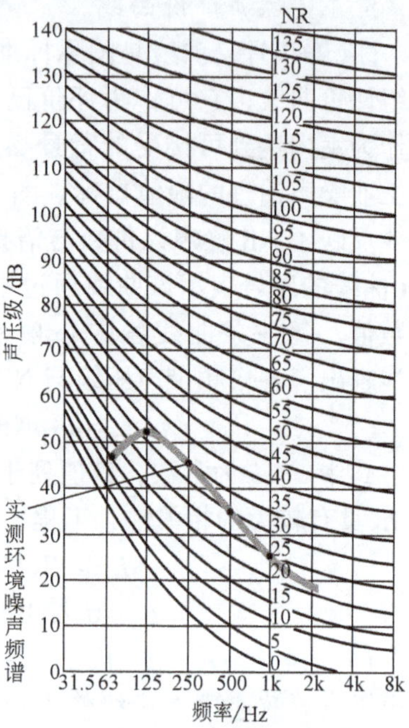

图5-25 NR曲线的应用

6. NC（PNC）噪声评价曲线

NC（PNC）噪声评价曲线是早于NR噪声评价曲线提出的室内噪声评价方法，它与NR曲线相似，但曲线走向略有不同。NC曲线对高、低频噪声评价不是很理想，PNC对NC曲线的高、低频端进行了修正，该曲线目前美国和北美一些国家通常用于评价室内噪声对语言的干扰和噪声引起的烦恼程度。NR曲线是在NC曲线基础上综合考虑了听力损失、语言干扰和烦恼程度三方面的噪声影响而提出的，是我国目前室内噪声评价的主要依据。

7. 噪声允许标准

噪声的危害越来越受到人们的重视，这就要求以立法形式制定噪声标准，保护大家的身心健康。**噪声允许标准**通常有国家颁布的国家标准（GB）和由主管部门颁布的部颁标准及地方性标准。在以上三种标准尚未覆盖的场所，可以参考国内外有关的专业性资料。目前与建筑环境相关的主要噪声标准见表5-15。此外，在各类建筑设计规范中，也有一些有关噪声限值的条文。

表5-15 现行主要噪声标准

标准名	标准号
《中华人民共和国环境噪声污染防治法》	1996
《工业企业设计卫生标准》	GBZ 1—2010
《声环境质量标准》	GB 3096—2008
《民用建筑隔声设计规范》	GB 50118—2010
《建筑隔声评价标准》	GB/T 50121—2005
《工业企业噪声控制设计规范》	GB/T 50087—2013
《工业企业厂界环境噪声排放标准》	GB 12348—2008
《建筑施工场界环境噪声排放标准》	GB 12523—2011
《铁路边界噪声限值及其测量方法》	GB 12525—1990
《机场周围飞机噪声环境标准》	GB 9660—1988
《剧场、电影院和多用途厅堂建筑声学设计规范》	GB/T 50356—2005
《体育场馆声学设计及测量规程》	JGJ/T 131—2012

在《民用建筑隔声设计规范》（GB 50118—2010）中规定了住宅、学校、医院和旅馆四类建筑的室内允许噪声级，见表5-16。《声环境质量标准》（GB 3096—2008）中规定的不同城市区域室外环境噪声等效声级限值，见表5-17。表5-18所示为《工业企业设计卫生标准》（GBZ 1—2010）所规定的厂房内工作地点噪声声级设计要求，其中对有噪声源的场所其噪声限值按《工作场所有害因素职业接触限值 第2部分：物理因素》（GBZ 2.2—2007）确定，即按每周5d，每天工作8h计算8h的等效声级，若每周5d，但每天工作时间

不等于 8h，则需计算 8h 的等效声级，如果每周不是 5d，则需计算 40h 的等效声级。此外，在《洁净厂房设计规范》（GB 50073—2013）中规定，洁净室空态噪声级非单向流洁净室不应大于 60dB（A），单向流、混合流洁净室不应大于 65dB（A）。

表 5-16　民用建筑室内允许噪声标准（GB 50118—2010）　[单位：dB(A)]

建筑类型	房间名称	时间	高要求标准	一般标准
住宅建筑	卧室	昼间/夜间	≤40/≤30	≤45/37
	起居室（厅）		≤40	≤45
学校建筑	语言教室、阅览室			≤40
	普通教室、实验室、计算机房，音乐教室、琴房，教师办公室、会议室			≤45
	舞蹈教室、健身房，走廊、楼梯间			≤50
医院建筑	病房、医护人员休息室	昼间/夜间	≤40/≤35①	≤45/40
	各类重症监护室		≤40/≤35	≤45/40
	诊室，手术室、分娩室		≤40	≤45
	洁净手术室		—	≤50
	听力测听室		—	≤25②
	化验室、分析实验室		—	≤40
	入口大厅、候诊室		≤50	≤55
旅馆建筑	客房	昼间/夜间	≤35/≤30	一级：≤40/≤35 二级：≤45/≤40
	办公室、会议室		≤40	一级//二级：≤45//≤45
	多用途厅		≤40	一级//二级：≤45//≤50
	餐厅、宴会厅		≤45	一级//二级：≤50//≤55
办公建筑	单人办公室，电视电话会议室		≤35	≤40
	多人办公室，普通会议室		≤40	≤45
商业建筑	商场、商店、购物中心、会展中心		≤50	≤55
	餐厅		≤45	≤55
	员工休息室		≤40	≤45
	走廊		≤50	≤60

① 对特殊要求的病房，室内允许噪声级应小于或等于 30dB。

② 表中听力测听室允许噪声级的数值，适用于采用纯音气导和骨导听阈测听法的听力测听室。采用声场测听法的听力测听室的允许噪声级另有规定。

表 5-17　城市区域环境等效声级限值（GB 3096—2008）[单位：dB（A）]

类别	适用区域		昼间	夜间
0	特别需要安静的区域：康复疗养区		50	40
1	需要保持安静的区域：居住、医疗卫生、文化教育、科研设计、行政办公为主区域		55	45
2	需要维护住宅安静的区域：商业金融、集市贸易为主，或居住/商业/工业混杂区		60	50
3	需要防治工业噪声影响区域：工业生产、仓储物流为主区域		65	55
4a	需要防治交通噪声影响区域：	高速/一级/二级公路，城市快速路，城市主/次干路，城市轨道交通（地面段），内河航道两侧区域	70	55
4b		铁路干线两侧区域	70	60

表 5-18 工业建筑工作场所噪声声级设计要求

地点名称		噪声声级/dB (A)	备注
非噪声场所	噪声车间观察（值班）室	≤75	工效限值：≤55dB (A)
	非噪声车间办公室、会议室	≤60	
	主控室、精密加工室	≤70	
噪声场所		接触限值：85	职工接触时间：5d/w，8h/d，采用等效声级

5.3 建筑环境降噪方法

5.3.1 环境噪声控制的基本方法

1. 噪声控制的原则

噪声控制的宗旨是保护接受者免遭噪声的侵害，创造一个安静的生活环境和不影响健康的工作条件。**噪声控制措施**可以在噪声（振动）源、传播途径和接受者三个层次上实施。显然，降低声源噪声是最根本的措施。

合理地选择噪声控制措施是根据使用的费用、噪声允许标准、劳动生产效率等有关因素进行综合分析而确定的。在一个车间里，如噪声源是一台或少数几台机器，而车间内工人较多，一般可采用隔声罩。如车间工人少，则经济有效的办法是采用护耳器。在车间里噪声源多而分散，并且工人也多的情况下，则可采取吸声降噪措施；如工人不多，则可使用护耳器或设置供工人操作或值班的隔声间。

2. 噪声控制的程序

根据工程实际情况，一般应按以下步骤确定控制噪声的方案：

(1) 调查噪声现状，确定噪声声级　使用有关声学测量仪器，对所设计工程中的噪声源进行噪声测定，了解噪声产生的原因与其周围环境的情况。

(2) 确定噪声允许标准和减噪量　参考有关噪声允许标准，根据使用要求与噪声现状，确定可能达到的标准与各个频带所需降低的声压级。

(3) 选择控制方案　根据噪声现状与噪声允许标准的要求，同时考虑方案的合理性与经济性，通过必要的设计与计算（有时尚需进行实验）确定控制方案。根据实际情况可包括：总图布置、平面布置、构件隔声、吸声降噪与消声器等方面的设计。

(4) 降噪效果的鉴定和评价　通过现场测定鉴定和评价经过噪声控制后的环境噪声是否达到预定的允许标准，以作为验收或进一步改进的依据。

噪声控制设计的具体程序见图 5-26。

5.3.2 噪声控制的主要途径

1. **噪声源的控制**

噪声源处降低噪声是噪声控制的最有效方法。通过研制和选择低噪声设备、改进生产加工工艺，提高机械零部件的加工精度和装配技术，合理选择材料等，都可实现从噪声源处控制噪声。

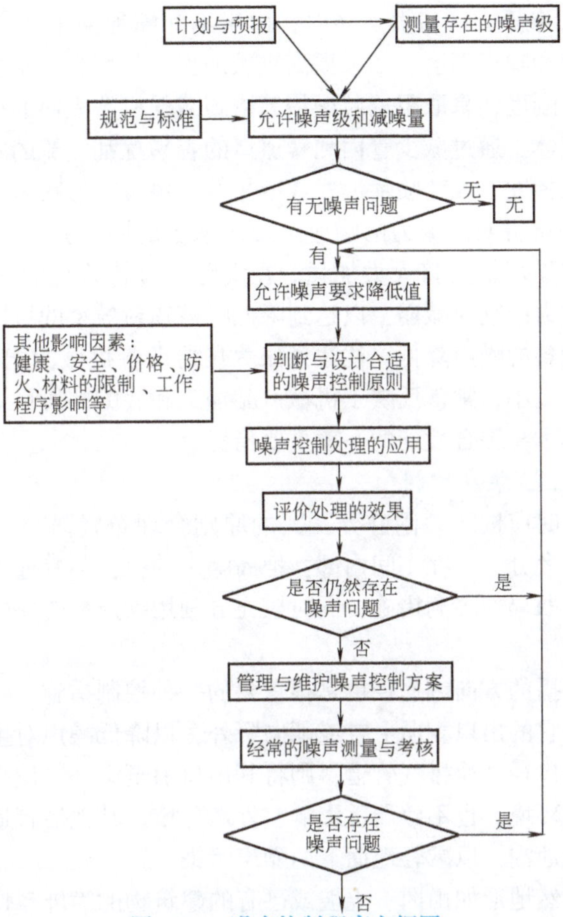

图 5-26 噪声控制程序方框图

（1）改革工艺和操作方法以降低噪声 若某一种生产工艺不可避免地发出强噪声，用于降噪的措施都不见效，就应该对工艺过程进行研究，用低噪声工艺代替高噪声工艺。例如，用低噪声的焊接替代高噪声的铆接；用无声的液压替代高噪声的锤打等均可收到20~40dB（A）的降噪效果，见表5-19。此外，工厂中的高压蒸汽排气放空噪声很大，影响范围也很广，如果将蒸汽回收，送入降温减压容器，再流入蒸汽管网中，这样不但消除了噪声，而且可以将蒸汽收回，节省能耗。

表 5-19 声源控制降噪效果[23]

声　源	控制措施	降噪效果/dB
敲打、撞击	加弹性垫等	10~20
机械转动部件动态不平衡	进行平衡调整	10~20
整机振动	加隔振机座（弹性耦合）	10~25
机器部件振动	使用阻尼材料	3~10
机壳振动	包覆、安装隔声罩	3~30
管道振动	包覆、使用阻尼材料	3~20
电机	安装隔声罩	10~20
进气、排气	安装消声器	10~30
炉膛、风道共振	用隔声板	10~20
摩擦	用润滑剂、提高光洁度、采用弹性耦合	5~10

(2) 降低噪声源的激振力 机器运转时，由于不间断地撞击和摩擦，或由于动平衡不完善，会造成机械振动和噪声辐射。如果提高机械加工、装配和动平衡的精度，减少撞击和摩擦，适当地提高机壳刚度，采取阻尼减振垫等措施减弱机器表面的振动，均可降低噪声辐射。对于高压、高速流体，通过减少管内和管道口的容易扰乱气流的障碍物，如增加导流片降低气流出口处的速度梯度，改变喷嘴形式或型号等，也可降低噪声辐射。

(3) 降低噪声辐射部件对激振力的响应 发声系统的固有频率与激振力频率相同或接近时，系统传递振动和噪声辐射将大大加强。在实际中应将系统的固有频率远离激振力频率，使辐射部件对激振力的响应减弱，以达到降低噪声辐射效率的目的。

必须指出，机器设备的噪声降低，往往意味着仪器设备机械性能的提高和寿命的延长。因此，机械设备噪声的大小，常常反映了机械产品加工和装配的质量好坏。机械产品本身的噪声级可以作为评价其本身综合性能的一项重要指标。

2. 声波传播路径上的噪声控制

首先，在总图设计时应按照“闹静分开”的原则合理布置强噪声源的位置。例如将高噪声车间与办公室、宿舍分开。在车间内部，把高噪声的机器与其他机器设备隔离开来，尽可能集中布置，便于采取局部隔离措施，同时应充分利用噪声在传播中的自然衰减作用，减少噪声的污染。

其次，改变噪声传播的方向或途径也是很重要的一种控制措施。例如，对于辐射中高频噪声的大口径管道，将它的出口朝向上空或朝向野外，以降低噪声对生活区的污染。而对车间内产生强烈噪声的小口径高速排气管道，则将其出口引至室外，使高速空气向上排放，这样不仅可以改善室内声环境，也不致严重影响室外声环境。其他沿管道传播的噪声，可以通过烟囱排入高空或排入地沟，以减轻地面上的噪声污染。

此外，充分利用天然地形如山冈、土坡或已有的建筑物的声屏障作用、绿化带的吸声降噪作用等，也可以收到一定的降噪效果。当然，由于工艺技术上或经济上的原因，上述考虑均无法实现时，就需要在传播途径中直接采取声学措施，包括吸声、消声、隔声、隔振和减振等几类噪声控制技术。如表5-20所示为几种噪声控制措施的降噪原理和适用场所。

表5-20 常用噪声控制措施与适用场合[24]

控制措施类别	降噪原理	适用场合	减噪效果/dB
吸声减噪	利用吸声材料或结构，降低厂房内反射噪声，如吊挂空间吸声体	车间设备多且分散，噪声大	4~10
隔声	利用隔声结构，将噪声源和接受点隔开，如隔声罩、隔声间和隔声屏等	车间工人多，噪声设备少，用隔声罩；反之用隔声间；以上二者均不允许时，用隔声屏	10~40
消声器	利用阻性、抗性和小孔喷注、多孔扩散等原理，减弱气流噪声	气动设备的空气动力性噪声	15~40
隔振	将振动设备与地面的刚性连接改为弹性接触，隔绝固体声传播，如手机隔声基础，安装隔振器	设备振动严重	5~25
减振(阻尼)	用内摩擦损耗大的材料涂贴在振动表面上，减少金属薄板的弯曲振动	设备外壳、管道等振动噪声严重	5~15

控制噪声的最后一环是在接收点进行防护。在声源和传播途径上采取的噪声控制措施不能有效实现，或只有少数人在吵闹的环境中工作时，个人防护是一种经济有效的方法。常用的防护用具有耳塞、耳罩、头盔三种形式。当然，耳塞长期佩戴，会有耳道中出水（汗）或其他生理反应；耳罩不易和头部紧贴而影响到它的隔声效果；而头盔因为比较笨重，所以只在特殊情况下采用。

3. **掩蔽作用降低噪声**

许多情况下，可以利用电子设备产生的背景噪声来掩蔽令人讨厌的噪声，以解决噪声控制问题。这种人工噪声通常被比喻为“声学香料”或“声学除臭剂”，它可以有效地抑制突然干扰人们宁静气氛的声音。通风系统、均匀的交通流量或办公楼内正常活动所产生的噪声，都可以成为人工掩蔽噪声。

在有空调的办公室内，利用通风系统产生的相对较高而又使人易于接受的背景噪声，以掩蔽打字机、电话、办公用机器或大声谈话声等不希望听到的办公噪声是很有好处的，同时能创造一个适宜的宁静环境。

在分组教学的教室里，由几个学习小组发出的声音，向各个方向扩散，因在一定程度上彼此互相干扰抵消，也可以成为一种特别的掩蔽噪声。如果有条件，还可以适当地增加分布均匀的背景音乐，使其成为更有效的掩蔽噪声。

5.3.3 吸声减噪

室内有噪声源的房间，人耳听到的噪声为直达声和房间壁面多次反射形成的混响声的叠加。一般工厂车间的内表面多为抹灰墙面、水泥或水磨石地面等，这些坚硬材料对声音的反射能力很强。声音经多次反射后声压级依然较大，在混响声和直达声的共同作用下，使得室内离同一声源一定距离处接收到的声压级比在室外时高出 10~15dB，如果在室内布置吸声材料，使反射声减弱，则在室人员主要听到的是机器设备发出的直达声，被噪声包围的感觉明显减弱，这种通过吸声处理以达到降噪目的的方法称吸声减噪法。

1. *材料的吸声原理及应用*

声波通过媒质或入射到媒质分界面上时声能的减少过程称为**吸声**。吸声能力较大的材料称为**吸声材料**。

根据吸声机理的不同，吸声体可分为多孔吸声材料和共振吸声结构两大类。多孔吸声材料包括纤维类、泡沫类和颗粒类。以纤维类材料为例，最常见的材料有超细玻璃棉、矿渣棉、化纤棉、木丝板、甘蔗板；泡沫类材料以泡沫塑料、海绵乳胶、泡沫橡胶居多；颗粒类材料则以膨胀珍珠岩、多孔陶土砖、蛭石混凝土居多。共振吸声结构又可分成薄板薄膜共振吸声结构、共振器和薄板穿孔共振吸声结构等。

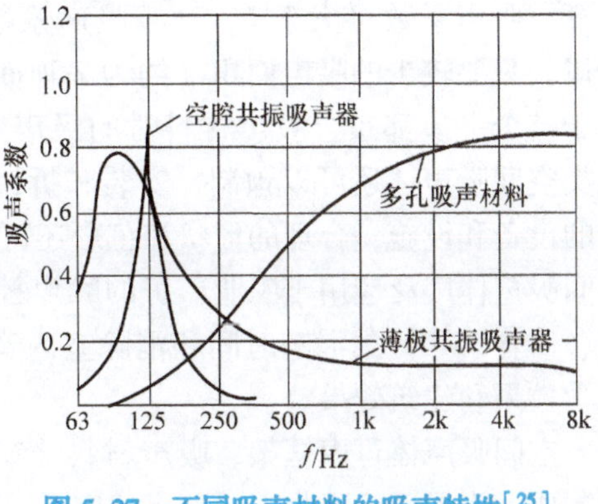

图 5-27 不同吸声材料的吸声特性[25]

图 5-27 反映了不同吸声材料的吸声特性。多孔吸声材料以吸收中、高频噪声为主；共振吸声结构则对低频噪声有吸声峰值特点。典型的吸

声材料和吸声结构频率特性如图5-27所示。

(1) 多孔吸声材料 **多孔吸声材料**的微孔有连通和不连通两种，微孔相通的称为开孔结构，微孔不通的称为闭孔材料。开孔结构的多孔材料如纤维板、软质抹灰、矿棉、毛毡等多孔材料属于吸声较好的吸声材料。那些微孔靠得很近但彼此不相通的多孔材料，例如泡沫树脂、多孔橡胶和闭孔泡沫玻璃等，则是吸声较差的材料。吸声材料，特别是开孔结构的吸声材料，其内部都是由无数互相联系的微孔构成的网状物组成，入射声能进入微孔后，一部分被吸收转化为热能，其余部分则从材料的表面反射出去。

当声波进入空隙率很大的吸声材料时，大部分仍在筋络间的空隙内传播，一小部分也会沿筋络传播。如果忽略沿筋络传播的部分，则主要是由于**两种吸声机理**引起声波衰减。一种是声波在筋络间空隙传播时引起空隙间的空气来回运动，由于筋络不动，筋络（纤维或孔壁）表面的空气运动，与筋络产生摩擦，受空气黏滞性产生的黏滞阻力影响，使声能不断转化为摩擦热能，从而使声波衰减。另一种机理是声波中的空气质点在绝热压缩时温度升高，反之，绝热膨胀时温度降低，由于热传导作用，使空气与筋络间不断发生热交换，结果也会使声能转化为热能。声波在刚性壁面反射后，经过材料回到其表面时一部分声波透射回到空气中，一部分又反射回材料内部，声波的这种反复传播过程，就是能量不断转换和耗散的过程，如此反复，直到平衡，这样材料就“吸收”了部分声能。

一般高频吸声系数比低频吸声系数大得多，这是多孔吸声材料最突出的特点，主要是高频声能振动频率高，其摩擦导热耗散声能量大。此外，增加吸声材料厚度或在背后留一定厚度的空气间层，这是吸声材料提高低频吸声性能的一个有效途径。

1) 吸声材料与其他壁面组成的吸声结构。市场上出售的多孔材料常与顶棚、墙体等组成**吸声结构**，它主要通过吸声材料面与空气接触，声波在吸声面上的摩擦与传导降低声能。一般可分为三大类：预制吸声板、松散状吸声材料和吸声毡。地毯就是很好的吸声材料。在遭受噪声污染房间内墙面和地面悬挂和铺设地毯，无疑能创造宁静的气氛，而且能获得很理想的降噪效果，它也是控制心理噪声的一种较简便的方法。

2) 空间吸声体。一般吸声饰面只有一个面与声波接触，吸声系数都小于1；而悬挂在室内的**空间吸声体**，根据声波的反射和衍射原理，声波与它的两个或两个以上的面（包括边缘）接触，如图5-28所示，在投影相同的情况下，吸声体相应增加了有效吸声面积和边缘效应，这就大大提高了吸声效果。如果按投影面积计算，吸声系数可大于1，高频吸声系数甚至可达到1.5以上。所以，只要较少的吸声面积（约为平顶面积的40%）就能达到相当于整个平顶都布置吸声材料时的吸声效果，使造价大为降低。这类空间吸声体还可以预制，安装和拆卸都比较容易，不影响原有的设备和设施，合理的形状和色彩还可以起到装饰作用。因此，空间吸声体广泛应用于工业厂房的噪声控制、降低大空间（候车室、体育馆等）的混响时间和消除室内音质缺陷，以获得良好的声学效果和建筑效果。

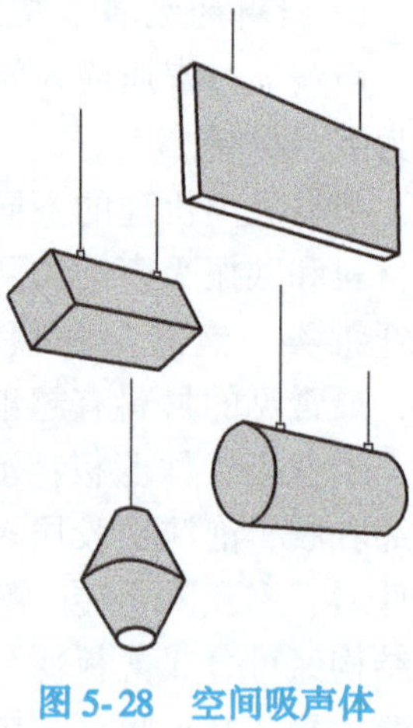

图5-28 空间吸声体

空间吸声体可由框架、吸声材料（矿棉、玻璃棉等）和护面（钢、铝、硬纸板条）结构制成。为了适应吸收不同频率的声音，可以将吸声体制作成各种形状，悬吊在空间。如图

5-28所示有平板形、球形、圆锥形等。吸声体最突出的特点是具有较高的吸声效率。

（2）共振吸声结构

1）**薄板和薄膜共振吸声结构**。将不透气、有弹性的板状或膜状材料（如硬质纤维板、石膏板、胶合板、石棉水泥板、人造革、漆布、不透气的帆布等）周边固定在框架上，板后留有一定厚度的空气层，就可形成薄板和薄膜共振吸声结构，如图5-29所示，有时为了改进系统的吸声性能，还在空腔中填充纤维状多孔材料。当声波入射到薄板和薄膜上时，将激起面层振动，使板或膜发生弯曲变形。由于面层和固定支点之间的摩擦，以及面层本身弯曲变形的内损耗，一部分声能被转化为热能。当入射声波的频率与结构的固有频率一致时，消耗声能最大。该频率称吸声结构的共振频率，利用此共振频率产生共振消耗声能便是共振吸声结构吸声原理。

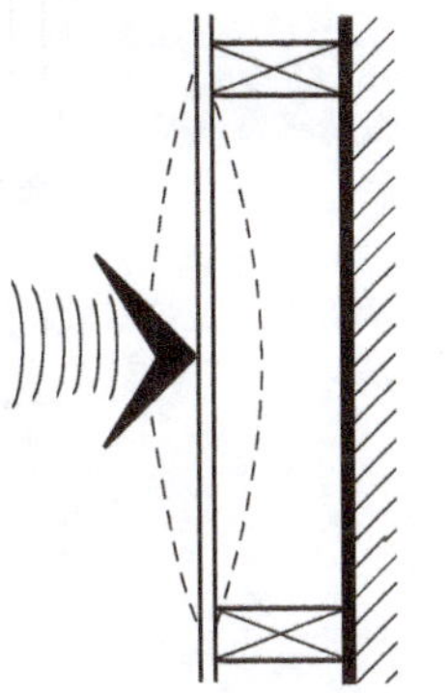

图5-29　薄板振动吸声结构

通常硬质薄板结构的共振频率值在80~300Hz的范围内，吸声系数一般在0.2~0.5之间，可以用作低频吸声结构；薄膜吸声结构与薄板吸声结构的区别是，前者共振系统的弹性恢复力来自薄膜的张力，而后者来自于板自身的刚性，因此薄膜吸声结构的共振频率一般在200~1000Hz，最大吸声系数约为0.3~0.4，通常可作为中频吸声结构。

若增大薄板（或薄膜）的面密度，或增加空气层厚度，均可进一步提高低频吸声性能。同时，如果在薄板结构的边缘（即板与龙骨架交接处）放置一些橡胶条、海绵条或毛毡等柔软材料，以及在空气层中沿龙骨框四周衬贴一些多孔性材料，其吸声性能可以明显提高。图5-30所示是建筑上的一些应用实例。

2）**空腔共振吸声结构**。最简单的空腔共振吸声结构是亥姆霍兹（Helmholtz）共振器，它是一个封闭空腔通过一个开口与外部空间相联系的结构。**空腔共振吸声原理**可以利用图5-31说明。图5-31a所示为共振器示意图，当孔的深度t和孔径d比声波波长小得多时，孔径中空气柱的弹性变形很小，可以作为质量块处理，类似于一个活塞。空腔V中的空气起着空气弹簧的作用。于是，就形成了类似在弹簧下悬挂一个重物的简单振动系统，如图5-31b所示。当外界入射波的频率f等于系统的固有频率时，孔径中的空气柱就由于共振而产生剧烈振动，在振动过程中，由于克服摩擦力而消耗声能。图5-31c所示穿孔板吸声构造的吸声原理就源于此，应用时，可对该穿孔板后空气层划分许多小空腔，每个开孔可与背后一个小空腔对应。为了提高多孔穿孔板吸声性能与吸声带宽，可在空腔内填充纤维状吸声材料，还可通过降低穿孔板孔径、增加孔口覆盖透射薄膜，以提高孔口阻尼，此外组合不同孔径和不同板厚穿孔板、不同腔体深度，可提高其吸声性能，使其符合所需的吸声带宽。穿孔板取材方便，如可用穿孔的石棉水泥板、石膏板、硬质纤维板、胶合板以及金属板等做成。使用这些板材组成一定的结构，可以很容易地根据要求来设计所需要的吸声特性，并在施工中达到设计要求，因材料本身具有足够的强度，故这种材料在建筑中使用较为广泛。

一般**穿孔板吸声结构**的有效吸声范围为100~400Hz，属于中低频吸声结构。用按级配搅拌的混凝土制造的带狭缝空腔的标准砌块，称为吸声砌块，是一种新型的空腔共振器，其吸声量在低频时最大，高频时减少。在体育馆、游泳池、工业厂房、机械设备房间等场所采用它作吸声材料是合适的。

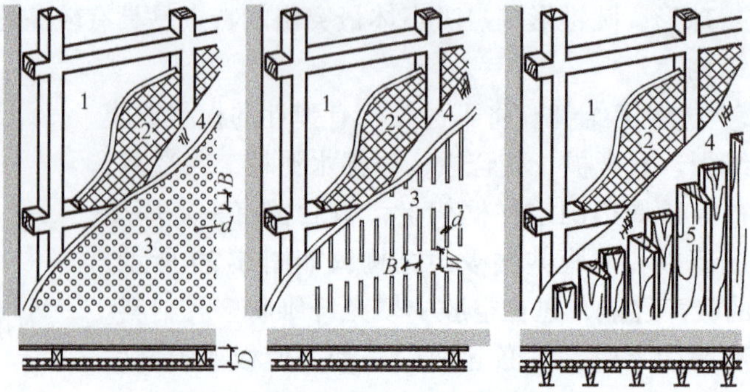

图5-30 穿孔板组合共振吸声结构实例

1—空气层 2—多孔吸声材料 3—穿孔（缝）板

4—玻璃布等护面层 5—木板条

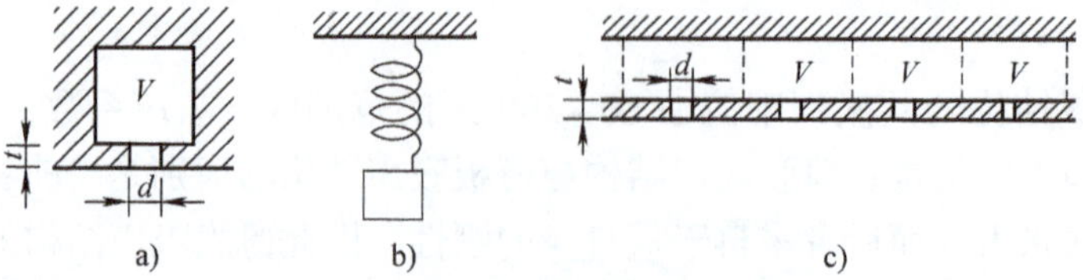

图5-31 共振吸声构造及类比系统

a）亥姆霍兹共振器 b）机械类比系统 c）穿孔板吸声构造

穿孔板共振器是在刚性板上穿孔或穿缝，并与墙壁保持一定距离安装，它实际上是利用了空腔共振器的吸声原理，以形成许多个空腔共振器。影响穿孔板吸声性能的因素是多方面的。在噪声控制工程中，通常把穿孔板共振吸声结构的穿孔率控制在1%~10%的范围内，最高不能超过20%。一般穿孔板的吸声系数在0.6左右，通过一系列有效措施，穿孔板吸声系数可达到0.9以上，吸声带宽可达2~3个倍频程。金属穿孔板（铝板和钢板），一般较薄，由于其强度较大，故可有较大的穿孔率，同时还具有防火、防水、耐高温等特点。

2. 吸声减噪计算方法

吸声减噪量不仅与材料的吸声性能（吸声系数α）有关，而且与吸声面积S有关，通常采用**吸声量**A衡量吸声量的大小，其定义为

$$A=\alpha S \tag{5-31}$$

如果某一房间是由n个不同吸声材料且面积不同的墙面构成，采用式（5-24）**平均吸声系数**的概念，其总吸声量为

$$A=\alpha_1 S_1+\alpha_2 S_2+\cdots+\alpha_n S_n=\overline{\alpha}S \tag{5-32}$$

如果吸声减噪处理前后室内的声压级为L_{p_1}和L_{p_2}，房间的平均吸声系数为$\overline{\alpha_1}$和$\overline{\alpha_2}$，则室内噪声级降低值为

$$\Delta L_p=L_{p_1}-L_{p_2}=10\lg\left(\frac{\overline{\alpha_2}}{\overline{\alpha_1}}\cdot\frac{1-\overline{\alpha_1}}{1-\overline{\alpha_2}}\right) \tag{5-33}$$

当$\overline{\alpha_1}\cdot\overline{\alpha_2}<1$时，可近似采用下式计算

$$\Delta L_p=10\lg\frac{\overline{\alpha_2}}{\overline{\alpha_1}} \tag{5-34}$$

3. 吸声减噪方法的应用

应用吸声减噪方法时应注意：

1）当室内原有$\overline{\alpha_1}$较小时，吸声减噪法收效较大。而$\overline{\alpha_1}$较大时，减噪效果不明显。

2）吸声减噪方法主要减少反射声的声能传递，一般只能取得4~12dB的降噪效果，难以实现更大的减噪量。

3）对于降低以直达声为主的环境噪声，吸声减噪方法优势不大。

现以一例说明吸声减噪设计的方法。

【例5-7】 某空调机房尺寸为6m×12m×4m，室中央放置一台空调机组，室内为混凝土地面，墙面与顶棚均为砖墙抹灰（光面）。要求距空调机组1m处的噪声降至NR75以下，试计算室内吸声材料在各频谱带所需的平均吸声系数，如果仅在顶棚处做吸声处理，试确定符合减噪要求的吸声材料。距空调机组1m处的噪声实测频谱见表5-21。

【解】 1）根据降噪要求（由NR75查NR曲线）和室内现有吸声状况，确定吸声处理后各频带所需达到的吸声系数，具体内容见表5-21。

表5-21 【例5-7】计算列表

序号	项目内容	125	250	500	1000	2000	4000	备注
1	噪声的倍频带声压级	91	89	86	83	81	79	实测
2	NR75指标值	88	83	79	75	72	70	NR曲线
3	需要减噪量	3	6	7	8	9	9	序号1~序号2
4	处理前平均吸声系数α_1	0.03	0.03	0.03	0.03	0.03	0.03	手册
5	需要的平均吸声系数α_2	0.06	0.12	0.15	0.19	0.24	0.24	式（5-34）
6	顶棚所需吸声系数α_x	0.15	0.39	0.51	0.67	0.86	0.86	2）中公式
7	所选吸声材料吸声系数	0.30	0.66	0.90	0.91	0.98	0.99	手册

2）根据房间尺寸和平均吸声系数的定义，求顶棚铺设的吸声材料所需吸声系数α_x

$$\overline{\alpha_2}=\frac{s_x\alpha_x+0.03\times(S-S_x)}{S}$$

其中总吸声面积$S=(6\times12+12\times4+6\times4)\times2\text{m}^2=288\text{m}^2$，顶棚吸声面积$S_x=6\times12\text{m}^2=72\text{m}^2$。

3）根据顶棚各中心频率的α_x，利用声学设计手册确定符合要求的吸声材料为10cm厚树脂玻璃棉板，密度100kg/m^3。

5.3.4 建筑隔声降噪

用构件将噪声源与接收者分开，隔离空气对声的传播，以降低噪声污染程度，这种方法称隔声。隔声是噪声控制的又一项基本措施，应用范围很广。适当的隔声设施，能降低噪声级20~50dB，常见的有隔声墙、隔声楼板、隔声罩、隔声间、隔声屏障与隔声幕等，这种通过隔声处理达到降噪目的的方法称**隔声降噪法**。在通风空调系统设计时，常采用风机箱将风机噪声源与环境隔离的隔声降噪法降低环境噪声。

1. 隔声量计算

单个隔声构件的**隔声量**R与构件透射系数τ关系如下

$$R=10\lg\frac{1}{\tau} \tag{5-35}$$

对于由n种不同透射系数τ_i、其面积S_i的单个隔声构件组合而成的组合隔声构件，其平均透射系数$\bar{\tau}$与净隔声量$\bar{R}$可表示如下

$$\bar{\tau}=\frac{\tau_1 S_1+\tau_2 S_2+\cdots+\tau_n S_n}{S_1+S_2+\cdots+S_n} \tag{5-36}$$

$$\begin{aligned}\bar{R}&=10\lg\frac{1}{\bar{\tau}}=10\lg\frac{S_1+S_2+\cdots+S_n}{S_1\tau_1+S_2\tau_2+\cdots+S_n\tau_n}\\&=10\lg\frac{S_1+S_2+\cdots+S_n}{S_1\times10^{-R_1/10}+S_2 10^{-R_2/10}+\cdots+S_n 10^{-R_n/10}}\end{aligned} \tag{5-37}$$

当声源侧有吸声处理（吸声面积S，吸声量A）时，隔声构件隔声量与其两侧的声压级存在如下关系

$$R=L_{p_1}-L_{p_2}+10\lg S/A \tag{5-38}$$

式中 L_{p_1}、L_{p_2}——声源侧和另一侧的声压级（dB）。

2. 隔声措施及应用

隔声措施主要从声源和接受者两方面入手，也可以从噪声传播的途径入手。

从声源着手，可采用隔声罩的结构形式。在不影响操作、维修及通风冷却的前提下，对于车间内独立的强声源，可采用固定或活动密封型隔声罩，也可采用局部或敞开式隔声罩，以便用较少的材料将强噪声的影响控制在较小范围内。通常固定密封型隔声罩的降噪效果可达30~40dB（A），活动密封型隔声罩降噪效果可达15~30dB（A），局部或开敞式隔声罩降噪效果可达10~20dB（A）。

从接受者着手，可采用隔声间的结构形式。当不宜对声源作隔声处理，而操作管理人员又不经常停留在设备附近时，应根据不同要求设计成控制、监督、观察和休息用的隔声间。它的降噪效果一般可达20~50dB（A）。

从噪声传播途径上着手，可采用隔声屏障与隔墙的结构形式。在噪声源分散的空间，可设置隔墙或隔声屏障，以便划分不同强度的噪声区域，分别进行有效的噪声控制措施。声屏障对高频声效果较好，一般效果在10~20dB（A）范围内。如在混响声场中使用，必须配合有效的吸声措施。

在进行隔声设计时，首先应充分了解声源外形尺寸、工艺要求、发声性质、声功率及其频谱特性等信息。其次了解所设计的建筑物对隔声的要求，即多大的隔声量可以满足噪声控制的要求，然后根据所需的隔声量和对象特点，确定隔声措施，进行设计并选择隔声结构。

对于环境噪声的控制，最有效的方法是城市功能区的合理划分，在小区规划与建筑平面布置时，把声学要求考虑在内。由于一般建筑在夏季需要开窗通风，故单纯依靠提高外墙和窗的隔声量来降低环境噪声的干扰是很有限的。

5.4　室内环境降噪工程方法

区别于小节 5.3，本小节将阐述降低室内环境噪声的工程方法。以暖通空调系统常见的振动和噪声为例，介绍噪声产生机理、危害、传播特点以及、工程控制方法等。

5.4.1　隔振与减振降噪

1. 振动的传递及其危害

空调系统中的风机、压缩机、冷却塔等建筑设备运行时，通过空气向环境传递噪声的同时，还通过建筑结构和基础传递设备转动时的振动，这些振动以弹性波的形式从机器基础沿房屋结构传递到其他房间，又以噪声的形式出现。为此常将噪声称为**空气声**，而将振动称为**固体声**，其传递途径如图 5-32 所示。

振动的干扰对人体、建筑物、设备等都会带来直接的危害，其中对人体的危害是非常大的。振动按频率划分有低频振动（<30Hz）、中频振动（30~100Hz）、高频振动(>100Hz)。人体对振动反应的敏感要高于噪声，人对小于 20Hz 所辐射的噪声可以毫无察觉，但却能感受小于 20Hz 的振动。按频率和振幅大小人体对振动的感受可划分为如图 5-33 所示的 6 个等级。当振动频率与人体器官内某部位的固有频率相吻合时，产生共振，这将危及健康乃至生命。人体主要部位或系统的固有频率如表 5-22 所列。一般打桩的频率为 3~10Hz，人体对垂直振动最敏感的频率为 4~8Hz，这也是人对打桩声非常反感的原因之一。

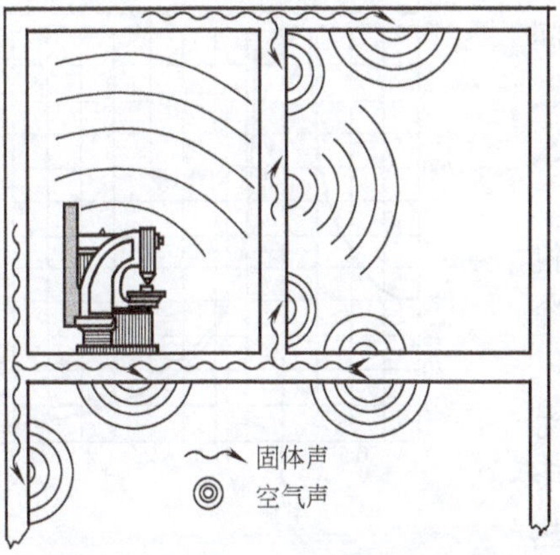

图 5-32　设备在建筑中的传声途径

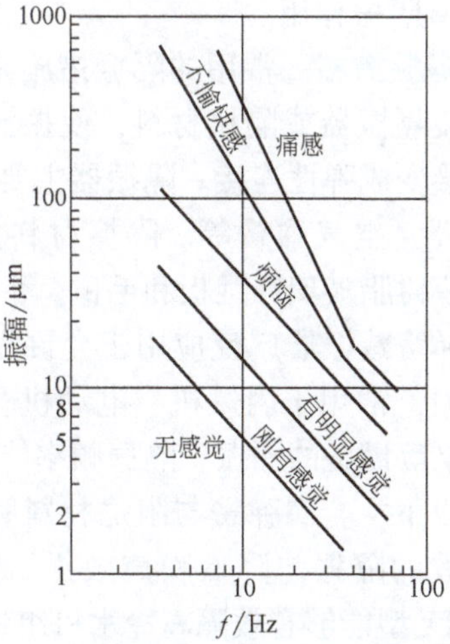

图 5-33　人对垂直振动敏感度与振动频率、振幅之间的关系[25]

对于振动的控制，除了对振动源进行改进减弱振动强度外，还可以在振动传播途径上采取隔离措施，用阻尼材料消耗振动的能量并减弱振动向空间的辐射。因此，振动的控制方法可分为隔振和阻尼减振两大类。

表5-22　人体不同部位或系统的固有频率[26]　（单位：Hz）

部位或系统	固有频率	部位或系统	固有频率
人体垂直振动	4~8	神经系统	250
人体水平振动	1~2	胸腹系统	3~8
头部	2~30，500~1000	头、颈、肩系统	20~30
眼球	15~50	上下腭	6~8，100~200
窦腔、鼻喉	1000~1500	手	30~40

2. 隔振降噪

（1）**隔振原理**　隔振的基本思想是消除振动源与基础的刚性连接，以削弱振源传给基础的振动。即在振源和它的基础之间安设避振构件（如弹簧减振器或橡胶、软木等），使振源传到基础的振动得到一定程度的减弱。

振动传递率 T 是常用的表征隔振效果的评价指标，它是振源通过隔振系统作用于基础的力与振源总干扰力之比。振动传递率 T 越小，隔振效果越好。其数学表达式为

$$T=\frac{1}{(f/f_0)^2-1} \tag{5-39}$$

式中，f 和 f_0 分别为振源（机组）和弹性减振支座的固有频率。T 与 f/f_0 的关系如图5-34所示，图中虚线表示有一定阻尼时的情况。从式（5-39）与图5-34可以看到，只有在 $f/f_0>\sqrt{2}$ 时，才有隔振作用。

（2）**隔振措施**　常用的隔振措施是在振源与基础之间安装隔振器或隔振材料，使振源与基础之间的刚性连接变成弹性连接。隔振器主要有金属弹簧、橡胶隔振器、空气弹簧等。隔振材料主要有橡胶、软木、酚醛树脂玻璃纤维板和毛毡。

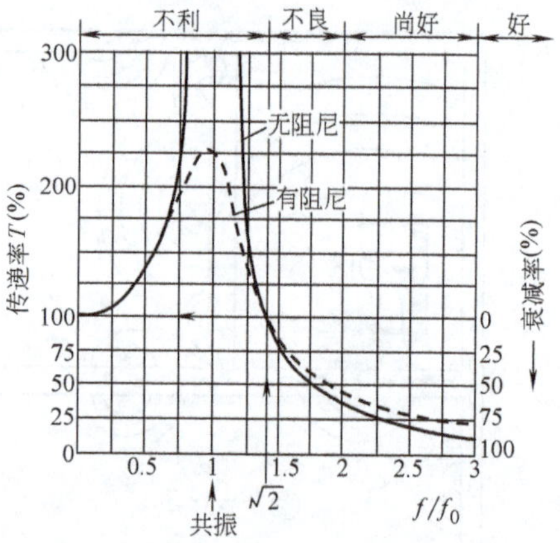

图5-34　减振传递曲线

金属弹簧减振器广泛应用于允许振动较大的机械设备隔振，常用于内燃机、电动机、鼓风机、冷冻机、油泵等设备的隔振，隔振频率能设计得较低，可达5Hz以下。金属弹簧与阻尼材料联用可取得对高频更有效的隔振与降低噪声效果。如图5-35所示，其中JA型能够有效隔离冷水机组、冷却塔、热泵机组、发电机组等大型机械设备振动。由于金属螺旋弹簧有较大的静态压缩量（2cm以上），能承受较大的负荷，弹性稳定，且经久耐用而被广泛应用。弹性材料减振垫层隔振装置一般由橡胶、软木、玻璃纤维、毡类、泡沫和海绵橡胶等弹性材料制成。其中橡胶减振器使用较为广泛，其主要特点是适合隔离高频振动。由于橡胶具有弹性，使用时必须留有空间任其自由膨胀变形，所以主要用于对隔振要求不高的场合，如用来支承小型仪器仪表和设备的消极隔振。图5-36所示为金属与橡胶组合而成的复合隔振装置，它结合两者长处，在较宽的干扰频率范围内有相当明显的隔振效果。适用于各类陆地、船用机械设备，如柴油机、风机、水

泵、空压机、空调机、精密仪器仪表等中、小型机械设备的隔振。

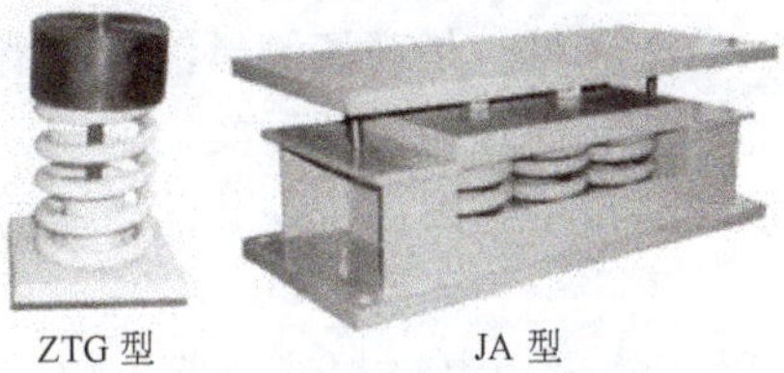

图 5-35　金属弹簧减振器

图 5-36　JSD 型复合减振器

无论选用哪一类隔振装置，选用时都必须注意它们的适用范围和特点，以达到隔振效果好，承载能力强、耐久、性能稳定，能抗酸碱和造价低等要求。

3. 减振降噪

(1) **阻尼减振原理**　固体振动向空间辐射声波的强度与振动的幅度、辐射体的面积和声波频率有关。金属薄板本身阻尼很小，而声辐射效率很高，例如各类输气管道、机器的外罩、车船和飞机的壳体等。降低这种振动和噪声，普遍采用的方法是在金属薄板结构上喷涂或粘贴一层高内阻的黏弹性材料，如沥青、软橡胶或高分子材料。让薄板振动的能量尽可能多地耗散在阻尼层中，这种由于阻尼作用，一部分振动能量转变为热能，而使振动和噪声降低的方法称阻尼减振。

(2) 阻尼材料和阻尼减振措施　用于阻尼减振的材料，必须是具有很高的损耗因子的材料，如上述的沥青、天然橡胶、合成橡胶、油漆和很多高分子材料。

在振动板件上附加阻尼的常用方法有自由阻尼层结构和约束阻尼层结构两种，如图 5-37 所示。将一定厚度的阻尼材料粘贴或喷涂在金属板的一面或两面形成自由层结构。当金属板受激发产生弯曲振动时，阻尼层随之产生周期性的压缩与拉伸，由阻尼层的高黏滞性内阻尼来损耗能量。阻尼层的厚度为金属板厚度的 2~5 倍。阻尼层除了减振作用外，还同时增加了薄板单位面积质量，因而增大了传声损失。约束阻尼层结构是在基板和阻尼材料上再附加一层弹性模量较高的起约束作用的金属板。当板受到振动而弯曲变形时，原金属层与附加的约束层的弹性模量比阻尼层大得多，这上下两层的相应弯曲基本保持并行，从而使中间的阻尼层产生剪切形变，以消耗振动能量，提高阻尼减振效果。

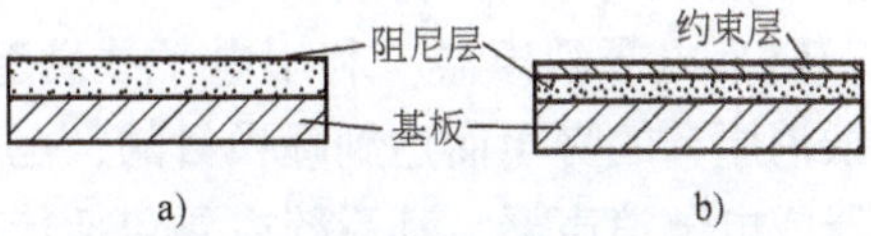

图 5-37　阻尼层的构造形式

a) 自由阻尼层结构　b) 约束阻尼层结构

5.4.2　消声降噪

消声器是可使气流通过而降低噪声的装置。

消声器性能主要用下列指标评价：①消声性能。以消声量、消声系数和消声指数大小来评价，其值越大越好。②空气动力性能。以压力损失、阻力系数大小来评价，其值越小越好。③结构性能。几何尺寸越小、寿命越长、价格越低，则性能越好。其中消声量是评价消声器性能优劣的重要指标。

1. 消声量的表示方法

（1）**插入损失** 插入损失是指在声源与测点之间插入消声器前后，在某一固定点所测得的声压级之差。

用插入损失作为评价量的优点是比较直观实用，易于测量，是现场测量消声器消声效果最常用的方法。插入损失值不仅决定于消声器本身的性能，而且与声源种类、末端负载以及系统总体装置的情况密切相关，因此，该量适合在现场测量中用来评价安装消声器前后的综合消声效果。

（2）**传递损失** 传递损失是指消声器进口端入射声的声功率级与消声器出口端透射声的声功率级之差。

声功率级不能直接测得，一般通过测量声压级值来计算声功率级和传递损失。传递损失反映了消声器自身的特性，与声源种类、末端负载等因素无关。因此，该参数适用于理论分析计算和在实验室中检验消声器自身的消声性能。

2. 常见的消声器消声原理及其分类

目前应用的消声器种类很多，但根据其消声原理，大致可分为阻性消声器、抗性消声器以及各种阻抗复合式消声器等三大类。**阻性消声器**是一种吸收性消声器，其方法是在管道内布置多孔材料等阻性吸声材料达到吸收声能的目的；**抗性消声器**利用声音的共振、反射、叠加、干涉等原理达到消声目的。通常，阻性消声器对中高频噪声有显著消声效果，对低频噪声则较差；抗性消声器常用于消除中低频噪声。如果噪声频带较宽，则需要选用阻性与抗性组合的复合式消声器。**阻抗复合式消声器**对低、中频噪声的降低是利用管道截面突变的抗性消声原理和共振吸声来达到的；对中高频噪声的降低则利用多孔吸声材料。各类消声器形式如图5-38所示，其曲线表示该消声器的消声频率特性。常用消声器的形式、原理、使用场合如表5-23所示。

3. 其他原理的消声器

（1）电子消声器 利用电子线路和扩声设备产生与噪声的相位相反的声音——反声，以抵消原有的噪声而达到降噪目的，也称为反声技术。用于有源降噪的仪器设备称为电子吸声器或电子消声器。其系统主要包括传声器、放大器、调相装置、功率放大器和扬声器。传声器将接收到的声压转变为相应的电压，通过放大器把电压放大到调相装置所要求的输入电压，经调相装置将这个电压的相位改变180°，送给功率放大器，功率放大后推动扬声器使其产生与原来的声压大小相等、相位相反的声压，这两个声压彼此相互抵消，达到降低噪声的目的。电子消声器主要用于降低低频噪声，如降低机床旁工人耳边、飞机座舱驾驶员附近的噪声，消除汽车发动机的噪声，也可用于较大范围内降低简单声源如大变压器站、大加压站等的噪声。

（2）排气消声器 利用降低流速和压降，分散压降、改变噪声频谱特性以及改变喷口形状等措施，以控制气体流速，达到降低噪声目的。典型的排气消声器如图5-39所示。它适合于压缩机排气、锅炉放气、蒸汽排气等放空排气所引起的噪声源控制。

5.4.3 通风、空调系统的噪声控制

1. 通风空调设备噪声

空调通风系统噪声源主要有通风机（排风机、送风机）、空调设备（风机盘管及空气处理机组等）、机房设备（制冷机组、水泵、冷却塔等）。

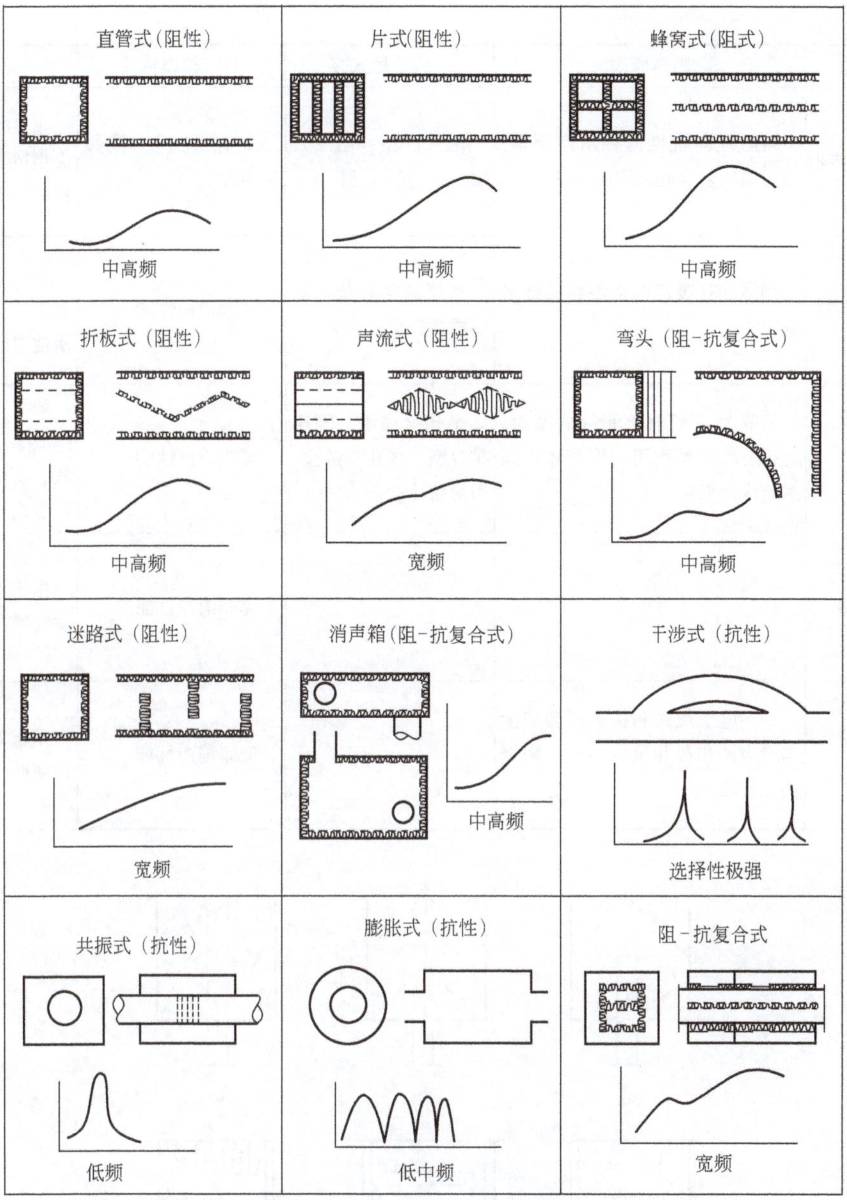

图 5-38　各种类型的消声器

表 5-23　消声器种类、消声情况一览表

消声器类型	消声原理	包括形式	消声频率特性	适用场合
阻性消声器	利用布置在管内壁上的吸声材料或吸声结构的吸声作用，使沿管道传播的噪声迅速随距离衰减，从而达到消声的目的	直管式、片式、折板式、声流式、蜂窝式	具有中、高频消声性能	适用消除风机、燃气轮机进气噪声
抗性消声器	利用声阻抗的不连续性来产生传输损失	扩张室式、共振腔式、干涉型	具有低、中频消声性能	适用消除空压机、内燃机、汽车排气噪声

（续）

消声器类型	消声原理	包括形式	消声频率特性	适用场合
阻抗复合式消声器	将阻性与抗性两种消声原理，通过结构复合起来构成	阻-扩型、阻-共型、阻-扩-共型	具有低、中、高频消声性能	适用消除鼓风机、大型风洞、试车台噪声
微穿孔板消声器	用微穿孔吸声结构制作的纯金属消声器	单层微穿孔板、双层微穿孔板	宽频消声性能	适用于高温、潮湿有水、有油雾及特别清洁卫生的场合
喷注耗散型消声器	依靠气流同消声元件的摩擦、弯折、扩散等作用，使气体压强和速度降低	小孔喷注型、降压扩容型、多孔扩散型、引射掺冷型	宽频消声性能	适于消除压力气体排放噪声：如锅炉排气、高炉放风、化工厂工艺气体放散
喷雾消声器			宽频消声性能	用于消除高温蒸汽排放噪声
电子消声器（有源消声器）	利用电子线路和扩声设备产生与噪声的相位相反的声音，来抵消原有噪声		低频消声性能	用于低频消声的一种辅助

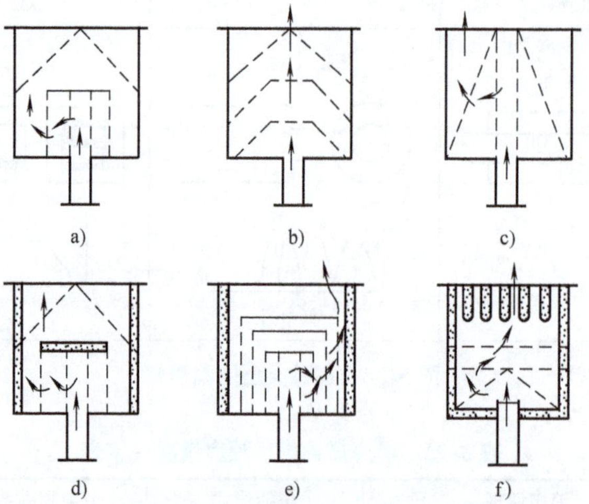

图5-39 排气消声器典型形式

（1）**通风机的噪声** 影响空调房间的主要噪声源是通风机。通风机噪声由空气动力噪声、机械噪声和电磁噪声组成，通常以空气动力噪声为主要成分。空气动力噪声由涡流噪声、撞击噪声和回转噪声组成。涡流噪声是气流在吸入口和叶轮中脱流而形成的。撞击噪声是气流进入或离开叶片时产生的，它和风机的流量，叶片的入口、出口角度有关，当流量增加，风机工作点偏离最佳工作点时，撞击声随之增加。回转噪声又称为叶片噪声，是旋转叶片对气流产生周期性的压力，引起气体压力和速度的脉动变化而产生的，它与风机的转速高低、叶轮直径的大小有关，当转速增高或叶轮直径增大时，回转噪声随之增大。机械噪声是轴承摩擦、传动件加工安装不良和旋转部分的不平衡产生的。电磁噪声是由于电动机线圈磁场中交变力相互作用而产生的。

风机噪声主要取决于风机结构形式、风量、风压及转速等。在通风空调系统中，常用风机的噪声频率大约在200~800Hz，主要是中低频噪声。离心通风机和轴流通风机的典型频谱特性如图5-40所示。

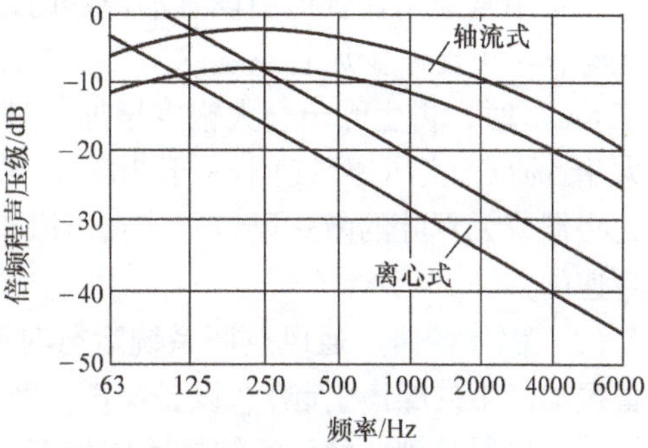

图5-40 典型风机噪声频谱特性[27]

(2) **空调设备的噪声** 整体式空调设备的噪声主要来自通风机。立柜式空调机组的噪声主要来自通风机和压缩机。窗式空调机的噪声主要来自送风机和排风机、制冷压缩机。风机盘管空调器的噪声主要来自通风机和电动机。

随着节能和舒适性要求的不断提高，空调系统中的下送风、座椅送风不断为人们所引用，为此，风口噪声近年来逐渐为人们所关注。

(3) **机房噪声** 对于机房中的设备，如水泵、制冷压缩机甚至布置在室外的冷却塔等设备的噪声，它们虽不直接与送排风系统直接联通，但噪声很强，它们会通过建筑结构影响室内声环境。如果机房中有多个噪声源，因各噪声源频谱特性不同，则需要通过理论叠加计算或实验测得其频谱获得机房噪声频谱的技术参数，以指导控制噪声的设计。

2. 空调通风系统中噪声的传播及其一般控制

空调通风系统中噪声可归纳为风机噪声、环境噪声、再生噪声、固体噪声4种。它们通过通风管道传声和建筑物固体传声两种途径影响室内声环境，如图5-41所示。

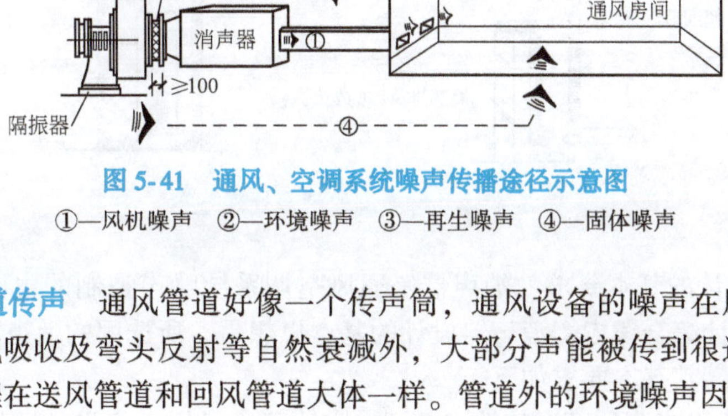

图5-41 通风、空调系统噪声传播途径示意图

①—风机噪声 ②—环境噪声 ③—再生噪声 ④—固体噪声

(1) **通风管道传声** 通风管道好像一个传声筒，通风设备的噪声在风道中除部分高频噪声因管壁和空气吸收及弯头反射等自然衰减外，大部分声能被传到很远的通风或空调房间，这种传声过程在送风管道和回风管道大体一样。管道外的环境噪声因管壁隔声差而透过

管壁沿管道传入室内。气流通过阻力部件（如消声器、阀门等）时，气流冲击产生振动将辐射噪声，如果气流速度较高时，因与管壁的摩擦产生的湍流脉动引起的噪声就会加强，还有风口噪声等，这些由于气流本身流动所产生的噪声称再生噪声，又称二次噪声，它们叠加在原有的管道噪声上随着管道系统传递到房间。

工程中常采用在管道中设置消声器的方法降低通风管道传递的噪声。同时，在管道系统设计时，尽可能减少风管系统的阻力并控制管内流速。一般控制风速在6m/s以内。当风速高于8m/s时，再生噪声会大幅度增加。对于安静程度要求较高的房间，应控制主风道风速不大于5m/s，支风道风速不大于3m/s，送、回风口风速不大于1~2m/s。送回风口最好采用无格栅或无百叶的敞式风口，或在出风口处作局部的消声处理。风量调节尽量采用调整风机转速的方法。

（2）**固体传声** 通风空调系统运行时引起的管道振动（由管道内的气流噪声与连接的设备振动产生的噪声引起）、设备噪声，特别是机房内的噪声和振动等，它们通过与建筑的连接件、机器基础，经建筑结构固体传声而向室内辐射噪声，因此有时称此为固体噪声。这部分噪声一般都处于低频不为人所察觉，但却影响着人们的身心健康和工作效率。

防止固体噪声的基本思路是将噪声源或者振动源与建筑结构隔开，或者缓冲、减少向建筑结构传递的力。对于通风空调系统设备（包括风机、水泵、冷冻机组等）引起的机械振动，常采用设备或机组底座设置减振器等措施与建筑物隔开，以防止固体传声。对于管道传递的固体噪声，则采用设备与管道之间的软连接实现噪声的控制。

3. 消声器在通风空调工程中的应用

（1）消声器的应用 图5-42所示为消声器在通风、空调工程中的应用实例。管道系统常用的阻性消声器、抗性消声器、消声弯头如图5-43所示。

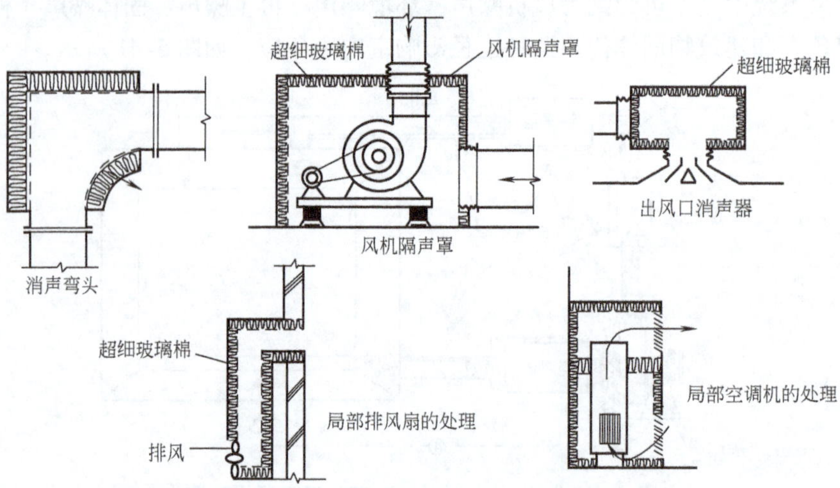

图5-42 几种类型的消声处理方案

（2）消声器设计的基本要求 消声器是通风空调系统噪声控制的主要手段之一，它的设计应结合总体设计综合考虑。消声器设计的基本思想是，所选用的消声器在指定的频带内具有一定的消声量，其基本要求如下：

1）调查并分析噪声源的频谱特性。其调查方法可通过样本提供的数据，也可现场实测

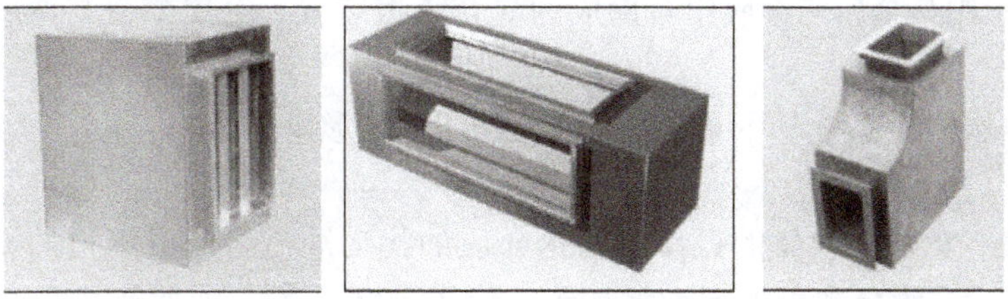

a) b) c)

图5-43 常见消声器实例

a）复合式消声器 b）阻性消声器 c）消声弯头

获得其频谱特性。

2）根据噪声控制标准，确定各频带允许的最高声级。在采取措施后，以及经过其他的自然衰减，最后到达控制区域的噪声不应超过此允许标准。不同场合对环境噪声要求不同，应按照环境噪声标准确定消声器必须具备的消声量。

3）采用下式计算消声器某频带所需达到的消声量ΔL

$$\Delta L = L_W + \Delta L_1 - L_p + \Delta L_2 \tag{5-40}$$

式中 L_W——声源在该频带的声功率级（dB）；

L_p——控制点所允许的噪声级（dB）；

ΔL_1——声源至控制点的自然衰减量（dB）；

ΔL_2——由不利因素所引起的噪声级（dB）。

上述ΔL_1、ΔL_2应根据相关手册查取计算获得。

4）根据式（5-40）的计算所得的消声量频谱特性，选择相应的消声器结构形式。如前所述，消声器主要可归纳为阻性、抗性以及阻抗复合式三种类型，如表5-23和图5-38所示。通常，阻性消声器对中高频噪声有显著的消声效果，对低频则效果较差；抗性消声器常用于消除中低频噪声。如果噪声频带较宽，则需采用阻性与抗性组合的复合式消声器，结合具体的噪声源特点，通过不同的方式恰当地进行组合，则可设计出不同形式的复合式消声器。此外，根据使用情况不同，还可利用其他消声原理的电子消声器和排气消声器等。

4. 通风空调系统的隔振

通风空调系统中需要隔振的有两类，一类是设备、机组的隔振；另一类则是管道的隔振。前者常采用隔振器隔振，后者常采用软性接头类等部件隔振。

（1）隔振器的选择 隔振器的选择应符合下列要求：

1）振源（设备）的运转频率与隔振器垂直方向的固有频率之比，应大于或等于2.5，即振动传递率T小于0.19。

2）隔振器承受的载荷，不应超过允许工作载荷。

3）隔振器与基础之间宜加一定厚度的弹性隔振垫。

隔振装置的材料一定要选用确实具有弹性的材料。一般规律是：

1）当设备转速小于1500r/min时，宜选用弹簧隔振器。

2）当设备转速大于1500r/min时，宜选用橡胶等弹性材料的隔振垫或隔振器。

3）当采用橡胶隔振器满足不了隔振要求，采用金属弹簧阻尼也不能满足要求时，可使用金属弹簧与橡胶组合隔振器，前述的图5-35中的JA型是与阻尼材料联用的金属弹簧减振器，图5-36所示则是金属与橡胶组合而成的复合隔振装置。金属弹簧与橡胶既可串联也可并联。

对于橡胶隔振器还应考虑环境温度对隔振器压缩变形量的影响。并应避免太阳直接辐射或与油类接触。

（2）管道隔振处理 设备的振动及输送介质的扰动冲击会造成管道的振动。特别是由于设备基础隔振后，设备本身的振动增加了，为了减缓设备（如通风机和水泵）运行时通过刚性连接的管道产生的固体传振和传声，同时防止这些设备设置隔振器后，由于振动加剧而导致管道破裂或设备损坏，设备进出口与管道间常设置挠性接管以控制固体传声。这种软接头同时也起到温度、压力和安装的补偿作用。风机与风管间的挠性连接，目前多采用的是人造革材料的软管。低压泵的进出水管上的软连接可采用可曲挠橡胶软管，包括可曲挠双球体接头、可曲挠弯头等。如图5-44所示为可曲挠单球体橡胶接头。对于冷冻机、泵、空压机等管道内介质为高温、高压空气、水及氨、氟利昂时，可采用不锈钢金属波纹软管，如图5-45所示。管道应采用弹性支架、弹性吊架、弹性托架、隔振管卡支承，且管道每隔一定距离应设置隔振吊架或隔振支承等。管道穿过墙体和楼板时，还应先预埋套管，以便填缝堵严。

图5-44 KXT型可曲挠单球体橡胶接头

图5-45 JZ型不锈钢波纹管

习题与思考题

1. 在声音的物理计量中采用“级”，有什么实用意义？
2. 声强和声压有什么关系？声强级和声压级是否相等？为什么？
3. 距离点（线）声源分别为 r 和 $2r$ 时，请计算这两处的声压级差。
4. 要求距离广场上的扬声器40m远处的直达声声压级不小于80dB，如把扬声器看作点声源，它的声功率至少是多少？声功率级又是多少？
5. 飞机发动机声功率级可达165dB，为保护人耳不受损伤，应使人耳处声压级小于120dB，问飞机（设为点声源）起飞时人应至少离跑道多少米？
6. 某工厂内装有10台同样的风机。当只有1台风机开启时，室内平均噪声级是55dB。当有2台、4台及10台同时开启时，室内平均噪声级各为多少？
7. 靠近某工厂住宅区测得该厂10台同样机器运转时的噪声声压级为54dB，如果夜间容许最大噪声声压级为50dB，问夜间只能有几台机器同时运转（已知居民区的昼夜背景噪声分别为50dB、40dB）？
8. 已知一种墙体的透射系数（$\tau=10^{-5}$），求其隔声量。
9. 建筑室内噪声有哪些？
10. 根据自己的生活感受，举例说明噪声和振动的干扰。

11. 试述降低建筑室内环境噪声影响的措施。

12. 对某车间的背景噪声测量结果如表 5-24 所示。求①该噪声的总声压级和 A 声级；②该噪声的噪声评价数。

表 5-24　题 12 某车间的背景噪声测量值

倍频带中心频率/Hz	125	250	500	1000	2000	4000
声压级/dB	55	58	60	56	52	50

13. 有一住宅，楼前 50m 处为交通干道，人行道边的噪声级为 $L_{Aeq}=70$dB（A），试问在居室内距街墙 1m 处噪声是否超过标准？如果超标应如何解决？

14. 某空压机房噪声声压级为 90dB（A），工人每班要进入机房内巡视 2h，其余 6h 在操作间停留。试问工人在一班 8h 内接触到的等效连续 A 声级是多少？

15. 试述阻性消声器的消声原理及应用。

16. 有一 15m×6m×4.5m 大教室，室内总吸声量为 10m^2，墙面可铺吸声材料的面积为 100m^2。试问①如顶棚上全铺以吸声系数为 0.5 的材料，室内总噪声级能降低多少 dB？②如墙面也铺上同样材料，又可降低多少 dB？

17. 选用同一种吸声材料衬贴消声管道，管道断面积为 2000cm^2，试问选用圆形、正方形和 1∶5 及 2∶3两种矩形断面，哪一种产生的衰减量最大？哪一种最小？二者差多少？

18. 有一堵面积 8m^{2}隔声量为 20dB 的轻质墙，其上有扇面积为 2m^2、隔声量为 10dB 的木门，求这堵组合墙的实际隔声量。

19. 选择一栋已建成的房屋（例如住宅、学校、办公楼、厂房或实验楼），通过访问、观察和分析所存在的噪声控制问题，写一份包括以下内容的报告：

1）以总平面及平、剖面简图和构造大样图说明该建筑物所处的外部声环境及内部空间的组合情况。

2）介绍所存在的噪声问题，并且对该建筑物已采取的或尚在考虑中的降噪措施作简要评述。

3）你本人对于如何合理、有效地解决噪声问题的建议。

4）使用者对目前所处声环境的评价和对于减少噪声干扰的建议。

20. 测得乱流洁净室空态噪声倍频程声压级如表 5-25 所示，试求：①室内噪声总声压级（分别采用精确计算方法和附加值方法）；②室内噪声 A 声级；③房间噪声数 NR（分别用近似法和作图法）；④假定室内噪声由净化空调系统风机引起，为使室内符合噪声允许标准，确定系统所需降噪量（忽略系统与房间的噪声自然衰减等因素）；⑤根据所学知识分析系统，为其确定一个噪声控制方案，并说明这一方案的设计思想。

表 5-25　题 20 乱流洁净室空态噪声实测值

f/Hz	31.5	63	125	250	500	1000	2000	4000	8000
L_p/dB	70	73	77	71	66	60	52	48	35

21. 混响声与回声有何区别？

22. 吸声量与房间的容积、混响时间的关系如何？大房间容易产生回声，还是小房间容易产生回声？

参考文献

[1] 柳孝图. 建筑物理 [M]. 北京：中国建筑工业出版社，1991.

[2] 杨运钧，赵宏，杨海燕，等. 力学 [M]. 昆明：云南大学出版社，2012.

[3] 江键，屈学民，邓玲. 医用物理学 [M]. 北京：高等教育出版社，2013.

[4] 秦佑国，王炳麟．建筑声环境［M］. 2版．北京：清华大学出版社，1999.
[5] 柳孝图．建筑物理［M］. 3版．北京：中国建筑工业出版社，2010.
[6] 张三明．建筑物理［M］. 武汉：华中科技大学出版社，2009.
[7] Duncan Templaton. Acoustics in the built environment［M］. England：Taylor & Francis，1993.
[8] 刘砚华，曹勤，高小晋．我国城市声环境质量状况与分析［J］. 中国环境监测，2005，21（3）：71-72.
[9] 贾衡，冯义．人与建筑环境［M］. 北京：北京工业大学出版社，2001.
[10] 北京市环境保护科学研究所《国外城市公害及其防治》编译组．国外城市公害及其防治［M］. 北京：化学工业出版社，1977.
[11]《中国大百科全书·环境科学》编委会．中国大百科全书·环境科学［M］. 北京：中国大百科全书出版社，2002.
[12] 方丹群．噪声的危害及防治［M］. 北京：中国建筑工业出版社，1975.
[13] 胡筱敏，王子彦．环境导论［M］. 沈阳：东北大学出版社，2000.
[14] 王佩铭，刘炎辉．相关医学大辞典［M］. 天津：天津科技翻译出版公司，1994.
[15] 成岳．环境科学概论［M］. 上海：华东理工大学出版社，2012.
[16] 朱祖祥．工业心理学大辞典［M］. 杭州：浙江教育出版社，2004.
[17] Schaudinischky L H. 声音·人·建筑［M］. 林达悃，李崇理，译．北京：中国建筑工业出版社，1985.
[18] 冯玉杰，孙晓君，刘俊峰．环境功能材料［M］. 北京：化学工业出版社，2010.
[19] 北京科普创作协会．工业现代化科技常识［M］. 北京：工人出版社，1979.
[20] 何国伟．可靠性设计［M］. 北京：机械工业出版社，1993.
[21] 周新祥．噪声控制及应用实例［M］. 北京：海洋出版社，1999.
[22] 陆耀庆，等．实用供热空调设计手册［M］. 2版．北京：中国建筑工业出版社，2008.
[23] 孙更生，等．中国土木工程师手册（下）［M］. 上海：上海科学技术出版社，2001.
[24] 张沛商，姜亢．噪声控制工程［M］. 北京：北京经济学院出版社，1994.
[25] 郑长聚，等．环境噪声控制工程［M］. 北京：高等教育出版社，1988.
[26] 郭青山，汪元辉．人机工程设计［M］. 天津：天津大学出版社，1994.
[27] 曹叔维，周孝清，李峥嵘．通风与空气调节工程［M］. 北京：中国建筑工业出版社，1998.

第 6 章 建筑光环境

6

人们生活在信息时代，人依靠不同的感觉器官从外界获得这些信息，其中 87%来自视觉器官——眼睛。人们只有在良好的光环境下，才能正常进行工作、学习和生活。创造良好的光环境可以减少视觉疲劳，保证视觉健康和身心健康，提高劳动生产率，降低能耗，因此掌握自然采光和人工照明的基本知识对于建筑光环境设计尤为重要。

本章重点介绍：①与光环境有关的光与颜色的基本知识；②各种采光窗的采光特性、采光标准、采光设计基础；③人工光源和灯具的光学特性、人工光环境质量的评价、照明设计基础。

6.1 光与颜色的基本知识

6.1.1 光学基本知识

1. 光的基本特性

光是以电磁波形式传播的辐射能。电磁波的波长范围极其宽广，能使人眼产生光感的波长只是电磁波中很窄的一部分，其波长范围在 380～780nm（$1nm = 10^{-9}m$）之间，这部分电磁波称为可见光。波长大于 780nm 的红外线、无线电波，波长小于 400nm 的紫外线、X 射线都不能引起人眼的视觉反应，人眼是看不见的。而不同波长的可见光，在人眼中又产生不同的颜色感觉，如图 6-1 所示。各种颜色对应的波长范围并不是截然分开的，而是随波长逐渐变化的。只有单一波长的光，才表现为一种颜色，称为**单色光**。全部可见光波混合在一起就形成日光（白色光）。

人眼对于不同波长的感受是不同的，这不仅表现在颜色感觉方面，而且也表现在亮度感觉方面。即不同波长的可见光尽管辐射的能量一样，但看起来明暗程度有所不同。这说明了人眼对不同波长的可见光有不同的主观感觉量。白天，人眼对波长为 555nm 的黄绿色最敏感。波长偏离 555nm 越远，人眼对其感光的灵敏度就越低。

用来衡量电磁波所引起视觉能力的量，称为**光谱光效能**。任一波长可见光的光谱光效能与 555nm 可见光的光谱光效能之比，称为该波长的**相对光谱效率**$V(\lambda)$。图 6-1 所示实线为人眼在明视觉环境中的相对光谱光效率曲线。

光谱光效率用来衡量各种波长单色光的主观感觉量，故又称为单色光的相对视度。例如，在图 6-1 中可查得蓝光（460nm）、黄绿光（555nm）以及红光（650nm）的 $V(\lambda)$值分别为 0.08、1.00、0.09。这表明要想在人眼中引起相同的主观视觉，应使蓝光和红光的辐射功率分别是黄绿光的 12.5 倍和 11.1 倍。

人眼对不同波长单色光的视亮度感受性是不同的，这是光在视觉上反映的另一特征。区

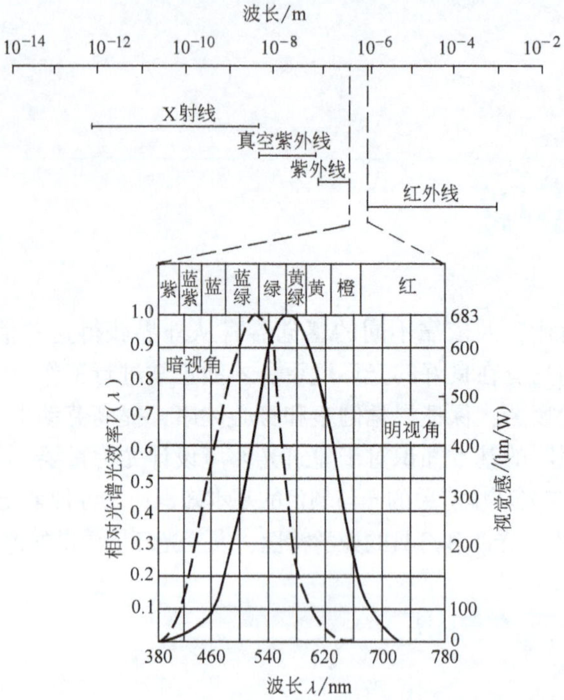

图 6-1 CIE 光谱光视效率 V（λ）曲线

注：CIE 为 Commission Internationale de I' Eclairage，国际照明委员会。

别于**明视觉环境**（适应亮度>3cd/m²），人眼在**暗视觉环境**（适应亮度<0.03cd/m²）时，对波长为 510nm 的蓝绿色最为敏感，按照这种特定光环境条件确定的 $V'(\lambda)$ 函数（图 6-1 中的虚线）称为暗视觉相对光谱光效率曲线。

2. 光的量度

（1）光通量 照明的效果最终由人眼来评定，因此仅用能量参数来描述各类光源的光学特性是不够的，还必须引入基于人眼视觉的光量参数——光通量来衡量。光源在单位时间内向周围空间辐射出去，并使人眼产生光感的能量，称为光通量，用符号 Φ 表示，单位为流明（lm）。

由于人眼对黄绿光最敏感，在光学中以它为基准作出如下的规定：当发出波长为 555nm 黄绿色光的单色光源，其辐射功率为 1W 时，则它所发出的最大光通量为 1 光瓦，等于 683 lm，用**最大光谱光视效能**K_m 表示。由此，可得出某一波长的光源的光通量计算式如下

$$\Phi_\lambda = K_m V(\lambda) P_\lambda \tag{6-1}$$

式中 Φ_λ——波长为 λ 的光源的光通量（lm）；

K_m——最大光谱光视效能，683 lm/W；

$V(\lambda)$——波长为 λ 的光的相对光谱光效率；

P_λ——波长为 λ 的光源的辐射功率（W）。

大多数光源都含有多种波长的单色光，称为多色光。多色光光源的光通量为它所含的各单色光的光通量之和，即

$$\Phi = \Phi_{\lambda 1} + \Phi_{\lambda 2} + \cdots + \Phi_{\lambda n} = \sum [K_m 683 V(\lambda) P_\lambda] \tag{6-2a}$$

或
$$\Phi = K_m \int V(\lambda) P_\lambda d\lambda \tag{6-2b}$$

【例 6-1】 已知钠灯发出波长为 589nm 的单色光，设其辐射功率为 10.3W，试计算其发光的光通量。

【解】 从图 6-1 明视觉（实线）光谱光效率曲线中可查出，对应于波长 589nm 的 $V(\lambda)=0.77$，代入式（6-1），则该单色光源发出的光通量为

$$\Phi = 683V(\lambda)P_\lambda = (683\times0.77\times10.3)\text{lm} = 5417\text{lm}$$

（2）光强度（发光强度） 光源在空间某一方向 α 上的光通量的空间密度，称为光源在这一方向上的**发光强度**（简称**光强**），以符号 I_α 表示，单位为坎德拉（cd）。因为光源发出的光线是向空间各个方向辐射的，因此必须用立体角度 Ω 作为空间光束的量度单位计算光通量的密度，则点光源在 $d\Omega$ 方向上的光强可定义为

$$I = \frac{d\Phi}{d\Omega} \tag{6-3}$$

图 6-2 所示是一个球体，其半径为 r。由球形几何学可知，被锥体截取的一部分球面面积 A 对球心形成的立体角为 $\Omega = \frac{A}{r^2}$，其单位是球面度（sr）。当 $A=r^2$ 时，$\Omega=1\text{sr}$，整个圆球面所对应的立体角为 $\Omega = \frac{4\pi r^2}{r^2} = 4\pi$，此时球面上的光强为 $I=\Phi/4\pi$。

综上所述，参看图 6-2，方向 α 的发光强度为

$$I_\alpha = \frac{\Phi}{\Omega} \tag{6-4}$$

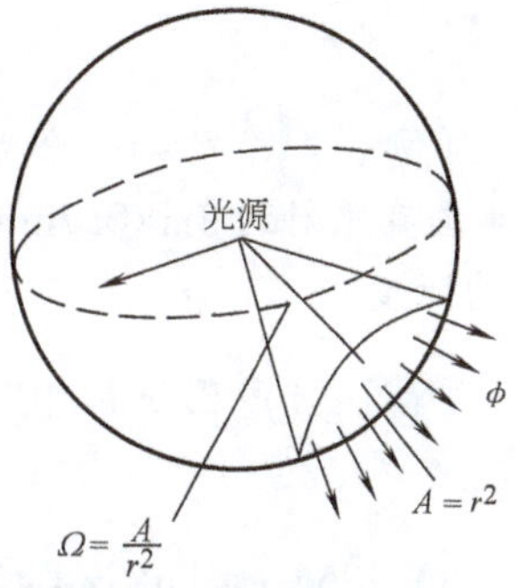

图 6-2 发光强度示意图

发光强度 1 坎德拉（cd）表示在 1 球面度（sr）立体角内均匀发出 1lm 的光通量，即 1cd=1lm/1sr。

例如，一只 40W 的白炽灯泡在未加灯罩前，其正下方的光强约为 30cd，加上一个不透光的白色搪瓷灯罩后，原来向上发出的光通量，大都被灯罩朝下方反射，使下方的光通量密度增大，光强由 30cd 增至 73cd 左右。如果配上一聚焦合适的镜面反射罩，则灯下方的发光强度可以增至数百坎德拉。在后两种情况下，灯泡的光通量并没有变化，只是光通量在空间的分布更为集中了。

（3）光照度 对被照面而言，其单位面积上所接受的光通量，称为该被照面的**照度**，符号为 E。照度表示被照面上的光通量密度。设无限小被照面面积 dA 接受的光通量为 $d\Phi$，则该处的照度 E 为

$$E = \frac{d\Phi}{dA} \tag{6-5}$$

当光通量 Φ 均匀分布在被照表面 A 上时，则此被照面的照度为

$$E = \frac{\Phi}{A} \tag{6-6}$$

照度的单位为勒克斯（lx），1 勒克斯（lx）表示 1 流明（lm）的光通量均匀分布在 1m^2 的

被照面上，即 1lx=1lm/1m²。晴天中午室外阳光直射下的照度可达 80000~120000lx；阴天中午室外的照度为 8000~20000lx；在装有 40W 白炽灯的台灯下看书，桌面照度平均值为 200~300lx。CIE（国际照明委员会）对不同作业和活动推荐的照度如表 6-1 所示。

表 6-1 国际照明委员会 CIE 对不同作业和活动推荐的照度[1]

作业或活动类型	照度范围/lx
室外入口区域	20~30~50
短暂停留交通区	50~75~100
衣帽间、门厅	100~150~200
讲堂、粗加工	200~300~500
办公室、控制室	300~500~750
缝纫、绘图、检验室	500~750~1000
辨色、精密加工和装配	750~1000~1500
手工雕刻、精细检验	1000~1500~2000
手术室、微电子装配	>2000

照度可以直接叠加，如果房间有 3 盏灯，它们对桌面上 A 点的照度分别为 E_1、E_2、E_3，则 A 点的照度 $E=E_1+E_2+E_3$，可写成通用表达式，即

$$E=\sum E_i \tag{6-7}$$

【例 6-2】 已知一个点光源的发光强度为 100cd（光通量在空间均匀分布），其总量的 1/4 垂直照射到 3m×0.7m 的表面上。试计算 1）该光源的总光通量；2）在此表面上产生的平均照度。

【解】 1）已知 $I=100\text{cd}$，$\Omega=4\pi\text{sr}$，则依 $I=\dfrac{\Phi}{4\pi}$ 可得

$$\Phi=100\times4\pi\ \text{lm}=1256.64\ \text{lm}$$

2）$1256.64\ \text{lm}\times1/4=314.16\ \text{lm}$，$A=3\text{m}\times0.7\text{m}=2.1\text{m}^2$，因此

$$E=\Phi/A=314.16/2.1\ \text{lx}=149.6\ \text{lx}$$

（4）**发光强度与照度的关系** 一个点光源在被照面上形成的照度，可以通过照度与发光强度的关系，利用发光强度计算获得。图 6-3a 中，面 A_1、A_2、A_3 与点光源 O 的距离分别为 r、$2r$、$3r$，这三块面在光源处形成的立体角相同，则 A_1、A_2、A_3 的面积比等于它们与光源的距离之平方比，即 1∶4∶9。若点光源在图示方向的发光强度为 I，因三块面对应的立体角相同，落在这三块面上的光通量也相同，但由于它们的面积不同，故它们的照度不同。下面推导点光源的发光强度与照度的一般关系。

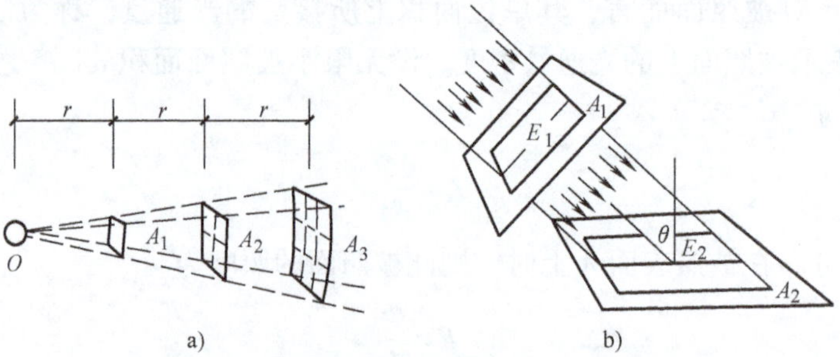

图 6-3 点光源的发光强度与照度的关系

a）光线垂直入射到被照面上 b）光线倾斜入射到被照面上

由式（6-6）可知，照度 $E=\Phi/A$；而由式（6-4）得光强 $I_\alpha=\Phi/\Omega$，立体角 $\Omega=A/r^2$，则

$$E=\frac{\Phi}{A}=\frac{I_\alpha\Omega}{A}=\frac{I_\alpha A/r^2}{A}=\frac{I_\alpha}{r^2} \tag{6-8}$$

式（6-8）表明，某表面照度 E 与点光源在这个方向上的光强 I_α 成正比，与它至光源的距离 r 的平方成反比，这就是计算点光源产生照度的基本公式，称为距离平方反比定律。

以上讨论的是在光线垂直入射到被照面的情况。当光线的入射角不等于零时，如图6-3b的面 A_2，它的法线与光线成 θ 角（入射角为 θ），而面 A_1 的法线与光线重合（光线垂直入射，入射角为零），由图可见：$\Phi=A_1E_1=A_2E_2$，且 $A_2=A_1/\cos\theta$，故 $E_2=E_1\cos\theta$，由式（6-7）得知：$E_1=I_\alpha/r^2$，则

$$E_2=\frac{I_\alpha}{r^2}\cos\theta \tag{6-9}$$

式（6-9）表明，被照面的照度与光源在这个方向上的光强 I_α 和入射角 θ 的余弦成正比，与它至光源的距离 r 的平方成反比。

【例6-3】 如图6-4所示，在距桌面高2.1m处挂一只40W白炽灯，设 α 角在0°~45°内该白炽灯的发光强度均为30cd，试求灯下桌面点1及点2处的照度 E_1、E_2。

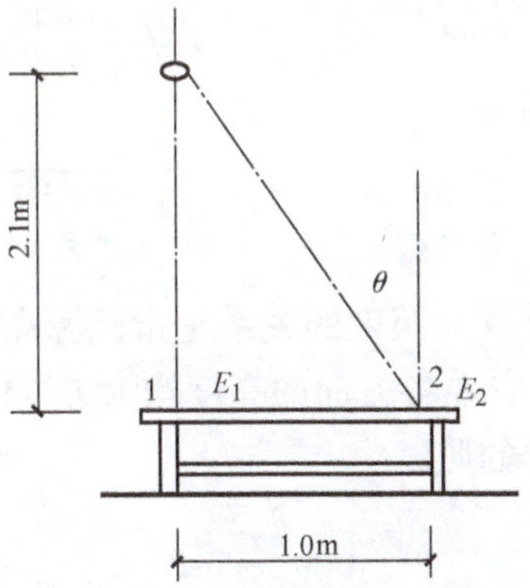

图6-4 点光源在桌面上形成的照度

【解】 由 $I_{0°\sim45°}=30\text{cd}$，按式（6-9）算得

$$E_1=\frac{I_\alpha}{r^2}\cos\theta=\left(\frac{30}{2.1^2}\cos0°\right)\text{lx}=6.8\ \text{lx}$$

$$E_2=\frac{I_\alpha}{r^2}\cos\theta=\left(\frac{30}{2.1^2+1^2}\cos25.46°\right)\text{lx}=5\ \text{lx}$$

（5）光亮度 在房间内同一位置，并排放着一个黑色和一个白色的物体，虽然它们的照度一样，但人眼看起来白色物体要亮得多，这说明了被照物体表面的照度并不能直接表达人眼对它的视觉感觉。这是因为人眼的视觉感觉是由被视物体的发光或反光（透光）在眼睛的视网膜上形成的照度而产生的。视网膜上形成的照度越高，人眼就感到越亮。白色物体的反光比黑色物体要强得多，所以感到白色物体比黑色物体亮得多。被视物体实际上是一个

发光体，视网膜上的照度是被视物体在沿视线方向上的发光强度造成的。

发光体在视线方向单位投影面积上的发光强度，称为该发光体的**表面亮度**(简称**亮度**)，以符号 L 表示，单位为坎德拉每平方米（cd/m^2）。参见图6-5，表面亮度的定义式为

$$L_\theta=\frac{I_\theta}{A\cos\theta} \tag{6-10}$$

式中 L_θ——发光体沿 θ 方向的表面亮度（cd/m^2）；

I_θ——发光体沿 θ 方向的发光强度（cd）；

$A\cos\theta$——发光体在视线方向上的投影面积（m^2）。

1坎德拉每平方米表示在 $1m^2$ 的表面积上，沿法线方向（$\theta=0°$）产生1坎德拉的光强，即 $1cd/m^2=1cd/1m^2$。

晴天天空的亮度为 $0.5\sim2\times10^4cd/m^2$；白炽灯灯丝的亮度约为 $300\sim1400\times10^4cd/m^2$；荧光灯管的表面亮度仅为 $0.6\times10^4\sim0.9\times10^4cd/m^2$。

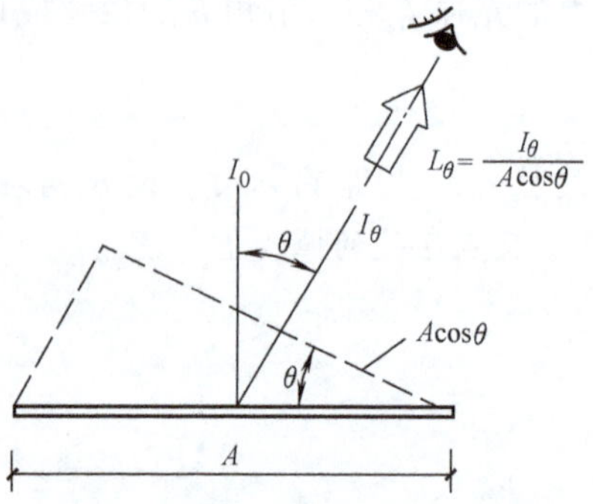

图6-5 表面亮度的定义示意图

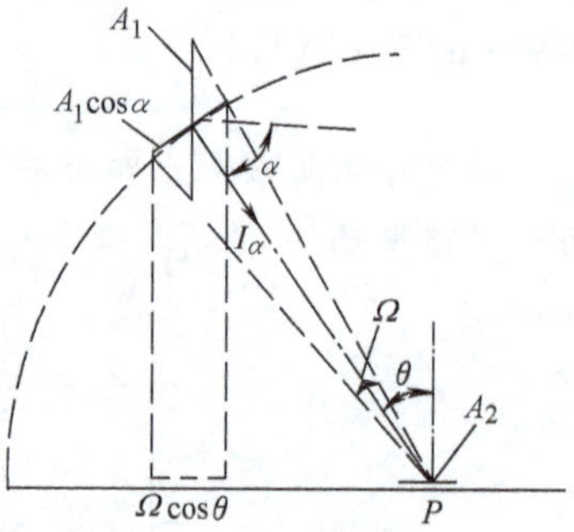

图6-6 照度与亮度的关系

(6) **亮度与照度的关系** 亮度与照度的关系是指光源亮度和它所形成的照度间的关系。在图6-6中，A_1 为发光表面，设它在各方向的亮度均为 L，A_2 为被照面。在 A_1 上取一微元面积 dA_1，它在 A_2 上的 P 点处形成的照度为

$$dE=\frac{l_\alpha}{r^2}\cos\theta$$

由式（6-9）可得 $I_\alpha=L_\alpha\cos\alpha dA_1$，代入上式则有

$$dE=\frac{L_\alpha\cos\alpha\cos\theta}{r^2}dA_1$$

其中，以 P 点为球心，对 dA_1 所形成的立体角 $d\Omega$ 为

$$d\Omega=dA_1\cos\alpha/r^2$$

故可写成

$$dE=L_\alpha\cos\theta d\Omega$$

整个发光表面在 P 点形成的照度为

$$E=\int_\Omega L_\alpha\cos\theta d\Omega$$

因各方向的亮度均为 L，则

$$E=L\Omega\cos\theta \tag{6-11}$$

式（6-11）称为立体角投影定律。它表明了发光表面在被照面上形成的照度，仅与发光表面的亮度 L 及其在被照面上形成的立体角投影 $\Omega\cos\theta$ 有关，而与发光表面的面积无关。在图 6-6 中，A_1和 $A_1\cos\alpha$ 的大小不同，但由于它们对被照面形成的立体角投影相同，所以只要它们的亮度相同，它们在 A_2上形成的照度就一样。

【例 6-4】　在房间侧墙和屋顶上各开一个 $1m^2$的窗洞，它们与室内桌子的相对位置见图 6-7，设通过窗洞看见的天空亮度为 $10^4 cd/m^2$，试求两窗洞在桌面上形成的照度（桌面与侧窗窗台等高）。

【解】　窗洞可视为一发光表面，其亮度等于透过窗洞看见的天空亮度。由式（6-11）推导过程，侧窗时

$$\Omega=\left(\frac{1\times\cos\alpha}{2^2+0.5^2}\right)sr=\frac{0.97}{4.25}sr=0.228sr$$

$$\cos\theta=\frac{0.5}{\sqrt{4.25}}=0.243$$

$$E_c=(10000\times0.228\times0.243)lx=554\ lx$$

天窗时 $\Omega=1/4sr=0.25sr$，$\cos\theta=1$

$$E_t=(10000\times0.25\times1)lx=2500\ lx$$

由此得到桌面的总照度为

$$E=(554+2500)lx=3054\ lx$$

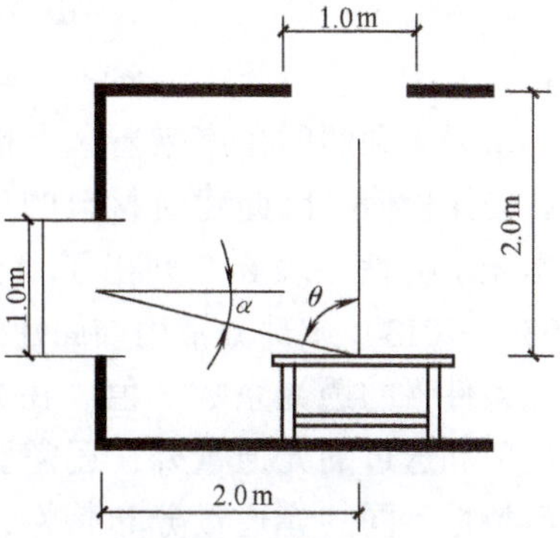

图 6-7　例 6-4 图

以上介绍了 4 个常用的光度单位，它们从不同的角度表达了物体光学特征。光通量说明发光体发出的光能数量；发光强度是发光体在某方向发出的光通量密度，它表明了光通量在空间的分布状况；光照度表示被照面接受的光通量密度，用来鉴定被照面的照明情况；光亮度则表示发光体或反光物体单位表面积上的发光强度，它表明了一个物体的明亮程度。现将它们综合列于表 6-2 中，便于比较。

表 6-2　光度定义及其单位

名称	符号	定义式	单位
光通量	Φ	$\Phi=\sum[683V(\lambda)P_\lambda]$	流明（lm）
发光强度	I	$I=\Phi/\Omega$	坎德拉（cd）
光照度	E	$E=\Phi/A$；$E=\frac{I_\alpha}{r^2}\cos\theta$	勒克斯（lx）
光亮度	L	$L_\theta=I_\theta/A\cos\theta$；$L=E/\Omega\cos\theta$	坎德拉/米²（cd/m^2）

6.1.2　材料的光学特性

借助于材料表面反射的光或材料本身透过的光，人眼才能看见周围环境中的人和物。因此可以说，光环境就是由各种反射与透射光的材料构成的。只有对材料的光学性质有所了解，根据它们的不同特征，合理地应用于不同的场合，才能创造良好的光环境。

光在传播过程中遇到新的介质时，会发生反射、透射与吸收现象。一部分光通量被介质表面反射（Φ_ρ），一部分透过介质（Φ_τ），余下的一部分则被介质吸收（Φ_α），如图6-8所示。根据能量守恒定律，入射光通量（Φ）应等于上述三部分光通量之和

$$\Phi=\Phi_\rho+\Phi_\tau+\Phi_\alpha \tag{6-12}$$

将反射、吸收和透射光通量与入射光通量之比，分别定义为**反射比**ρ（**反射系数**）、**吸收比**α（**吸收系数**）和**透射比**τ（**透射系数**）。即

$$\rho=\Phi_\rho/\Phi \tag{6-13}$$

$$\tau=\Phi_\tau/\Phi \tag{6-14}$$

$$\alpha=\Phi_\alpha/\Phi \tag{6-15}$$

于是

$$\rho+\tau+\alpha=1 \tag{6-16}$$

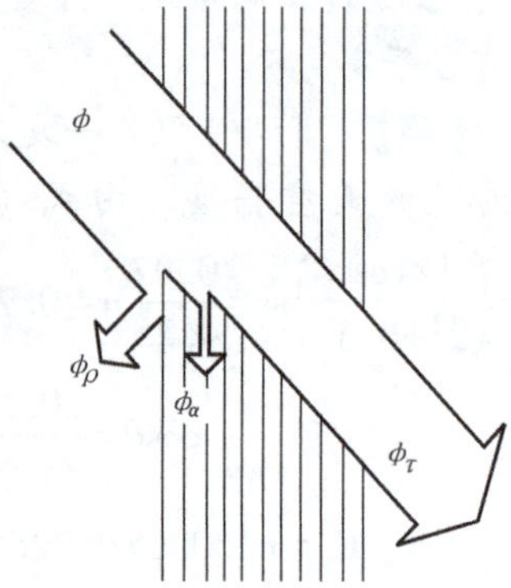

图6-8 光的反射、吸收和透射

从采光和照明角度来看，一般反射比或透射比高的材料才有使用价值。因此建筑材料的反射和透射情况就是材料的基本光学特性。表6-3列出了《建筑采光设计标准》（GB 50033—2013）中部分常用饰面建筑材料的反光系数ρ值和扩散光条件下的透光系数τ值。在光环境设计中，除了定量分析反射和透过的光通量外，还需要了解反射光和透过光随着材料特性不同的光通量分布特性，以求在光环境设计中正确运用每种材料的不同控光性能，获得预期的采光和照明效果。

1. 反射

辐射由一个表面返回，组成辐射的单色分量的频率没有变化，这种现象叫作反射。反射光的强弱与分布形式取决于材料表面的性质，也同光的入射方向有关。例如，垂直入射到透明玻璃板上的光线约有8%的反射比；加大入射角度，反射比也随之增大，最后会产生全反射。

反射光的分布形式有规则反射与扩散反射两大类。扩散反射又可细分为定向扩散反射、漫反射、混合反射等。

（1）**规则反射** 规则反射也叫**镜反射**，其特征是光线经过反射之后仍按一定的方向传播，立体角没有变化。规则反射的规律为：①入射光线与反射光线以及反射表面的法线同处于一个平面内；②入射光与反射光分居法线两侧，入射角等于反射角（图6-9a）。

表6-3 灯光照明工程常用材料的ρ和τ值（GB 50033—2013）

材料名称	说明	ρ	厚度/mm	τ
1 透光材料				
普通玻璃	—	0.08	3~6	0.82~0.78
磨砂玻璃	花纹深密	—	3~6	0.55~0.60
乳白玻璃	—	—	1	0.60
有机玻璃	—	—	2~6	0.85
玻璃钢罩	有色	—	三~四层布	0.72~0.74
镀膜玻璃	金色/银色/茶色	0.23/0.30/0.21	5	0.10/0.14/0.14
镀膜玻璃	宝石蓝/宝石绿	0.17/0.37	5	0.20/0.08
聚苯乙烯板	—	—	3	0.78
聚氯乙烯板	本色	—	2	0.60

（续）

材料名称	说明	ρ	厚度/mm	τ
聚碳酸酯板	—	—	3	0.74
钢窗纱	绿色	—	—	0.70
2 建筑饰面材料				
大白粉刷	—	0.75	—	—
乳胶漆	白色	0.84	—	—
调和漆	白，米黄/中黄	0.70/0.57	—	—
砖	红色/灰色	0.33/0.23	—	—
水泥砂浆抹面	—	0.32	—	—
混凝土面	—	0.20	—	—
水磨石面	白色/黑灰色	0.70/0.10	—	—
水磨石面	白色间灰黑色	0.52	—	—
大理石	白色/黑色	0.60/0.10	—	—
胶合板	—	0.58	—	—
3 金属材料及饰面				
铝板	白色抛光	0.83~0.87	—	—
铝板	白色镜面	0.89~0.93	—	—
铝板	金色	0.45	—	—
铸铁、钢板地面	—	0.15	—	—
不锈钢板	—	0.72	—	—
钢板	红色/深咖啡色	0.25/0.20	—	—
塑料墙纸	浅粉白色	0.65	—	—
塑料墙纸	黄白色/蓝白色	0.72/0.61	—	—

光滑密实的表面，如玻璃镜面和磨光的金属表面形成规则反射。在照明工程中常利用规则反射进行精确的控光，如制造各种曲面的镜面反光罩获得需要的光强分布，提高灯具效率。几乎所有的节能灯具都使用这类材料作为反光罩，其中有阳极氧化或抛光的铝板、不锈钢板、镀铬铁板、镀银或镀铝的玻璃和塑料等。

（2）**定向扩散反射** 定向扩散反射保留了规则反射的某些特性，即在产生规则反射的方向上，反射光最强，但是反射光束被“扩散”到较宽的范围（图 6-9b）。经过冲砂、酸洗或锤点处理的毛糙金属表面具有定向扩散反射的特性。

（3）**漫反射** 漫反射的特点是反射光的分布与入射光方向无关，反射光不规则地分布在所有方向上（图 6-9c）。无光泽的毛面材料或由微细的晶粒、颜料颗粒构成的表面产生漫反射。可以把这些微粒看作单个的镜反射器，但是由于微粒的表面处在不同的方向，所以光以不同的角度反射。

若反射光的光强分布与入射光的方向无关，而且正好是切于入射光线与反射表面交点的一个圆球，这种漫反射称为均匀漫反射（图 6-9d）。均匀漫反射材料的光强分布与亮度分布见图 6-10。其反射光的最大发光强度在垂直于表面的法线方向，其余方向的光强同最大光强有以下关系：

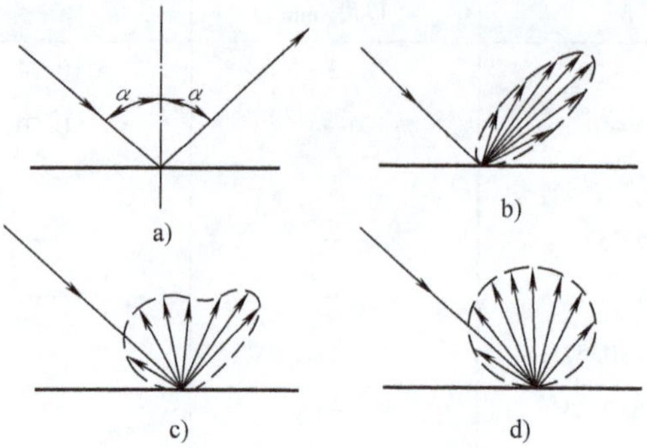

图 6-9 反射光的分布形式

a）规则反射 b）定向扩散反射

c）漫反射 d）均匀反射

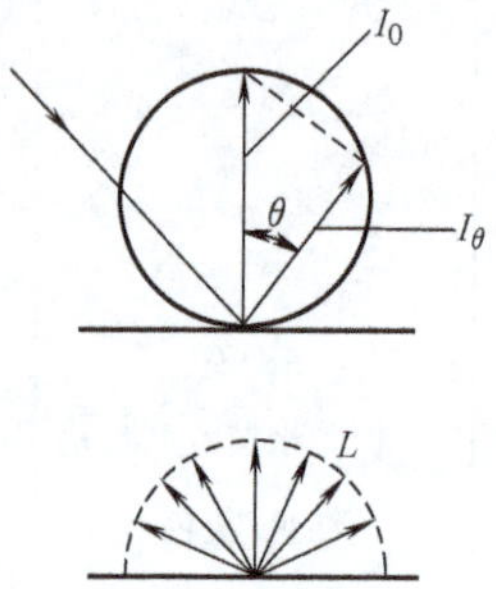

图 6-10 均匀漫反射材料的光强分布与亮度分布

$$I_\theta = I_0 \cos\theta \tag{6-17}$$

式中 I_θ——反射光与表面法线夹角为 θ 方向的光强（cd）；

I_0——反射光在反射表面法线方向的最大光强（cd）。

式（6-17）称为朗伯余弦定律。符合朗伯定律的材料叫朗伯体。这类材料无论入射光的方向如何，其表面各方向上的亮度都是相等的。氧化镁、硫酸钡、石膏等具有这种特性。建筑工程常用的大部分无光泽饰面材料，如粉刷涂料、乳胶漆、无光塑料墙纸、陶板面砖等都可以近似地看作是均匀漫反射材料。

按照朗伯定律，可以导出由照度计算均匀漫反射材料表面亮度的简便公式

$$L = \frac{\rho E}{\pi} \tag{6-18}$$

对均匀漫透射材料则有

$$L = \frac{\tau E}{\pi} \tag{6-19}$$

式（6-18）和式（6-19）是光环境设计中常用的平均亮度计算公式。

（4）**混合反射** 多数材料表面兼有规则反射和漫反射的特性，称为混合反射。光亮的搪瓷表面呈现漫反射与镜面反射结合的特性。在漫反射表面涂一层薄的透明清漆，当光入射角很小时，近似漫反射；入射角加大，约有5%～15%的入射光为镜面反射；入射角很大时，则完全是镜面反射。

2. **透射**

光线通过介质，组成光线的单色分量频率不变，这种现象称为透射。玻璃、晶体、某些塑料、纺织品、水等都是透光材料，能透过大部分入射光。材料的透光性能不仅取决于它的分子结构，还同它的厚度有关。非常厚的玻璃或水将是不透明的，而一张极薄的金属膜或许是透光的，至少可以是半透光的。

材料透射光的分布形式可分为规则透射、定向扩散透射、漫透射，当光线通过介质后均匀扩散，这种漫透射又称均匀漫透射（图6-11），与混合反射相同，当有规则透射与漫透射兼有时，则称混合透射。透明材料属于规则透射，在入射光的背侧，光源与物像清晰可见。磨砂玻璃为典型的定向扩散透射，在背光的一侧仅能看见光源模糊的影像。乳白玻璃具有均

匀漫透射的特性，整个透光面亮度均匀，完全看不见背侧的光源和物像。在透明玻璃上均匀地喷一层薄的白漆，其透光性能接近混合透射。如将白炽灯放在这种玻璃的一侧，由另一侧看去，漫透射形成的表面亮度相当均匀，同时灯丝的像也历历在目。

3. **折射**

光在透明介质中传播，当从密度小的介质进入密度大的介质时，光速减慢；反之，光速加快。由于光速的变化而造成光线方向的改变，称为折射。光的折射规律是

$$\frac{\sin i}{\sin\gamma}=\frac{n_2}{n_1} \tag{6-20}$$

式中　n_1——第一种介质的折射率；

n_2——第二种介质的折射率；

i——入射角（图6-12）；

γ——折射角。

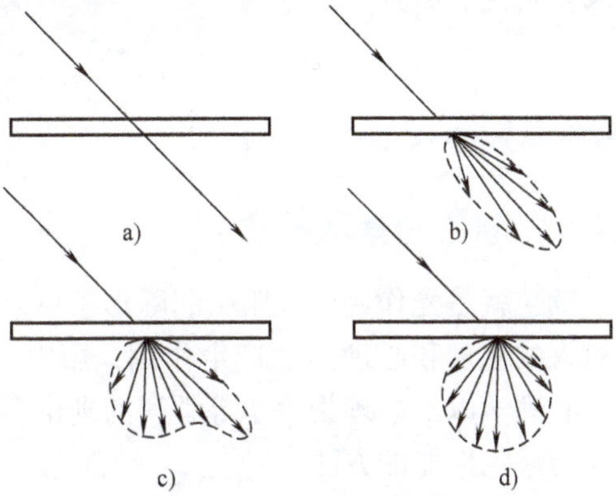

图6-11　透射光的分布

a）规则透射　b）定向扩散透射

c）漫透射　d）均匀漫透射

由式（6-20）可以看出，光线通过两种介质的界面时，在折射率大的一侧，光线与法线的夹角较小。利用折射能改变光线方向的原理制成的折光玻璃砖、各种棱镜灯罩，能精确地控制光分布。

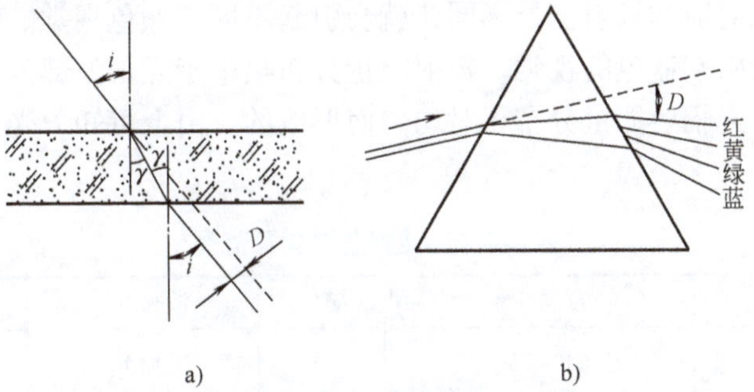

图6-12　光的折射

a）光通过平行表面的折射　b）光通过三角形棱镜的折射

此外，当一束白光通过折射棱镜时，由于组成白光的单色光频率不同，则因折射而分离成各种颜色，称为色散。有金属镀膜的磨光棱镜玻璃灯饰部件，就是因为色散而呈现出五光十色，装饰效果华丽夺目（图6-12）。

【例6-5】　一个直径为250mm的乳白色玻璃球形灯罩，内装一个光通量为1260lm的白炽灯，设灯罩的透射比为0.60，灯具发出的光通量均匀地向四周扩散。求灯罩外表面亮度和灯的正下方的发光强度。

【解】　根据照度的定义，可知灯罩内表面的照度为

$$E_1=\frac{\Phi}{A}=\frac{\Phi}{4\pi r^2}=\frac{1260}{4\times3.14\times0.125^2}\text{lx}=6420\ \text{lx}$$

灯罩为均匀扩散透射材料，由式（6-19）可求出其透射表面亮度为

$$L=\frac{\tau E}{\pi}=\frac{0.6\times6420}{3.14}\text{cd/m}^2=1227\text{cd/m}^2$$

灯具发出的光通量向空间均匀扩散，则正下方发光强度与任一方向的发光强度均相等，由发光强度的定义得知

$$I=\frac{\tau\Phi}{4\pi}=\frac{0.6\times1260}{4\times3.14}\text{cd}=60.2\text{cd}$$

6.1.3 颜色的基本概念

颜色就是光作用于人眼引起除形象以外的视觉特性。颜色是影响光环境质量的要素，同时对人的生理和心理活动产生作用，影响人们的工作效率。颜色问题涉及物理光学、生理学、心理学以及心理物理学等学科的理论。这里主要讨论颜色的基本特性、表色系统及规定色表与显色性能的方法。

1. 颜色的特性

(1) 颜色的形成 颜色来源于光，单一波长光在视觉上表现为某一特定的颜色。表6-4所示是几种颜色的波长和光谱的范围。在两个相邻颜色范围的过渡区，人眼还能看到各种中间颜色。从颜色显现方式看，颜色有光源色和物体色之分。

光源就是能发光的物理辐射体，如灯、太阳和天空等。通常一个光源发出的光包含很多单色光，如果单色光对应的辐射能量不同，就会引起不同的颜色视觉。辐射能量分布集中于光短波部分的色光会引起蓝色的视觉。辐射能量分布集中于光长波部分的色光会引起红色的视觉；白光则是由于光辐射能量分布相对均匀而形成的。由上可知，光源色就是由光源发射的光的颜色。

表6-4 光谱颜色波长及范围

颜色	波长/nm	范围/nm	颜色	波长/nm	范围/nm
红	700	640~750	绿	510	480~550
橙	620	600~640	蓝	470	450~480
黄	580	550~600	紫	420	400~450

物体色是光被物体反射或透射后的颜色。它是由物体表面的光谱反射率或透射率和光源的光谱能量分布共同决定。例如，用白光照射某一表面，它吸收白光包含的绿光和蓝光，反射红光，这一表面就呈红色。若用蓝光照射同一表面，它将呈现黑色，因为光源中没有红光成分。反之，若用红光照射该表面，它将呈现出鲜艳的红色。通常把漫反射、不透明物体表面的颜色称为表观色。一般来说，物体的有色表面会比较多地反射某一特定波段的光，这个特定波段所呈现的颜色通常称为该物体的颜色。由于物体表面的颜色主要是从入射光中减去一些波长的光而产生的，所以人眼感觉到的表面颜色主要决定于物体的光谱反射比分布和光源的发射光谱分布。

(2) 颜色的分类及属性 颜色可以分为无彩色和彩色两大类。无彩色是指从白到黑的中间深浅不同的灰色。它们可以排成一个系列，并可用一条直线表示，如图6-13所示。它的一端是光反射比为1的理想完全反射体——纯白，另一端是反射比为0的理想无反射体

——纯黑。在实际生活中，并没有纯白和纯黑的物体，光反射比最高的氧化镁等只是接近纯白，约为0.98；光反射比最低的黑丝绒等只是接近纯黑，约为0.02。当物体表面的反射比都在0.8以上时，该物体为白色；当物体表面的反射比均在0.04以下时，该物体为黑色。对于光源色来说，无彩色的白黑变化相应于白光的亮度变化。当光的亮度非常高时，就认为是白色的；当光的亮度很低时，认为是灰色的；无光时为黑色。彩色是指除无彩色以外的各种颜色。根据色的心理概念，任何一种有彩色的表观颜色，均可通过**颜色三要素**加以描述，这就是色调（也称色相）、彩度（也叫饱和度）和明度。

图6-13 白黑系列

色调是各颜色在视感觉上区分的特性。不同波长的可见光辐射，在视觉上表现为各种颜色，如红、黄、绿、蓝、紫等。光源的色调取决于辐射的光谱组成对人产生的视感觉；各种单色光在白色背景上呈现的颜色，就是光源的色调。物体的色调取决于光源的光谱组成和物体反射（透射）的各波长光辐射比例对人产生的视感觉。在白光下，如一个物体表面反射480~550nm波段的光辐射，而相对吸收其他波段的光辐射，那么该物体表面为绿色，这就是物体色的色调。

彩度是指色彩的饱和程度或鲜艳程度。各种单色光的彩度最高，即饱和度最高。当单色光掺入其他波段的光成分越多，就越不饱和，当掺入白光成分比例很大时，看起来就变成白光了。物体色的彩度决定于该物体反射（或透射）光谱辐射的选择性程度，如果选择性很高，则物体色的彩度就高。

明度是指颜色相对明暗的视感觉特性。彩色光的亮度越高，人眼感觉越明亮，它的明度就越高。物体色的明度则反映光反射比（或透射比）的变化，反射比（或透射比）大的物体色明度高，反之则明度低。无彩色只有明度这一个颜色属性的差别，而没有色调和彩度这两种颜色的属性区别。

（3）颜色混合 人眼能够感知和辨认的每一种颜色都能用红、绿、蓝3种颜色匹配出来。但是，这3种颜色中无论哪一种都不能由其他两种颜色混合产生。因此，在色度学中将红（700nm）、绿（546.1nm）、蓝（435.8nm）称为**三原色**。

颜色混合可以是光源色的混合，也可以是物体色（颜料）的混合。这两种混合规律不同，前者是相加混色，后者为相减混色。因此，混合所得结果也不同。

相加混色具有的规律：①凡两种颜色按适当比例混合能产生白色，这两种颜色称为互补色。如黄和蓝、红和青、绿和品红等；②非互补色的任何两种混合，可以产生中间色。中间色的色调决定于两种颜色的比例大小，并偏向比例大的颜色；③中间色的彩度决定于两者在红、橙、黄、绿、蓝、紫色等这种色调顺序上的远近，两者相距越近彩度越大，反之则彩度越小；④混合色的总亮度等于组成混合色的各颜色光亮度的总和。相加混色常应用于不同类型光源的混光照明、舞台照明、彩色电视等的颜色合成。如舞台照明，通过利用三种或者更多的光源，在降低亮度的情况下，所有的色彩效果都可以达到；彩色电视显示屏上有很多小的红色、绿色和蓝色的荧光粉，每一种类型分别由一束单独的电子来控制。当距离一台彩色电视距离很近观察它时，就会发现白色并不存在于显示屏上，而是在大脑中形成的一种印象。

相减混色是利用色玻璃或滤色片的重合而生成另外的颜色。在颜色的减法混色中，为了获得较多的混合色，应控制红、绿、蓝三色，为此，采用红、绿、蓝色的补色，即青色、品红色、黄色三个减法原色。青色吸收光谱中的红色部分，反射或透射其波长的光辐射，称为“减红”原色，是控制红色用的，如图6-14a所示；品红色吸收光谱中的绿色部分，是控制绿色的，称为“减绿”原色，如图6-14b所示；黄色吸收光谱中的蓝色部分，是控制蓝色的，如图6-14c所示。相减混色常用于染料、涂料的物体色的调制。彩色颜料是按照减法原则混合的，其基本原色被称为红色、绿色和蓝色，而不是青色、品红和黄色。而彩色幻灯片和彩色印刷品是由青、品红和黄三种基本染料以不同彩度合成的。彩色打印中，白色打印分别使用三种打印墨水——青、品红和黄重复打印三次而形成的。打印中黑墨水用来加深被打印的颜色达到足够的深度。

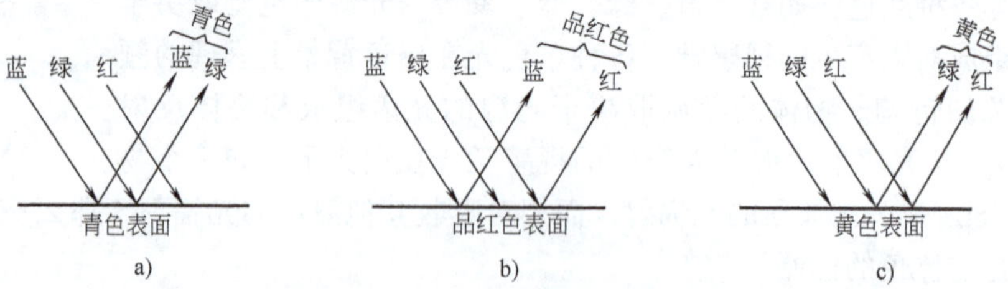

图6-14 颜料的减色混合原理

2. 颜色定量

通常，人们习惯用自然界的景物来描述颜色，如桃红、苹果绿、土黄、孔雀蓝等，这种叫法不能正确地表达颜色特征和说明颜色之间的细微差别。随着科学的进步，色彩在工程技术方面得到广泛应用；为了精确地规定颜色，不但要定性，而且一定要建立定量的表色系统。所谓表色系统，就是使用规定的符号，按一系列规定和定义表示颜色的系统，也称为色度系统。目前国际上使用较普遍的表色系统，有孟塞尔（A. H. Munsell）表色系及CIE1931标准色度系。它们不但用符号和数字规定了千万个颜色品种，而且在不同程度上揭示了颜色形成和组合的科学规律。

孟塞尔表色系是目前国际通用的物体色表色系统，它按颜色的三个基本属性：色调（H）、明度（V）和彩度（C）对颜色进行分类与标定。可以用一个颜色立体图来说明这一表色系统，见图6-15。中央轴代表无彩色（中性色）明度等级，理想白色为10，理想黑色为0，视知觉上等距离共有11个等级。颜色样品离开中央轴的水平距离表示彩度变化。中央轴上的彩度为0，离开中央轴越远，彩度越大。各种颜色的最大彩度是不一样的，个别最饱和颜色的彩度可达到20。

孟塞尔颜色立体模型水平剖面各个方向表示10种孟塞尔色调，包括红（R）、黄（Y）、绿（G）、蓝（B）、紫（P）5种主色调和黄红（YR）、绿黄（GY）、蓝绿（BG）、紫蓝（PB）和红紫（RP）5种中间色调。为了对色调作更详细的划分，每一种色调又分为10个等级，每种主色调和中间色调的等级都定为5。

任何一种物体色都可以用孟塞尔表色系统来标定，即先写出色调（H），然后写明度值（V），再在斜线后面写出彩度（C）

HV/C=色调 明度/彩度

例如，标号为10Y8/12的颜色，就表示它的色调是黄与绿黄的中间色；明度值为8，该颜色比较明亮；彩度是12，它是比较饱和的颜色。

无彩色用N表示，且在N后面给出明度值*V*，斜线后空白：

N*V*/=中性色 明度值/

例如N5/就表示明度值为5的中性灰色。

孟赛尔明度值与光反射比有对应关系，它们的换算可近似表示为

$$\rho = V(V-1)/100 \qquad (6\text{-}21)$$

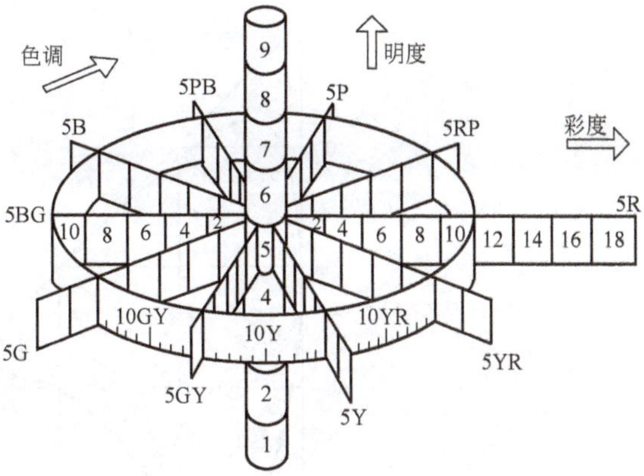

图6-15 孟塞尔颜色立体图

例如，明度值为9的一块颜色，其反射比约为$\rho=9\times(9-1)/100=0.72$。

另一种CIE1931标准色度系是比孟塞尔色表系用途更广泛的一种颜色表示方式。颜色是由亮度和色度共同表示的，色度是不包括亮度在内、反映色调和饱和度的感官性指标，CIE1931标准色系是建立在RGB色度系统的基础上，由X、Y、Z代替三色基色红（R）、绿（G）、蓝（B），通过色度计算预测不同色度混合后物体呈现的颜色，可作为颜色的物理量测量基础，任何一种颜色的光都可以由三原色按一定的比例混合而得到，其特点是用严格的数学方法计算和规定颜色，但计算方法比较复杂。

3. 光源的颜色

在光环境设计实践中，光源的颜色质量常用两个性质不同的术语来表征：光源的色温和显色性。

（1）光源的色温　在辐射作用下既不反射也不透射，能把落在它上面的辐射全部吸收的物体称为黑体或称为完全辐射体。一个黑体被加热到高温，其表面单位面积产生的辐射功率大小及其分布完全取决于它的温度。当黑体连续被加热时，它的相对光谱功率分布的最大值将向短波方向移动，相应的光色将按顺序红→黄→白→蓝的方向变化。黑体温度在800~900K时，光色为红色；3000K时为黄白色，在8000~10000K之间为淡蓝色。在不同温度下，对应的光色变化在CIE色品图上形成弧形轨迹，称为黑体轨迹，如图6-16所示[2]。

由于不同的黑体辐射对应着一定的光色，所以人们就用黑体加热到不同温度时所发出的不同光色来表示光源的颜色。通常把某一种光源的色品与某一温度下黑体的色品相同时黑体的温度称为**光源的色温**，简称**色温**，用符号T_c表示，单位是热力学温度（K）。

热辐射光源如白炽灯，它的光谱分布和黑体辐射很相近，都是连续光谱。它的色坐标点恰好落在黑体轨迹上，因此利用色温来表示它的颜色是适当的。但是，非热辐射光源如荧光灯、高压钠灯，它们的光谱分布和黑体辐射有很大差别。它们的色坐标点不落在黑体轨迹上，而落在这条轨迹的附近，但是允许用与某一温度黑体辐射最接近的颜色来近似地确定这类光源的色温，称为**相关色温**。表6-5所示为天然光源和人工光源的色温或相关色温的范围。

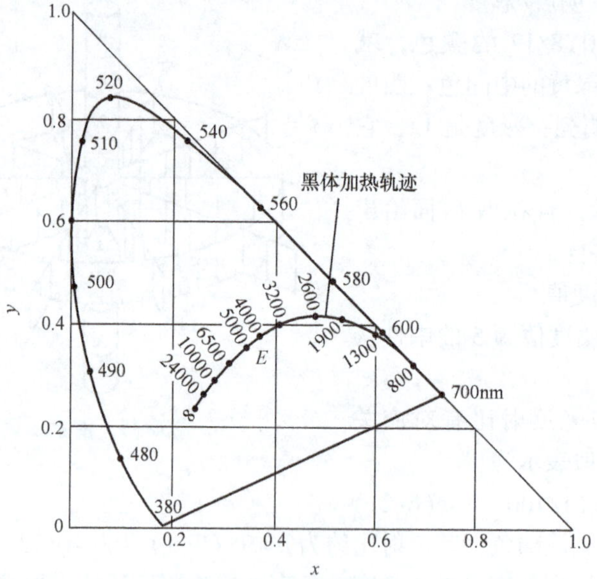

图 6-16 不同温度的黑体轨迹（CIE 色品图）[2]

表 6-5 天然和人工光源的色温[3]

光 源	色温(或相关色温)/K	光 源	色温(或相关色温)/K
蜡烛	1900～1950	日光	5300～5800
高压钠灯	2000	昼光（日光+晴天天空）	5800～6500
白炽灯 40W	2700	全阴天空	6400～6900
白炽灯 150～500W	2800～2900	晴天蓝色天空	10000～26000
碳弧灯	3700～3800	荧光灯	3000～7500
月光	4100		

在光谱分布表示法中，如图 6-16 所示，白色的范围很广阔。虽然光源可能在一定程度上离开色度图上的白色点，但是由于眼睛有一个适应的过程，所以看到的仍然是白色。该法适用于各种光源，因此，用它来表示光源的颜色是比较恰当的。由于色温较低时的光源呈现黄白色，故常称这种光源的颜色具有**暖色调**；对于色温较高时呈现淡蓝色的光源，称其具有**冷色调**。CIE 定义暖、冷色调的色温范围前者低于 3300K，后则高于 5300K。

（2）光源的显色性 物体色在不同照明条件下的颜色感觉会发生变化，这种变化可用光源的显色性来描述。光源的**显色性**指的是与参考标准光源比较时，光源显现物体颜色的特性。参考光源是能呈现出物体“真实”颜色的光源。一般公认中午的日光是理想的参考光源。CIE 及我国制订的人工光源显色性评价方法中，都规定相关色温低于 5000K 的待测光源，以相当于早晨或傍晚时日光的完全辐射体作为参照光源；色温高于 5000K 的待测光源，以相当于中午日光的组合昼光作为参照光源。通过与参照光源对比获得的光源的显色性采用显色指数 R_a 度量。

显色指数的最大值定为 100。一般认为光源显色指数在 80～100 范围内，显色性优良；在 50～79 范围内，显色性一般；小于 50 则显色性较差。为满足人们对环境的色彩感知需求，在长时间停留的空间，要求显色指数 80 以上。光源的显色性主要取决于光谱功率分布，白炽灯是连续光谱光源，是显色性较好的光源。人工光源常以显色指数作为评价光源显现被照物真实颜色能力的参数，即光源呈现被照物逼真颜色的显色性指标。

（3）光源对色彩的影响 色彩是光作用于人的视觉神经所引起的一种感觉，物体的颜色只有在光线的照射下才能为人们所识别。因此特定的光照条件，是决定物体色彩的首要因素，表6-6所示为各种色彩在不同色光下的变化。

表6-6 各种色彩在不同色光下的变化[4]

色光／彩色	赤光	黄光	绿光	青光	紫光	橙光
曙红	赤	赤橙	茶褐	紫	赤紫	赤红
朱	辉赤	辉橙	土绿	赤紫	紫赤	橙红
橙	赤橙	辉橙黄	黄绿	浅紫赤	紫赤	浓橙
铬黄	浅橙	深黄	草黄绿	深绿	暗灰	橙黄
黄绿	黄橙	黄	黄绿	青灰	灰紫	橙绿
绿	黄灰	辉黄绿	辉绿	青绿	青	黄绿
浅绿	赤灰	浅黄绿	深绿	青绿	紫灰	黄灰
深绿	浅赤黑	黄绿	深绿	青	深紫	土绿
青绿	紫灰	浅黄绿	绿	青绿	青紫	橄榄绿
浅青	紫	黄绿	绿	青	青紫	灰绿
群青	紫	绿	青绿	普蓝	青紫	深暗绿
普蓝	赤紫	辉绿	暗青绿	群青	紫	暗绿
青	浅紫	深草绿	深灰绿	青	紫青	土绿
紫	紫红	褐黄	墨绿	紫青	紫	赤褐
紫赤	赤紫	暗橙	灰绿	赤青	紫赤	灰褐
黑	暗赤	暗褐	暗绿	暗、青	暗紫	暗绿

4. 色彩效应

色彩通过视觉器官为人们感知，可以改变空间的量感，形成不同的氛围；它还可以通过心理感受影响人们的情绪，甚至影响工作的效率。

（1）情绪感觉 歌德把颜色分为积极色与消极色。积极色能够产生积极的、有生命力的和努力进取的态度，而消极色表现不安的、温柔的和向往的情绪。如黄、红等暖色明快的色调加上高亮度的照明，对人有一种离心作用，即把人的组织器官引向对环境的关注，将人的注意力吸引到外部，增加人的激活作用、敏捷性和外向性，这种环境有助于肌肉的运动和机能，适合于从事手工操作工作和进行娱乐活动的场所。灰、蓝、绿等冷色调加上低亮度的照明对人有一种向心的作用，即把热闹从环境引向本人的内心世界，使人精神不易涣散，能更好地把注意力集中到难度大的视觉任务和脑力劳动上，增进人的内向性，这种环境适合需要久坐的、对眼睛和脑力工作要求较高的场所，如办公室、研究室和精细的装配车间等。

（2）温度感觉 颜色也会令人产生红热蓝冷的温度感觉。有实验表明，手伸到同样温度的热水，多数受试者会说，染成红色的热水要比染成蓝色的热水温度高。在车间操作的工人，在青蓝色的场所工作，13℃时就感到冷，在橙红色的场所中，10℃时还不感觉到冷，主观温差效果最多可达3~4℃[5]。

(3) 大小轻重感觉　明度对轻重感的影响比色相大，明度高于7的颜色显轻，低于4的颜色显重。其原因之一是波长对眼睛的影响，之二是颜色联想，之三是颜色爱好引起的情绪反应。例如，同样质量的包装袋，若采用黑色，搬运工人说又重又累，但采用淡绿色，工作一天后，搬运工感到不十分累。又如吊车和吊灯表面，常采用轻盈色，以有利于使人感到心理上的平衡和稳定。

色性相近的颜色对个体视觉的影响及产生的心理效应的相互联系、密切相通的性质称色感的共通性，它是颜色对人体产生的心理感受的一般特性，如表6-7所示。

表6-7　色感的共通性[6]

心理感受		左趋势		积极色		中性色		消极色		右趋势	
明暗感	明亮	白	黄	橙	绿、红	灰	灰	青	紫	黑	黑暗
冷热感	温暖		橙	红	黄	灰	绿	青	紫	白	凉爽
胀缩感	膨胀		红	橙	黄	灰	绿	青	紫		收缩
距离感	近		黄	橙	红		绿	青	紫		远
重量感	轻盈	白	黄	橙	红	灰	绿	青	紫	黑	沉重
兴奋感	兴奋	白	红	橙红	黄绿红紫	灰	绿	青绿	紫青	黑	沉静

6.2 视觉环境

视觉是人体各种感觉中最重要的一种，大约有87%的外界信息是人依靠眼睛获得的，并且75%~90%的人体活动是依赖视觉进行的。视觉与触觉等其他感觉不同，后者是单独地感受一个物体的存在，而视觉所感知的却是环境的大部分或全部。

视觉活动与人的所有知觉一样，不仅需要某种外界条件对神经系统的刺激。而且需要大脑对由此产生的神经脉冲信号进行解释与判断，因此，视觉不是简单地“看”，它包含着“看与理解”。

视觉形成的过程可分解为四个阶段：

1）光源发出光辐射。

2）外界景物照射下产生颜色、明暗和形体的差异，相当于形成二次光源。

3）二次光源发出不同强度、颜色的光信号进入人眼瞳孔，借助眼球调视，在视网膜上成像。

4）视网膜上接受的光刺激（即物像）变为脉冲信号，经视神经传给大脑，通过大脑的解释、分析、判断而产生视觉。

上述过程表明，视觉的形成既依赖于眼睛的生理机能和大脑积累的视觉经验，又和照明状况密切相关。

6.2.1 人眼的视觉特征

1. 眼睛

人的视觉感觉只能通过眼睛来完成。眼睛的构造和照相机相似，图6-17所示是人右眼的剖面图，其主要的组成部分和功能有：

（1）**瞳孔** 为虹膜中央的圆形孔，它可根据环境的明暗程度，自动调节孔径，以控制进入眼球的光能数量。相当于起到了照相机中光圈的作用。

（2）**水晶体** 为一扁球形的弹性透明体，它受睫状肌收缩或放松的控制，使其形状改变，从而改变其屈光度，使远近不同的外景物都能在视网膜上形成清晰的影像。它起照相机的透镜作用，不过水晶体具有自动聚焦功能。

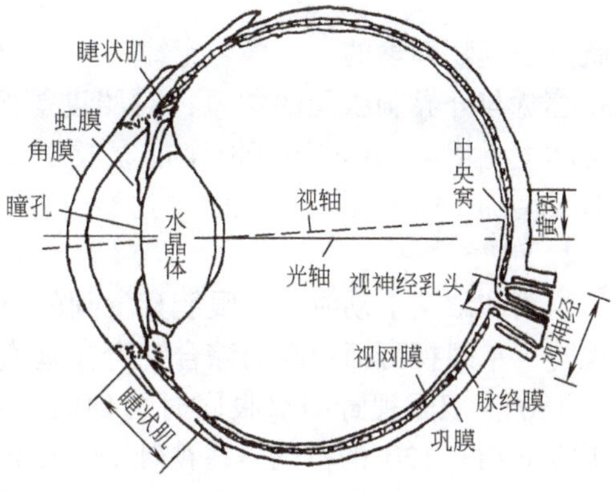

图 6-17 右眼剖面图

（3）**视网膜** 光线经过瞳孔、水晶体在视网膜上聚焦成清晰的影像。它是眼睛的视觉感受部分，相当于照相机中的胶卷。视网膜上布满了感光细胞。光线射到它们上面就产生光刺激，并把光信息传输至视神经，再传到大脑，产生视觉感觉。

（4）感光细胞 感光细胞分为锥体细胞和杆体细胞两种，它们处在视网膜最外层上接受光刺激。锥体细胞密集地分布在视网膜中心区与视轴交点的中央凹附近，这里每个锥体细胞都有一根单独的神经纤维与大脑相连。所以，物像落在中心凹上，色彩和细节的分辨力最强。离开中央凹区域，锥体细胞急剧减少，杆体细胞逐渐增多。**杆体细胞**对于光非常敏感，但是不能分辨颜色。亮度低于 0.03cd/m^2 时，在眼睛能够感光的亮度阈限内，主要是杆体细胞起作用，称为暗视觉。**锥体细胞**对于光不甚敏感，在亮度高于 3cd/m^2 的水平时，锥体细胞才充分发挥作用，这时称为明视觉。锥体细胞有辨认细节和分辨颜色的能力，这种能力随亮度增高而达到最大。所有的室内照明，都是按明视觉条件设计的。

2. 亮度阈限

无论是对目标的察觉、辨认、识别，还是对光环境的一般反应，视觉都是一个极为复杂的系统。视觉系统有很大的自调能力，能对传递的信息自行调节到最佳清晰度。但是，这种能力也要受照明条件的制约，并有一定的限度。对于在眼中长时间出现的大目标，**视觉阈限亮度**为 10^{-6}cd/m^2。在呈现时间少于 0.1s，视角不超过 1°的条件下，其视觉阈限值遵守里科定律，即**亮度×面积=常数**；也遵守邦森-罗斯科定律，即**亮度×时间=常数**。这就是说，目标越小，或呈现时间越短，越需要更高的亮度才能引起视知觉。视觉可以忍受的亮度上限约为 10^6cd/m^2，超过这个数值，视网膜就会因辐射过强而受到损伤。实际上，日常看到的自然景物亮度差别一般在 1∶1000 以内。即使如此，人眼对光的适应范围也远比能够忍受的温度变化范围大得多。

3. 韦勃定律

对于外界光刺激的变化，在视觉上有什么反应呢？韦勃通过心理物理实验探讨了这个问题。他把用仪表测得的照明量称为“刺激”，这是一个客观物理量；把人眼可以感知的光刺激变化称为“感觉”，这是一个主观心理量。他发现刚能察觉的光刺激变化同刺激水平存在一定的关系，即刚能察觉的刺激变化差值是刺激水平的一个常数，用数学式表达为

$$\frac{\Delta I}{I}=K\text{（常数）} \tag{6-22}$$

这就是心理物理学的一个著名定律——韦勃定律。它不是一个严密精确的公式，但却阐明了主观感觉与外界刺激间的关系，对照度等级的划分有指导意义。例如，在一个照度为10lx的房间里，增加1lx的照度刚刚能察觉出变化；那么，在另一个照度水平为100lx的房间，就需要增加10lx的照度才能刚刚觉察出有照度的变化。两者的比率都是0.1。

4. 视野

当头和眼睛不动时，人眼能察觉到的空间范围叫**视野**(图6-18)。它分为单眼视野和双眼视野。单眼视野即单眼的综合视野在垂直方向约有130°，向上60°，向下70°，水平方向约有180°。双眼视野即双眼同时看到的视野，它的范围要小一些，垂直方向与单眼相同，水平方向约有120°的范围。在视轴1°~1.5°范围内具有最高的视觉敏锐度，能分辨最细小的细部，称“中心视野”。但由于这里没有杆体细胞，故在黑暗环境中该范围不产生视觉。从视野中心往外30°范围，视觉清晰度较好，称“近背景视野”，这是观看物件总体时最有利的位置。人们通常习惯于站在离展品高度的1.5~2.0倍距离处观赏展品，就是为了使展品处于视觉清晰区域内。

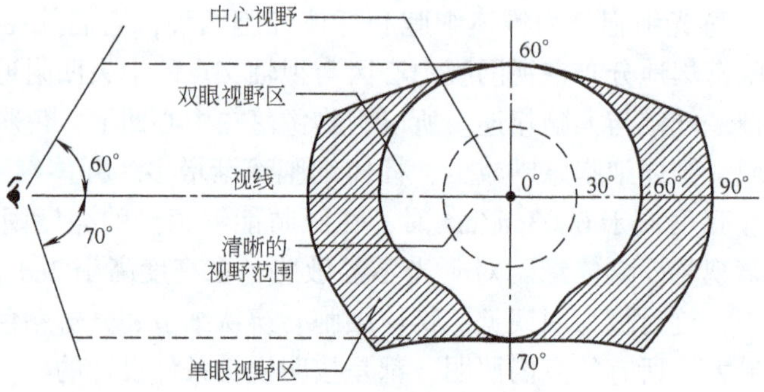

图6-18 视野范围

5. 对比敏感度

任何视觉目标都有它的背景。例如，看书时白纸是黑字的背景，而桌子又是书本的背景。目标和背景之间在亮度或颜色上的差异，是在视觉上能认知世界万物的基本条件。前者为亮度对比，后者为颜色对比。下面讨论的是亮度对比和辨认的问题。

亮度对比(或称亮度对比系数）是视野中目标和背景的亮度差与背景（或目标）亮度之比，符号为 C，即

$$C=\frac{|L_a-L_b|}{L_b}=\frac{\Delta L}{L_b} \tag{6-23}$$

式中 L_a——目标亮度（cd/m^2），一般面积较小的为目标；

L_b——背景亮度（cd/m^2），一般面积较大的部位作为背景。

对于均匀照明无光泽的背景和目标（均匀漫反射材料），对比可用反射比表示

$$C=\frac{|\rho_a-\rho_b|}{\rho_b}=\frac{\Delta\rho}{\rho_b} \tag{6-24}$$

式中 ρ_a——目标反射比；

ρ_b——背景反射比。

人眼刚刚能够知觉的最小亮度对比，称为阈限对比，记作 $\overline{C}$，阈限对比的倒数，表示人眼的对比感受性，也叫**对比敏感度**，符号为 S_a。

$$S_a=\frac{1}{\overline{C}}=\frac{L}{\Delta L} \tag{6-25}$$

S_a不是一个固定不变的常数，它随照明条件而变化；同观察目标的大小和呈现时间也有关系。在理想条件下，视力好的人能够分辨 0.01 的亮度对比，也就是对比感受性最大可到 100。

6. 视觉敏锐度

人凭借视觉器官辨认目标或细节的敏锐程度，叫**视觉敏锐度**，医学上也叫**视力**。一个人能分辨的细节越小，它的视觉敏锐度就越高。在数量上，视觉敏锐度等于刚能分辨的视角的倒数，即

$$V=\frac{1}{\alpha_{min}} \tag{6-26}$$

物体大小（或其中某细节的大小）对眼睛形成的张角，叫作**视角**（图 6-19）。在图中 d 代表目标大小，l 是由眼睛角膜到该目标的距离；视角 α 用下式计算

$$\alpha=\arctan\frac{d}{l} \tag{6-27a}$$

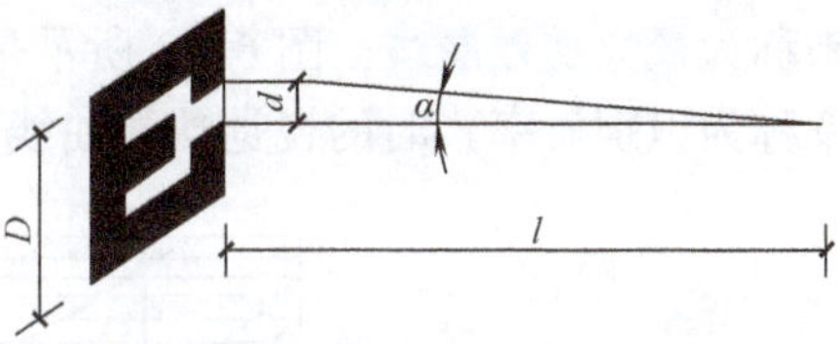

图 6-19 视角定义

当 α 较小时，用近似公式

$$\alpha=\frac{d}{l} \tag{6-27b}$$

通常用“分”为单位表示视角大小，于是

$$\alpha=\frac{180}{\pi}\times60\times\frac{d}{l}=3440\frac{d}{l} \tag{6-27c}$$

眼睛分辨细节的能力主要是中心视野的功能。这一能力因人而异，医学上常用兰道尔环或“E”视标检验人的视力。

视觉敏锐度随背景亮度、对比、细节呈现时间、眼睛的适应状况等因素而变化。在呈现时间不变的条件下，提高背景亮度或加强亮度对比，都能改善视觉敏锐度，看清视角更小的物体或细节。

7. 视觉速度

从发现物体到形成视知觉需要一定的时间。因为光线进入眼睛，要通过瞳孔收缩、调视、适应、视神经传递光刺激、大脑中枢进行分析判断等复杂的过程，才能形成视觉印象。良好的照明可以缩短完成这一过程所需要的时间，从而提高工作效率。

把物体出现到形成视知觉所需时间的倒数，称为**视觉速度**（$1/t$）。实验表明，在照度很低的情况下，视觉速度很慢；随着照度的增加（100～1000lx）视觉速度上升很快；但达到

一定的照度水平，也就是照度在1000lx以上，视觉速度的变化就不明显了。这符合反应对刺激的“报酬递减”定律。

8. 视觉能力的个人差异

如同人在智力、体力和听力等方面存在个人差异一样，视觉能力也因人而异。视觉能力取决于眼睛光学系统各部件的形状和透明度，眼睛的调视、对光能力及视网膜的光谱灵敏度等因素。中年以后，视觉能力随年龄增长而衰退。这是因为老年人眼睛的水晶体硬化，弹力减弱，调视能力下降；同时，眼球的透光比降低，角膜与水晶体的散光加重，对于眩光也更敏感了。据调查，60岁老人的视力只有20~30岁年轻人的1/3。因此，老年人比年轻人需要照度水平更高的无眩光的照明。

6.2.2 视觉功效

一个优良的光照环境，应能充分发挥人的视觉功效，使人轻松愉快、安全有效地完成视觉作业，同时又在视觉和心理上感到舒适满意，得到美的享受。

所谓**视觉功效**，是指人借助视觉器官完成视觉作业的效能。一般用完成作业的速度和精度来定量评价视觉功效。它主要与视角、照度、亮度对比系数和识别时间有关，其中最重要的因素是亮度对比。在视觉功效研究中，把影响视觉功效的主要因素的相互关系用曲线描绘出来称为**视觉功效曲线**，图6-20所示是识别概率为95%（正确识别的次数与识别总次数的比率称为识别概率）时的视觉功能曲线。

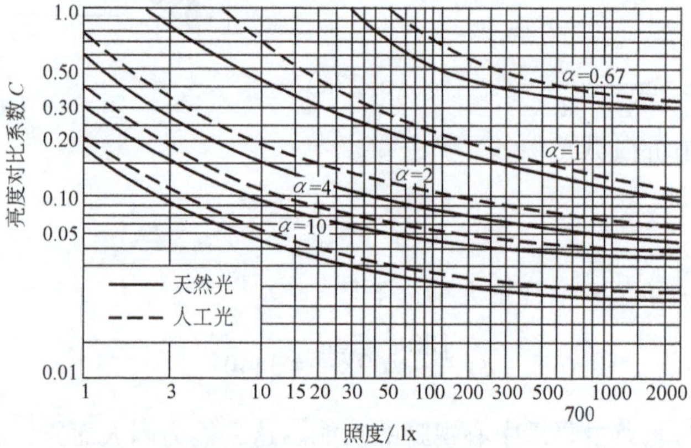

图6-20 视觉功效曲线[7]

从图6-20中的曲线可看出：①在相同照度下，视角和亮度对比可以互相补偿，即加大亮度对比能使视角缩小；视角增大，需要的亮度对比可以降低。②视角不变，如亮度对比下降，则需要增加照度才能保持相同视角。也就是说，亮度对比的不足，可用增加照度来弥补。反之，也可用增加亮度对比来补偿照度的不足。③亮度对比一定，视角越小，需要的照度越高。④天然光（实线）比人工光（虚线）更有利于视角的提高。由此可见，提高照度水平并非改善视觉功效的唯一有效办法，它的作用是有限的。加大作业细节与背景的对比，或者在可能条件下加大细节的视角（如缩短视距，或使用光学放大设备）效果更为显著，特别是在视角小，对比差的时候。

6.2.3　照明对视觉的影响

视觉是由进入眼睛的光所产生的视觉印象而获得的对于外界差异的认识。通过视觉获得信息的效率和质量与照明的条件有关。光刺激必须达到一定的数量才能引起感觉。能引起光感觉的最低限度的光通量，叫作视觉的绝对阈限。绝对阈限的倒数表明感觉器官对最小刺激的反应能力，叫作绝对感受性。当光的亮度不同时，人的视觉器官的感受性也不同，因而人们在不同照明条件下可能有不同的视觉效果，在看得清和看得细方面是存在着差异的，这表明在不同照度条件下有不同的视觉能力。人的视觉器官不但能反映光的强度，而且也能反映光的波长特性。前者表现为亮度的感觉，后者表现为颜色的感觉。人们看到各种物体具有的不同颜色，是由于它们所辐射（或反射）的光，其光谱特性不同的缘故。通过颜色视觉人们能从外界获得更多的信息，可以产生多种作用和效果，这在生活中具有重要的意义，能使人们感到世界更加丰富多彩而充满魅力。

6.3　天然光环境

人眼只有在良好的光照条件下，才能有效地进行视觉工作。现在大多数工作都是在室内进行，故必须在室内创造良好的光照环境，即在工作面上获得能够满足工作、学习的照度。

天然光是人们习惯的光源。太阳能辐射中最强烈的区段正是人眼感觉最灵敏的波长范围。人眼在天然光下比在人工光下有更高的灵敏度。因此，在室内采光设计中最大限度地利用天然光，不仅可节约照明用电，而且对室内环境质量的提高也有重要意义。

6.3.1　光气候与采光标准

光气候是指当地的室外照度状况和影响其变化的气象因素的总和。我国地域辽阔，各地光气候差异较大，了解和掌握必要的光气候知识与采光标准是调节和控制自然光环境所必需的。

1. 天然光的组成和影响因素

天然光由太阳直射光、天空漫射光和地面反射光组成，如图 6-21 所示。太阳辐射透过大气层入射到地面，一部分为定向透射光，称为**太阳直射光**，它具有一定的方向性，会在被照射物体背后形成明显的阴影；另一部分遇到大气层中的空气分子、灰尘、水蒸气等微粒，产生多次反射，形成**天空漫射光**，使天空成为具有一定亮度的漫射光源，漫射光没有一定的方向，不能形成阴影；太阳直射光和天空漫射光射到地面后，经地面反射，并在地面与天空之间发生多次反射，使地面的照度和天空的亮度都有所增加，这部分光称为地面反射光。在采光设计时，除地面被白雪或白沙覆盖的情况外，可不考虑地面反光对室内采光的影响。由此可以认为，全云天时，室外天然光只有天空漫射光；晴天时，室外天然光由太阳直射光和天空漫射光两部分组成。这两部分光在总照度中的比例取决于大气透明度和天空中的云量。若两种光线所占比例发生变化，则地面上的照度和物体阴影浓度也将发生变化。

（1）**晴天**　云量占整个天空面积的 30% 以下的天气称为晴天。晴天时地面照度由直射光和天空漫射光组成。天空漫射光除太阳高度角较小时（日出、日落前后）变化快，其余时间几乎没有变化，而直射光随着太阳高度角的增加而迅速增加。因此，太阳直射光在地面形成的照度占总照度的比例随太阳高度角的增加而加大，阴影也随之明显。

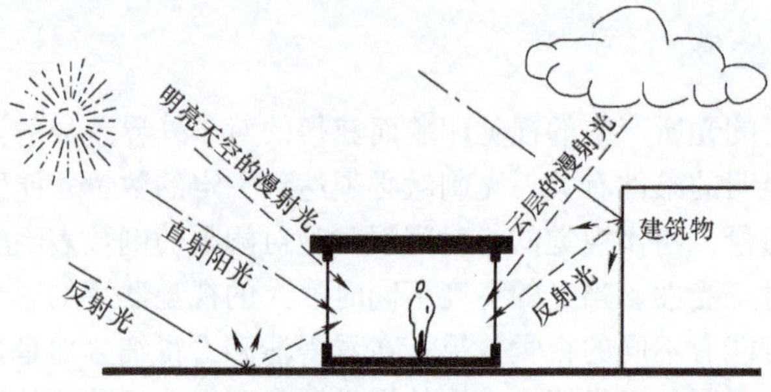

图 6-21 天然光组成

（2）全云天 天空全部或部分被云层所遮盖的天气称为全云天，一般指云量覆盖率多于40%的天气。全云天有时按云量覆盖天空的面积大小又区分多云天和全阴天。前者云量覆盖率达0.4~0.7；后者为0.8~1。全云天或者全阴天时看不见太阳，室外天然光全部为天空漫射光，物体背后没有阴影，天空亮度分布比较均匀且相对稳定。

晴天和全云天是两种极端天气，在此之间，还有多种天气状况。在采光设计中，多采用最不利于采光的全云天作为制订设计标准的依据，对于晴天较多的地区，按其所处纬度进行修正。图 6-22 给出了天空亮度分布。

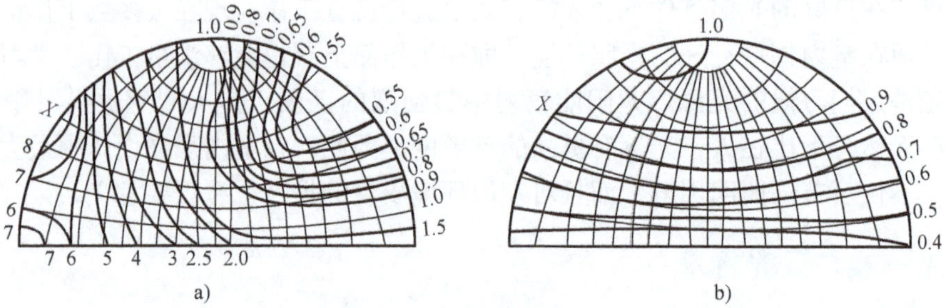

图 6-22 天空亮度分布[7]

a）无云天 b）全云天

X—太阳位置

2. 我国光气候概况

影响室外地面照度的气象因素主要有太阳高度角、云、日照率等。我国地域辽阔，同一时刻南北方的太阳高度角相差很大。从日照率看来，由北、西北往东南方向逐渐减少，以四川盆地一带为最低；从云量看来，自北向南逐渐增多，新疆南部最少，华北、东北较少，长江中下游较多，华南最多，四川盆地最多；从云状看，南方以低云为主，向北逐渐以高、中云为主。这些均说明，南方天空漫射光照度较大，而北方则以太阳直射光为主，并且南北方室外平均照度差异较大。室内采光设计时，室外天然光设计照度值可按表 6-8 计算气候区室外设计照度值与该气候区光气候系数 K 乘积获得，不同地区光气候分区情况可从《建筑采光设计标准》（GB 50033—2013）中查取。

表 6-8 室外天然光设计照度值及其光气候系数 K 值

光气候区	Ⅰ	Ⅱ	Ⅲ	Ⅳ	Ⅴ
K 值	0.85	0.90	1.00	1.10	1.20
室外天然光设计照度值/lx	18000	16500	15000	13500	12000

注：本表数据来源于《建筑采光设计标准》（GB 50033—2013）。

3. 采光标准

《建筑采光设计标准》（GB 50033—2013）是建筑采光设计的依据，其主要内容及其采光标准如下。

（1）采光系数 采光设计的光源应以全阴天天空的漫射光作为标准。由于室外照度是经常发生变化的，它必然使得室内的照度也相应发生变化，故不能用照度的绝对值来规定采光数量，而是采用相对照度值来作为采光标准，该照度相对值称为**采光系数**，它是采光的数量评价指标，也是采光设计的依据。室内某一点的采光系数可按下式确定

$$C=\frac{E_n}{E_w}\times 100\% \tag{6-28}$$

式中 E_n——室内某一点的照度（lx）；

E_w——与E_n同一时间的室外照度（lx）。

利用采光系数，可以根据室内要求的照度换算出需要的室外照度，也可以根据室外某时刻的照度值求出当时室内任一点的照度。

（2）采光系数标准值 不同情况视觉对象要求不同的照度，而照度在一定范围内越高越好。照度越高，工作效率越高。但是，高照度意味着投资大，故确定它必须既考虑到视觉工作的需要，又照顾到经济上的可能性和技术上的合理性。**采光标准**综合考虑了视觉试验结果，经过对已建成建筑采光现状进行的现场调查、对采光口的经济分析，结合我国光气候特征和国民经济发展现状，以及人们对光环境要求的提高等因素的分析，将**采光等级**分为Ⅰ~Ⅴ级。

由于不同的采光类型如顶部采光和侧面采光，在室内会形成不同的光强度和光分布，故采光标准按采光类型和采光等级，分别提出不同的室内平均采光系数标准值与室内平均天然光照度标准值，详见表6-9。表内采光系数标准值适用于我国Ⅲ类光气候区，是按Ⅲ类光气候区室外设计照度值15000lx制定的，对于非Ⅲ类光气候区的室外设计照度值，可利用表6-8查取。实际建筑根据采光类型不同，其采光标准不应低于表6-9内相关采光等级的标准值，为避免眩光产生，规定采光系数不宜高于7%。各类民用建筑主要房间侧窗的采光等级见表6-10，其相应的采光系数可根据采光等级由表6-9查取。工业建筑及其特殊建筑可查阅标准取得。

表6-9 视觉作业场所工作面上的采光系数标准值

采光等级	侧面采光		顶部采光	
	采光系数标准值（%）	室内天然光照度标准值/lx	采光系数标准值（%）	室内天然光照度标准值/lx
Ⅰ	5	750	5	750
Ⅱ	4	600	3	450
Ⅲ	3	450	2	300
Ⅳ	2	300	1	150
Ⅴ	1	150	0.5	75

注：工业建筑、民用建筑参考平面分别取距地面1m、0.75m，公用场所取地面。

（3）采光均匀度 **采光均匀度**是假定工作面上的采光系数的最低值与平均值之比。视野内照度分布不均匀，易使人眼疲乏，视功能下降，影响工作效率。因此，要求房间内照度分布应有一定的均匀度。顶部采光时，室内照度分布容易均匀；侧面采光时，室内照度变化较大。故标准提出顶部采光时，Ⅰ~Ⅳ级采光等级的采光均匀度不宜小于0.7。侧面采光

时，室内照度难以做到均匀；顶部采光时，Ⅴ级视觉工作一般开窗面积小，较难照顾均匀度，故这两种情况下对均匀度均未作规定。

表 6-10 各类民用建筑采光等级

建筑类型	采光等级	房间名称	建筑类型	采光等级	房间名称
住宅建筑①	Ⅳ	起居室（厅）、卧室、厨房	办公建筑①	Ⅱ	设计室、绘图室
教育建筑①	Ⅲ	教室、实验室、报告厅、教师办公室		Ⅲ	办公室、会议室
				Ⅳ	复印室、档案室
旅馆建筑	Ⅲ	会议室	图书馆建筑	Ⅲ	阅览室、开架书库
	Ⅳ	大堂、客房、餐厅、健身房		Ⅳ	目录室
交通建筑	Ⅲ	进站厅、候机（车）厅	展览建筑	Ⅲ	展厅（单层及顶层）
	Ⅳ	出站厅、连接通道、自动扶梯		Ⅳ	登录厅、连接通道
医疗建筑	Ⅲ	诊室、药房、治疗室、化验室	博物馆建筑	Ⅲ	文物修复室、标本制作室，书画装裱室
	Ⅳ	候诊室、挂号处、综合大厅、病房①、医生办公室（护士室）		Ⅳ	陈列室，展厅，门厅
体育建筑	Ⅳ	体育馆场地、观众入口大厅、休息厅、运动员休息室、治疗室、贵宾室、裁判用房	各类建筑②	Ⅴ	走道、楼梯间、卫生间；过道/餐厅（居住建筑）；书库/库房（图书馆/博物馆）；站台（交通建筑）

① 该建筑仅考虑侧面采光。

② 除住宅建筑、教育建筑、办公建筑考虑侧面采光外，其余建筑按采光等级根据侧面采光和顶部采光由表 6-9 确定采光系数标准值和采光照度标准值。

（4）合适的光反射比　对于办公、图书馆、学校等建筑的房间内，各表面的光反射比宜符合表 6-11 所示的规定。

表 6-11 合理的光反射比

表面名称	反射比	表面名称	反射比
顶棚	0.6~0.9	地面	0.1~0.5
墙面	0.3~0.8	桌面、工作台面、设备表面	0.2~0.6

（5）眩光限制　自然采光通过窗引起的不舒适眩光通常采用**窗的不舒适眩光指数**度量。窗的不舒适眩光指数与窗亮度、背景亮度、视角等因素有关。侧窗位置较低，眩光源在水平视线位置，在窗亮度较高时极易形成不舒适眩光。故宜考虑侧窗不舒适眩光情况，具体值见表 6-12，表中窗亮度是参考判据。顶部采光口位置高，常处于视野范围之外，不易引起不舒适眩光，故标准未作具体限制。

6.3.2 采光窗和天然光环境

为了获得天然光，人们在建筑外围护结构上（如墙和屋顶等处）开了各种形式的洞口，装上各种透明材料，如玻璃或有机玻璃等，以免遭受自然界的侵袭（如风、雨、雪等），这些装有透明材料的孔洞统称为采光窗。按照采光窗所处位置，可分为侧窗（安装在墙上，称为侧面采光）和天窗（安装在屋顶上，称为顶部采光）两类。有的建筑同时兼有侧窗和天窗两种采光形式时，称为混合采光。

表 6-12　侧窗不舒适眩光指数限值

眩光评价等级	眩光等级	眩光评价值	
		窗亮度/(cd/m²)	窗的眩光指数 DGI①
Ⅰ	无感觉	2000	20
Ⅱ	有轻微感觉	4000	23
Ⅲ	可接受	6000	25
Ⅳ	不舒适	7000	27
Ⅴ	能忍受	8000	28

① 眩光指数 DGI 具体计算见 GB 50033—2013 附录 B。

1. 采光窗类型

（1）侧窗　**侧窗**是在房间的一侧或两侧墙上开的采光窗。这是最常见的一种采光形式，如图 6-23 所示。侧窗由于构造简单、布置方便、造价低廉、光线具有强烈的方向性、有利于形成阴影，对观看立体物件特别适宜，并可直接看到外界景物，扩大视野，故使用很普遍。它一般放置在 1m 左右高度。有时为了争取更多的可用墙面，或提高房间深处的照度，或由于其他原因，将窗台提高到 2m 以上，称为高侧窗（图 6-23b 右侧），高侧窗常用于展览建筑，以争取更多的展出墙面；用于厂房以提高房间深处照度；用于仓库以增加贮存空间。不同侧窗形状和位置、不同窗底高度和上沿高度以及不同天空状况对室内采光的影响见图 6-24～图 6-26。

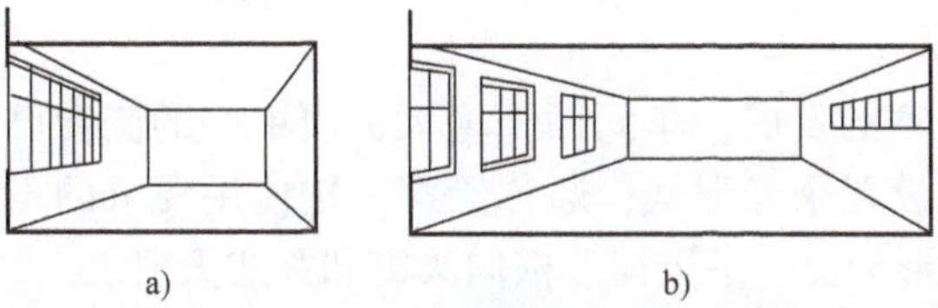

图 6-23　侧窗的几种形式

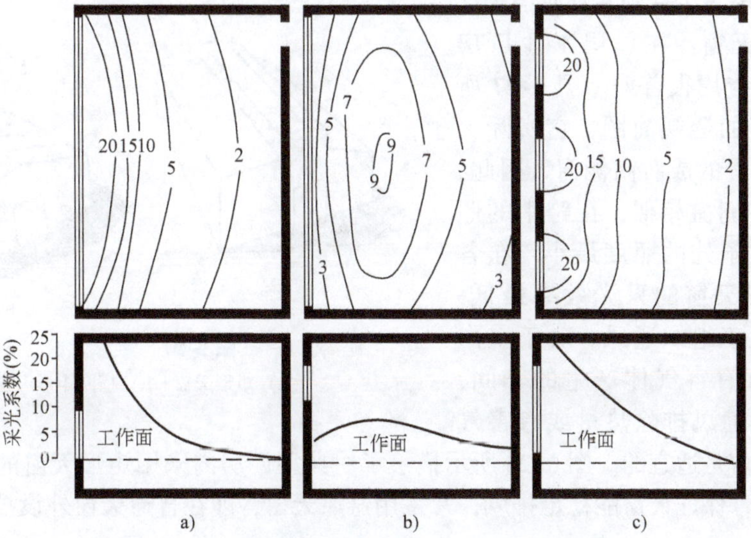

图 6-24　侧窗的形状和位置对室内采光的影响

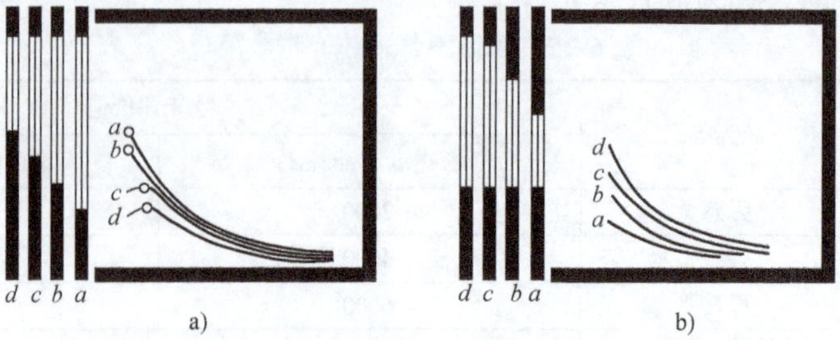

图 6-25 改变窗底高度和上沿高度对室内采光的影响

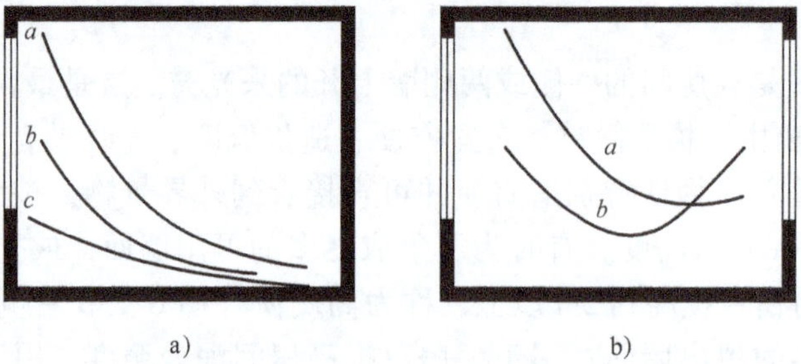

图 6-26 不同天空状况对室内采光的影响

a）单侧窗 b）双侧窗

a—晴天时 *b*—阴天时 *c*—背阳时

（2）天窗 随着生产的发展，车间面积增大，用单一的侧窗已不能满足生产需要，故在单层房屋中出现顶部设置采光形式，通称**天窗**。按使用要求的不同，天窗又分为多种形式，如矩形天窗、锯齿形天窗、平天窗、横向天窗和井式天窗。

天窗与侧窗相比，有以下特点：①采光效率较高，约为侧窗的8倍；②具有较好的照度均匀性；③一般很少受到室外遮挡。

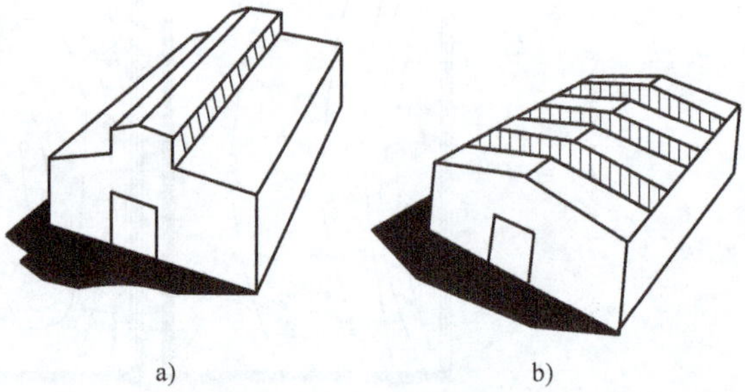

图 6-27 矩形天窗

a）矩形天窗 b）横向矩形天窗

1）矩形天窗：在单层工业厂房中，矩形天窗应用很普遍。图6-27所示是矩形天窗的透视简图，它实际上相当于提高位置的成对高侧窗。因此，采光特性与高侧窗相似，在跨中的照度最大，而柱子处的照度最小。在各类天窗中矩形天窗的采光效率最低，但眩光小，便于组织通风。对于室内产热量大或有有害气体产生的车间，需要利用自然通风排除热量或有害气体时，矩形天窗是适宜的。图6-28所示描绘了一典型厂房内采用矩形天窗的采光效果。为防止风流倒灌，保证天窗能稳定排风，常采用避风天窗，即在普通天窗外设挡风板，但这会影响采光效果。

2）锯齿形天窗：这种天窗为单面顶部采光，此天窗的特点是屋顶倾斜，可以充分利用

图 6-28　矩形天窗采光系数分布曲线

顶棚的反射光，采光效率也比矩形天窗约高 15%~20%。当窗口朝北布置时，完全接受北向天空漫射光，光线稳定，直射日光不会照进室内，因此减小了室内温湿度的波动及眩光。根据这些特点，锯齿形天窗非常适于在纺织车间、美术馆等建筑使用。图 6-29 所示为锯齿形天窗的室内天然光分布情况以及它和朝向的关系，从图中可以看出它的采光均匀性较好。由于它是单面采光形式，故它的朝向对室内天然光分布有很大影响。图 6-29 中曲线 a 为晴天窗口朝向太阳时，曲线 c 为背向太阳的室内天然光分布，曲线 b 表示阴天的情况。

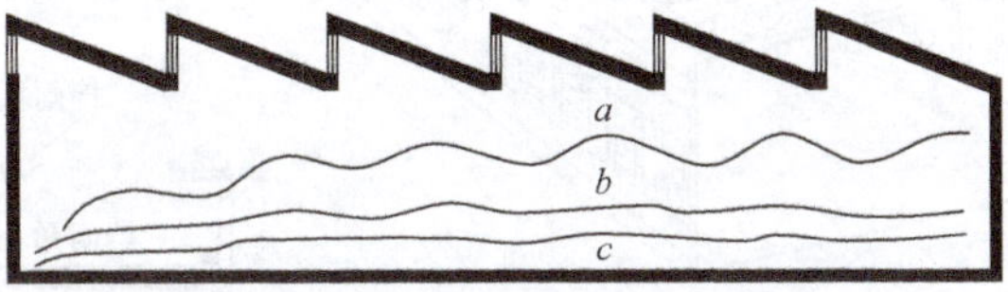

图 6-29　锯齿形天窗朝向对采光的影响

这种天窗具有单侧高窗的效果，加上有倾斜顶棚作为反射面增加反射光，故比高侧窗的光线分布更均匀。同时，它还具有方向性强的特点，在布置机器时应予考虑。如果是双面垂直工作面的机器，如纺纱机，最好将它们垂直于天窗布置，这样两面都会有较好的照度。若机器轴线平行于天窗布置，则会产生朝天窗的一面光线强，另一面光线弱的缺点。

3）平天窗：平天窗的形式很多，其共同的特点是采光窗位于水平面或接近水平面。由立体角投影定律可知，平天窗的采光效率比其他所有天窗都高，约为矩形天窗的 2~2.5 倍。考虑到安全问题，平天窗常用的采光材料有钢化玻璃、铅丝玻璃及塑料板等。平天窗不需要特殊的天窗架，降低了建筑高度，结构简单，施工方便，并且可根据采光需要均匀分散，灵活布置，使室内照度均匀度较好。但平天窗不宜兼做通风口，同时会有大量阳光直射入室内，易造成室内过热，在寒冷地区的冬季，室内湿度较大的车间，平天窗内表面容易形成冷凝水，严重影响生产。另外，平天窗外表面容易污染，影响窗玻璃的透光性能，这些问题在使用平天窗时应予以重视。

4）横向天窗：就是利用屋架上、下弦间的空间作成采光窗，每隔一个开间将屋面板放在屋架的下弦上，利用上、下屋面板之间的空隙作采光窗（图 6-30）。这样可以省去天窗架，降低建筑高度，简化结构，节约材料，只是在安装下弦屋面板时施工较麻烦。

5）井式天窗：井式天窗也是利用屋架上、下弦之间的空间，将几块屋面板放在下弦杆上形成井口，如图 6-31 所示。它和横向天窗的区别在于横向天窗是沿屋架全长做成井口，井式天窗为了通风上的要求，只在屋架的局部做成开口，使井口较小，常不设玻璃窗扇，起抽风作用，井式天窗主要用于高温车间。为了防止飘雨，除屋面作挑檐外，开口高度大时还

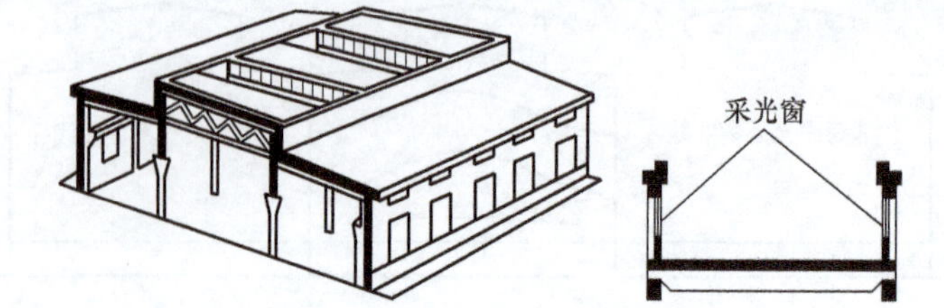

图 6-30 横向天窗透视图

在中间加几排挡雨板。这些挡雨板遮光很厉害，光线很少能直接射入车间，都是经过井底板反射进入，因此采光系数一般在1%以下。

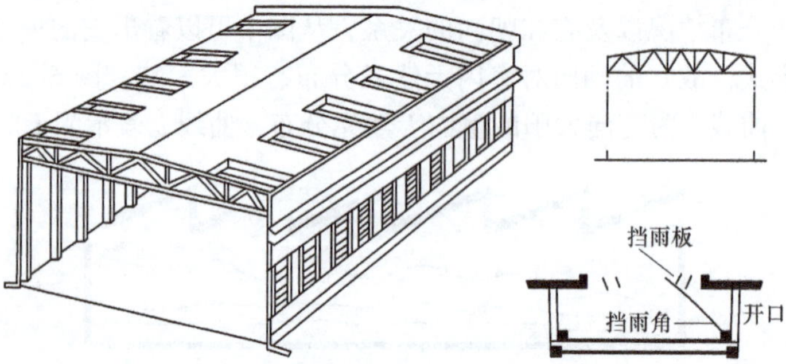

图 6-31 井式天窗

2. 采光窗的作用

(1) 窗对光环境的作用 窗的功能有采光、通风、保温、隔热、隔声等。其中以采光为首要。近年来，随着建筑环境受到重视，窗对创造室内光环境的作用逐渐被人们所揭示。例如，通过窗的采光，室内可获得天然光独特的感觉，反映出天然光的光强，从而改变室内的环境气氛；室内可体现出光线的动态性质，使白昼的工作、生活富有变化和韵律；室内可产生立体感、获得透视性和开敞感，可联系室内外空间，创造出空间的连续性；便于眺望室外环境。

(2) 窗的采光 窗的采光是首先根据建筑采光标准规定采光系数，随后确定窗的形式、位置、大小、材料、构造。其中窗的位置、大小及室内空间布置特别影响室内的采光量，因而显著地影响室内光环境。窗的位置由于在室内的一个、两个或多个侧面而使采光量不同。大窗比小窗对于室内后部或侧部能够提供较多的照度，但是难以避免直接眺望光亮的天空，而容易出现眩光。小窗上出现的眩光与大窗不同。它取决于天空亮度和窗的周围亮度之比。在室内的水平面上采光，垂直窗（例如侧窗）的采光量比水平窗（例如天窗）少。在室内的垂直面上采光，垂直窗的采光量比水平窗多。现代建筑使用大面积玻璃窗或玻璃幕墙的实例很多，在这种情况下，室内采光量显然会增大。此外，还有整个屋面和外墙采用玻璃的例子，室内采光量就会更增大。室内空间由于墙上有时有凹凸空间，顶棚上有时也有凹凸空间，地面上则有家具的布置，因而具有光影效果，采光量会受到一定的影响。

(3) 窗的遮光和控光 通过窗采光时，除了天空光对室内光环境的影响外，直射日光透过窗照射到室内会影响室内的照度分布，产生眩光和辐射热，损害室内物品，因而要对窗采取一些遮光设施。这些设施可以透光和遮光，有调节光的作用，因而能够改善室内表面照度的均匀度，减少或防止眩光，有助于室内正常的视觉工作，保持舒适的室内光环境。

我国目前常见遮光和控光方式有：①内遮光和控光有普通窗帘、百叶窗帘；②外遮光和控光有挑檐、可调控百叶、遮阳篷；③窗玻璃间遮光和控光有夹在双层玻璃间的百叶窗帘，百叶可调控。

3. **窗玻璃的选择**[8]

昼光透过玻璃射入室内，同时也把太阳辐射热带进室内空间，窗玻璃的选择，不但要考虑透光量的大小、透射光的分布，还要考虑玻璃的热工性能。如空调房间，减小玻璃的热辐射透过量，对于节能和节省空间及设备投资有重要作用，而利用太阳能取暖的房间，从玻璃窗透入的辐射热则越多越好。第 4 章中已经讨论了窗玻璃的热工特性，并介绍了几种新型节能玻璃，下面介绍几种玻璃的透光特性。

（1）透明玻璃　包括平板玻璃、夹丝玻璃、透明玻璃砖、聚丙烯和聚碳酸酯塑料板等。这些材料起隔绝风雨的作用，透过光线不会明显地改变它的方向或颜色，同时从玻璃两侧来看都能有清楚的透视效果。这些材料均属定向透射材料。为减少玻璃得热，可使用双层玻璃，两层玻璃中间形成 6~20mm 厚的空气间层，光透射比减小 10%左右，而传热系数减少约 50%。

（2）有色吸热玻璃　吸热玻璃由于其吸热特性，将一部分吸收的太阳能排出室外而减少了向内散发的热量。着色的吸热玻璃，还起控制窗子视亮度的作用，但是，它的透光比会相应的减小。装这种玻璃的房间，白天向室外看，视域相当清晰，而从室外向内看却大大减弱了清晰度。夜间则相反，这类玻璃的颜色通常是中性的灰色或茶褐色，透过的天然光颜色失真较小。

（3）反射玻璃　通过焙烧或真空镀膜的方法，将薄薄一层金属或金属氧化物附着在玻璃上形成反射玻璃。这种玻璃透光能力不差，光透射比最高可以达到 0.60，从室内可以透过反射玻璃看清室外景物，而从室外完全看不见室内的任何东西，在反射玻璃上出现的只是天空与周围环境的镜像，具有特殊的艺术魅力。

（4）半透明玻璃　包括乳白玻璃、磨砂玻璃、花纹玻璃等。它们的特点是隔绝视线、私密性强，有不同程度的散射光和热的能力，不过漫射性能越好，光透射比越小。在日光照射下，有些半透明玻璃的表面亮度很高，需要适当地控制以防止眩光。

（5）定向透射玻璃　这类玻璃通过折射来改变入射光的方向，使光投射到房间深处。属于这类材料的有棱镜玻璃、塑料和定向透光玻璃砖等。设计时应按照玻璃的安装位置，选择合适的产品，以避免由于光在玻璃表面上投射角度的改变而达不到预期的折光效果。

（6）波谱选择性玻璃　波谱选择性玻璃是指对不同波长的光具有选择性透射能力的玻璃。通常，波谱选择性玻璃对可见光具有高透射比，对红外线的透射比低于 0.5。因此这类玻璃可以充分透光，而减少得热，俗称冷采光（Cool daylight）玻璃。

（7）低辐射玻璃（Low-E glazing）　低辐射玻璃通过所镀的一层膜，让更多的可见光透过（光透射比高达 0.8），同时，又像红外反射镜一样，反射长波热辐射，与热反射玻璃相比，低辐射玻璃具有更高的远红外热辐射反射能力。

6.3.3 天然光环境设计基础

1. 设计内容

天然光环境设计是以建筑方案设计为基础互相结合进行的。天然光环境设计内容可考虑以下项目：

1）根据房间的使用功能和使用人的情况，明确视觉工作的类别、工作环境的要求及室外环境的影响。

2）根据光气候、采光标准确定采光窗的位置、形式、大小、构造、材料，从而保证室内的空间、表面、色彩效果。

3）进行采光计算，并进行必要的修正。

4）采用避免眩光、遮光、控光、增加辅助照明、隔热等措施。

5）运用光的处理技法，创造天然光的环境艺术。

6）进行经济分析比较，确定合理的设计方案。

进行天然采光设计，主要在于正确选择采光口形式，确定必需的采光口面积及它们的位置。使室内获得良好的光环境，保证视觉工作顺利进行。

2. 设计原则

天然光环境设计不同于采光设计，它有更高层次的要求，也就是说，不仅要满足功能需要，而且还需要创造天然光的环境艺术。天然光环境设计原则可概括为以下各项：

1）首先要发挥光本身的作用，体现室内空间的实际存在，促进使用功能的实现，保证行为、功效、生理、心理的要求。

2）运用光的特性，如光的光晖、质感、方向性等，体现光的表现力；运用光和影的对比或变化，取得光影效果、表面效果和立体感；运用光和色彩的关系，取得色彩效果，从而表现光和材料的综合艺术。

3）运用建筑特征，如室内空间的尺度、比例等，取得光的最佳分布；运用结构部件，如墙体、平顶、拱顶等来采光，并实现用光构图。

4）采用光的对比、层次、节奏、扬抑等技法，用光构图创造出优美的光环境。

3. 天然光的控制与调节

进行天然光环境设计时，要运用一些处理光的方法。这里仅介绍常用的几种控制与调节天然光的方法。

（1）透光　为了使室内外空间形成一体，获得透明感，在侧窗上采用了大面积玻璃。近年来，为了使大面积玻璃不因从室外入射的光而使室内亮度分布不平衡，形成不舒适的光环境，采取了一些措施。具体做法是使玻璃后退，处于阴影之中，或使玻璃向内部倾斜，室内显不出从室外入射的光，从而保持温和的光环境。除了侧窗外，另一处理光的方法是从拱顶、穹顶等顶部来采光，光从顶部入射到室内空间，越靠近顶部越亮，越靠近下部光越暗淡，显出微薄的漫射光，因而使室内出现有层次感的光环境。

（2）遮光、控光　遮光是在墙外采用遮阳板，或在墙上嵌装遮阳花格；在室内采用窗帘、软百叶及型制玻璃等。涂成白色的遮阳板或遮阳花格外观上明快，在室内能随时间形成不同的明暗花纹，使室内光环境富有动态的效果。这种遮光方法在我国南部亚热带地区的建筑上常常采用，也有利于室外环境的美化；室内的窗帘或软百叶及玻璃砖等能调节和控制入射到室内的室外光，使室内亮度分布达到平衡，消灭光的极端明暗差别，产生半透明或不透明的稳定的光环境。

（3）滤光　近年来，研制出了各种类型的金属镀膜着色玻璃。这些玻璃的颜色沉着，具有滤光的性质，能减轻直射日光，避免出现眩光，使室内光环境的气氛十分柔和。目前，在外窗上盛行使用的茶色玻璃，就具有这样的优点。

(4) 混用光 在大跨度、大空间的房间中，由于开窗面积和层高的限制，室内距窗较远之处，在白昼除利用天然光之外，还采用人工照明，形成天然光和人工光混用，这种方法的优点是减少侧窗采光引起的室内照度或亮度的强烈对比，使室内光环境在混用光之下亮度分布平衡，呈现出明快的气氛。

4. 采光设计基础

采光设计是天然光环境设计中最重要的设计内容。采光计算的目的是验证本设计是否符合采光标准中规定的各项指标。采光计算的方法有多种，如利用公式或利用特别制定的图表来计算，也可以利用计算机进行计算。具体计算方法，参见相关参考书籍。

采光设计步骤主要有：

1）收集资料，了解设计对象所处的周围环境以及室内采光要求与其他要求。

2）根据房间特征与使用要求，选择采光窗的形式，如单一类型采光形式（侧窗或天窗等），还是多种类型混用的采光形式。

3）根据现有标准确定相应采光形式所需的采光窗面积，常用如表 6-13 所示的窗地面积比推荐值估算采光窗面积，所谓窗地面积比是采光窗面积与室内地面面积之比。对于侧窗，室内某点采光照度值受房间有效进深大小影响，为此侧面采光还需考虑采光有效进深。表中标准值针对Ⅲ类光气候区的建筑，其他光气候区的窗地面积比乘以相应的光气候系数 K。

表 6-13 窗地面积比和采光有效进深（GB 50033—2013）

采光等级	侧面采光		顶部采光
	窗地面积比 A_c/A_d	采光有效进深 b/h_s	窗地面积比
Ⅰ	1/3	1.8	1/6
Ⅱ	1/4	2.0	1/8
Ⅲ	1/5	2.5	1/10
Ⅳ	1/6	3.0	1/13
Ⅴ	1/10	4.0	1/23

注：1. 表中 A_c 和 A_d 分别表示采光窗和室内地面面积；b 表示房间的进深或跨度；h_s 表示参考平面至窗上沿的高度。
2. 顶部采光指平天窗采光，锯齿形天窗和矩形天窗可分别按平天窗的 1.5 倍和 2 倍窗地面积比进行估算。
3. 表内计算条件参见《建筑采光设计标准》（GB 50033—2013）相关内容，当设计条件与本表规定的计算条件出入较大时，可以采光系数作为采光标准的数量评价指标。

4）确定采光窗尺寸。对于侧窗，由于它还起到与外界视觉联系的作用，因此，窗的高宽比、窗台高度应适宜，并结合定型产品选择。

5）布置采光窗。应综合考虑通风、日照、美观等要求拟定多种方案，选出最佳方案。

6）根据实际确定的采光窗形式、面积和位置，进行采光系数的校核验算，当计算所得实际采光系数低于标准时，则应调整所设计的采光窗的形式或面积或位置等，使其最终计算所得采光系数符合规范和标准。

对于既有侧窗又有天窗的房间，可先按侧窗查出它的窗地面积比，根据实际墙面开窗的可能来布置侧窗，不足之处用天窗来补充。

6.4 人工光环境

天然采光固然优点很多，但是，它的应用却要受到时间和地点的限制。建筑物内不仅夜间必须采用人工照明，在某些场合，白天也要采用人工照明。因此，如何利用人工照明来创造一个优美、明亮的光环境，是建筑设计、室内装饰设计以及电气照明设计中必须认真考虑的问题。

6.4.1 人工光源

人工光源可分为三大类，热辐射光源、气体放电光源和固体发光光源。**热辐射光源**发出的光是电流通过灯丝，将灯丝加热到高温而产生的；**气体放电光源**是借助两极之间的气体激发而发光；**固体发光光源**是固体材料与电场相互作用而发光。三种类型光源都借助于电工作，故俗称**电光源**。

1. 电光源性能指标

电光源的性能可以由以下几个**主要指标**描述。

（1）光通量　表征电光源的发光能力，单位为 lm。能否达到额定光通量是考核电光源质量的首要评判标准。

（2）**光效**　它被定义为电光源发出的光通量与其消耗的电功率之比，单位 lm/W。它是衡量电光源节能性能的重要指标。

（3）光源色表　指灯光颜色给人的直观感受，有冷、暖与中间色之分，常以色温或相关色温为数量指标，单位为 K。

（4）显色指数　反映光源照射下物体呈现颜色的逼真性。

（5）寿命　电光源寿命以小时计，有有效寿命和平均寿命之分。电光源从开始使用至光通量衰减到初始额定光通量的某一百分比（通常是 70%～80%）所经过的点燃小时数为有效寿命。超过有效寿命的灯继续使用就不经济了，其中白炽灯、荧光灯多采用有效寿命指标。一批试样灯从点燃到有 50%的灯失效（50%保持完好）所经历的时间称为这批灯的平均寿命。高强度电灯常用平均寿命指标。

（6）平均亮度　它对室内光环境表面亮度比、眩光控制有一定作用，单位为 cd/m^2。

除了上述指标外，还有启动及再启动时间、电特性、发热特性等性能指标。

2. 电光源的种类

（1）热辐射光源

1）**白炽灯**。白炽灯由灯丝、外玻壳、充入气体与灯头等组成，灯丝是用熔点高（熔点 3680K）、蒸发速度较慢的钨制造的。当电流通过很细的灯丝时，将灯丝加热到温度为 2300K 以上而发光。灯丝温度越高，灯丝的光效与色温越高。但在高温下，灯丝容易汽化，使其寿命降低，为此在灯泡中常充入惰性气体氮和氩，以减缓灯丝蒸发。白炽灯发出的可见光以长波辐射为主，与天然光相比，其光色偏红，因此，白炽灯不适合用于需要仔细分辨颜色的场所。

白炽灯的平均光效在 12～20lm/W，也就是说只有 2%～3%的电能转化为光能，97%以上的电能都以热辐射的形式损失了。白炽灯平均有效寿命约为 1000h。白炽灯具有可以直接在标准电源上使用，通电即亮，显色性好，便于控光，价格便宜的优点。

2）卤钨灯。卤钨灯是直径约12mm的石英玻璃管，管内充有卤族元素，在管的中轴支悬一根钨丝。在高温下普通白炽灯的钨丝会发生汽化，汽化后的钨粒子附着在灯的外玻壳上，使灯变黑，影响其光效。若将卤族元素，如碘、溴等充入灯泡内，它能和游离态的钨化合成气态的卤化钨。这种化合物很不稳定，当它们靠近高温的钨丝时就要分解，分解出来的钨又重新附着在灯丝上，而卤素又继续进行新的循环。这种卤钨循环作用消除了灯泡的黑化，延缓了灯丝的蒸发，能将灯的光效提高到20lm/W以上，寿命也延长到1500~2000h。

卤钨灯与一般白炽灯比较，体积小、效率较高、功率集中，因而可使照明灯具尺寸缩小，便于光的控制。卤钨灯在点亮时管壁温度在600℃左右，故不能与易燃物接近，不适用于易燃、易爆及灰尘较多的场所。卤钨灯的耐振性、耐电压波动性都比白炽灯差。

（2）气体放电光源

1）**荧光灯**。荧光灯是一种低压汞放电光源，它的内壁涂有一层荧光粉，管内充有稀薄的氩气和少量的汞蒸气，灯管两端各有一个密封的电极，如图6-32所示。当灯管两个电极加上电压以后，气体放电产生紫外线，紫外线激发荧光粉发出可见光。荧光粉的成分决定荧光灯的光效和颜色。根据不同的荧光粉成分，产生不同的光色，可制成接近天然光光色、显色性良好的荧光灯。荧光灯的光效高于白炽灯，其寿命也长于白炽灯。

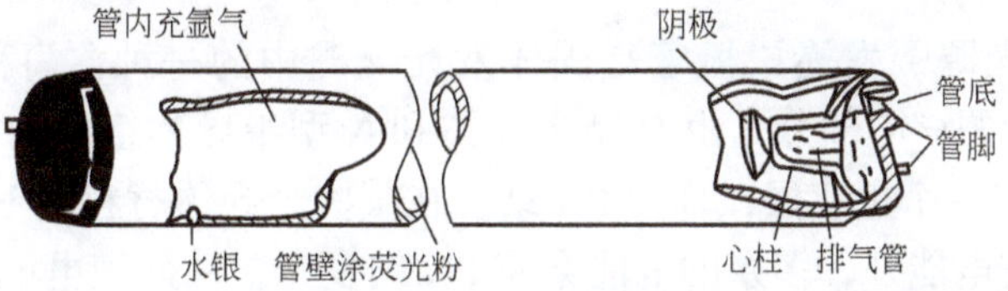

图6-32 荧光灯的构造

荧光灯与所有气体放电光源一样，其光通量随着交流电压的变化而产生周期性的强弱变化，这种现象称频闪现象。因此，长时间在不断闪烁的日光灯下学习，容易产生视觉疲劳。目前，我国规定的荧光粉颜色有日光色、冷白色、暖白色等几种。照度较高的场所宜选用色温高的一些光源，而照度较低的场所宜选用色温低的光源。

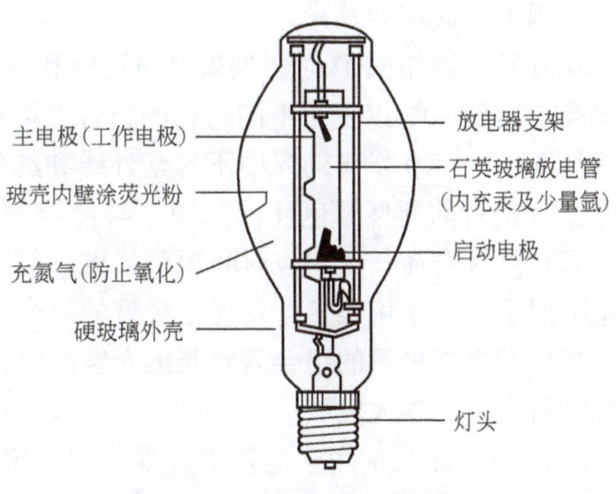

图6-33 荧光高压汞灯的结构

2）荧光高压汞灯。荧光高压汞灯发光原理与荧光灯相同，只是构造不同（图6-33），灯泡壳有两层，分透明泡壳和涂荧光粉层，由于它的管中汞蒸气的压力为0.1~0.5MPa而得名。荧光高压汞灯具有光效高，寿命长的优点，其主要缺点是显色性差，主要发绿、蓝色光。在此灯照射下，物体都增加了绿、蓝色调，使人不能正确分辨颜色，故该灯通常用于街道、施工现场和不需要认真分辨颜色的大面积照明场所。

3）金属卤化物灯。金属卤化物灯与荧光高压汞灯的结构类似，只是在放电管内又添加了金属卤化物，如碘化铊、碘化铟、溴化钠等。由电子激发金属原子，直接发出与天然光相近的可见光，光效高于荧光高压汞灯。金属卤化物灯与汞灯相比，不但提高了光效，显色性也有很大改进，由于其光效高、显色好、单灯功率大的特点，故适用于高大厂房、商业照明和室外运动场照明。

4）高压钠灯。高压钠灯是利用在高压钠蒸气中放电时，发出可见光的特性制成的（图6-34）。其辐射光的波长集中在人眼最灵敏的黄绿色范围内，是目前一般照明应用的电光源中光效高、寿命长、透雾性好的光源。适合于道路照明、泛光照明、广场照明等领域。

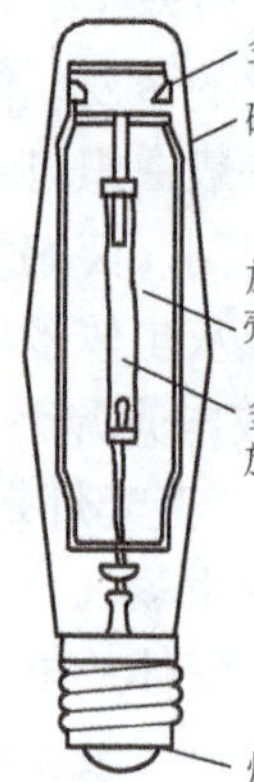

图6-34 高压钠灯结构

5）低压钠灯。低压钠灯是利用在低压钠蒸气中放电，钠原子被激发而产生波长主要在589nm的黄光。由于辐射处于人眼最敏感的波段，故这种灯的发光效率特别高，最高可达150lm/W以上。由于低压钠灯的光谱单一，所以显色性极差，在室内很少使用，但由于它在烟雾中难以形成光幕，故透雾能力强，节能效果显著，目前主要用于道路照明、灯塔指示灯和航道、机场跑道的照明。

（3）固体发光光源 **发光二极管**是固体发光光源中的一种，简称**LED**（Light Emitting Diode）。发光二极管的核心部分是由P型半导体和N型半导体组成的晶片，在P型半导体和N型半导体之间有一个过渡层，称为PN结。在某些半导体材料的PN结两侧加上正向电压时，除了通电所需电能外，多余的电能会使PN结发光，从而把电能直接转换为光能。不同材料做成的发光二极管可发出不同颜色的光线，如砷化镓二极管发红光、磷化镓二极管发绿光、氮化镓二极管发蓝光。光的强弱与正向电压通电后的电流成正比。当PN结加反向电压时，因不导通不会发光。

在开发、制作LED时，如果材料选择和搭配得当，电源匹配良好，可使LED的发光效率很高，达到90%以上。不同材料的组合，可使LED发出暖色调和冷色调的各种所需光色，一般情况下，LED发出的光中不含紫外线和红外线。

LED是目前新型绿色环保光源，与传统的照明光源相比，不仅节能效率高，环保效应好，而且具有寿命长、响应时间短等优点。但由于其体积较小，各发光体的功率小，要达到一定的照度必须采用很多个发光二极管的组合。

多个发光二极管的组合需要既透光性能好，又美观、廉价的混光层，随着技术发展，混光层的研究也有很大发展。

现有LED不仅应用于建筑物外观照明、道路和景观照明、标识与指示性照明、交通信号灯、视频屏幕等，还越来越多地应用于公共建筑、居住建筑等的普通照明。

图6-35所示为常见人工光源发光效率提高年度图。可以看到，气体放电光源比热辐射光源的发光效率高数倍以上，而LED虽然21世纪初期才开始在通用照明领域得以应用，但其发光效率的提升速度却远超传统光源。至2017年，LED芯片的最高光效已达到175 lm/W，超过了传统光源，已被公认为是最新一代的绿色光源。

现将上述常用照明电光源的主要光电特性列于表6-14中，以资比较。

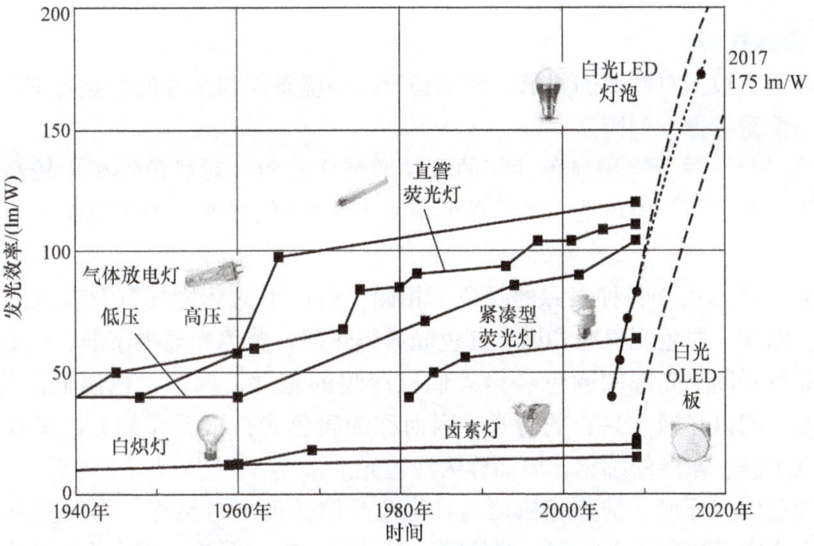

图 6-35　常用照明光源光效提升年度图

表 6-14　常用照明电光源的主要特性比较[9]

特性项目＼光源	普通白炽灯	卤钨灯	荧光灯	荧光高压汞灯	金属卤化物灯	高压钠灯	LED
光效/(lm/W)	7~19	15~21	32~70	33~56	52~110	57~120	80~150
色温/K	2800	2850	3000~6500	6000	4500~7000	2000	白色：3500~10000
显色指数 R_a	95~99	95~99	50~93	40~50	60~95	20~60	白色：<90
平均寿命/h	1000	800~2000	2000~5000	4000~9000	1000~20000	6000~10000	10000~50000
表面亮度	较大	大	小	较大	较大	较大	中
启动及再启动时间	瞬时	瞬时	较短	长	长	长	瞬时
受电压波动的影响	大	大	较大	较大	较大	较大	小
受环境温度的影响	小	小	大	较小	较小	较小	较大
耐振性	较差	差	较好	好	较好	较好	较好
所需附件	无	无	电容器 镇流器 辉光启动器	镇流器	镇流器	镇流器	稳压电源
频闪现象	无	无	有	有	有	有	较小
发热量/4.187kJ/h 1000lm（光源功率/W）	57 (100)	41 (500)	13 (40)	17 (400)	12 (400)	8 (400)	比荧光灯小
初始价格	最低	中	中	高	高	高	较高
运行价格	最高	低	低	中	中	中	低

3. **电光源的选择**

光源的种类应根据对照明的要求、使用场所的环境条件和光源的特点合理选用，在选用光源时，应该慎重考虑下列因素：

（1）光谱特性　尽量选用显色性好的大功率节能光源。对显色性要求较高的房间，如美术馆、商店、餐厅等，应该选用平均显色指数大于 85 的光源。为了改善光色，还可采用混光照明。

（2）光色质量　由于各种光源的颜色不相同，所产生的环境气氛及表现的环境艺术效果也不一样。例如，白色光显得和谐，红色光显得热烈，黄色光显得宁静，淡蓝色光显得清爽，绿色光显得开阔。光源的颜色会给人们以冷暖的感觉。例如，色温低的光源呈现红、橙、黄色，给人们以热情、兴奋的感觉，因而称为暖色光；色温高的光源呈现蓝、绿、紫色，给人们以宁静、寒冷的感觉，因而称为冷色光。

光源的颜色应与环境、情感相协调。日光色光源接近于自然光，有明亮感觉，视觉开阔，使人精力集中，适用于办公室、会议室、设计室、教室等脑力工作为主的房间。冷白色光源的光效较高，光色柔和，使人有愉快、舒适、安详的感觉，适用于商店、医院、办公室、饭店、餐厅等场所。暖白色光源红光成分较多，给人以温暖、健康、舒适的感觉，适用于家庭、住宅、客房等场所。光源的颜色和地理纬度也有关系。在寒冷地区宜采用暖色光源，在温暖、炎热地区宜采用冷色光源。

（3）光源启动特性　光源的启动时间和再启动时间对于选用光源也有影响。例如，高强度气体放电灯的启动时间和再启动时间都较长，不宜用于宴会厅等房间，也不宜用于应急照明，更由于它不能调光等原因，不宜用于有调光要求及可能停电的场所。

（4）环境条件　环境条件常常限制光源的使用。例如，预热式荧光灯在低温时启动困难，当环境温度过低或过高时，其光通量的下降较多，因此，只能在环境温度为 10~40℃ 的房间内使用。又如在有空调的房间内不宜使用发热量大的光源，如白炽灯、卤钨灯等的使用，将增加室内冷负荷，从而增加空调运行费用。

6.4.2 照明灯具

灯具是光源、灯罩及附件的总称，可分为装饰灯具与功能灯具两大类。装饰灯具一般采用装饰部件围绕光源组合而成，它以造型美观和美化室内环境为主，适当照顾效率和眩光等要求。功能灯具是指满足高效率、低眩光的要求而采用一系列投光设备的灯具。这种灯具的作用是重新分配光源的光通量，以提高光的利用率，避免眩光以保护视觉，并保护光源，同时也有一定的装饰效果。

1. 灯具的光特性

灯具的光特性主要由配光曲线、遮光角、灯具效率三项技术指标来表征。

（1）配光曲线　灯具发光强度的空间分布通常用**配光曲线**表示。任何光源或灯具一旦处于工作状态，就必然向周围空间投射光通。灯具向各方向的发光强度在三维空间可用矢量表示。把矢量的终端连接起来，则构成一封闭的光强体。当光强体被通过轴线的平面截割时，在平面上获得一封闭的交线。此交线以极坐标的形式绘制在平面图上，就是灯具的配光曲线，如图 6-36 所示。

配光曲线上的每一点，表示灯具在该方向的发光强度。因此，知道灯具对计算点的投光角 θ，就可查到相应的发光强度 I_θ，利用式（6-8）就可求出点光源在计算点上形成的照度。

为了计算方便，通常配光曲线均按光源发出的光通量量为 1000lm 来绘制的。故实际光源发出的光通量不是 1000lm 时，对查出的发光强度应乘以修正系数，即实际光通量与 1000lm 之比值。图 6-37 所示是扁圆天棚灯的配光曲线。

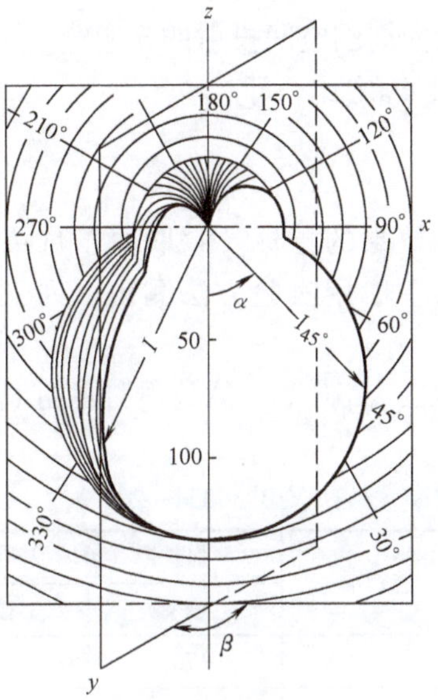

图 6-36　光强体与配光曲线

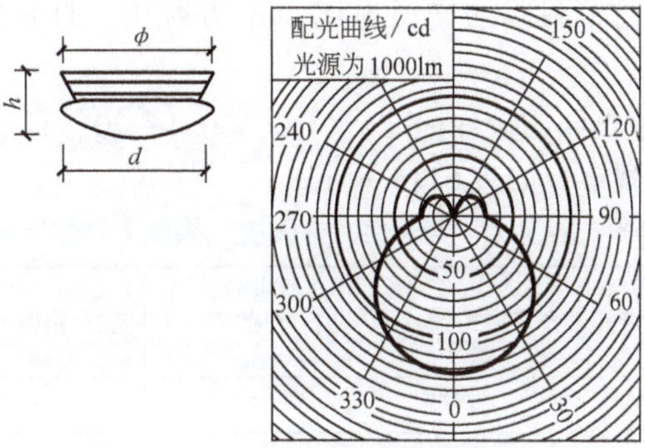

图 6-37　扁圆天棚灯及其配光曲线

对于非对称配光的灯具，则用一组曲线来表示不同剖面的配光情况。荧光灯具常分别给出平行于灯管和垂直于剖面的光强分布，即配光曲线。

（2）遮光角　灯具亮度分布和遮光角是评价视觉舒适感所必需的参量。光源亮度超过 16cd/m^{2}时，人眼就不能忍受。当被视物体与背景亮度对比超过 1∶100 时，就容易引起眩光。眩光常常是由光源的高亮度直接照射到眼睛而造成的，也可由镜面的强烈反射而造成。为了降低或消除高亮度表面对眼睛造成的眩光，使灯具有一定的保护角，并配合适当的安装位置和悬挂高度，或限制灯具的表面亮度。

所谓**遮光角**是指灯罩边和发光体边沿的连线与水平面所成的夹角，如图 6-38 所示。

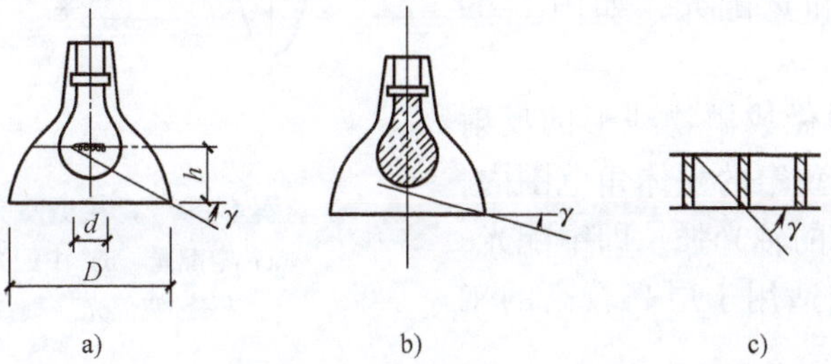

图 6-38　灯具的遮光角

a）普通灯泡　b）乳白灯泡　c）挡光格片

当人眼平视时，如果灯具与眼睛的连线和水平线的夹角小于遮光角，则看不见高亮度的光源。当灯具位置提高，和视线形成的夹角大于遮光角，虽可看见高亮度的光源，但夹角较大，眩光程度已大大减弱。

若灯罩用半透明材料做成，即使有一定的遮光角，但由于它本身具有一定的亮度，仍可能成为眩光光源，故应限制其表面亮度值。

（3）灯具效率　任何材料制成的灯罩，对于投射在其表面的光通量都要被它吸收一部分，光源本身也要吸收少量的反射光，余下的才是灯具向周围空间投射的光通量。**灯具效率** η 是指灯具向空间投射的光通量 Φ 与光源发出的光通量 Φ_0 之比。即

$$\eta = \frac{\Phi}{\Phi_0} \tag{6-29}$$

显然 η 是小于1的。灯具效率是反映灯具的技术经济效果的指标。它取决于灯罩开口的大小和灯罩材料的光反射比、光透射比。灯具效率值一般用实验方法测出，列于灯具说明书中。

《建筑照明设计标准》（GB 50034—2013）对荧光灯、高强度气体放电灯的灯具效率作了下限规定，如表6-15所示。

表6-15　荧光灯、高强度气体放电灯的下限灯具效率（%）（GB 50034—2013）

<table>
<tr><th colspan="2" rowspan="2">灯具出光口形式</th><th rowspan="2">开敞式</th><th rowspan="2">格栅</th><th rowspan="2">透光罩</th><th colspan="2">保护罩（玻璃或塑料）</th></tr>
<tr><th>透明</th><th>棱镜</th></tr>
<tr><td rowspan="2">荧光灯灯具</td><td>直管形</td><td>75</td><td>65</td><td></td><td>70</td><td>55</td></tr>
<tr><td>紧凑型筒灯</td><td>55</td><td>45</td><td></td><td colspan="2">50</td></tr>
<tr><td colspan="2">高强度气体放电灯灯具</td><td>75</td><td>60</td><td>60</td><td></td><td></td></tr>
<tr><td colspan="2">小功率金属卤化物灯</td><td>60</td><td>50</td><td>50</td><td colspan="2">55</td></tr>
</table>

2. 灯具分类

国际照明委员会CIE推荐以照明灯具光通量按上下空间的比例进行分类，即有直接、半直接、均匀漫射、半间接、间接5种灯具类型。

（1）**直接型灯具**　直接型灯具是指90%~100%以上的光通量向下照射的灯具，灯罩常用反光性能良好的不透光材料做成。直接型灯具的光强分布大体可以分为三类，即窄配光、中配光和宽配光，如图6-39所示。

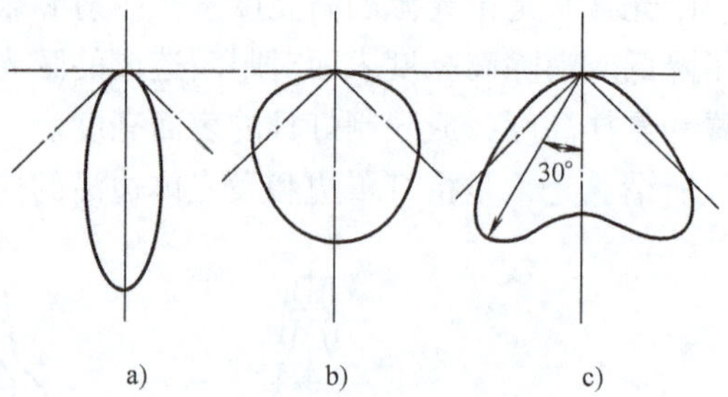

图6-39　直接型灯具的光强分布

a）窄配光　b）中配光（余弦配光）

c）宽配光（蝙蝠型配光）

用镜面反射材料做成抛物线形的反射罩，能将光束控制在狭窄的立体角范围内，在轴线方向获得很高的轴光强，即窄配光，如图6-39a所示。它适用于层高较高的工业厂房中。

用扩散反光材料或均匀扩散材料制成中配光的灯具，如图6-39b所示的光强分布，也就是中配光，它适用于中等高度房间的照明。

光强分布曲线呈蝙蝠翼状的一种宽配光灯具，如图6-39c所示。这种灯具的最大光强不是在灯下，而是在离灯具下垂线约30°的方向，灯下（0°）出现一个凹峰，而在45°以上的方向发光强度锐减，这就是所谓的宽配光。

直接型灯具虽然效率较高，但也存在两个主要缺点：①由于灯具的上半部几乎没有光线，顶棚很暗，它和明亮的灯具开口形成严重的对比眩光。②光线方向性强，阴影浓重。当工作物受几个光源同时照射时，如处理不当就会造成阴影重叠，影响视看效果。

（2）**半直接型灯具** 为了改善室内空间的亮度分布，使灯具上方发出少量的光线照亮顶棚，减小灯具与顶棚间的强烈对比，使环境亮度分布更加舒适。外包半透明散光罩的荧光灯吸顶灯具，下面敞口的半透明罩，以及上方留有较大的通风和透光空隙的荧光灯具，都属于半直接型灯具。这种灯具把大部分光线直接投射到工作面上，也有较高的光通量利用率，如图6-40所示。

（3）**均匀漫射型灯具** 最典型的均匀漫射型灯具是乳白玻璃球形灯罩，其他各种形状漫射透光的封闭灯罩也有类似的配光。这种灯具将光线均匀地投向四面八方，对工作面而言，光通量利用率较低。将一对直接型-间接型的灯组合在一起，或者用不透光材料遮住灯泡，而上下均敞口透光的灯具，其输出光通量分配也近于上下各半。因而这种灯具也叫“直接-间接型灯具”。图6-41所示为几种均匀漫射型灯具。

图6-40 半直接型灯具

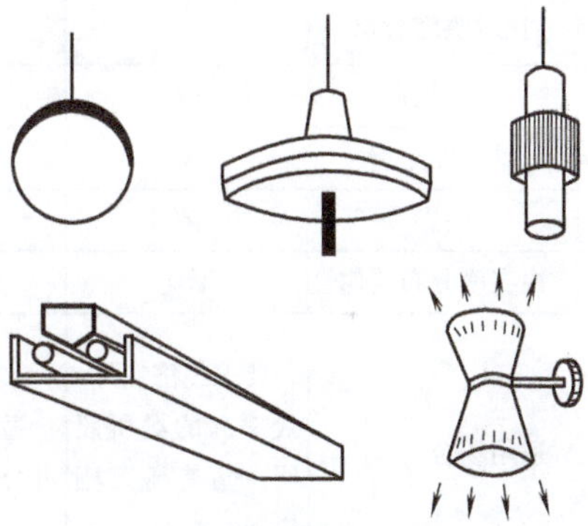

图6-41 均匀漫射型灯具

（4）**半间接型灯具** 上面敞口的半透明罩便属于半间接型灯具。它们主要用于民用建筑的装饰照明。由于大部分灯光投向顶棚和上部墙面，增加了室内的间接光，使光线更柔和宜人。

（5）**间接型灯具** 间接型灯具灯光全部投向顶棚，使顶棚成为二次光源。室内光线扩散性极好，几乎没有阴影和光幕反射，也不会产生直接眩光。但因射到工作面的光线全部来自反射光，故光通量利用率很低。在要求很高照度时，使用这种灯具很不经济。此种灯具一般用于剧场、美术馆和医院等建筑要求均匀照明、光线柔和宜人的场合。图6-42所示为三种间接型灯具。

上述5类灯具各具特色，难以详述其优劣。只有根据功能要求和环境条件，对每类灯具的实用性和它对光环境的影响进行认真的分析，才能做出正确的选择，从而充分发挥每种灯具的照明效益。

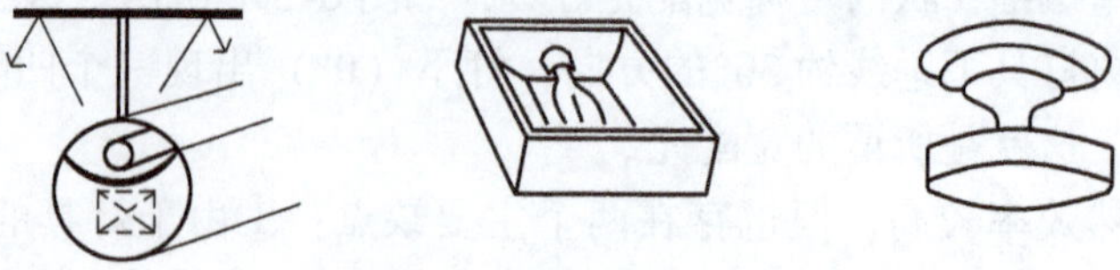

图 6-42 间接型灯具

现将上述几种类型灯具的光特性综合列于表 6-16，以便于比较。

表 6-16 各种类型灯具的光照特性[9][11]

类型		直接型	半直接型	漫射型	半间接型	间接型
示意图		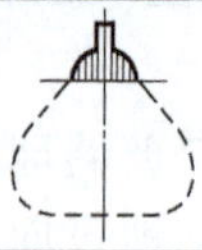		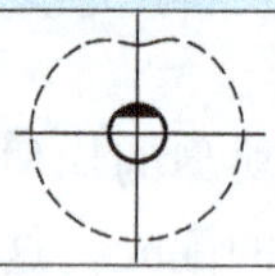		
光通量近似分布	上半球	0%~10%	10%~40%	40%~60%	60%~90%	90%~100%
	下半球	100%~90%	90%~60%	60%~40%	40%~10%	10%~0%
特点	效率	高	中等			低
	室内表面光反射比对照度影响	小	中等			大
	设备投资	少	中等			多
	维护使用费	少	中等			高
	阴影	浓	稍淡			基本没有
	室内亮度分布均匀性	不均	较好			均匀
适用场合		要求经济性好、效率高的场所照明，尤其高天棚房间	适用需要创造环境气氛、照明经济性好的场所，如办公室、学校、饭店等			适用于创造环境气氛为主，照明经济性次要的场所，不适合高照度要求的场所
灯举例		工矿灯、控照型灯、嵌入式灯等	玻璃、塑料建筑灯具，花吊灯，吸顶荧光灯等			反射型吊（壁）灯、反射型灯、暗槽灯等

3. 照明灯具的选择

在进行人工光环境设计时，选用合适的照明灯具对于提高光环境质量、创造环境气氛有很大的影响，因此应以综合考虑光源所营造的舒适性、环境条件和经济性为**照明灯具的选择原则**。

（1）光源的种类 选择照明灯具，首先要选择照明灯具所配用的光源。光源的种类应按照明的要求、使用环境条件和光源的特点来选取。表 6-17 所示是各种光源的适用场所，可供选择时参考。

（2）光源的色温 光源色温可分为暖色调、冷色调，以及介于这两种色调之间的中间色调，色温的不同，室内所营造的光环境氛围不同。表 6-18 所示为《民用建筑电气设计规范》（JGJ 16—2008）推荐了不同色温光源宜应用的场合。一般暖色调的光源可表现愉悦、温暖、华丽的气氛，冷色调的光源则可表现宁静、高雅、凉爽的格调。例如，在卧室中用暖色光照明，可使温暖和睦的气氛得到一定的强调；而用青、绿冷色调照明，使人冷静、清醒，在夏季则使人感到舒适凉爽。此外，还要注意光色和室内其他色彩的配合及相互影响。

表 6-17 几种光源的适用场所

光源种类	适用场所
白炽灯	(1) 要求照度不很高的场所 (2) 局部照明，应急照明 (3) 要求频闪效应小或开关频繁的地方 (4) 需要防止电磁波干扰的场所 (5) 需要调光的场所
卤钨灯	(1) 照度要求较高，显色要求较高，并无振动的场所 (2) 不允许有频闪效应的场所 (3) 需要调光的场所
荧光灯	(1) 照度要求较高，显色性好，且悬挂高度较低的场所 (2) 需要正确识别颜色的场所
荧光高压汞灯	照度要求高，但对光色无特殊要求的场所
金属卤化物灯	厂房高，要求照度较高、光色较好的场所
高压钠灯	(1) 要求照度高，但对光色无要求的场所 (2) 多烟尘的场所

表 6-18 不同相关色温光源的应用场所（JGJ 16—2008）

光色分组	色温特征	相关色温/K	适用场所举例
Ⅰ	暖	≤3300	客房、卧室、病房、酒吧、餐厅等
Ⅱ	中间	3300~5300	办公室、教室、阅览室、诊室、检查室、机加工车间、仪表装配
Ⅲ	冷	>5300	热加工车间、高照度场所

(3) 光源的显色性 从建筑功能或从真实显示装修色彩的艺术效果而言，光源良好显色性具有重要作用。一般对辨色要求较高的场所如印染车间、彩色制版印刷、美术品陈列室等需要显色性较高的光源，顾客在商店选择商品、医生查看病人气色等也都需要真实地显色。CIE 将灯的显色性能分为 5 类，并给出了如表 6-19 所示的各类相应的显色指数范围以及使用场合。高显色指数的灯是理想的选择，但这类灯往往光效不高，如白炽灯。反之光效很高的高压钠灯的显色指数又很低，所以实际的选择应当显色性与光效两者兼顾。

表 6-19 光源的显色性类别及其使用范围[12]

显色性类别	R_a	适用范围
1A	>90	颜色搭配、美术馆
1B	80~90	家庭、饭店、纺织工业
2	60~80	办公室、学校、轻工业
3	40~60	重工业
4	20~40	室外

(4) 配光 在商场、办公楼、文体设施的休息厅和接待厅等建筑中，要求室内表面有较高的反射比，而大部分直射光要投射到顶棚和墙面上，因此可以采用直接型或间接型灯具的组合，尽量获得合理的配光。在大厅或大办公室中，可以采用有格栅的嵌入式灯具，并布置成发光带，由于这种灯具配光较窄，要求光带的间距较近布置，以限制眩光，且获得柔和的光线。有些场所要求垂直面照度，如学校教室的黑板照明，宜选用不对称配光的灯具或倾斜安装的灯具。当室内空间需要防止直接眩光时，宜选用有遮光角或安装漫射玻璃的灯具，为限制反射眩光，宜选用有漫射照明装置的灯具。

(5) 灯具的类型 不同的灯具类型可获得不同的照度值和不同的直射光和反射光比例。如反射光大于直射光，则光的扩散性好，亮度分布理想，有利于消除眩光。但直射光的比例增加时，效果相反。不同的灯具类型在工作面上获得的直射光与反射光比例见表6-20。

表6-20 不同的灯具类型在工作面上获得的直射光与反射光的比例[9]

灯具类型	直射光：反射光（来自天棚、墙面）			
	小房间		大房间	
	浅色	深色	浅色	深色
直接 半直接 均匀漫射	2.0：1 1.5：1 0.5：1	15：1 5：1 2：1	20：1 4：1 1：1	150：1 12：1 4：1
	浅色	中等	浅色	中等
半间接 间接	0.2：1 无直射光	0.35：1 无直射光	0.45：1 无直射光	0.65：1 无直射光

从表6-20可看出，室内表面反光系数高低对直射光与反射光的比例也有很大影响，特别是在小房间内利用反射光照明的情况下，影响很大。表6-20仅反映了不同灯具在工作面上获得的直射光与反射光之比的量级关系，它对室内表面颜色设计与灯具的选用具有一定的参考价值。

(6) 环境条件 环境条件包括湿润、潮湿、高热、粉尘、化学腐蚀、爆炸危险及医疗要求等，这些都会影响灯具的选用。因此要针对不同的环境条件，选用符合使用功能的、适宜的灯具。例如在正常环境中，宜选用开启型灯具；在潮湿或特别潮湿的场所，宜选用密闭型防水防尘灯具；在有腐蚀性气体和蒸汽的场所，应选用耐腐蚀性材料制成的密闭型灯具；在有爆炸和火灾危险的场所，应按其危险场所的等级选择相应的灯具；有较大振动的场所，宜选用有防振措施的灯具。

(7) 经济性 灯具的经济性主要考虑初始投资和年运行维修费。在一般情况下，获得同一照度值，而消耗电功率最小的照明方案，就是最经济的方案。灯具能耗通常可由光源的光效和灯具效率体现，为此灯具选用应综合考虑灯具运行能耗、初始投资、安装便捷性、更换及正常维护等多方面权衡确定，力求取得最佳的经济、节能效果。

6.4.3 照明方式和照明种类

1. 照明方式

照明方式可分为一般照明、分区一般照明、局部照明、混合照明。

（1）**一般照明**　它是在工作场所内不考虑特殊的局部需要，为照亮整体被照面而设置的照明装置，如图 6-43a 所示。此时灯具均匀分布在被照场所上空，在工作面上形成均匀的照度。这种照明方式适合于对光的投射方向没有特殊要求，在工作面内没有特别需要提高视度的工作点和工作点很密或不固定的场所。当房间高度大，照度要求又高时，不宜单独采用一般照明，否则就会造成灯具过多、功率较大、投资和使用费都很高的结果，这是很不经济的。

（2）**分区一般照明**　当某一工作区需要高于一般照明的照度时，可采用分区一般照明。就是根据需要，提高特定区域照度的一般照明。例如在开敞式办公室中有办公区、休息区等，它们要求不同的一般照明的照度，就常采用这种照明方式（图 6-43b）。

（3）**局部照明**　局部照明是在工作点附近专门为照亮工作点而设置的照明装置，如图 6-43c 所示。它常设置在要求照度高或对光线方向性有特殊要求处。但不允许单独使用局部照明，因为这样会造成工作点与周围环境间极大的亮度对比，不利于视觉工作。

（4）**混合照明**　混合照明是在同一工作场所，既设有一般照明解决整个工作面的均匀照明，又有局部照明以满足工作点的高照度和光方向的要求，如图 6-43d 所示。在高照度时，这种照明方式是较经济的，也是目前工业建筑和照度要求较高的民用建筑（如图书馆）中大量采用的照明方式。

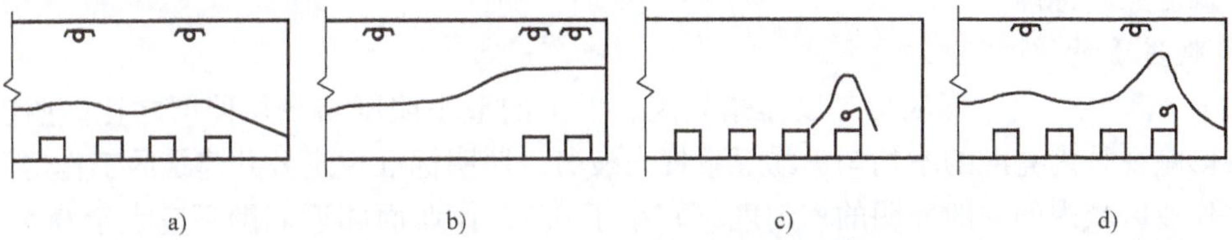

图 6-43　不同照明方式及照度分布

a）一般照明　b）分区一般照明　c）局部照明　d）混合照明

2. 照明种类

照明种类分为正常照明、应急照明、值班照明、警卫照明和障碍照明。其中应急照明包括备用照明、安全照明、疏散照明。这些照明适用原则应符合下列规定。

1）当正常照明因故障熄灭后，对需要确保正常工作或活动继续进行的场所，应装设备用照明；对需要确保处于危险之中的人员安全的场所，应装设安全照明；对需要确保人员安全疏散的出口和通道，应装设疏散照明。

2）值班照明宜利用正常照明中能单独控制的一部分或利用应急照明的一部分或全部。

3）警卫照明应根据需要，在警卫范围内装设。

4）障碍照明的装设，应严格执行所在地区航空或交通部门的有关规定。

6.4.4　人工光环境质量及其评价标准

评价人工环境质量的好坏，不仅应包含带有物理指标的客观评价，还应包含人们对光环境的主观评价。根据 1996 年由国家经贸委等 13 个部门提出，并于 1997 年全面实施的《中国绿色照明工程实施方案》，人工光环境还应从节约能源、保护环境的角度予以评价。

目前我国在建筑照明方面的通用标准是 2014 年 6 月 1 日开始实施的《建筑照明设计标

准》(GB 50034—2013)(以下简称照明标准),该标准主要有几大特点,①照度水平比2004年版的旧标准有较大提高;②对建筑照明的质量有了更高要求;③降低了原标准规定的照明功率密度值,并补充了图书馆、博览、会展、交通、金融等公共建筑的照明功率密度限值;④更严格地限制了白炽灯的使用范围,同时增加了发光二极管灯应用于室内照明的技术要求;⑤补充了科技馆、美术馆、金融建筑、宿舍、老年住宅、公寓等场所的照明标准值;⑥补充和完善了照明节能的控制技术要求,并对公共建筑的名称进行了规范统一。该标准的颁布充分反映了为了满足我国全面建设小康社会的新形势和新要求,有必要把照度水平和照明质量提升到一个新的水准,向国际先进水平靠拢,同时反映了照明用电必须致力于提高利用效率,最大限度地节约电能,促进资源和环境的保护,以适应我国的能源形势和经济社会的可持续发展的总要求。

1. 照明数量

照明数量一般指照度值。视觉工作所需照度值与识别物件尺寸、识别物件与其背景的亮度对比及识别物件本身的亮度等有关。照度值应根据识别物件的大小、物件与背景的亮度对比、国民经济的发展情况等因素确定。一般按工作面上的照度值来规定所处环境的照明标准。不同的视觉工作对应的照度分级见表6-21。附录2给出了民用建筑对不同作业和活动推荐的照度标准值。附录3工业建筑通用房间一般照度标准值,各行业工艺房间具体照度标准值可参见照明标准。

2. 照明质量

(1) **照明均匀度** 照明均匀度是指规定表面上的最小照度与平均照度之比。照度的不均匀将影响视野内亮度的不均匀,易导致视力疲劳。照明标准规定公共建筑的工作房间和工业建筑作业区域内的一般照明的均匀度不宜小于0.7,作业面邻近周围不应小于0.5,而房间或场所的通道和其他非作业区域的一般照明照度值不宜低于作业区域一般照明照度值的1/3。

表6-21 视觉工作对应的照度分级(JGJ 16—2008)

视觉工作	照度分级/lx	附 注
简单视觉作业的照明	0.5、1、2、3、5、10、15、20、30	整体照明的照度
一般视觉作业的照明	50、75、100、150、200、300	整体照明的照度或整体照明和局部照明的总照度
特殊视觉作业的照明	500、750、1000、1500、2000、3000	整体照明的照度或整体照明和局部照明的总照度

混合照明容易产生亮度不均匀,为此,混合照明中的一般照明的照度应控制在该总照度的5%~10%,不宜低于20lx。

(2) **照明功率密度**(Lighting Power Density,LPD) 照明功率密度是指单位建筑使用面积的照明总安装功率(包括光源、镇流器或变压器),单位为W/m^2。它是指每个使用房间(不含公共使用面积)的最大照明安装功率密度,而并非指整栋建筑的照明功率密度。附录2、附录3中所列民用建筑与工业建筑通用房间的照明功率密度现行值,是经过全国六大区域现场实际照明测量调查,及这六大区域的主要设计院设计资料统计汇总而获得的。目标值则综合我国目前节能照明设计水平、节能照明设备发展等状况,结合国外LPD值发展水平而确定的。目标值基本为现行值的 80%以上，即通过照明的节能设计、节能设备的选用，达到照明能耗为现行能耗值的 80%为节能工作目标。

（3）**适宜的亮度分布**　室内主要表面应有合理的亮度分布，它是对工作面照度的重要补充。

在室内环境中，对于彼此亮度差别过大的场合，当人的视觉从一处转向另一处时，眼睛被迫经过一个适应过程，如果这种适应过程次数增多，就会引起视觉疲劳。相近环境的亮度应当尽可能低于被观察物的亮度，CIE 推荐被观察物的亮度为相近环境的 3 倍时，视觉清晰度较好。而周围视野（包括顶棚、墙、窗户等）的平均亮度，应低于被观察物亮度的 1/10。灯和白天的窗户亮度则应控制在被观察物亮度的 40 倍以内。对于长时间连续工作的房间（如办公室、阅览室等）内各表面反射比应符合表 6-11 所示的规定值，对于人工环境，这些表面的照度比（相对于工作面而言）应分别符合：顶棚 0.25~0.9，墙面 0.4~0.8，地面 0.7~1.0。

（4）**照度与光色舒适感的关系**　在人们视野中，当亮度对比较差时，颜色对比可以很好地改善视觉效果。对颜色效果的评价除了显色性外，还与环境及人们对颜色的爱好有关。不同波长的光在视觉上所感受的色调在舒适感方面有所不同。同一色温的光源当照度不同时，人的感觉也不同。在暖色调的灯光下（≤3300K）较低照度即可达到舒适感，而在高照度下则会感到过分刺激。在冷色调的灯光下（>5300K）需要较高照度才觉得舒适，而在低照度下会觉得阴沉昏暗。图 6-44 所示为照度水平与光色舒适感的关系。从视觉心理分析，在相同照度下，显色性好的光源比显色性差的光源在感觉上要明亮些，因而选用显色指数较差的光源时，应适当提高照度水平。

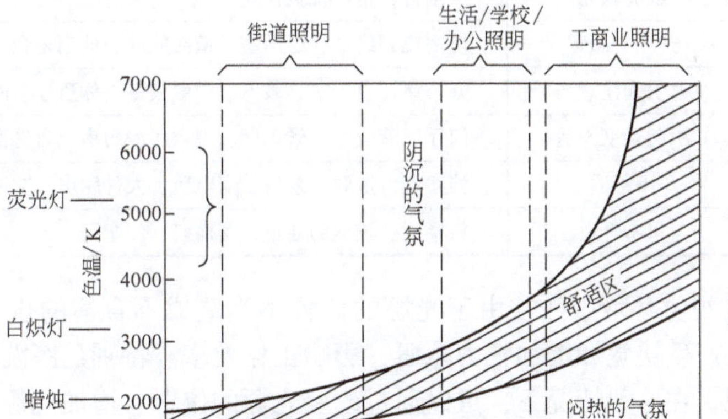

图 6-44　照度水平与光色舒适感的关系[13]

（5）眩光　由于视野中的亮度分布或亮度范围的不适宜，或存在极端的对比，以致引起不舒适感觉，或降低观察细部或目标的能力的视觉现象称**眩光**。眩光会造成不舒适或可见度下降，前者称为**不舒适眩光**，后者称为**失能眩光**。无论是不舒适眩光还是失能眩光都有直接和间接之分。直接眩光是由高亮度光源的光线直接进入人眼内所引起的眩光。间接眩光是通过光泽表面特别是抛光金属如镜面反射进入人眼引起的眩光，又称反射眩光。

由眩光源来的光在人眼视网膜方向上散射，形成明亮的光幕，叠加在清晰的场景像上，这个光幕具有一个等价光幕亮度，其作用相当于使背景亮度增加，对比度下降，这便是眩光使视觉功能降低的机理。

房间内的反射眩光不同于直接眩光可以通过灯具布置等加以防止，反射眩光随反射面的光学性能和眼睛所处的位置不同，反射出的光源亮度大小和分布则有所不同，对人的影响也有所不同。反射光中，如能清晰反映光源原像的反射眩光对人的影响与直接眩光基本相似，若光泽表面反射出的光源的亮度较低，且不能清楚地看到光源原像，而是落在视看对象上，并使观看视看对象的亮度对比度下降，减少了能见度，这种眩光称光幕反射或模糊反射，这种现象经常在阅读光滑面纸张的书籍、杂志时发生，反射出的模糊亮斑影响视觉，使人讨厌。

一般照明中不舒适眩光是常见问题。不舒适眩光不一定妨碍视觉，但在心理上却造成了不舒适的效果，国外有时又称心理眩光。不舒适眩光比失能眩光是更需要解决的实际问题，出现的概率也比失能眩光多。公共建筑和工业建筑常用房间或场所一般采用统一眩光 UGR（Unified Glare Rating）定量评价不舒适眩光程度。统一眩光值是度量处于视觉环境中的照明装置发出的光对人眼引起不舒适感主观反应的心理参量，表 6-22 描述不同统一眩光值 UGR 所代表的眩光程度，以及不同场所需要控制的 UGR 值。评价室外体育场和其他室外场地照明装置对人眼引起不舒适感主观反应的心理参量采用眩光值 GR（Glare Rating）。UGR 和 GR 均可按 CIE 推荐的公式计算，详见照明标准。常见建筑 UGR 及 GR 允许值见附录 2。

表 6-22 眩光程度与统一眩光值对照表（JGJ 16—2008）

UGR 的数值	对应眩光程度的描述	视觉要求和场所示例
<13	没有眩光	手术台、精细视觉作业
13~16	开始有感觉	使用视频终端、绘图室、精品展厅、珠宝柜台、控制室、颜色检验
17~19	引起注意	办公室、会议室、教室、一般展室、休息厅、阅览室、病房
20~22	引起轻度不适	门厅、营业厅、候车厅、观众厅、厨房、自选商场、餐厅、自动扶梯
23~25	不舒适	档案室、走廊、泵房、变电所、大件库房、交通建筑的入口大厅
26~28	很不舒适	售票厅、较短的通道、演播室、停车区

（6）阴影　在视觉环境中往往由于光源的位置不当造成不合适的投光方向，从而形成光照阴影，会使人产生错觉和增加视力障碍，影响工作效率。特别是医院手术室的照明绝对不允许有阴影出现。在一般情况下，可以通过改变光源的位置、增加光源的数量等措施加以消除。但在某些场合，如一件造型艺术品的照明，必须通过光线投射表现物体的立体感，一般应使立体物体的明亮部分与最暗部分的亮度比为 3∶1，通常从斜向来的定向照射，可强调物体的粗糙、凹凸等质感。

（7）照明的稳定性　照明的不稳定性主要由于光源光通量的变化所致。光源光通量的变化导致工作环境中的亮度发生变化，从而在视野内使人被迫产生视力跟随适应，如果这种跟随适应次数增多，将使视力降低；另外，如果在光照环境中照度在短时间内迅速发生变化，也会在心理上分散工作人员的注意力。因此，对照明质量要求较高时，照明供电电源应与有冲击负荷的供电线路分开，也可考虑采用稳压措施。

6.4.5 室内工作照明设计基础

室内工作照明是指在室内人为地造成光亮环境，以满足人们工作、学习和生活的要求。工作照明可分为两类：一类是以满足视觉工作要求为主的室内工作照明，如工厂车间、学校等场所的照明，它主要是从功能方面考虑；另一种是以室内艺术环境观感为主的照明，如大型门厅、休息厅等处的照明，这类照明除满足照明功能外，还要强调艺术效果，以提供舒适的休息、娱乐场所。

1. 照明设计主要内容

1）选择照明方式。根据室内工作场所与视觉工作需要选择合适的照明方式。

2）确定照明标准。由室内视觉工作识别最小尺寸、识别对象与背景亮度对比等特征，并考虑房间照明方式，依据国家或行业制定的照明标准，从照明数量和质量两方面来确定室内照明标准。

3）计算照度、确定光源和安装功率。设计时应综合考虑室内光环境的舒适与能耗问题，考虑光环境评价参数与照明节能指标综合确定。

4）选择或设计灯光的控制方案。

5）确定供电电压、电源。

6）选择配电网络形式。

7）选择导线型号、截面和敷设方式。

8）选择和布置配电箱、开关、熔断器和其他电器设备。

9）绘制照明布置平面图，汇总安装容量、列设备材料清单，编制预算和进行经济分析。

2. 光源和灯具的选择

（1）光源的选择　不同光源在光谱特性、发光效率、使用条件和造价上都有各自的特点，应根据不同场所的具体情况确定光源的类型。

（2）灯具的选择　根据照明场所的空间尺度和照度要求确定灯具形式、布置方案。在满足人工光环境质量的条件下，应该尽可能采用效率高且空旷性能合理的灯具。在公共建筑中，还应考虑它的艺术效果。悬挂高度对照度影响较大，因此，根据悬挂高度选择灯具的原则是：①当悬挂高度为4~6m时，宜采用配罩型灯具。②当悬挂高度为6~12m时，宜采用搪瓷深罩型灯具。③当悬挂高度为12~30m时，宜采用镜面深罩型灯具。④有扩散罩的灯具，仅用于悬挂高度不能满足限制眩光的工作地点以及对光照要求柔和的场所。

（3）灯具的布置　这里是指一般照明的灯具布置。它要求照亮整个工作场地，故希望工作面上照度均匀，一般可通过确定灯具的高度（h_{rc}）和间距（l）的适当比例获得，即通常所说的距高比l/h_{rc}。它随灯具配光不同而异，具体值见表6-23。

为了使房间四边的照度不致太低，应将靠墙的灯具至墙的距离减少到（0.2~0.3）l。当采用半间接和间接型灯具时，要求反射面照度均匀，因而在控制距高比中的高度时，不是灯具的计算高h_{rc}，而是灯具至反光表面的距离h_{cc}（如天棚）。如遇配光狭窄的灯具，则距高比应缩小；反之，则加大。荧光灯灯具$l/h_{rc}<1.5$。各种灯具的具体距高比，可在有关灯具手册中查到。

表 6-23 各类灯具的适当距高比[14]

灯具类型	l/h_{rc}
直接	1.0~1.2
半直接	1.0~1.5
均匀漫射	1.5~2.0
	l/h_{cc}
半间接	2.0~3.0
间接	3.0~5.0

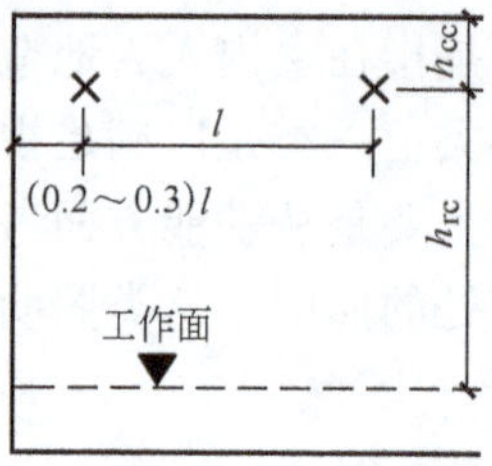

在具体布光时，还应考虑照明场所的建筑结构形式、工艺设备、动力管道等情况，以及安全维修等技术要求。

3. 限制眩光

首先是考虑对直接眩光的限制。眩光同光源亮度、背景亮度、光源位置等有关。前两项与灯具类型有关，后一项则与灯具布置方式有关。通过灯具类型与灯具布置方式的综合考虑，可以避免或减缓室内眩光的产生。在已经确定了灯具类型的情况下，灯具布置方式是避免直接眩光的主要手段。图 6-45 所示说明了灯具布置方式引起的眩光的程度。为此，限制灯具亮度范围则是采用灯具布置方法避免眩光的原则。即对图 6-46 中最小高度角 90°$-\beta$ 加以严格限制，一般称 β 为眩光角，并控制眩光角在 45°，通过眩光角的控制，限制或降低灯具亮度对人的视觉的影响。

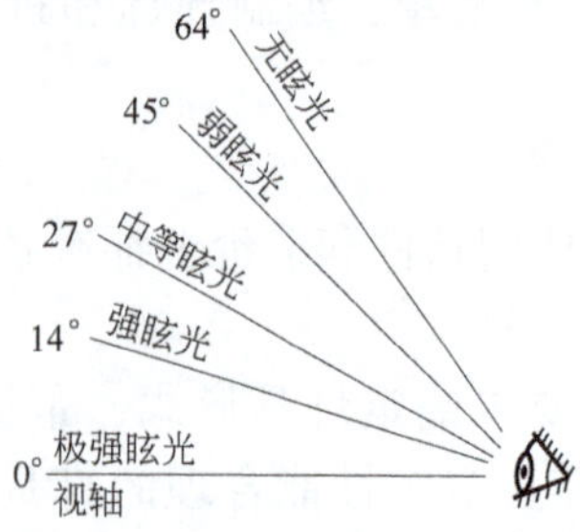

图 6-45 眩光的强弱与视觉的关系

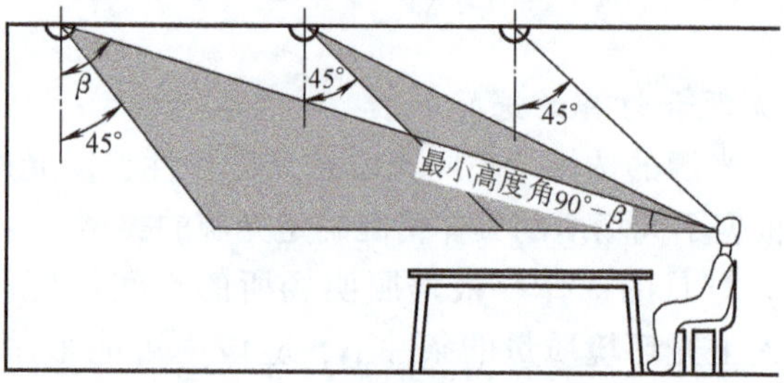

图 6-46 限制灯具亮度范围

(1) 正确选择灯具形式 选择灯具时，在不影响视觉工作的前提下，对可能会产生直接眩光的灯具，采用磨砂玻璃或乳白玻璃的光源灯泡或灯具，或对一些灯具采用透光的漫射材料将灯泡遮蔽。

(2) 提高背景亮度 产生反射眩光的原因主要是由于室内环境亮度对比过大以及光源通过光泽表面反射造成。可以通过适当提高环境亮度，减小亮度对比，以及采用无光泽的材料来加以解决。对于直接眩光限制等级为 I 级的房间，当采用发光顶棚时，发光面的亮度在眩光角范围内不应大于 500cd/m^2。

(3) 限制灯具悬挂高度 灯具悬挂高度增加，眩光作用就减小。室内一般照明用的灯具相对地面的悬挂高度应不低于表 6-24 所示的规定值。

表6-24 室内一般照明器具最低的悬挂高度[9]

序号	光源种类	照明器形式	灯具遮光角	光源功率/W	最低悬挂高度/m
1	白炽灯	有反射罩	10°~30°	≤60 100~150 200~300 ≥500	2.0 2.5 3.5 4.0
		乳白玻璃漫射罩		≤100 150~200 300~500	2.0 2.5 3.0
2	卤钨灯	有反射罩	10°~30°	≤500 1000~2000	6.0 7.0
		有反射罩带格栅	>30°	≤500 1000~2000	5.5 6.5
3	荧光灯	无反射罩		≤40 >40	2.0 3.0
		有反射罩		≥40	2.0
4	荧光高压汞灯	有反射罩	10°~30°	<125 125~250 ≥400	3.5 5.0 6.0
		有反射罩带格栅	>30°	≤250 ≥400	4.0 5.0
5	高压钠灯	搪瓷反射铝罩 抛光反射罩	10°~30°	250 400	6.0 7.0
6	金属卤化物灯	搪瓷反射铝罩 抛光反射罩	10°~30°	250 1000	6.0 7.5

（4）采用遮光角较大的灯具 遮光角示意可参见图6-38。对于直接型灯具的最小遮光角按表6-25所示确定。

表6-25 不同亮度灯具的最小遮光角（JGJ 16—2008）

灯具亮度/(cd/m²)	灯具的最小遮光角
1000~20000	10°
20000~50000	15°
50000~500000	20°
≥500000	30°

4. 照明用电的稳定

保持照明供电电压的稳定是保持室内人工光环境稳定性的关键。一般应控制灯端电压不低于额定电压值。如果达不到要求时，在条件许可的情况下，应将动力和照明电源分开，甚至在照明电源上增设稳压装置。一般工作场所的室内照明，灯的端电压不宜高于额定电压的

105%，也不宜低于95%。在交流电路中，气体放电灯发出的光通量随电压的变化而波动。这对移动的物体会导致视觉失真。为了减轻这种影响，可将相邻灯管（泡）或灯具分别接到不同相位的线路上，以消除频闪现象。

5. 照明基本计算方法

明确了设计对象的视看特点，选择了合适的照明方式，确定了需要的照度和各种照明质量指标，以及相应的光源和灯具之后，则可进行照明计算，以求出所需光源功率，或按预定功率核算照度是否达到要求。照明计算方法很多，这里仅介绍常用的利用系数法。

利用系数法来自于平均照度的思想。定义灯具利用系数 C_u 等于光源实际投射到工作面上的有效光通量（Φ_u）和全部灯的额定光通量（$N\Phi$）之比，这里 N 为灯的个数。

利用系数法的基本原理如图6-47所示。图中所示为光源光通量分布情况。从某一个光源发出的光通量中，在灯罩内损失了一部分，当射入室内空间时，一部分直达工作面（Φ_d），形成直射光照度；另一部分射到室内其他表面上，经过一次或多次反射才射到工作面上（Φ_p），形成反射光照度。光源实际投射到工作面上的有效光通量（Φ_u）为

$$\Phi_u = \Phi_d + \Phi_p \tag{6-30}$$

很明显，Φ_u越大，表示光源发出的光通量被利用的越多，利用系数 C_u值越大。根据 C_u值定义有

$$C_u = \frac{\Phi_u}{N\Phi} \tag{6-31}$$

根据上述分析可知，C_u值大小与下列因素有关：

1）灯具类型和照明方式。射到工作面上的光通量中，Φ_d是无损耗地到达，故 Φ_d越大，C_u值越高。单纯从光的利用率讲，直接型灯具较其他型灯具有利。

2）灯具效率 η。光源发出的光通量，只有一部分射出灯具，灯具效率越高，工作面上获得的光通量越多。

3）房间尺寸。工作面与房间其他表面相比的比值越大，接受直接光通量的机会就越多，利用系数就大。从图6-48可看出：同一灯具，放在不同尺度的房间内，Φ_d就不同。在宽而矮的房间中，Φ_d就大。

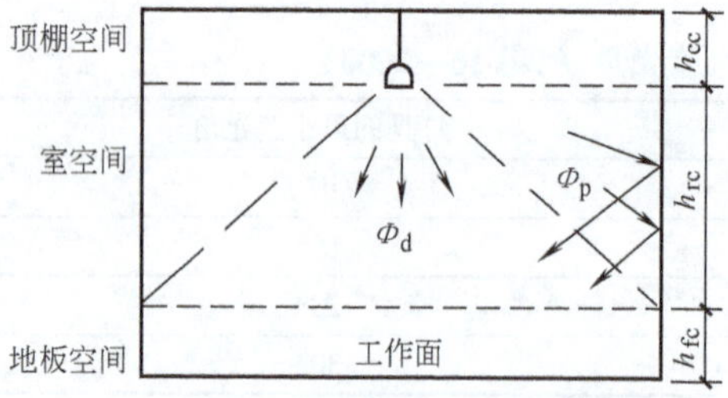

图6-47 室内光通量分布

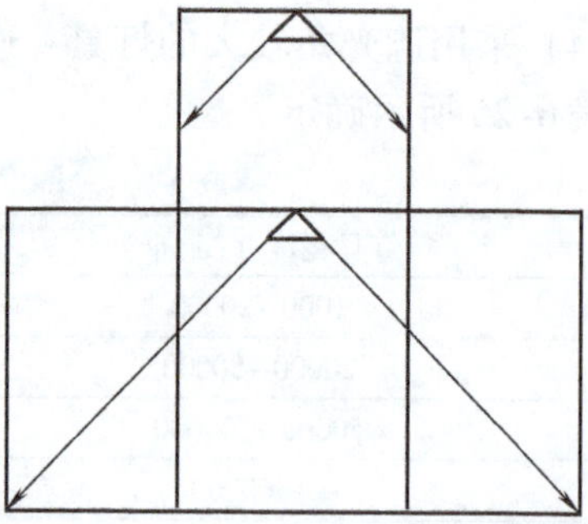

图6-48 房间尺度与 Φ_d的关系

4）室内顶棚、墙、地板、设备的光反射比。光反射比越高，反射光照度增加得越多。

当已知灯具的利用系数和光源发出的光通量，就可以通过下式算出房间内工作面上的平

均照度

$$E=\frac{\Phi_u}{lb}=\frac{NC_u\Phi}{lb} \tag{6-32}$$

换言之，如需要知道达到某一照度要求所需的光源安装功率（即发出光通量）时，则可将上式改写为

$$\Phi=\frac{Elb}{NC_u} \tag{6-33}$$

照明设施在使用过程中容易遭受污染，光源光通量因此衰减，使照度下降，故在照明设计时，应将初始照度提高，即将照明标准值除以表6-26所示维护系数K。因此利用系数法的照明计算式为

$$\Phi=\frac{Elb}{NC_uK} \tag{6-34}$$

式中 Φ——单个灯具内灯的总额定光通量（lm）；

E——照明标准规定的平均照度值（lx）；

l、b——工作面的长和宽（m）；

N——灯具个数；

C_u——利用系数；

K——维护系数。

采用利用系数法进行照明计算最关键的是利用系数的正确确定，而利用系数取决于灯具类型、照明方式、房间尺寸、室内各表面光学特性等因素，因此，实际计算时必须根据实际照明灯具布置方案和所选灯具的样本以及照明设计手册等资料确定，本教材不作详细介绍，计算时可查阅相关资料。

表6-26 维护系数K值（JGJ 16—2008）

环境维护特征	工作房间或场所	灯具最少擦洗次数/(次/年)	维护系数	
			白炽灯、荧光灯、金属卤化物灯	卤钨灯
清洁	住宅卧室、办公室、餐厅、阅览室、绘图室	2	0.80	0.80
一般	商店营业厅、候车室、影剧院观众厅	2	0.70	0.75
污染严重	厨房	3	0.60	0.65

6.4.6 人工照明的节能措施

在一些大型办公楼内，照明负荷常常占建筑能耗30%以上，因此降低照明负荷是降低建筑能耗的一个重要的途径。1997年全面实施的《中国绿色照明工程实施方案》中也提到了照明节能问题，但其含义已不同于传统意义的节能。**绿色照明**工程实施方案提出的宗旨是，为满足对照明质量和视觉环境条件的更高要求，充分运用现代科技手段提高照明工程设计水平和方法，提高照明器材效率来实现照明节能，而不是靠降低照明标准来实现节能。

1. 节能照明设备选择

(1) 采用小型化、高光效、长寿命、无污染、自然光色光源　目前市场公认的节能照明设备有：

1) T8、T5 荧光灯。T8（直径 26mm）荧光灯管与传统的 T12（直径 38mm）荧光灯相比，节电量可达 10%。受卤粉发光材料显色性影响，稀土三基色荧光粉材料应用逐渐增多。T5（直径 16mm）管径小，普遍采用稀土三基色荧光粉发光材料，并涂敷保护膜，光效明显提高。如 28W T5 荧光灯管光效约比 T12 荧光灯提高 40%，比 T8 荧光灯提高 18%。同时，大大减少了荧光粉、汞、玻璃管等材料的使用。目前 T8 荧光灯管已普遍推广应用，T5 管也逐步扩大市场，并已有更为先进的 T3、T2 超细管径的新一代产品。

2) 紧凑型荧光灯。紧凑型荧光灯比普通白炽灯能效高、寿命长，在家庭及其他场所的室内照明中能配合多种灯具，安装简便。随着生产技术的发展，已有 H 形、U 形、螺旋形和外形接近普通白炽灯的梨形产品，使其能与更多的装饰性灯具通用。大功率紧凑型荧光灯，可在工厂照明，室外道路照明中推广应用。

3) 高压钠灯和金属卤化物灯。高压钠灯和金属卤化物灯是目前高压气体放电灯（HID）中主要的高效照明产品。两者均有寿命长、光效高的优点。此外高压钠灯还具有透雾性强，金属卤化物灯具有显色性好等特点，一定场合下，均可替代目前使用较多的高压汞灯，在相同照度条件下，两者均可节电 30%以上。

4) 半导体发光二极管。半导体发光二极管是一种固体光源，能在较低的直流电压下工作，光的转换效率高，发光面很小，其发光色彩效果远超过彩色白炽灯，寿命达 5 万～10 万 h。目前光效已超过 30lm/W，实验室已开发出 100lm/W 的产品。半导体发光二极管光源已经广泛使用在仪器仪表指示光源、汽车高位制动灯、交通信号灯和大面积显示屏。

(2) 选用高效、高质电子镇流器　对于气体放电灯还要选用配套的高质量电子镇流器；荧光灯用电子镇流器发展较快，已可大批量生产应用。高强度气体放电灯用电子镇流器，目前还处于研制阶段。

(3) 选用配光合理的灯具　除了正确选用光源产品外，选择高效照明灯具与光源合理配套使用，在满足照明要求的情况下，可以有效节约照明用电。

2. 合理的照明工程设计

(1) 照明节能指标　民用建筑、工业建筑通用房间可采用照明功率密度（LPD）节能指标，详见附录 2 和附录 3。当房间或场所的照度值要求高于或低于附录规定的对应照度值时，其照度功率密度值应按比例提高或折减。

(2) 合理的照明设计方案　根据视觉作业要求，确定合理的照度标准值，并选用合适的照明方式，通过优化设计方案，实现照明节能。同时，在室内表面装饰工程设计时，应优先考虑室内顶棚、墙面、地面采用浅色装饰。

(3) 照明节电控制系统　照明控制是实现照明节能的重要措施，通过声控、光控、红外、电控或综合控制的设计以实现照明节电。室内照明供电线路宜分细、多设开关，位置适当，便于分区开关灯；工业企业的车间、宿舍和住宅等场所的照明用电均应单独计量；大面积使用气体放电灯的场所，宜在灯具附近单独装设补偿电容器，使功率因数提高至 0.85 以上；并通过控制电压波动的手段，克服电压波动对照明产品寿命的影响，以达到较好的照明及节能效果。

3. 充分利用天然采光

应用天然采光技术，实现白天完全或部分利用自然光，是提高室内光环境品质，降低人工照明能耗的一项重要的节能措施。一般做法是选用可增加室内天然采光量的窗户。

（1）带反射挡光板的采光窗　这是大面积侧面采光最常用的一种。优点是能有效的反射阳光，把阳光通过顶棚反射到室内深处，提高靠内墙部位的照度，同时起到降低窗口部位的亮度，使整个室内光线分布更加均匀。

（2）阳光凹井采光窗　是一种接收由顶部或高侧窗入射的太阳光比较有效的采光窗。通过一个内部带有光反射井的上部或顶部采光口，将阳光经过反射变为间接光。窗的挑出部分和井筒特性可按日照参数进行设计，尽量提高表面的反光系数，提高窗的阳光利用效能。

（3）带跟踪阳光的镜面格栅窗　这是一种由计算机控制、自动跟踪阳光的镜面格栅，该窗的最大优点是可自动控制射进室内的光量和热辐射。

（4）用导光材料制成的导光遮光窗帘　可遮挡阳光直射室内，同时可将光线导向室内深处，其功能和涂有高反光材料的遮阳板相似。

（5）导光玻璃和棱镜板采光窗　可遮挡阳光直射室内，导光玻璃是将光纤维夹在两块玻璃之间进行导光。棱镜板采光窗是在聚丙烯板上压出折射光的小棱镜或用激光方法在聚丙烯板上加工出平行的棱镜条，将阳光导入或折射到室内深处。

4. 照明设备运行管理

采用智能化照明管理系统，创造出安全舒适的光环境，提高工作效率，节约电能；同时还要制订有效的管理措施和相应的法规、政策，达到节能运行管理的目的。

照明设备节能运行目的就是要减少不必要的照明开启时间和照明强度。对于公共区域，在满足照明标准的基础上，合理降低照明密度；对于工作场所，应合理控制照明时间，在非使用时段关灯。目前照明控制常用的方法有光控、声控等感应控制技术手段，达到无人时和照度满足时关闭照明，减少照明能耗的浪费。

5. 照明系统与空调系统的结合

在空调系统中，常将照明与空调排风或回风功能相结合。其形式主要有吊顶通风和管道通风两类，前后两者分别利用吊顶、管道排风或回风带走部分照明散热，使照明灯具产生的大部分热量不进入室内，减少了空调设备的负荷，同时又使照明灯具处于最佳工作状态，提高了光效，节约了能量。图6-49所示便是常见的三种照明与空调系统组合的形式。

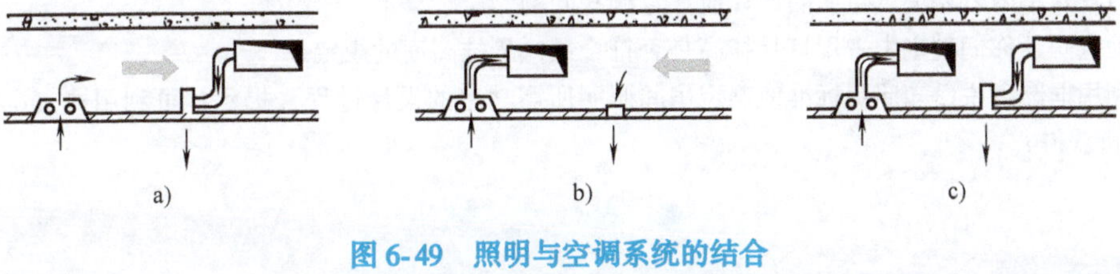

图6-49　照明与空调系统的结合

a）管道正压送风，吊顶负压排风　b）吊顶正压送风，管道负压排风　c）管道正压送风，管道负压排风

习题与思考题

1. 波长为540nm的单色光源，其辐射功率为5W，试求：①这单色光源发出的光通量；②如它向四周

均匀发射光通量，求其发光强度；③距离它2m处的照度。

2. 一个直径为250mm的乳白玻璃球形灯罩，内装一个光通量为1250lm的白炽灯，设灯罩的光透射比为0.60，求灯罩外表面亮度（不考虑灯罩的内反射）。

3. 一房间平面尺寸为7m×5m，净空高5m。在顶棚正中布置一亮度为500cd/m^{2}的均匀扩散光源，其尺寸为0.5m×1.3m，求房间正中和四角处的地面照度（不考虑室内反射光）。

4. 有一物件尺寸为0.22mm，视距为750mm，设它与背景的亮度对比为0.25。求达到辨别几率为95%时所需的照度。如对比下降为0.2，需要增加多少照度才能达到相同视度？

5. 有一白纸的光反射比为0.8，最低照度是多少时才能看见它？达到刺眼时的照度又是多少？

6. 试说明光通量与发光强度，照度与亮度间的区别和联系。

7. 如图6-50所示，在一绘图桌上方挂了一个40W的白炽灯，已知该光源光效为12.5lm/W，求灯下桌面点1和点2处的照度。

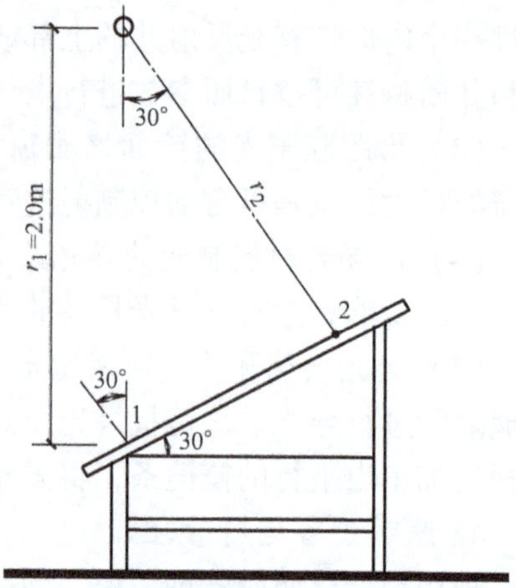

图6-50 题7图

8. 写出下列颜色的色调、明度、彩度：

①2.5PB5.5/6；②5.0G6.5/8；③7.5R4.5/4；④N9.0/；⑤N1.5/。

9. 试说明晴天和全云天天空亮度的特征。

10. 试比较天窗和侧窗采光的特点。

11. 在各种形式的天窗中哪一种采光效率最高？

12. 采光系数是否是选择天窗的唯一标准？为什么？

13. 重庆地区某会议室平面尺寸为5m×7m，净空高3.6m，试计算需要的侧窗面积并绘出其平面图和剖面图。会议室长边可布置侧窗（提示：参照【例6-3】，通过合理设定参数，计算室内最不利点照度值及其采光系数，对比采用系列标准值确定采光面积与布置方式）。

14. 试阐述热辐射、气体放电两类不同光源的发光机理与特点。

15. 怎样选择灯具和相应的布置方式？

16. 照明标准是基于哪些方面来制定的？

17. 一个良好的照明设计应包括哪些因素？

18. 灯具的配光曲线有什么用途？

19. 一般照明与局部照明各有什么特点？说明它们的适用范围。

20. 对建筑室内外环境进行照明设计应注意哪些问题？

21. 检查一下你们教室中采用灯具挂高是否符合最低悬挂高度的规定。

22. 利用框图解说已知照明标准值确定房间照明所需功率的设计过程（提示：可利用式（6-34）及相关公式分析获得）。

参考文献

[1] ISO 8995-1：2002（E）/CIE S 008/E：2001. Lighting of Work Places - Part 1：Indoor［S］. Vienna，Austria，2002.

[2] ISO 11664-1-2007/CIE S 014-1/E：2006. CIE Colorimetry - Part 1：Standard Colorimetric Observers［S］. Vienna，Austria. 2007.

[3] 詹庆旋. 建筑光环境［M］. 北京：清华大学出版社，1986.

[4] 束越新．颜色光学基础理论［M］．济南：山东科学出版报社，1985.
[5] 刘加平，董靓，孙世钧． 绿色建筑概论［M］．北京：中国建筑工业出版社，2010.
[6] 马铁丁．环境心理学与心理环境学［M］．北京：国防工业出版社，1996.
[7] 杨光容，罗茂羲．建筑采光和照明设计［M］．北京：中国建筑工业出版社，1980.
[8] 李祥平，闫增峰，戴天兴．建筑设备与环境控制［M］．北京：中国建筑工业出版社，2005.
[9] 柳孝图．建筑物理［M］． 3版．北京：中国建筑工业出版社，2010.
[10] 杨颖．LED照明设计基础与技术应用［M］．北京：机械工业出版社，2013.
[11] 赵振民．灯具的选型和应用［J］．中国照明电器，1992（4）：1-4，1992（5）：7-9.
[12] CIE. 1986b：Guide on interior lighting，Publication No. 29. 2.
[13] 荆其诚．色度学［M］．北京：中国建筑工业出版社，1979.
[14] 陈易．建筑室内设计［M］．上海：同济大学出版社，2001.

第 7 章 建筑环境的综合控制与评价

7.1 建筑环境的综合控制目标

人类是自然界的一部分，并从自然环境中获取自身最基本的生存条件。建筑是人类生存与行为的物质条件之一，是人类发展到一定阶段的产物。

建筑环境是在自然环境基础上，经过人为改造、加工所构建的凝聚着自然因素和社会因素交互作用的一种生存环境。随着历史的进步、时代的发展，人们把**建筑环境的综合控制目标**概括为：安全、健康、舒适、节能和环保。未来社会的发展、生产力水平的提高，要求人们能从更高层次上主动地控制建筑环境，以满足人们生活、工作、生产和科学实验等活动过程对室内环境不断提出的新需求。

建筑环境按照其服务对象的性质不同可分为民用建筑环境和工业建筑环境两大类型，如图 7-1 所示。

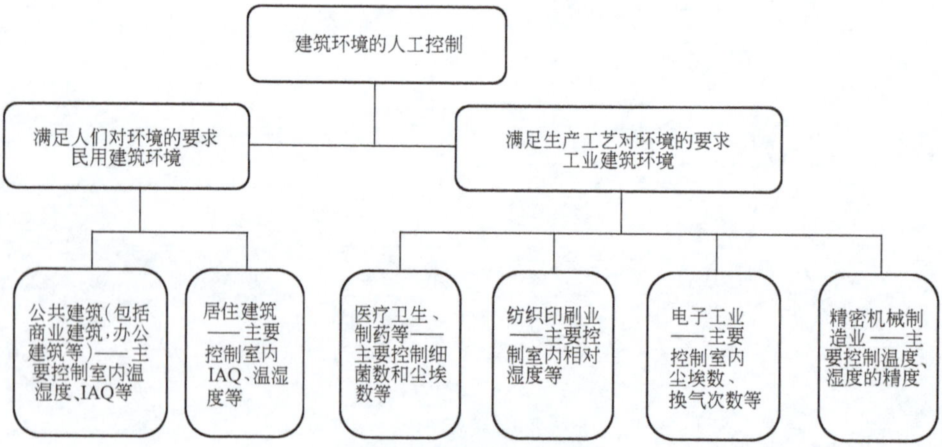

图 7-1 建筑的室内环境类型

由于各类建筑环境的控制目标不同，因此具体的环境控制参数也不尽相同。如民用建筑以室内温湿度舒适健康为主要控制目标，工艺性建筑环境由于各自工艺的不同而要求有不同的控制参数。本小节以医药工业、纺织工业、电子工业为例，介绍工业建筑生产环境控制的一般要求。

7.1.1　医药工业

1. 制药洁净厂房细菌数和尘埃数

根据2008年颁布的《医药工业洁净厂房设计规范》(GB 50457—2008)，医药工业洁净厂房空气洁净度按表7-1规定分为四个等级。

表7-1　医药洁净室（区）空气洁净度等级（GB 50457—2008）

空气洁净度等级	悬浮粒子最大允许数/（个/m^3）		微生物最大允许数	
	≥0.5μm	≥5μm	浮游菌/(cfu/m^3)	沉降菌/(cfu/皿)
100	3500	0	5	1
10000	350000	2000	100	3
100000	3500000	20000	500	10
300000	10500000	60000	—	15

注：1. 在静态条件下医药洁净室（区）监测的悬浮粒子数、浮游菌数或沉降菌数必须符合规定。测试方法应符合现行国家标准《医药工业洁净室（区）悬浮粒子的测试方法》GB/T 16292、《医药工业洁净室（区）浮游菌的测试方法》GB/T 16293 和《医药工业洁净室（区）沉降菌的测试方法》GB/T 16294 的有关规定。

2. 空气洁净度100级的医药洁净室（区）应对大于等于5μm尘粒的计数多次采样，当大于等于5μm尘粒多次出现时，可认为该测试数值是可靠的。

2. 制药洁净厂房室内热湿、光、声环境

根据生产工艺对洁净厂房室内热湿、光、声环境控制对象不同，控制要求如表7-2所示。

表7-2　医药工业100~100000级洁净厂房热湿、光、声环境控制（GB 50457—2008）

环　境	控制对象	控制要求
热湿环境	无特殊要求的房间	温度18~28℃，相对湿度50%~65%
	有特殊要求的房间	由工艺要求确定
光环境	主要工作室	一般照明：≥300lx；特殊要求：增加局部照明
	辅助工作室、走廊、气闸室、人员净化、物料净化用室等	≥150lx
声环境	动态	≤75dB（A）

《医药工业洁净厂房设计规范》(GB 50457—2008）是医药行业GMP认证的一个必须遵守的重要技术文件。GMP（Good Manufacturing Practice）为《药品生产质量管理规范》的简称，它是药品生产质量全面管理控制的准则，是现今医药行业首要技术文件。室内空气净化以保证室内满足生产需要的洁净度为目的，并不是实施GMP的唯一决定因素，而是一个必要条件。

7.1.2　纺织工业

根据不同纺织车间的加工要求，纺织工艺与相对湿度的关系均有所不同，如纱支品种和工艺的差别就很大，所以对相对湿度的参数及其湿度精度要求也各不相同。相对湿度的过低或过高，都会影响工序的生产和产品的质量。因此纺织厂车间以保证工艺需要的相对湿度为

主，各车间的相对湿度控制范围见表7-3，而温度则以满足作业人员的劳动卫生需要和保持相对稳定即可。

表7-3 纺织厂各车间的相对湿度控制范围[1]

车间	冬季相对湿度（%）	夏季相对湿度（%）	车间	冬季相对湿度（%）	夏季相对湿度（%）
清棉	50~60	55~60	络筒	60~70	65~75
梳棉	50~60	55~60	浆纱	75以下	75以下
精梳	60~65	60~65	穿筘	60~70	65~70
并粗	60~65	60~65	织造	68~78	68~80
细纱	50~55	55~60	整理	55~65	60~65
并捻	65~75	65~75			

表7-3中的相对湿度参数都是一般的控制范围，具体确定时还必须考虑原棉的含水、含杂、成熟度、细度以及所纺织数等因素。

7.1.3 电子工业

在大规模集成电路生产中，除了要有先进的生产工艺和精良的生产设备外，另一个关键问题是产品生产环境的控制，主要指洁净度、温度、湿度以及静电、电磁、振动、噪声和照明等的控制。目前，电子工业洁净厂房室内环境设计主要依据《洁净厂房设计规范》（GB 50073—2013）。

1. 洁净厂房洁净度

根据《洁净厂房设计规范》（GB 50073—2013）洁净厂房空气洁净度应按表7-4规定划分为9个等级。不同电子工艺生产过程根据工艺要求选用表7-4中不同等级进行净化空调系统设计。如集成电路的生产环境一般取最小加工线宽的1/10~1/5为微粒粒径的控制尺寸，即如果加工线宽为1μm，则控制粒径为0.1μm。

表7-4 空气洁净度等级（GB 50073—2013）

等级（N）	大于或等于表中粒径的最大浓度限值/（pc/m³）					
	0.1μm	0.2μm	0.3μm	0.5μm	1μm	5μm
1	10	2	—	—	—	—
2	100	24	10	4	—	—
3	1000	237	102	35	8	—
4	10000	2370	1020	352	83	—
5（100级）	100000	23700	10200	3520	832	29
6（1000级）	1000000	237000	102000	35200	8320	293
7（10000级）	—	—	—	352000	83200	2930
8（100000级）	—	—	—	3520000	832000	29300
9	—	—	—	35200000	8320000	293000

注：括号内的洁净度等级是《洁净厂房设计规范》（GBJ 73—1984）定义的英制等级。

2. 洁净室内的温湿度

人是洁净室主要的发尘源，作业人员进入洁净室必须着与洁净室空气洁净度等级相适应的洁净工作服。由于洁净工作服的透气性差，为保证作业人员的工作环境，提高劳动生产率，在洁净室生产工艺对环境温湿度没有特殊要求时，洁净室内的温湿度控制主要以创造作业人员的舒适环境为目的。表7-5所示为洁净室温湿度控制范围。

表7-5 洁净室温湿度控制范围（GBJ 73—1984）

房间性质	温度/℃		湿度（%）	
	冬季	夏季	冬季	夏季
生产工艺有温湿度要求的洁净室	按生产工艺要求确定			
生产工艺无温湿度要求的洁净室	20~22	24~26	30~50	50~70
人员净化及生活用室	16~20	26~30		

3. 洁净室内的噪声限制

洁净室噪声控制主要考虑噪声的烦恼效应、语言通信干扰和对工作效率的影响。洁净室内的噪声级（空态），非单向流洁净室不应大于60dB（A），单向流、混合流洁净室不应大于65dB（A）。室内噪声频谱限制不宜大于表7-6所示的规定。

表7-6 洁净室噪声频谱的限制值（空态）（GBJ 73—1984）

倍频程声压级/dB \ 中心频率/Hz		63	125	250	500	1000	2000	4000	8000
洁净室分类	非单向流	79	70	63	58	55	52	50	40
	单向流、混合流	83	74	68	63	60	57	55	54

4. 洁净室内的照明要求

由于洁净室天然采光较少，选用光源时应考虑光源光谱分布尽可能接近自然光，因此一般选用荧光灯作为光源。为防尘粒渗入、便于清扫和灯具维护，灯具一般采用吸顶明装，并作密封处理。无采光窗洁净区照度根据视觉工作等级在工作面上的最低值不应低于表7-7所示的规定值，室内混合中的一般照明，其照度值应按各视觉等级相应混合照度值的10%~15%确定，并不低于200lx。洁净室内一般照明的照度均匀度不应小于0.7。

表7-7 无采光窗洁净区工作面上的最低照度值（GBJ 73—1984）

识别对象的最小尺寸（*d*/mm）及场所	视觉工作分类		亮度对比	照度/lx	
	等级			混合照明	一般照明
$d\leq 0.15$	Ⅰ	甲	小	2500	500
		乙	大	1500	300
$0.15\leq d\leq 0.3$	Ⅱ	甲	小	1000	300
		乙	大	750	200
$0.3\leq d\leq 0.6$	Ⅲ	甲	小	750	200
		乙	大	750	200
$d>0.6$	Ⅳ			750	200
通道、休息室					100
暗房工作室					30

5. 其他要求

为保持洁净室内一定的洁净度，不同洁净度级别的洁净室还对气流流型、平均风速、送风量、室内压力有不同程度的要求，详见《洁净厂房设计规范》(GB 50073—2013)。

7.2 建筑环境的综合评价

影响建筑物内的热湿环境、空气品质环境、光环境和声环境的扰量很多，同前述热湿环境分析相同，都可以把它们分为内扰和外扰。在进行建筑环境的综合分析时，不仅要考虑内扰、外扰对建筑内环境的作用力，同时还应考虑建筑内环境的建设也会对建筑外环境施加一个反作用力，从而影响甚至破坏外环境，建筑内外环境之间既相互促进又相互干扰，因此**建筑环境的综合评价**不仅应该考虑建筑内环境各因素对人们的影响，还应考虑由于建筑环境的建设对建筑外环境、自然环境的影响和作用。

建筑环境评价实际上就是对建筑环境质量的评价，也称为**建筑环境质量评价**(Building Environmental Quality Assessment)。建筑环境评价是对建筑环境质量按照一定的标准和方法给予定性和定量的说明和描述。通过建筑环境评价，不仅可以判断建筑环境质量的优劣，也可以进一步认识建筑环境质量的高低，确定建筑环境与人们所希望达到的理想的环境目标之间的关系，为保护和改善环境，使其符合人们工作和生活的要求，并有利于区域和全球环境的可持续发展。

7.2.1 建筑环境评价的分类

建筑环境评价的分类方法很多，通常有以下几种分类方法。

1. 按照建筑环境要素分类

建筑环境评价分为建筑热湿环境评价、空气品质评价、建筑声环境评价、建筑光环境评价，这些通常可称为单要素评价；如果对两个或两个以上的要素同时进行评价，称为多要素评价；如果在单要素评价的基础上对所有的要素同时进行评价，则称为建筑环境质量的综合评价。

2. 按照评价方法分类

建筑环境评价包括主观评价和客观评价两部分。主观评价是利用人的感觉器官进行描述和评价，其内涵表达了对环境因素的感觉和环境对健康的影响。这些评价可用国际通用的并根据各国各地区的实际情况修正后的问卷调查表方法来规范和量化，以提取最大的信息量，强化评价数据的可靠。客观评价是直接采用建筑环境的污染物指标和环境所要达到的要求来评价环境的品质。

3. 按照评价阶段不同分类

建筑环境评价可分为对新建筑的评价和对已建建筑的评价，即对建筑投入使用前的评价和对建筑使用中的评价。

7.2.2 建筑环境的评价方法

根据人们对建筑环境的舒适、健康、环保和可持续发展等要求，目前国内外有各种相应的环境质量标准和评价方法。

1.《生态建筑环境评估》（英国，BREEAM）方法[2]

《生态建筑环境评估》（Building Research Establishment Environmental Assessment Method，BREEAM）是由英国建筑研究所（BRE）制定的。它是世界上目前最成功的建筑环境评估体系之一。其最新版本包括：2004 年版的 BREEAM 办公建筑评估体系、工业建筑评估体系、住宅评估体系及 2003 年版的 BREEAM 商业建筑评估体系。该评估分为环境内容、综合/分类性内容、地区性内容、建筑室内环境等四个方面。BREEAM 的评估指标大致上分为全球区域、局部区域、室内环境和运行管理等四大类。当建筑物达到某一项指标的基准时，该项指标“得分”。BREEAM 按照建筑得分将结果限定在四个主要级别，分别是“通过”“好”“很好”和“优秀”。它分别为新建建筑和已建建筑提供了一个可信任及透明的评估方法，并且有助于改善其建筑性能。BREEAM 体系已在许多实践中得以应用和检验，因此被许多国家和地区广泛参照应用。如新西兰政府根据 BREEAM 制订并实施了自己的绿色住宅计划；加拿大政府吸收 BREEAM 的经验，并根据本国的实情颁布了 BREEAM 绿色评估体系，用来指导评价本国的建筑环境；中国香港的建筑环境评估体系 HK-BEAM 系统以 BREEAM 为其框架。

2.《绿色建筑评估体系》（美国，LEED™）方法[3]

《绿色建筑评估体系》（Leadership in Energy & Environmental Design Building Rating System，LEED™）是由美国绿色建筑协会（U. S. Green Building Council）制定的。LEED™ 是目前世界上各类建筑环保评估、绿色建筑评估，以及建筑可持续性评估标准中，被认为是最完善、最有影响力的评估标准，已成为世界各国建立各自建筑绿色及可持续性评估标准的范本。它从最初的只针对公共建筑，发展到可用于已建建筑的绿色改造标准 LEED-EB、商业建筑绿色装修标准 LEED-CI，目前正致力于开发专用于住宅建筑的 LEED-RB。LEED™ 体系的特点是在对目标进行评估时，仅用简单的打分求和计算最终结果，特别易于操作。最新 LEED™2. 1 版评估体系由可持续发展的建筑场地（Sustainable Sites）、节水（Water Efficiency）、能源和大气环境（Energy and Atmosphere）、材料与资源（Material and Resource）、室内环境质量（Indoor Environmental Quality）六大方面组成。LEED™技术框架由若干项指标构成，其中每项又包含一些子项，这些子项涵盖更具体的评估内容，每个子项最多可获 1 或 2 分，所有子项的分数相加即得到总分。其中“能源”和“室内环境质量”两项的权重最高，子项的分数相加可能获得“能源”项的最高分为“17”，“室内环境质量”项的最高分为“15”。LEED™2. 1 体系对参与评估的工程规定了“最少能源消耗”等七个必须遵守的前提条件，只有满足了前提条件，才能进入项目评分。每一个评分项目按统一的格式列出：目的、要求、技术/对策等，以项目评分的得分作为评价结果。根据综合得分结果，将通过评估的建筑分为白金、金、银、铜不同的认证级别，以标志建筑的绿色水平。

3.《建筑环境效能综合评估系统》（日本，CASBEE）方法[4]

《建筑环境效能综合评估系统》（Comprehensive Assessment System for Building Environmental Efficiency，CASBEE），由日本可持续建筑协会制定，是日本目前广泛运用的绿色建筑评估体系。CASBEE 由若干评估工具组成：

1）方案设计工具：提供一种合理的建筑选址及项目基本影响的评价工具。

2）绿色设计工具：为提高建筑物的 BEE（Building Environmental Efficiency），在设计期间使用的简练自评系统。

3）绿色标签工具：建筑物完成后，基于1年BEE营运业绩的建筑绿色等级评价工具，也可用于资产评价。

4）绿色诊断改造设计工具：在运营阶段，建筑物业主获取建筑BEE指标实际值以及如何提高BEE指标相关信息的工具。

CASBEE评估体系主要包括四大方面的评估内容：能源效率、资源效率、地方环境和室内环境。它是基于“建筑物环境质量性能的提高”与“建筑物环境负荷的削减”两者平衡的立场上研发的，对建设综合环境性能优良的建筑物有直接的推进作用。在一个具体空间内，BEE值等于室内环境质量Q与由此对环境施加的负担L的比值。

$$\text{BEE}=\frac{\text{室内环境质量}\ Q}{\text{对环境施加的负担}\ L} \tag{7-1}$$

由于Q的最大值可能会受到一定限制，为此，要获得较高的BEE，就应该设法降低L值。

4.《建筑环境评估系统》（澳大利亚，NABERS）方法[5]

澳大利亚环境与遗产部2003年开始执行的第一个全面建筑环境评估系统（National Australian Building Environmental Rating System，NABERS），是一个真正意义上的以建筑实际运行情况为基础的评估体系，它并不对一个未建成的建筑进行预测或估计性的评价，而是对其运行过程中有关可持续发展的各因素进行评估。从这一意义上讲，NABERS不像其他评估体系着重于对建筑设计阶段的调节，它更强调建筑的实际使用效果，这是因为设计阶段的某些理想值和实际运行情况往往有一定的差距。NABERS第一次将使用者的反馈作为评估的重要指标，这也体现了建筑的真正目的是为使用者服务，使用者的真正感受与专家通过预计和测试得来的结果同样重要。在指标设置上，NABERS还有其独到之处，即将使用者的反馈及对目标的评价综合记入得分，从使用者手中收回的用户使用建筑反馈表往往能真实地反映建筑的某些质量，并非仅按计算和测量所得资料去生硬地评价一个建筑。

5.《绿色建筑挑战2000》（加拿大等，GBC2000）方法[6]

由15个国家在加拿大商定的《绿色建筑挑战2000》（Green Building Challenge 2000）评估手册主要包括资源消耗（R）、环境负荷（L）、室内环境质量（Q）、维护性能（S）、经济性（E）和项目管理（M）六个方面，其评分方法是以与被评建筑物相似的按常规标准设计的建筑物作为基准，性能好过基准建筑则加分，差的就减分。GBTool是Green Building Challenge衍生的重要成果。它是一个基于Excel的建筑环境性能评价系统，与多数现有评价系统不同，它允许用户来确定各部分的权重，可以反映用户对不同区域、不同技术、不同建筑体系甚至不同的文化、价值取向。它不面向最终用户，但可为参与国自由使用，以开发适用于本国或本地区的评估系统。GBTool目前已被许多国家采用，如韩国的环境评估体系基本上是参照它来制定的，意大利的评估体系Protocollo ITA-CA很大程度上也受其影响。

6. 中国香港办公建筑的环境评价方法（中国，HK-BEAM）[7]

中国香港办公建筑的环境评价方法（Hong Kong - Building Environment Assessment Method，HK-BEAM）是由中国香港地区分别针对新建和已建办公建筑的构造和楼宇设施，对内外环境（包括对全球环境、区域环境和室内环境）的影响而提出的办公建筑环境评价体系。HK-BEAM是在参照英国BREEAM的基础上，根据中国香港的具体环境条件而建立的评价建筑良好环境特性的指标体系，其目的是把办公建筑对全球环境和地区环境的不利因素限制到最小。中国香港新建办公建筑的环境评价方法（HK-BEAM 1/96）给出了楼宇引起环境问题的确切定义及其评价方法。用一系列指标来单独评价，对每个性能指标（如 OTTV，即总传热值）或各项的详细检查表，依据有关的国际和地区标准、规范或条例来打分，从而得出该建筑的环境综合评价指标。HK-BEAM 1/96 的评价结果分为：较好、好、很好和极好四等。这是根据总评分分别满足三类环境问题（全球环境和资源利用、区域环境、室内环境）的每项的下限值来确定的，保证了不出现忽视个别条款的现象。HK-BEAM 还对评定的有效性有所限制，申请新建筑的评价期限最多为5年。

7. 德国绿色建筑评估体系（德国，GSBC）[8]

2007年，由德国可持续建筑委员会（DGNB）与德国政府共同开发编制了德国绿色建筑评估体系（German Sustainable Building Certificate），其评估思路在于不是把每一个建筑单一的看待，也不是以单项技术衡量为核心，而是从根本上先确立社会建筑活动所要达到的目的、实现的价值和资源的保护，并以此出发点形成可持续建筑评估认证体系中最重要的三大支柱：一是生态环境的价值，包括资源的综合利用，对全球和地方的环境影响及保护生态平衡等；二是经济价值，即通过对建筑的规划、建造、运营和废物处置等各环节的生命周期成本控制，并尽力保持和提升建筑物的价值；三是社会文化价值，包括从事建筑活动创造的建筑功能和设计质量以及健康、舒适安全的价值和社会文化的传承。因此，该评估体系的突出优势，不仅是绿色建筑标准，而是涵盖了生态经济社会三大方面因素的第二代可持续建筑评估体系，它包含了建筑全寿命周期成本计算、建造成本、运营成本、回收成本、有效评估控制建筑成本和投资风险，展示如何通过提高可持续性获得更大经济回报，以建筑性能评价为核心，而不是以有无措施为标准，保证建筑质量，为业主和设计师达到目标提供广泛途径，展示不同技术体系应用相关利弊关系（太阳能、中水利用等），以利于综合应用性能评价。建立在德国建筑工业体系高水平质量基础上的绿色建筑评估体系，以欧盟标准体系为原则，可适用于不同国家气候与经济环境。

该评估体系的评价内容包括：生态质量、经济质量、社会文化及功能质量、技术质量、程序质量和场址选择等6个核心的质量要求（共60余条标准）。每个核心质量要求都包含为若干分项，每一个分项都有一个明确的界定办法及相应的分值，并根据其重要性赋予不同的权值。单个核心质量要求的得分则根据其下的各分项的得分及其相应权值综合得出。如果一个项目的得分达到总分数的50%或以上，则该项目将可获得 DGNB 体系的铜级认证，达到总分的65%或80%以上，相对应的将可获得银级或金级认证。既有建筑至少达到35%或以上的分数才有可能获得 DGNB 认证的称号。

此外，国外还有不少地方性的环境评估体系，如重视环境保护方面较早的北欧国家，都先后颁布了本国的评估系统，瑞典有 Eco-effect 体系，丹麦有 BEAT 体系，芬兰则有国家环境评估系统 Promise 体系等。要特别提到的是，虽然各国环境评估体系的最终目的相同，可在评估指标的设置上有些差别，这主要因为在不同的国家中，其可持续发展所关注的焦点稍有区别。因此，即使不同的环境体系中，相同的指标也可能在总分中所占比例不一样。

8. 中国建筑评价方法及《绿色建筑评价标准》（GB/T 50378—2014）（中国：ASGB）方法

21世纪以来，中国政府与建筑行业非常重视绿色建筑的评估工作，并建立了一系列相关文件，如2001年建设部等编制的《中国生态住宅技术评估手册》，该手册从五个方面对生态住宅进行了界定，见表 7-8。

表 7-8 生态住宅的评估要素[9]

对　　象	评 估 要 素
小区规划设计	小区区位选址、交通、施工、绿化、空气质量、降低噪声污染、日照与采光、小区微环境
能源和环境	建筑主体节能、常规能源系统的优化利用、可再生能源、能耗对环境的影响
室内污染程度	室内空气质量、室内热环境、室内光环境、室内声环境
小区水环境	用水规则、给排水系统、污水处理与利用、雨水利用、绿化与景观用水、节水器具和设施
材料和资源	绿色建材、就地取材、资源再利用、住宅室内装修、垃圾处理

上述 5 个指标体系均在 60 分以上者，可以被认定为绿色生态住宅，分体系得分 80 分以上的住宅，可进行绿色生态住宅单项认定。

2003 年出台了由国家相关部门组织编写的《绿色奥运建筑评估体系》[10]（Green Building Comprehensive Assessment System，GBCAS），其评估内容主要参照了美国的 LEED™评估体系，评估方法则吸收了日本 CASBEE 体系的双指针法，也就是将建筑的使用分为"消耗"（L）和"产出"（Q）两部分。"消耗"指的是建筑对能源、水、材料等的使用，"产出"代表建筑给使用者所提供的环境质量及服务效果。这一双指针体系反映了建筑的真正功效，即绿色建筑就是人们追求的消耗较小的 L 而获得较大的 Q 的建筑。GBCAS 可对建筑的全过程进行评价，即规划阶段、设计阶段、建设阶段和运营阶段。每一阶段的"L"和"Q"的内容稍有调整，例如，规划阶段的"Q"指"场地质量"、"提供的服务"和"室外环境质量"，而在设计阶段除保留了"室外环境质量"，其他变更为"室内客观环境"、"室内空气品质"和"服务与功能"等。

2004 年国家住宅环境工程中心编写的《健康住宅建设技术要点》突出住宅的健康要素，以人类居住健康的可持续发展的理念，满足居住者生理、心理和社会多层次的需求，为居住者营造一处健康、安全、舒适和环保的高品质住宅和社区。健康住宅的评估标准大体分为四个因素，如图 7-2 所示。

我国于 2014 年出台了由国家住房和城乡建设部与国家质监局联合发布的《绿色建筑评价标准》（GB/T 50378—2014），即 ASGB（Assessment Standard for Green Building）方法，绿色建筑评价遵循因地制宜的原则，结合建筑所在地域的气候、环境、资源、经济及文化等特点，对建筑全寿命期内节能、节地、节水、节材、保护环境等性能进行综合评价。绿色建筑的评价指标体系由节地与室外环境、节能与能源利用、节水与水资源利用、节材与材料资源利用、室内环境质量、施工管理、运营管理 7 类指标组成，每类指标均包括控制项和评分项。评价指标体系还统一设置加分项，其评价分为设计评价和运行评价。设计评价应在建筑工程施工图设计文件审查通过后进行，运行评价应在建筑通过竣工验收并投入使用一年后进行。设计评价时，不对施工管理和运营管理 2 类指标进行评价，但可预评相关条文。运行评价应包括 7 类指标。绿色建筑评价按总得分确定等级，分为一星级、二星级和三星级 3 个等级。

7.2.3 建筑环境评价要素及其评价方法

总结上述各种建筑环境评价方法，结合国家及国际相关法规和评价指标，针对居住建筑

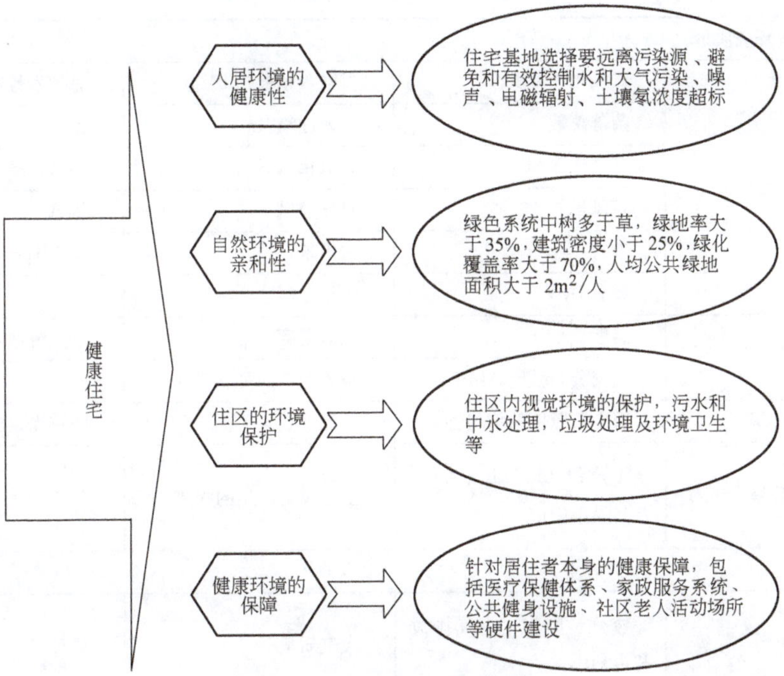

图7-2　健康住宅评估的要素

和办公建筑的生态环境特性，现介绍目前国内使用较多的综合评分的评价方法，它包括客观评价和主观评价两部分。

1. **客观评价评分办法**

客观评价是直接采用建筑环境的污染物允许指标和环境所达到的实际状况来评价环境的品质。客观评价包括室内客观环境质量评价（室内空气品质、热湿环境、光环境、声环境）、建筑外环境评价和建筑的运行维护三个方面。客观评价采用积分制，符合相应评价指标即可得分。各项依次进行评分后累计积分，根据分数客观评定建筑环境品质的优劣。

2. **主观评价评分办法**

主观评价是利用人的感觉器官进行描述和评价，一种是表达对环境因素的感觉，另一种是表达环境对健康的影响。这些评价采用国际通用的调查表方法来规范和量化，以提取最大的信息量，确保评价数据的可靠性。根据我国建筑的具体情况对国际通用的主观评价调查表略作调整，最后以调查问卷的形式统计出结果进行评价。主观评价评分办法要求在室内环境进行客观评价的同时，由同一位置的室内人员完成环境主观评价的调查问卷，即要求主观评价与客观评价同时、同点、同步进行，从而能较全面地反映该环境的实际情况。

基于我国目前现行标准《室内空气质量标准》(GB/T 18883—2002)、《环境空气质量标准》(GB 3095—2012)、《民用建筑工程室内环境污染控制规范（2013年局部修订版）》(GB 50325—2010)、《声环境质量标准》(GB 3096—2008)、《建筑采光设计标准》(GB 50033—2013) 所关注的参数和指标，表7-9和表7-10以民用建筑为对象，分别给出了客观评价要素和主观评价要素，附录D给出了民用建筑环境主观评价方法的一份问卷模板。

表 7-9 民用建筑的客观评价要素

建筑室内客观环境质量			
室内空气品质环境	二氧化碳浓度 CO_2	可吸入颗粒物 PM_{10}	总挥发性有机物 TVOC
	菌落总数	放射性氡 Rn	甲醛 HCHO
	二氧化硫 SO_2	二氧化氮 NO_2	一氧化碳 CO
	新风量	自然通风	排风
	苯	二甲苯	氨 NH_3
	臭氧 O_3	吸烟控制	
室内热湿环境	温度	相对湿度	空气流速
	气流分布性能 ADPI	空调系统的可调节性	
建筑光环境	照度及照度的均匀性	采光系数	防眩光设施
室内声环境	A 声级 L_A [dB（A）] 及其噪声频谱	空调设备产生的噪声	
建筑外环境			
区域环境	废水、废物、废气排放和再利用	大气质量	风环境
	室外噪声和振动	热岛效应	电磁污染
	车辆停放		
全球环境	建筑能耗——建筑物耗热量、耗冷量指标、建筑围护结构、空调年耗电量		
	可再生能源利用率	原生环境保护和改善	
建筑的运行维护			
空调设备定期清洗维护	污水处理与回收	室内清洁恰当合理	垃圾处理
使用绿色建材	空调水系统	监测自控：防止制冷剂泄漏、建筑节能自动控制	

表 7-10 民用建筑的主观评价要素

室内各环境			
室内空气质量	室内空气品质是否满意？如何改变？	室内空气是否新鲜或浑浊？	室内气味及其出现频率
	室内气流速度是否满意？如何改变？		
室内热湿环境	室内温度是否满意？如何改变？	相对湿度是否满意？如何改变？	空气流速是否满意？如何改变？
室内光环境	室内照度是否满意？如何改变？	室内视觉是否满意？如何改变？	室内照明的均匀度
建筑声环境	室内声环境是否满意？	室内主要的噪声源	对室内噪声的厌烦度

（续）

室内综合环境			
	感受室外不污染程度	环境的主要压力	环境引起的不适感
个人资料			
	性别	年龄	学历
	职业满意度	家庭满意度	人事相处的和谐性

7.2.4 建筑环境的节能评价标准

我国 2015 年 10 月 1 日起实施的《公共建筑节能设计标准》（GB 50189—2015）在评估环境质量的同时，对所评估的公共建筑在设计、运行等过程中对环境施加的负载规定了评价方法，以评估实现建筑环境可持续性理念的实效。**建筑环境可持续性**研究对象主要体现在创造建筑环境过程中它向自然界排放的污染物的质与量，以及它向自然界索取的资源的质与量。对建筑环境与设备工程师而言，应以最低和最小的资源质与量获取最舒适的建筑环境为建筑环境设计目标。为此掌握现行节能设计标准是建筑环境与设备工程师实现建筑环境可持续性设计的关键。表 7-11 所示为我国目前已实施的主要建筑节能设计标准。

表 7-11 已实施的主要建筑节能设计标准及其评价标准

标准名	标准号
《公共建筑节能设计标准》	GB 50189—2015
《农村居住建筑节能设计标准》	GB/T 50824—2013
《夏热冬暖地区居住建筑节能设计标准》	JGJ 75—2012
《节能建筑评价标准》	GB/T 50668—2011
《夏热冬冷地区居住建筑节能设计标准》	JGJ 134—2010
《严寒和寒冷地区居住建筑节能设计标准》	JGJ 26—2010

7.3 建筑环境的综合分析

7.3.1 建筑物的环境影响因素

针对主客观评价结果分析对建筑环境产生作用的各种扰量（内扰和外扰）的作用程度、作用方式是建筑环境综合分析很重要的一个环节。外扰一般包括：室外空气温度、湿度，太阳辐射，风速、风向，建筑的临近物体（如树木、其他建筑物等），周围环境噪声、大气空气质量等。而内扰一般包括：室内照明装置、设备及人员的散热散湿，室内设备和人员产生的噪声，室内灯光，室内装饰材料释放的气体，吸烟产生的烟尘等。

1. 室内热舒适环境的影响因素

在热舒适环境中，空气的干球温度、湿度、速度和内表面的辐射温度是与人体热舒适环境直接相关的因素。而室内照明、人员和设备的散热散湿以及室外气象参数等内外扰量，通过对流、辐射和蒸发等换热形式与人体周围空气进行热湿交换，直接影响与人体热舒适环境相关的空气的干球温度、湿度、速度以及内表面的辐射温度。房间供暖与空气调节的目的就是利用工程的方法，克服这些来自室内外的各种扰量，在室内造成符合人们舒适性要求的或者工艺生产要求的热湿环境和空气条件。在建筑环境中，人们最先掌握并能自如控制的就是影响热舒适环境的扰量。

2. 室内空气环境品质的影响因素

在空气品质环境中，室内空气污染物是影响室内空气品质的主要因素。特别是那些难以用仪器检测到的低浓度的污染物，在一定的室内温湿度环境下，可能相互发生物理化学反应，从而产生加剧、中和、对抗等综合效果。另据调查发现，一些空气污染物在室内并无明显的污染源，但浓度却很高，尤其当夏季门窗敞开时或空调新风引入口位置不合适时，这种现象更为突出。这些污染物往往来源于室外大气。室外污染源大致可分为两类：一类是工业、交通运输排放的污染物以及二次污染物，如SO_2、TSP、CO、O_3等；另一类则为易引起人们过敏反应的植物。此外，必须注意，室内空气污染物的诸多来源中除了室内燃料燃烧、吸烟的烟尘、人们呼吸、新陈代谢排出的气体和室内装饰材料的释放气体外，还有空调系统安装时残留在空调设备内的垃圾、废物，空调系统运行管理不当所滋生的细菌等污染，这些污染物随空调送风带入室内，成为室内新的污染源。

3. 室内光环境的影响因素

室内适当的照度和亮度及其合理的分布、宜人的光色、有效的防眩光等是舒适光环境的基本要素。影响光环境的舒适性的因素有很多，来自室内的因素大致可归结为照明设计不当、照明设备质量和维护不佳、室内照明光学特性不和谐三方面。建筑物的间距过小，临近建筑之间就会在光线和视觉上相互干扰，随着玻璃幕墙式建筑的大量兴起，周围建筑玻璃刺眼的反射光线也会破坏室内光环境，造成光污染，这是来自室外的主要影响因素。此外，室内照明电压的稳定性能、照明用具的质量等也都会影响人们的视觉环境。

4. 室内声环境的影响因素

建筑声环境的影响因素主要来自室内外噪声，建筑环境噪声即室外噪声有交通运输噪声、工业机械噪声、建筑施工噪声、社会生活和公共场所噪声等，此外还有室内设备的噪声均加剧建筑声环境的污染。我国制定的《中华人民共和国环境噪声污染防治法》把超过国家规定的环境噪声排放标准，并干扰他人正常生活、工作、学习的现象称为环境噪声污染。然而，在全封闭大楼内，空调系统的风机和气流等引起的空气噪声、设备振动等固体噪声常常以低频形式、非超标的量级、不为人们所察觉地影响着人们的身心健康。

7.3.2 室内环境品质对人的综合作用

室内环境品质包括建筑物内的热湿环境、空气品质环境、光环境和声环境等的质量水平，它们以单独形式或者综合形式对室内人员的生理和心理产生影响。因此，在评价和分析建筑室内环境时，不仅要考虑各个环境的单独作用，更应关注各个环境之间的综合作用，特别是某环境因素在发挥积极作用时，有可能对其他环境因素产生负面效应。

1. 住宅建筑

以室内窗帘为例。房间悬挂窗帘通常是为了遮阳和保持室内私密性，同时还起到了保温、隔声，防止室外污染物进入室内等作用，从而在声、光、热和空气品质环境等方面均对室内环境有较好的改善。但由于现代家庭越来越注重室内装饰效果，采用了诸如涤纶、涤棉、麻织品、棉织品、化纤等各种人工合成材料，辅以设计复杂的窗帘结构，从而导致灰尘聚集，细菌滋生，窗帘材料散发甲醛等挥发性气体，造成室内空气的二次污染。因此，在发挥窗帘积极作用的同时，要注意其负面效应。为减少由此引起的室内新污染，窗帘宜尽量选择有机物含量少的天然材料，如棉布，设计简洁、避免积灰、便于清洁，从而美化室内环境。

2. 办公建筑

复印机、计算机、打印机是目前广泛使用的现代化办公设备，它的快速、简便、准确地传递信息的工作特点，被人们作为提高工作效率的有力手段，在发挥这些设备积极作用的同时，也带来了工作环境的空气污染和噪声污染。复印机工作时会产生粉尘、有机废气及臭氧，其中以臭氧为主要危害。复印机工作过程中，高压水银灯放出大量紫外线的作用，使空气中的 O_2变成 O_3，同时与烃类和氮氧化物进行光化学反应，形成具有强烈刺激作用的有机化合物，即光化学烟雾，在空气中达到一定浓度时对人体产生有害作用，出现口腔、咽喉干燥，胸闷，咳嗽等不良反应，严重时可以使人头痛、视力减退。挥发性的粉尘和废气含有可能致癌的多芳烃硝基化学物质，对人体也是一种潜在的致病物。而目前办公室多为敞开式办公格局，复印设备也设在办公区域，使得由此而带来的污染物扩散到整个办公区域，危害更多人员的健康。为改善办公环境，建议将复印机设备设在一独立的隔间内，与人员办公区域分隔开，减少人员与污染物接触的机会，并应在复印间安装排风扇使其处于负压，以免污染向工作区扩散。

7.3.3 建筑内环境对建筑外环境的反作用

随着生产力的发展，人类文明的进步，人类社会的物质生活在不断前进，城市的建筑功能、建筑形象在不断地创新和完善，而人类的生存环境却在不断地恶化。《中华人民共和国建筑法》规定：国家扶持建筑业的发展；支持建筑科学技术研究，提高房屋建筑设计水平，鼓励节约能源和保护环境。

人民生活水平的提高，要求建筑有适宜的热湿环境、空气品质环境、光环境和声环境。但随着建筑能耗的增大和对环境产生的污染，以及节能与环保成为当今世界关注的焦点，我国也将其列为实现可持续发展的关键，种种有关环境的信息不得不引起人们反思——建筑内环境对于建筑外环境又将产生怎样的影响？

建筑环境是人类利用和改造、改善环境而创造出来的高度人工化的生存环境。随着我国城市化进度的加快，现代化的工业、建筑、交通运输、通信、文化娱乐设施及其他服务行业，为居民的物质和文化生活创造了优越条件，但也因人口剧增、建筑密集、交通繁忙等而使环境遭受严重的污染和破坏（图7-3和图7-4）。

建筑内环境对建筑外环境（包括区域环境和全球环境）的影响可归纳为下列几个方面：

1. 对大气环境的影响

（1）改变了下垫面的组成和性质　建筑用砖瓦、钢筋、水泥以及玻璃和金属等人工表面代替了土壤、草地和森林等自然地面，改变了反射和辐射面的性质及近地面的热交换和地面粗糙度，从而影响大气物理形状。

（2）改变了大气的热量状况　建筑消耗大量能源，并释放出大量热能。大气环境所接受的这种人工热能，接近甚至超过它所接受的太阳辐射的能量。

（3）建筑排放的各种气体和颗粒污染物改变了大气环境的组成　一般来说，工业时代以前，城市燃料结构以木材为主，大气主要受烟尘污染；进入工业时代后，城市燃料结构以煤为主，大气受烟尘、二氧化硫污染较重。20世纪末至今，建筑材料多元化，人民生活水平的提高，室内装修的兴起使得氡等放射性物质、甲醛等挥发性有机物在成为室内空气质量的隐形杀手同时，也被排放到室外大气中，大气污染物增多。

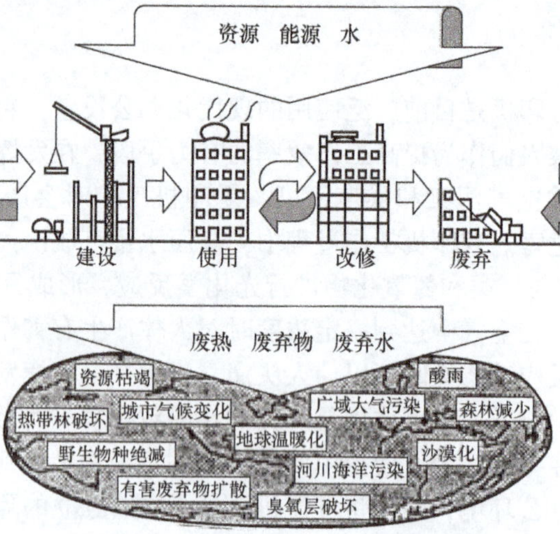

图7-3 建筑生涯对地球的影响

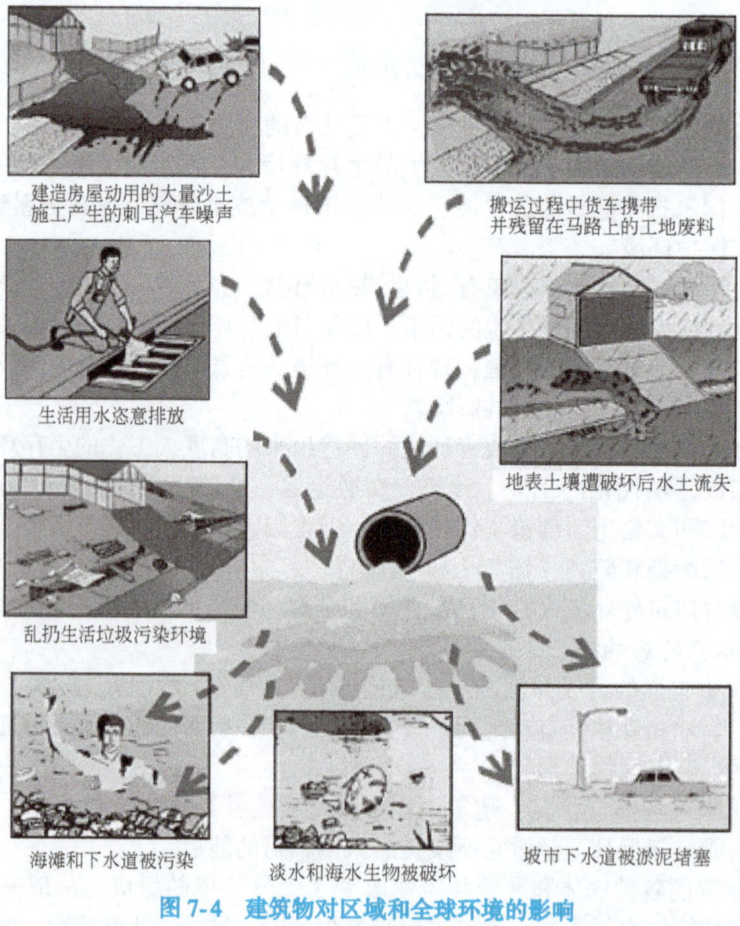

图7-4 建筑物对区域和全球环境的影响

2. 对水环境的影响

(1) 对水量的影响　都市化建设增加了房屋和道路等的不透水面积和排水工程，从而减少了渗透，增加了流速，地下水得不到地表水足够的补给，破坏了自然界的水循环，致使地表总径流量和峰值流量增加。并且建筑耗水量增加，往往导致水源枯竭、供水紧张，地下水过度开采，常导致地下水面下降和地面下沉。还有空调水源热泵系统等都将直接或间接地影响区域的水环境。

(2) 对水质的影响　住宅日常生活、办公商业建筑等排出大量的废水，以及人畜生活排泄物常伴随的细菌、病毒等，如果没有进行有效处理或不慎泄漏，会导致水质恶化，严重的甚至瘟疫流行，威胁人类的健康。

3. 对生物环境的影响

城市内大兴土木，扩建改建频繁，严重破坏了生物环境，改变了生物环境的组成和结构，使生产者有机体与消费者有机体的比例不协调，特别在市场经济的刺激和控制下，城市建设难以计划调节，使得房屋密集，到处是水泥建筑和柏油马路，几乎完全消除了森林和草地，看不到其他生命，被称之为“城市荒漠”。同时在建筑的建造、使用和废弃过程中，消耗了大量自然资源，其中还包括一些不可再生资源，造成全球能源紧缺，生态环境的平衡受到威胁。

此外，建筑内环境对外环境的影响还有生活垃圾造成的污染，虽然废品收购（回收、利用）和农田施肥利用了一部分生活垃圾，但人们的物质生活产品种类越来越多，其中多以复合型不可再利用的材料制成，垃圾回收的压力也日益加剧。

由此，建筑内环境和人体健康有关的各种因素与建筑外环境有着密切的联系，同时建筑内环境的能源消耗，废水、废渣、废弃物排放等对建筑外环境也产生了一定影响，如图7-5所示，也就是说建筑内外环境是一个对立的统一体，既相互依存又相互影响。只有很好地将建筑内外环境的各种因素结合起来整体考虑，才有可能创造出一个安全、舒适、健康和生态的建筑环境。

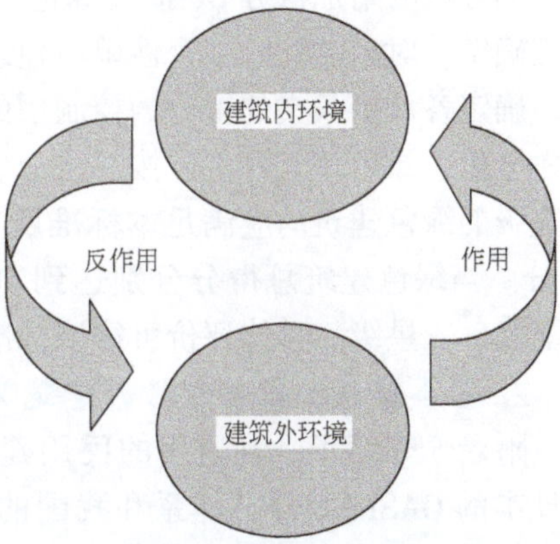

图7-5　建筑内环境与外环境的相互作用

7.3.4　建筑环境评价的数据分析

建筑环境常用指数评价法、专家评估法和积分评价法等数据分析方法对主观评价和客观评价的数据进行整理及综合分析，从而对建筑环境特性进行综合评价。而在常用的多因素模糊综合评价和多因素—加权法的综合评价模型中，其权值的确定起着至关重要的作用，根据定权过程的不同，分为专家经验估计法、调查统计法和序列综合法等。由此获得的各项得分，也可采用较易操作的①代数叠加；②加权平均；③加权平均兼顾极值等方法加以数据整理和统计分析。

1. 绿色建筑评价方法(ASGB法)

绿色建筑评价方法不仅考虑了建筑设计与建筑运行对建筑环境质量的影响，同时还考虑了建筑设计与建筑运行所需能耗及其对资源和地球环境的影响。

按照《绿色建筑评价标准》(GB/T 50378—2014)，评价指标体系7类指标的总分均为100分，7类指标各自评分项得分 Q_1、Q_2、Q_3、Q_4、Q_5、Q_6、Q_7，它们是按参评建筑该类指标的评分项实际得分值除以适用于该建筑的评分项总分值再乘以100分计算。绿色建筑评价的总得分按下式进行计算，其中评价指标体系7类指标评分项的权重 $w_1 \sim w_7$ 按表7-12取值。

$$\Sigma Q = w_1 Q_1 + w_2 Q_2 + w_3 Q_3 + w_4 Q_4 + w_5 Q_5 + w_6 Q_6 + w_7 Q_7 + Q_8$$

表7-12 绿色建筑各类评价指标的权重(GB/T 50378—2014)

项目＼评价指标		节地与室外环境 w_1	节能与能源利用 w_2	节水与水资源利用 w_3	节材与材料资源利用 w_4	室内环境质量 w_5	施工管理 w_6	运营管理 w_7
设计评价	居住建筑	0.21	0.24	0.20	0.17	0.18	—	—
	公共建筑	0.16	0.28	0.18	0.19	0.19	—	—
运行评价	居住建筑	0.17	0.19	0.16	0.14	0.14	0.10	0.10
	公共建筑	0.13	0.23	0.14	0.15	0.15	0.10	0.10

注：1. 表中“—”表示施工管理和运营管理两类指标不参与设计评价。

2. 对于同时具有居住和公共功能的单体建筑，各类评价指标权重取为居住建筑和公共建筑所对应权重的平均值。

加分项的附加得分 Q_8 按《绿色建筑评价标准》(GB/T 50378—2014)第11章的有关规定确定。对多功能的综合性单体建筑，应按该标准全部评价条文逐条对适用的区域进行评价，确定各评价条文的得分。控制项的评定结果为满足或不满足；评分项和加分项的评定结果为分值。绿色建筑评价应按总得分确定等级，分为一星级、二星级、三星级3个等级。3个等级的绿色建筑均应满足本标准所有控制项的要求，且每类指标的评分项得分不应小于40分。当绿色建筑总得分分别达到50分、60分、80分时，绿色建筑等级分别为一星级、二星级、三星级。具体评价可按该标准全部评价条文。

2. 基于建设过程与运行的建筑环境评价方法

附录5介绍了一种通用的民用建筑(办公、住宅)环境评价过程。其基本思想来自于日本的CASBEE评估体系和我国的《绿色奥运建筑评估体系》[10]，区别于绿色建筑评价方法，即综合考虑了建筑建设过程与建筑运行对所营造的建筑环境质量，以及由此引起的能耗所带来的对资源和地球环境的影响，而不是仅仅从建筑设计与建筑运行的角度考虑。

在具体评分时把评估条例分为 Q 和 L 两类：Q(Quality)指建筑客观环境质量和为使用者提供绿色管理的水平；L(Load)指能源、资源和环境负荷的付出，为了与人们通常易理解的“建筑的环境负荷降低得越多，得分越高”相一致，不直接采用 L 而是转化为LR(Load Reduction，建筑物环境负荷的减少)来评价，并利用统一的5级评分制(此时 $L=5-LR$)及与之配合的权重表。通过整个评价过程获得 Q、LR 的积分，确定状态点(Q、L)在图7-6中的区域，获得建筑环境的综合评价结果。附录6以案例说明上述评价方法。

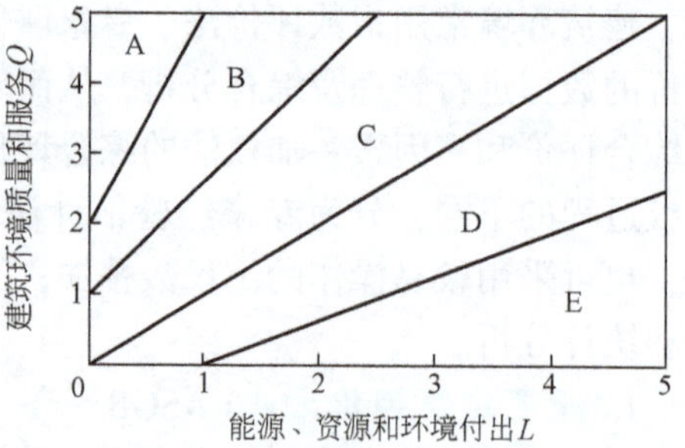

图7-6 评价结果的五区图

当评估结果处于图中A区时，表示该建筑通

过很少的资源能源和环境付出，就获得了优良的建筑品质，是最佳的绿色建筑。

当评估结果处于图中 B 区、C 区尚属于绿色建筑，但或资源与环境消耗太大，或建筑品质略低。

当评估结果处于图中 D 区时，属于高资源、高能源消耗而建筑品质并不太高。

当评估结果处于图中 E 区时，则是很多的资源能源和环境付出却获得低劣的建筑品质，这是必须设法避免的。

习题与思考题

1. 请选择你所在学校的某一个教室或图书阅览室或室内体育馆或计算机房，规划设计建筑环境的综合评价方案（包括确定评价因素、评价指标、评价标准、评价方法以及综合评价的方法等）。

2. 请选择某一居室，规划设计建筑环境的综合评价方案（包括确定评价因素、评价指标、评价标准、评价方法及综合评价的方法等）。

参 考 文 献

[1] 周亚素. 纺织厂空气调节［M］. 北京：中国纺织出版社，2009.

[2] UK BREEAM. BREEAM98 for offices-an environmental assessment method for office building, Building Research Establishment (BRE) . Garston, Walford, 2000.

[3] USA. Leadership in Energy & Environmental Design Building Rating System. LEEDTM. U. S. Green Building Council, 2003.

[4] Japan. Comprehensive Assessment System for Building Environmental Efficiency, CASBEE. Japan Sustainblish Building Consortium, 2001.

[5] Green Building Council of Australia . TheNational Australian Building Environmental Rating System (NABERS), 2001.

[6] Raymond J Cole, Nils Larsson. Green Building Challenge 2002-GBTool User Manual . Canada: CANMET Energy TechnologyCentre. Natural Resources Canada and iiSBE, 2002.

[7] CET (1999) . Hong Kong Building Environmental Assessment Method (HK-BEAM), Version 3/99 New High-rise Residential Buildings . Hong kong: CET 1999 Hong kong, 1999.

[8] Deutsche Gesellschaft für nachhaltiges Bauen e V, German Sustainable Building Certificate. 2007.

[9] 聂梅生，秦佑国，等. 中国生态住宅技术评估手册［M］. 北京：中国建筑工业出版社，2002.

[10] 绿色奥运建筑研究课题组. 绿色奥运建筑评估体系［M］. 北京：中国建筑工业出版社，2003.

附　　录

附录 A　建筑材料热物理性能计算参数

（GB 50176—1993）

序号	材料名称	干密度 ρ_0 /(kg/m³)	计算参数			
			热导率 λ/[W/(m·K)]	蓄热系数 S_{24}/[W/(m²·K)]	比热容 c/[kJ/(kg·K)]	蒸汽渗透系数 λ_v/[g·m/(N·h)]
1	混凝土					
1.1	钢筋混凝土	2500	1.74	17.20	0.92	0.0000158*
	碎石、卵石混凝土	2300	1.51	15.36	0.92	0.0000173*
		2100	1.28	13.57	0.92	0.0000173*
1.2	黏土陶粒混凝土	1600	0.84	10.36	1.05	0.0000315*
		1400	0.70	8.93	1.05	0.0000390*
		1200	0.53	7.25	1.05	0.0000405*
1.3	加气混凝土、泡沫混凝土	700	0.22	3.59	1.05	0.0000998*
		500	0.19	2.81	1.05	0.0001110*
2	砂浆和砌体					
2.1	水泥砂浆	1800	0.93	11.37	1.05	0.0000210*
	石灰水泥砂浆	1700	0.87	10.75	1.05	0.0000975*
	石灰砂浆	1600	0.81	10.07	1.05	0.0000443*
	石灰石膏砂浆	1500	0.76	9.44	1.05	—
	保温砂浆	800	0.29	4.44	1.05	—
2.2	重砂浆砌筑黏土砖砌体	1800	0.81	10.63	1.05	0.0001050*
	轻砂浆砌筑黏土砖砌体	1700	0.76	9.96	1.05	0.0001200
	灰砂砖砌体	1900	1.10	12.72	1.05	0.0001050
3	热绝缘材料					
3.1	矿棉、岩棉、玻璃棉板	80 以下	0.050	0.59	1.22	—
		80~200	0.045	0.75	1.22	0.0004880
3.2	水泥膨胀珍珠岩	800	0.26	4.37	1.17	0.0000420*
		600	0.21	3.44	1.17	0.0000900*
		400	0.16	2.49	1.17	0.0001910*

（续）

序号	材料名称	干密度ρ_0/(kg/m³)	计算参数			
			热导率λ/[W/(m·K)]	蓄热系数S_{24}/[W/(m²·K)]	比热容c/[kJ/(kg·K)]	蒸汽渗透系数λ_v/[g·m/(N·h)]
3.3	聚乙烯泡沫塑料	100	0.047	0.70	1.38	—
	聚苯乙烯泡沫塑料	30	0.042	0.36	1.38	0.0000162
	聚氨酯硬泡沫塑料	30	0.033	0.36	1.38	0.0000234
	泡沫玻璃	140	0.058	0.70	0.84	0.0000225
	泡沫石膏	500	0.19	2.78	1.05	0.0000375
4	木材、建筑板材					
4.1	橡木、枫树（热流方向垂直木纹）	700	0.17	4.90	2.51	0.0000562
	橡木、枫树（热流方向顺木纹）	700	0.35	6.93	2.51	0.0003000
	松、木、云杉（热流方向垂直木纹）	500	0.14	3.85	2.51	0.0000345
	松、木、云杉（热流方向顺木纹）	500	0.29	5.55	2.51	0.0001680
4.2	胶合板	600	0.17	4.57	2.51	0.0000225
	软木板	300	0.093	1.95	1.89	0.0000225 *
		150	0.058	1.09	1.89	0.0000285
	纤维板	1000	0.34	8.13	2.51	0.0001200
		600	0.23	5.28	2.51	0.0001130
	石棉水泥板	1800	0.52	8.52	1.05	0.0000135 *
	石棉水泥隔热板	500	0.16	2.58	1.05	0.0003900
	石膏板	1050	0.33	5.28	1.05	0.0000790 *
	木屑板	200	0.065	1.54	2.10	0.0002630
5	松散材料					
5.1	锅炉渣	1000	0.29	4.40	0.92	0.0001930
	高炉炉渣	900	0.26	3.92	0.92	0.0002030
	膨胀珍珠岩	120	0.07	0.84	1.17	—
		80	0.058	0.63	1.17	—
5.2	木屑	250	0.093	1.84	2.01	0.0002630
6	其他材料					
6.1	夯实黏土	2000	1.16	12.99	1.01	—
		1800	0.93	11.03	1.01	—
	加草黏土	1600	0.76	9.37	1.01	—
		1400	0.58	7.69	1.01	—
	轻质黏土	1200	0.47	6.36	1.01	—
	建筑用砂	1600	0.58	8.26	1.01	—

（续）

序号	材料名称	干密度 ρ_0 /(kg/m³)	计算参数			
			热导率 λ/ [W/(m·K)]	蓄热系数 S_{24}/ [W/(m²·K)]	比热容 c/ [kJ/(kg·K)]	蒸汽渗透系数 λ_v/ [g·m/(N·h)]
6.2	花岗岩、玄武岩	2800	3.49	25.49	0.92	0.0000113
	大理石	2800	2.91	23.27	0.92	0.0000113
	砾石、石灰岩	2400	2.04	18.03	0.92	0.0000375
	石灰石	2000	1.16	12.56	0.92	0.0000600
6.3	沥青油毡、油毡纸	600	0.17	3.33	1.47	—
	沥青混凝土	2100	1.05	16.39	1.68	0.0000075
	石油沥青	1400	0.27	6.73	1.68	—
		1050	0.17	4.71	1.68	0.0000075
6.4	平板玻璃	2500	0.76	10.69	0.84	—
	玻璃钢	1800	0.52	9.25	1.26	
6.5	紫铜	8500	407	324	0.42	—
	青铜	8000	64.0	118	0.38	—
	建筑钢材	7850	58.2	126	0.48	—
	铝	2700	203	191	0.92	—
	铸铁	7250	49.9	112	0.48	—

注：1. 表中带*号者为测定值。

2. 对于建筑材料、构造、施工、地区及使用情况非正常时（如干燥缓慢、灰缝影响、材料吸湿等），附录中热导率、蓄热系数应进行修正，修正系数可查阅《民用建筑热工设计规范》（GB 50176—1993）。

附录B 民用建筑室内照度标准值

（GB 50034—2013）

<table>
<tr><th colspan="3" rowspan="2">房间及场所</th><th rowspan="2">参考平面及其高度</th><th rowspan="2">照度标准值/lx</th><th rowspan="2">UGR</th><th rowspan="2">R_a</th><th>照明功率密度/（W/m²）</th></tr>
<tr><th>现行值/目标值</th></tr>
<tr><td rowspan="8">居住建筑①</td><td rowspan="2">起居室</td><td>一般活动</td><td rowspan="2">0.75m 水平面</td><td>100</td><td rowspan="2">—</td><td rowspan="2">80</td><td rowspan="8">6/5</td></tr>
<tr><td>书写、阅读</td><td>300②</td></tr>
<tr><td rowspan="2">卧室</td><td>一般活动</td><td rowspan="2">0.75m 水平面</td><td>75</td><td rowspan="2">—</td><td rowspan="2">80</td></tr>
<tr><td>床头、阅读</td><td>150②</td></tr>
<tr><td rowspan="2">厨房</td><td>一般活动</td><td>0.75m 水平面</td><td>100</td><td rowspan="2">—</td><td rowspan="2">80</td></tr>
<tr><td>操作间</td><td>台　面</td><td>150②</td></tr>
<tr><td colspan="2">餐厅</td><td>0.75m 餐桌面</td><td>150</td><td>—</td><td>80</td></tr>
<tr><td colspan="2">卫生间</td><td>0.75m 水平面</td><td>100</td><td>—</td><td>80</td></tr>
</table>

（续）

房间及场所		参考平面及其高度	照度标准值/lx	UGR	R_a	照明功率密度/（W/m^2）现行值/目标值
办公建筑	普通办公室、会议室	0.75m 水平面	300	19	80	9/8
	高档办公室	0.75m 水平面	500	19	80	15/13.5
	设计室	实际工作面	500	19	80	15/13.5
	视频会议室	0.75m 水平面	750	19	80	—
	服务大厅、营业厅	0.75m 水平面	300	22	80	11/10
	接待室、前台	0.75m 水平面	200	—	80	—
	文件整理、复印、发行室	0.75m 水平面	300	—	80	—
	资料、档案室	0.75m 水平面	200	—	80	—
图书馆	一般阅览室、开放式（多媒体）阅览室	0.75m 水平面	300	19	80	9/8
	珍善本阅览室、采编（修复）工作间	0.75m 水平面	500	19	80	—
	老年阅览室	0.75m 水平面	500	19	80	15/13.5
	目录厅（室）、出纳厅	0.75m 水平面	300	19	80	11/10
	陈列室、工作间	0.75m 水平面	300	19	80	—
	书库、书架	0.25m 垂直面	50	—	80	—
教育建筑	教室、阅览室	课桌面	300	19	80	9/8
	实验室	实验桌面	300	19	80	9/8
	美术教室	桌面	500	19	90	15/13.5
	计算机教室、电子阅览室	0.75m 水平面	500	19	80	15/13.5
	多媒体教室	0.75m 水平面	300	19	80	9/8
	教室黑板	黑板面	500①	—	80	—
	学生宿舍	地面	150	22	80	5/4.5
商业建筑	一般商店营业厅	0.75m 水平面	300	22	80	10/9
	高档商店营业厅	0.75m 水平面	500	22	80	16/14.5
	一般超市营业厅	0.75m 水平面	300	22	80	11/10
	高档超市营业厅	0.75m 水平面	500	22	80	17/15.5
	收款台	台面	500①	—	80	—
观演建筑	门厅	地面	200	22	80	—
	观众厅 影院	0.75m 水平面	100	22	80	
	观众厅 剧场、音乐厅	0.75m 水平面	150	22	80	—
	观众休息厅 影院	地面	150	22	80	—
	观众休息厅 剧场、音乐厅	地面	200	22	80	—

（续）

房间及场所			参考平面及其高度	照度标准值/lx	UGR	R_a	照明功率密度/（W/m^2）
							现行值/目标值
观演建筑	排演厅		地面	300	22	80	—
	化妆室	一般活动室	0.75m 水平面	150	22	80	—
		化妆台	1.1m 高处垂直面	500①	—	80	—
旅馆建筑	客房	一般活动区	0.75m 水平面	75	—	80	7/6
		床头	0.75m 水平面	150	—	80	
		写字台	台面	300①	—	80	
		卫生间	0.75m 水平面	150	—	80	
	中餐厅		0.75m 水平面	200	22	80	9/8
	西餐厅		0.75m 水平面	150	—	80	6.5/5.5
	酒吧间、咖啡厅		0.75m 水平面	75	—	80	—
	多功能厅、宴会厅		0.75m 水平面	300	22	80	13.5/12
	大堂		地面	200	—	80	9/8
	会议室		0.75m 水平面	300	19	80	9/8
	总服务台		台面	300①	—	80	
	休息厅		地面	200	22	80	—
	客房层走廊		地面	50	—	80	4/3.5
	厨房		台面	500①	—	80	—
	洗衣房		0.75m 水平面	200	—	80	—
医院建筑	治疗室、诊室		0.75m 水平面	300	19	80	9/8
	化验室		0.75m 水平面	500	19	80	15/13.5
	手术室		0.75m 水平面	750	19	90	—
	候诊室、挂号厅		0.75m 水平面	200	22	80	6.5/5.5
	病房		地面	100	19	80	5.0/4.5
	护士站		0.75m 水平面	300	—	80	9/8
	药房		0.75m 水平面	500	19	80	15/13.5
	走廊		地面	100	19	80	4.5/4.0
	重症监护室		0.75m 水平面	300	19	90	—
会展建筑	会议室、洽谈室		0.75m 水平面	300	19	80	9/8
	宴会厅、多功能厅		0.75m 水平面	300	22	80	13.5/12
	一般展厅		地面	200	22	80	9/8
	高档展厅		地面	300	22	80	13.5/12
	注：高于6m的展厅 R_a 可降低到60。						

① 对照照度值与单一照明的照度标准值相同。

② 宜用混合照明。

附录C　工业建筑通用房间一般照明照度标准值

（GB 50034—2013）

房间或场所		参考平面及高度	照度标准值/lx	UGR	U_0	R_a	照明功率密度/(W/m^2) 现行值/目标值	备　注
1　机、电工业								
机械加工	粗加工	0.75m 水平面	200	22	0.4	60	7.5/6.5	可另加局部照明
	一般加工公差≥0.1mm	0.75m 水平面	300	22	0.6	60	11.0/10.0	应另加局部照明
	精密加工公差<0.1mm	0.75m 水平面	500	19	0.7	60	17.0/15.0	应另加局部照明
机电、仪表装备	大件	0.75m 水平面	200	25	0.6	80	7.5/6.5	可另加局部照明
	一般件	0.75m 水平面	300	25	0.6	80	11.0/10.0	可另加局部照明
	精密	0.75m 水平面	500	22	0.7	80	17.0/15.0	应另加局部照明
	特精密	0.75m 水平面	750	19	0.7	80	24.0/22.0	应另加局部照明
电线、电缆制造		0.75m 水平面	300	25	0.6	60	11.0/10.0	—
线圈绕制	大线圈	0.75m 水平面	300	25	0.6	80	11.0/10.0	—
	中等线圈	0.75m 水平面	500	22	0.7	80	17.0/15.0	可另加局部照明
	精细线圈	0.75m 水平面	750	19	0.7	80	24.0/22.0	应另加局部照明
线圈浇注		0.75m 水平面	300	25	0.7	80	11.0/10.0	—
焊接	一般	0.75m 水平面	200	—	0.6	60	7.5/6.5	—
	精密	0.75m 水平面	300	—	0.7	60	11.0/10.0	—
钣金、冲压、剪切		0.75m 水平面	300	—	0.6	60	11.0/10.0	—
热处理		地面至0.5m水平面	200	—	0.6	20	7.5/6.5	—
铸造	熔化、浇注	地面至0.5m水平面	200	—	0.6	20	9.0/8.0	—
	造型	地面至0.5m水平面	300	25	0.6	60	13.0/12.0	—
精密制造的制模、脱壳		地面至0.5m水平面	500	25	0.6	60	17.0/15.0	—
锻工		地面至0.5m水平面	200	—	0.6	20	8.0/7.0	—
电镀		0.75m 水平面	300	—	0.6	80	13.0/12.0	—
酸洗、腐蚀、清洗		0.75m 水平面	300	—	0.6	80	15.0/14.0	—
抛光	一般装饰性	0.75m 水平面	300	22	0.6	80	15.0/14.0	应防频闪
	精细	0.75m 水平面	500	22	0.7	80	15.0/14.0	应防频闪
复合材料加工、铺叠、装饰		0.75m 水平面	500	22	0.6	80	17.0/15.0	—

（续）

房间或场所		参考平面及高度	照度标准值/lx	UGR	U_0	R_a	照明功率密度/(W/m²) 现行值/目标值	备注
1 机、电工业								
机电修理	一般	0.75m 水平面	200	—	0.6	60	17.0/15.0	可另加局部照明
	精密	0.75m 水平面	300	22	0.7	80	17.0/15.0	可另加局部照明
2 电子工业								
整机类（整机厂、装配厂房）		0.75m 水平面	300	22	0.6	80	11.0/10.0	—
		0.75m 水平面	300	22	0.6	80	11.0/10.0	可另加局部照明
元器件类	微电子产品及集成电路	0.75m 水平面	300	19	0.7	80	18.0/16.0	—
	显示电器	0.75m 水平面	300	19	0.7	80	18.0/16.0	可根据工艺要求降低照度值
	印制线路板	0.75m 水平面	300	19	0.7	80	18.0/16.0	—
	光伏组件	0.75m 水平面	300	19	0.6	80	11.0/10.0	—
	电真空器件、机电组件等	0.75m 水平面	300	19	0.6	80	18.0/16.0	—
电子材料类（半导体材料、光纤、光缆）		0.75m 水平面	300	22	0.6	80	11.0/10.0	—
酸、碱、药液及粉配剂		0.75m 水平面	300	22	0.6	80	13.0/12.0	—
3 纺织、化纤工业								
纺织	选毛	0.75m 水平面	300	22	0.78	80	—	可另加局部照明
	纺纱	0.75m 水平面	300	22	0.6	80	—	—
	织布	0.75m 水平面	300	22	0.6	80	—	—
化纤	投料	0.75m 水平面	100	—	0.6	80	—	—
	组件清洗间	0.75m 水平面	150	25	0.6	60	—	—
	化验、检验	0.75m 水平面	200	22	0.7	80	—	可另加局部照明
4 制药工业								
制药生产		0.75m 水平面	300	22	0.6	80	—	—
更衣室		地面	300	—	0.4	80	—	—
5 电力工业								
火电厂锅炉房		地面	100	—	0.6	80	—	—
发电机房		地面	200	—	0.6	80	—	—
主控室		0.75m 水平面	500	19	0.6	80	—	—
6 钢铁工业								
高锅炉平台、各平台		平台面	30	—	0.6	60	—	—
出铁场、出铁机室		地面	100	—	0.6	60	—	—
炼钢出厂房和平台		地面、平台面	150	—	0.6	60	—	可另加局部照明

（续）

<table>
<tr><th colspan="2" rowspan="2">房间或场所</th><th rowspan="2">参考平面及高度</th><th rowspan="2">照度标准值/lx</th><th rowspan="2">UGR</th><th rowspan="2">U_0</th><th rowspan="2">R_a</th><th>照明功率密度/(W/m^2)</th><th rowspan="2">备　注</th></tr>
<tr><th>现行值/目标值</th></tr>
<tr><td colspan="9">6　钢铁工业</td></tr>
<tr><td colspan="2">打印、检查、分类、验收</td><td>0.75m 水平面</td><td>200</td><td>22</td><td>0.6</td><td>80</td><td>—</td><td>—</td></tr>
<tr><td colspan="9">7　化工、石油工业</td></tr>
<tr><td colspan="2">人行通道、平台等</td><td>0.75m 水平面</td><td>30</td><td>—</td><td>0.6</td><td>20</td><td>—</td><td>—</td></tr>
<tr><td colspan="2">操作区</td><td>操作位高度</td><td>100</td><td>—</td><td>0.6</td><td>20</td><td>—</td><td>—</td></tr>
<tr><td colspan="2">控制区</td><td>操作位高度</td><td>75</td><td>—</td><td>0.7</td><td>60</td><td>—</td><td>—</td></tr>
<tr><td colspan="9">8　食品工业</td></tr>
<tr><td rowspan="2">食品</td><td>糕点、糖果</td><td>0.75m 水平面</td><td>200</td><td>22</td><td>0.6</td><td>80</td><td>—</td><td>—</td></tr>
<tr><td>肉制品、乳制品</td><td>0.75m 水平面</td><td>300</td><td>22</td><td>0.6</td><td>80</td><td>—</td><td>—</td></tr>
<tr><td colspan="2">饮料</td><td>0.75m 水平面</td><td>300</td><td>22</td><td>0.6</td><td>80</td><td>—</td><td>—</td></tr>
<tr><td rowspan="3">啤酒</td><td>糖化</td><td>0.75m 水平面</td><td>200</td><td>—</td><td>0.6</td><td>80</td><td>—</td><td>—</td></tr>
<tr><td>发酵</td><td>0.75m 水平面</td><td>150</td><td>—</td><td>0.6</td><td>80</td><td>—</td><td>—</td></tr>
<tr><td>包装</td><td>0.75m 水平面</td><td>150</td><td>25</td><td>0.6</td><td>80</td><td>—</td><td>—</td></tr>
</table>

注：对照照度值与照度标准值一致。

附录 D　民用建筑环境的主观评价

环境的主观评价采用问卷调查满意度的百分比统计，它主要由室内环境、室内空气品质、室内热舒适环境、视觉环境调查、听觉环境调查、综合环境调查六个部分组成。

第一部分　室内环境

1. 您感受到室外污染程度如何：

	完全没有	→			非常严重
建筑噪声	1	2	3	4	5
交通噪声	1	2	3	4	5
空气污染	1	2	3	4	5
其他（请注明）________	1	2	3	4	5

2. 您在该环境中所感受的压力如何：

	完全没有	→			非常严重
工作中	1	2	3	4	5
其他（如社会压力、朋友等）	1	2	3	4	5
(请注明) ________	1	2	3	4	5

3. 请在以下对环境产生的感觉征兆中圈上适当的感觉程度：

	完全没有	→			非常严重
疲乏	1	2	3	4	5
不适	1	2	3	4	5
作呕	1	2	3	4	5
头痛	1	2	3	4	5
呼吸不畅	1	2	3	4	5
哮喘	1	2	3	4	5
皮肤痒	1	2	3	4	5
喉干痛	1	2	3	4	5
眼干	1	2	3	4	5
鼻塞	1	2	3	4	5
流眼泪	1	2	3	4	5
耳鸣	1	2	3	4	5

4. 以上征兆是否由于室内环境而产生？

A. 是　　B. 不是　　原因________

第二部分：室内空气品质

1. 您觉得现在室内空气品质如何？

A. 很好　　B. 好　　C. 适中　　D. 差　　E. 很差

2. 请问您能否接受目前室内空气品质：

A. 可以接受　　B. 不可以接受

3. 您怎样形容所处环境的室内空气品质：

	完全没有	→			非常严重
不流通	1	2	3	4	5
污浊	1	2	3	4	5
有气味	1	2	3	4	5

4. 请选择您现在的感受：

A. 无气味　　B. 稍有气味　　C. 有气味　　D. 很有气味　　E. 强烈气味

F. 不可接受

5. 下列气味种类您是否接受，其频繁程度如何？

气味种类	可接受	不可接受	每日一次或更少	每日两次	经常
地毯霉味	☐	☐	☐	☐	☐
文件霉味	☐	☐	☐	☐	☐
洗手间气味	☐	☐	☐	☐	☐
人体气味	☐	☐	☐	☐	☐
刺激气体	☐	☐	☐	☐	☐
挥发性气体	☐	☐	☐	☐	☐
影印机味	☐	☐	☐	☐	☐
厨房间气味	☐	☐	☐	☐	☐

6. 现在的室内空气流动是否可接受？
A. 可以接受　　B. 不可以接受

第三部分　室内热舒适环境

1. 现在的室内温度是否可以接受？
A. 可以接受　　B. 不可以接受
2. 如果您能改变现在的室温，您会选择：
A. 暖一些　　B. 不变　　C. 凉一些
3. 请将您现在的感受用“？”划在下列横线中最接近的位置上：

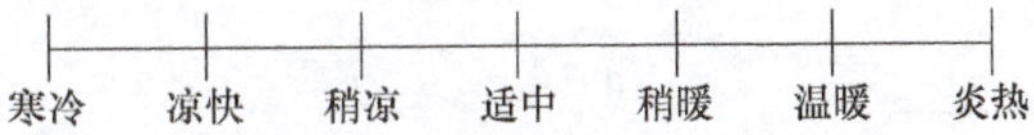

4. 您是否认为室内热环境存在忽冷忽热的现象：
A. 存在　　B. 不存在
5. 在目前的湿度水平下您会选择：
A. 湿一些　　B. 不变　　C. 干一些
6. 目前的风速您是否可以接受？
A. 可以接受　　B. 不可以接受
7. 如果您能改变现在的风速，您会选择：
A. 大一些　　B. 不变　　C. 小一些

第四部分　视觉环境调查

1. 如果您能改变现在的光度，您会选择：
A. 光亮一些　　B. 不变　　C. 暗一些
2. 请将您现在的感受用×划在下列横线中最接近的位置上：

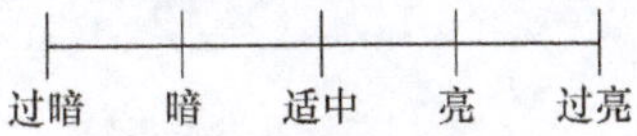

3. 请在下列因光环境的感受，圈上适当的数字：

愉快	1	2	3	4	5	不愉快
不刺眼	1	2	3	4	5	刺眼
光度均匀	1	2	3	4	5	光度不均匀
自然	1	2	3	4	5	不自然
颜色丰富	1	2	3	4	5	缺乏色彩
舒服	1	2	3	4	5	不舒服
不容易疲劳	1	2	3	4	5	容易疲劳
容易阅读	1	2	3	4	5	不容易阅读

4. 您觉得现在的视觉环境如何？

A. 优良　　B. 良好　　C. 接受　　D. 差劣

第五部分　听觉环境调查

1. 请选择您目前所受下列各种噪音来源的厌烦程度：

	没有厌烦	→			不能忍受
空调系统	1	2	3	4	5
打印机及传真机	1	2	3	4	5
影印机	1	2	3	4	5
人声	1	2	3	4	5
电话声	1	2	3	4	5
交通噪声	1	2	3	4	5
其他（请注明）________	1	2	3	4	5

2. 您此刻的听觉环境怎样？请在横线画上×

不满意 |————————| 满意

第六部分　综合环境调查

1. 选择您对室内环境质量的综合评价：

	很好	→			很差
听觉环境	1	2	3	4	5
人体活动环境	1	2	3	4	5
室内空气品质	1	2	3	4	5
气温、温度、风速	1	2	3	4	5
视觉环境	1	2	3	4	5

2. 总之，现在的室内环境您可以接受吗？

A. 可以接受　　　　　　　　　　　　B. 不可以接受

个人资料

性别：　男□　　　女□

年龄：　20 岁或以下□　21～25 岁□　26～30 岁□　31～35 岁□
　　　　36～40 岁□　41～45 岁□　45 岁或以上□

学历：　中学或中学以下□　中专□　大专□　大学□　大学以上□

附录 E　建筑环境的客观评价

整个客观评价基于日本的 CASBEE 评估体系和我国的《绿色奥运建筑评估体系》，主要包含两大方面，即 Q（Quality）指建筑客观环境质量和为使用者提供绿色管理的水平；L（Load）指能源、资源和环境负荷的付出（评分时采用环境负荷的减少 LR，$L=5-LR$），它们均由 3 个一级指标组成，每个一级指标又由多项二级分指标构成，部分二级指标还有子条款构成，整个评价体系内容构成见附表 E-1。考虑到客观评价的可操作性，对一些基础数据不足的条款作了适当简化。当基础数据不断完善并可利用时，评价内容可不断扩充，特别是在评价体系中应逐渐扩充创造建筑环境所需的硬件设施在生命周期中能耗、污染排放的评估，以充分体现在创造建筑环境的同时给自然环境所带来的负荷的影响。

各末级指标（二级指标或子条款）采用积分制法，符合相应评价指标即可得分。各项依次进行评分后累计积分，并按下述计算式（E-1）获得措施得分率。

$$措施得分率=\frac{分提标实际总得分值}{分指标最高得分值} \tag{E-1}$$

各末级指标根据上式计算所得的措施得分率按附表 E-2（如果没有特殊规定时）获得得分，然后按附表 E-1 提供的各指标（或子条款）权重获得上一级指标得分值，最后获得环境评价总得分值。利用式（7-1）便可计算得到 BEE 值，由此客观评定建筑环境品质的优劣。对于附表 E-1 中未提供权重的子条款，或者某条目或条款中包含众多内容时，可根据实际情况选用相应条款或相应内容，根据重要程度综合确定该条目或条款的分值。

附表 E-1　环境评价体系内容构成及其权重值

	一级条目	权重	二级条目	权重	子条款
建筑客观环境质量和绿色管理的水平 Q					
$Q1$	室外环境质量	0.10	$Q1.1$ 原生环境保护和改善	0.20	
			$Q1.2$ 室外照明设计	0.15	
			$QQ1.3$ 室外环境噪声	0.15	
			$QQ1.4$ 室外热舒适	0.20	
			$QQ1.5$ 室外风环境	0.15	
			$QQ1.6$ 大气质量	0.15	

（续）

	一级条目	权重	二级条目	权重	子条款
Q2	室内环境质量	0.55	Q2.1 声环境	0.15	Q2.1.1 室内实测噪声级
					Q2.1.2 背景噪声的实测值
			Q2.2 光环境	0.15	Q2.2.1 房间的采光系数
					Q2.2.2 自然采光辅助设施
					Q2.2.3 可控遮光设施（防自然光眩光）
					Q2.2.4 房间的照明
			Q2.3 热环境	0.35	Q2.3.1 室内热舒适
					Q2.3.2 分区设置空调系统
					Q2.3.3 空调系统的可调节性
			Q2.4 空气品质环境	0.35	Q2.4.1 室内空气品质评价
					Q2.4.2 建筑的自然通风
					Q2.4.3 吸烟控制
					Q2.4.4 新风检查
					Q2.4.5 排风换气
Q3	绿色管理	0.35	Q3.1 绿化	0.3	
			Q3.2 垃圾	0.1	
			Q3.3 空调系统的运行清洁管理	0.3	
			Q3.4 水质管理	0.3	Q3.4.1 饮用水
					Q3.4.2 再生水
					Q3.4.3 景观用水
建筑物环境负荷的减少 LR					
LR1	对周边环境影响	0.3	LR1.1 周边生态环境	0.2	
			LR1.2 周边声光环境	0.3	LR1.2.1 噪声控制
					LR1.2.2 光污染控制
			LR1.3 大气污染	0.4	
			LR1.4 车辆停放	0.1	
LR2	能源利用与管理	0.55	LR2.1 空调采暖系统设备性能调试	0.35	
			LR2.2 空调系统试运行阶段能耗	0.65	
LR3	水资源	0.15	LR3.1 用水规划	0.4	
			LR3.2 污废水处理	0.2	
			LR3.3 雨水合理利用	0.2	
			LR3.4 其他	0.2	

附表 E-2　措施得分率对应的得分值

得　分	1	0<措施得分率≤0. 2
	2	0. 2<措施得分率≤0. 4
	3	0. 4<措施得分率≤0. 6
	4	0. 6<措施得分率≤0. 8
	5	措施得分率>0. 8

1. 室外环境质量 $Q1$

(1) $Q1.1$ 原生环境保护和改善

内　容	得　分			
	好	中	及格	差
1) 宏观考虑生物链	5	3	1	0
2) 场地的充分绿化： a) 好：绿化率在 50%以上（适当的植物配置） b) 中：绿化率在 30%~50%	5	3	1	0
3) 选择适合当地生长环境的植物，合理搭配树种	5	3	1	0
4) 营造生物的筑巢空间（提供鸟巢、给饵设施等）	5	3	1	0
5) 考虑植物可能引起的人体过敏等公害	5	3	1	0

(2) $Q1.2$ 室外照明设计

得　分	1	没有完全达到 3 分的标准
	2	—
	3	达到有关规定和标准要求
	4	合理地组合与安排不同的照明器具和照明方式
	5	将照明器具和照明方式进行分组，按照不同需要分别进行控制

(3) $Q1.3$ 室外环境噪声

得　分	白天/dB（A）	夜间/dB（A）
1	实测区域环境噪声≤60	实测区域环境噪声≤50
3	实测区域环境噪声≤55	实测区域环境噪声≤45
5	实测区域环境噪声≤50	实测区域环境噪声≤40

(4) $Q1.4$ 室外热舒适

得　分	1	实测区域 WBGT≥32℃
	3	29℃≤实测区域 WBGT<32℃
	5	实测区域 WBGT<29℃

(5) Q1.5 室外风环境

内　容	得　分			
	好	中	及格	差
1) 典型气象条件下建筑物周围行人区 1.5m 处实测风速 v<5m/s	5	3	1	0
2) 冬季典型气象条件下建筑物前后压差不大于 5Pa	5	3	1	0
3) 夏季典型气象条件下 75%以上的板式建筑前后压差不低于 1.5Pa	5	3	1	0

(6) Q1.6 大气质量

得　分	1	场地大气质量综合达标率低于城市平均水平 10%
	2	场地大气质量综合达标率达到该城市平均水平
	3	场地大气质量综合达标率比城市平均水平提高 4%
	4	场地大气质量综合达标率比城市平均水平提高 8%
	5	场地大气质量综合达标率比城市平均水平提高 12%

2. 室内客观环境质量 Q2

(1) Q2.1 声环境

1) Q2.1.1 室内实测噪声级

得　分	住宅建筑	办公建筑
1	白天≤50dB (A), 夜间≤40dB (A)	≤50dB (A)
3	白天≤45dB (A), 夜间≤35dB (A)	≤45dB (A)
5	白天≤40dB (A), 夜间≤30dB (A)	≤40dB (A)

说明：本条目需要根据卧室、书房、客房、办公室、会议室的实测等效（连续）A 声级进行评价。办公室测试时无办公人员在场。

2) Q2.1.2 背景噪声的实测值

得　分	办公建筑
3	背景噪声水平满足规范要求
5	背景噪声水平低于规范要求

(2) Q2.2 光环境

1) Q2.2.1 房间的采光系数

得　分	住宅建筑（客房、起居室、卧室、书房）	办公建筑（办公室、会议室）
1	1%≤C<1.5%	2%≤C<2.5%
3	1.5%≤C<2%	2.5%≤C<3%
5	C≥2%	C≥3%

2) Q2.2.2 自然采光辅助设施

得　分	办公建筑
1	无自然采光辅助设施
3	采用 1 项自然采光辅助设施
5	采用 1 项以上自然采光辅助设施

说明：自然采光辅助设施包括：反光板、反光镜、集光装置、光导管、光纤等。

3）*Q*2.2.3 可控遮光设施（防自然光眩光）

得　分	住宅建筑	办公建筑
1	无可控遮光设施	无可控遮光设施
3	采用了内百叶或内窗帘	采用了内百叶或内窗帘
5	采用了自然采光辅助设施	采用了可控遮光设施

说明：可控遮光设施用于避免阳光直射的眩光，有遮光或散射的作用，包括外（中）遮阳百叶、PVC 遮光幕、不透光遮光设施等。

4）*Q*2.2.4 房间的照明

内　容	得　分			
	好	中	及格	差
1）照度评价： 好：达到照度标准的高水平 中：达到照度标准的中水平 差：达到照度标准的低水平	5	3	1	0
2）照度均匀度评价： 好：一般照明时室内无黑暗地方；局部加一般照明时，工作面与周围的亮度对比平衡状态良好 中：一般照明时有个别地方达到允许黑暗程度；局部加一般照明时，工作面与周围的亮度对比无明显不平衡现象	5	3	1	0
3）显色指数评价	5	3	1	0
4）眩光评价	5	3	1	0

（3）*Q*2.3 热环境

1）*Q*2.3.1 室内热舒适

得　分	住宅建筑（卧室、客房）	办公建筑
1	—	-1≤PMV≤1
2	-1≤PMV	—
3	—	-0.75≤PMV≤0.75
4	-0.75≤PMV	—
5	—	-0.5≤PMV≤0.5

2）*Q*2.3.2 分区设置空调系统

得　分	办公建筑
1	各楼层设计为一个系统，冷暖可切换
2	—
3	按朝向划分空调内外区，各区域分别设置系统；可根据使用者的设定值进行控制
4	—
5	按朝向划分空调内外区，且进一步细化空调区域（约 40m^{2}以下），以各区域为单位分别设置系统；可自行设定室内参数，采用舒适传感器进行连续调节

说明：对于采用空气幕的无外区区域以及进深小的小型空间，可不考虑分区，本条目评为 5 分。

3）Q2.3.3 空调系统的可调节性

得　分	住宅建筑	办公建筑（办公室、会议室）
1	根据进行事先设定的值进行定值控制，使用者不可控制	整个系统按事先设定的值进行定值控制，使用者不可干预
3	使用者只能进行低-中-高三档切换	整体调节，使用者不可干预，但系统有自动调整设定参数能力以适应季节变化或功能需要
4	—	可根据使用者的设定值整体调节
5	使用者可以自行设定室内参数	除满足4分标准以外，开放式大办公室个人可调

说明：在没有开放式大办公室的情况下，5分标准与4分相同。

（4）Q2.4 室内空气品质环境

1）Q2.4.1 室内空气品质评价

得　分	办公建筑、住宅建筑	备　注
1	—	级别认定按下述室内空气质量评价标准中各污染物浓度指标值确定
2	—	
3	Ⅲ级（轻污染）	
4	Ⅱ级（未污染）	
5	Ⅰ级（清洁）	

室内空气质量评价标准

污染物			级别			备　注
类　别	项　目	单　位	Ⅰ级	Ⅱ级	Ⅲ级	
物理性指标	可吸入颗粒物	$\mu g/m^3$	50	150	250	日平均
	新风量	m^3（h·人）	60	30	15	
化学性指标	甲醛	mg/m^3	0.04	0.08	0.12	8h平均
	苯	$\mu g/m^3$	10	20	30	8h平均
	二甲苯	mg/m^3	0.03	0.60	0.90	8h平均
	TVOC	$\mu g/m^3$	200	300	600	8h平均
	苯并（α）芘	ng/m^3	不得检出	1	2	日平均
	氨	mg/m^3	0.1	0.2	0.5	—
	CO_2	ppm	600	1000	1500	—
	CO	mg/m^3	3	5	10	8h平均
	O_3	mg/m^3	0.10	0.12	0.16	8h平均
	SO_2	mg/m^3	0.15	0.15	0.25	日平均
	NO_2	mg/m^3	0.10	0.10	0.15	日平均
生物学指标	细菌总数	cfu/m^3	1000	2000	4000	—
放射性指标	氡及其子体	Bq/m^3	100	100	200	—

注：$ppm=10^{-6}$。

说明：以各项指标中评价结果最差的为该项的评价结果。

2）*Q*2.4.2 建筑的自然通风设计

得 分	住宅建筑	办公建筑
1	可开启外窗的窗地面积比<1/12	有一些无可开启外窗的房间
2	—	—
3	可开启外窗的窗地面积比≥1/12	每个房间有一处可开启外窗
4	可开启外窗的窗地面积比≥1/10	—
5	可开启外窗的窗地面积比≥1/7	每个房间有一处以上可开启外窗

3）*Q*2.4.3 吸烟控制

得 分	办公建筑
1	未考虑吸烟控制
3	有吸烟室和防止非吸烟者被动吸烟的最低限度措施
5	整个建筑禁烟；或设置吸烟室，设有效防止非吸烟者被动吸烟的措施

4）*Q*2.4.4 新风检查

内 容	得 分			
	好	中	及格	差
1）新风采气口是否在无污染源的方位	5	3	1	0
2）在室外空气污染严重地区，有否新风过滤措施	5	3	1	0
3）通风管道有无清扫口，以确保能清洗和检查所有管道	5	3	1	0
4）空调系统风管、送排风口是否加装空气净化装置，净化装置的性能能否满足《中央空调通风系统卫生规范》的要求	5	3	1	0
5）空调系统的过滤网、表冷器、加热（湿）器、冷凝水盘是否采用抗菌材料或表面进行抗菌处理	5	3	1	0

5）*Q*2.4.5 排风换气

内 容	得 分			
	好	中	及格	差
1）厨房、卫生间下水系统有切实可行的防止串气和“泛臭”的措施	5	3	1	0
2）厨房排烟道和卫生间通气道能防止住户间串气（味）	5	3	1	0
3）多层和高层建筑之间无向内排气的内天井和窄缝天井	5	3	1	0
4）避免排气扇排风进入邻近住户的室内	5	3	1	0
5）无多住户共用的垃圾道	5	3	1	0
6）塔式建筑无近距离相对外窗	5	3	1	0

3. $Q3$ 绿色管理

(1) $Q3.1$ 绿化

内 容	得 分			
	好	中	及格	差
1) 绿化管理条例的设置	5	3	1	0
树木成活率评价：好，>90%；中，80%~90%；及格，70%~80%；差，<70%	5	3	1	0
2) 绿化修补、更新和整形	5	3	1	0
3) 绿化灌溉系统的设置	5	3	1	0
4) 绿化除虫措施	5	3	1	0

(2) $Q3.2$ 废弃物控制

内 容	得 分			
	好	中	及格	差
1) 制定有完善的垃圾收集处置运营的全过程管理操作手册	5	3	1	0
2) 有配套的管理设施	5	3	1	0
3) 持续的经费保障	5	3	1	0
4) 人员配备合理，分工明确，定期培训	5	3	1	0
5) 有效的奖惩和监督机制	5	3	1	0

(3) $Q3.3$ 空调系统的运行清洁管理

内 容	得 分			
	好	中	及格	差
1) 空调系统开启前，应对系统的过滤器（网）、表冷器、加热（湿）器、冷凝水盘进行全面检查、清洗或更换	5	3	1	0
2) 空调通风的机房应保持干燥清洁，严禁堆放无关物品	5	3	1	0
3) 空调系统的冷却水、冷凝水及送风应满足《公共场所集中空调通风系统卫生规范》(WS 394—2012) 中表2、表3的要求	5	3	1	0
4) 空调系统冷却塔应保持清洁、定期清洗	5	3	1	0
5) 对空调通风系统应进行定期检查，检查周期和检查方法要求应符合《空调通风系统清洗规范》(GB 19210—2003) 的要求	5	3	1	0
6) 若风道内粉尘堆积量大于 $5g/m^2$，应对空调系统新风管、送风管、回风管、空调箱等通风系统和有关设备、装置进行清洗消毒，清洗消毒应按《空调通风系统清洗规范》(GB 19210—2003) 的要求进行	5	3	1	0
7) 空调系统的净化装置应经常检查，达不到《公共场所集中空调通风系统卫生规范》(WS 394—2012) 卫生要求时，应及时维修或更换	5	3	1	0

(4) *Q*3.4 水质管理

1) *Q*3.4.1 饮用水

内　容	得　分			
	好	中	及格	差
1) 具有完善的水质管理实施办法	5	3	1	0
2) 二次供水应有卫生许可证、水质化验单，操作人员应有健康合格证	5	3	1	0
3) 运行中对主要指标进行自检，且每天进行校检	5	3	1	0
4) 主、次管道保证每星期放水一次，入户管三个月内户内无人则报停，在启动时需进行启动冲洗	5	3	1	0

2) *Q*3.4.2 再生水

内　容	得　分			
	好	中	及格	差
1) 具有完善的再生水水质管理实施办法	5	3	1	0
2) 灌溉径流应限制在再生水服务区域内	5	3	1	0
3) 再生水喷溅水、水雾或径流不应进入住宅或食品加工地	5	3	1	0
4) 中水管道采用不同颜色区别于直饮水管道、自来水管道	5	3	1	0
5) 所用公众出入的再生水服务区域都应设置可以看见的告示牌	5	3	1	0
6) 不允许任何再生水系统与任何饮用水系统相连接	5	3	1	0

3) *Q*3.4.3 景观用水

内　容	得　分			
	好	中	及格	差
1) 具有完善的景观水水质管理实施办法	5	3	1	0
2) 运行中对主要指标进行检测，控制总磷和无机氮浓度	5	3	1	0
3) 定期进行水质分析	5	3	1	0
4) 定期检测、维护处理设施和循环设施	5	3	1	0

4. LR1 对周边环境影响

(1) LR1.1 对周边生态环境

内　容	得　分			
	好	中	及格	差
1) 施工后将原有地表土移回现场作为地面覆盖表土	5	3	1	0
2) 采用“贮留”及“渗透”等方法，减少人造环境对地面保水性能的破坏	5	3	1	0
3) 未破坏原有地貌和地表径流	5	3	1	0

（2）LR1.2 对周边声光环境

1）LR1.2.1 噪声控制

得　分	3	对周围产生的噪声污染，满足环境噪声的标准
	4	对周围产生的噪声污染，比环境噪声标准低 3dB
	5	对周围产生的噪声污染，比环境噪声标准低 5dB

2）LR1.2.2 光污染控制

得　分	3	0<措施得分率≤0.3
	4	0.3<措施得分率≤0.6
	5	措施得分率>0.6

（3）LR1.3 大气污染

内　容	得　分			
	好	中	及格	差
住户部分的配置				
1）采用低 NO_x、SO_x 型冷暖空调和热水供应设备	5	3	1	0
2）（非燃煤设备）使用低硫燃料和天然气等清洁燃料	5	3	1	0
3）采用燃煤设备时，使用低硫煤并采用先进的除尘脱硫装置	5	3	1	0
外部设施的配置				
4）利用植物吸附、除去 NO_x、SO_x、尘埃等	5	3	1	0
5）使用光触媒、土壤净化等大气净化装置	5	3	1	0

（4）LR1.4 车辆停放

内　容	得　分			
	好	中	及格	差
1）建设用地内机动车出入口的设置，减少了对城市交通的干扰	5	3	1	0
2）建设用地内有适度的机动车停车场，避免在周围道路上造成堵车和路面停车	5	3	1	0
3）建设用地内有足够的自行车停车场，以鼓励减少自备机动车的使用量	5	3	1	0

5. LR2 能源利用与管理

（1）LR2.1 空调采暖系统设备性能调试　设计有中央空调系统的建筑，竣工时必须对空调采暖设备系统进行初调节验收工作，并以此作为评价内容。即根据验收空调系统、BAS系统的设计说明书以及设备说明书，审查初调节情况，按照《通风与空调工程施工质量验收规范》（GB 50243—2002）、《建筑给水排水与采暖工程施工质量验收规范》（GB 50242—2002）等规范评定各项完成情况并予评分。参见附表5-2。

（2）LR2.2 空调系统试运行阶段的能耗　有中央空调系统的建筑，竣工后必须对空调采暖设备系统进行试运行阶段的能耗评价。评价内容：①以理想的运行管理水平下能耗状况（以实际设备系统形式为标准）为标准，评价试运行期间（1年）此建筑的实际能耗状况是否合理或者达到设计的节能要求。②以现有的能耗设备系统为评价基础，根据全年的入住率（或使用情况）、全年气象情况，进行模拟计算或者计算修正，出“全年运行能耗标准值”。

按照表 7-11 相关标准进行评估。各项完成情况进行评分。参见附表 5-2。

6. LR3 水资源

（1）LR3.1 用水规划

内　容	得　分			
	好	中	及格	差
1）节水方案合理	5	3	1	0
2）实现了优质杂排水的回用，且水质符合相应的水质标准	5	3	1	0
3）实现了雨水回用，且水质符合相应的水质标准	5	3	1	0
4）节水率达到了 10%~50%	5	3	1	0

（2）LR3.2 污废水处理

内　容	得　分			
	好	中	及格	差
1）处理工艺合理，水质、水量设计合理，系统运行可靠，操作简易及设备性能稳定	5	3	1	0
2）污废水收集及排放系统对周围环境产生负面影响	5	3	1	0
3）消毒工艺技术进行、安全可靠	5	3	1	0
4）使用地埋式或封闭式设施，减少对周围环境的负面影响	5	3	1	0
5）使用无污泥系统或少污泥系统，并且处理技术节能	5	3	1	0

（3）LR3.3 雨水合理利用

内　容	得　分			
	好	中	及格	差
1）雨水径流的流量或流速减少 25%	5	3	1	0
2）透水和植被面积合理，增加了现场雨水径流的渗透量	5	3	1	0
3）场地不透水区域的雨水收集、处理方案合理	5	3	1	0
4）集水、处理、储存、回用等设施完善	5	3	1	0
5）屋顶和地表径流收集措施合理	5	3	1	0

（4）LR3.4 其他

内　容	得　分			
	好	中	及格	差
1）选用的设备（如变频供水设备、终端直饮水设备）高效低耗	5	3	1	0
2）选用的设备与器材节能、环保、可靠	5	3	1	0
3）水泵效率大于 85%	5	3	1	0
4）无管网渗漏、阀门零泄漏	5	3	1	0
5）每个单独用户的给水、再生水管线均应安装水表，并选用远传式水表	5	3	1	0
6）临时公厕采用生态厕所	5	3	1	0

附录 F 某建筑环境评价案例

以某办公建筑为例，说明建筑环境的评价过程。

1. 建筑概况

该办公建筑位于某市主要繁华商业区的交通主要干道。建设用地面积 $2500m^2$，容积率为 4.0，建筑面积为 $10000m^2$，建筑总层数为 12 层（地上 10 层，地下 2 层），高度 40.0m。绿地总面积 $9000m^2$，绿化率 36.0%。大楼环境与设施条件详见附表 F-1。

附表 F-1 某办公楼的环境与设施条件

建筑外围护结构	1）外墙：复合型墙体 $K=0.62W/(m^2 \cdot K)$。 2）外窗：Low-E 型玻璃外窗 $K=1.65W/(m^2 \cdot K)$，太阳辐射系数 $\varepsilon_s=0.28$，可见光透射系数 $\tau=0.41$；南向外窗一律采用遮阳板和反光板 3）外门：普通落地玻璃外门（双层门斗） 4）屋面：160mm 厚水泥聚苯保温屋面 $K=0.64W/(m^2 \cdot K)$
空调形式	风机盘管加变风量新风系统，设转轮式全热回收机组。制冷系统冷源采用二台高效电制冷水机组（R134a），COP=4.4
电力设施	配置太阳光伏发电系统，配电总功率为 19kW
照明设施	采用带电子镇流器的 T5 灯和部分 T4 灯，所有照明器具由感光器、人体感应器结合计算机中央控制
给水与雨水系统	给水池以及变频供水装置供给生活水。设有雨水收集水池收集屋面的雨水
热水系统	供各层公共卫生间盥洗用热水，采用太阳能热水系统
废物处理	建筑固体废弃物为生活垃圾，采用袋装收集，由专门管理部门专设清洁人员采用封闭垃圾运出，定期由环卫部门清运到垃圾处理站
自控系统	对楼内的通风、供水、空调制冷，供暖等系统采用了一套楼宇自控系统，该系统运用集散控制理论，实现分散控制、集中管理

2. 评估结果

该办公建筑的环境评价各末级指标（二级指标或子条款）依次进行评分后累计积分（室外环境质量 $Q_1 \approx 3.0$ 分、室内环境质量 $Q_2 \approx 4.0$ 分、绿色管理 $Q_3 \approx 3.5$ 分、对周边环境影响 $LR_1 \approx 3.5$ 分、能源利用与管理 $LR_2 \approx 4.0$ 分、水资源 $LR_3 \approx 3.5$ 分）。按附表 E-1 提供的各指标（或子条款）权重获得一级各项指标得分值，加权计算得 $Q=3.73$、$LR=3.78$ 即 $L=1.22$，BEE=3，由此客观评定该办公建筑环境品质的评估结果为 B 区，尚属于绿色建筑（资源与环境消耗不太大，但建筑品质不太高）。结果见附图 F-1。

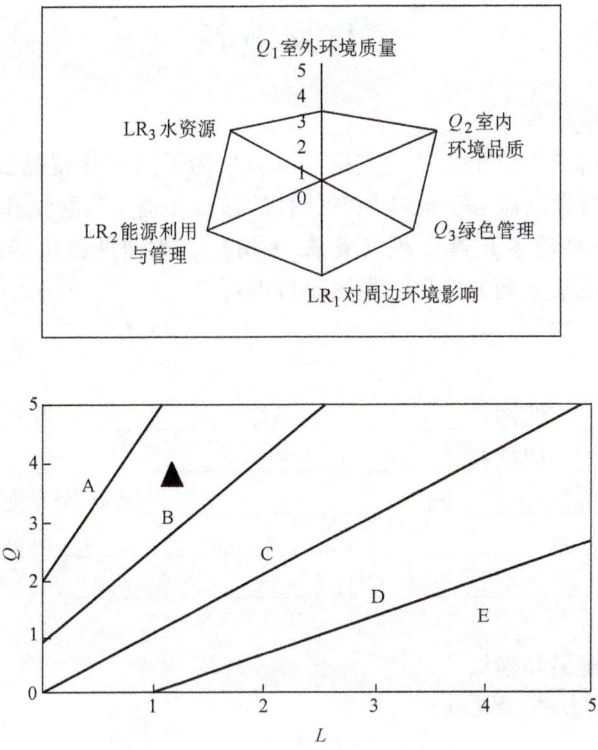

附图 F-1 某办公建筑的环境评价结果

信息反馈表

尊敬的老师：您好！

感谢您多年来对机械工业出版社的支持和厚爱！为了进一步提高我社教材的出版质量，更好地为我国高等教育发展服务，欢迎您对我社的教材多提宝贵意见和建议。另外，如果您在教学中选用了**《建筑环境学》第2版（黄晨 主编）**，欢迎您提出修改建议和意见。索取课件的授课教师，请填写下面的信息，发送邮件即可。

一、基本信息

姓名：__________ 性别：__________ 职称：__________ 职务：________________

邮编：__________ 地址：____

学校：_________________ 院系：________________ 任课专业：________________

任教课程：__________________ 手机：__________________电话：________________

电子邮件：__________________ QQ：__________________

二、您对本书的意见和建议

（欢迎您指出本书的疏误之处）

三、您对我们的其他意见和建议

请与我们联系：

100037 机械工业出版社·高等教育分社

Tel： 010—88379542（O） 刘涛

E-mail：ltao929@163.com QQ：1847737699

http：//www.cmpedu.com（机械工业出版社·教育服务网）